T0220443

Springer-Lehrbuch

Springer
Berlin
Heidelberg
New York
Barcelona
Budapest
Hongkong
London
Mailand
Paris
Santa Clara
Singapur
Tokio

Grundwissen Mathematik

Ebbinghaus et al.: Zahlen
Elstrodt: Maß- und Integrationstheorie
Hämmerlin/Hoffmann: Numerische Mathematik
Koecher: Lineare Algebra und analytische Geometrie
Leutbecher: Zahlentheorie
Remmert: Funktionentheorie 1
Remmert: Funktionentheorie 2
Walter: Analysis 1
Walter: Analysis 2

Herausgeber der Grundwissen-Bände im Springer-Lehrbuch-
Programm sind: G. Hämmerlin, F. Hirzebruch, H. Kraft,
K. Lamotke, R. Remmert, W. Walter

Armin Leutbecher

Zahlentheorie

Eine Einführung
in die Algebra

Mit 9 Abbildungen, 6 Tabellen
und 1 Falttafel

 Springer

Armin Leutbecher
Technische Universität München
Mathematisches Institut
D-80290 München

Mathematics Subject Classification (1991): 11-01, 12-01, 13-01, 20-01

Die Deutsche Bibliothek – CIP-Einheitsaufnahme

Leutbecher, Armin:
Zahlentheorie : eine Einführung in die Algebra ; mit 6 Tabellen
/ Armin Leutbecher. - Berlin ; Heidelberg ; New York ;
Barcelona ; Budapest ; Hongkong ; London ; Mailand ; Paris ;
Santa Clara ; Singapur ; Tokio : Springer, 1996
    (Springer-Lehrbuch) (Grundwissen Mathematik)
    ISBN 3-540-58791-8

ISBN 3-540-58791-8 Springer-Verlag Berlin Heidelberg New York

Satz: Reproduktionsfertige Vorlage vom Autor
SPIN: 10474065   44/3143-5 4 3 2 1 0 – Gedruckt auf säurefreiem Papier

Vorwort

Das Buch hat zwei Quellen, zwei wiederholt gehaltene Vorlesungen verschiedenen Typs über zahlentheoretische Fragen. Eine trug den Titel: Elemente der Zahlentheorie — Didaktik der Algebra. Sie wurde regelmäßig über ein Semester an der TU München gehalten, vornehmlich für Studenten des Lehramtes an Berufsschulen. Sie sollte bei geringsten algebraischen Vorkenntnissen Motivation für wichtige Begriffe der Algebra bieten. Die zweite Vorlesung wurde ebenfalls mehrmals, jeweils für ein Semester angeboten für Studenten der Mathematik unter dem Titel Zahlentheorie. Sie sollte in ähnlicher Weise bei mäßigen Vorkenntnissen in der Algebra mit Problemen der algebraischen Zahlentheorie bekannt machen. An beiden Vorlesungen nahmen auch Studentinnen und Studenten der Informatik teil.

Nach einer Vorlesung dieser Art im Wintersemester 1992/93 an der TU München für Studenten ab dem dritten Semester war ein Skriptum mit dem Titel *Elementare Zahlentheorie* entstanden, das den Herausgebern der Reihe *Grundwissen Mathematik* Anlaß bot, mich zu fragen, ob ich ein Buch über Zahlentheorie in dieser Reihe schreiben wolle. Das Ergebnis meiner positiven Antwort auf diese Frage ist dieses Buch. Das Skriptum wurde zur Grundlage für den ersten Teil (Kapitel 1–10). Um auch für den zweiten Teil vom Leser nicht wesentlich mehr an Voraussetzungen zu verlangen, wurde es nötig, die Grundbegriffe der Algebra einschließlich der Galoistheorie gleich mitzuentwickeln, soweit sie bei der Entdeckung der arithmetischen Gesetze der *höheren Zahlkörper* unter den Händen von GAUSS, DIRICHLET, KUMMER, KRONECKER, DEDEKIND und HILBERT entstanden sind. Dieser Weg erscheint auch deshalb sinnvoll, weil in den letzten Jahren mehrere sehr gute Bücher über die algebraische Zahlentheorie erschienen sind, in denen die Algebra-Kenntnisse vorausgesetzt werden, beispielsweise die Werke [FT], [Lo2], [Ne] im Literaturverzeichnis.

In der Algebra gibt es viele Definitionen; manche werden auch gebraucht. Diese Bemerkung eines von mir sehr geschätzten Kommilitonen nach den ersten Erfahrungen in einer Algebra-Vorlesung am Beginn unseres Studiums geht mir seither immer wieder im Kopf herum. Ich hoffe, daß sich aus dem reichen Material der klassischen Zahlentheorie eine gute Motivation für die vielen Begriffe der *abstrakten Algebra* schöpfen läßt. Wichtige Stufen mathematischer Einsichten werden ja nicht nur in den Sätzen, sondern auch in den richtigen Definitionen fixiert.

Das Vertrauen der Herausgeber dieser Reihe *Grundwissen Mathematik* ehrt mich; ich danke ihnen auch für das anhaltende Interesse am Zustandekommen des Buches. Sodann habe ich namentlich zu danken den Professoren Frank Eckstein und Hanspeter Kraft. Beide haben verschiedene Versionen gelesen, ihre kritischen Bemerkungen haben an vielen Stellen zu klareren Formulierungen beigetragen. Mein besonderer Dank gebührt Dr. Gerhard Niklasch, meinem Schüler. Er hat Teile des Aufgabenprogramms zusammengestellt, das ganze Manuskript sorgfältig gelesen und den Index gestaltet. Schließlich hat er mich von Anfang an in den Umgang mit LaTeX eingeführt und immer wieder durch Rat und Hilfe unterstützt.

Auch den Mitarbeitern des Springer-Verlages, insbesondere Herrn Dr. Joachim Heinze und Frau Karen Proff, die mich durch die lange Entwicklung vom Skriptum zum Buchmanuskript geleiteten, bin ich dankbar für die problemlose, freundliche und entgegenkommende Zusammenarbeit.

München, Ostern 1996   Armin Leutbecher

Inhaltsverzeichnis

Einleitung

Dieses Buch ist eine Einführung in die elementare und algebraische Zahlentheorie unter Einschluß einiger weniger Resultate aus der analytischen Zahlentheorie, und zwar auf der Grundlage der Kenntnisse aus dem ersten Studienjahr in Mathematik. Gleichzeitig werden die zentralen Begriffe der Algebra systematisch mitentwickelt, die bei der Entdeckung der höheren Zahlkörper entstanden sind. Als frühes Vorbild erscheint mir dafür R. DEDEKIND, der mit seinem XI. Supplement zu den von ihm herausgegebenen *Vorlesungen über Zahlentheorie* von P. G. L. DIRICHLET [D] bereits vor einem Jahrhundert einen Aufbau dieser Art vornahm. Ich habe die Zuversicht, daß so neben Studenten der Mathematik auch motivierte Studenten aus Nachbarfächern, etwa der Informatik, im faszinierenden Gebäude der Zahlen heimisch werden können. In der Darbietung des Stoffes habe ich einen direkten Zugang bevorzugt, ohne spätere Verallgemeinerungen zu nennen, unter die sich die hier verwendeten Begriffe unterordnen. Dadurch soll das Material in seiner sozusagen jugendlichen Form den hoffentlich auch jugendlichen Leserinnen und Lesern nahegebracht werden.

Ein erster Blick auf die Voraussetzungen

Der Körper $\mathbb{R}$ der reellen Zahlen wird als gegeben betrachtet, etwa durch die Körperaxiome, die Anordnungsaxiome und das Vollständigkeitsaxiom; ebenso setzen wir seinen Erweiterungskörper $\mathbb{C}$ der komplexen Zahlen mit dem Automorphismus $z \mapsto \bar{z}$ der komplexen Konjugation als bekannt voraus. Ein konstruktiver Aufbau des Zahlensystems wird also nicht durchgeführt. Der Reiz und die Tücken einer solchen Konstruktion wurden von E. LANDAU in seinem Büchlein [L] *Grundlagen der Analysis (Das Rechnen mit ganzen, rationalen, irrationalen, komplexen Zahlen)* meisterhaft dargestellt.

Auch gängige Tatsachen über Vektorräume kommen öfter vor und werden unbedenklich benutzt, darunter der Determinantenkalkül. An einer späten Stelle (Abschnitt 16) werden Determinanten auch für quadratische Matrizen über einem kommutativen Ring verwendet. Zur Bequemlichkeit des Lesers ist die Determinantentheorie für diese Ringe in einem Anhang dargestellt.

Eine Skizze des Inhaltes

Was in diesem Buch behandelt wird, läßt sich im einzelnen durch einen Blick auf das Inhaltsverzeichnis erkennen. Weitergehende Erläuterungen findet man jeweils in den Einleitungen der Kapitel. Wir begnügen uns daher mit einer groben Skizze des Inhaltes, meist in Form herausgegriffener Beispiele.

Inhalt des ersten Teiles. Am Anfang steht das Studium der ganzen Zahlen $\mathbb{Z} = \{0, \pm 1, \pm 2, \pm 3, \ldots\}$ mit ihren Verknüpfungen, der Addition und der Multiplikation, und mit deren wechselseitigen Beziehungen. Die Multiplikation beherrscht der klassische Fundamentalsatz der Arithmetik über die bis auf die Reihenfolge eindeutige Zerlegung der natürlichen Zahlen als Produkt von Primzahlen (Abschnitt 1).

Schon aus der Antike ist uns bekannt, daß die Menge der Primzahlen nicht endlich ist. Ergänzend dazu wird ein Resultat von TSCHEBYSCHËW abgeleitet über die Häufigkeit der Primzahlen bis zu einer Schranke N: Die Zahl $\pi(N)$ aller Primzahlen $p \leq N$ hat die Größenordnung $N/\log N$. Ein dem Fundamentalsatz analoges Gesetz beherrscht auch jeden Polynomring $K[X]$ in einer Unbestimmten X über einem beliebigen Skalarkörper K. Es ist die Basis wichtiger Konstruktionen im weiteren Verlauf (Abschnitt 2).

Die Grundlage für die Untersuchung der ganzen Zahlen wurde von C. F. GAUSS in den Restklassen modulo n gesehen. Sie führen auf die natürlichen Bilder des Ringes $\mathbb{Z}$ in den endlichen Restklassenringen $\mathbb{Z}/n\mathbb{Z}$. Das einfachste Beispiel ergibt sich aus der Einteilung der ganzen Zahlen in die geraden und die ungeraden Zahlen samt der Beobachtung, daß die Summe zweier Zahlen nur dann ungerade ist, wenn ein Summand gerade und der andere ungerade ist, daß hingegen das Produkt zweier Zahlen nur dann ungerade ist, wenn beide Faktoren ungerade sind. Dies ist der Sonderfall $n = 2$ (Abschnitt 3).

Das Restklassenrechnen führt zum Struktursatz über endliche abelsche Gruppen. Er macht diese spezielle Klasse strukturierter Mengen vollkommen durchsichtig hinsichtlich ihrer mathematischen Eigenschaften ohne Rücksicht auf die Qualität ihrer Elemente. Insbesondere läßt er sich anwenden auf die sogenannte *prime Restklassengruppe* $(\mathbb{Z}/n\mathbb{Z})^\times$ (Abschnitt 4).

Das *quadratische Reziprozitätsgesetz* ist unser erstes Beispiel einer tiefen Einsicht in den Bereich der ganzen Zahlen. Bewiesen wurde es erstmals von GAUSS. Es konstatiert eine gesetzmäßige Abhängigkeit je zweier ungerader Primzahlen $p \neq q$ hinsichtlich der Antwort auf die beiden analogen Fragen, ob die Menge der um Vielfache von p verschobenen Zahl q, also der Zahlen $q + mp$, eine Quadratzahl enthält oder nicht einerseits und andererseits, ob die Menge der um Vielfache von q verschobenen Zahl p, also der Zahlen $p + nq$, eine Quadratzahl enthält oder nicht. Wir haben einen Beweis dieses Gesetzes ausgewählt, der auf L. KRONECKER zurückgeht (Abschnitt 5).

Ein uralter Algorithmus zur optimalen Approximation reeller Zahlen durch Brüche ganzer Zahlen steckt hinter den gewöhnlichen Kettenbrüchen. Darin läßt sich auch eine konkrete Konstruktion des Körpers $\mathbb{R}$ der reellen Zahlen erblicken. Der Kettenbruchalgorithmus wird hier über eine spezielle Halbgruppe ganzzahliger (2×2)-Matrizen entwickelt, die wir die *Halbgruppe des euklidische Algorithmus* genannt haben. Dieser Zugang ist sonst in der Lehrbuchliteratur nicht zu finden (Abschnitt 6).

Die periodischen Kettenbrüche bilden eine Brücke zu den *quadratischen Zahlkörpern*. Ein Beispiel für sie ist die Menge der Zahlen $x + y\sqrt{2}$, deren Koeffizienten x, y den Körper $\mathbb{Q}$ der rationalen Zahlen durchlaufen. Jeder quadratische Zahlkörper K enthält eine natürliche Erweiterung des Ringes $\mathbb{Z}$ zum Ring $\mathbb{Z}_K$ der ganzen Zahlen von K. Seine Einheitengruppe $(\mathbb{Z}_K)^{\times}$ wird bestimmt. In unserem Beispiel ist $\mathbb{Z}_K = \mathbb{Z} + \sqrt{2}\,\mathbb{Z}$ mit der Einheitengruppe $\{\pm(1 + \sqrt{2})^m \, ; \, m \in \mathbb{Z}\}$ (Abschnitt 7).

Die Vielfalt der Ringe verlangt eine Diskussion der Homomorphismen zwischen Ringen und ihrer Kerne sowie eine Teilbarkeitslehre genereller Art für sogenannte Integritätsbereiche. Dabei werden auch die gegenüber $\mathbb{Z}$ neuartigen Zerlegungsgesetze in den zuvor behandelten Ringen $\mathbb{Z}_K$ quadratischer Zahlkörper besprochen. Aus einem Spezialfall ergibt sich nebenbei der wirkungsvolle LUCAS-Test dafür, wann die MERSENNEsche Zahl $2^p - 1$ für Primzahlexponenten p selbst wieder eine Primzahl ist (Abschnitt 8).

Am Beginn des nun zu Ende gehenden Jahrhunderts wurde entdeckt, daß zu jeder Primzahl p ein Körper $\mathbb{Q}_p$ *p-adischer Zahlen* existiert, der wesentliche Eigenschaften mit dem Körper $\mathbb{R}$ der reellen Zahlen teilt: Nicht nur durch $\mathbb{R}$ lassen sich die rationalen Zahlen komplettieren zu einem *vollständigen Körper*, in dem jede Cauchyfolge konvergiert; vielmehr liefert jeweils auch $\mathbb{Q}_p$ eine Komplettierung von $\mathbb{Q}$, und darüber hinaus existieren keine weiteren (Abschnitt 9). Es war D. HILBERT, der über die Komplettierungen von $\mathbb{Q}$ eine allgemeine Produktformel fand, die als Kondensat des quadratischen Reziprozitätsgesetzes anzusehen ist. Ihre Herleitung beendet den ersten Teil des Buches (Abschnitt 10).

Inhalt des zweiten Teiles. Der umfangreichere zweite Teil beginnt mit einer elementaren, aber systematischen Untersuchung der Gruppen und der *Wirkungen* einer Gruppe G auf Mengen, das sind die verschiedenen Beschreibungen von G als Permutationsgruppe (Abschnitt 11). Dann wenden wir uns den Erweiterungskörpern K des Körpers $\mathbb{Q}$ von endlicher Dimension, den *algebraischen Zahlkörpern* zu (Abschnitt 12). Insbesondere wird der Fundamentalsatz der Arithmetik so umformuliert, daß er auch für die Ringe $\mathbb{Z}_K$ der ganzen Zahlen in K paßt. Die Bewältigung dieser Situation war ein bedeutender Fortschritt für Zahlentheorie und Algebra. Die Abweichung von der alten Situation in $\mathbb{Z}$ wird gemessen durch die *Klassenzahl* h_K. Den Beweis ihrer Endlichkeit gewinnen wir aus einem eleganten Schluß von A. HURWITZ (Abschnitt 13).

Ein Instrument von unschätzbarem Wert, auch zur Untersuchung dieser *höheren Zahlkörper* K, schuf E. GALOIS mit der nach ihm benannten Theorie. Wir entwickeln sie zunächst in allgemeiner Form mit den Mitteln der Linearen Algebra (Abschnitt 14). Ihr Gegenstand ist die Klasse derjenigen Erweiterungskörper L gegebener Grundkörper K von endlichem *Grad* $(L|K)$ (das ist die Vektorraumdimension $(L|K) = \dim_K L$), deren Gruppe relativer

Automorphismen $\sigma\colon L \to L$ (mit $\sigma(x) = x$ für alle Elemente $x \in K$) die denkbar größte Zahl von Elementen, nämlich $(L|K)$, besitzt. Man nennt sie dann die *Galoisgruppe* von $L|K$ (gesprochen L über K).

Die Hauptanwendungen der galoisschen Theorie in Abschnitt 15 lassen sich hier zwar noch nicht beschreiben. Mit ihrer Hilfe gelingt es indes, die wohl wichtigsten Invarianten einer Erweiterung $L|K$ von Zahlkörpern, ihre *Diskriminante* und ihre *Differente*, bis zu einem befriedigenden Abschluß zu studieren (Abschnitt 16).

Dann behandeln wir die *Kreisteilungskörper*. Zu jeder natürlichen Zahl m entsteht als kleinster Teilkörper von $\mathbb{C}$, welcher alle Wurzeln des Polynoms $X^m - 1$ enthält, der m-te Kreisteilungskörper $\mathbb{Q}(\zeta_m)$. Er ist eine Galoiserweiterung von $\mathbb{Q}$ mit abelscher Galoisgruppe. Die Kreisteilungskörper sind nach den quadratischen Zahlkörpern die am besten bekannte Klasse algebraischer Zahlkörper. Durch ihre Untersuchung fand E. E. KUMMER zu ersten bahnbrechenden Erfolgen in der Behandlung der FERMATschen Vermutung, nach welcher die Gleichung $x^n + y^n = z^n$ bei gegebenem Exponenten $n > 2$ keine Lösung in natürlichen Zahlen x, y, z besitzt. (Die endgültige Bestätigung dieser Vermutung ist eine beeindruckende Leistung der Mathematik unserer Tage.) Der gleichfalls berühmte Satz von KRONECKER und WEBER besagt, daß jede Galoiserweiterung $L|\mathbb{Q}$ mit einer abelschen Galoisgruppe enthalten ist in einem geeigneten Kreisteilungskörper $\mathbb{Q}(\zeta_m)$. Mit einem Beweis dieses Satzes beenden wir den Abschnitt 17.

Dabei benutzen wir ein Resultat über Diskriminanten aus MINKOWSKIs Geometrie der Zahlen. Sie wird in Abschnitt 18 behandelt. Ihr wesentlicher Inhalt beruht auf einer Aussage über Punkte von *Gittern* $\Lambda = f(\mathbb{Z}^n)$ für beliebige $\mathbb{R}$-lineare Automorphismen f des $\mathbb{R}$-Vektorraums $\mathbb{R}^n$. Jede meßbare Teilmenge $U \subset \mathbb{R}^n$ vom Volumen $\text{vol}(U) > |\det f|$ enthält mindestens zwei verschiedene Punkte x, y, deren Differenz in das Gitter Λ fällt. Eine einfache Folge daraus ist beispielsweise der *Vierquadratesatz* von LAGRANGE: Jede natürliche Zahl ist Summe $a_1^2 + a_2^2 + a_3^2 + a_4^2$ von vier Quadraten ganzer Zahlen. Von den weiteren Anwendungen dieses Satzes heben wir hervor einen Satz von DIRICHLET, der die Struktur der Einheitengruppe $(\mathbb{Z}_K)^\times$ aufklärt, sowie die Bestimmung unterer Diskriminantenschranken für die algebraischen Zahlkörper K vom Grad $(L|K) = n$.

In Abschnitt 19 wird die Frage nach der Primzahlverteilung wieder aufgenommen. Wir beweisen dort DIRICHLETs berühmten Primzahlsatz, nach dem für jede natürliche Zahl $m > 1$ und für jede ganze Zahl a, die mit m keinen Primzahlteiler gemeinsam hat, in der *arithmetischen Progression* $a + m\mathbb{Z}$ unendlich viele Primzahlen liegen. Dabei kommt erneut der m-te Kreisteilungskörper $\mathbb{Q}(\zeta_m)$ ins Spiel.

Am Schluß des Buches führen wir die Untersuchung von Absolutbeträgen eines Körpers K und die seiner Komplettierungen fort. Die Existenz und die wesentliche Eindeutigkeit einer Vervollständigung werden behandelt; dann kommt die Einteilung in die *archimedischen* und die *ultrametrischen* Beträge zur Sprache. Ein Satz von OSTROWSKI besagt, daß die erste Klasse nur zwei vollständige Körper enthält, nämlich $\mathbb{R}$ und $\mathbb{C}$. Die vollständigen Körper der zweiten Klasse hingegen werden beherrscht vom HENSELschen Lemma, das nach dem Entdecker der p-adischen Zahlen benannt ist. Die beiden Sätze führen zu einer Beschreibung aller Beträge auf sämtlichen algebraischen Zahlkörpern. Beendet wird dieser Themenkreis mit den sogenannten *p-Körpern*, deren erste Vertreter wir in den p-adischen Zahlkörpern kennengelernt hatten.

Neben den Einleitungen der Kapitel sind Teile des fortlaufenden Textes in verdichtender Form kleiner gedruckt. Es handelt sich um weiterführende, oft anspruchsvollere Themen, die für das Verständnis des übrigen Textes nicht nötig sind und die deshalb beim ersten Lesen ausgelassen werden können. Der Übergang vom Ende eines Kapitels zu dessen Aufgabenteil ist anstelle einer Schlußvignette durch eine symbolische Figur, eine provokative Formel oder eine erläuternde Zeichenreihe mit teils verstecktem Sinn gekennzeichnet.

Ein zweiter Blick auf die Voraussetzungen

In der Skizze zuvor haben wir einige Begriffe der Algebra bereits verwendet, indes im wesentlichen solche, die schon in der Linearen Algebra zu finden sind. Mithin könnten wir etwa die Definition eines Ringes als bekannt ansehen. Das Muster eines Ringes ist die Menge $\mathbb{Z}$ der ganzen Zahlen mit ihrer Addition und Multiplikation. Um Klarheit zu schaffen, wiederholen wir die Definition der Ringe; sie verallgemeinert den Begriff des Körpers ein wenig, führt aber aufgrund der Möglichkeit, daß manche Elemente $a \neq 0$ kein Inverses haben, daß sogar Paare $a \neq 0, b \neq 0$ das Produkt $ab = 0$ haben können (Existenz von *Nullteilern*), zu ganz neuen Fragen. Unter einem *Ring* versteht man eine Menge R mit zwei Abbildungen von $R \times R$ in R, der Addition und der Multiplikation, sobald für alle Elemente a, b, c von R folgende Regeln gelten:

- $a + (b + c) = (a + b) + c$, $a + b = b + a$,
- es gibt ein *Nullelement* $0 = 0_R \in R$, für das $a + 0 = a$ ist,
- zu jedem $b \in R$ existiert ein *Negativ* $-b \in R$, für das $-b + b = 0$ ist,
- $a(bc) = (ab)c$,
- es gibt ein *Einselement* $1 = 1_R \in R$, für daß $a \cdot 1 = 1 \cdot a = a$ ist,
- es gelten die *Distributivgesetze* $(a + b)c = ac + bc$, $a(b + c) = ab + ac$.

Der Ring $\mathbb{Z}$ ist darüber hinaus *kommutativ*, es gilt stets $ab = ba$. In diesem Buch werden fast nur solche kommutativen Ringe betrachtet; und vom ersten Abschnitt an wird unter einem Ring dann durchweg nur noch ein kommutativer Ring verstanden. Zum Beispiel ist in der Algebra jeder Körper K ein kommutativer Ring, in dem jedes Element $x \neq 0$ ein Inverses $x^* = x^{-1} \in K$ hat, für das also $xx^* = x^*x = 1$ ist. Zu jedem Ring gehören zwei Gruppen, die *additive Gruppe* $(R, +)$, die aus R unter Nichtbeachtung der Multiplikation entspringt, ferner seine *Einheitengruppe* $R^\times$, die aus allen *invertierbaren* Elementen $x \in R$ entsteht, zu denen definitionsgemäß je ein $x^* \in R$ existiert mit der Eigenschaft $xx^* = x^*x = 1$. Es gilt speziell $1 \in R^\times$. Mit je zwei Elementen $x, y \in R^\times$ ist auch y^* ein Element von $R^\times$, da $y^{**} = y$ ist, und ebenso das Produkt xy^*, da $xy^* \cdot yx^* = 1 = yx^* \cdot xy^*$ gilt. Übrigens ist $0 \in R^\times$ nur in dem Sonderfall, daß $R = \{0\}$, der *Nullring* ist. Dagegen gilt für Körper K stets $K^\times = K \smallsetminus \{0\}$.

Weitere Beispiele von allgegenwärtigen Ringen sind die Mengen $M_n(K)$ quadratischer Matrizen mit n Zeilen über einem Körper K unter der Matrizenaddition und -multiplikation. Die Einheitengruppe $M_n(K)^\times$ des im allgemeinen nicht kommutativen Ringes $M_n(K)$ besteht aus den Matrizen mit von Null verschiedener Determinante. Diese Gruppe wird oft $\mathbf{GL}_n(K)$ abgekürzt. Wir erinnern nebenbei auch an die Einsicht der Linearen Algebra, daß $M_n(K)$ sogar ein K-Vektorraum (der Dimension n^2) ist, und daß die Multiplikation $\mu \colon M_n(K) \times M_n(K) \to M_n(K)$ eine K-bilineare Abbildung ist. Dadurch wird $M_n(K)$ das Hauptbeispiel einer *K-Algebra*, worunter wir hier einen Ring A verstehen, dessen additive Gruppe eine K-Vektorraumstruktur hat und dessen Multiplikation K-bilinear ist.

Algebraische Objekte A gehen stets einher mit den zugehörigen *strukturverträglichen* Abbildungen zwischen ihnen, die man *Homomorphismen* oder kürzer *Morphismen* nennt. So sind die K-Vektorräume verbunden durch die zwischen ihnen bestehenden K-linearen Abbildungen. Die injektiven, surjektiven bzw. bijektiven unter ihnen nennen wir gelegentlich Monomorphismen, Epimorphismen bzw. Isomorphismen. Ein Homomorphismus von A in A wird oft als ein Endomorphismus bezeichnet und als ein Automorphismus, sobald er bijektiv ist. Übrigens ist mit je zwei Endomorphismen φ, ψ von A auch das Kompositum $\varphi \circ \psi$ ein Endomorphismus von A, und mit jedem Automorphismus σ von A ist auch die Umkehrabbildung σ^{-1} ein Automorphismus von A. Daher bilden die Automorphismen unter der Abbildungskomposition eine natürliche Gruppe.

Mit den Vektorräumen über festem Skalarkörper und den zugehörigen Morphismen haben die abelschen Gruppen (die wir bei allgemeinen Überlegungen mit dem Verknüpfungszeichen $+$ schreiben) und ihre Gruppenhomomorphismen eine weitreichende Ähnlichkeit. Sie führt auch zu analogen Sprechweisen. Ist A eine (additive) abelsche Gruppe und sind U_1, U_2 zwei Untergruppen von A, so bildet deren *Summe* $U_1 + U_2$, d.i. die Menge der Summen $a_1 + a_2$ mit $a_i \in U_i$ eine weitere Untergruppe von A ebenso wie deren Durchschnitt $U_1 \cap U_2$. Unter Morphismen $\varphi \colon A \to A'$ werden Untergruppen von A auf gewisse Untergruppen von A' abgebildet; die Urbilder $\varphi^{-1}(U')$ beliebiger Untergruppen U' der abelschen Gruppe A' sind stets Untergruppen von A. Insbesondere ist das Urbild $\operatorname{Ker}\varphi$ der kleinsten Untergruppe $\{0_{A'}\}$ von A' eine Untergruppe von A, der *Kern* von φ.

Eine abelsche Gruppe A erfährt durch jede Untergruppe U in der Menge der Nebenklassen $a + U$ $(a \in U)$ eine Partition: $a + U$ ist als a enthaltende Teilmenge niemals leer, und aus $(a + U) \cap (b + U) \neq \varnothing$ folgt $a + U = b + U$. Ferner ist für zwei Nebenklassen $\mathcal{X}_1 = a_1 + U, \mathcal{X}_2 = a_2 + U$ die Menge aller Summen $r_1 + r_2$ mit Summanden $r_i \in \mathcal{X}_i$ $(i=1,2)$ erneut eine Nebenklasse, die natürlich als *Summe* $\mathcal{X}_1 + \mathcal{X}_2$ der Nebenklassen $\mathcal{X}_1, \mathcal{X}_2$ bezeichnet wird. Unter dieser Nebenklassenaddition wird die Menge A/U aller Nebenklassen in naheliegender Weise wieder eine abelsche Gruppe, die *Faktorgruppe A modulo U*. Und die natürliche Abbildung $\pi \colon A \to A/U$ wird aufgrund der Definition der Addition auf A/U zu einem Morphismus mit dem Kern U.

Analog zum Begriff des Unterraumes eines Vektorraumes gehört zum Begriff der Gruppe G der Begriff einer *Untergruppe U* als einer nichleeren Teilmenge von G, die mit je zwei Elementen g, h das Produkt gh^{-1} enthält (bei multiplikativer Schreibweise), während für abelsche Gruppen A mit $+$ als Verknüpfung natürlich eine nichtleere Teilmenge B eine Untergruppe von A heißt, wenn mit je zwei Elementen $b_1, b_2 \in B$ auch die Differenz $b_1 - b_2 \in B$ ist. Weiter gehört zum Begriff des Ringes R der Begriff des *Unterringes R_1* als einer Teilmenge von R, für die $1_R \in R_1$ ist und in der mit je zwei Elementen a, b stets auch $a-b$ und ab liegen. Schließlich bezeichnet man für jeden Körper K eine Teilmenge K_1 von K als *Teilkörper* von K (diese Bezeichnung wird aus sprachlichen Gründen bevorzugt vor *Unterkörper* gebraucht), wenn K_1 ein Unterring von K ist, der mit jedem Element $x \neq 0$ auch x^{-1} enthält.

Diese drei Arten von *Unterstrukturen* haben eine Gemeinsamkeit: Mit jedem System von Unterstrukturen U_i $(i \in I)$ (einer Gruppe G, eines Ringes R bzw. eines Körpers K) ist auch sein Durchschnitt $\bigcap_{i \in I} U_i$ wieder eine Unterstruktur (eine Untergruppe von G, ein Unterring von R bzw. ein Teilkörper von K). Daher ist es sinnvoll, jeder Teilmenge M einer Gruppe, eines Ringes bzw. eines Körpers den Durchschnitt aller M umfassenden Unterstrukturen zuzuordnen, das *Erzeugnis* von M oder die *von M erzeugte* Unterstruktur.

Das Übungsprogramm

Am Ende jedes Abschnittes findet man eine Sammlung von Aufgaben zum vertieften Verständnis des zuvor behandelten Stoffes und zur Bereicherung durch vielerlei verwandte Fragen von allgemeinem oder auch von historischem Interesse. Insgesamt wurden über 140 Aufgaben aufgenommen. Ein Teil von ihnen wurde mit einer ausführlichen Anleitung versehen, gelegentlich ist nur ein kurzer Lösungshinweis beigefügt. Ein kleiner Teil der Übungen betrifft Programmiervorschläge für Algorithmen, die sich für die Behandlung komplizierter oder langwieriger Rechnungen bewährt haben. In Tutorien waren diese Programmierbeispiele gerade bei praxisorientierten Studenten beliebt.— Die Herkunft der meisten Aufgaben kann ich nicht zurückverfolgen. Aber immerhin weiß ich, daß die folgenden Werke als Quelle gedient haben: [BS], [Gu], [HW], [IR], [Ko], [Kn], [La1], [Mi], [Na], [Ri], [Ro], [Si].

Häufig verwendete Abkürzungen

$\mathbb{N}$, $\mathbb{Z}$	Menge der natürlichen bzw. Ring der ganzen Zahlen,
$\mathbb{Q}$, $\mathbb{R}$, $\mathbb{C}$	Körper der rationalen, reellen bzw. komplexen Zahlen
$\mathbb{F}_q$	Körper mit q Elementen
$\mathbb{R}_+$ bzw. $\mathbb{R}_+^\times$	Menge der nichtnegativen bzw. positiven Zahlen in $\mathbb{R}$
$\#M$ oder $|M|$	Elementezahl der Menge M
$M \subset M'$	M ist Teilmenge von M' (eventuell $M = M'$)
$A \cong B$	A ist isomorph zu B
1_n	n-reihige Einsmatrix
A^t	Transponierte der Matrix $A \in M_n(K)$
$]a, b[$, $[a, b[$, ...	offene, halboffene,... Intervalle mit reellen Endpunkten $a < b$
$\lfloor x \rfloor$	für reelle x die größte ganze Zahl $m \le x$
adj A	Adjunkte der quadratischen Matrix A
char K	Charakteristik des Körpers K
deg f	Grad des Polynoms f
$\text{diag}(d_1, \ldots, d_n)$	$(n \times n)$-Diagonalmatrix mit der Diagonalen $d_1, \ldots, d_n$
$\text{ggT}(a_1, \ldots, a_r)$	größter gemeinsamer Teiler der Zahlen $a_1, \ldots, a_r$
$\mathbf{GL}_n(R)$	Einheitengruppe des Ringes $M_n(R)$
id_X	identische Abbildung der Menge X auf sich
Im z	Imaginärteil der komplexen Zahl z
Ker f	Kern des Homomorphismus f
$\text{kgV}(a_1, \ldots, a_r)$	kleinstes gemeinsames Vielfaches der Zahlen $a_1, \ldots, a_r$
$M_n(R)$	Ring der $(n \times n)$-Matrizen über dem Ring R
Re z	Realteil der komplexen Zahl z
rg A	Rang der Matrix A bzw. der freien abelschen Gruppe A
sgn x	Vorzeichen der reellen Zahl x
$\mathbf{SL}_n(R)$	Untergruppe der $A \in \mathbf{GL}_n(R)$ mit det $A = 1$
tr A	Spur der quadratischen Matrix A

1 Der Fundamentalsatz der Arithmetik

Das Ziel dieses Abschnittes ist es, die Struktur der multiplikativen Gruppe $\mathbb{Q}^{\times}$ im Körper der rationalen Zahlen aufzuklären. Sie ergibt sich aus dem Zerlegungsverhalten der natürlichen Zahlen in Faktoren, wie sie der Satz von der eindeutigen Zerlegung als Produkt von Primzahlen ausdrückt. Der Begriff des größten gemeinsamen Teilers führt auf den Weg dahin, und zwar merkwürdigerweise über die Struktur der ganzen Zahlen bezüglich der Addition. Diese Erkenntnis hat weitreichende Konsequenzen.

Wir benutzen ständig die folgenden drei Eigenschaften der Menge $\mathbb{Z}$ aller ganzen rationalen Zahlen:

$\boxed{\mathcal{R}}$ $\quad$ $\mathbb{Z}$ ist ein kommutativer Ring mit Einselement 1, der keine Nullteiler hat, das heißt in $\mathbb{Z}$ gilt

$$x \cdot y = 0 \quad \Rightarrow \quad x = 0 \text{ oder } y = 0.$$

$\boxed{\mathcal{O}}$ $\quad$ $\mathbb{Z}$ ist durch $\leq$ linear geordnet. Diese Anordnung erfüllt bezüglich Addition und Multiplikation die Beziehungen

$$a, b, c \in \mathbb{Z} \quad \text{und} \quad a \leq b \quad \Rightarrow \quad a + c \leq b + c,$$
$$a, b \in \mathbb{Z} \quad \text{und} \quad 0 \leq a, \ 0 \leq b \quad \Rightarrow \quad 0 \leq ab.$$

$\boxed{\mathcal{I}}$ $\quad$ Jede nichtleere und nach unten beschränkte Teilmenge von $\mathbb{Z}$ besitzt ein kleinstes Element.

Aus diesen Eigenschaften von $\mathbb{Z}$ lassen sich weitere Gesetze abgeleiten. Darunter sind einige, wie die Regeln für die Benutzung von Exponenten, in den Alltagsgebrauch eingegangen. Wir verwenden sie zunächst ohne weiteres.

1.1 Die natürlichen Zahlen

Die Teilmenge $\mathbb{N}$ der positiven Zahlen in $\mathbb{Z}$ ist die Menge der natürlichen Zahlen. Sie hat das Minimum 1, und $\mathbb{N}$ ist die kleinste der Teilmengen M von $\mathbb{Z}$ mit den Eigenschaften

$$1 \in M; \qquad \text{wenn } x \in M \text{ ist, so ist } x + 1 \in M.$$

Beweis. 1) Für alle $a, b \in \mathbb{Z}$ gilt nach den Eigenschaften der Anordnung $a < b \Leftrightarrow 0 < b - a$. Daraus folgt wegen $b - a = (-a) - (-b)$ die Implikation

$$a < b \quad \Rightarrow \quad -b < -a.$$

Die Nullteilerfreiheit von $\mathbb{Z}$ ergibt die Folgerung $a > 0$, $b > 0 \Rightarrow ab > 0$. Wegen $a^2 = (-a)^2$ ist daher für alle $a \in \mathbb{Z}$ entweder $a = 0$ oder $a^2 > 0$. Insbesondere ist $1 = 1^2 \in \mathbb{N}$. Darum gilt für das Minimum e von $\mathbb{N}$ sicher $0 < e \le 1$. Wäre $e < 1$, so käme daraus $e(1 - e) > 0$, also $0 < e^2 < e$ im Gegensatz zur Minimalität von e in $\mathbb{N}$. Daher ist $e = 1$.

2) Der Ring $\mathbb{Z}$ enthält Teilmengen M mit den Eigenschaften $1 \in M$ und $x + 1 \in M$ für alle $x \in M$, beispielsweise $M = \mathbb{Z}$. Auch $\mathbb{N}$ ist eine Menge dieser Art. Ferner gilt mit jedem System M_i $(i \in I)$ solcher Mengen auch für deren Durchschnitt

$$M = \bigcap_{i \in I} M_i$$

sowohl $1 \in M$ als auch $x \in M \Rightarrow x + 1 \in M$. Daher ist der Durchschnitt $\widetilde{M}$ aller dieser Mengen M ebenfalls eine dieser Mengen, und zwar die kleinste. Also ist $\widetilde{M} \subset \mathbb{N}$. Mittels der Induktionseigenschaft $\mathcal{I}$ beweisen wir $\widetilde{M} = \mathbb{N}$.

Wäre die Komplementärmenge $\mathbb{N} \setminus \widetilde{M}$ nicht leer, so enthielte sie ein Minimum m. Wegen $1 \in \widetilde{M}$ wäre $m > 1$, daher $0 < m - 1$, also $m - 1 \in \widetilde{M}$. Mit $x = m - 1$ folgt dann aber $m = x + 1 \in \widetilde{M}$ im Gegensatz zu $m \in \mathbb{N} \setminus \widetilde{M}$. Daher ist doch $\widetilde{M} = \mathbb{N}$.

Bemerkungen über das Vorzeichen. Die Anordnung von $\mathbb{Z}$ läßt sich auch beschreiben durch die Funktion $\mathrm{sgn} \colon \mathbb{Z} \to \{-1, 0, 1\}$, die auf $\mathbb{N}$ den Wert 1, bei Null den Wert 0 und sonst den Wert -1 hat. Sie ist charakterisiert durch die drei Eigenschaften: sgn ist nicht konstant und multiplikativ, also $\mathrm{sgn}(xy) = \mathrm{sgn}(x) \cdot \mathrm{sgn}(y)$ für alle $x, y \in \mathbb{Z}$; ferner gilt die Ungleichungskette

$$\min(\mathrm{sgn}(x), \mathrm{sgn}(y)) \le \mathrm{sgn}(x + y) \le \max(\mathrm{sgn}(x), \mathrm{sgn}(y)).$$

1.2 Der größte gemeinsame Teiler

Definition der Teilbarkeit. Es seien $a, b \in \mathbb{Z}$. Man sagt a *teilt* b (und schreibt $a \mid b$), wenn es ein $c \in \mathbb{Z}$ gibt mit der Gleichung $ac = b$. Demnach bedeutet a *teilt* b dasselbe wie a *ist ein Faktor von* b.

Wegen $ac = (-a)(-c)$ und $(-a)c = a(-c) = -ac$ sind je zwei der drei Aussagen $a \mid b$, $-a \mid b$, $a \mid -b$ gleichbedeutend. Was die Teilbarkeit in $\mathbb{Z}$ betrifft, genügt es demnach, sich auf die Untersuchung von $\mathbb{N}_0 = \mathbb{N} \cup \{0\}$ zu beschränken.

Bemerkung 1. Direkt aus der Definition ergibt sich für alle $a, b, c \in \mathbb{N}_0$

$$a \mid a; \qquad a \mid b \text{ und } b \mid c \Rightarrow a \mid c; \qquad a \mid b \text{ und } b \mid a \Rightarrow a = b.$$

(Die dritte Aussage fordert eine kleine Überlegung vom Leser.) Teilbarkeit liefert also auf $\mathbb{N}_0$ eine weitere Ordnung. Diese ist nicht linear, denn beispielsweise ist weder 2 ein Teiler von 3 noch 3 ein Teiler von 2. Für alle $a \in \mathbb{N}_0$

gilt indes $1 \mid a$ und $a \mid 0$. Hinsichtlich der Teilbarkeit ist 1 das kleinste, 0 das größte Element von $\mathbb{N}_0$.

Bemerkung 2. Auf der Menge $\mathbb{N}$ aller natürlichen Zahlen *ohne* Null ist die Teilbarkeitsrelation vergleichbar mit der Anordnung; das ist eine grundlegende Eigenschaft:

$$a, b \in \mathbb{N} \text{ und } a \mid b \Rightarrow a \leq b.$$

Beweis. Aus der Voraussetzung links ergibt sich ein $c \in \mathbb{Z}$ mit $ac = b$. Dafür gilt $c \geq 1$. Denn sonst wäre $-c \geq 0$, also $a(-c) = -b \geq 0$, was falsch ist. Nun folgt die Abschätzung $b - a = a(c - 1) \geq 0$. Sie bedeutet $b \geq a$. □

Satz 1. (Division mit Rest) *Zu je zwei Zahlen $a_0, a_1 \in \mathbb{Z}$ mit $a_1 > 0$ existiert genau ein $q_1 \in \mathbb{Z}$ derart, daß für den Rest $a_2 = a_0 - a_1 q_1$ gilt $0 \leq a_2 < a_1$.*

Beweis. Um die Existenz von q_1 zu zeigen, betrachten wir die Menge

$$R = \left\{ r \in \mathbb{N}_0 ; \quad r = a_0 - a_1 q \quad \text{für ein} \quad q \in \mathbb{Z} \right\}.$$

Sie ist nicht leer. Gilt nämlich $a_0 \geq 0$, dann ist $a_0 \in R$. Gilt aber $a_0 < 0$, so ist $-a_0 > 0$ und daher $a_0 - a_1 a_0 = -a_0(a_1 - 1) \geq 0$. Also ist $a_0 - a_1 a_0 \in R$. Das Minimum a_2 von R hat die Eigenschaft $0 \leq a_2 < a_1$. Denn für jedes $r \in R$ mit $a_1 \leq r$ gilt $r - a_1 \in R$ und natürlich $r - a_1 < r$.

Die Eindeutigkeit: Mit einer passenden Zahl $q_1 \in \mathbb{Z}$ ist $a_2 = a_0 - a_1 q_1$. Angenommen, es gilt für ein $q' \in \mathbb{Z}$ auch $0 \leq a_0 - a_1 q' < a_1$. Dann folgt aus der Minimalität von a_2 in R die Abschätzung $a_2 = a_0 - a_1 q_1 \leq a_0 - a_1 q'$. Sie ergibt $0 \leq a_1(q_1 - q') < a_1$. Hier gilt zunächst $q_1 - q' \geq 0$. Aber $q_1 - q' > 0$ ist nach der Bemerkung 2 zur Teilbarkeit nicht möglich. Also gilt $q_1 = q'$. □

Satz 2. (Die Untergruppen von $\mathbb{Z}$) *Die Gesamtheit der Untergruppen U von $\mathbb{Z}$ ist gegeben in der Form $U = n\mathbb{Z}$, $n \in \mathbb{N}_0$. Ist U eine von $\{0\}$ verschiedene Untergruppe von $\mathbb{Z}$, so ist n das Minimum des Durchschnittes $\mathbb{N} \cap U$. Daher ist n durch U stets eindeutig festgelegt.*

Beweis. 1) Aus dem Begriff der Untergruppe folgt mit dem Distributivgesetz im Ring $\mathbb{Z}$, daß für jedes $n \in \mathbb{N}_0$ die Menge $n\mathbb{Z}$ eine Untergruppe von $(\mathbb{Z}, +)$ ist. Im Fall $n > 0$ ist n nach der Bemerkung 2 zur Definition der Teilbarkeit das Minimum der Menge $\mathbb{N} \cap n\mathbb{Z}$.

2) Jede Untergruppe U von $\mathbb{Z}$ enthält mit einem Element x auch sein Negativ $-x$. Daher ist im Fall $U \neq \{0\}$ sicher $\mathbb{N} \cap U \neq \varnothing$. Wir setzen $n = \min(\mathbb{N} \cap U)$ und beweisen in zwei Schritten $U = n\mathbb{Z}$.

$n\mathbb{Z} \subset U$: Hierzu genügt die Feststellung $nk \in U$ für alle $k \in \mathbb{N}$. Sie ergibt sich mittels Induktion nach k aus der Tatsache $n \in U$.

$U \subset n\mathbb{Z}$: Diese Inklusion wird aus Satz 1 gefolgert. Gegeben sei ein Element $a_0 \in U$. Mit $a_1 := n$ und einem passenden Faktor $q_1 \in \mathbb{Z}$ wird

$$0 \leq a_0 - a_1 q_1 < a_1 = n.$$

In der Mitte steht eine Differenz zweier Elemente von U, also ein weiteres Element von U. Es kann nicht positiv sein nach Definition von n als Minimum von $\mathbb{N} \cap U$. Deshalb ist es Null, also

$$a_0 = a_1 q_1 \in n\mathbb{Z}.$$ □

Definition des größten gemeinsamen Teilers. Eine Zahl $d \in \mathbb{Z}$ heißt *größter gemeinsamer Teiler* des Systems $a_1, \dots, a_r$ ganzer Zahlen, in Zeichen $d = \mathrm{ggT}(a_1, \dots, a_r)$, wenn gleichzeitig gilt

$$d \geq 0; \qquad d \mid a_i \ (1 \leq i \leq r); \quad \text{und} \quad t \mid a_i \ (1 \leq i \leq r) \Rightarrow t \mid d.$$

Hat auch d' die drei Eigenschaften eines ggT von $a_1, \dots, a_r$, dann gilt $d' = d$. Der größte gemeinsame Teiler ist somit eindeutig bestimmt. Es gilt ferner $\mathrm{ggT}(a_1, \dots, a_r) = 0$ dann und nur dann, wenn alle $a_i = 0$ sind. Begründung:

Wegen $d' \mid d$ und $d \mid d'$ gelten Gleichungen $d = n'd'$ und $d' = nd$ mit geeigneten $n, n' \in \mathbb{Z}$. Sie ergeben $d = 0 \Leftrightarrow d' = 0$, und im Fall $d > 0$ die Abschätzungen $d' \leq d \leq d'$. Die zweite Bemerkung folgt direkt aus der Definition der Teilbarkeit.

Satz 3. *Jedes System von $r \geq 1$ ganzen Zahlen $a_1, \dots, a_r$ besitzt einen größten gemeinsamen Teiler d. Er ist gegeben durch die Gleichung*

$$\sum_{i=1}^{r} a_i \mathbb{Z} = d\mathbb{Z}.$$

Beweis. Die Summe $U = \sum_{i=1}^{r} a_i \mathbb{Z}$ der Untergruppen $a_1\mathbb{Z}, \dots, a_r\mathbb{Z}$ von $\mathbb{Z}$ ist jedenfalls wieder eine Untergruppe von $\mathbb{Z}$. Nach Satz 2 hat sie die Form $U = d\mathbb{Z}$, $d \in \mathbb{N}_0$. Da alle $a_i \in U = d\mathbb{Z}$ sind, gilt $d \mid a_i$ ($1 \leq i \leq r$). Überdies gibt es geeignete $c_i \in \mathbb{Z}$ mit $\sum_{i=1}^{r} a_i c_i = d$. Ist jetzt t ein gemeinsamer Teiler der a_i, etwa $a_i = tb_i$ ($1 \leq i \leq r$), dann folgt

$$d = \sum_{i=1}^{r} a_i c_i = t \cdot \sum_{i=1}^{r} b_i c_i,$$

woraus $t \mid d$ abzulesen ist. Also besitzt d die drei charakteristischen Eigenschaften des größten gemeinsamen Teilers. □

Beispiel. Gegeben seien drei ganze Zahlen a, b, c. Die Gleichung $ax + by = c$ ist lösbar durch geeignete $x, y \in \mathbb{Z}$ genau dann, wenn gilt $\mathrm{ggT}(a, b) \mid c$.

Denn mit $d = \mathrm{ggT}(a, b)$ ist $d\mathbb{Z} = a\mathbb{Z} + b\mathbb{Z}$, und die Lösbarkeit der Gleichung bedeutet dasselbe wie $c \in a\mathbb{Z} + b\mathbb{Z}$, bedeutet also $c \in d\mathbb{Z}$.

1.3 Vier Regeln zum größten gemeinsamen Teiler

(1) Für je drei ganze Zahlen a, b, q gilt $\mathrm{ggT}(a, b) = \mathrm{ggT}(b, a - bq)$.

Wir setzen abkürzend $a' = a - bq$. Nach Satz 3 genügt es, die Gleichung $a\,\mathbb{Z} + b\,\mathbb{Z} = b\,\mathbb{Z} + a'\mathbb{Z}$ zu zeigen. Sie folgt daraus, daß a' ein Element ihrer linken Seite und $a = bq + a'$ ein Element ihrer rechten Seite ist. □

(2) Im Fall $r \geq 3$ gilt $\mathrm{ggT}(a_1, \ldots, a_r) = \mathrm{ggT}\left(\mathrm{ggT}(a_1, \ldots, a_{r-1}), a_r\right)$.

Zum Beweis setzen wir $d = \mathrm{ggT}(a_1, \ldots, a_r)$ sowie $d' = \mathrm{ggT}(a_1, \ldots, a_{r-1})$ und $d'' = \mathrm{ggT}(d', a_r)$. Dann sind $d \geq 0$, $d'' \geq 0$. Ferner ist d'' ein gemeinsamer Teiler von d' und von a_r. Deshalb gilt aufgrund der Definition des größten gemeinsamen Teilers $d'' \mid a_i$ $(1 \leq i \leq r-1)$ und $d'' \mid a_r$, also $d'' \mid a_i$ $(1 \leq i \leq r)$, was $d'' \mid d$ zur Folge hat. Da andererseits d ein Teiler von $a_1, \ldots, a_{r-1}$ und von a_r ist, gilt $d \mid d'$ und $d \mid a_r$, also $d \mid \mathrm{ggT}(d', a_r) = d''$. Zusammen ergibt dies $d'' \mid d$ und $d \mid d''$, also $d = d''$. □

(3) Ist $t \in \mathbb{N}_0$, so gilt stets $\mathrm{ggT}(ta_1, \ldots, ta_r) = t \cdot \mathrm{ggT}(a_1, \ldots, a_r)$.

Die linke Seite der Gleichung kürzen wir mit d' ab. Da $d = \mathrm{ggT}(a_1, \ldots, a_r)$ alle a_i teilt, gilt $td \mid ta_i$ $(1 \leq i \leq r)$, also $td \mid d'$. Nach Satz 3 andererseits gibt es ganze Zahlen $c_1, \ldots, c_r$ mit $d = \sum_{i=1}^{r} a_i c_i$. Daraus folgt die Relation

$$td = \sum_{i=1}^{r} ta_i c_i \in \sum_{i=1}^{r} (ta_i)\,\mathbb{Z} = d'\mathbb{Z}\,,$$

und sie liefert $d' \mid td$. Insgesamt besagt das $d' = td$, wie behauptet wurde. □

(4) Sind $a, b, c \in \mathbb{Z}$ und gilt $\mathrm{ggT}(a, c) = 1$, so ist $\mathrm{ggT}(ab, c) = \mathrm{ggT}(b, c)$.

Aufgrund der Voraussetzung gilt $a\,\mathbb{Z} + c\,\mathbb{Z} = \mathbb{Z}$. Wegen der offensichtlichen Inklusion $bc\,\mathbb{Z} \subset c\,\mathbb{Z}$ ist darum

$$\begin{aligned} b\,\mathbb{Z} + c\,\mathbb{Z} &= b\,(a\,\mathbb{Z} + c\,\mathbb{Z}) + c\,\mathbb{Z} \\ &= ab\,\mathbb{Z} + bc\,\mathbb{Z} + c\,\mathbb{Z} = ab\,\mathbb{Z} + c\,\mathbb{Z}\,. \end{aligned}$$

Also erzeugen b und c dieselbe Untergruppe von $\mathbb{Z}$ wie ab und c. Nach Satz 3 bedeutet das $\mathrm{ggT}(b, c) = \mathrm{ggT}(ab, c)$. □

Jede rationale Zahl x besitzt eine Beschreibung als *Bruch* $x = m/n$ mit *teilerfremden* $m \in \mathbb{Z}$, $n \in \mathbb{N}$, das heißt $\mathrm{ggT}(m, n) = 1$. In dieser Darstellung sind der *Zähler* m und der *Nenner* n von x eindeutig: Ist nämlich mit $m' \in \mathbb{Z}$, $n' \in \mathbb{N}$ auch $x = m'/n'$ und $\mathrm{ggT}(m', n') = 1$, so gilt $m'n = mn'$. Aus Regel (3) ergibt sich deshalb

$$n = \mathrm{ggT}(m'n, n'n) = \mathrm{ggT}(mn', nn') = n'\,.$$

Bemerkung 1. Nach Regel (1) kann der größte gemeinsame Teiler $\mathrm{ggT}(a,b)$ schrittweise durch Division mit Rest bestimmt werden: Sind $a_0, a_1 \in \mathbb{N}$, so findet man rekursiv zu $a_{k-1}, a_k \in \mathbb{N}$ ein $q_k \in \mathbb{N}_0$ mit

$$a_{k-1} = a_k q_k + a_{k+1}, \quad 0 \le a_{k+1} < a_k.$$

Die Folge $a_1, a_2, \ldots$ ist strikt monoton fallend, und alle a_k sind in $\mathbb{N}_0$. Deshalb gibt es einen ersten Index n, für den gilt $a_{n+1} = a_{n-1} - a_n q_n = 0$. Mit ihm ist $a_n = \mathrm{ggT}(a_n, 0) = \mathrm{ggT}(a_n, a_{n-1} - a_n q_n)$. Aus Regel (1) folgt für alle k

$$\mathrm{ggT}(a_k, a_{k+1}) = \mathrm{ggT}(a_k, a_{k-1} - a_k q_k) = \mathrm{ggT}(a_{k-1}, a_k),$$

und damit haben wir $a_n = \mathrm{ggT}(a_0, a_1)$.

Bemerkung 2. Der Algorithmus liefert eine Beschreibung von $d = a_0 x + a_1 y$ als ganzzahlige Linearkombination von a_0 und a_1. In Matrixform lautet er

$$\begin{pmatrix} 0 & 1 \\ 1 & q_k \end{pmatrix} \begin{pmatrix} a_{k+1} \\ a_k \end{pmatrix} = \begin{pmatrix} a_k \\ a_{k-1} \end{pmatrix}, \quad (1 \le k \le n).$$

Durch Zusammensetzung aller Schritte ergibt sich

$$\begin{pmatrix} a_1 \\ a_0 \end{pmatrix} = \begin{pmatrix} 0 & 1 \\ 1 & q_1 \end{pmatrix} \begin{pmatrix} a_2 \\ a_1 \end{pmatrix} = \cdots = \begin{pmatrix} 0 & 1 \\ 1 & q_1 \end{pmatrix} \cdots \begin{pmatrix} 0 & 1 \\ 1 & q_n \end{pmatrix} \begin{pmatrix} 0 \\ a_n \end{pmatrix},$$

also mit $M = \begin{pmatrix} 0 & 1 \\ 1 & q_1 \end{pmatrix} \cdots \begin{pmatrix} 0 & 1 \\ 1 & q_n \end{pmatrix}$ schließlich $M^{-1} \begin{pmatrix} a_1 \\ a_0 \end{pmatrix} = \begin{pmatrix} 0 \\ d \end{pmatrix}$.

Beispiel. $d = \mathrm{ggT}(3\,984\,007, 3\,980\,021)$.

$a_0 : a_1 =$	$3984007 : 3980021 = 1$	
	$\underline{3980021}$	
$a_1 : a_2 =$	$3980021 : 3986 \quad = 998$	
	$\underline{35874}$	
	39262	
	$\underline{35874}$	
	33881	
	$\underline{31888}$	
$a_2 : a_3 =$	$3986 : 1993 \quad = 2$	
	$\underline{3986}$	
$a_4 =$	0	

Damit ist $d = a_3 = 1993$, und die Zahlen q aus Bemerkung 2 sind während der Division mitbestimmt worden: $q_1 = 1, q_2 = 998, q_3 = 2$. Aus ihnen ergibt sich $M = E(1)\,E(998)\,E(2)$, worin zur Abkürzung $E(q) = \begin{pmatrix} 0 & 1 \\ 1 & q \end{pmatrix}$ gesetzt wurde. Nach kurzer Rechnung erhält man

$$M = \begin{pmatrix} 998 & 1997 \\ 999 & 1999 \end{pmatrix}, \qquad M^{-1} = \begin{pmatrix} -1999 & 1997 \\ 999 & -998 \end{pmatrix}.$$

und daraus $1993 = 999 \cdot 3980021 - 998 \cdot 3984007$.

Definition des kleinsten gemeinsamen Vielfachen. Eine ganze Zahl v heißt ein *kleinstes gemeinsames Vielfaches* des Systems $a_1, \ldots, a_r$ ganzer Zahlen, kurz $v = \mathrm{kgV}(a_1, \ldots, a_r)$, wenn gleichzeitig gilt

$$v \geq 0\,; \qquad a_i \mid v \ (1 \leq i \leq r)\,; \quad \text{und} \quad a_i \mid w \ (1 \leq i \leq r) \ \Rightarrow \ v \mid w\,.$$

Hat auch v' die Eigenschaften eines kgV von $a_1, \ldots, a_r$, so ist $v = v'$. Das kleinste gemeinsame Vielfache ist mithin eindeutig bestimmt. Die Gleichung $\mathrm{kgV}(a_1, \cdots, a_r) = 0$ tritt genau dann ein, wenn wenigstens ein $a_j = 0$ ist.

Denn einerseits ist $v \mid v'$, andererseits ergibt sich aus der Rolle von v' in der von v die Aussage $v' \mid v$, was $v = v'$ zur Folge hat. Ist ein $a_j = 0$, so sind alle gemeinsamen Vielfachen w der a_i Null; sonst aber ist das Produkt $a_1 \cdots a_r$ ein von Null verschiedenes gemeinsames Vielfaches der a_i.

Satz 4. *Jedes System von $r \geq 1$ ganzen Zahlen $a_1, \cdots, a_r$ hat ein kleinstes gemeinsames Vielfaches v. Es ist gegeben durch die Gleichung*

$$\bigcap_{i=1}^{r} a_i \mathbb{Z} \ = \ v \mathbb{Z}\,.$$

Ist überdies $r > 2$, so gilt $\mathrm{kgV}(a_1, \ldots, a_r) = \mathrm{kgV}(\mathrm{kgV}(a_1, \ldots, a_{r-1}), a_r)$.

Beweis. Die Menge $U = \bigcap_{i=1}^{r} a_i \mathbb{Z}$ ist eine Untergruppe von $\mathbb{Z}$. Sie hat daher nach Satz 2 die Gestalt $U = v \mathbb{Z}$ mit einem $v \in \mathbb{N}_0$. Wegen $v \in a_i \mathbb{Z}$ gilt $a_i \mid v \ (1 \leq i \leq r)$. Ist nun w für jeden Index i ein Vielfaches von a_i, gilt also $w \in a_i \mathbb{Z} \ (1 \leq i \leq r)$, dann ist w ein Element von $\bigcap_{i=1}^{r} a_i \mathbb{Z} = v \mathbb{Z}$, was $v \mid w$ beweist. Die zweite Aussage ist unmittelbar an folgender Gleichung abzulesen: $\bigcap_{i=1}^{r} a_i \mathbb{Z} = \left(\bigcap_{i=1}^{r-1} a_i \mathbb{Z} \right) \cap a_r \mathbb{Z}$. $\qquad\square$

Zusatz. *Für zwei Zahlen $a, b \in \mathbb{N}_0$ gilt stets* $\mathrm{ggT}(a, b) \cdot \mathrm{kgV}(a, b) \ = \ ab$.

Beweis. Zu den Faktoren $d = \mathrm{ggT}(a, b)$, $v = \mathrm{kgV}(a, b)$ existieren Zahlen a', b', a'', b'' in $\mathbb{N}_0$ mit den Eigenschaften $a = da'$, $b = db'$ und $v = aa'' = bb''$. Also gilt $a \mid a'db'$, $b \mid a'db'$, woraus sich mit der Definition des kleinsten gemeinsamen Vielfachen ergibt $v \mid a'db'$, also $d \cdot v \mid d\,a'd\,b' = ab$. Nach Satz 3 gibt es andererseits Zahlen $x, y \in \mathbb{Z}$ mit $d = ax + by$. Also ist

$$dv \ = \ (ax + by)\,v \ = \ ab\,(b''x + a''y)\,,$$

das heißt $ab \mid dv$. Da beide Zahlen in $\mathbb{N}_0$ liegen, folgt $ab = dv$. $\qquad\square$

Beispiel. $\qquad \mathrm{kgV}(119, 143) \ = \ 119 \cdot 143 \,/\, \mathrm{ggT}(119, 143)$

Nach den Regeln für den größten gemeinsamen Teiler ergibt sich der Reihe nach $\mathrm{ggT}(143, 119) = \mathrm{ggT}(119, 24) = \mathrm{ggT}(24, -1) = 1$. Daher erhält man

$$\mathrm{kgV}(119, 143) \ = \ 119 \cdot 143 \ = \ 17017 \quad \text{(man beachte } 7 \cdot 11 \cdot 13 = 1001\text{)}.$$

1.4 Über die Primzahlen

Definition. Eine natürliche Zahl p heißt eine *Primzahl*, wenn sie genau zwei positive Teiler, nämlich 1 und p hat. (Die 1 gehört nicht zu den Primzahlen.)

Satz 5. (EUKLID) *Wenn eine Primzahl p das Produkt ab zweier ganzer Zahlen a, b teilt, dann teilt sie mindestens einen der Faktoren.*

Beweis. Nach Voraussetzung ist $p = \mathrm{ggT}(ab, p)$. Angenommen, p sei kein Teiler von a. Dann gilt $\mathrm{ggT}(a, p) = 1$. Nun ergibt Regel (4) des größten gemeinsamen Teilers $p = \mathrm{ggT}(ab, p) = \mathrm{ggT}(b, p)$, das heißt $p \mid b$.   □

Ist ein Produkt $n = \prod_{i=1}^{r} n_i$ von $r > 2$ ganzen Zahlen durch die Primzahl p teilbar, so ist mindestens ein Faktor teilbar durch p (Induktion nach r).

Satz 6. (Der Fundamentalsatz der Arithmetik in $\mathbb{Z}$) *Jede natürliche Zahl n kann auf genau eine Weise geschrieben werden als Produkt*

$$n = \prod_{i=1}^{r} p_i^{a_i} \qquad (r \geq 0,\ a_i \in \mathbb{N},\ 1 \leq i \leq r) \tag{$*$}$$

von Potenzen der Größe nach geordneter Primzahlen. Im Fall $r = 0$ ist das leere Produkt als 1 zu lesen.

Beweis. 1) Jede natürliche Zahl n ist ein (eventuell leeres) Produkt von Primzahlen: Dies trifft jedenfalls zu für $n = 1$. Ist $n > 1$ und ist die Behauptung richtig für alle kleineren $n' \in \mathbb{N}$, dann betrachte man unter den Faktorisierungen $qn' = n$, für die $q > 1$ ist, eine solche mit minimalem q. Da die Teiler von q auch n teilen, ist q eine Primzahl. Aus $n - n' = n'(q - 1) > 0$ ergibt sich $n' < n$. Also ist aufgrund der Induktionsvoraussetzung n', und damit auch $n = qn'$, ein Produkt von Primzahlen.

2) Eindeutigkeit der Faktorisierung $(*)$: Es seien

$$n = \prod_{i=1}^{r} p_i^{a_i} = \prod_{j=1}^{s} q_j^{b_j}$$

zwei Faktorisierungen $(*)$ von n. Dann teilt jede Primzahl p_i als Teiler des rechten Produktes nach der Bemerkung zu Satz 5 eine der Primzahlen q_j, ist also gleich dieser Primzahl. Ebenso ist jede der Primzahlen q_j identisch mit einer der Primzahlen p_i. Daraus folgt $\{p_i\ ;\ 1 \leq i \leq r\} = \{q_j\ ;\ 1 \leq i \leq s\}$. Weil die p_i und auch die q_j der Größe nach geordnet sind, ergibt sich $r = s$ und $p_i = q_i$ $(1 \leq i \leq r)$: In allen Faktorisierungen $(*)$ von n treten stets dieselben Primzahlen auf.

Wäre einmal $a_t \neq b_t$, so gäbe es auch einen kleinsten Index t dieser Art. Dann könnte (durch Wahl der Bezeichnung) $a_t < b_t$ erreicht werden. Division durch $n' = \prod_{i=1}^{t} p_i^{a_i}$ ergäbe

$$n'' = \frac{n}{n'} = \prod_{i=t+1}^{r} p_i^{a_i} = p_t^{b_t - a_t} \cdot \prod_{j=t+1}^{r} p_j^{b_j}$$

im Gegensatz zu der bereits bewiesenen Eindeutigkeit der Primteilermenge von n''. Also ist doch stets $a_t = b_t$. □

Die Primfaktorisierungen von $n_1, n_2 \in \mathbb{N}$ ergeben (durch Addition der Exponenten) die Primzerlegung des Produktes $n_1 n_2$. Die sämtlichen positiven Teiler d einer natürlichen Zahl n lassen sich daher aus ihrer kanonischen Faktorisierung $n = \prod_{i=1}^{r} p_i^{a_i}$ ablesen. Es sind die Zahlen

$$d = \prod_{i=1}^{r} p_i^{b_i} \qquad (0 \leq b_i \leq a_i).$$

Ihre Anzahl, die *Teilerzahl* von n, ist gleich $\sigma_0(n) := \prod_{i=1}^{r} (a_i + 1)$.

Beispiel. Die Zahl $n = 720 = 2^4 \cdot 3^2 \cdot 5$ hat $\sigma_0(720) = 30 = 5 \cdot 3 \cdot 2$ Teiler:

1	2	3	5	4	6	10	9	15	8	12	20	18	30	45
720	360	240	144	180	120	72	80	48	90	60	36	40	24	16

Die kanonischen Produkte $m = \prod_{i=1}^{r} p_i^{a_i}$, $n = \prod_{i=1}^{r} p_i^{b_i}$ der Zahlen $m, n \in \mathbb{N}$ mit Exponenten $a_i, b_i \in \mathbb{N}_0$ liefern die folgenden Formeln

$$\mathrm{ggT}(m, n) = \prod_{i=1}^{r} p_i^{\min(a_i, b_i)}, \qquad \mathrm{kgV}(m, n) = \prod_{i=1}^{r} p_i^{\max(a_i, b_i)}.$$

Denn nach dem Zusatz zu Satz 4 ist $\mathrm{ggT}(m, n) \cdot \mathrm{kgV}(m, n) = m \cdot n$. Es genügt deshalb und weil $\min(a_i, b_i) + \max(a_i, b_i) = a_i + b_i$ ist, die erste Formel zu beweisen. Das Produkt d auf ihrer rechten Seite ist ein Teiler von m und auch von n. Aufgrund der obigen Bemerkung ist aber $t = \prod_{i=1}^{r} p_i^{c_i}$ ($c_i \in \mathbb{N}_0$) ein Teiler von m und von n genau dann, wenn $c_i \leq a_i$ und $c_i \leq b_i$, also $c_i \leq \min(a_i, b_i)$ für jeden Index i gilt. Demnach ist auch $t \mid d$ und somit $d = \mathrm{ggT}(m, n)$ bewiesen.

Der größte gemeinsame Teiler und das kleinste gemeinsame Vielfache von $s \geq 3$ natürlichen Zahlen $m_1, \ldots, m_s$ kann analog über deren kanonische Zerlegung beschrieben werden.

1.5 Kanonische Zerlegung und Teiler

Die Möbiusfunktion. Der neue Überblick über alle positiven Teiler d einer natürlichen Zahl n zeigt, daß deren Anzahl nur von dem Exponentenmuster $(a_1, \ldots, a_r)$ der verschiedenen Primteiler p_i von n abhängt. Ferner hat jeder positive Teiler $d < n$ von n weniger positive Teiler als n. Rekursiv folgt daraus, daß es genau eine Funktion $\mu \colon \mathbb{N} \to \mathbb{C}$ gibt mit den Eigenschaften $\mu(1) = 1$ und $\sum_{d|n} \mu(d) = 0$ für alle $n > 1$, die *Möbiusfunktion*. Das wird jetzt im einzelnen ausgeführt. (Die Summation über $d \mid n$ betrifft von hier an die *positiven* Teiler von n.)

Satz 7. (Eigenschaften der Möbiusfunktion) *Für die Primzahlen p gilt stets* $\mu(p) = -1$ *sowie* $\mu(p^a) = 0$, *falls* $a > 1$ *ist; und für teilerfremde* $m, n \in \mathbb{N}$ *ist*

$$\mu(mn) \;=\; \mu(m)\mu(n) \,.$$

Beweis. 1) p^a hat die positiven Teiler p^b $(0 \le b \le a)$. Da speziell p genau zwei positive Teiler besitzt, zeigt die Rekursionsformel $\mu(p) = -1$ im Fall $a = 1$; ist indes $a > 1$ und damit $p^{a-1} > 1$, dann ergibt sie

$$0 \;=\; \sum_{d|p^a} \mu(d) \;=\; \mu(p^a) + \sum_{d|p^{a-1}} \mu(d) \;=\; \mu(p^a) \,.$$

2) Aus der Beschreibung der Teiler natürlicher Zahlen erhalten wir für ein Produkt $N = mn$ teilerfremder Faktoren m, n alle Teiler $D > 0$ in einer eindeutigen Zerlegung $D = dt$ mit positiven Teilern $d \mid m$, $t \mid n$. Sie erfüllen selbstverständlich $\mathrm{ggT}(d, t) = 1$. Umgekehrt ist jedes Produkt von Teilern $d \mid m$, $t \mid n$ ein Teiler von N. Jetzt beweisen wir die zweite Formel durch Induktion nach der Teilerzahl von mn, wobei der Anfang $\mu(1 \cdot 1) = \mu(1)\mu(1)$ nach der Definition von μ klar ist. Im Induktionsschritt haben wir aus der Rekursionsformel und der Voraussetzung

$$
\begin{aligned}
0 \;&=\; \sum_{D|mn} \mu(D) \;=\; \sum_{d|m,\,t|n} \mu(dt) \\
&=\; \mu(mn) - \mu(m)\mu(n) + \sum_{d|m,\,t|n} \mu(d)\mu(t) \\
&=\; \mu(mn) - \mu(m)\mu(n) + \Big(\sum_{d|m} \mu(d) \Big)\Big(\sum_{t|n} \mu(t) \Big) \\
&=\; \mu(mn) - \mu(m)\mu(n) \,.
\end{aligned}
$$

Daraus ist die Behauptung abzulesen.   □

Satz 8. (Die Möbiussche Umkehrformel) *Für jede Funktion $f \colon \mathbb{N} \to \mathbb{C}$ und ihre* summatorische *Funktion F, definiert durch*

$$F(n) \;=\; \sum_{d|n} f(d) \qquad (n \in \mathbb{N}) \,,$$

gilt die Relation $\qquad f(N) = \sum_{d|N} \mu(d) F\left(\dfrac{N}{d}\right) \qquad (N \in \mathbb{N})$.

Beweis. Nach Definition von F wird

$$\sum_{d|N} \mu(d) F\left(\frac{N}{d}\right) = \sum_{d|N} \mu(d) \sum_{n|\frac{N}{d}} f(n)$$

$$= \sum_{n|N} \Big(\sum_{d|\frac{N}{n}} \mu(d)\Big) f(n) = f(N).$$ □

1.6 Die Rolle der Primzahlen in $\mathbb{Q}$

Der Übergang vom Ring $\mathbb{Z}$ der ganzen Zahlen zum Körper $\mathbb{Q}$ aller Brüche

$$\frac{m}{n} \qquad (m \in \mathbb{Z},\ n \in \mathbb{N})$$

bietet hinsichtlich der Multiplikation keine Schwierigkeit. Daß man Brüche erweitern und kürzen kann, ohne ihren Wert zu ändern, wird in der Definition der Gleichheit ausgedrückt: Für Zahlen $m, m' \in \mathbb{Z}$ und $n, n' \in \mathbb{N}$ bedeutet

$$\frac{m}{n} = \frac{m'}{n'}$$

dasselbe wie die Gleichung $mn' = m'n$ in $\mathbb{Z}$. Die Regel für den Umgang mit Summen in $\mathbb{Q}$ ist aus dem täglichen Leben als *Bruchrechnen* wohlvertraut:

$$\frac{m_1}{n_1} + \frac{m_2}{n_2} = \frac{m_1 n_2 + m_2 n_1}{n_1 n_2}.$$

Schließlich kann die Ausdehnung der Anordnung von $\mathbb{Z}$ auf $\mathbb{Q}$ erreicht werden durch Fortsetzung der Vorzeichenfunktion sgn von $\mathbb{Z}$ auf $\mathbb{Q}$ mittels

$$\text{sgn}\left(\frac{m}{n}\right) = \text{sgn}(m), \quad \text{falls } m \in \mathbb{Z},\ n \in \mathbb{N} \text{ ist.}$$

Mühelos nachzuweisen sind für alle $x, y \in \mathbb{Q}$ die Eigenschaften

$$\text{sgn}(xy) = \text{sgn}(x) \cdot \text{sgn}(y),$$
$$\min(\text{sgn}(x), \text{sgn}(y)) \leq \text{sgn}(x + y) \leq \max(\text{sgn}(x), \text{sgn}(y)).$$

Danach enthält der Fundamentalsatz der Arithmetik in $\mathbb{Z}$ über die multiplikative Gruppe $\mathbb{Q}^\times$ folgende Strukturaussage:

Satz 9. *Jede Zahl $b \in \mathbb{Q}^\times$ besitzt genau eine kanonische Zerlegung*

$$b = \text{sgn}(b) \cdot \prod_{i=1}^{r} p_i^{a_i}$$

als Produkt von Potenzen $p_i^{a_i}$ ($a_i \in \mathbb{Z} \smallsetminus \{0\}$) der Größe nach geordneter Primzahlen p_i versehen mit dem Signum von b als Vorfaktor. □

Eine Anwendung. Es sei $n \in \mathbb{N}$. Durch den Übergang zur n-ten Potenz $x \mapsto x^n$ entsteht ein Endomorphismus der abelschen Gruppe $\mathbb{Q}^\times$. Sein Bild besteht aus den rationalen Zahlen $a \neq 0$, die bei geradem n positiv sind und in deren kanonischer Zerlegung der p-Exponent durch n teilbar ist für jede Primzahl p. Ist also eine dieser Bedingungen verletzt, dann ist $\sqrt[n]{a}$ irrational.

Bemerkungen über den p-Exponenten v_p für Primzahlen.
Zum Schluß dieses Abschnittes ist noch etwas Allgemeines zu sagen über die Funktion $v_p : \mathbb{Q}^\times \to \mathbb{Z}$, die bei gegebener Primzahl p jedem $b \in \mathbb{Q}^\times$ zuordnet den p-Exponenten $v_p(b)$ in der kanonischen Zerlegung von b. Nach Satz 9 ist v_p ein Homomorphismus der multiplikativen Gruppe $\mathbb{Q}^\times$ auf die additive Gruppe $\mathbb{Z}$. Weil die Null in $\mathbb{Z}$ durch beliebig hohe p-Potenzen teilbar ist, setzt man $v_p(0) = \infty$. Damit gilt bezüglich der Addition die Ungleichung

$$v_p(x + x') \geq \min(v_p(x), v_p(x')) \quad \text{für alle} \quad x, x' \in \mathbb{Q}.$$

Sind nämlich $m, m' \in \mathbb{Z}$ und ist $d = \mathrm{ggT}(m, m')$, so gilt nach einer Bemerkung zu Satz 6 die Beziehung $v_p(d) = \min(v_p(m), v_p(m'))$. Da d ein Teiler von $m + m'$ ist, folgt $v_p(m + m') \geq v_p(d)$. Dies beweist die Ungleichung, falls $x, x' \in \mathbb{Z}$ sind. Sonst aber existiert ein gemeinsamer Nenner $n \in \mathbb{N}$, so daß $m/n = x$, $m'/n = x'$ mit geeigneten $m, m' \in \mathbb{Z}$ ist. Dann wird

$$
\begin{aligned}
v_p(x + x') &= v_p(m + m') - v_p(n) \geq \min(v_p(m), v_p(m')) - v_p(n) \\
&= \min(v_p(m) - v_p(n), v_p(m') - v_p(n)) = \min(v_p(x), v_p(y)).
\end{aligned}
$$

Diese Ungleichung wird in Abschnitt 9 bei der Konstruktion des Körpers $\mathbb{Q}_p$ der p-adischen Zahlen eine wichtige Rolle spielen.

Nach Maple ist

$$\frac{3^{541} - 1}{2}$$

wahrscheinlich eine Primzahl.

Aufgabe 1. a) Aus der für reelle Zahlen x, y bekannten Formel

$$x^n - y^n = (x - y) \sum_{k=0}^{n-1} x^k y^{n-1-k} \qquad (n \in \mathbb{N},\ n > 1)$$

erschließe man für $a \in \mathbb{Z}$ einen nichttrivialen Teiler von $a^n - 1$, sobald $a > 2$ ist oder $a = 2$ und n keine Primzahl.

b) Für die *Mersenneschen Zahlen* $M_n = 2^n - 1$ beweise man die Formel

$$\mathrm{ggT}(M_k, M_n) = M_{\mathrm{ggT}(k,n)}.$$

Hinweis: Ist $n_0 = n_1 q_1 + n_2$, so gilt $X^{n_0} - 1 = (X^{n_1 q_1} - 1)X^{n_2} + X^{n_2} - 1$.

Aufgabe 2. Ist die Differenz $b - a$ zweier ganzer Zahlen durch die natürlichen Zahlen $n_1, \ldots, n_r$ teilbar, dann ist sie auch durch deren kleinstes gemeinsames Vielfache $N = \mathrm{kgV}(n_1, \ldots, n_r)$ teilbar.

Aufgabe 3. Zu Indizes $n \in \mathbb{Z}$ werden die *Fibonaccizahlen* f_n rekursiv definiert: $f_0 = 0$, $f_1 = 1$, $f_{n+1} = f_{n-1} + f_n$. Man beweise für $k, m, n \in \mathbb{Z}$ die Formeln

$$\begin{pmatrix} 0 & 1 \\ 1 & 1 \end{pmatrix}^n = f_{n-1} \begin{pmatrix} 1 & 0 \\ 0 & 1 \end{pmatrix} + f_n \begin{pmatrix} 0 & 1 \\ 1 & 1 \end{pmatrix},$$

$$f_{-n} = (-1)^{n+1} f_n, \qquad f_{k+m} = f_{k+1} f_m + f_k f_{m-1},$$
$$f_k \mid f_{km}, \qquad \mathrm{ggT}(f_k, f_m) = f_{\mathrm{ggT}(k,m)}.$$

Aufgabe 4. Es sei $n > 1$ eine natürliche Zahl. Man zeige, daß zu ganzen Zahlen a, b mit $\mathrm{ggT}(a, b, n) = 1$ stets ganze Zahlen k, l existieren derart, daß für $a' = a + kn$ und $b' = b + ln$ gilt $\mathrm{ggT}(a', b') = 1$. Tip. Für $b \neq 0$ kann $l = 0$ und k als geeigneter Teiler von b gewählt werden.

Aufgabe 5. Man entwickle ein Programm, welches zwei ganze Zahlen r_0, r_1 (mit $r_1 > 0$) einliest und auf sie den unten angegebenen Algorithmus für wiederholte Division mit Rest anwendet. Man teste das Programm mit den Zahlen $r_0 = 21\,053\,343\,141$, $r_1 = 6\,701\,487\,259$.

Der erweiterte Kettendivisionsalgorithmus

Eingabe:
$r_0 \in \mathbb{Z}$; $r_1 \in \mathbb{N}$.

Initialisierung:
$k \leftarrow 0$;
$p_{-2} \leftarrow 0$; $p_{-1} \leftarrow 1$;
$q_{-2} \leftarrow 1$; $q_{-1} \leftarrow 0$;

Iteration:
    while $r_{k+1} > 0$ **do**
    begin
        $a_k \leftarrow \max\{a \in \mathbb{Z} \mid a \cdot r_{k+1} \leq r_k\}$;
        $p_k \leftarrow a_k \cdot p_{k-1} + p_{k-2}$;
        $q_k \leftarrow a_k \cdot q_{k-1} + q_{k-2}$;
        $r_{k+2} \leftarrow r_k - a_k \cdot r_{k+1}$;
        $k \leftarrow k + 1$
    end;

Ausgabe:
$\mathrm{ggT}(r_0, r_1) = r_k$ und $p_{k-1}/q_{k-1} = r_0/r_1$ in gekürzter Form.

Aufgabe 6. Man zeige, daß jede der beiden Folgen

$$s_n := \frac{1}{2} + \frac{1}{3} + \cdots + \frac{1}{n}, \; n > 1 \quad \text{und} \quad u_n := \frac{1}{3} + \frac{1}{5} + \cdots + \frac{1}{2n+1}, \; n \geq 1$$

keine ganze Zahl enthält. Tip: Bestimme $v_2(s_n)$ und $v_3(u_n)$.

Aufgabe 7. Die *primitiven pythagoräischen Tripel* natürlicher Zahlen x, y, z mit dem $\mathrm{ggT}(x, y, z) = 1$, welche die Diophantische Gleichung $x^2 + y^2 = z^2$ erfüllen, erhält man aus teilerfremden natürlichen Zahlen $u > v$ mit geradem Produkt uv, indem man eine der Zahlen x, y gleich $2uv$ setzt, die andere gleich $u^2 - v^2$ sowie $z = u^2 + v^2$. Hinweis: Genau eine der Zahlen x, y ist gerade, etwa x. Daher ist dann

$$\left(\frac{x}{2}\right)^2 = \frac{z+y}{2} \cdot \frac{z-y}{2} \quad \text{und} \quad \mathrm{ggT}(y, z) = 1.$$

Aufgabe 8. Es seien $a, m > 1$ natürliche Zahlen mit dem $\mathrm{ggT}(a, m) = 1$. Man zeige die Existenz ganzer Zahlen x, y in den Grenzen $0 < x < \sqrt{m}$, $0 < |y| < \sqrt{m}$, für die m ein Teiler von $ax + y$ ist. Tip: Man betrachte für die ganzen Zahlen r, s mit $0 \leq r, s \leq \sqrt{m}$ die Reste modulo m von $ar + s$.

Aufgabe 9. Funktionen $f: \mathbb{N} \to \mathbb{C}$ heißen auch *zahlentheoretische Funktionen*. Eine zahlentheoretische Funktion f heißt *multiplikativ*, falls $f(1) = 1$ ist und falls für alle teilerfremden $m, n \in \mathbb{N}$ gilt $f(mn) = f(m)f(n)$. Ist diese Gleichung sogar für alle $m, n \in \mathbb{N}$ richtig, so wird f auch *strikt multiplikativ* genannt. Beispielsweise ist die Möbiusfunktion multiplikativ, aber nicht strikt multiplikativ. Man zeige

a) Das Produkt von zwei (strikt) multiplikativen zahlentheoretischen Funktionen ist wieder (strikt) multiplikativ.

b) Die *summatorische Funktion* $F(n) = \sum_{d|n} f(d)$ einer multiplikativen zahlentheoretischen Funktion f ist wieder multiplikativ.

c) Ist die Funktion $f: \mathbb{N} \to \mathbb{C}$ multiplikativ, so gilt mit der kanonischen Zerlegung $n = \prod_{k=1}^r p_k^{a_k}$ von $n \in \mathbb{N}$ die Formel

$$f(n) = \prod_{k=1}^r f(p_k^{a_k}).$$

Beispiel: Die in 1.4 erwähnte Teilerzahlfunktion σ_0 ist multiplikativ, folglich auch das Produkt $\mu \sigma_0$, und es gilt

$$\sum_{d|n} \mu(d)\, \sigma_0(d) = (-1)^r.$$

Aufgabe 10. Man zeige, daß für Primzahlen p und natürliche Zahlen k, m mit $1 \leq k \leq p^m$ der p-Exponent des Binomialkoeffizienten $\binom{p^m}{k}$ den Wert $m - v_p(k)$ hat (Induktion nach k).

2 Primzahlen und irreduzible Polynome

Schon in der Antike war bekannt, daß die Menge der Primzahlen unendlich ist und wie man für sie eine Liste bis zu einer festen Schranke anlegt. Eine gute Abschätzung für die Anzahl $\pi(x)$ aller Primzahlen $p \leq x$ im Ring $\mathbb{Z}$ der ganzen Zahlen verdanken wir TSCHEBYSCHËW. Sie kann mit elementaren Mitteln aus der reellen Analysis unter Benutzung des Fundamentalsatzes der Arithmetik in $\mathbb{Z}$ bewiesen werden. Ihrer Darstellung ist der erste Teil diese Abschnittes gewidmet. Im zweiten Teil wenden wir uns der weitgehenden Analogie zur Arithmetik von $\mathbb{Z}$ zu, die die Polynomringe $K[X]$ über Körpern K beherrscht. Dort entsprechen den Primzahlen von $\mathbb{Z}$ die irreduziblen, normierten Polynome, die *Primpolynome*. Es gilt ein analoger Fundamentalsatz bezüglich der Faktorisierung der Polynome. Die denkbar einfachsten Primpolynome in $K[X]$ haben die Form $X - \alpha$, $\alpha \in K$. Ihr Auftreten in der Primfaktorisierung eines Polynoms hängt mit seinen *Wurzeln*, also den Nullstellen zusammen.

Satz 1. (EUKLID) *Die Anzahl der Primzahlen ist unendlich.*

Beweis. Es sei p eine beliebige Primzahl. Man setze

$$P = 1 + 2 \cdot 3 \cdot 5 \cdots p = 1 + \prod_{q \leq p} q\,,$$

worin q die Primzahlen bis p durchläuft. Die Zahl P ist durch keine Primzahl $q \leq p$ teilbar, da sie bei Division durch q den Rest 1 läßt. Also ist der kleinste Teiler $p' > 1$ von P, der in jedem Fall eine Primzahl ist, größer als p. $\qquad\square$

2.1 Das Sieb des Eratosthenes

Wir stellen ein Verfahren zur Ermittlung der Primzahlen unterhalb einer Schranke S vor. Es basiert auf der Tatsache, daß der kleinste Primteiler p einer zusammengesetzten Zahl n der Abschätzung $p^2 \leq n$ genügt.

In einer Liste für die natürlichen Zahlen n in den Grenzen $2 \leq n \leq S$ bezeichne p_1 die kleinste Zahl. Sie ist durch keine kleinere Primzahl teilbar, also selbst eine Primzahl. Im k-ten Schritt wird in der Liste die k-te Primzahl gefunden als Minimum der Menge aller natürlichen Zahlen $n > 1$, die durch keine der Primzahlen $p_1, \ldots, p_{k-1}$ teilbar sind. Sie wird mit p_k bezeichnet. Solange $p_k^2 \leq S$ ist, markiert man alle noch nicht markierten Plätze echter Vielfacher von p_k in der Liste. Dann sind alle Plätze bezeichnet oder markiert, die zu Vielfachen einer der Primzahlen $p_1, \ldots, p_k$ gehören.

Ist aber $p_k^2 > S$, dann sind bereits alle zusammengesetzten Zahlen der Liste markiert. Die übrigen nicht markierten Plätze gehören nun zu den Primzahlen $p \leq S$. Verwendet man zudem von Schritt zu Schritt verschiedene Markierungen, so hat man neben den Primzahlen auch den kleinsten Primfaktor jeder zusammengesetzten Zahl bis S festgestellt.

In unserer Dezimalschreibweise sind die durch 2, 3 oder 5 teilbaren Zahlen bereits sichtbar markiert. Für den Fall $S = 600$ notieren wir die Elemente der Liste, die nicht durch 2 oder 3 oder 5 teilbar sind.

Tabelle der kleinsten Primfaktoren bis $S = 600$

	1	7	11	13	17	19	23	29	31	37	41	43	47	49	53	59
	□	/	\	A	B	C	D							/		
60+				/			/									/
120+	\			/			\				/			a		
180+		\				/	\		/	a						
240+		a		\		/							/	b		a
300+	/				\	b	/				\	/				
360+	c		/		a			b			a	\			/	
420+		/			c			\					/	\		
480+	a		b	/				/	\			b	d	a	/	
540+			c	/		a					/	\		c		

2.2 Über das Wachstum der Primzahlen

Hier und im folgenden bezeichnet log den natürlichen Logarithmus.

Definition. Die Primzahlfunktion $\pi(x)$ für $x \geq 1$ ist gegeben durch

$$\pi(x) = \#\{p \in \mathbf{N};\ p \text{ prim},\ p \leq x\}.$$

Vom jungen C. F. GAUSS vermutet, aber erst hundert Jahre später bewiesen, wurde der *Primzahlsatz*:

$$\lim_{x \to \infty} \frac{\pi(x) \log x}{x} = 1.$$

Ein Beweis des Primzahlsatzes geht über den Rahmen dieses Buches hinaus. Wir beschränken uns daher auf die Behandlung eines Resultates, das seinerseits ein Meilenstein auf dem Weg zum Primzahlsatz ist.

Satz 2. (TSCHEBYSCHËW, 1852) *Es gibt positive Konstanten a, A derart, daß für alle $x \geq 2$ gilt*

$$a\,\frac{x}{\log x} \leq \pi(x) \leq A\,\frac{x}{\log x}.$$

Zum Beweis von Satz 2 werden drei Propositionen benutzt.

Proposition 1. *Für Primzahlen p und natürliche Zahlen $n \geq 1$ ist in der kanonischen Zerlegung von $n!$ der p-Exponent gleich*

$$v_p(n!) \;=\; \sum_{m=1}^{\infty} \left\lfloor \frac{n}{p^m} \right\rfloor .$$

Beweis. In der Formel bezeichnet $\lfloor x \rfloor$ für reelle x die größte ganze Zahl $\leq x$. Im Fall $n < p^m$, also $m > \log n / \log p$, sind die zugehörigen Summanden der Reihe Null. Sonst sind von den n Faktoren in $n!$ genau $\lfloor n/p \rfloor$ Faktoren durch p teilbar: $1 \cdot p, \, 2 \cdot p, \ldots, \lfloor n/p \rfloor \cdot p$. Von diesen enthalten den Faktor p zweimal genau $\lfloor n/p^2 \rfloor$ Faktoren, nämlich $1 \cdot p^2, \, 2 \cdot p^2, \ldots, \lfloor n/p^2 \rfloor \cdot p^2$. Das geht so weiter: Genau $\lfloor n/p^m \rfloor$ Faktoren sind durch p^m teilbar. $\square$

Definition. Die *Tschebyschëwsche Primzahlfunktion* ϑ ist für reelle Zahlen $x \geq 1$ gegeben durch

$$\vartheta(x) \;:=\; \sum_{p \leq x} \log p \,.$$

Hier durchläuft p die Primzahlen unterhalb von x.

Proposition 2. *Es gilt $\vartheta(x) \leq 4x \log 2$ für alle $x > 1$.*

Beweis. Für jede natürliche Zahl n ist die rationale Zahl

$$\binom{2n}{n} \;=\; \frac{(2n)!}{n! \, n!}$$

als Anzahl der n-elementigen Teilmengen in einer Menge mit $2n$ Elementen ganz. Ihr Zähler ist teilbar durch jede Primzahl p mit $n < p \leq 2n$, ihr Nenner dagegen durch keine von ihnen. Beim Kürzen des Bruches bleiben sie daher übrig. Deshalb gilt

$$\prod_{n < p \leq 2n} p \;\leq\; \binom{2n}{n} \;<\; 2^{2n} \,,$$

denn links steht ein positiver Teiler des mittleren Ausdrucks und rechts steht $(1+1)^{2n} = \sum_{k=0}^{2n} \binom{2n}{k}$. Daraus ergibt sich durch Logarithmieren

$$\vartheta(2n) - \vartheta(n) \;\leq\; 2n \log 2 \,,$$

und Summation über die 2-Potenzen $n = 1, 2, 4, \ldots, 2^{m-1}$ liefert sodann

$$\vartheta(2^m) \;\leq\; \sum_{k=1}^{m} 2^k \log 2 \;<\; 2^{m+1} \log 2 \,.$$

Für $2^{m-1} < x \leq 2^m$ resultiert $\quad \vartheta(x) \;\leq\; \vartheta(2^m) \;\leq\; 4x \log 2 \,.$ $\square$

Proposition 3. *Für alle* $x \in \mathbb{R}$ *hat* $\lfloor 2x \rfloor - 2\lfloor x \rfloor$ *den Wert* 0 *oder* 1.

Beweis. Offenbar hat die Funktion $x \mapsto \lfloor 2x \rfloor - 2\lfloor x \rfloor$ die Periode 1. Daher genügt es, die Behauptung für $0 \le x < 1$ zu zeigen. Ist $0 \le x < \frac{1}{2}$, so sind beide Summanden 0. Ist $\frac{1}{2} \le x < 1$, so ist der erste Summand 1, der zweite Summand aber verschwindet. $\qquad\qquad\square$

Beweis des Satzes. 1) Die Abschätzung nach oben: Für alle $x > 1$ gilt wegen Proposition 2

$$
\begin{aligned}
4x \log 2 &\ge \vartheta(x) - \vartheta(\sqrt{x}) &&= \sum_{\sqrt{x} < p \le x} \log p \\
&\ge (\pi(x) - \pi(\sqrt{x})) \log \sqrt{x} &&\ge \tfrac{1}{2}\pi(x) \log x - \tfrac{1}{2}\sqrt{x} \log x \,.
\end{aligned}
$$

Daraus folgt, falls $x > 1$ ist,

$$
\pi(x) \le \frac{8x \log 2}{\log x} + \sqrt{x} \,.
$$

Beachtet man die Ungleichung $y \le 2e^{y/2}$, so ergibt sich für $x = e^y$:

$$
\sqrt{x} \le \frac{2x}{\log x} \,, \quad \text{falls } x > 1 \,.
$$

Dort ist also $\qquad\qquad \pi(x) \le (8 \log 2 + 2)\frac{x}{\log x} \,.$

2) Die Abschätzung nach unten: Für alle $n \in \mathbb{N}$ gilt

$$
2^n \le \prod_{k=1}^{n} \frac{k+n}{k} = \binom{2n}{n} = \frac{(2n)!}{(n!)^2} = \prod_{p \le 2n} p^{w(p)} \,,
$$

worin nach Proposition 1 und 3 der p-Exponent sich abschätzen läßt durch

$$
w(p) = \sum_{m=1}^{\infty} \left(\left\lfloor \frac{2n}{p^m} \right\rfloor - 2\left\lfloor \frac{n}{p^m} \right\rfloor \right) \le \left\lfloor \frac{\log 2n}{\log p} \right\rfloor \,.
$$

Das ergibt für alle natürlichen Zahlen n

$$
n \log 2 \le \sum_{p \le 2n} \left\lfloor \frac{\log 2n}{\log p} \right\rfloor \log p \le \sum_{p \le 2n} \log 2n = \pi(2n) \log 2n \,.
$$

Wir werden daraus ableiten

$$
\pi(x) \ge \frac{\log 2}{4} \frac{x}{\log x} \quad \text{für alle} \quad x \ge 2 \,.
$$

Die rechte Seite ist monoton fallend in $2 \le x \le e$ und monoton wachsend für $x \ge e$. Sodann ist ihr Wert $\frac{1}{2}$ bei $x = 2$ sowie 1 bei $x = 16$. Also genügt es, die Behauptung für $x \ge 16$ zu beweisen. Ist nun $16 \le 2n - 2 \le x < 2n$, dann gilt $\frac{1}{4}x \log 2 / \log x \ge 1$, also

$$
\pi(x) \ge \pi(2n) - 1 \ge \frac{\log 2}{2} \cdot \frac{2n}{\log 2n} - 1 \ge \frac{\log 2}{4} \cdot \frac{x}{\log x} \,. \qquad\square
$$

Satz 3. *Es gibt positive Konstanten a', A' derart, daß für die n-te Primzahl p_n die Abschätzung gilt $a' \, n \log n \le p_n \le A' \, n \log n \quad (n \ge 2)$.*

Beweis. Es genügt, eine Abschätzung der angegebenen Art für die Zahlen n oberhalb einer Schranke n_0 herzuleiten. Daraus folgt durch eventuelles Verkleinern von a' bzw. Vergrößern von A' die Behauptung für alle $n \ge 2$. Das ist eine eher nebensächliche Vorbemerkung.

1) Die Funktion $f(x) = x/\log x$ ist stetig differenzierbar auf $]1, \infty[$ und hat den Fixpunkt e. Auf dem Intervall $[e, \infty[$ ist sie strikt monoton wachsend und nicht beschränkt, definiert also eine invertierbare und samt Umkehrabbildung g stetige Selbstabbildung dieses Intervalls. Mit einer stetigen Funktion $h \ge 1$ gilt dort $g(x) = x \log x \cdot h(x)$ und $\lim_{x \to \infty} h(x) = 1$: Ersetzt man nämlich in der h definierenden Gleichung x durch $f(x)$, so folgt

$$x = \frac{x}{\log x} \cdot \log\left(\frac{x}{\log x}\right) \cdot h\left(\frac{x}{\log x}\right)$$

und dann

$$1 = \left(1 - \frac{\log\log x}{\log x}\right) \cdot h\left(\frac{x}{\log x}\right).$$

Daraus ist $h \ge 1$ abzulesen und wegen $\lim_{x \to \infty} (\log \log x)/\log x = 0$ auch die Limesaussage über h.

2) Aus Satz 2 für $x = p_n$ folgt $a \dfrac{p_n}{\log p_n} \le \pi(p_n) = n \le A \dfrac{p_n}{\log p_n}$, also

$$\frac{n}{A} \le \frac{p_n}{\log p_n} \le \frac{n}{a} \quad (n \ge 1).$$

Durch Anwendung von g ergibt sich für hinreichend große n daher

$$\frac{n}{A} \cdot \log \frac{n}{A} \cdot h\left(\frac{n}{A}\right) \le p_n \le \frac{n}{a} \cdot \log \frac{n}{a} \cdot h\left(\frac{n}{a}\right).$$

Danach existieren ein $n_0 \in \mathbf{N}$ und positive Konstanten a'', A'' mit

$$a'' \le \frac{p_n}{n \log n} \le A'' \quad \text{für alle} \quad n \ge n_0. \qquad \square$$

2.3 Der Fundamentalsatz in Polynomringen

Definition. Gegeben sei ein Körper K. Ein kommutativer Ring heißt *Polynomring in einer Unbestimmten X über K* und wird dann mit dem Symbol $K[X]$ bezeichnet sowie *K adjungiert X* gesprochen, wenn er ein Element X enthält derart, daß jedes Element f des Ringes sich eindeutig schreiben läßt als Linearkombination der Potenzen X^n $(n \in \mathbf{N}_0)$ mit Koeffizienten in K, also $f = 0$ oder

$$f = \sum_{m=0}^{M} a_m X^m, \qquad a_M \ne 0.$$

Der Koeffizient a_M heißt *Leitkoeffizient* von f; ist er 1, so wird f als *normiert* bezeichnet. Wenn man das Einselement von $K[X]$ mit dem Einselement von K identifiziert, was üblich ist, dann wird K ein Teilring von $K[X]$.

Bemerkungen über den Grad. Im Fall $f \neq 0$ heißt $M = \deg f$ der *Grad* von f. Dagegen wird der Grad des Nullpolynoms $-\infty$ gesetzt. Für alle $f, g \in K[X]$ ist, wenn $-\infty$ auch als eine untere Schranke von $\mathbb{N}_0$ angesehen wird:

$$\deg(f + g) \leq \max(\deg f, \deg g).$$

Die Darstellung des Produktes aus den Faktoren f und $g = \sum_{n=0}^{N} b_n X^n$ mit $b_N \neq 0$ ist gegeben durch die Cauchy-Formel

$$fg = \sum_{n=0}^{M+N} \left(\sum_{k=0}^{n} a_k b_{n-k} \right) X^n,$$

worin $a_k = 0$ und $b_l = 0$ gesetzt wurde für Indizes $k > M$ und $l > N$. Das ergibt wegen $a_M b_N \neq 0$ im Falle $f \neq 0 \neq g$ die *Gradformel für Produkte*

$$\deg fg = \deg f + \deg g.$$

Aus ihr ist insbesondere ersichtlich, daß $K[X]$ nullteilerfrei ist.

Satz 4. (Division mit Rest für Polynome) *Es sei g_1 ein vom Nullpolynom verschiedenes Element des Polynomringes $K[X]$. Dann gibt es zu jedem weiteren Polynom $g_0 \in K[X]$ einen eindeutig bestimmten Faktor $q_1 \in K[X]$, für den die Differenz $g_2 = g_0 - g_1 q_1$ echt kleineren Grad als g_1 hat.*

Beweis. Die Menge $g_1 K[X]$ aller Vielfachen von g_1 in $K[X]$ bildet einen Unterraum von $K[X]$ als K-Vektorraum. Als erstes wird gezeigt, daß die Nebenklasse $g_0 + g_1 K[X]$ ein Polynom von kleinerem Grad als g_1 enthält. Ist $h \in g_0 + g_1 K[X]$ gegeben und $\deg h - \deg g_1 = d \geq 0$, so setze man $\gamma = \beta \alpha^{-1}$ mit den Leitkoeffizienten α von g_1 und β von h. Dann haben h und $g_1 \cdot X^d \cdot \gamma$ denselben Grad und denselben Leitkoeffizienten. Deshalb hat die Differenz $h - g_1 X^d \gamma$ geringeren Grad als h, und sie liegt, wie h, in $g_0 + g_1 K[X]$. Jedes Element von minimalem Grad in $g_0 + g_1 K[X]$ hat also kleineren Grad als g_1. Damit ist die Existenz eines Polynoms q_1 der gesuchten Art bewiesen.

Zur Eindeutigkeit: Wenn $g_0 - g_1 q_1$ und $g_0 - g_1 \tilde{q}_1$ beide kleineren Grad als g_1 haben, dann hat auch ihre Differenz $g_1(\tilde{q}_1 - q_1)$ kleineren Grad als g_1. Nach der Gradformel für Produkte ist das nur möglich, wenn $\tilde{q}_1 = q_1$ ist. $\square$

Definition. Ein Polynom $p \in K[X]$ mit positivem Grad heißt *irreduzibel*, falls keine Zerlegung von p als Produkt $p = q_1 q_2$ existiert, in der beide Faktoren positiven Grad haben. Ein zugleich normiertes und irreduzibles Polynom wird kurz *Primpolynom* genannt. Beispielsweise ist jedes Polynom vom Grad 1 irreduzibel.

Es gibt Körper, über denen jedes irreduzible Polynom den Grad 1 hat. Sie heißen *algebraisch abgeschlossen*. Unter ihnen ist nach dem Fundamentalsatz der Algebra der Körper $\mathbb{C}$ der komplexen Zahlen. Dagegen ist der Körper $\mathbb{R}$ der reellen Zahlen nicht algebraisch abgeschlossen, weil z. B. $X^2 + 1$ ein irreduzibles Polynom zweiten Grades in $\mathbb{R}[X]$ ist.

Satz 5. *Es sei p ein irreduzibles Polynom in $K[X]$, und $g \cdot h$ sei ein durch p teilbares Produkt zweier Polynome $g, h \in K[X]$. Dann teilt p wenigstens einen der Faktoren g oder h.*

Beweis. Es kann vorausgesetzt werden, daß p kein Teiler von g ist, denn anderenfalls wäre nichts mehr zu beweisen. Man betrachte die Menge

$$I = gK[X] + pK[X].$$

Sie bildet einen Unterraum von $K[X]$, der mit jedem Polynom g_1 auch die Menge $g_1 K[X]$ aller Vielfachen von g_1 enthält. In der Menge der von 0 verschiedenen Polynome von I sei g_1 so ausgewählt, daß es minimalen Grad hat. Dann ist $g_1 K[X] \subset I$. Umgekehrt gibt es nach Satz 4 zu jedem $g_0 \in I$ einen Faktor $q \in K[X]$ derart, daß $g_2 = g_0 - g_1 q$ kleineren Grad als g_1 hat. Da beide Summanden der rechten Seite in I liegen, ist auch g_2 ein Element von I. Mit $\deg g_2 < \deg g_1$ ist dies nur verträglich, wenn $g_2 = 0$ gilt. Also ist $g_0 = g_1 q \in g_1 K[X]$, das heißt

$$I = g_1 K[X].$$

Aufgrund der Definition von I ist deshalb g_1 ein gemeinsamer Teiler von g und von p, etwa $p = g_1 G$ mit $G \in K[X]$. Aber p ist als irreduzibel vorausgesetzt, deshalb wird *ein* Faktor ein skalares Vielfaches von p und der *andere* Faktor ist konstant. Weil g kein Element von $pK[X]$ ist, kann selbstverständlich sein Teiler g_1 kein skalares Vielfaches von p sein. Also ist g_1 konstant. Daher haben wir jetzt sogar

$$I = K[X].$$

Speziell die Konstante 1 hat nach Definition von I die Form $1 = gq_1 + pq_2$ mit geeigneten Polynomen q_1, q_2. Andererseits ist p ein Teiler von gh, etwa $gh = pP$, wo $P \in K[X]$ ist. Durch Multiplikation der vorletzten Gleichung mit h entsteht so schließlich $h = ghq_1 + phq_2 = p(Pq_1 + hq_2)$. Daran ist $p \mid h$ zu sehen, und die Behauptung des Satzes ist bewiesen. $\qquad\square$

Satz 6. (Die Primfaktorisierung im Polynomring $K[X]$) *Jedes normierte Polynom $f \in K[X]$ vom Grad $N \geq 1$ hat eine bis auf die Reihenfolge der Faktoren eindeutige Zerlegung*

$$f = \prod_{i=1}^{r} p_i^{a_i} \qquad (*)$$

als Produkt von Potenzen paarweise verschiedener Primpolynome $p_i \in K[X]$ mit Exponenten $a_i \in \mathbf{N}$.

Beweis. 1) Die Existenz einer Faktorisierung (∗) wird durch Induktion nach N gezeigt. Im Fall deg $f = 1$ ist f irreduzibel nach dem Beispiel zur Definition. Ist $N > 1$ und ist die Behauptung für alle Polynome kleineren Grades richtig, dann stimmt sie auch für jedes normierte Polynom f vom Grad N: Dies ist unmittelbar klar, wenn f irreduzibel ist. Zerfällt hingegen $f = f_1 f_2$ in ein Produkt von zwei Polynomen kleineren Grades, so besitzt jedes von ihnen (nach einer eventuellen Normierung auf Leitkoeffizienten 1) zufolge der Induktionsvoraussetzung eine Faktorisierung (∗). Durch Zusammensetzen erhält man daraus eine derartige Zerlegung auch von f.

2) Die Eindeutigkeit kann auf Satz 5 gestützt werden. Angenommen, es habe f neben (∗) die weitere Faktorisierung

$$f = \prod_{j=1}^{s} q_j^{b_j}$$

mit paarweise verschiedenen Primpolynomen q_j und Exponenten $b_j \in \mathbb{N}$. Dann ergibt Satz 5 schrittweise, daß jedes p_i eines der q_j teilt und analog, daß jedes q_j eines der p_i teilt. Da es sich je um irreduzible, normierte Polynome handelt, folgt $p_i = q_j$. Es muß also $r = s$ sein, und die Reihenfolge der Faktoren läßt sich so wählen, daß $p_i = q_i$ $(1 \leq i \leq r)$ gilt. Nun bleiben die Gleichungen $a_i = b_i$ $(1 \leq i \leq r)$ zu begründen. Angenommen, es wäre etwa $a_1 < b_1$. Dann hätte man

$$p_1^{a_1}\left(\prod_{i=2}^{r} p_i^{a_i} - p_1^{b_1-a_1} \prod_{i=2}^{r} p_i^{b_i} \right) = 0 \,.$$

Die Nullteilerfreiheit von $K[X]$ ergäbe daher

$$\prod_{i=2}^{r} p_i^{a_i} = p_1^{b_1-a_1} \prod_{i=2}^{r} p_i^{b_i} \,;$$

aber das steht im Gegensatz zur bereits bewiesenen Aussage über die Primteilermengen zweier Faktorisierungen. Die Annahme war somit falsch. □

2.4 Über Nullstellen und größte gemeinsame Teiler

Der Auffassung der einzelnen Polynome in der Analysis als *Funktionen* steht in der Algebra gegenüber die Betonung der Unbestimmten X als *Quelle für Homomorphismen* des Ringes $K[X]$ in Erweiterungsringe von K, darunter K selbst, *durch Einsetzen* $X \mapsto \alpha$. Ist speziell $\alpha \in K$ und bezeichnet ψ_α die durch $\sum_{m=0}^{M} a_m X^m \mapsto \sum_{m=0}^{M} a_m \alpha^m$ definierte Abbildung von $K[X]$ nach K, dann ist ψ_α aufgrund der Rechenregeln in Ringen verträglich mit der Addition und der Multiplikation, ist somit ein Homomorphismus zwischen Ringen und wird *Einsetzungsmorphismus* $X \mapsto \alpha$ genannt. Das Element α heißt eine *Nullstelle* von $f \in K[X]$, wenn $\psi_\alpha(f) = 0$ ist, also kurz, wenn $f(\alpha) = 0$ ist.

Satz 7. *Das Element* $\alpha \in K$ *ist eine Nullstelle von* $f \in K[X]$ *genau dann, wenn* $f \in (X - \alpha)K[X]$ *ist, also teilbar ist durch das Primpolynom* $X - \alpha$.

Beweis. Ist $f = (X - \alpha)\, g$ mit passenden $g \in K[X]$, so ist $\psi_\alpha(f) = 0$, da der Faktor $X - \alpha$ im Kern von ψ_α liegt. Speziell das Nullpolynom gehört stets zu Ker ψ_α. Ist $f = \sum_{n=0}^{N} a_n X^n$ und $f(\alpha) = \sum_{n=0}^{N} a_n \alpha^n = 0$, dann ist

$$f \;=\; f - f(\alpha) \;=\; \sum_{n=1}^{N} a_n (X^n - \alpha^n)$$

durch $X - \alpha$ teilbar, da jeder Summand durch $X - \alpha$ teilbar ist wegen

$$X^n - \alpha^n \;=\; (X - \alpha) \sum_{m=0}^{n-1} X^m \alpha^{n-m-1}\,. \qquad \qquad \square$$

Bemerkung. Jedes von Null verschiedene Polynom $f \in K[X]$ hat eine Nullstellenmenge $N \subset K$, deren Elementezahl durch den Grad von f nach oben beschränkt ist. Dies ist eine Konsequenz aus Satz 7 und der Gradformel für Produkte von Polynomen. Denn nach Satz 7 besitzt f den Faktor $\prod_{\alpha \in N}(X - \alpha)$.

Im Beweis von Satz 5 wurde bereits implizit der größte gemeinsame Teiler zweier Polynome $f_1, f_2 \in K[X]$ verwendet. Die Teilmenge $f_1 K[X] + f_2 K[X]$ von $K[X]$ enthält mit jedem Polynom G auch die Menge $G K[X]$ aller Vielfachen von G in $K[X]$. Aufgrund der Division mit Rest existiert daher genau ein Polynom g, welches normiert ist oder Null, mit der Eigenschaft

$$f_1 K[X] + f_2 K[X] \;=\; g\, K[X]\,, \qquad\qquad (*)$$

der *größte gemeinsame Teiler* $\mathrm{ggT}(f_1, f_2)$ von f_1 und f_2. Wenn die linke Seite von $(*)$ nicht Null ist, wenn also f_1 und f_2 nicht beide verschwinden, dann ist g das (einzige) normierte Polynom kleinsten Grades unter den von Null verschiedenen Elementen in $f_1 K[X] + f_2 K[X]$.

Satz 8. *Der größte gemeinsame Teiler zweier Polynome ändert sich nicht bei Übergang von* K *zu einem* K *umfassenden Körper* K'.

Beweis. Es sei $K'[X]$ Polynomring in der Unbestimmten X über K', und die Teilmenge K von K' sei unter der eingeschränkten Addition und Multiplikation von K' ebenfalls ein Körper. Dann ist die Teilmenge $K[X]$ aller Polynome $f \in K'[X]$ mit lauter Koeffizienten in K offensichtlich auch ein Polynomring in der Unbestimmten X über K. Wenn dort die Gleichung $(*)$ gilt, worin g normiert in $K[X]$ ist oder Null, dann gibt es Polynome $g_1, g_2 \in K[X]$ mit $f_1 = g g_1$, $f_2 = g g_2$. Also folgt

$$\begin{aligned}
g K'[X] \;&\subset\; f_1 K'[X] + f_2 K'[X] \\
&=\; g g_1 K'[X] + g g_2 K'[X] \;\subset\; g K'[X]\,.
\end{aligned}$$

Damit ist die Behauptung bewiesen in der Form

$$g K'[X] = f_1 K'[X] + f_2 K'[X].$$ □

2.5   Polynomfaktorisierung in der linearen Algebra

Wir betrachten zu einem endlichdimensionalen Vektorraum $V \neq \{0\}$ über dem Körper K die Menge $\mathcal{L}(V)$ aller Endomorphismen A von V. Sie bildet nicht nur selbst wieder einen K-Vektorraum der endlichen Dimension $(\dim V)^2$, sondern unter der punktweisen Addition und mit der Abbildungskomposition $(A, B) \mapsto AB$ als Multiplikation auch einen Ring. Er hat die Identität id auf V als Einselement. Obwohl $\mathcal{L}(V)$ im allgemeinen nicht kommutativ ist, liefert doch jeder Endomorphismus A von V durch die Einsetzung $X \mapsto A$ einen Ringhomomorphismus $\psi_A \colon K[X] \to \mathcal{L}(V)$, der das Polynom $f = \sum_{n=0}^{N} a_n X^n$ abbildet auf den Endomorphismus

$$\psi_A(f) = \sum_{n=0}^{N} a_n A^n \quad \text{mit} \quad A^0 = \text{id} = \psi_A(1).$$

Der Ringmorphismus ψ_A ist überdies K-linear. Da $\dim \mathcal{L}(V) < \infty$ ist, wird das System aller Potenzen A^n linear abhängig. Also existiert zu A ein normiertes Polynom $Q = Q_A$ minimalen Grades, dessen Bild $\psi_A(Q) = 0_{\mathcal{L}(V)}$, die Null in $\mathcal{L}(V)$ liefert. Es heißt *Minimalpolynom* von A. Mittels der Polynomdivision ergibt sich unmittelbar der Kern von ψ_A als $\text{Ker } \psi_A = Q\,K[X]$.

Proposition 4. *Das Element $\lambda \in K$ ist genau dann eine Nullstelle des Minimalpolynoms Q von A, wenn λ ein Eigenwert von A ist.*

Beweis. Jede Nullstelle λ von Q ergibt eine Zerlegung $Q = (X - \lambda)Q_1$ mit einem normierten Polynom Q_1 vom Grad $\deg Q_1 = \deg Q - 1$ nach Satz 7. Aufgrund der Definition von Q ist daher $Q_1(A)$ nicht Null. Andererseits zeigt sich bei Anwendung von ψ_A die Gleichung

$$0_{\mathcal{L}(V)} = (A - \lambda\,\text{id})\,Q_1(A).$$

Folglich existiert ein Vektor $x \neq 0$ in V mit $Ax = \lambda x$; somit ist λ ein Eigenwert von A. Ist indes $\mu \in K$ ein Eigenwert von A, ist also der Rang von $(A - \mu\,\text{id})$ kleiner als $\dim V$, dann ergibt $Q = \sum_{m=0}^{M} b_m X^m$ durch Einsetzen $X \mapsto A$ die Relation

$$-Q(\mu)\,\text{id} = Q(A) - Q(\mu)\,\text{id} = \sum_{m=1}^{M} b_m(A^m - \mu^m\,\text{id}) = (A - \mu\,\text{id})B$$

mit einem weiteren B in $\mathcal{L}(V)$. Wegen $\text{rg}\,(A - \mu\,\text{id}) < \dim V$ ist auch $\text{rg}\,Q(\mu)\,\text{id} < \dim V$. Aber das ist nur möglich, wenn $Q(\mu) = 0$ ist.   □

Bemerkung. Die Gesamtheit aller Eigenwerte von A ist die Nullstellenmenge des charakteristischen Polynoms $\chi_A = \det(X\,\mathrm{id} - A)$ von A, wie man aus der Determinantentheorie weiß. Deshalb haben Q und χ_A dieselben Nullstellen. Darüber hinaus besagt der Satz von CAYLEY–HAMILTON, daß χ_A im Kern von ψ_A liegt; mithin teilt Q das charakterische Polynom χ_A.

Mit der Frage nach einer Beschreibung der Klassen konjugierter Endomorphismen A von V erscheint in der linearen Algebra die Primfaktorisierung des Minimalpolynoms Q. Ist mit verschiedenen Primpolynomen P_i und natürlichen Exponenten

$$Q = \prod_{i=1}^{r} P_i^{a_i},$$

dann ergibt sich in den Produkten $Q_j = \prod_{i \neq j} P_i^{a_i}$ $(1 \leq i \leq r)$ ein System mit dem größten gemeinsamen Teiler 1. Also ist $\sum_{j=1}^{r} Q_j K[X] = K[X]$; daher existieren Polynome q_j derart, daß mit $g_j = q_j Q_j$ die Gleichung gilt $\sum_{j=1}^{r} g_j = 1$. Aus ihr erhält man durch Anwendung des Einsetzungsmorphismus ψ_A die Gleichung

$$\sum_{j=1}^{r} g_j(A) = \mathrm{id}.$$

Ihr zufolge haben die r Unterräume $V_j = g_j(A)V$ von V als Summe den ganzen Vektorraum V. Da g_j durch $P_i^{a_i}$ teilbar ist, sobald $i \neq j$ ist, folgt

$$P_j^{a_j}(A)\,V_j \subset Q(A)V = \{0\}.$$

Mithin ist $V_j \subset \mathrm{Ker}\,P_j^{a_j}(A)$. Für Elemente x_j im Kern von $P_j^{a_j}(A)$ gilt umgekehrt $x_j = \sum_{i=1}^{r} g_i(A)x_j = g_j(A)x_j$. Also wirkt die Restriktion von $g_j(A)$ auf $\mathrm{Ker}\,P_j^{a_j}(A)$ wie die Identität. Damit ist die Gleichung $V_j = \mathrm{Ker}\,P_j^{a_j}(A)$ $(1 \leq j \leq r)$ bewiesen. V_j heißt die *Primärkomponente* zum Primteiler P_j von Q. Endlich folgt

$$V = \bigoplus_{j=1}^{r} V_j.$$

Denn ist $x = \sum_{j=1}^{r} x_j$ eine Zerlegung in Summanden $x_j \in V_j$, dann zeigt sich durch Anwendung von $g_i(A)$ jeweils $g_i(A)x = \sum_{j=1}^{r} g_i(A)x_j = g_i(A)x_i = x_i$. Die Darstellung von x ist also eindeutig bestimmt.

$$X^{24} - 1 = (X-1)(X+1)(X^2+X+1)(X^2+1)(X^2-X+1)(X^4+1)(X^4-X^2+1)(X^8-X^4+1)$$

Aufgabe 1. Es bezeichne $(p_k)_{k \geq 1}$ die monoton wachsende Folge der Primzahlen. Man beweise die folgende für $s > 1$ gültige Gleichung

$$\sum_{n=1}^{\infty} n^{-s} = \prod_{k=1}^{\infty} 1/(1 - p_k^{-s})$$

durch Vergleich der Teilsumme bis N links mit dem Teilprodukt bis $k = N$ rechts.

Aufgabe 2. Man beweise die für alle $N \in \mathbb{N}$ gültige Abschätzung

$$\sum_{n=1}^{N} n^{-1} \leq \exp\left(2 \sum_{k=1}^{N} p_k^{-1}\right)$$

und folgere die Divergenz der Reihe $\sum_{k=1}^{\infty} p_k^{-1}$ über die reziproken Primzahlen.

Aufgabe 3. Man implementiere zwei Algorithmen zur Primfaktorisierung einer natürlichen Zahl n mittels Probedivision durch mögliche Teiler t in den Grenzen $1 < t \leq \sqrt{n}$, wobei einmal *alle* solchen t verwendet werden, zum anderen nur $t = 2, 3, 5, \ 30k + a$ mit $k \in \mathbb{N}_0$ und $a \in \{ 7, 11, 13, 17, 19, 23, 29, 31 \}$. Warum genügen diese? Um wieviel schneller läuft das zweite Programm?

Aufgabe 4. (Größter gemeinsamer Polynomteiler) Es seien P_0, P_1 Elemente des Polynomrings $K[X]$ über dem Körper K, wovon $P_1 \neq 0$ sei. Solange $P_i \neq 0$ ist, gibt es eindeutige Polynome $Q_i, P_{i+1} \in K[X]$ mit $P_{i-1} = P_i Q_i - P_{i+1}$ und $\deg P_{i+1} < \deg P_i$. Den Abbruchindex nennen wir r, also ist $P_r \neq 0, P_{r+1} = 0$. Man zeige $P_{i-1} K[X] + P_i K[X] = P_i K[X] + P_{i+1} K[X]$, $1 \leq i \leq r$. Das Polynom P_r ist der i. a. nicht normierte größte gemeinsame Teiler von P_0 und P_1.

Aufgabe 5. (Die reellen Primpolynome) In $\mathbb{R}[X]$ sind natürlich alle normierten Polynome ersten Grades $X - \alpha$ irreduzibel. a) Man zeige, daß jedes Polynom $g = X^2 + bX + c \in \mathbb{R}[X]$ mit $b^2 < 4c$ irreduzibel ist. Tip: Es gilt $g(t) \geq c - b^2/4$ für alle $t \in \mathbb{R}$.

b) Zu jedem Primpolynom F in $\mathbb{R}[X]$ ohne reelle Wurzel existiert nach dem Fundamentalsatz der Algebra ein $z \in \mathbb{C} \setminus \mathbb{R}$ mit $F(z) = 0$. Man begründe, daß F auch in $\mathbb{R}[X]$ teilbar ist durch das reelle Primpolynom $g = (X - z)(X - \overline{z}) = X^2 - (z + \overline{z})X + z\overline{z}$, wo $\overline{z}$ die zu z konjugiertkomplexe Zahl ist, und folgere $F = g$.

c) Zu jedem Polynom $f \in \mathbb{R}[X]$ ohne Nullstellen auf dem Intervall $[a, b]$ gibt es eine Schranke $m > 0$ mit $|f(t)| \geq m$ für alle $t \in [a, b]$. Tip: Man betrachte die Primteiler von f für sich.

Aufgabe 6. (Algebraische Version des Zwischenwertsatzes) Es sei $f \in \mathbb{R}[X]$, und $a < b$ seien reelle Zahlen mit $f(a) \neq 0 \neq f(b)$. Dann gilt für die Anzahl r der samt Vielfachheit gezählten reellen Wurzeln von f im Intervall $]a, b[$ die Formel $\operatorname{sgn} f(a) f(b) = (-1)^r$. Insbesondere hat f mindestens eine Nullstelle in $]a, b[$, sobald $f(a)f(b) < 0$ ist. Anleitung: Man untersuche das Vorzeichenverhalten der Primfaktoren von f auf $]a, b[$.

Aufgabe 7. (Der Satz von ROLLE in algebraischer Version) Es sei $f \in \mathbb{R}[X]$, und $a < b$ seien zwei benachbarte Nullstellen von f in $\mathbb{R}$. Dann ist die Nullstellenzahl der Ableitung f' von f im Intervall $]a, b[$ ungerade. Anleitung: Nach Voraussetzung hat f auf $]a, b[$ keine Nullstelle. Daher genügt nach Aufgabe 6 der Nachweis, daß für hinreichend kleine positive $h \in \mathbb{R}$ die Werte $\frac{f'}{f}(a+h)$ und $\frac{f'}{f}(b-h)$ verschiedenes Vorzeichen haben.

3 Die Restklassenringe von $\mathbb{Z}$

Das monumentale Frühwerk *Disquisitiones Arithmeticae* von GAUSS aus dem Jahre 1801 [G] beginnt mit den Regeln der Kongruenzen modulo n. Sie beruhen auf der Beobachtung, daß nicht nur die Addition, sondern auch die Multiplikation in $\mathbb{Z}$ zu entsprechenden Verknüpfungen auf der Menge der Restklassen $a + n\mathbb{Z}$ führt. Das Studium der so entstehenden Restklassenringe $\mathbb{Z}/n\mathbb{Z}$ samt ihrer Gruppe $(\mathbb{Z}/n\mathbb{Z})^\times$ invertierbarer Restklassen und die Verbindung der verschiedenen Restklassenringe, die im Satz über simultane Kongruenzen, dem Chinesischen Restsatz, zum Ausdruck kommt, bilden die Grundlage für alle tieferen Einsichten in die arithmetische Natur der ganzen Zahlen. Die Restklassenringe $\mathbb{Z}/n\mathbb{Z}$ liefern auch das Werkzeug zur Theorie der endlichen abelschen Gruppen. Hauptinstrument ist der Begriff der *Ordnung* für die Elemente einer endlichen abelschen Gruppe. Seine Eigenschaften werden ausführlich dargestellt, und an verschiedenen Beispielen wird seine Wirkungsweise demonstriert. Speziell durch seine Anwendung auf die multiplikative Gruppe $(\mathbb{Z}/n\mathbb{Z})^\times$ werden alte Erkenntnisse, wie der kleine Fermatsche Satz, unter einen umfassenden Gesichtspunkt eingeordnet.

3.1 Die Restklassen und ihre Verknüpfungen

Definition. Es sei n eine natürliche Zahl. Man sagt, Zahlen $a, b \in \mathbb{Z}$ sind *kongruent modulo n* und schreibt dann

$$a \equiv b \pmod{n},$$

wenn $b - a$ durch n teilbar ist, wenn also gilt $b - a \in n\mathbb{Z}$.

Im Sinne des Rechnens mit abelschen Gruppen bedeutet $a \equiv b \pmod{n}$, daß a und b in derselben *Nebenklasse* der Untergruppe $n\mathbb{Z}$ von $\mathbb{Z}$ liegen, daß also $a + n\mathbb{Z} = b + n\mathbb{Z}$ ist. Die Division durch n mit Rest zeigt, daß die Äquivalenzrelation $a \equiv b \pmod{n}$ dasselbe bedeutet wie: *a und b lassen beim Teilen durch n denselben Rest.* Damit hat man in

$$R_n = \{ r \in \mathbb{Z} ; \quad 0 \le r < n \}$$

ein *Vertretersystem* der Restklassen modulo n. Insbesondere ist die Anzahl der Restklassen modulo n gleich n.

Die Addition auf der Menge $\mathbb{Z}/n\mathbb{Z}$ aller Nebenklassen modulo n ergibt sich aus der Addition des Ringes $\mathbb{Z}$ aufgrund der Beobachtung, daß für je zwei

Restklassen $a + n\mathbb{Z}$, $b + n\mathbb{Z}$ die folgende Menge von Summen

$$\{r + s ; \quad r \in a + n\mathbb{Z}, s \in b + n\mathbb{Z}\}$$

wieder eine Restklasse ist, nämlich $(a + b) + n\mathbb{Z}$. Selbstverständlich wird sie als die *Summe* der Restklassen $a + n\mathbb{Z}$ und $b + n\mathbb{Z}$ bezeichnet. Damit ist eine Addition auf der Menge $\mathbb{Z}/n\mathbb{Z}$ der Restklassen modulo n erklärt, durch die sie eine abelsche Gruppe wird:

Das neutrale Element ist die *Nullrestklasse* $\overline{0} = 0 + n\mathbb{Z} = n\mathbb{Z}$.

Weil die ursprüngliche Addition auf $\mathbb{Z}$ kommutativ und assoziativ war, wird auch die Addition auf $\mathbb{Z}/n\mathbb{Z}$ kommutativ und assoziativ.

Das Negativ der Restklasse $a + n\mathbb{Z}$ ist die Restklasse $-a + n\mathbb{Z}$.

Satz 1. (Die Restklassenmultiplikation) *Es sei n eine natürliche Zahl. Für jedes Paar von Restklassen $a + n\mathbb{Z}$, $b + n\mathbb{Z}$ ist die Gesamtheit aller Produkte $\{rs ; r \in a + n\mathbb{Z}, s \in b + n\mathbb{Z}\}$ eine Teilmenge der Restklasse $ab + n\mathbb{Z}$. Deshalb wird mittels*

$$(a + n\mathbb{Z}) \cdot (b + n\mathbb{Z}) := ab + n\mathbb{Z}$$

eine Multiplikation auf $\mathbb{Z}/n\mathbb{Z}$ definiert. Sie macht aus der abelschen Gruppe $\mathbb{Z}/n\mathbb{Z}$ einen kommutativen Ring mit n Elementen.

Beweis. Ist mit ganzen Zahlen k, l jeweils $r = a + nk$, $s = b + nl$, so ist

$$rs = (a + nk)(b + nl) = ab + n(al + bk + nkl).$$

Das Assoziativgesetz erfordert den Nachweis der Gleichung

$$((a + n\mathbb{Z}) \cdot (b + n\mathbb{Z})) \cdot (c + n\mathbb{Z}) = (a + n\mathbb{Z}) \cdot ((b + n\mathbb{Z}) \cdot (c + n\mathbb{Z})).$$

Jede Seite ist eine Restklasse in $\mathbb{Z}/n\mathbb{Z}$ zufolge der Definition des Produktes zweier Restklassen. Beide Seiten enthalten die Zahl $(ab)c = a(bc)$. Also steht beiderseits die Restklasse $abc + n\mathbb{Z}$.

Die Restklasse $\overline{1} = 1 + n\mathbb{Z}$ ist das neutrale Element der Multiplikation; denn jede der drei Restklassen

$$(1 + n\mathbb{Z}) \cdot (a + n\mathbb{Z}), \quad (a + n\mathbb{Z}) \cdot (1 + n\mathbb{Z}), \quad a + n\mathbb{Z}$$

enthält das Element a. Daher handelt es sich stets um dieselbe Restklasse.

Wie das Assoziativgesetz vererbt sich auch das Kommutativgesetz der Multiplikation von $\mathbb{Z}$ auf $\mathbb{Z}/n\mathbb{Z}$. Die Gültigkeit des Distributivgesetzes

$$((a + n\mathbb{Z}) + (a' + n\mathbb{Z})) \cdot (b + n\mathbb{Z}) = (a + n\mathbb{Z}) \cdot (b + n\mathbb{Z}) + (a' + n\mathbb{Z}) \cdot (b + n\mathbb{Z})$$

folgt wieder aus der Feststellung, daß beiderseits eine Restklasse modulo n steht, welche das Element $(a + a')b = ab + a'b$ enthält. $\square$

3.2 Die Eulersche φ-Funktion

Definition. Die Anzahl der invertierbaren Restklassen modulo n wird mit $\varphi(n)$ bezeichnet; kurz $\varphi(1) = 1$ und für natürliche Zahlen $n > 1$

$$\varphi(n) = \#(\mathbb{Z}/n\mathbb{Z})^\times.$$

Satz 2. (Kriterium für Invertierbarkeit) *Es sei n eine natürliche Zahl, und x sei eine Restklasse modulo n. Die Funktion $a \mapsto \mathrm{ggT}(a,n)$ ist auf x konstant; und invertierbar ist $a + n\mathbb{Z}$ genau dann, wenn $\mathrm{ggT}(a,n) = 1$ ist.*

Beweis. Eine Begründung der ersten Behauptung steht in Abschnitt 1 unter der Regel (1) für den größten gemeinsamen Teiler: Für jedes $q \in \mathbb{Z}$ wird danach $\mathrm{ggT}(a,n) = \mathrm{ggT}(a-nq,n)$. Ferner gilt im Fall $\mathrm{ggT}(a,n) = d > 1$ für alle $b \in \mathbb{Z}$ die Relation $d \mid \mathrm{ggT}(ab,n)$; daher ist dann $ab + n\mathbb{Z} \neq 1 + n\mathbb{Z}$. Die Restklasse $a+n\mathbb{Z}$ ist also nicht invertierbar, wenn $\mathrm{ggT}(a,n) > 1$ ist. Dagegen gibt es im Fall $\mathrm{ggT}(a,n) = 1$ nach Satz 3 in Abschnitt 1 Lösungen $a', n' \in \mathbb{Z}$ der Gleichung $aa' + nn' = 1$. Insbesondere ist $a' + n\mathbb{Z}$ die zu $a + n\mathbb{Z}$ inverse Restklasse modulo n. $\square$

Zusatz. Es ist $\varphi(n)$ *zugleich die Zahl der Reste m mod n mit der Eigenschaft* $\mathrm{ggT}(m,n) = 1$. *Insbesondere gilt mit den positiven Teilern d von n*

$$\sum_{d \mid n} \varphi(d) = n.$$

Beweis. Die erste Aussage ergibt sich aus der Anwendung von Satz 2 auf das Vertretersystem $m = 1, \ldots, n$ der Restklassen modulo n. Für jeden dieser Reste ist $\mathrm{ggT}(m,n) = t$ ein positiver Teiler von n; und in $m = k \cdot t$ ist dann $1 \leq k \leq n/t$. Nach Regel (3) für den ggT in Abschnitt 1.3 aber hat das Produkt $m = k \cdot t$ den größten gemeinsamen Teiler t mit n genau dann, wenn gilt $\mathrm{ggT}(k, n/t) = 1$. Deshalb ist die Anzahl der Reste m mit $\mathrm{ggT}(m,n) = t$ gleich $\varphi(n/t)$. Da aber $d = n/t$ zugleich mit t die positiven Teiler von n durchläuft, folgt die Summenformel in der Behauptung. $\square$

Für Primzahlen p gilt $\mathrm{ggT}(r,p) = 1$, falls $1 \leq r \leq p - 1$ ist. Daher wird $\varphi(p) = p - 1$; folglich sind alle von $\overline{0}$ verschiedenen Restklassen modulo p invertierbar. Der Restklassenring $\mathbb{Z}/p\mathbb{Z}$ ist mithin ein Körper.— Ist indes $n = dt$ ein Produkt mit Faktoren $d > 1$, $t > 1$, dann ist $d + n\mathbb{Z} \neq \overline{0}$ und nicht invertierbar. Der Restklassenring $\mathbb{Z}/n\mathbb{Z}$ ist somit kein Körper, und es ist $\varphi(n) < n - 1$. Im Fall $n = 1$ schließlich hat der Ring $\mathbb{Z}/n\mathbb{Z} = \{\overline{0}\}$ nur ein einziges Element, welches zugleich seine Null und Eins ist. Daher ist die Definition $\varphi(1) = 1$ vernünftig.

Während der Bestimmung des $\mathrm{ggT}(a,n) = d$ durch den Divisionsalgorithmus gewinnt man im Fall $d = 1$ auch die inverse Restklasse $a' + n\mathbb{Z}$ von $a + n\mathbb{Z}$.

Beispiel. $n = a_0 = 1992,\quad a = a_1 = 1001.$

$$
\begin{array}{llll}
a_0 : a_1 = & & 1992 : \quad 1001 & = 1 = q_1 \\
& & \underline{1001} & \\
a_1 : a_2 = & 1001 : & 991 & = 1 = q_2 \\
& \underline{991} & & \\
a_2 : a_3 = & 991 : \quad 10 & & = 99 = q_3 \\
& 90 & & \\
& \underline{90} & & \\
a_3 : a_4 = \;\; 10 : & 1 & = 10 = q_4 \\
& \underline{10} & & \\
a_5 = & 0 & &
\end{array}
$$

Nach der Bemerkung 2 zu den Regeln des größten gemeinsamen Teilers in Abschnitt 1.3 ist $d = \mathrm{ggT}(a_0, a_1) = a_4 = 1$, und nach Bemerkung 3 dort ergibt sich eine Beschreibung von d als ganzzahlige Linearkombination von a_0, a_1 aus der Matrix $M = E(q_1) \cdots E(q_4)$. Die vorstehende Rechnung liefert

$$
\begin{aligned}
M &= \begin{pmatrix} 0 & 1 \\ 1 & 1 \end{pmatrix} \begin{pmatrix} 0 & 1 \\ 1 & 1 \end{pmatrix} \begin{pmatrix} 0 & 1 \\ 1 & 99 \end{pmatrix} \begin{pmatrix} 0 & 1 \\ 1 & 10 \end{pmatrix} \\
&= \begin{pmatrix} 1 & 1 \\ 1 & 2 \end{pmatrix} \begin{pmatrix} 1 & 10 \\ 99 & 991 \end{pmatrix} = \begin{pmatrix} 100 & 1001 \\ 199 & 1992 \end{pmatrix}.
\end{aligned}
$$

Insbesondere wird $\det M = 1 = 100 \cdot 1992 - 1001 \cdot 199$, und deswegen ist $-199 + 1992\,\mathbb{Z}$ die zu $1001 + 1992\,\mathbb{Z}$ inverse Restklasse.

Die Formel im Zusatz zu Satz 2 bietet Gelegenheit, auf eine interessante Konsequenz der Möbiusschen Umkehrformel hinzuweisen:

$$
\varphi(n) = \sum_{d \mid n} \mu(d)\, \frac{n}{d} \quad \text{für alle} \quad n \in \mathbb{N}.
$$

Aus ihr und Satz 7 in Abschnitt 1.6 folgt rein formal die folgende Eigenschaft der Eulerschen φ-Funktion: Im Fall $\mathrm{ggT}(m, n) = 1$ ist

$$
\begin{aligned}
\varphi(mn) &= \sum_{d \mid m, t \mid n} \mu(d)\, \mu(t) \frac{m}{d} \frac{n}{t} \\
&= \left(\sum_{d \mid m} \mu(d)\, \frac{m}{d} \right) \left(\sum_{t \mid n} \mu(t)\, \frac{n}{t} \right) = \varphi(m)\varphi(n).
\end{aligned}
$$

3.3   Der Chinesische Restsatz

Definition. Ein System ganzer Zahlen $N_1, \ldots, N_r$ $(r \geq 2)$ heißt *teilerfremd* oder *koprim*, falls gilt $\mathrm{ggT}(N_1, \ldots, N_r) = 1$.

Beispiel. Gegeben seien r paarweise koprime natürliche Zahlen $n_1, \ldots, n_r$, es gelte also $\mathrm{ggT}(n_i, n_k) = 1$ für $i \neq k$. Dann ist das System der Produkte

$$
N_i = \prod_{k \neq i} n_k \qquad (1 \leq i \leq r)
$$

teilerfremd, und ihr kleinstes gemeinsames Vielfaches ist

$$\text{kgV}(N_1, \ldots, N_r) \;=\; \text{kgV}(n_1, \ldots, n_r) \;=\; \prod_{k=1}^{r} n_k \,.$$

Beweis. Es sei $d = \text{ggT}(N_1, \ldots, N_r)$, und p sei eine N_1 teilende Primzahl. Dann teilt p einen der Faktoren $n_2, \ldots, n_r$ von N_1, etwa n_k. Nach der Voraussetzung $\text{ggT}(n_i, n_k) = 1$ für $i \neq k$ ist p kein Teiler von $N_k = \prod_{i \neq k} n_i$ und damit auch kein Teiler von d. Also gilt $d = 1$. Die zweite Aussage steht im Fall $r = 2$ bereits bei Satz 4 in Abschnitt 1.3. Wenn sie für $r - 1$ statt für r zutrifft, dann ergibt sich aus jenem Satz auch

$$\begin{aligned}
\text{kgV}(n_1, \ldots, n_r) &= \text{kgV}(\text{kgV}(n_1, \ldots, n_{r-1}), n_r) \\
&= \text{kgV}(n_1 \cdots n_{r-1}, n_r) = n_1 \cdots n_r \,.
\end{aligned}$$

Satz 3. (Chinesischer Restsatz) *Es seien $n_1, \ldots, n_r$ paarweise teilerfremde natürliche Zahlen, und n bezeichne ihr Produkt $n = n_1 n_2 \cdots n_r$. Dann gilt:*
i) Jede Restklasse $a + n\mathbb{Z}$ ist gleich dem Durchschnitt $\bigcap_{i=1}^{r}(a + n_i\mathbb{Z})$.
ii) Andererseits liefert jedes System von Restklassen $a_i + n_i\mathbb{Z}$ $(1 \leq i \leq r)$ in deren Durchschnitt

$$\bigcap_{i=1}^{r}(a_i + n_i\mathbb{Z})$$

eine Restklasse modulo n. Insbesondere gibt es zu jedem System $a_1, \ldots, a_r$ ganzer Zahlen ein $a \in \mathbb{Z}$ mit der Eigenschaft $a \equiv a_i \pmod{n_i}$ $(1 \leq i \leq r)$.

Beweis. i) Die Teilbarkeitsbeziehung $n_i \mid n$ besagt dasselbe wie $n_i\mathbb{Z} \supset n\mathbb{Z}$. Für alle i gilt daher $a + n_i\mathbb{Z} \supset a + n\mathbb{Z}$, also $\bigcap_{i=1}^{r}(a + n_i\mathbb{Z}) \supset a + n\mathbb{Z}$. Sodann sind nach dem Beispiel zur Definition teilerfremder Zahlen oben die r Produkte $N_i = \prod_{k \neq i} n_k$ $(1 \leq i \leq r)$ teilerfremd. Also existiert mit Koeffizienten $q_i \in \mathbb{Z}$ eine Darstellung

$$1 \;=\; \sum_{i=1}^{r} N_i q_i \,. \tag{$*$}$$

Jede Zahl $b \in \bigcap_{i=1}^{r}(a + n_i\mathbb{Z})$ hat die Form $b = a + m$, und m ist wegen $b \in a + n_i\mathbb{Z}$ ein Vielfaches aller n_i, $1 \leq i \leq r$. Damit wird m ein Vielfaches von $\text{kgV}(n_1, \ldots, n_r) = n$. Das beweist auch die Inklusion

$$\bigcap_{i=1}^{r}(a + n_i\mathbb{Z}) \subset a + n\mathbb{Z} \,.$$

ii) Nach unserer Definition ist N_i teilbar durch n_k, sobald $i \neq k$ ist. Deshalb gilt wegen Gleichung $(*)$ oben $1 + n_k\mathbb{Z} = \sum_{i=1}^{r} N_i q_i + n_k\mathbb{Z} = N_k q_k + n_k\mathbb{Z}$. Man setze nun

$$a \;:=\; \sum_{i=1}^{r} a_i N_i q_i \,.$$

So wird $a + n_k\mathbb{Z} = a_k N_k q_k + n_k\mathbb{Z} = a_k + n_k\mathbb{Z}$; und der erste Teil ergibt

$$a \in \bigcap_{k=1}^{r} (a_k + n_k\mathbb{Z}) \; = \; a + n\mathbb{Z}. \qquad \square$$

Satz 4. (Addition und Multiplikation bei simultanen Kongruenzen) *Unter der Voraussetzung von Satz 3 seien die beiden Systeme von Restklassen x_i, $y_i \in \mathbb{Z}/n_i\mathbb{Z}$ $(1 \leq i \leq r)$ gegeben. Setzt man $x = \bigcap_{i=1}^{r} x_i$, $y = \bigcap_{i=1}^{r} y_i$, dann gilt*

$$x + y \; = \; \bigcap_{i=1}^{r} (x_i + y_i), \qquad x \cdot y \; = \; \bigcap_{i=1}^{r} (x_i \cdot y_i).$$

Ferner ist die Restklasse x invertierbar genau dann, wenn jedes x_i in $\mathbb{Z}/n_i\mathbb{Z}$ invertierbar ist. Ist das der Fall und bezeichnet x_i' die Inverse von x_i in $(\mathbb{Z}/n_i\mathbb{Z})^\times$, so ist $x' = \bigcap_{i=1}^{r} x_i'$ die Inverse von x in $(\mathbb{Z}/n\mathbb{Z})^\times$.

Beweis. 1) Beide Seiten in jeder der behaupteten Gleichungen, also der für die Addition und der für die Multiplikation, sind nach Satz 3 Restklassen modulo n. Deshalb genügt zum Beweis die Feststellung, daß je beide Seiten ein gemeinsames Element haben. Ist etwa $a \in x$, $b \in y$, so ist für jedes i sowohl $a \in x_i = a + n_i\mathbb{Z}$ als auch $b \in y_i = b + n_i\mathbb{Z}$. Daher ist $a + b$ in beiden Seiten der ersten, ab in beiden Seiten der zweiten Gleichung enthalten.

2) Teil 1) ergibt geeignete Restklassen $e_i \in \mathbb{Z}/n_i\mathbb{Z}$ mit dem Durchschnitt

$$1 + n\mathbb{Z} \; = \; \bigcap_{i=1}^{r} e_i.$$

Darin ist $1 \in e_i$, also $e_i = 1 + n_i\mathbb{Z}$ für jedes i. Wenn nun x invertierbar ist in $\mathbb{Z}/n\mathbb{Z}$, wenn also mit einem Element x' von $\mathbb{Z}/n\mathbb{Z}$ gilt $x \cdot x' = 1 + n\mathbb{Z}$, dann ergibt sich für die Komponente x_i von x und x_i' von x' die Gleichung

$$x_i \cdot x_i' \; = \; 1 + n_i\mathbb{Z},$$

die Restklasse x_i ist also invertierbar in $\mathbb{Z}/n_i\mathbb{Z}$ $(1 \leq i \leq r)$. Ist andererseits jede Restklasse x_k invertierbar in $\mathbb{Z}/n_k\mathbb{Z}$ mit der Inversen x_k', so liefert die Restklasse $x' = \bigcap_{k=1}^{r} x_k' \in \mathbb{Z}/n\mathbb{Z}$ das Produkt

$$x \cdot x' \; = \; \bigcap x_k \cdot x_k'.$$

Das ist die 1 enthaltende Restklasse modulo n. Also ist hier x invertierbar, und x' ist ihre Inverse. $\qquad \square$

Für das Produkt von n paarweise koprimen Zahlen $n_1, \ldots, n_r \in \mathbf{N}$ liefert nach Satz 3 und Satz 4 die Abbildung

$$a + n\mathbb{Z} \; \mapsto \; (a + n_i\mathbb{Z})_{1 \leq i \leq r}$$

eine mit Addition und Multiplikation verträgliche Bijektion des Ringes $\mathbb{Z}/n\mathbb{Z}$ auf das cartesische Mengenprodukt $\prod_{i=1}^{r} \mathbb{Z}/n_i\mathbb{Z}$. Versehen mit komponentenweiser Addition und Multiplikation wird dieses als *direktes Produkt* der Ringe $\mathbb{Z}/n_i\mathbb{Z}$ $(1 \leq i \leq r)$ bezeichnet.

Durch Abzählung der *Einheiten*, das sind die invertierbaren Elemente, in den Ringen $\mathbb{Z}/n_i\mathbb{Z}$ ebenso wie in $\mathbb{Z}/n\mathbb{Z}$ ergibt sich unter der Voraussetzung von Satz 3 und Satz 4 die Produktformel $\varphi(n) = \prod_{i=1}^{r} \varphi(n_i)$. Sie liefert für die Multiplikativität der Eulerschen φ-Funktion eine natürliche Erklärung.

Für Potenzen p^a von Primzahlen sind in dem *kleinsten positiven Restsystem* $\{r \in \mathbb{Z}; \; 0 \leq r < p^a\}$ modulo p^a durch p teilbar genau die Zahlen $r = kp$, $0 \leq k < p^{a-1}$. Aus Satz 2 folgt deshalb $\varphi(p^a) = p^a - p^{a-1}$, da hier $\mathrm{ggT}(r, p^a) > 1$ dasselbe bedeutet wie $p \mid r$. Nun sind die r Faktoren $p_i^{a_i}$ in der kanonischen Faktorisierung

$$n = \prod_{i=1}^{r} p_i^{a_i} \qquad (a_i \in \mathbb{N})$$

einer natürlichen Zahl n paarweise teilerfremd, also gilt die explizite Formel

$$\varphi(n) = \prod_{i=1}^{r} \left(p_i^{a_i} - p_i^{a_i-1} \right) = n \prod_{i=1}^{r} \left(1 - p_i^{-1} \right).$$

3.4 Vielfache und Potenzen

Es sei A eine (additiv geschriebene) abelsche Gruppe. Zu jedem Element a von A gibt es genau einen Morphismus $\mathbb{Z} \to A$ abelscher Gruppen, der 1 nach a wirft. Die so definierte Abbildung $A \times \mathbb{Z} \to A$ hat die Eigenschaften

$$\left. \begin{array}{rcl} a \cdot (m + m') & = & a \cdot m + a \cdot m' \\ (a + a') \cdot m & = & a \cdot m + a' \cdot m \\ (a \cdot m) \cdot m' & = & a \cdot (mm') \\ a \cdot 1 & = & a \end{array} \right\} \text{ für alle } a, a' \in A, \text{ für alle } m, m' \in \mathbb{Z}.$$

Dies ist die *natürliche $\mathbb{Z}$-Modulstruktur* von A durch Vielfachenbildung. In multiplikativ geschriebenen abelschen Gruppen G wird die natürliche Operation von $\mathbb{Z}$ auf G durch *Potenzen* ausgedrückt, etwa

$$g^{m+m'} = g^m g^{m'}, \quad (gg')^m = g^m g'^m, \quad (g^m)^{m'} = g^{mm'}.$$

Die Ordnung der Elemente in abelschen Gruppen. Was sind Kern und Bild des dem Element $a \in A$ zugeordneten Homomorphismus $m \mapsto a \cdot m$? Der Kern $\{m \in \mathbb{Z}; \; a \cdot m = 0_A\}$ ist als Untergruppe von $\mathbb{Z}$ jedenfalls von der Form $n\mathbb{Z}$ mit einem eindeutig bestimmten $n \in \mathbb{N}_0$. Es gilt also

$$a \cdot m = 0_A \quad \Leftrightarrow \quad m \equiv 0 \;(\mathrm{mod}\, n).$$

Diese Zahl n heißt, falls sie positiv ist, die *Ordnung* von a. Dagegen bedeutet $n = 0$, daß $m \mapsto a \cdot m$ injektiv ist, daß also die Elemente $a \cdot m$ $(m \in \mathbb{Z})$ paarweise verschieden sind. Dann sagt man, a habe die Ordnung ∞. Das Bild von $m \mapsto a \cdot m$, also kurz die Teilmenge $a \cdot \mathbb{Z}$ von A, ist die kleinste Untergruppe von A, die a enthält. Die Zahl ihrer Elemente ist gleich ord a, der Ordnung von a.

In multiplikativ geschriebenen abelschen Gruppen G mit neutralem Element e ist analog, falls g die endliche Ordnung n hat,

$$g^m = e \quad \Leftrightarrow \quad m \equiv 0 \pmod{n}.$$

Hat in einer abelschen Gruppe G (mit Multiplikation als Verknüpfung) das Element g die endliche Ordnung n, dann hat für jeden positiven Teiler d von n das Element g^d die Ordnung n/d.

Denn $(g^d)^k = e$ bedeutet dasselbe wie $g^{dk} = e$, also wie $n \mid dk$, und dies ist gleichbedeutend mit $(n/d) \mid k$.

Proposition 1. *Wenn zwei Elemente a, b der (additiven) abelschen Gruppe A teilerfremde Ordnungen $m = \operatorname{ord} a$, $n = \operatorname{ord} b$ haben, dann hat ihre Summe die Ordnung $m \cdot n$.*

Beweis. Einerseits gilt $(a + b) \cdot mn = (a \cdot m) \cdot n + (b \cdot n) \cdot m = 0_A$. Also ist die Ordnung l von $a + b$ stets ein Teiler von $m \cdot n$. Aus $(a + b) \cdot k = 0_A$ folgt andererseits $(a + b) \cdot (km) = 0_A$ und $(a + b) \cdot (kn) = 0_A$, also

$$\begin{aligned}
0_A &= (a \cdot m) \cdot k + b \cdot (mk) &= b \cdot (mk) \\
0_A &= a \cdot (nk) + (b \cdot n) \cdot k &= a \cdot (nk).
\end{aligned}$$

Das ergibt $mk \equiv 0 \pmod{n}$ sowie $nk \equiv 0 \pmod{m}$. Wegen $\operatorname{ggT}(m, n) = 1$ bedeutet dies $k \equiv 0 \pmod{n}$ und $k \equiv 0 \pmod{m}$, also $mn \mid k$. Insbesondere ist mn auch ein Teiler von l. Damit ist $l = mn$ bewiesen. $\qquad\square$

Beispiel. (Die Charakteristik eines Körpers K) Mit dem Einselement 1_K des Körpers läßt sich das m-fache eines jeden Elementes a der additiven Gruppe $(K, +)$ als Produkt in K schreiben:

$$a \cdot m = a (1_K \cdot m) \qquad\qquad (*)$$

(Induktion nach $m \in \mathbb{N}$). Wenn 1_K die Ordnung ∞ hat, so haben alle Elemente $a \neq 0$ von $(K, +)$ die Ordnung ∞, und man sagt, K habe die *Charakteristik* 0. Sonst ist die Ordnung von 1_K eine Primzahl p, die man dann als *Charakteristik* von K bezeichnet und mit char K abkürzt. Zur Begründung nehmen wir an, daß die endliche Ordnung $n = dt$ von 1_K als Produkt zweier natürlicher Zahlen zerlegt ist. Daraus ergibt sich

$$0_K = 1_K \cdot n = (1_K \cdot d) \cdot t = (1_K \cdot d)(1_K \cdot t).$$

Da $K^\times$ eine Gruppe ist, folgt $1_K \cdot d = 0_K$ oder $1_K \cdot t = 0_K$. Die Ordnung n von 1_K hat somit nur zwei positive Teiler $d = 1$ und $d = n$, ist also eine Primzahl $n = p$. Überdies ergibt die Gleichung (∗) nun $a \cdot p = 0_K$ für alle $a \in K$. In einem endlichen Körper hat das Einselement natürlich eine endliche Ordnung; endliche Körper haben daher stets eine positive Charakteristik p.

Definition. Die Elementezahl $\#A$ einer abelschen Gruppe A wird auch *Ordnung der Gruppe* A genannt. Die Ordnung der Faktorgruppe A/U von A modulo einer Untergruppe U heißt *Index* von U (in A). Sie wird mit $[A : U]$ bezeichnet.

Beispielsweise hat die Einheitengruppe $(\mathbb{Z}/n\mathbb{Z})^\times$ des Restklassenringes $\mathbb{Z}/n\mathbb{Z}$ die Ordnung $\varphi(n)$.

Satz 5. (LAGRANGE) *Es sei A eine endliche abelsche Gruppe (mit Addition als Verknüpfung), und U sei irgendeine Untergruppe von A. Dann gilt*

$$\#A = [A : U] \cdot \#U ,$$

in Worten: Ordnung von A gleich Index von U mal Ordnung von U.

Beweis. Die Elemente der Faktorgruppe A/U sind nichts anderes als die Nebenklassen $a + U$ ($a \in A$). Sie liefern zugleich eine Partition von A in paarweise disjunkte Teilmengen. Jede Nebenklasse hat offensichtlich genauso viele Elemente wie U. Daraus ergibt sich durch Abzählen von A über die aus den Nebenklassen gebildeten Teile die behauptete Formel. □

Bemerkung. Ist B eine Untergruppe der abelschen Gruppe A von endlichem Index $[A : B]$, dann gilt für jede B umfassende Untergruppe U von A, also mit $B \subset U \subset A$, die Gleichung

$$[A : B] = [A : U] \cdot [U : B] .$$

Zur Begründung kann Satz 5 für die abelsche Gruppe $\widetilde{A} = A/B$ und ihre Untergruppe $\widetilde{U} = U/B$ benutzt werden. Zuvor ist nur festzustellen, daß der Index von U in A gleich dem Index von $\widetilde{U}$ in $\widetilde{A}$ ist.

3.5 Anwendung auf die prime Restklassengruppe

Die Ordnung eines Elementes $a + n\mathbb{Z}$ der Einheitengruppe $(\mathbb{Z}/n\mathbb{Z})^\times$ ist zugleich die Ordnung der von ihm erzeugten Untergruppe, und diese teilt nach Satz 5 die Ordnung $\varphi(n)$ der Gruppe. Daher gilt

$$a^{\varphi(n)} \equiv 1 \;(\mathrm{mod}\, n), \quad \text{falls} \quad \mathrm{ggT}(a, n) = 1 \quad \text{(Euler)},$$

und für den Spezialfall einer Primzahl $n = p$ wird insbesondere

$$a^{p-1} \equiv 1 \;(\mathrm{mod}\, p), \quad \text{falls} \quad p \nmid a \quad \text{(kleiner Satz von Fermat)}.$$

Satz 6. *In einer endlichen abelschen Gruppe A ist das Maximum m aller Ordnungen von Elementen zugleich ein Vielfaches jeder dieser Ordnungen.*

Beweis. Die Verknüpfung von A wird als Addition geschrieben. Man wähle ein Element a von A mit der Ordnung m. Angenommen, es gibt ein $b \in A$, dessen Ordnung n kein Teiler von m ist. Dann existiert eine Primzahl p mit

$$e' = v_p(n) > v_p(m) = e.$$

Nach einer Bemerkung zur Definition der Ordnung hat $a \cdot p^e$ die Ordnung m/p^e und $b \cdot (n/p^{e'})$ die Ordnung $p^{e'}$. Wegen

$$\mathrm{ggT}\left(m/p^e, p^{e'}\right) = 1$$

ergibt sich aus der Proposition 1 in $c = a \cdot p^e + b \cdot (n/p^{e'})$ ein Element mit der Ordnung $m \cdot p^{e'-e} > m$. Das steht im Gegensatz zur Wahl von m. Also war die Annahme falsch.   □

Satz 7. *Jede endliche Untergruppe E der multiplikativen Gruppe $K^\times$ eines Körpers K ist* zyklisch *(monogen, von einem Element erzeugbar).*

Beweis. Nach Satz 6 ist das Maximum m aller Ordnungen der Elemente von E zugleich das kleinste gemeinsame Vielfache dieser Ordnungen. Deshalb sind alle Elemente von E Nullstellen des Polynoms

$$P = X^m - 1 \in K[X].$$

Die Potenzen ξ^k eines Elementes $\xi \in E$ von maximaler Ordnung bilden m paarweise verschiedene Nullstellen von P. Doch hat P insgesamt höchstens m Nullstellen (Bemerkung zu Satz 7 in Abschnitt 2.4). Daher gilt:

$$E = \{\xi^k; \quad 1 \le k \le m\}.$$ □

Anwendung. Die multiplikative Gruppe $F^\times$ eines endlichen Körpers F ist nach Satz 7 zyklisch. Daher gibt es zu jeder Primzahl p eine *Primitivwurzel* $g \in \mathbb{Z} \smallsetminus p\mathbb{Z}$, deren Klasse $g + p\mathbb{Z}$ in $(\mathbb{Z}/p\mathbb{Z})^\times$ die Ordnung $p - 1$ hat. Also hat jede invertierbare Restklasse $a + p\mathbb{Z}$ die Form $g^k + p\mathbb{Z}$ ($1 \le k \le p-1$). Übrigens wird der Körper $\mathbb{Z}/p\mathbb{Z}$ oft mit $\mathbb{F}_p$ bezeichnet in Anlehnung an die englische Benennung *finite fields* für endliche Körper.

g	p		g	p
1	2		5	23,47,73,97
2	3,5,11,13,19,29,37,53,59,61,67,83		6	41
3	7,17,31,43,79,89		7	71

Die kleinste Primitivwurzel $g > 0$ für die Primzahlen $p < 100$

Bemerkung. Es sei p eine Primzahl und g eine Primitivwurzel modulo p. Dann ergibt die Beschreibung der invertierbaren Restklassen x modulo p in der Form $x = g^k + p\mathbb{Z}$ einen Isomorphismus

$$(\mathbb{Z}/p\mathbb{Z})^\times \rightarrow (\mathbb{Z}/(p-1)\mathbb{Z}, +)$$
$$g^k + p\mathbb{Z} = x \mapsto k + (p-1)\mathbb{Z}$$

Das kleinste nichtnegative Element der Restklasse $k + (p-1)\mathbb{Z}$ wird als der *Index* g-$\text{ind}(x)$ von x zur Basis g bezeichnet. Eine Tabelle der Indizes in Abhängigkeit von x ist zugleich eine Art von Logarithmentafel für die Multiplikation auf $(\mathbb{Z}/p\mathbb{Z})^\times$. Denn es gilt modulo $p - 1$ stets

$$g\text{-ind}(x \cdot y) \equiv g\text{-ind}(x) + g\text{-ind}(y).$$

Satz 8. (Satz von WILSON) *Für jede Primzahl p gilt $(p-1)! \equiv -1 \pmod{p}$.*

Beweis. Im Fall $p = 2$ gilt $1 \equiv -1 \pmod{2}$, die Behauptung ist also richtig. Ist $p > 2$, so hat in dem endlichen Körper $\mathbb{F}_p = \mathbb{Z}/p\mathbb{Z}$, dessen Einselement wir wieder $\bar{1}$ abkürzen, das Polynom

$$X^2 - \bar{1} = (X - \bar{1}) \cdot (X + \bar{1})$$

genau zwei Wurzeln. Es sind diejenigen invertierbaren Restklassen, die mit ihrer Inversen übereinstimmen. Also ist $x_0 = -\bar{1}$ die einzige Restklasse der Ordnung 2 in $\mathbb{F}_p^\times$. Die übrigen Restlassen $x \neq \bar{1}$ sind daher verschieden von ihrer inversen Restklasse x^{-1}. Deshalb ist das Produkt aller Restklassen von $(\mathbb{Z}/p\mathbb{Z})^\times$ gleich $-\bar{1}$. $\qquad\qquad\square$

$3 \cdot 11 \cdot 17, \quad 5 \cdot 13 \cdot 17, \quad 7 \cdot 13 \cdot 19, \quad 5 \cdot 17 \cdot 29, \quad 7 \cdot 13 \cdot 31, \quad 7 \cdot 23 \cdot 41, \quad 7 \cdot 19 \cdot 67$

Aufgabe 1. a) Man berechne $\varphi(1729)$.

b) Für welche $n \in \mathbb{N}$ ist $\varphi(n) = 48$?   (11 Lösungen.)

c) Man berechne die letzten drei Ziffern im Dezimalsystem für 3^{400}.

Aufgabe 2. Jede Polynomfunktion $f(x) = \sum_{n=0}^{N} a_n x^n$ mit ganzen Koeffizienten a_n vom Grad $N > 0$ liefert für unendlich viele Argumente $x \in \mathbb{Z}$ einen zusammengesetzten Wert $f(x)$, d. h. $|f(x)|$ ist größer als 1 und keine Primzahl. Tip: $f(m + Mx) \equiv f(m) \pmod{M}$.

Aufgabe 3. a) Es sei $n = p_1 \cdots p_r$ ein Produkt von $r \geq 2$ verschiedenen ungeraden Primzahlen. Man zeige, daß für das Maximum m der Ordnungen aller Elemente in der Gruppe $(\mathbb{Z}/n\mathbb{Z})^\times$ gilt

$$m = \text{kgV}(p_1 - 1, \ldots, p_r - 1).$$

b) Man verifiziere, daß für $n = 1729$ dieses Maximum ein Teiler von $n - 1$ ist. Was folgt daraus für $a^{1728} \pmod{1729}$ im Falle $a \in \mathbb{Z}$, $\mathrm{ggT}(a, n) = 1$?

c) Zusammengesetzte Zahlen $n \in \mathbb{N}$, für die stets $a^{n-1} \equiv 1 \pmod n$ gilt, sobald $\mathrm{ggT}(a, n) = 1$ ist, heißen *Carmichael-Zahlen*. Gibt es kleinere Carmichael-Zahlen als 1729?

Aufgabe 4. Es sei $n > 1$ eine natürliche Zahl. Man begründe, daß der natürliche Gruppenhomomorphismus von $\mathbf{SL}_2(\mathbb{Z})$ in $\mathbf{SL}_2(\mathbb{Z}/n\mathbb{Z})$ surjektiv ist. Sein Kern

$$\left\{ \begin{pmatrix} a & b \\ c & d \end{pmatrix} \in \mathbf{SL}_2(\mathbb{Z}); \; \begin{pmatrix} a & b \\ c & d \end{pmatrix} \equiv \begin{pmatrix} 1 & 0 \\ 0 & 1 \end{pmatrix} \pmod n \right\}$$

heißt die *Hauptkongruenzuntergruppe der Stufe* n von $\mathbf{SL}_2(\mathbb{Z})$. Hinweis: Aufgabe 4 in Abschnitt 1.

Aufgabe 5. Um beim Chinesischen Restsatz aus r Restklassen $a_i + n_i\mathbb{Z}$ nach paarweise koprimen $n_i \in \mathbb{N}$ eine Restklasse $a + n\mathbb{Z} = \bigcap_{i=1}^r (a_i + n_i\mathbb{Z})$ modulo dem Produkt $n = \prod_{i=1}^r n_i$ zusammenzusetzen, verwendet man die speziellen *Idempotente* $e_i \in \{0, \ldots, n-1\}$ mit den Kongruenzbedingungen

$$e_i \equiv 1 \pmod{n_i}, \quad e_i \equiv 0 \pmod{N_i} \quad \text{für} \quad N_i = \prod_{j \neq i} n_j.$$

Und zwar ist $a + n\mathbb{Z} = \sum_i a_i e_i + n\mathbb{Z}$. Die ganzen Zahlen e_i können mit dem erweiterten euklidischen Algorithmus (vgl. Aufgabe 5 in Abschnitt 1) bestimmt werden über eine Lösung der Gleichung $n_i x + N_i y = 1$ mit $x, y \in \mathbb{Z}$. Man schreibe ein Programm, das aus den Eingaben $r, n_1, \ldots, n_r$ die Idempotente berechnet und speichert, und das (in einer Schleife) Eingaben $a_1, \ldots, a_r$ akzeptiert sowie den Vertreter a mit $0 \leq a < n$ der Restklasse $\bigcap_{i=1}^r (a_i + n_i\mathbb{Z})$ berechnet.

Aufgabe 6. (RSA-Codierungssystem) Eine große (!) natürliche Zahl n sei das Produkt zweier etwa gleichgroßer Primzahlen $p \neq q$, und der *Schlüssel* $s \in \mathbb{N}$, $1 < s < n$ sei teilerfremd zu $\varphi(n)$. Eine *Botschaft*, eine endliche Folge von Restklassen $b_i + n\mathbb{Z}$, wird vom Absender, dem n und s bekannt sind, verschlüsselt durch Übermittlung der *codierten* Folge $b_i^s + n\mathbb{Z}$. Der Empfänger, dem p und q bekannt sind, entschlüsselt die übermittelte Botschaft durch Potenzieren mit der natürlichen Zahl $t < n$, für die $st \equiv 1 \pmod{\varphi(n)}$ gilt. (Die Bestimmung von t erfordert die Kenntnis von $\varphi(n)$ und damit die von p und q — Wieso?). Man begründe, daß $x^{st} = x$ für alle $x \in \mathbb{Z}/n\mathbb{Z}$ gilt.

Bemerkung. Fortgesetztes Multiplizieren zur Berechnung der Potenzen ist hier nicht praktikabel. Ein Algorithmus für schnelles Potenzieren wird in den Aufgaben des nächsten Abschnittes 4 vorgestellt.

4 Die Struktur endlicher abelscher Gruppen

Die Wahl einer Basis in einem endlich erzeugten Vektorraum V bewirkt eine Zerlegung von V als direkte Summe eindimensionaler Unterräume; ihre Anzahl r ist die Dimension, die einzige Invariante von V. Analog zu dieser Tatsache der linearen Algebra ist jede endliche abelsche Gruppe A zerlegbar als direktes Produkt von *monogenen* Gruppen $\langle a_i \rangle$. Unter solchen Faktorisierungen von A kann noch eine Auswahl getroffen werden. Beispielsweise kann man die Zerlegung $A = \bigoplus_{i=1}^{r} \langle a_i \rangle$ so wählen, daß die Ordnungen m_i der Faktoren $\langle a_i \rangle$ eine monoton steigende Folge $m_1 \mathbb{Z} \subset \cdots \subset m_r \mathbb{Z}$ echter Untergruppen von $\mathbb{Z}$ bilden oder mit anderen Worten, daß m_{i+1} ein Teiler von m_i ist ($1 \le i < r$). Die so entstehende *Elementarteilerkette* $m_1, \ldots, m_r$ von A ist die A zugeordnete Invariante. Was die Notation betrifft, so schreiben wir zunächst die Verknüpfung auf A als Addition. Natürlich gelten die Ergebnisse auch für multiplikativ geschriebene abelsche Gruppen.

Jede natürliche Zahl $n = \prod_{i=1}^{r} p_i^{a_i}$ mit verschiedenen Primfaktoren p_i ergibt automatisch aufgrund des Chinesischen Restsatzes eine Zerlegung der zyklischen additiven Gruppe $\mathbb{Z}/n\mathbb{Z}$ des Restklassenringes als direkte Summe zyklischer Untergruppen von Primzahlpotenzordnung und ebenso eine Zerlegung der primen Restklassengruppe $(\mathbb{Z}/n\mathbb{Z})^\times$ als Produkt der primen Restklassengruppen $(\mathbb{Z}/p_i^{a_i}\mathbb{Z})^\times$. Die Bestimmung ihrer Struktur bildet den Abschluß des Abschnittes.

4.1 Der Hauptsatz über endliche abelsche Gruppen

Definitionen. Eine abelsche Gruppe heißt *monogen* oder *zyklisch*, wenn sie von einem Element erzeugt wird. Es seien $A_1, \ldots, A_r$ Untergruppen einer abelschen Gruppe A; sie heißt *direkte Summe* oder auch *direktes Produkt* der Untergruppen A_i, falls jedes Element a von A genau eine Darstellung der Form besitzt

$$a = \sum_{i=1}^{r} a_i, \qquad a_i \in A_i \quad (1 \le i \le r).$$

Dieser Sachverhalt wird symbolisiert durch die Notation $A = \bigoplus_{i=1}^{r} A_i$. Als *Annihilator* der Untergruppe B von A wird die Menge der ganzen Zahlen k bezeichnet, für die $x \cdot k = 0_A$ für alle $x \in B$ gilt. Sie bildet stets eine Untergruppe von $(\mathbb{Z}, +)$.

Beispiel. Im Chinesischen Restsatz ergibt sich für das Produkt $n = n_1 \cdots n_r$ paarweiser koprimer natürlicher Zahlen n_i mittels der Faktoren $N_i = n/n_i$ von n eine Zerlegung der Eins: $1 = \sum_{i=1}^{r} N_i q_i$, deren Summanden $e_i = N_i q_i$

die Kongruenzen $e_i \equiv \delta_{i,k} \pmod{n_k}$ $(1 \leq i, k \leq r)$ erfüllen. Die von der Restklasse $a_i = e_i + n\mathbb{Z}$ erzeugte Untergruppe A_i von $\mathbb{Z}/n\mathbb{Z}$ hat daher den Annihilator $n_i\mathbb{Z}$. Sie führt zur Zerlegung

$$(\mathbb{Z}/n\mathbb{Z}, +) = \bigoplus_{i=1}^{r} A_i.$$

Dieses Beispiel kann verwendet werden für eine direkte Zerlegung endlicher zyklischer Gruppen, deren Ordnung keine Primzahlpotenz ist:

Proposition 1. *Es sei C eine endliche zyklische Gruppe, deren Ordnung $n = \prod_{i=1}^{r} p_i^{b_i}$ Produkt von $r \geq 2$ Potenzen verschiedener Primzahlen p_i ist. Sie besitzt eine Zerlegung $C = \bigoplus_{i=1}^{r} C_i$ als direkte Summe zyklischer Untergruppen C_i der Ordnung $p_i^{b_i}$ $(1 \leq i \leq r)$.*

Beweis. Wir verwenden ein erzeugendes Element c von C; seine Ordnung ist nach Voraussetzung n. Mit den Faktoren $n_i = p_i^{b_i}$ ergibt das letzte Beispiel über die Elemente $c_i = c \cdot e_i$ die Zerlegung $C = \bigoplus_{i=1}^{r} \langle c_i \rangle$; deren Summanden $C_i = \langle c_i \rangle$ haben die Ordnung $n_i = p_i^{b_i}$.   □

Satz 1. (Hauptsatz) *Jede endliche abelsche Gruppe $A \neq \{0\}$ besitzt eine Zerlegung*

$$A = \bigoplus_{i=1}^{r} A_i$$

als direkte Summe zyklischer Untergruppen A_i der jeweiligen Ordnung $m_i > 1$ derart, daß gilt $m_i \mid m_{i-1}$ $(2 \leq i \leq r)$. Diese Bedingung besagt, daß die Kette der Annihilatoren $m_i\mathbb{Z}$ von A_i monoton steigt: $m_1\mathbb{Z} \subset m_2\mathbb{Z} \subset \cdots \subset m_r\mathbb{Z}$.

Beweis von Satz 1 durch Induktion nach der Ordnung n der Gruppe A.

1) Im Fall $n = 2$ enthält A genau ein Element $a \neq 0_A$. Dieses hat die Ordnung 2 und ergibt eine Zerlegung mit der Faktorenanzahl $r = 1$. Ist A eine abelsche Gruppe mit $n > 2$ Elementen und trifft die Behauptung zu für abelsche Gruppen kleinerer Ordnung, so wähle man ein Element a_1 von A mit maximaler Ordnung m_1 und setze $A_1 = a_1\mathbb{Z}$. Im Fall $m_1 = n$ ist $A = A_1$ zyklisch. Ist aber $m_1 < n$, dann betrachte man die Faktorgruppe $B = A/A_1$. Nach LAGRANGE ist B von kleinerer Ordnung als A. Daher gibt es aufgrund der Induktionsannahme Elemente $b_i \in B$ der Ordnung $m_i > 1$, für die gilt

$$m_{i+1} \mid m_i \quad (2 \leq i < r) \quad \text{und} \quad B = \bigoplus_{i=2}^{r} b_i\mathbb{Z}.$$

Man fixiere vorläufig irgendein Element $\tilde{a}_i$ in jeder Nebenklasse b_i $(2 \leq i \leq r)$. Nach Satz 6 in Abschnitt 3.5 ist m_i ein Teiler von m_1, weil m_i ein Teiler der Ordnung von $\tilde{a}_i$ und diese ein Teiler von m_1 ist.

2) Es existieren Elemente $a_i \in b_i = \tilde{a}_i + A_1$ mit $\operatorname{ord} a_i = \operatorname{ord} b_i$ $(2 \leq i \leq r)$: Die Gleichung $0_B = b_i \cdot m_i = \tilde{a}_i \cdot m_i + A_1$ besagt $\tilde{a}_i \cdot m_i \in A_1$, etwa $\tilde{a}_i \cdot m_i = a_1 \cdot k_i$

mit einer natürlichen Zahl k_i. Weil $m_1 = m_i n_i$ ist mit geeigneten natürlichen Zahlen n_i, ergibt sich wegen $a_1 \cdot m_1 = 0_A$:

$$a_1 \cdot (k_i \, n_i) \; = \; \tilde{a}_i \cdot (m_i \, n_i) \; = \; 0_A \, .$$

Also ist $k_i \, n_i \equiv 0 \pmod{m_1}$ und daher $k_i = l_i \, m_i$ mit einem Faktor l_i, $2{\leq}i{\leq}r$. Man setze nun $a_i := \tilde{a}_i - a_1 \cdot l_i$. Als Element der Nebenklasse $b_i = \tilde{a}_i + A_1$ hat a_i eine durch m_i teilbare Ordnung; daher ergibt sich die Behauptung unter 2) aus der Gleichung

$$a_i \cdot m_i \; = \; \tilde{a}_i \cdot m_i - a_1 \cdot k_i \; = \; 0_A \, .$$

3) Jedes System von Elementen $a_i \in b_i$, deren Ordnungen die Gleichungen ord $a_i =$ ord $b_i = m_i$ $(2{\leq}i{\leq}r)$ erfüllen, liefert eine Zerlegung

$$A \; = \; \bigoplus_{i=1}^{r} a_i \, \mathbb{Z} \, .$$

Um das nachzuweisen, betrachten wir zu jedem Element a von A das ihm entsprechende Element $b = a + A_1 \in B$. Aufgrund der Induktionsvoraussetzung gibt es dazu eindeutig bestimmte Zahlen $r_i \in \mathbb{Z}$ mit $0 \leq r_i < m_i$ $(2{\leq}i{\leq}r)$ derart, daß gilt $b = \sum_{i=2}^{r} b_i \cdot r_i$. Also ist $c = a - \sum_{i=2}^{r} a_i \cdot r_i \in A_1 = a_1 \cdot \mathbb{Z}$ und daher $c = a_1 \cdot r_1$ mit genau einer ganzen Zahl r_1 in den Grenzen $0 \leq r_1 < m_1$. Das zeigt Existenz und Eindeutigkeit einer Summenzerlegung der Form

$$a \; = \; \sum_{j=1}^{r} a_j \cdot r_j, \qquad r_j \text{ modulo } m_j \quad (1 \leq j \leq r) . \qquad \square$$

Zusatz. *Ist A eine endliche abelsche Gruppe und A_1 irgendeine zyklische Untergruppe von größtmöglicher Ordnung m_1, dann besitzt A eine direkte Zerlegung $A = A_1 \oplus A_1'$ mit einer geeigneten Untergruppe A_1' von A.*

Wir wenden uns nun einer genauen Betrachtung der Elementarteilerkette endlicher abelscher Gruppen zu.

Satz 2. *Die Kette der Elementarteiler $m_1, \ldots, m_r$ einer endlichen abelschen Gruppe $A \neq \{0\}$ ist, unabhängig von der Wahl einer direkten Zerlegung der Gruppe, eindeutig bestimmt. Insbesondere ist m_1 das Maximum aller Elementordnungen, und die Länge r der Elementarteilerkette ist zugleich die minimale Erzeugendenzahl von A.*

Beweis. Die Behauptung über m_1 folgt aus der Bedingung $m_i \mid m_1$ $(1{\leq}i{\leq}r)$. Nach Satz 6 in 3.5 ist daher m_1 zugleich das kleinste gemeinsame Vielfache aller Elementordnungen in A.

1) Ein Blick auf den einfachsten Spezialfall liefert einen Hinweis auf die Behandlung der allgemeinen Situation. Wenn $m_1 = p$ eine Primzahl wird, dann gehört A zu den abelschen Gruppen, deren Elemente $x \neq 0$ sämtlich die Ordnung p haben, das sind die *elementar-abelschen p-Gruppen*. Jede von ihnen wird durch die natürliche Operation von $\mathbb{Z}$ zu einem $\mathbb{F}_p$-Vektorraum und hat daher eine $\mathbb{F}_p$-Dimension. In diesem Spezialfall ist $r = \mathbb{F}_p$-dim(A).

2) Generell definiert jede Primzahl p einen Homomorphismus von A in A durch Vielfachenbildung $x \mapsto x \cdot p$. So entsteht eine absteigende Folge

$$p^0 A \;=\; A \;\supset\; p^1 A \;\supset\; \cdots \;\supset\; p^k A \;\supset\; \cdots$$

von Untergruppen von A. Nun hat A nur endlich viele Elemente, daher wird die Inklusion von einer Stelle an zur Gleichheit. Was besagt die Gleichung $pB = B$ in einer endlichen abelschen Gruppe B? Sie bedeutet, daß der Homomorphismus $x \mapsto x \cdot p$ surjektiv oder, was hier dasselbe heißt, daß er injektiv ist. Die Gleichung $pB = B$ besagt mithin, daß B kein Element der Ordnung p enthält. Jedenfalls entsteht durch die Vielfachenbildung $x \mapsto x \cdot p$ ein surjektiver Homomorphismus von $p^{k-1}A$ auf $p^k A$. Die elementar-abelsche p-Gruppe $B_k = p^{k-1}A/p^k A$ ist also ein $\mathbb{F}_p$-Vektorraum endlicher Dimension $d(p,k)$. Weil $y \mapsto y \cdot p$ auch B_k auf B_{k+1} wirft, ist $d(p,k+1) \leq d(p,k)$. Überdies ist $d(p,k) = 0$ genau dann, wenn p^k kein Teiler von m_1 ist.

3) Es sei $A = \bigoplus_{j=1}^s C_j$ eine Zerlegung als direkte Summe zyklischer Gruppen $C_j = c_j \mathbb{Z}$ der Ordnungen $n_j > 1$. Für jede Primzahl p und für alle $k \in \mathbf{N}$ ist

$$p^{k-1} \cdot c_j + p^k A \qquad (1 \leq j \leq s)$$

ein Erzeugendensystem von $B_k = p^{k-1}A/p^k A$. Es bedeutet $c_j \cdot p^{k-1} \in p^k A$ dasselbe wie die Lösbarkeit der Kongruenz $p^k x \equiv p^{k-1} \pmod{n_j}$, bedeutet also ggT$(p^k, n_j) \mid p^{k-1}$. Daher erzeugen schon die Elemente $c_j \cdot p^{k-1} + p^k A$ mit $p^k \mid n_j$ die Gruppe B_k. Sie sind andererseits über $\mathbb{F}_p$ linear unabhängig. Sind nämlich $l_j \in \mathbb{Z}$ und gilt

$$\sum_{j=1}^s c_j \cdot (p^{k-1} l_j) \;\in\; p^k A \,,$$

existieren also Lösungen $x_j \in \mathbb{Z}$ der Kongruenzen $p^{k-1} l_j \equiv p^k x_j \pmod{n_j}$, dann folgt $l_j \equiv 0 \pmod p$, sobald p^k ein Teiler von n_j ist. Daher ist

$$d(p,k) \;=\; \#\{\, j;\; 1 \leq j \leq s,\; p^k \mid n_j \,\}. \qquad (*)$$

Diese Zahl ist nach ihrer Definition nicht von einer Zerlegung von A abhängig. Insbesondere ist $d(p,1) \leq s$ für jede Primzahl p, und $d(p,1) \neq 0$ bedeutet, daß p ein Teiler von m_1 ist. Wenn für eine Primzahl p gilt $d(p,1) = s$, so ist s die minimale Erzeugendenzahl von A.

4) Wenn unter 3) die Teilbarkeitsrelation $n_j \mid n_{j-1}$ $(2 \leq j \leq s)$ gilt, dann ist für jeden Primteiler p von m_1

$$d(p, k) = \max \{\, j \,;\ 1 \leq j \leq s,\ p^k \mid n_j \,\}.$$

Also ist $j \leq d(p, k)$ dasselbe wie $p^k \mid n_j$. Wegen $d(p, k+1) \leq d(p, k)$ wird daher $v_p(n_j)$ die Zahl der Faktorräume $p^{k-1}A/p^kA = B_k$ mit einer Dimension $d(p, k) \geq j$. Offensichtlich ist diese Zahl unabhängig von jeder speziellen Zerlegung von A als direkte Summe. Da n_s durch wenigstens eine Primzahl teilbar ist, wird s nach 3) die minimale Erzeugendenzahl von A. $\qquad\square$

Bemerkungen zum Beweis. Den Schlüssel liefern die $\mathbb{F}_p$-Vektorräume $p^{k-1}A/p^kA$ und ihre Dimensionen $d(p, k)$ für die Primteiler p der Gruppenordnung $n = |A|$. Wendet man auf alle zyklischen Summanden einer Zerlegung von A gemäß Satz 1 das Verfahren der Proposition 1 an, so erhält man nach einer Umordnung der zyklischen Summanden eine weitere Faktorisierung

$$A = \bigoplus_{p \mid n} S_p$$

als direkte Summe von Untergruppen S_p mit p-Potenzordnung. Von dieser *Primärzerlegung* wird in Abschnitt 11.2 noch einmal die Rede sein.

4.2 Die Struktur der primen Restklassengruppen

Definition. Es sei $n > 1$ eine natürliche Zahl. Die Gruppe $(\mathbb{Z}/n\mathbb{Z})^{\times}$ aller invertierbaren Elemente des Restklassenringes $\mathbb{Z}/n\mathbb{Z}$, also seine Einheitengruppe, heißt auch *prime Restklassengruppe* modulo n.

Die kanonische Zerlegung $n = \prod_{i=1}^{r} p_i^{a_i}$ ergibt nach dem Chinesischen Restsatz eine Beschreibung der primen Restklassengruppe

$$(\mathbb{Z}/n\mathbb{Z})^{\times} \cong \prod_{i=1}^{r} (\mathbb{Z}/p_i^{a_i}\mathbb{Z})^{\times}$$

als direktes Produkt der entsprechenden Gruppen $(\mathbb{Z}/p_i^{a_i}\mathbb{Z})^{\times}$ zu den Faktoren $p_i^{a_i}$ von n. Die *additive* Gruppe A des Restklassenringes $\mathbb{Z}/n\mathbb{Z}$ ist monogen, nämlich von $1+n\mathbb{Z}$ erzeugt, trotz der anfangs betrachteten direkten Zerlegung in zyklische Summanden A_i, weil diese paarweise koprime Ordnungen haben. Anders verhält es sich mit der Einheitengruppe $(\mathbb{Z}/n\mathbb{Z})^{\times}$.

Satz 3. *Die Gruppe $(\mathbb{Z}/2^a\mathbb{Z})^{\times}$ ist für alle Exponenten $a > 2$ ein direktes Produkt ihrer beiden Untergruppen $\langle -1 + 2^a\mathbb{Z}\rangle$ und $\langle 5 + 2^a\mathbb{Z}\rangle$ der Ordnung 2 bzw. 2^{a-2}; für die Exponenten $a = 1, 2$ dagegen ist sie zyklisch. Ist aber p eine Primzahl $\neq 2$, dann ist die Gruppe $(\mathbb{Z}/p^a\mathbb{Z})^{\times}$ für alle Exponenten $a \geq 1$ zyklisch. Sie wird erzeugt von jeder Restklasse $g + p^a\mathbb{Z}$ mit einer Primitivwurzel g modulo p, für die $g^{p-1} \not\equiv 1 \pmod{p^2}$ ist.*

Beweis. 1) Jede Zahl $f = 1 + 4t$ erfüllt für alle Exponenten $m \in \mathbf{N}_0$ die Kongruenz

$$f^{2^m} \equiv 1 + 2^{m+2}t \pmod{2^{m+3}}.$$

Denn im Fall $m=0$ ist das vorausgesetzt. Gilt nun für ein $m \geq 0$ die Gleichung

$$f^{2^m} = 1 + 2^{m+2}t_1 \quad \text{mit} \quad t_1 \equiv t \pmod 2,$$

dann folgt durch Quadrieren

$$f^{2^{m+1}} = 1 + 2^{m+3}t_1 + 2^{2m+4}t_1^2 \equiv 1 + 2^{m+3}t \pmod{2^{m+4}}.$$

Bei ungeradem t hat also $f + 2^a\mathbf{Z}$ die Ordnung 2^{a-2} in $(\mathbf{Z}/2^a\mathbf{Z})^\times$. Überdies gilt dann für alle $k \in \mathbf{N}_0$ die Kongruenz $f^k \equiv 1 \pmod 4$. Deshalb enthält jede Restklasse in $(\mathbf{Z}/2^a\mathbf{Z})^\times$ genau eines der Elemente $(-1)^j f^k$ mit $j \in \{0,1\}$ und $0 \leq k < 2^{a-2}$. Weil $f = 5$ die Voraussetzung erfüllt, ist Teil 1) im Fall $a > 2$ bewiesen. Die Aussage für $a = 1, 2$ ist selbstverständlich.

2) Sei jetzt $p \neq 2$ und $h = 1 + pt$. Für jedes $m \in \mathbf{N}_0$ ist dann

$$h^{p^m} \equiv 1 + p^{m+1}t \pmod{p^{m+2}}. \tag{$*$}$$

Das wird wieder durch Induktion nach m bewiesen. Im Fall $m = 0$ trifft die Gleichung $(*)$ selbstverständlich zu. Ist $m \geq 0$ und $h^{p^m} = 1 + p^{m+1}t_1$ mit $t_1 \equiv t \pmod p$, so kommt wegen $\binom{p}{1} = p$, $\binom{p}{k} \equiv 0 \pmod p$, falls $1 \leq k < p$ ist, aus der binomischen Formel

$$h^{p^{m+1}} = (1 + p^{m+1}t_1)^p \equiv 1 + p^{m+2}t_1 \equiv 1 + p^{m+2}t \pmod{p^{m+3}}.$$

Es sei nun g eine Primitivwurzel modulo p. Die Restklasse $g + p^a\mathbf{Z}$ in $(\mathbf{Z}/p^a\mathbf{Z})^\times$ hat eine durch $p - 1$ teilbare Ordnung. Ferner hat $h = g^{p-1}$ die Form $1 + pt$ mit einem Faktor $t \not\equiv 0 \pmod p$, falls $g^{p-1} \not\equiv 1 \pmod{p^2}$ ist. Nach der Vorüberlegung ist die Restklasse $h + p^a\mathbf{Z}$ von der Ordnung p^{a-1}, und folglich hat $g + p^a\mathbf{Z}$ in $(\mathbf{Z}/p^a\mathbf{Z})^\times$ die Ordnung $(p - 1)p^{a-1} = \varphi(p^a)$.

Zum Schluß bleibt nur noch festzustellen, daß es eine Primitivwurzel g modulo p gibt mit $g^{p-1} \not\equiv 1 \pmod{p^2}$. Jedenfalls gibt es Primitivwurzeln g_1 modulo p (Satz 7 in Abschnitt 3.5). Wenn zufällig $g_1^{p-1} \equiv 1 \pmod{p^2}$ ist, dann setze man $g := g_1 + p$ und erhält

$$g^{p-1} = (g_1 + p)^{p-1} \equiv 1 - p\, g_1^{p-2} \not\equiv 1 \pmod{p^2}. \qquad \square$$

Bemerkung. (Über die Länge der Elementarteilerkette von $(\mathbf{Z}/n\mathbf{Z})^\times$) Aufgrund der Primzerlegung $n = \prod_{j=1}^r p_j^{a_j}$ mit $a_j > 0$ ist nach dem Chinesischen Restsatz auch die Einheitengruppe $(\mathbf{Z}/n\mathbf{Z})^\times$ isomorph zum direkten Produkt $\prod_{j=1}^r (\mathbf{Z}/p_j^{a_j}\mathbf{Z})^\times$, in dem mit höchstens einer Ausnahme jeder Faktor eine zyklische Gruppe gerader Ordnung n_j ist. Ist nämlich $p_1 = 2$ und $a_1 = 1$ oder $a_1 > 2$, so ist $n_1 = 1$ oder $(\mathbf{Z}/2^{a_1}\mathbf{Z})^\times = \langle -1 + 2^{a_1}\mathbf{Z}\rangle \times \langle 5 + 2^{a_1}\mathbf{Z}\rangle$. Nach Satz 2 ist die Anzahl der durch eine Primzahl p teilbaren Elementarteiler einer endlichen abelschen Gruppe A zugleich die $\mathbb{F}_p$-Dimension von A/pA. Für jede Primzahl $p \neq 2$ ist daher die Zahl der durch p teilbaren Elementarteiler von $(\mathbb{Z}/n\mathbb{Z})^\times$ beschränkt durch die Zahl der verschiedenen ungeraden Primteiler von n. Da die Gruppe $(\mathbb{Z}/2\mathbb{Z})^\times$ nur aus einem Element besteht, gilt für jede ungerade natürliche Zahl n die Isomorphie abelscher Gruppen $(\mathbb{Z}/n\mathbb{Z})^\times \cong (\mathbb{Z}/2n\mathbb{Z})^\times$. Die Länge r der Elementarteilerkette von $(\mathbb{Z}/n\mathbb{Z})^\times$, also die minimale Erzeugendenzahl, ist deshalb bestimmt allein durch die 2-Potenz in n und durch die Zahl $\omega(n)$ der verschiedenen Primteiler von n:

$$r = \begin{cases} \omega(n) & , \text{ falls } v_2(n) = 0 \text{ oder } 2, \\ \omega(n) - 1 & , \text{ falls } v_2(n) = 1, \\ \omega(n) + 1 & , \text{ falls } v_2(n) > 2 \text{ ist}. \end{cases}$$

Es ist insbesondere die prime Restklassengruppe modulo n zyklisch genau dann, wenn gilt $n = 1, 2, 4, p^a$ oder $2p^a$ mit einer ungeraden Primzahl p und einem natürlichen Exponenten a. $\qquad\square$

Anwendung. (Ein Primzahltest) Es sei $n > 1$ und ungerade sowie

$$n - 1 = \prod_{j=1}^{r} q_j^{b_j}$$

die kanonische Zerlegung von $n - 1$. Dann und nur dann ist n eine Primzahl, wenn ganze Zahlen a_j $(1 \leq j \leq r)$ existieren mit den Bedingungen

$$a_j^{n-1} \equiv 1 \pmod{n}, \qquad a_j^{(n-1)/q_j} \not\equiv 1 \pmod{n}.$$

Beweis. 1) Ist $n = p$ eine Primzahl und g eine Primitivwurzel modulo p, dann erfüllt $a_j = g$ sämtliche Bedingungen: die erste wegen des kleinen Satzes von Fermat, die zweite, weil $g + p\mathbb{Z}$ in $\mathbb{F}_p^\times$ die Ordnung $p - 1$ hat.

2) Unter den Bedingungen des Tests hat die Restklasse $a_j^{m_j} + n\mathbb{Z}$ mit der Abkürzung $m_j = (n - 1)/q_j^{b_j}$ in $(\mathbb{Z}/n\mathbb{Z})^\times$ die Ordnung $q_j^{b_j}$, weil sie $q_j^{b_j}$ teilt, aber nicht $q_j^{b_j - 1}$. Da die Ordnungen $q_1^{b_1}, \ldots, q_r^{b_r}$ paarweise koprim sind, enthält nach Satz 6 in 3.5 die Gruppe $(\mathbb{Z}/n\mathbb{Z})^\times$ ein Element, dessen Ordnung gleich ist dem Produkt

$$\prod_{j=1}^{r} q_j^{b_j} = n - 1.$$

Seine $n - 1$ verschiedenen Potenzen liefern bereits alle Restklassen $\neq \bar{0}$ in $\mathbb{Z}/n\mathbb{Z}$. Da sie insbesondere invertierbar sind, ist $\mathbb{Z}/n\mathbb{Z}$ ein Körper. Somit ist $n = p$ eine Primzahl. $\qquad\square$

Um den Primzahltest benutzen zu können, braucht man eine Prozedur für schnelles Potenzieren. Sie kann aus den Aufgaben 2 und 3 gewonnen werden.

$(\mathbb{Z}/35\mathbb{Z})^\times \cong (\mathbb{Z}/39\mathbb{Z})^\times \cong (\mathbb{Z}/45\mathbb{Z})^\times \cong (\mathbb{Z}/52\mathbb{Z})^\times \cong (\mathbb{Z}/70\mathbb{Z})^\times \cong (\mathbb{Z}/78\mathbb{Z})^\times \cong (\mathbb{Z}/90\mathbb{Z})^\times$

Aufgabe 1. a) Die primen Restklassengruppen $(\mathbb{Z}/15\mathbb{Z})^{\times}$, $(\mathbb{Z}/16\mathbb{Z})^{\times}$, $(\mathbb{Z}/20\mathbb{Z})^{\times}$ und $(\mathbb{Z}/24\mathbb{Z})^{\times}$ haben jeweils die Ordnung 8; wie lauten ihre Elementarteiler?

b) Gibt es ein $n \in \mathbb{N}$, für das $(\mathbb{Z}/n\mathbb{Z})^{\times}$ eine zyklische Gruppe der Ordnung 8 ist?

Aufgabe 2. Man begründe, daß der folgende Algorithmus für Exponenten $n \in \mathbb{N}$ die *n*-te *Potenz* $p = x^n$ unter der assoziativen Verknüpfung $*$ berechnet:

$$e \leftarrow n; \quad y \leftarrow x; \quad p \leftarrow 1;$$
while $e > 0$ **do**
begin
$\quad$ **if** odd(e) **then** $p \leftarrow p * y$ **fi**;
$\quad y \leftarrow y * y;$
$\quad e \leftarrow e$ **div** 2
end

Aufgabe 3. a) Man verwende den Algorithmus von Aufgabe 2 für eine Prozedur zum Potenzieren bezüglich der Restklassenmultiplikation $*$ auf $\mathbb{Z}/m\mathbb{Z}$; zunächst für Moduln m, für die m^2 noch als Maschinenganzzahl darstellbar ist.

b) Mit Hilfe der Prozedur von Teil a) bestimme man die kleinste Primitivwurzel $g > 0$ modulo p für die Primzahlen $p = 163$, 191 und 409.

Aufgabe 4. Man zeige, daß $p = 40487$ eine Primzahl ist, daß $g = 5$ ihre kleinste positive Primitivwurzel ist und daß gilt

$$5^{p-1} \equiv 1 \pmod{p^2}.$$

Aufgabe 5. Mit der Frage nach den Homomorphismen φ einer Gruppe G, die nicht notwendig abelsch ist, in abelsche Gruppen A stößt man auf die von den *Kommutatoren* $[x, y] = xyx^{-1}y^{-1}$ $(x, y \in G)$ erzeugte *Kommutatoruntergruppe* G' von G. Sie liegt selbstverständlich im Kern jedes φ. Aber darüber hinaus bildet die Menge der Nebenklassen $\{xG' ; \; x \in G\}$ selbst eine abelsche Gruppe $\widetilde{A}$ (Beweis!). Sie ist das größte kommutative Bild von G unter Homomorphismen.

Aufgabe 6. Es wird für einen kommutativen Körper K die spezielle lineare Gruppe $G = \mathbf{SL}_2(K)$ betrachtet.

a) Man zeige, daß G erzeugt wird von den Matrizen $\begin{pmatrix} 1 & b \\ 0 & 1 \end{pmatrix}$, $\begin{pmatrix} 1 & 0 \\ c & 1 \end{pmatrix}$ $(b, c \in K)$. Man beachte dabei auch das Produkt $\begin{pmatrix} 1 & 0 \\ b^{-1} & 1 \end{pmatrix} \begin{pmatrix} 1 & -b \\ 0 & 1 \end{pmatrix} \begin{pmatrix} 1 & 0 \\ b^{-1} & 1 \end{pmatrix}$ $(b \neq 0)$.

b) Wenn der Körper K ein Element x enthält mit $x^2 \notin \{0, 1\}$, wenn K also mindestens vier Elemente enthält, dann ist G gleich seiner Kommutatoruntergruppe G'. Anleitung: Man betrachte die Menge der $u \in K$ mit $\begin{pmatrix} 1 & u \\ 0 & 1 \end{pmatrix} \in G'$.

5 Das quadratische Reziprozitätsgesetz

Das quadratische Reziprozitätsgesetz beschreibt eine versteckte und weitreichende Verbindung zwischen den Untergruppen der Quadrate in den primen Restklassengruppen $(\mathbb{Z}/p\mathbb{Z})^\times$ und $(\mathbb{Z}/q\mathbb{Z})^\times$ zu beliebigen Paaren verschiedener ungerader Primzahlen p, q. Seine Entdeckung wird LEGENDRE zugeschrieben. Er benutzte zur Begründung indes einen seinerzeit (1785) unbewiesenen Satz über Primzahlen in arithmetischen Progressionen. Dem knapp neunzehnjährigen GAUSS gelang erstmals ein vollständiger Beweis des quadratischen Reziprozitätsgesetzes. Im Laufe der Zeit fügte er sieben neue Beweise hinzu.

Das Theorem hat seither Mathematiker jeder Generation erneut fasziniert. JACOBI beispielsweise erweiterte den Definitionsbereich der *Nenner* für das als Kriterium verwendete Legendre-Symbol, was seine Berechnung deutlich abkürzt. Wir stellen im folgenden einen Beweis des Reziprozitätsgesetzes für das Jacobi-Symbol dar, der sich auf KRONECKER stützt. Er war es auch, der darauf hinwies, daß die erste vollständige Formulierung des Gesetzes bereits bei EULER zu finden ist.

5.1 Beschreibung der Quadrategruppe als Kern

Proposition 1. *Eine (multiplikativ geschriebene) zyklische Gruppe G von gerader Ordnung N gestattet genau einen Epimorphismus $\phi\colon G \to \{\pm 1\}$. Sein Kern ist die Untergruppe aller zweiten Potenzen x^2 ($x \in G$), der Quadrate in G, und diese ist zugleich der Kern des Endomorphismus $x \mapsto x^{N/2}$ von G.*

Beweis. 1) Es sei g ein erzeugendes Element der monogenen Gruppe G. Für Homomorphismen ϕ der gesuchten Art ist notwendigerweise $\phi(g) = -1$. Dadurch ist aber ϕ bereits auf ganz G festgelegt. Weil die Ordnung N von G gerade ist, wird für jedes Element $x \in G$ in einer Darstellung $x = g^k$ als Potenz von g der Exponent k in einer festen Restklasse modulo 2 liegen. Daher und weil $g^k g^l = g^{k+l}$ ist, liefert in der Tat

$$\phi(x) \;=\; (-1)^k$$

einen Epimorphismus auf die Gruppe $\{\pm 1\}$. Sein Kern enthält die Elemente x zu geraden Exponenten k, die *Quadrate*, und nur sie.

 2) Unter der Voraussetzung von Proposition 1 definiert $x \mapsto x^{N/2}$ einen Homomorphismus von G in sich, dessen Bild die einzige Untergruppe U von G mit der Ordnung 2 ist, nämlich $U = \{1_G\,,\, g^{N/2}\}$. Sein Kern besteht wieder aus den Quadraten von G. $\qquad\square$

Definition des Legendre-Symbols. Es sei p eine Primzahl $\neq 2$. Das *Legendre-Symbol* $\left(\frac{a}{p}\right)$ (gesprochen *a nach p*) ist im wesentlichen der gemäß Proposition 1 zu der zyklischen Gruppe $G = (\mathbb{Z}/p\mathbb{Z})^{\times}$ der Ordnung $N = p-1$ gehörige Epimorphismus ϕ:

$$\left(\frac{a}{p}\right) := \phi(a + p\mathbb{Z}), \qquad \text{falls } a \in \mathbb{Z} \smallsetminus p\mathbb{Z}.$$

Wegen der Gestalt von $\operatorname{Ker}\phi$ nennt man a einen *quadratischen Rest* oder einen *quadratischen Nichtrest* modulo p je nachdem, ob $\left(\frac{a}{p}\right) = 1$ oder -1 ist. Auf den Zahlen $a \in p\mathbb{Z}$, also auf den Vielfachen von p, wird $\left(\frac{a}{p}\right) = 0$ gesetzt. Als Konsequenz der Multiplikativität von ϕ ergibt sich so generell die Multiplikativität des Legendre-Symbols:

$$\left(\frac{ab}{p}\right) = \left(\frac{a}{p}\right)\left(\frac{b}{p}\right) \quad \text{für alle } a, b \in \mathbb{Z}.$$

Satz 1. *Für jede Primzahl $p \neq 2$ und jede ganze Zahl m gilt die Kongruenz*

$$\left(\frac{m}{p}\right) \equiv m^{\frac{1}{2}(p-1)} \pmod{p} \quad \text{(Eulersches Kriterium)}.$$

Beweis. Das Bild des Endomorphismus $x \mapsto x^{\frac{1}{2}(p-1)}$ der primen Restklassengruppe $(\mathbb{Z}/p\mathbb{Z})^{\times}$ ist deren Untergruppe $\langle -1 + p\mathbb{Z}\rangle$ der Ordnung 2. Die Aussage von Satz 1 für den Fall $p \nmid m$ ist also nur eine Wiederholung von Proposition 1, während im Fall $p \mid m$ beide Seiten der Behauptung durch p teilbar sind. $\square$

5.2   Einführung des Jacobi-Symbols nach Kronecker

Für jede ungerade natürliche Zahl $n > 1$ ist die Restklasse $2+n\mathbb{Z}$ invertierbar. Aus $2a \equiv 0 \pmod{n}$ folgt daher stets $a \equiv 0 \pmod{n}$. Also ist jedes von $\overline{0}$ verschiedene Element $x \in \mathbb{Z}/n\mathbb{Z}$ auch verschieden von seinem Negativ $-x$. Die Menge

$$X = \mathbb{Z}/n\mathbb{Z} \smallsetminus \{\overline{0}\}$$

aller von $\overline{0}$ verschiedenen Restklassen zerfällt so in $\frac{1}{2}(n-1)$ Paare von Restklassen $x, -x$. Als ein *Halbsystem* modulo n bezeichnet man eine Teilmenge $H \subset X$, welche genau ein Element aus jedem Paar $\{x, -x\}$ enthält. Mit H ist natürlich auch die komplementäre Menge $H' = X \smallsetminus H$ ein Halbsystem.

Jede invertierbare Restklasse $y \in (\mathbb{Z}/n\mathbb{Z})^{\times}$ definiert eine Permutation von X durch die Restklassenmultiplikation $x \mapsto y \cdot x$; dabei ist $y \cdot (-x) = -(y \cdot x)$. Man erklärt nun einen *Korrekturfaktor* bezüglich H:

$$\varepsilon_x(y) = 1 \text{ oder } -1 \text{ je nachdem, ob } x \text{ und } y \cdot x \text{ im}$$
gleichen Halbsystem H bzw. H' liegen oder nicht.

Damit schreibt sich das Restklassenprodukt in der Form

$$y \cdot x \; = \; \varepsilon_x(y) \, \pi(x), \quad x \in X, \tag{$*$}$$

wo π eine Permutation von X ist, die sowohl H als auch H' auf sich abbildet.

Satz 2. *Das für die primen Restklassen $y \in (\mathbb{Z}/n\mathbb{Z})^\times$ nach einem ungeraden Restklassenmodul $n > 1$ erklärte Produkt*

$$\chi(y) \; = \; \chi_n(y) \; := \; \prod_{x \in H} \varepsilon_x(y)$$

hängt nicht ab von der Wahl des Halbsystems H modulo n, und χ definiert einen Gruppenhomomorphismus der primen Restklassengruppe $(\mathbb{Z}/n\mathbb{Z})^\times$ in die Gruppe $\{\pm 1\}$.

Beweis. 1) Jedes weitere Halbsystem $\widetilde{H}$ modulo n ergibt sich aus H, indem einige Elemente durch ihre Negative ersetzt werden, also mittels einer Vorzeichenfunktion $f: X \to \{\pm 1\}$, für die $f(x) = f(-x)$ ist, nach der Formel

$$\widetilde{H} \; = \; \Big\{ \widetilde{x} = f(x)\, x \, ; \quad x \in H \Big\}.$$

Die komplementäre Menge ist $\widetilde{H}' = \{f(x)x \, ; \; x \in H'\}$. Der Korrekturfaktor $\widetilde{\varepsilon}$ bezüglich $\widetilde{H}$ für $x \in H$ und $y \in (\mathbb{Z}/n\mathbb{Z})^\times$ errechnet sich aus dem Produkt

$$y \cdot f(x)x \; = \; f(x)(y \cdot x) \; = \; f(x)\,\varepsilon_x(y)\, f(\pi(x))^{-1} \cdot f(\pi(x))\pi(x).$$

Sein Wert für $\widetilde{x} = f(x)x \in \widetilde{H}$ ist demnach

$$\widetilde{\varepsilon}_{\widetilde{x}}(y) \; = \; f(x)\,\varepsilon_x(y)\, f(\pi(x))^{-1};$$

und durch Multiplikation über alle $\widetilde{x} \in \widetilde{H}$ ergibt sich

$$\begin{aligned}
\prod_{\widetilde{x} \in \widetilde{H}} \widetilde{\varepsilon}_{\widetilde{x}}(y) \; &= \; \prod_{x \in H} f(x)\varepsilon_x(y)f(\pi(x))^{-1} \\
&= \; \Big(\prod_{x \in H} f(x) \Big) \cdot \chi(y) \cdot \Big(\prod_{x \in H} f(\pi(x))^{-1} \Big) \; = \; \chi(y),
\end{aligned}$$

da $\pi(x)$ ebenso wie x die Elemente von H durchläuft.

2) Neben y sei auch $z \in (\mathbb{Z}/n\mathbb{Z})^\times$ eine invertierbare Restklasse. Zu ihr gehöre, der vorangestellten Formel $(*)$ entsprechend, die Permutation ρ, so wie π zu y gehört. Dann gilt für alle $x \in X$

$$y \cdot z \cdot x \; = \; y \cdot (\varepsilon_x(z)\, \rho(x)) \; = \; \varepsilon_{\rho(x)}(y)\, \varepsilon_x(z)\, \pi(\rho(x)).$$

Das beweist $\varepsilon_x(y \cdot z) = \varepsilon_{\rho(x)}(y)\,\varepsilon_x(z)$. Weil auch $\rho(x)$ zugleich mit x das Halbsystem H durchläuft, hat das Produkt über alle $x \in H$ den Wert

$$\chi(y \cdot z) = \chi(y)\,\chi(z)\,. \qquad \Box$$

Zusatz. *Im Fall einer ungeraden Primzahl $n = p$ ist χ_p der Epimorphismus von $(\mathbb{Z}/p\mathbb{Z})^\times$ auf die Gruppe $\{\pm 1\}$.*

Beweis. Es genügt für eine Restklasse $\overline{g} = g + p\mathbb{Z}$, die von einer Primitivwurzel g modulo p repräsentiert wird, $\chi_p(\overline{g}) = -1$ festzustellen. Da für die Primitivwurzel gilt $g^{\frac{1}{2}(p-1)} \equiv -1 \pmod{p}$, wird $H = \{\,\overline{g}^k\,;\, 1 \le k \le \frac{1}{2}(p-1)\,\}$ ein Halbsystem $\bmod\, p$. Bei Multiplikation von $x = \overline{g}^k \in H$ mit $\overline{g}$ ist das Produkt $\overline{g} \cdot \overline{g}^k = \overline{g}^{k+1}$ wieder in H bis auf die Ausnahme $k = \frac{1}{2}(p-1)$, wo $\overline{g}^{k+1} \in H'$ ist. Also gilt

$$\chi_p(\overline{g}) = \left(\frac{g}{p}\right) = -1\,. \qquad \Box$$

Definition. Das *Jacobisymbol* $\left(\frac{m}{n}\right)$ (gesprochen *m nach n*) wird für $m \in \mathbb{Z}$ und ungerade ganze Zahlen $n > 1$ definiert über den *Charakter* $\chi = \chi_n$ durch

$$\left(\frac{m}{n}\right) := \begin{cases} \chi(m + n\mathbb{Z}), & \text{falls} \quad \mathrm{ggT}(m,n) = 1\,, \\ 0 & \text{sonst}\,. \end{cases}$$

Nach dem Zusatz zu Satz 2 bildet das Jacobi-Symbol eine Erweiterung der Definition des Legendre-Symbols. Die Abbildung $m \mapsto \left(\frac{m}{n}\right)$ ist konstant auf jeder Restklasse modulo n, ferner gilt wegen Satz 2 ohne Einschränkung

$$\left(\frac{m_1 m_2}{n}\right) = \left(\frac{m_1}{n}\right)\left(\frac{m_2}{n}\right),$$

denn wenn m_1 oder m_2 nicht koprim zu n ist, dann steht beiderseits Null.

5.3   Vorkehrung zum Beweis des Hauptsatzes

Der Wert des Jacobi-Symbols für die Zähler -1 und 2 ist leicht zu berechnen. Das Resultat wird als *erster und zweiter Ergänzungssatz* bezeichnet.

Satz 3. *Für alle ungeraden ganzen Zahlen $n > 1$ gilt*

$$\left(\frac{-1}{n}\right) = (-1)^{\frac{1}{2}(n-1)} \qquad \text{und} \qquad \left(\frac{2}{n}\right) = (-1)^{\frac{1}{8}(n^2-1)}\,.$$

Beweis. Es sei zunächst H ein beliebiges Halbsystem modulo n. Dann gilt $-x \in H'$, sobald $x \in H$ ist. Die Definition des Jacobisymbols ergibt daher

$$\left(\frac{-1}{n}\right) = (-1)^{|H|} = (-1)^{\frac{1}{2}(n-1)}\,.$$

Jetzt verwenden wir das Halbsystem $H = \{k + n\mathbb{Z}; \ 1 \leq k \leq \frac{1}{2}(n-1)\}$. Bei Multiplikation mit $2 + n\mathbb{Z}$ liefert es $\left(\frac{2}{n}\right) = (-1)^{\mu}$, worin μ die Anzahl der geraden Zahlen $2k$ im Intervall $[\frac{1}{2}(n+1),\ n-1]$ bezeichnet. Die Anzahl der ungeraden Zahlen dort ist $\frac{1}{2}(n-1) - \mu = \mu'$. Im Fall $\frac{1}{2}(n+1) \equiv 1 \pmod 2$ gilt also $n-1 \equiv 0 \pmod 4$ und damit $\mu = \mu' = \frac{1}{4}(n-1)$ sowie

$$\mu \equiv \frac{n-1}{4} \cdot \frac{n+1}{2} \equiv \frac{n^2-1}{8} \pmod 2.$$

Im Fall $\frac{1}{2}(n+1) \equiv 0 \pmod 2$ aber ist $\frac{1}{2}(n-1) \equiv 1 \pmod 2$ und $\mu = \mu' + 1$, also folgt nun

$$\mu = \frac{n+1}{4} \equiv \frac{n+1}{4} \cdot \frac{n-1}{2} \equiv \frac{n^2-1}{8} \pmod 2. \qquad \square$$

Das soeben benutzte Halbsystem H mit den positiven Resten im System der absolut kleinsten Reste modulo n liefert eine geschlossene Formel für den Wert des Jacobisymbols. Sie wird jetzt entwickelt und danach zum Beweis des Reziprozitätsgesetzes verwendet.

Die Differenz von x und der im euklidischen Abstand nächsten ganzen Zahl ist für reelle $x \notin \frac{1}{2} + \mathbb{Z}$ gleich $R(x) = x - \lfloor x + \frac{1}{2} \rfloor$. Es ist zweckmäßig, für $x \in \frac{1}{2} + \mathbb{Z}$ zu definieren $R(x) = 0$.

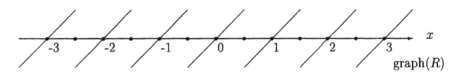

Nun sei wieder $n > 1$ eine ungerade natürliche Zahl. Dann liegt in der Menge der ganzzahligen Vielfachen von n der Zahl $x \in \mathbb{R} \setminus (\frac{1}{2} + \mathbb{Z})$ am nächsten

$$n \left\lfloor \frac{x}{n} + \frac{1}{2} \right\rfloor;$$

denn für $|x| < n/2$ ist $|x|/n < 1/2$, also $\lfloor x/n + \frac{1}{2} \rfloor = 0$. Allgemein hat die Funktion $x \mapsto x - n\lfloor x/n + \frac{1}{2} \rfloor$ auf $\mathbb{R}$ die Periode n.

Wenn $m \in \mathbb{Z}$ und $\mathrm{ggT}(m,n) = 1$ ist, so fällt für Zahlen k in den Grenzen $1 \leq k \leq \frac{1}{2}(n-1)$ der dem Produkt km zugeordnete Rest $km - n\lfloor km/n + \frac{1}{2} \rfloor$ in H oder in H' je nachdem, ob der Ausdruck

$$\mathrm{sgn}\left(km - n\left\lfloor \frac{km}{n} + \frac{1}{2} \right\rfloor\right) = \mathrm{sgn}\left(\frac{km}{n} - \left\lfloor \frac{km}{n} + \frac{1}{2} \right\rfloor\right) = \mathrm{sgn}\, R\left(km/n\right)$$

gleich 1 oder -1 ist. Das ergibt die Formel:

$$\left(\frac{m}{n}\right) = \prod_{k=1}^{\frac{1}{2}(n-1)} \operatorname{sgn} R(km/n).$$

Sie gilt auch im Fall $\operatorname{ggT}(m,n) = d > 1$. Denn dann ist sogar $d \geq 3$, also $k = n/d \leq \frac{1}{2}(n-1)$, und daher verschwinden beide Seiten.

Satz 4. (Ein Lemma von KRONECKER) *Für ungerade ganze Zahlen $m > 1$ und reelle Zahlen x in den Grenzen $0 < x < \frac{1}{2}$ wird*

$$\operatorname{sgn} R(mx) = \prod_{h=1}^{\frac{1}{2}(m-1)} \operatorname{sgn}\left[\left(x - \frac{h}{m}\right)\left(x + \frac{h}{m} - \frac{1}{2}\right)\right].$$

Beweis. Es sei $h \in \mathbb{Z}$ und $x \in \mathbb{R}$. Das Produkt $(x-h)(x-h+\frac{1}{2})$ ist Null oder negativ genau dann, wenn $h - \frac{1}{2} \leq x \leq h$ ist, das heißt wenn gleichzeitig $h = \lfloor x + \frac{1}{2} \rfloor$, also h die x am nächsten liegende ganze Zahl ist, und wenn die Differenz $R(x) = x - \lfloor x + \frac{1}{2} \rfloor \leq 0$ ist. Daher gilt

$$\operatorname{sgn} R(x) = \prod_{h \in \mathbb{Z}} \operatorname{sgn}\left((x-h)(x-h+\tfrac{1}{2})\right).$$

Diese Formel wird angewendet auf mx statt x, und zwar unter der Voraussetzung von Satz 4. Dann ist $(mx - h)(mx - h + \frac{1}{2}) \leq 0$ nur möglich, wenn für h gilt $0 < h < \frac{1}{2}(m+1)$. Weil h ganz ist, bedeutet dies $1 \leq h \leq m'$, worin abkürzend $m' = \frac{1}{2}(m - 1)$ gesetzt wurde. Damit haben wir

$$\operatorname{sgn} R(mx) = \prod_{h=1}^{m'} \operatorname{sgn}\left[(mx - h)(mx - h + \tfrac{1}{2})\right]$$

$$= \prod_{h=1}^{m'} \operatorname{sgn}\left[\left(x - \frac{h}{m}\right)\left(x - \frac{h}{m} + \frac{1}{2m}\right)\right]$$

$$= \prod_{h=1}^{m'} \operatorname{sgn}\left(x - \frac{h}{m}\right) \prod_{h=1}^{m'} \operatorname{sgn}\left(x - \frac{2h-1}{2m}\right).$$

Nun durchläuft $\frac{1}{2}(m+1) - h$ mit h die ganzen Zahlen im Intervall $[1, m']$. Daher kann im letzten Produkt h durch $\frac{1}{2}(m+1) - h$ ersetzt werden:

$$\operatorname{sgn} R(mx) = \prod_{h=1}^{m'} \operatorname{sgn}\left[\left(x - \frac{h}{m}\right)\left(x + \frac{h}{m} - \frac{1}{2}\right)\right]. \qquad \square$$

5.4 Das Reziprozitätsgesetz für das Jacobi-Symbol

Satz 5. (Quadratisches Reziprozitätsgesetz) *Für alle ungeraden natürlichen Zahlen $m > 1$, $n > 1$ gilt*

$$\left(\frac{m}{n}\right) = (-1)^{\frac{1}{2}(m-1)\frac{1}{2}(n-1)} \left(\frac{n}{m}\right).$$

Beweis. Mit der weiteren Abkürzung $n' := \frac{1}{2}(n-1)$ ergibt sich aus Satz 4 aufgrund der ihm vorangestellten Formel für das Jacobisymbol

$$\left(\frac{m}{n}\right) = \prod_{k=1}^{n'}\prod_{h=1}^{m'} \mathrm{sgn}\left[\left(\frac{k}{n} - \frac{h}{m}\right)\left(\frac{k}{n} + \frac{h}{m} - \frac{1}{2}\right)\right]$$

und analog

$$\left(\frac{n}{m}\right) = \prod_{h=1}^{m'}\prod_{k=1}^{n'} \mathrm{sgn}\left[\left(\frac{h}{m} - \frac{k}{n}\right)\left(\frac{h}{m} + \frac{k}{n} - \frac{1}{2}\right)\right].$$

Während im Fall $\mathrm{ggT}(m,n) > 1$ beide Ausdrücke verschwinden, so unterscheiden sich im Fall $\mathrm{ggT}(m,n) = 1$ die Faktoren des ersten Ausdrucks um ein Minuszeichen von den entsprechenden Faktoren des zweiten Ausdrucks. Also entsteht $\left(\frac{m}{n}\right)$ durch $m' \cdot n'$ Vorzeichenvertauschungen aus $\left(\frac{n}{m}\right)$. □

Bemerkung 1. (Der Hauptfall) Für ungerade Primzahlen $p \neq q$ bedeutet Satz 5 aufgrund von Satz 1: Ist wenigstens eine der Zahlen p, q kongruent zu 1 (mod 4), so ist q ein quadratischer Rest mod p genau dann, wenn p ein quadratischer Rest mod q ist. Sind beide Zahlen kongruent zu -1 (mod 4), so ist q ein quadratischer Rest mod p genau dann, wenn p ein quadratischer Nichtrest mod q ist.

Bemerkung 2. Satz 5 und die Ergänzungssätze gestatten eine Berechnung des Jacobi-Symbols $\left(\frac{m}{n}\right)$ in etwa so vielen Schritten, wie die Berechnung des größten gemeinsamen Teilers $\mathrm{ggT}(m,n)$ erfordert. Das Jacobi-Symbol hat den Vorteil gegenüber dem Legendre-Symbol, daß man das Reziprozitätsgesetz anwenden kann, ohne die Argumente in Primfaktoren zerlegen zu müssen. Je nach Wahl der Restklassenvertreter braucht man nur Faktoren 2 oder -1 abzuspalten.

Beispiel 1. $m = 1993$, $n = 65537 = 2^{2^4} + 1$

$$\begin{aligned}
\left(\tfrac{1993}{65537}\right) &= \left(\tfrac{65537}{1993}\right) = \left(\tfrac{1761}{1993}\right) = \left(\tfrac{1993}{1761}\right) = \left(\tfrac{232}{1761}\right) = \left(\tfrac{2}{1761}\right)^3\left(\tfrac{29}{1761}\right) \\
&= \left(\tfrac{1761}{29}\right) = \left(\tfrac{21}{29}\right) = \left(\tfrac{29}{21}\right) = \left(\tfrac{2}{21}\right)^3 = -1.
\end{aligned}$$

Beispiel 2. (EULER) Das Polynom $X^2 - X + 41$ hat als Wert eine Primzahl an den 41 Stellen $X = n = 0, 1, 2, \ldots, 40$.

Angenommen, es sei $n^2 - n + 41$ zusammengesetzt und habe den kleinsten Primteiler q. Dann ist $2 < q < 41$, da $n^2 - n + 41 \leq 40 \cdot 39 + 41 < 41^2$ ist. Die folgende Relation

$$4n^2 - 4n + 4 \cdot 41 = (2n-1)^2 + 4 \cdot 41 - 1 \equiv 0 \pmod{q}$$

ließe erkennen, daß $1 - 4 \cdot 41 = -163$ ein quadratischer Rest $\bmod\, q$ wäre. Aber für alle ungeraden Primzahlen $q < 41$ gilt $\left(\frac{-163}{q}\right) = -1$. Dies sollte man leicht nachprüfen können.

Satz 6. (Das Jacobisymbol als Funktion des Nenners) *Für alle ungeraden ganzen Zahlen $n_1 > 1$, $n_2 > 1$ und für alle $m \in \mathbb{Z}$ gilt:*

$$\left(\frac{m}{n_1 n_2}\right) = \left(\frac{m}{n_1}\right)\left(\frac{m}{n_2}\right).$$

Beweis. Das Jacobisymbol hängt als Funktion des Zählers nur von dessen Restklasse modulo Nenner ab. Also kann zum Beweis $m > 1$, $m \equiv 1 \pmod 2$ vorausgesetzt werden. Dann ergibt zweimalige Anwendung des Reziprozitätsgesetzes und die Multiplikativität des Symbols als Funktion des Zählers

$$\left(\frac{m}{n_1 n_2}\right) = (-1)^{\frac{1}{2}(m-1)\frac{1}{2}(n_1 n_2 - 1)} \left(\frac{n_1}{m}\right)\left(\frac{n_2}{m}\right)$$

$$= (-1)^{\frac{1}{2}(m-1)\frac{1}{2}(n_1 n_2 + n_1 + n_2 - 3)} \left(\frac{m}{n_1}\right)\left(\frac{m}{n_2}\right).$$

Der Exponent von -1 aber ist eine gerade Zahl wegen

$$n_1 n_2 + n_1 + n_2 - 3 = (n_1 + 1)(n_2 + 1) - 4 \equiv 0 \pmod 4. \qquad \square$$

Das Gaußsche Lemma. Folgende Überlegungen dienen dem Verständnis für Kroneckers Zugang zum Reziprozitätsgesetz. Wir fixieren eine Primzahl $p \neq 2$, setzen $p' = \frac{p-1}{2}$ und halten fest, daß in jeder Restklasse modulo p genau ein Element des *absolut kleinsten Restsystems* $R = \{r \in \mathbb{Z}\,;\, -p' \leq r \leq p'\}$ liegt. Die Multiplikation $x \mapsto ax$ mit $a \in \mathbb{Z} \setminus p\mathbb{Z}$ bewirkt nur eine Permutation der Restklassen modulo p, und sie bildet $-x$ auf das Negativ von ax ab. Aus dem Eulerschen Kriterium für das Legendresymbol $\left(\frac{a}{p}\right) \equiv a^{p'} \pmod p$ entsteht nun durch Multiplikation mit $p'! = \prod_{r=1}^{p'} r$ nach Ersetzung der Faktoren $a \cdot r$ auf der rechten Seite durch ihre Repräsentanten in R das Produkt $(-1)^\lambda p'!$, worin der Exponent λ angibt, wie viele unter den absolut kleinsten Resten r' der Produkte $a \cdot r$ $(1 \leq r \leq p')$ negativ sind. Das liefert $\left(\frac{a}{p}\right) \equiv (-1)^\lambda \pmod p$, das sogenannte *Gaußsche Lemma*. Der Gedanke Kroneckers war also, zur Definition für die Verallgemeinerung des Legendresymbols das Produkt $(-1)^\lambda$ der Korrekturfaktoren im Gaußschen Lemma zu verwenden.

5.5   Quadrate in der primen Restklassengruppe

Wir streifen abschließend noch einmal die Frage nach den Quadraten in der primen Restklassengruppe $(\mathbb{Z}/n\mathbb{Z})^\times$. Zunächst geht es um ein Kriterium für die Lösbarkeit quadratischer Kongruenzen im Fall von Primzahlen $n = p$. Danach wird die Entscheidung, ob eine Restklasse in $(\mathbb{Z}/n\mathbb{Z})^\times$ ein Quadrat ist, mit dem Chinesischen Restsatz auf die Primteiler von n reduziert.

Proposition 2. *Die allgemeine quadratische Kongruenz*

$$ax^2 + bx + c \equiv 0 \ (\mathrm{mod}\, p), \qquad p \nmid a$$

nach einem Primzahlmodul $p \neq 2$ ist dann und nur dann lösbar, wenn ihre Diskriminante $D := b^2 - 4ac$ die Bedingung erfüllt

$$\left(\frac{D}{p}\right) \ = \ 0 \ \textit{oder}\ 1\,.$$

Beweis. Multiplikation mit $4a$ liefert, falls die quadratische Kongruenz lösbar ist, $(2ax + b)^2 \equiv D \ (\mathrm{mod}\, p)$. Daraus ist die Bedingung abzulesen. Wenn sie aber erfüllt ist, so gibt es ein $m \in \mathbb{Z}$ mit $m^2 \equiv b^2 - 4ac \ (\mathrm{mod}\, p)$. Überdies kann man die Kongruenz $2ax + b \equiv m \ (\mathrm{mod}\, p)$ lösen. Sie ergibt durch Quadrieren $(2ax + b)^2 \equiv b^2 - 4ac \ (\mathrm{mod}\, p)$, also $4a(ax^2 + bx + c) \equiv 0 \ (\mathrm{mod}\, p)$. Deshalb gilt auch, wie behauptet

$$ax^2 + bx + c \equiv 0 \ (\mathrm{mod}\, p)\,. \qquad \square$$

Im Anschluß an das Eingangsthema entsteht selbstverständlich die Frage nach einer Beschreibung aller Quadrate in der primen Restklassengruppe $(\mathbb{Z}/n\mathbb{Z})^\times$ für *zusammengesetzte* natürliche Zahlen n. Die kanonische Zerlegung $n = \prod_{i=1}^{r} p_i^{a_i}$ ergibt mit Satz 4 in Abschnitt 3.3 als Teil einer Antwort die Tatsache: $c + n\mathbb{Z}$ ist ein Quadrat in $(\mathbb{Z}/n\mathbb{Z})^\times$, das heißt die Kongruenz

$$x^2 \equiv c \ (\mathrm{mod}\, n)$$

ist mit einem $x \in \mathbb{Z}$ lösbar genau dann, wenn die r Kongruenzen

$$x_i^2 \equiv c \ (\mathrm{mod}\, p_i^{a_i}), \quad 1 \leq i \leq r$$

ganzzahlig lösbar sind. Damit ist die Frage auf den Fall einer Primzahlpotenz $n = p^a$, $a > 0$ zurückgeführt. Im Fall $p \neq 2$ ist die prime Restklassengruppe $(\mathbb{Z}/p^a\mathbb{Z})^\times$ zyklisch (Satz 3 in Abschnitt 4.2), und

$$c + p^a\mathbb{Z} \ \mapsto \ \left(\frac{c}{p}\right)$$

definiert den einzigen Epimorphismus dieser Gruppe auf die Gruppe $\{\pm 1\}$. Sein Kern ist die Untergruppe der Quadrate. Also ist $x^2 \equiv c \ (\mathrm{mod}\, p^a)$

genau dann lösbar, wenn gilt $\left(\frac{c}{p}\right) = 1$. Im Fall $p = 2$ ist beim Exponenten $a = 1$ die Gruppe $(\mathbb{Z}/2\mathbb{Z})^\times$ einelementig, und ihr Einselement ist natürlich ein Quadrat. Beim Exponenten $a = 2$ hat $(\mathbb{Z}/4\mathbb{Z})^\times$ die Elemente $\pm 1 + 4\mathbb{Z}$, von denen nur $1 + 4\mathbb{Z}$ ein Quadrat ist. Ist schließlich $a \geq 3$, dann sind die primen Restklassen von der Form

$$c + 2^a\mathbb{Z} = (-1)^j 5^k + 2^a\mathbb{Z}, \quad j = 0, 1; \quad k = 1, \ldots, 2^{a-2}.$$

Die Quadrate unter ihnen sind durch $j = 0$, $k \equiv 0 \pmod 2$ ausgezeichnet. Sie bilden die Restklasse $1 + 8\mathbb{Z}$. Also ist $x^2 \equiv c \pmod{2^a}$ lösbar genau dann, wenn gilt $c \equiv 1 \pmod 8$. Wir fassen das Resultat zusammen.

Bemerkung. Eine invertierbare Restklasse $c + n\mathbb{Z}$ modulo einer zusammengesetzten Zahl n ist in $(\mathbb{Z}/n\mathbb{Z})^\times$ ein Quadrat genau dann, wenn erstens für jeden ungeraden Primteiler p von n gilt $\left(\frac{c}{p}\right) = 1$, und wenn zweitens im Fall $4 \mid n$ gilt $c \equiv 1 \pmod 4$ oder $c \equiv 1 \pmod 8$ je nachdem, ob $n/4$ ungerade oder gerade ist.

$\left(\frac{-163}{3}\right) = \left(\frac{2}{3}\right) = -1; \left(\frac{-163}{5}\right) = \left(\frac{2}{5}\right) = -1; \left(\frac{-163}{7}\right) = \left(\frac{-2}{7}\right) = -\left(\frac{2}{7}\right) = -1; \left(\frac{-163}{11}\right) = \left(\frac{2}{11}\right) = -1; \left(\frac{-163}{13}\right) = \left(\frac{6}{13}\right) = \left(\frac{2}{13}\right)\left(\frac{3}{13}\right)$
$= -\left(\frac{13}{17}\right) = -1; \left(\frac{-163}{17}\right) = \left(\frac{7}{17}\right) = \left(\frac{17}{7}\right) = \left(\frac{-4}{7}\right) = \left(\frac{-1}{7}\right) = -1; \left(\frac{-163}{19}\right) = \left(\frac{8}{19}\right) = -1; \left(\frac{-163}{23}\right) = \left(\frac{-2}{23}\right) = -\left(\frac{2}{23}\right) = -1; \left(\frac{-163}{29}\right)$
$= \left(\frac{11}{29}\right) = \left(\frac{29}{11}\right) = \left(\frac{7}{11}\right) = -1; \quad \left(\frac{-163}{31}\right) = \left(\frac{-8}{31}\right) = \left(\frac{2}{31}\right)\left(\frac{-1}{31}\right) = -1; \quad \left(\frac{-163}{37}\right) = \left(\frac{22}{37}\right) = \left(\frac{2}{37}\right)\left(\frac{11}{37}\right) = -\left(\frac{37}{11}\right) = -\left(\frac{4}{11}\right) = -1.$

Aufgabe 1. a) Es sei $p \equiv -1 \pmod 4$ eine Primzahl, für die auch $q = 2p + 1$ eine Primzahl ist. Dann gilt $2^p \equiv 1 \pmod q$, m.a.W. die Mersennesche Zahl $M_p = 2^p - 1$ ist durch q teilbar.

b) Es sei die Fermatzahl $F_n = 2^{2^n} + 1$ zum Index $n > 1$ eine Primzahl, etwa $n = 2, 3, 4$. Man zeige, daß dann 7 eine Primitivwurzel modulo F_n ist.

Aufgabe 2. (Das Eulersche Kriterium als Primzahltest). Es sei $n > 1$ eine ungerade natürliche Zahl. Dann gilt: a) Ein Homomorphismus ψ der Gruppe $(\mathbb{Z}/n\mathbb{Z})^\times$ in sich ist gegeben durch die Abbildung

$$a + n\mathbb{Z} \mapsto a^{\frac{n-1}{2}} \left(\frac{a}{n}\right) + n\mathbb{Z} = \psi(a + n\mathbb{Z}).$$

b) Die Zahl n ist nicht prim, wenn es ein a in $\{1, \ldots, n-1\}$ gibt mit der Eigenschaft

$$a^{\frac{n-1}{2}} \left(\frac{a}{n}\right) \not\equiv 1 \pmod n.$$

c) Ist n nicht prim, so gibt es mindestens $\frac{1}{2}\varphi(n)$ Elemente $a \in \{1, \ldots, n-1\}$ mit

$$a^{\frac{n-1}{2}} \left(\frac{a}{n}\right) \not\equiv 0, 1 \pmod n.$$

Anleitung. Alle ψ-Bilder in $(\mathbb{Z}/n\mathbb{Z})^\times$ haben dieselbe Zahl von Urbildern.

Aufgabe 3. Man studiere den folgenden Algorithmus und verfertige damit eine Prozedur, die das Jacobisymbol $\left(\frac{m}{n}\right)$ für $m \in \mathbb{Z}$ und ungerade $n > 1$ in $\mathbb{N}$ berechnet.

Eingabe:

$m \in \mathbb{Z}$; $n \in \mathbb{N}$ mit $n > 1$ und $n \equiv 1 \pmod 2$;

Initialisierung:

$a \leftarrow \mathrm{mod}\,(m, n)$; $b \leftarrow n$; $s \leftarrow 1$;
if $a = 0$ then $s \leftarrow 0$ fi;

Iteration:

while $a > 1$ do
begin
      while $\mathrm{mod}\,(a, 4) = 0$ do $a \leftarrow a$ div 4;
      if $\mathrm{mod}\,(a, 2) = 0$ then
          $a \leftarrow a$ div 2;
          if $\mathrm{mod}\,(b, 8) = 3$ or $\mathrm{mod}\,(b, 8) = 5$ then $s \leftarrow -s$ fi
      fi;
      $c \leftarrow b$; $b \leftarrow a$; $a \leftarrow c$;
      if $\mathrm{mod}\,(a, 4) = 3$ and $\mathrm{mod}\,(b, 4) = 3$ then $s \leftarrow -s$ fi;
      $a \leftarrow \mathrm{mod}\,(a, b)$;
      if $a = 0$ then $s \leftarrow 0$ fi
end

Ausgabe:

$s = \left(\frac{m}{n}\right)$.

Aufgabe 4. Es sei n eine natürliche Zahl, $v(n)$ die Anzahl der Restklassen x modulo n mit $x^2 \equiv -\overline{1} \pmod n$, und S sei die Menge der ungeraden Primteiler von n. Man beweise

$$v(n) = \begin{cases} 0 & , \text{ falls } 4 \mid n \text{ oder } p \equiv 3 \pmod 4 \text{ für ein } p \in S, \\ 2^{|S|} & , \text{ falls } 4 \nmid n \text{ und } p \equiv 1 \pmod 4 \text{ für alle } p \in S. \end{cases}$$

Aufgabe 5. (Ein weiterer Beweis des quadratischen Reziprozitätsgesetzes) Es seien p, q zwei voneinander und von 2 verschiedene Primzahlen. Betrachtet wird das direkte Produkt G der beiden zyklischen Gruppen $(\mathbb{Z}/p\mathbb{Z})^{\times}$ und $(\mathbb{Z}/q\mathbb{Z})^{\times}$ sowie seine 2-elementige Untergruppe $U = \{(1 + p\mathbb{Z}, 1 + q\mathbb{Z}), (-1 + p\mathbb{Z}, -1 + q\mathbb{Z})\}$. Es werden zwei Vertretersysteme V_k ($k=1, 2$) der Nebenklassen gU in G betrachtet, und für sie werden die beiden Produkte $\Pi_k = \prod_{v \in V_k} v$ ($k=1, 2$) verglichen. Dann ist jedenfalls $\Pi_2 = \Pi_1$ oder $\Pi_2 = (-1 + p\mathbb{Z}, -1 + q\mathbb{Z}) \cdot \Pi_1$. Zur Abkürzung sei $p' = \frac{1}{2}(p-1)$, $q' = \frac{1}{2}(q-1)$. Als erstes Vertretersystem ist zu wählen

$$V_1 = \left\{ (r + p\mathbb{Z}, s + q\mathbb{Z}); \quad 1 \le r \le p - 1, \quad 1 \le s \le q' \right\}.$$

Es liefert wegen $(q'!)^2 \equiv (q-1)!\,(-1)^{q'} \pmod q$ nach dem Satz von Wilson

$$\Pi_1 = \left(((p-1)!)^{q'} + p\mathbb{Z}, (q'!)^{p-1} + q\mathbb{Z} \right) = \left((-1)^{q'} + p\mathbb{Z}, (-1)^{p'}(-1)^{p'q'} + q\mathbb{Z} \right).$$

Das zweite Vertretersystem entsteht aus dem Chinesischen Restsatz in der Form

$$V_2 = \left\{ (t + p\mathbb{Z}, t + q\mathbb{Z}); \quad 1 \le t \le \tfrac{1}{2}(pq - 1), \quad \mathrm{ggT}(t, pq) = 1 \right\}.$$

Im Intervall $[1, \frac{1}{2}(pq-1)]$ liegt keine Zahl aus $pq\mathbb{Z}$; also wird die erste Komponente von Π_2 nach dem Satz von Wilson und dem Eulerschem Kriterium repräsentiert durch die ganze Zahl

$$\frac{\prod_{h=0}^{q'-1}\prod_{k=1}^{p-1}(hp+k) \cdot \prod_{k=1}^{p'}(q'p+k)}{\prod_{l=1}^{p'}(lq)} \equiv \frac{((p-1)!)^{q'}\, p'\,!}{\left(\dfrac{q}{p}\right) p'\,!} \equiv (-1)^{q'}\left(\frac{q}{p}\right) \pmod{p}$$

und analog die zweite Komponente von Π_2 durch $(-1)^{p'}\left(\dfrac{p}{q}\right)\pmod{q}$. Daraus ergibt sich die Gleichung

$$\left(\frac{p}{q}\right)\left(\frac{q}{p}\right) = (-1)^{p'q'}.$$

(Diese Aufgabe ist [Ro, Problem 4.13].)

Aufgabe 6. Hat eine Primzahl die Form $p = 3x^2 + y^2$ mit ganzen x, y, dann ist $p = 3$ oder $p \equiv 1 \pmod{6}$. Es sei jetzt umgekehrt $p \equiv 1 \pmod{6}$ eine Primzahl. In drei Schritten soll gezeigt werden, daß sie die Form $p = 3x^2 + y^2$ mit $x, y \in \mathbb{Z}$ hat.

a) Es gibt ein $a \in \mathbb{Z}$ mit $a^2 + 3 \equiv 0 \pmod{p}$.

b) Man verwende Aufgabe 8 in Abschnitt 1, um zu zeigen, daß es ganze Zahlen x, y im Intervall $]0, \sqrt{p}[$ gibt mit der Eigenschaft $a^2x^2 - y^2 \equiv 0 \pmod{p}$. Daher ist die natürliche Zahl $3x^2 + y^2$ kleiner als $4p$ und $\equiv 0 \pmod{p}$.

c) Man diskutiere die Fälle $3x^2 + y^2 = 3p$ und $3x^2 + y^2 = 2p$.

Aufgabe 7. Man formuliere und beweise die Aufgabe 6 entsprechende Aussage für 2 anstelle von 3.

Aufgabe 8. Die Unlösbarkeit der speziellen Fermatgleichung $x^4 + y^4 = z^4$ in natürlichen Zahlen x, y, z folgt aus der Unlösbarkeit der Gleichung $(*)$ $x^4 + y^4 = z^2$. Sie wird durch *descent*, unendlichen Abstieg, bewiesen: Gezeigt wird, daß jede Lösung eine weitere Lösung x_1, y_1, z_1 mit $z_1 < z$ zur Folge hat. Daher gibt es keine Lösung mit minimalem z, folglich existiert überhaupt keine Lösung. Benutzt wird dabei zweimal die Beschreibung der *primitiven pythagoräischen Tripel* (ppT) $u, v, w \in \mathbb{N}$ mit $u^2 + v^2 = w^2$ und $\mathrm{ggT}(u,v) = 1$ in Aufgabe 7 von Abschnitt 1. Man begründe im einzelnen die folgenden Aussagen.

Wenn $(*)$ eine Lösung besitzt, dann gibt es auch eine solche mit $\mathrm{ggT}(x,y) = 1$. Darin bilden x^2, y^2, z ein ppT. Daher gibt es bei geeigneter Reihenfolge von x und y koprime $a, b \in \mathbb{N}$ mit $ab \equiv 0 \pmod{2}$ und $x^2 = 2ab$, $y^2 = a^2 - b^2$, $z = a^2 + b^2$. Hier ist nicht $a \equiv 0 \pmod{2}$, also $b = 2c$. Aus $\mathrm{ggT}(a, 2c) = 1$ ergibt sich $a = z_1^2, c = c_1^2$ mit koprimen $c_1, z_1 \in \mathbb{N}$. Wegen $y^2 + 4c_1^4 = z_1^4$ entsteht wieder ein ppT. Es führt auf koprime a_1, b_1 mit $2c_1^2 = 2a_1b_1$ und $z_1^2 = a_1^2 + b_1^2$. Daher sind $a_1 = x_1^2$ und $b_1 = y_1^2$ Quadrate in $\mathbb{N}$. Somit wird $z_1^2 = x_1^4 + y_1^4$ sowie $z_1 < z$.

6 Gewöhnliche Kettenbrüche

Die Kettenbrüche bieten ein uraltes Verfahren zur Approximation, man kann auch sagen zur Konstruktion, reeller Zahlen durch Brüche ganzer Zahlen. Begonnen wurde sein systematisches Studium von EULER, LAGRANGE und LEGENDRE. Es beruht auf einer Pflasterung des Einheitsintervalls $I = [0, 1]$ mit injektiven Bildern seiner selbst, wie die Dezimalbruchentwicklung. Die Pflastersteine sind Teilintervalle, deren Endpunkte das Auftreten einer Ausnahmemenge A erzwingen. In der Dezimalbruchentwicklung sind die Teilintervalle $\left[\frac{a}{10}, \frac{a+1}{10}\right]$, $0 \le a \le 9$, und A ist die Menge der rationalen Zahlen mit einer Zehner-Potenz als Nenner, während bei den Kettenbrüchen die Teilintervalle von benachbarten Stammbrüchen begrenzt werden und $A = \mathbb{Q}$ gilt. Im Einzelschritt des Algorithmus ist bei gegebener Zahl $\xi \in I' = I \smallsetminus A$ zu entscheiden, welches Teilintervall ξ enthält: $\xi = (a+\xi')/10$ mit $a = \lfloor 10\xi \rfloor$ und $\xi' = 10\xi - a$ ist bei den Dezimalzahlen die Antwort, dagegen $\xi = 1/(a+\xi')$ mit $a = \lfloor 1/\xi \rfloor$, $\xi' = 1/\xi - a$ im Fall der Kettenbrüche. Durch n-fache Wiederholung der genannten Injektionen entsteht eine Partition $(M(I'))_{M \in \mathcal{S}_n}$ von I' auf der n-ten Stufe, worin bei Dezimalbrüchen die *affinen Abbildungen*

$$Mx = \frac{x}{10^n} + \sum_{i=1}^{n} \frac{a_i}{10^i} \qquad (0 \le a_i \le 9)$$

auftreten, dagegen bei Kettenbrüchen die *projektiven Abbildungen*

$$Mx = \cfrac{1}{a_1 + \cfrac{1}{a_2 + \cfrac{1}{+ \cfrac{\ddots}{a_n + x}}}}$$

mit Koeffizienten $a_i \in \mathbb{N}$. Die Abbildungen M bilden eine Halbgruppe. Diese *Halbgruppe $\mathcal{S}$ des euklidischen Algorithmus* wird im ersten Teil studiert. Bevor wir ihre Matrizen zur Definition der Kettenbruchapproximationen benutzen, ist die reelle projektive Gerade mit ihrer Gruppe von *Möbiustransformationen* vorzustellen. Anschließend wird die Güte der Approximation reeller Zahlen durch Kettenbrüche behandelt. Die *quadratischen Irrationalitäten* ξ sind durch eine *periodische* Kettenbruchentwicklung ausgezeichnet, eine Tatsache von besonderem Reiz. Kettenbruchapproximationen stehen auch in engem Zusammenhang mit den auf die Nenner bezogenen besten rationalen Näherungen für reelle Irrationalzahlen. Am Schluß des Abschnitts wird die FAREY-Reihe erwähnt, mit deren Hilfe sich einige Approximationsaufgaben in einfacher Weise erledigen lassen.

6.1   Die Halbgruppe des euklidischen Algorithmus

Definition. Die Menge der ganzzahligen Matrizen $M = \begin{pmatrix} p & r \\ q & s \end{pmatrix}$ der Determinante ± 1 mit den Ungleichungen $0 \le p \le q \le s$ und $p \le r \le s$ bezeichnen wir mit $\mathcal{S}$. An der Formel für das Produkt von (2×2)-Matrizen erkennt man mühelos, daß mit zwei Matrizen $M, M' \in \mathcal{S}$ auch $MM' \in \mathcal{S}$ gilt. Wir nennen $\mathcal{S}$ die *Halbgruppe des euklidischen Algorithmus*.

Bemerkung 1. Für alle natürlichen Zahl a ist $E(a) = \begin{pmatrix} 0 & 1 \\ 1 & a \end{pmatrix} \in \mathcal{S}$; und mit einer Matrix $M \in \mathcal{S}$ liegt auch die transponierte Matrix M^t in $\mathcal{S}$.

Bemerkung 2. Eine Matrix $M = \begin{pmatrix} p & r \\ q & s \end{pmatrix} \in \mathbf{GL}_2(\mathbb{Z})$ mit $q > 1$ liegt in $\mathcal{S}$, sobald ihre Koeffizienten die Ungleichungen $0 \le p \le q \le s$ erfüllen. Denn die Determinante $ps - qr = \pm 1$ zeigt $\mathrm{ggT}(p,q) = \mathrm{ggT}(q,s) = 1$. Wegen $q > 1$ ergibt sich deshalb (schärfer als vorausgesetzt) $0 < p < q < s$, also $pq < ps < qs$. Mit der Gleichung $ps = qr \pm 1$ folgt daraus $p \le r$ und $r \le s$.

Satz 1. *Jede Matrix $M \in \mathcal{S}$ besitzt eine eindeutige Faktorisierung*

$$M = E(a_1) \cdots E(a_n), \qquad n \in \mathbb{N}, \quad a_j \in \mathbb{N} \ (1 \le j \le n). \qquad (*)$$

Die Zahl n der Faktoren $E(a)$ nennen wir die Länge *von M.*

Beweis. Es sei p, r die erste und q, s die zweite Zeile der Matrix M. Im Fall $p = 0$ ist $\det M = -qr = -1$; das ergibt $M = E(s)$. Dies ist die einzige Zerlegung $(*)$ von M, da das Produkt zweier Matrizen aus $\mathcal{S}$ links oben einen positiven Koeffizienten besitzt. Zum Nachweis des Satzes durch Induktion nach p haben wir im Fall $p = 1$ zu unterscheiden, ob $\det M = s - qr = 1$ oder -1 ist. In der Formel

$$M' = E(a)^{-1} M = \begin{pmatrix} -a & 1 \\ 1 & 0 \end{pmatrix} \begin{pmatrix} 1 & r \\ q & s \end{pmatrix} = \begin{pmatrix} q-a & s-ar \\ 1 & r \end{pmatrix}$$

gilt im ersten Fall $M' \in \mathcal{S}$ genau dann, wenn $a = q$ gesetzt wird. Also ist $M = E(q)E(r)$ die einzige Zerlegung $(*)$. Hingegen ist $qr = s+1$ im zweiten Fall und daher $q > 1$, $r > 1$. Also gilt $M' \in \mathcal{S}$ nur für $a = q-1$. Folglich ist hier aufgrund des ersten Falles $M = E(q-1)E(1)E(r-1)$ die einzige Zerlegung $(*)$. Ist schließlich $p > 1$, so gehört die Matrix

$$M' = E(a)^{-1} M = \begin{pmatrix} -a & 1 \\ 1 & 0 \end{pmatrix} \begin{pmatrix} p & r \\ q & s \end{pmatrix} = \begin{pmatrix} q-ap & s-ar \\ p & r \end{pmatrix}$$

zu $\mathcal{S}$ nur dann, wenn gilt $0 \le q - ap \le p$, wenn also $a = \lfloor q/p \rfloor$ ist. Aber nach der Bemerkung 2 ist dann tatsächlich $M' \in \mathcal{S}$. Da $p' = q - ap < p$ gilt, ist die Matrix M' nach Induktionsvoraussetzung eindeutig faktorisierbar; daher hat auch $M = E(a)M'$ eine und nur eine Faktorisierung dieser Art. $\qquad \square$

Satz 2. (EULER) *Eine natürliche Zahl n > 1 ist genau dann eine Summe n = r² + s² zweier teilerfremder ganzer Quadratzahlen, wenn die Kongruenz $x^2 \equiv -1 \pmod n$ lösbar ist. Ist das der Fall, dann ist auch jeder Teiler d > 1 von n eine Summe zweier teilerfremder ganzer Quadratzahlen.*

Beweis. Ist $n = r^2 + s^2$ und $\mathrm{ggT}(r,s) = 1$, so gilt auch $\mathrm{ggT}(s,n) = 1$. Mithin ist $st \equiv 1 \pmod n$ mit einem $t \in \mathbb{Z}$ und folglich $(rt)^2 + 1 \equiv 0 \pmod n$; jene Kongruenz ist also lösbar.— Ist andererseits $x^2 + 1 \equiv 0 \pmod n$ ganzzahlig lösbar, so gibt es auch eine Lösung x mit $0 < x < n$. Also gilt die Gleichung $x^2 + 1 = kn$ für eine natürliche Zahl k. Offensichtlich kann wegen $n \geq x + 1$ nicht auch $k \geq x + 1$ sein, vielmehr ist $k \leq x$. Damit ist die Matrix mit der ersten Zeile k, x und der zweiten Zeile x, n in $\mathcal{S}$, von gerader Länge $2m$ und symmetrisch. Ihre Zerlegung $M = E(a_1) \cdots E(a_{2m})$ nach Satz 1 wird nun der Transposition unterworfen. Weil M und die Matrizen $E(a)$ Fixpunkte der Transposition sind, resultiert

$$M = M^t = E(a_{2m})^t \cdots E(a_1)^t = E(a_{2m}) \cdots E(a_1).$$

Die Eindeutigkeit der Faktorisierung ergibt daher $a_i = a_{2m+1-i}$ $(1 \leq i \leq m)$. Für den Faktor $L = E(a_1) \cdots E(a_m)$ von M mit den Zeilen p, q und r, s hat man also $LL^t = M$ und damit

$$\begin{pmatrix} p & q \\ r & s \end{pmatrix} \begin{pmatrix} p & r \\ q & s \end{pmatrix} = \begin{pmatrix} k & x \\ x & n \end{pmatrix}.$$

Das zeigt speziell $n = r^2 + s^2$ und $\mathrm{ggT}(r,s) = 1$.— Mit der Kongruenz $x^2 + 1 \equiv 0 \pmod n$ ist stets $x^2 + 1 \equiv 0 \pmod d$ ganzzahlig lösbar. Daher ist auch die letzte Behauptung bewiesen.   □

Bemerkungen. Eine natürliche Zahl $n > 1$ ist also Summe zweier koprimer Quadrate genau dann, wenn $-1 + n\mathbb{Z}$ ein Quadrat in $(\mathbb{Z}/n\mathbb{Z})^\times$ ist. Das bedeutet wegen des Chinesischen Restsatzes für die kanonischen Zerlegung $n = \prod_{i=1}^r p_i^{a_i}$, daß jede der Restklassen $-1 + p_i^{a_i}\mathbb{Z}$ in $(\mathbb{Z}/p_i^{a_i}\mathbb{Z})^\times$ ein Quadrat ist $(1 \leq i \leq r)$.

Für die Potenz p^a einer Primzahl $p \neq 2$ ist die Gruppe $(\mathbb{Z}/p^a\mathbb{Z})^\times$ nach Satz 3 in Abschnitt 4.2 zyklisch. Also ist dort $-1 + p^a\mathbb{Z}$, das einzige Element der Ordnung 2, ein Quadrat genau dann, wenn die Ordnung $p^a - p^{a-1}$ der Gruppe durch 4 teilbar ist, und das besagt dasselbe wie $p \equiv 1 \pmod 4$.

Da Quadrate ungerader Zahlen kongruent zu 1 modulo 4 sind, ist die Restklasse $-1 + 2^a\mathbb{Z}$ in $(\mathbb{Z}/2^a\mathbb{Z})^\times$ nur dann ein Quadrat, wenn $a = 1$ ist. In diesem Fall ist $-1 + 2\mathbb{Z}$ als Einselement von $(\mathbb{Z}/2\mathbb{Z})^\times$ natürlich ein Quadrat.

Beispiel. Eine ungerade natürliche Zahl n, die Summe zweier teilerfremder Quadratzahlen ist, besitzt nur Primteiler $p \equiv 1 \pmod 4$. Im Fall

$$n = 16001 = 25^2 + 124^2 = 625 + 15376$$

ist $-5^3 + n\mathbb{Z}$ wegen $126^2 - 16001 = -125 = (-5)^3$ ein Quadrat in $(\mathbb{Z}/n\mathbb{Z})^\times$. Analog zeigt die Gleichung $127^2 - 16001 = 128 = 2^7$, daß $2^7 + n\mathbb{Z}$ ein Quadrat in $(\mathbb{Z}/n\mathbb{Z})^\times$ ist. Das ergibt für Primteiler p von 16001 die Bedingungen $\left(\frac{-1}{p}\right) = \left(\frac{2}{p}\right) = \left(\frac{5}{p}\right) = 1$, zusammengefaßt: $p \equiv 1$ oder $9 \pmod{40}$. Unterhalb von $\sqrt{n}$ existieren genau zwei dieser Primzahlen, $p = 41$ und $p = 89$. Keine der beiden teilt n, also ist $n = 16001$ eine Primzahl.

Zur Kettenbruchentwicklung der reellen Zahlen wird benötigt eine bestimmte Erweiterung $\mathcal{J}$ der Halbgruppe $\mathcal{S}$ des euklidischen Algorithmus durch die Untergruppe $\mathcal{T}$ von $\mathbf{GL}_2(\mathbb{Z})$ aller *Translations-Matrizen*

$$T(a) = \begin{pmatrix} 1 & a \\ 0 & 1 \end{pmatrix}, \quad a \in \mathbb{Z},$$

so daß $\mathcal{T}\mathcal{J} \subset \mathcal{J}$ und $\mathcal{J}\mathcal{S} \subset \mathcal{J}$ gilt; das ist die Menge

$$\mathcal{J} = \mathcal{T} \cup \mathcal{T}\mathcal{S}.$$

Für $\mathcal{J}$ wird noch ein passender Name gesucht!

Proposition 1. *Es ist $\mathcal{J}$ gleich der Menge der Matrizen*

$$M = \begin{pmatrix} p & r \\ q & s \end{pmatrix} \in \mathbf{GL}_2(\mathbb{Z}) \quad mit \quad 0 \leq q \leq s$$

unter den zusätzlichen Bedingungen $\det M = 1$, *falls* $q = 0$ *ist*, $\det M = -1$, *falls* $q = s = 1$ *ist. Jedes* $M \in \mathcal{J}$ *läßt sich eindeutig zerlegen in der Form*

$$M = T(a_0)E(a_1)\cdots E(a_n) \tag{$*$}$$

mit $n \in \mathbf{N}_0$, $a_k \in \mathbb{Z}$ *für alle* k *sowie* $a_k > 0$, *falls* $k > 0$ *ist. Die Zahl* n *wird wieder die* Länge *von* M *genannt.*

Beweis. Vorläufig bezeichne $\mathcal{K}$ die Menge der angegebenen Matrizen M. Diejenigen mit $q = 0$ bilden die Gruppe $\mathcal{T}$. Da Multiplikation mit Matrizen aus $\mathcal{T}$ von links die zweite Zeile nicht ändert, ergeben die Definitionen von $\mathcal{S}$ und $\mathcal{J}$ sofort:

$$M = \begin{pmatrix} p & r \\ q & s \end{pmatrix} \in \mathcal{J} \quad \Rightarrow \quad 0 \leq q \leq s.$$

Die einzige Matrix mit der zweiten Zeile $(1,1)$ in $\mathcal{S}$ ist $E(1)$. Daher gilt $\mathcal{J} \subset \mathcal{K}$. Nach Satz 1 bleibt also für $q \neq 0$ zu zeigen, daß die Implikation

$$M = \begin{pmatrix} p & r \\ q & s \end{pmatrix} \in \mathcal{K} \quad \Rightarrow \quad T(-a)M = \begin{pmatrix} p-aq & r-as \\ q & s \end{pmatrix} \in \mathcal{S}$$

mit genau einem $a \in \mathbb{Z}$ gilt. Im Fall $q > 1$ kann wieder die Bemerkung 2 zur Definition von $\mathcal{S}$ genutzt werden. Dann ist $a = \lfloor p/q \rfloor$ die einzige Möglichkeit, ebenso wenn $q = 1$ und $\det M = ps - r = -1$ ist. Dagegen bleibt im Fall $q = 1$, $\det M = ps - r = 1$ einzig $a = p-1$. $\qquad \square$

6.2 Möbiustransformationen der projektiven Gerade

Die Menge der eindimensionalen Unterräume des reellen Vektorraums $\mathbb{R}^2$ bezeichnet man als *projektive Gerade* über $\mathbb{R}$:

$$P(\mathbb{R}) = \left\{\, x\mathbb{R};\ \ x \in \mathbb{R}^2 \smallsetminus \{0\} \,\right\}.$$

Ihre Elemente lassen sich beschreiben durch *inhomogene Koordinaten*:

$$\xi \in \mathbb{R} \text{ für die Gerade } \binom{\xi}{1}\mathbb{R}, \ \ \infty \text{ für die Gerade } \binom{1}{0}\mathbb{R}.$$

Damit ist $P(\mathbb{R})$ realisiert durch die Menge $\mathbb{P} = \mathbb{R} \cup \{\infty\}$.

Als Umgebungen der Punkte $\xi \in \mathbb{P} \smallsetminus \{\infty\}$ werden die gewöhnlichen Umgebungen in $\mathbb{R}$ gewählt, als Umgebung von ∞ in $\mathbb{P}$ bezeichnet man jede Teilmenge U, die das Komplement $\mathbb{P} \smallsetminus I$ eines kompakten Intervalls I in $\mathbb{R}$ umfaßt. Auf diese Weise entsteht aus $\mathbb{P}$ ein kompakter topologischer Raum, der die reelle Gerade $\mathbb{R}$ als Unterraum enthält.

Die Matrizen der Gruppe $\mathbf{GL}_2(\mathbb{R})$ vertauschen die Punkte des $\mathbb{R}^2$, aber ebenso permutieren sie seine eindimensionalen Unterräume. Daher wirkt $\mathbf{GL}_2(\mathbb{R})$ auch auf $\mathbb{P}$ als Permutationsgruppe, und zwar durch *Möbiustransformationen*: In den inhomogenen Koordinaten schreibt sich die Anwendung einer Matrix in $\mathbf{GL}_2(\mathbb{R})$ auf $\xi \in \mathbb{P}$ wie folgt

$$\begin{pmatrix} a & b \\ c & d \end{pmatrix}\xi = \frac{a\,\xi + b}{c\,\xi + d}.$$

Dabei ist speziell $M\,0 = b/d$ und $M\infty = a/c$, wobei $\lambda/0 = \infty$ für alle $\lambda \neq 0$ gesetzt ist. Wie die Identität wirken die Vielfachen der Eins-Matrix, und nur sie. Direkt aus der Definition folgt natürlich, daß das Matrizenprodukt MM' dieselbe Wirkung hat wie die Komposition $M \circ M'$ der durch M und M' bewirkten Abbildungen. Aus dem Kalkül der elementaren Umformungen ergibt sich, daß jede Matrix in $\mathbf{GL}_2(\mathbb{R})$ ein Produkt von *Elementarmatrizen* ist, daß also $\mathbf{GL}_2(\mathbb{R})$ als Halbgruppe erzeugt wird von den Matrizen

$$\begin{pmatrix} a & 0 \\ 0 & 1 \end{pmatrix}, \ \ \begin{pmatrix} 1 & b \\ 0 & 1 \end{pmatrix}, \ \ \begin{pmatrix} 0 & 1 \\ 1 & 0 \end{pmatrix} \ \ \text{mit} \ \ a \in \mathbb{R}^\times, \ b \in \mathbb{R}.$$

Dazu gehören jeweils die Möbiustransformationen

$$\begin{array}{cccc} \xi & \mapsto a\xi, & \xi \mapsto \xi + b, & \xi \mapsto 1/\xi \\ a\infty & = \infty, & \infty = \infty + b, & 1/0 = \infty. \end{array}$$

Hier ist in der zweiten Zeile noch einmal explizit das Bild von ∞ festgehalten. Jede Elementarmatrix bewirkt somit eine stetige Bijektion von $\mathbb{P}$ auf sich. Diese Eigenschaft überträgt sich dann auf alle Möbiustransformationen.

Proposition 2. *Durch* $t \mapsto Mt$ *ist für jede Matrix* $M = \begin{pmatrix} p & r \\ q & s \end{pmatrix} \in \mathcal{J}$ *eine strikt monotone, stetige Abbildung des Einheitsintervalls* $I = [0,1]$ *in* $\mathbb{R}$ *gegeben. Sie bildet rationale Zahlen ab auf rationale Zahlen und irrationale Zahlen auf irrationale Zahlen. Das Bildintervall* $M(I)$ *hat die Endpunkte* r/s *und* $(p+r)/(q+s)$ *sowie die Länge* $1/s(q+s)$.

Beweis. Für alle Punkte t, t' des Intervalls $[0, \infty[$ gilt die *Grundformel*

$$Mt - Mt' = \frac{(t-t') \det M}{(qt+s)(qt'+s)} .$$

Daraus ist die strikte Monotonie der Abbildung $t \mapsto Mt$ abzulesen und auch ihre Stetigkeit. Überdies ist Mt genau dann rational oder unendlich, wenn t rational oder unendlich ist, weil die Umkehrabbildung durch die Matrix M^{-1} bewirkt wird. Selbstverständlich sind $M0 = r/s$ und $M1 = (p+r)/(q+s)$ die Endpunkte von $M(I)$. Deren Abstand ist

$$\left| \frac{p+r}{q+s} - \frac{r}{s} \right| = \frac{|ps-qr|}{s(q+s)} = \frac{1}{s(q+s)} . \qquad \square$$

Die *Fibonaccizahlen* f_n werden rekursiv definiert durch $f_0 = 0$, $f_1 = 1$ und $f_{n+1} = f_{n-1} + f_n$. Einige ihrer aufsehenerregenden Eigenschaften wurden bereits in der Aufgabe 3 von Abschnitt 1 zur Diskussion gestellt.

Proposition 3. *Für jede Matrix* $M \in \mathcal{J}$ *von der Länge* n *und mit der zweiten Zeile* (q, s) *gilt die Abschätzung* $q \geq f_n$, $s \geq f_{n+1}$.

Beweis. Im Fall $n = 0$ ist $(q, s) = (0, 1) = (f_0, f_1)$, also stimmt dann die Behauptung. Wenn sie für ein n richtig ist, und wenn $M' \in \mathcal{J}$ die Länge $n+1$ hat, dann existiert ein $M \in \mathcal{J}$ von der Länge n und ein $a \in \mathbb{N}$ mit

$$M' = \begin{pmatrix} * & * \\ q' & s' \end{pmatrix} = ME(a) = \begin{pmatrix} * & * \\ q & s \end{pmatrix} \begin{pmatrix} 0 & 1 \\ 1 & a \end{pmatrix} = \begin{pmatrix} * & * \\ s & q+sa \end{pmatrix} .$$

Aus der Induktionsvoraussetzung $q \geq f_n, s \geq f_{n+1}$ folgt also $q' = s \geq f_{n+1}$ und $s' = q + sa \geq f_n + f_{n+1} = f_{n+2}$. $\qquad \square$

Satz 3. *Zu jeder rationalen Zahl* ξ *gibt es nur endlich viele Matrizen* $L \in \mathcal{J}$, *für die* ξ *im Bild* $L(I)$ *des Intervalls* $I = [0,1]$ *liegt. Darunter sind genau zwei mit* $L0 = \xi$. *Ist* M *die eine, so gilt für die andere* $M' = M \begin{pmatrix} -1 & 0 \\ 1 & 1 \end{pmatrix}$.

Beweis. 1) Eine rationale Zahl $a/b \in I$ in gekürzter Bruchdarstellung (mit positivem Nenner) hat unter einer Matrix $L \in \mathcal{J}$ mit den Zeilen p, r und q, s als Möbiustransformation das Bild A/B mit $A = pa + rb$, $B = qa + sb$.

Neben $A\mathbb{Z} + B\mathbb{Z} \subset a\mathbb{Z} + b\mathbb{Z}$ ist wegen der ganzzahligen Invertierbarkeit von L auch $a\mathbb{Z} + b\mathbb{Z} \subset A\mathbb{Z} + B\mathbb{Z}$, und deshalb gilt $\mathrm{ggT}(A, B) = \mathrm{ggT}(a, b) = 1$. Insbesondere liegt $\xi = A/B$ in $L(I)$ nur dann, wenn $s \leq B$ ist. $a/b \in I$ bedeutet dasselbe wie $0 \leq a \leq b$. Damit gibt es nur endlich viele $L' \in \mathcal{S}$ mit $\xi \in TL'(I)$ für ein geeignetes $T \in \mathcal{T}$. Beachtet man $L'(I) \subset I$ und die Wirkung von $\mathcal{T}$ durch Translationen, dann sieht man, daß auch nur endlich viele $TL' = L \in \mathcal{J}$ existieren, für die gilt $\xi \in L(I)$.

2) Es sei r/s die Beschreibung der rationalen Zahl ξ als gekürzter Bruch. Wegen $\mathrm{ggT}(r, s) = 1$ existieren ganze Zahlen p, q mit $ps - qr = 1$. Hierin kann noch $0 \leq q < s$ gewählt werden. Dann liegen die Matrizen

$$M = \begin{pmatrix} p & r \\ q & s \end{pmatrix}, \quad M' = \begin{pmatrix} p & r \\ q & s \end{pmatrix}\begin{pmatrix} -1 & 0 \\ 1 & 1 \end{pmatrix} = \begin{pmatrix} r-p & r \\ s-q & s \end{pmatrix}$$

in $\mathcal{J}$, und es gilt $M0 = M'0 = \xi$. Daher bleibt nur noch zu zeigen, daß in $\mathcal{J}$ je zwei Matrizen M, M_1 mit gleicher Determinante und gleicher zweiter Spalte übereinstimmen. Sind p_1, q_1 die beiden Koeffizienten in der ersten Spalte von M_1, dann ergibt sich mit einem $c \in \mathbb{Z}$

$$\det M \cdot M^{-1}M_1 = \begin{pmatrix} s & -r \\ -q & p \end{pmatrix}\begin{pmatrix} p_1 & r \\ q_1 & s \end{pmatrix} = \det M \cdot \begin{pmatrix} 1 & 0 \\ c & 1 \end{pmatrix}.$$

Die Matrix $M_1 \in \mathcal{J}$ hat also die zweite Zeile $(q_1, s) = (q + sc, s)$. Sie liefert $c = 0$, wann immer $s > 1$ ist. Wegen der Determinantenbedingung in der Beschreibung von $\mathcal{J}$ gemäß Proposition 1 ist auch in den Sonderfällen $q = 0$, $s = 1$ und $q = s = 1$ nur $c = 0$ möglich. $\square$

6.3 Die Kettenbruchentwicklung der Irrationalzahlen

Satz 4. *Wieder bezeichne $\mathcal{S}$ die Halbgruppe des euklidischen Algorithmus, $\mathcal{T}$ die Untergruppe der Translationen $T(a)$ in $\mathbf{GL}_2(\mathbb{Z})$ sowie $\mathcal{J}$ die Menge $\mathcal{T} \cup \mathcal{T}\mathcal{S}$. Ferner sei $I = [0, 1]$ das Einheitsintervall. Dann gilt:*
i) Zu jeder Zahl $\xi \in \mathbb{R} \smallsetminus \mathbb{Q}$ und zu jedem Index $n \in \mathbb{N}_0$ gibt es genau eine Matrix $M_n \in \mathcal{J}$ von der Länge n mit $\xi \in M_n(I)$. In ihrer Faktorisierung

$$M_n = T(a_0)E(a_1)\cdots E(a_n)$$

gemäß Proposition 1 sind die Faktoren gegeben durch die rekursive Vorschrift

$$a_0 = \lfloor \xi \rfloor, \; \xi_0 = \xi - a_0; \qquad a_k = \lfloor 1/\xi_{k-1} \rfloor, \; \xi_k = 1/\xi_{k-1} - a_k \quad (k > 0).$$

Für die Folge der Vorgänger *ξ_n von ξ gilt stets $M_n\xi_n = \xi$.*
ii) Jede ganzzahlige Folge $(a_k)_{k \geq 0} \in \mathbb{Z} \times \mathbf{N}^{\mathbf{N}}$ definiert umgekehrt durch

$$M_n = T(a_0)E(a_1)\cdots E(a_n)$$

eine Folge von Matrizen $M_n \in \mathcal{J}$, für die $(M_n(I); \; n \geq 0)$ eine Intervall-schachtelung ist. Der Punkt ξ im Durchschnitt der Intervalle ist irrational.

Beweis. i) Es bezeichne $\mathcal{J}_n$ die Menge der Matrizen $M \in \mathcal{J}$ von der Länge $n \in \mathbf{N}_0$, und es sei $I' = I \setminus \mathbf{Q}$ die Menge der Irrationalzahlen im Einheitsintervall. Dann liefert $M(I')$, $M \in \mathcal{J}_n$ eine Partition von $\mathbf{R} \setminus \mathbf{Q}$ in disjunkte Teilmengen. Das zeigen wir durch Induktion nach n.

$\underline{n = 0}$: Die Partition von $\mathbf{R} \setminus \mathbf{Q}$ durch die Bilder $M(I')$, $M \in \mathcal{J}_0 = \mathcal{T}$ ergibt sich hier unmittelbar aus der Formel $T(a)(I) = [a, a+1]$ $(a \in \mathbf{Z})$.

$\underline{n \to n+1}$: Ist für ein $n \in \mathbf{N}_0$ das System $M(I')$, $M \in \mathcal{J}_n$ eine Partition von $\mathbf{R} \setminus \mathbf{Q}$, dann erkennt man an $E(a)(I) = [1/(a+1), 1/a]$ $(a \in \mathbf{N})$ eine Partition von I' durch die Bausteine $E \in \mathcal{S} \cap \mathcal{J}_1$ von $\mathcal{S}$. Trägt man sie für jedes $M \in \mathcal{J}_n$ in $M(I')$ ein, dann hat man mit $ME(I')$; $E \in \mathcal{S} \cap \mathcal{J}_1$ eine Partition von $M(I')$. Die Produkte ME liegen in $\mathcal{J}_{n+1}$, und umgekehrt hat nach Proposition 1 jede Matrix $M' \in \mathcal{J}_{n+1}$ eine eindeutige Zerlegung $M' = ME$ mit Faktoren $M \in \mathcal{J}_n$ und $E \in \mathcal{S} \cap \mathcal{J}_1$. Daher ist das System

$$M'(I'); \quad M' \in \mathcal{J}_{n+1}$$

eine Partition von $\mathbf{R} \setminus \mathbf{Q}$ der Stufe $n + 1$. Zur rekursiven Bestimmung der Faktoren durch die angegebenen Formeln

$$a_0 = \lfloor \xi \rfloor, \quad \xi_0 = \xi - a_0; \quad a_k = \lfloor 1/\xi_{k-1} \rfloor, \quad \xi_k = 1/\xi_{k-1} - a_k \quad \forall k > 0$$

hat man zu beachten, daß $\xi_k \in [0, 1[$ gilt und $E(a_k)\xi_k = \xi_{k-1}$. Das ergibt

$$M_n \xi_n = \xi \quad \text{für alle} \quad n \in \mathbf{N}_0.$$

ii) Mit den Abkürzungen $M_0 = T(a_0)$, $M_n = \begin{pmatrix} p_{n-1} & p_n \\ q_{n-1} & q_n \end{pmatrix}$ erhalten wir die Rekursionsvorschrift für die Kettenbruchapproximationen

$$\begin{pmatrix} p_n & p_{n+1} \\ q_n & q_{n+1} \end{pmatrix} = M_{n+1} = M_n E(a_{n+1}) = \begin{pmatrix} p_n & p_{n-1} + a_{n+1} p_n \\ q_n & q_{n-1} + a_{n+1} q_n \end{pmatrix}.$$

Die Inklusion $M_{n+1}(I) \subset M_n(I)$ folgt daraus, daß die Transformationen $E(a)$, $a \in \mathbf{N}$ das Einheitsintervall I in sich abbilden. Nach Proposition 2 ist die Länge des Intervalls $M_n(I)$ gleich $\delta_n = 1/q_n(q_{n-1} + q_n)$. Damit folgt aus Proposition 3 die Abschätzung

$$\delta_n \leq \frac{1}{f_{n+1} f_{n+2}}.$$

Sie beweist insbesondere $\lim_{n \to \infty} \delta_n = 0$. Schließlich kann nach Satz 3 die Zahl ξ nicht rational sein, weil für alle $n \in \mathbf{N}$ gilt $\xi \in M_n(I)$. $\qquad \square$

Bemerkung 1. Als Symbol für die Kettenbruchentwicklung verwendet man $\xi = [a_0; a_1, a_2, a_3, \ldots]$. Auf diese Weise entsteht, das soll nur nebenbei bemerkt sein, eine Bijektion von $\mathbf{R} \setminus \mathbf{Q}$ auf $\mathbf{Z} \times \mathbf{N}^{\mathbf{N}}$. Versieht man $\mathbf{R} \setminus \mathbf{Q}$ mit der Relativtopologie von $\mathbf{R}$, dagegen $\mathbf{Z} \times \mathbf{N}^{\mathbf{N}}$ mit der Produkttopologie für lauter diskrete Faktoren, dann ist die Bijektion samt ihrer Umkehrung stetig, sie ist also eine *topologische Abbildung*. Das wird durch folgende Beobachtung begründet: Eine Umgebungsbasis von $\xi \in \mathbb{R} \smallsetminus \mathbb{Q}$ bilden nach von Satz 4 die Intervalle $M_n([0,1])$, $n \in \mathbb{N}$, wo je M_n die n-te Kettenbruchapproximation von ξ bezeichnet. Eine Umgebungsbasis der Folge $a = (a_k)_{k \geq 0}$ in $\mathbb{Z} \times \mathbb{N}^{\mathbb{N}}$ bilden die Mengen U_n $(n \in \mathbb{N})$ aller Folgen $b = (b_k)_{k \geq 0}$ mit $b_k = a_k$ $(0 \leq k \leq n)$.

Bemerkung 2. Die zu jedem $\xi \in \mathbb{R} \smallsetminus \mathbb{Q}$ durch die Eigenschaft $\xi \in M_n(I)$ eindeutig bestimmte Matrix $M_n \in \mathcal{J}$ heißt die n-te *Kettenbruchapproximation* von ξ, die rationale Zahl $M_n 0 = p_n/q_n$ heißt der n-te *Näherungsbruch* oder die n-te *Konvergente* von ξ; die Zahlen a_n aus der Faktorisierung von M_n heißen *Partialnenner* oder *Teilnenner* von ξ. Übrigens ist die Folge $(q_n\,; n \geq -1)$ der *Näherungsnenner* stets monoton wachsend, und zwar vom Index $n = 1$ an strikt, wie die Rekursionsformel im Beweisteil $ii)$ von Satz 4 zeigt.

Bemerkung 3. Nach Konstruktion der Kettenbruchapproximationen M_n für reelle Irrationalzahlen ξ gilt stets $\xi \in M_n(\,]0,1[\,)$, das bedeutet

$$0 \; < \; M_n^{-1}(\xi) \; = \; \frac{q_n \xi - p_n}{-q_{n-1}\xi + p_{n-1}} \; < \; 1 \,.$$

Daher ist insbesondere $|q_{n-1}\xi - p_{n-1}| \; > \; |q_n\xi - p_n|$ für alle $n \in \mathbb{N}_0$.

Bemerkung 4. Die Anwendung des Kettenbruchalgorithmus auf rationale Zahlen $\xi = r/s$ mit $r, s \in \mathbb{Z}$, $s > 0$ ergibt nach einer endlichen Zahl von Schritten $\xi_n = 0$; denn die Entwicklung ist dann nichts anderes als sukzessive Division mit Rest (vgl. Aufgabe 5 in Abschnitt 1):

$$r_{-1} := r, \quad r_0 := s, \quad \xi = a_0 + \xi_0, \quad \xi_0 = \frac{r_1}{r_0}, \quad 0 \leq r_1 < r_0\,;$$

ferner, solange $r_k > 0$ ist:

$$\frac{1}{\xi_{k-1}} \; = \; \frac{r_{k-1}}{r_k} \; = \; a_k + \xi_k, \quad \xi_k \; = \; \frac{r_{k+1}}{r_k}, \quad 0 \leq r_{k+1} < r_k\,.$$

Der Algorithmus bricht mit $\xi_n = r_{n+1} = 0$ ab. Denn die Null liegt in keinem der Intervalle $E(a)(I) = [1/(a+1), 1/a]$. Der Abbruchindex n ist gleich 0, wenn $\xi \in \mathbb{Z}$ ist. Sonst ist er positiv, und, das ist bemerkenswert, der letzte Teilnenner $a_n = r_{n-1}/r_n$ ist dann größer als 1. Es entsteht die Matrix

$$M \; = \; T(a_0)E(a_1) \cdots E(a_n) \in \mathcal{J}\,.$$

Sie hat die Eigenschaft $M0 = r/s = \xi$ ebenso wie die Matrix

$$M' \; = \; M\begin{pmatrix} -1 & 0 \\ 1 & 1 \end{pmatrix} \; = \; T(a_0)E(a_1) \cdots E(a_{n-1})E(a_n-1)E(1)\,.$$

6.4 Die Approximationsgüte der Näherungsbrüche

Dieser Teil behandelt die Güte der Approximation reeller Irrationalzahlen ξ durch ihre Näherungsbrüche p_n/q_n aus den Kettenbruchapproximationen

$$M_n = \begin{pmatrix} p_{n-1} & p_n \\ q_{n-1} & q_n \end{pmatrix}.$$

Wir fassen die wichtigsten Ergebnisse über die Differenzen $\xi - p_n/q_n$ zusammen, auch wenn ihre Entdeckung ein Jahrhundert auseinander liegt.

Satz 5. *i) Für alle Indizes $n \geq 0$ gilt*

$$\frac{1}{q_n(q_n + q_{n+1})} < (-1)^n \left(\xi - \frac{p_n}{q_n}\right) < \frac{1}{q_n q_{n+1}}. \qquad \text{(Lagrange)}$$

Insbesondere liegt p_n/q_n links oder rechts von ξ je nachdem, ob n gerade oder ungerade ist.

ii) Mindestens einer von je zwei (bzw. von je drei) aufeinander folgenden Näherungsbrüchen erfüllt die Abschätzung

$$\left|\xi - \frac{p_n}{q_n}\right| < \frac{1}{2\,q_n^2} \qquad bzw. \qquad \left|\xi - \frac{p_n}{q_n}\right| < \frac{1}{\sqrt{5}\,q_n^2}. \qquad \text{(Hurwitz)}$$

iii) Gilt für einen Bruch p/q koprimer Zahlen $p \in \mathbb{Z}$, $q \in \mathbb{N}$ die Abschätzung

$$\left|\xi - \frac{p}{q}\right| < \frac{1}{2\,q^2},$$

dann ist p/q ein Näherungsbruch von ξ. \qquad (Legendre)

Beweis. i) Aus der Formel $M_{n+1}\xi_{n+1} = \xi$ folgt

$$(-1)^n \left(\xi - \frac{p_n}{q_n}\right) = (-1)^n \left(\frac{p_n\xi_{n+1} + p_{n+1}}{q_n\xi_{n+1} + q_{n+1}} - \frac{p_n}{q_n}\right) = \frac{1}{q_n(q_n\xi_{n+1} + q_{n+1})}.$$

Dies ergibt aufgrund der Abschätzung $0 < \xi_{n+1} < 1$ die Behauptung.

ii) Angenommen, es wäre für ein $n \geq 0$ sowohl $|\xi - p_n/q_n| \geq 1/2q_n^2$ als auch $|\xi - p_{n+1}/q_{n+1}| \geq 1/2q_{n+1}^2$. Dann ergäbe die Irrationalität von ξ die Abschätzung mit $>$ statt mit $\geq$. Das würde folgende Ungleichung liefern

$$\frac{1}{q_n q_{n+1}} = \left|\left(\frac{p_n}{q_n} - \xi\right) + \left(\xi - \frac{p_{n+1}}{q_{n+1}}\right)\right| > \frac{1}{2\,q_n^2} + \frac{1}{2\,q_{n+1}^2},$$

weil beide Summanden in der Mitte zufolge Teil *i*) dasselbe Vorzeichen haben. Aber daraus ergäbe sich $(q_{n+1} - q_n)^2 < 0$, was falsch ist. Also stimmt die erste Aussage.— Auch die zweite Abschätzung wird indirekt bewiesen. Wäre

$$\left|\xi - \frac{p_k}{q_k}\right| \geq \frac{1}{\sqrt{5}\,q_k^2}$$

für $k = n - 1$, n, $n + 1$ mit einem $n \in \mathbf{N}$, dann ergäbe sich analog

$$\frac{1}{\sqrt{5}} \left(\frac{1}{q_{n-1}^2} + \frac{1}{q_n^2} \right) \leq \frac{1}{q_{n-1}q_n} \quad \text{und} \quad \frac{1}{\sqrt{5}} \left(\frac{1}{q_n^2} + \frac{1}{q_{n+1}^2} \right) \leq \frac{1}{q_n q_{n+1}}.$$

Nach Multiplikation mit $\sqrt{5}\, q_n^2$ bzw. $\sqrt{5}\, q_{n+1}^2$ hätte man die Ungleichungen

$$\left(\frac{q_n}{q_{n-1}} \right)^2 - \sqrt{5}\, \frac{q_n}{q_{n-1}} + 1 \leq 0 \quad \text{und} \quad \left(\frac{q_{n+1}}{q_n} \right)^2 - \sqrt{5}\, \frac{q_{n+1}}{q_n} + 1 \leq 0.$$

Die Wurzeln $(\sqrt{5} \pm 1)/2$ des Polynoms $X^2 - \sqrt{5}\, X + 1$ sind beide irrational. Daher gilt für $x = q_n/q_{n-1}$ wie auch für $x = q_{n+1}/q_n$ die Abschätzung

$$1 \leq x < \frac{1 + \sqrt{5}}{2} =: \vartheta.$$

Aus $q_n/q_{n-1} < \vartheta$ folgt $q_{n-1}/q_n > \vartheta^{-1}$. Damit hätten wir den Widerspruch

$$\frac{q_{n+1}}{q_n} \geq \frac{q_{n-1}}{q_n} + 1 > \vartheta^{-1} + 1 = \vartheta.$$

iii) Man wähle dem Satz 3 gemäß die Matrix $M = \begin{pmatrix} p' & p \\ q' & q \end{pmatrix} \in \mathcal{J}$ mit der Determinante $\det M = \operatorname{sgn}(\xi - p/q)$. Dafür wird nach der Voraussetzung

$$0 < \det M \cdot \left(\xi - \frac{p}{q} \right) \leq \frac{1}{2\, q^2} \leq \frac{1}{q(q' + q)} = \det M \cdot \left(\frac{p' + p}{q' + q} - \frac{p}{q} \right).$$

Diese Abschätzung zeigt, daß ξ im Intervall mit den Endpunkten p/q und $(p' + p)/(q' + q)$ liegt, also in $M([0,1])$. Nach Satz 4 ist deshalb M eine der Kettenbruchapproximationen von ξ. $\qquad\qquad\qquad\qquad\qquad$ $\square$

Beispiel 1. $\xi = \vartheta = \frac{1}{2} + \frac{1}{2}\sqrt{5}$. Hier liefert der Algorithmus nacheinander die Zahlen $a_0 = \lfloor \vartheta \rfloor = 1$, $\xi_0 = \vartheta - 1 = 1/\vartheta$, $a_1 = \lfloor 1/\xi_0 \rfloor = 1$, $\xi_1 = \vartheta - 1 = \xi_0$. Daraus sehen wir $a_n = 1$ sowie $\xi_n = 1/\vartheta$ für alle $n \geq 0$. Der Kettenbruch wird periodisch:

$$\vartheta = [1; 1, 1, 1, 1, \ldots] = [1; \bar{1}].$$

Ausgedrückt mit der Fibonacci-Folge haben wir das folgende Resultat

$$M_0 = T(1), \quad E(1)^n = \begin{pmatrix} f_{n-1} & f_n \\ f_n & f_{n+1} \end{pmatrix}, \quad M_n = M_0 E(1)^n = \begin{pmatrix} f_{n+1} & f_{n+2} \\ f_n & f_{n+1} \end{pmatrix}.$$

Die Näherungszähler und Näherungsnenner von ϑ sind also gegeben durch

$$p_n(\vartheta) = f_{n+2}, \quad q_n(\vartheta) = f_{n+1}.$$

Wegen $\vartheta^2 = \vartheta + 1$ ist $\begin{pmatrix} 1 \\ \vartheta \end{pmatrix}$ Eigenvektor der Matrix $E(1)$ zum Eigenwert ϑ. Hieraus ergibt sich die Gleichung

$$\begin{pmatrix} f_{n-1} & f_n \\ f_n & f_{n+1} \end{pmatrix} \begin{pmatrix} 1 \\ \vartheta \end{pmatrix} = \begin{pmatrix} 1 \\ \vartheta \end{pmatrix} \vartheta^n .$$

Speziell ist $f_{n-1} + f_n \vartheta = \vartheta^n$. Daher wird mit Teil $i)$ von Satz 5

$$0 < (-1)^n \left(\vartheta - \frac{f_{n+2}}{f_{n+1}} \right) = \frac{1}{f_{n+1}(f_n + f_{n+1}\vartheta)} ,$$

und man erhält für $n \to \infty$

$$f_{n+1}^2 \left| \vartheta - \frac{f_{n+2}}{f_{n+1}} \right| = \frac{1}{\frac{f_n}{f_{n+1}} + \vartheta} \quad \to \quad \frac{1}{\vartheta^{-1} + \vartheta} = \frac{1}{\sqrt{5}} .$$

Bemerkung. Die Hurwitzsche Konstante $\sqrt{5}$ in Satz 5.$ii)$ ist hier bestmöglich: Für jede Schranke $C > \sqrt{5}$ hat die Ungleichung $|\vartheta - p/q| < 1/Cq^2$ nur endlich viele Lösungen $(p,q) \in \mathbb{Z}^2$, $q \neq 0$.

Denn nach dem Legendreschen Resultat Satz 5.$iii)$ ist dann $p/q = f_{n+2}/f_{n+1}$ ein Näherungsbruch von ϑ. Daher gilt

$$f_{n+1}^2 \left| \vartheta - f_{n+2}/f_{n+1} \right| \leq 1/C < 1/\sqrt{5} .$$

Der Limes am Schluß von Beispiel 1 zeigt, daß diese Abschätzung nur für endlich viele Indizes n stimmt. Aus der Voraussetzung $|\vartheta - p/q| < 1/Cq^2$ läßt sich jetzt auch erkennen, daß die Nenner q der eventuell ungekürzten Brüche p/q nach oben beschränkt sind.

Beispiel 2. Die Kreiszahl π hat folgende Kettenbruchentwicklung [Pe]

$$[3; 7, 15, 1, 292, 1, 1, 1, 2, 1, 3, 1, 14, 2, 1, 1, 2, 2, 2, 2, 1, 84, \cdots]$$

n	-1	0	1	2	3	4	5	6	7
a_n	$\square$	3	7	15	1	292	1	1	1
p_n	1	3	22	333	355	103993	104348	208341	312689
q_n	0	1	7	106	113	33102	33215	66317	99532

Bezogen auf die Größe des Nenners approximiert der dritte Näherungsbruch $355/113$ die Zahl π wegen des ungewöhnlich großen vierten Teilnenners 292 besonders gut:

$$0 < \frac{355}{113} - \pi < \frac{1}{113 \cdot 33102} < 2{,}7 \cdot 10^{-7} .$$

Ähnlich steht es mit dem zwanzigsten Näherungsbruch von π:

$$0 < \pi - \frac{21\,053\,343\,141}{6\,701\,487\,259} < 2{,}7 \cdot 10^{-22} .$$

6.5 Periodische Kettenbrüche

Satz 6. (LAGRANGE) *Ist die reelle Irrationalzahl ξ Wurzel einer quadratischen Gleichung*

$$A\xi^2 + 2B\xi + C = 0$$

mit nicht lauter verschwindenden Koeffizienten $A, 2B, C \in \mathbb{Z}$, dann ist die Kettenbruchentwicklung von ξ periodisch, das bedeutet die Existenz einer Schranke n_0 und einer Periode k in $\mathbf{N}$ mit $\xi_{n+k} = \xi_n$ für alle $n \geq n_0$.

Beweis. In Matrixform besagt die Gleichung

$$(\xi, 1) \begin{pmatrix} A & B \\ B & C \end{pmatrix} \begin{pmatrix} \xi \\ 1 \end{pmatrix} = 0.$$

Sie läßt sich mit einem willkürlichen Faktor $M \in \mathbf{GL}_2(\mathbb{Z})$ umformen:

$$(\xi, 1)\, (M^{-1})^t \left(M^t \begin{pmatrix} A & B \\ B & C \end{pmatrix} M \right) M^{-1} \begin{pmatrix} \xi \\ 1 \end{pmatrix} = 0. \tag{1}$$

Wir verwenden speziell $M = M_n = \begin{pmatrix} p_{n-1} & p_n \\ q_{n-1} & q_n \end{pmatrix}$, die n-te Kettenbruchapproximation der Zahl ξ. Sie erfüllt nach Satz 5 die Ungleichung

$$\left| q_n^2 \xi - p_n q_n \right| < 1 \qquad (n \geq 0). \tag{2}$$

Wir beachten nun, daß für den n-ten Vorgänger $\xi' = \xi_n$ von ξ die Gleichung $M_n \xi_n = \xi$ gilt. In Matrizen geschrieben besagt sie

$$M_n^{-1} \begin{pmatrix} \xi \\ 1 \end{pmatrix} = \begin{pmatrix} \xi' \\ 1 \end{pmatrix} \lambda \tag{3}$$

mit einem geeigneten Skalar $\lambda \neq 0$. Die Hilfsmatrix

$$\begin{pmatrix} A' & B' \\ B' & C' \end{pmatrix} = \begin{pmatrix} p & q \\ r & s \end{pmatrix} \begin{pmatrix} A & B \\ B & C \end{pmatrix} \begin{pmatrix} p & r \\ q & s \end{pmatrix} = M^t \begin{pmatrix} A & B \\ B & C \end{pmatrix} M$$

ergibt dann aufgrund der Identitäten (1) und (3) die Gleichung

$$A'\xi'^2 + 2B'\xi' + C' = 0. \tag{4}$$

Ihre Koeffizienten werden nun berechnet und abgeschätzt:

$$\begin{aligned}
|A'| &= \left| (Ap + Bq, Bp + Cq) \begin{pmatrix} p \\ q \end{pmatrix} \right| = |Ap^2 + 2Bpq + Cq^2| \\
&= |Ap^2 + 2Bpq + Cq^2 - (A\xi^2 + 2B\xi + C)q^2| \\
&= |A(p^2 - \xi^2 q^2) + 2Bq(p - \xi q)| \\
&= |A(p - \xi q)^2 + 2A\xi(pq - \xi q^2) + 2B(pq - \xi q^2)| \\
&\leq |A|\,(1 + 2|\xi|) + 2|B| \quad \text{wegen (2)}.
\end{aligned}$$

Ganz analog ergibt sich mit r, s statt p, q die Abschätzung

$$|C'| \leq |A|(1 + 2|\xi|) + 2|B|.$$

Schließlich hat die Gleichung (4) dieselbe Diskriminante $4B^2 - 4AC$ wie die ursprüngliche Gleichung:

$$\det\begin{pmatrix} A' & B' \\ B' & C' \end{pmatrix} = (\det M)^2 \cdot \det\begin{pmatrix} A & B \\ B & C \end{pmatrix} = AC - B^2.$$

Also gilt $|B'|^2 \leq |AC - B^2| + |A'C'|$. Damit sind, unabhängig von n, die Koeffizienten $A', 2B', C'$ sämtlich beschränkt. Weil sie überdies ganz sind, ist die Zahl dieser Tripel endlich. Bei laufendem n wird demnach mindestens eines dieser Tripel unendlich oft angenommen. Weil jede der Gleichungen (4) nur zwei Wurzeln hat, gibt es Zahlen n_0, $k \in \mathbb{N}$ mit $\xi_{n_0+k} = \xi_{n_0}$. Daraus aber folgt $\xi_{n+k} = \xi_n$ für alle Indizes $n \geq n_0$. □

Bemerkungen. Das Studium der Matrix $E(a_{n+1})E(a_{n+2})\ldots E(a_{n+k})$, die der Periode der Entwicklung von ξ zugeordnet ist, führt auf ein wichtiges Resultat über *reellquadratische Zahlkörper*. Wir werden es behandeln bei der Diskussion dieser Körper in 7.5, Satz 7 und Satz 8. Jede reelle Irrationalzahl mit einer periodischen Kettenbruchentwicklung erfüllt auch umgekehrt eine quadratische Gleichung mit Koeffizienten in $\mathbb{Z}$. Das zu zeigen ist nicht schwierig.

6.6   Beste Näherungen

Definition. Ein Bruch a/b mit $a \in \mathbb{Z}$, $b \in \mathbb{N}$ heißt eine *beste Näherung* von $\xi \in \mathbb{R}$, falls für alle von a, b verschiedenen Paare $c \in \mathbb{Z}$, $d \in \mathbb{N}$ mit $d \leq b$ gilt

$$|b\xi - a| < |d\xi - c|.$$

Bemerkung 1. Für $\xi \in \frac{1}{2} + \mathbb{Z}$ hat $\lfloor \xi \rfloor = \xi - \frac{1}{2}$ denselben Abstand von ξ wie $\lfloor \xi \rfloor + 1 = \xi + \frac{1}{2}$, daher hat ξ keine beste Näherung a/b mit dem Nenner $b = 1$; sonst aber ist $\lfloor \xi \rfloor/1$ oder $(\lfloor \xi \rfloor + 1)/1$ eine beste Näherung von ξ je nach dem, ob $\xi - \lfloor \xi \rfloor \in [\,0, 1/2\,[$ oder ob $\xi - \lfloor \xi \rfloor \in\,]1/2, 1\,[$ ist.

Bemerkung 2. In jeder besten Näherung a/b einer reellen Zahl ξ sind der Zähler a und der Nenner b teilerfremd. Denn im Falle $\mathrm{ggT}(a, b) = d > 1$ ist $a = a'd$, $b = b'd$, also $b' < b$ und $|b'\xi - a'| = |b\xi - a|/d \leq |b\xi - a|$; damit ist a/b keine beste Näherung von ξ.

Satz 7. *Jede beste Näherung p/q einer reellen Irrationalzahl ξ ist zugleich ein Näherungsbruch von ξ, und jeder Näherungsbruch p_n/q_n von ξ mit einem Index $n \geq 1$ ist eine beste Näherung von ξ.*

Beweis. 1) Es sei p/q eine beste Näherung von ξ. Dann ist $\mathrm{ggT}(p,q) = 1$. Wir betrachten die beiden Matrizen M, $M' \in \mathcal{J}$ mit $M0 = M'0 = p/q$. Nach Satz 3 stehen sie in der Beziehung

$$M = \begin{pmatrix} p' & p \\ q' & q \end{pmatrix}, \qquad M' = \begin{pmatrix} p'' & p \\ q'' & q \end{pmatrix} = M \begin{pmatrix} -1 & 0 \\ 1 & 1 \end{pmatrix}.$$

Wegen $q' \leq q$ und $q'' \leq q$ gilt dafür

$$|q\xi - p| \; < \; \min\left(|q'\xi - p'|, |q''\xi - p''|\right). \qquad (*)$$

Dies ist auch dann richtig, wenn $q' = 0$ oder $q'' = 0$ ist, da dann $p' = 1$ oder $p'' = 1$ gilt, während aus dem Vergleich mit der nächsten ganzen Zahl folgt $|q\xi - p| < 1/2$. Aus der Abschätzung $(*)$ ergibt sich nun

$$\mathrm{sgn}(q'\xi - p') \; = \; \mathrm{sgn}\left((q' - q)\xi - (p' - p)\right) \; = \; -\mathrm{sgn}(q''\xi - p'').$$

Also enthält $\mathcal{J}$ genau eine Matrix $M = \begin{pmatrix} p' & p \\ q' & q \end{pmatrix}$ mit $M0 = p/q$ und

$$0 \; < \; \frac{q\xi - p}{-q'\xi + p'} \; = \; M^{-1}\xi \; < \; 1.$$

Daher ist $\xi \in M(\,]\,0, 1\,[\,)$. Aus Satz 4 folgt jetzt, daß M eine Kettenbruchapproximation von ξ ist und somit p/q ein Näherungsbruch von ξ.

2) Nun sei p_n/q_n der Näherungsbruch von ξ zu einem Index $n \geq 1$. Man betrachte die Paare $a \in \mathbb{Z}$, $b \in \mathbb{N}$ mit $b \leq q_n$ und wähle $a = p, b = q$ derart, daß $|q\xi - p|$ minimal wird. Dann gilt speziell

$$\mathrm{ggT}(p,q) \; = \; 1, \qquad |q\xi - p| \; \leq \; |q_n\xi - p_n|.$$

Es gibt unter den Paaren a, b kein weiteres, von p, q verschiedenes Paar p', q' mit $|q'\xi - p'| = |q\xi - p|$. Sonst wäre $(q - q')\xi = p - p'$ oder $(q + q')\xi = p + p'$. Also wäre ξ rational im Gegensatz zur Voraussetzung. Damit ist p/q eine beste Näherung von ξ. Nach Teil 1) ist deshalb $p/q = p_m/q_m$ auch ein Näherungsbruch von ξ; und weil die Folge der Näherungsnenner vom Index $n \geq 1$ strikt monoton wächst, gilt $m \leq n$. Da nach Bemerkung 3 zu Satz 4 die Folge $(|q_k\xi - p_k|)_{k \geq 0}$ strikt monoton fällt, ergibt sich $m = n$. Somit ist $p_n/q_n = p/q$ eine beste Näherung von ξ, was bewiesen werden sollte. $\square$

6.7 Die Farey-Reihe

Wir beenden diesen Abschnitt über die gewöhnlichen Kettenbrüche mit einer direkten Betrachtung der rationalen Zahlen von beschränktem Nenner. Als *Farey-Reihe* der Stufe $n \in \mathbb{N}$ wird die Menge $\mathcal{F}_n$ der gekürzten Brüche p/q mit einem Nenner in den Grenzen $1 \leq q \leq n$ bezeichnet. In jedem beschränkten Intervall liegen nur endlich viele Zahlen aus $\mathcal{F}_n$, da der Abstand von je zweien durch $1/n^2$ nach unten beschränkt ist.

Satz 8. *Sind $p/q < p'/q'$ zwei benachbarte Brüche in $\mathcal{F}_n$, dann gilt*

$$p'q - q'p = 1 \quad und \quad q + q' > n.$$

Beweis durch Induktion nach n. Im Fall $n = 1$ ist $\mathcal{F}_1 = \{p/1 ; \ p \in \mathbb{Z}\}$, und die Behauptungen sind unmittelbar klar. Wenn nun der Satz für ein n richtig ist und wenn $p/q < p'/q'$ zwei benachbarte Elemente von $\mathcal{F}_n$ sind, dann bildet die Möbiustransformation zur Matrix M mit den Zeilen $(p', p), (q', q)$ das Intervall $]\,0, \infty\,[$ strikt monoton wachsend ab auf das Intervall $]p/q, p'/q'[$. Wenn also die rationale Zahl ξ im Intervall $]\,p/q, p'/q'\,[$ liegt, dann existieren koprime $a, b \in \mathbb{N}$ mit

$$\xi = \frac{p'a + pb}{q'a + qb}.$$

Wegen der ganzzahligen Invertierbarkeit von M sind $p'a + pb$ und $q'a + qb$ wieder koprim. In $\mathcal{F}_{n+1}$ liegt ξ genau dann, wenn $a = b = 1$ und $q + q' = n + 1$ ist. Damit ist gezeigt, daß zwischen benachbarten Elementen p/q, p'/q' von $\mathcal{F}_n$ im Fall $q + q' > n + 1$ kein Element von $\mathcal{F}_{n+1}$ liegt, im Fall $q + q' = n + 1$ dagegen genau eines, nämlich der Bruch $M1 = (p+p')/(q+q')$. Hieraus folgt die Aussage des Satzes für $n + 1$ anstelle von n. $\qquad\square$

Einige Resultate über rationale Approximationen reeller Zahlen ξ lassen sich mit dem einfachen Werkzeug der Farey-Reihen rasch gewinnen: Zu jeder natürlichen Zahl n gibt es benachbarte Brüche der Farey-Reihe $\mathcal{F}_n$, zwischen denen ξ liegt. Daher liegt ξ zwischen dem neuen Bruch $(p + p')/(q + q')$ und einem der beiden Brüche in $\mathcal{F}_n$. Wir bezeichnen ihn mit p/q. Das liefert aufgrund von Satz 8 den Beweis für den

Zusatz. *Jede reelle Zahl ξ besitzt zu jeder natürlichen Zahl n als Nennerschranke eine rationale Approximation p/q mit $0 < q \leq n$ derart, daß gilt*

$$\left| \xi - \frac{p}{q} \right| \leq \frac{1}{q(n + 1)}.$$

Auf ein weiteres Beispiel kommen wir zurück im Zusammenhang mit den euklidischen Ringen in 8.4, Satz 3.

$$[2; 1, 2, 1, 1, 4, 1, 1, 6, 1, 1, 8, 1, 1, 10, 1, 1, 12, 1, 1, 14, 1, 1, 16, 1, 1, 18, 1, 1, 20, 1, 1, 22, 1, 1, 24, 1 \ldots]$$

Aufgabe 1. Es sei n eine Primzahl $\equiv 1 \pmod 4$. Jeder quadratische Nichtrest $m \pmod n$ ergibt nach dem Eulerschen Kriterium $m^{(n-1)/2} \equiv -1 \pmod n$, ergibt also in $x = m^{(n-1)/4}$ eine Lösung der Kongruenz $x^2 + 1 \equiv 0 \pmod n$.

a) Ist x die Lösung jener Kongruenz mit $0 < x < n/2$, dann ist die Kettenbruchentwicklung $x/n = [0; a_1, \ldots, a_l]$ der rationalen Zahl x/n von gerader Länge $l = 2k$ sowie symmetrisch, d.h. $a_t = a_{l+1-t}$ $(1 \leq t \leq l)$.

b) Die k-te Kettenbruchapproximation $M_k = \begin{pmatrix} p & r \\ q & s \end{pmatrix}$ von x/n liefert $n = q^2 + s^2$.

Aufgabe 2. a) Zu Primzahlen $n \equiv 1 \pmod{4}$ von mäßiger Größe (etwa $< 10^6$) kann eine Darstellung $n = r^2 + s^2$ durch sukzessive Suche nach einer Quadratzahl unter den Differenzen $n - 1^2$, $n - 2^2$, $n - 3^2, \ldots$ bestimmt werden. Man führe dies für $n = 16\,057$, $16\,061$, $16\,069$, $16\,073$ mit einem kleinen Programm durch.

b) Für größere n ist das in Aufgabe 1 angegebene Verfahren zu implementieren. Damit während der Berechnung von $m^{(n-1)/4} \pmod{n}$ kein Überlauf eintritt, kann man den Algorithmus von Aufgabe 2 in Abschnitt 4 sowohl für das Potenzieren benutzen, als auch, um die Restklassenmultiplikation modulo n zurückzuführen auf Additionen und Verdopplungen. Beispiele: $n = 32\,058\,553$, $32\,987\,233$, $33\,984\,793$, $34\,349\,041$.

Aufgabe 3. Es sei N eine natürliche Zahl, aber keine Quadratzahl, und es sei

$$\xi = \sqrt{N} = [a_0; a_1, a_2, a_3, \ldots].$$

Auf folgendem Wege läßt sich die Periodizität der Entwicklung direkt einsehen und die Schranke $k \leq 2N - 1$ für die minimale Periodenlänge k gewinnen: Durch

$$A_0 = a_0, \quad B_0 = 1; \quad N - A_n^2 = B_n B_{n+1}, \quad A_{n+1} = a_{n+1} B_{n+1} - A_n$$

werden zwei Folgen natürlicher Zahlen definiert mit $\xi_n = (\sqrt{N} - A_n)/B_n$. Dafür gilt $A_n < \sqrt{N}$, $B_n < 2\sqrt{N}$. Tip: Die Positivität von A_{n+1} folgt aus

$$(\sqrt{N} + A_{n+1})/B_{n+1} = a_{n+1} + (\sqrt{N} - A_n)/B_{n+1} > 1 > \xi_{n+1}.$$

Aufgabe 4. Analog zur Behandlung der reellen projektiven Geraden $P(\mathbb{R})$ und der Gruppe von Möbiustransformationen in Abschnitt 6.2 wird zu jedem Körper K die projektive Gerade $P(K)$ definiert als die Menge der eindimensionalen Unterräume des Vektorraumes K^2. Mittels inhomogener Koordinaten läßt sich $P(K)$ wieder identifizieren mit der Menge $K \cup \{\infty\}$. Jede Matrix der linearen Gruppe $\mathbf{GL}_2(K)$ wirkt dann als Permutation von $P(K)$ durch die Formel

$$\begin{pmatrix} a & b \\ c & d \end{pmatrix} \xi = \frac{a\xi + b}{c\xi + d}.$$

Auch sie wird eine *Möbiustransformation* von $P(K)$ genannt. Man zeige, daß die Menge aller $M \in \mathbf{GL}_2(K)$ mit $M\infty = \infty$ aus den invertierbaren oberen Dreiecksmatrizen besteht, und daß es zu jedem $\xi \in P(K)$ eine Möbiustransformation M gibt mit $M\xi = \infty$. Daraus schließe man, daß zu jedem Tripel paarweise verschiedener Punkte $x_\infty, x_0, x_1 \in P(K)$ eine Möbiustransformation M existiert mit

$$Mx_k = k \quad (k = \infty, 0, 1).$$

Aufgabe 5. Die Menge $\mathcal{F}$ aller Matrizen mit nichtnegativen Koeffizienten in $\mathbf{SL}_2(\mathbb{Z})$ enthält offenbar die speziellen Matrizen

$$E = \begin{pmatrix} 1 & 0 \\ 0 & 1 \end{pmatrix}, \quad A = \begin{pmatrix} 1 & 0 \\ 1 & 1 \end{pmatrix}, \quad B = \begin{pmatrix} 1 & 1 \\ 0 & 1 \end{pmatrix}.$$

a) Man zeige, daß jedes $M \in \mathcal{F}$ eine eindeutige Zerlegung $M = C_1 \cdots C_n$ besitzt mit $n \in \mathbb{N}_0$, $C_i \in \{A, B\}$. Darin beschreibt $n = 0$ den Fall $M = E$. Tip: Für $\begin{pmatrix} a & b \\ c & d \end{pmatrix} \in \mathcal{F}$ gilt $a > c$ und $b < d$ nur, falls $a = d = 1$, $b = c = 0$ ist.

b) Die Abbildung $\begin{pmatrix} a & b \\ c & d \end{pmatrix} \mapsto \dfrac{a + b}{c + d}$ liefert eine Bijektion der Menge $\mathcal{F}$ auf die Menge der positiven rationalen Zahlen.

c) Die natürliche Anordnung der Bilder $M1$ in $\mathbb{Q}$ für die $M \in \mathcal{F}$ von fester Länge $n > 0$ entspricht der lexikographischen Ordnung der Faktorisierung von M.

Aufgabe 6. Die STURMsche Kette beantwortet die Frage nach der Anzahl der verschiedenen reellen Nullstellen eines Polynoms $f \in \mathbb{R}[X]$ in einem Intervall $[a, b]$, in dessen Endpunkten $f(a)f(b) \neq 0$ ist. Damit betreten wir erneut den Ideenkreis der letzten Aufgaben des Abschnitts 2. Für die Polynome $P_0 = f$, $P_1 = f'$ wird die Division mit Rest in der Form $P_{i-1} = P_i Q_i - P_{i+1}$ durchgeführt, bis $P_{r+1} = 0$ erscheint und dann $P_r = \mathrm{ggT}(P_0, P_1)$ ist. Für jedes $x \in \mathbb{R}$ wird mit $w(x)$ die Anzahl der Vorzeichenwechsel in der Folge $P_0(x), P_1(x), \ldots, P_r(x)$ bezeichnet, wobei eventuell auftretende Nullen weggelassen werden. Der Satz von STURM besagt, daß $w(a) - w(b)$ die gesuchte Nullstellenzahl ist. Sein Nachweis wird in vier Schritte unterteilt. Es ist auch sinnvoll, $w(-\infty)$ und $w(\infty)$ über die Leitkoeffizienten zu definieren.

a) Die endliche Vereinigung der Nullstellenmengen aller P_i zerlegt $\mathbb{R}$ in offene Restintervalle, auf denen jedes P_i konstantes Vorzeichen hat.

b) Dividiert man die Folge $(P_i)_{0 \leq i \leq r}$ durch P_r, so hat die entstehende Polynomfolge außerhalb der Nullstellen von f dieselbe Wechselzahl $w(x)$ wie die Ausgangsfolge.

c) Die gemäß b) modifizierte Folge wird wieder mit $(P_i)_{0 \leq i \leq r}$ bezeichnet. Sie erfüllt die Gleichungen $P_{i-1} = P_i Q_i - P_{i+1}$ und $\mathrm{ggT}(P_{i-1}, P_i) = 1$ $(1 \leq i \leq r)$. Insbesondere können jetzt P_{i-1} und P_i nirgends gleichzeitig verschwinden. Für jede reelle Nullstelle c von f gibt es ein $k \in \mathbb{N}$ und Polynome $g, h \in \mathbb{R}[X]$ mit $g(c) \neq 0$ sowie $P_0 = (X - c)g$, $P_1 = kg + (X - c)h$.

d) Ist c ein Nullstelle von f, so ist $P_0(x)P_1(x)$ links von c negativ, rechts von c positiv. Ist dagegen c eine Nullstelle von P_i, $0 < i < r$, dann ist $P_{i-1}(x)P_{i+1}(x)$ in einer ganzen Umgebung von c negativ. Daher ändert sich $w(x)$ nur an den Nullstellen von f.

7 Quadratische Zahlkörper

Der Körper $\mathbb{Q}$ der rationalen Zahlen läßt sich auf verschiedene Art zu einem umfassenden Körper K erweitern. Wir nehmen den Lagrangeschen Satz über die periodischen Kettenbrüche als Anlaß, die *quadratischen Zahlkörper* $\mathbb{Q}(\sqrt{m})$ als erste Klasse von Beispielen algebraischer Zahlkörper im Sinne von DEDEKIND zu untersuchen. Sie entstehen aus $\mathbb{Q}$ durch *Adjunktion* der Quadratwurzel $\sqrt{m}$ einer solchen ganzen Zahl m, die nicht selbst schon eine Quadratzahl in $\mathbb{Q}$ ist. Die Beschreibung dieser Körper K und ihrer Ringe $\mathbb{Z}_K$ *ganzer Zahlen* bildet den Inhalt dieses Abschnittes. Bei der Bestimmung der Einheitengruppe von $\mathbb{Z}_K$ wird die in Abschnitt 6 entwickelte Theorie der gewöhnlichen Kettenbrüche verwendet.

Mit dem Ziel, dem Reziprozitätsgesetz der vierten Potenzreste eine elegante und sachgerechte Form zu geben, hatte GAUSS 1832 den Sonderfall $m = -1$ behandelt und dadurch die Theorie der ganzen algebraischen Zahlen eröffnet.

7.1 Teilkörper von $\mathbb{C}$ als Vektorräume über $\mathbb{Q}$

Ein Teilkörper K des Körpers $\mathbb{C}$ der komplexen Zahlen enthält seinerseits den von 1 erzeugten Körper, das ist $\mathbb{Q}$, als Teilkörper. K ist daher in natürlicher Weise ein Vektorraum über $\mathbb{Q}$, und wegen $1 \in K$ ist $\mathbb{Q}$ darin ein spezieller Unterraum. Die Dimension von K als $\mathbb{Q}$-Vektorraum wird mit $(K \mid \mathbb{Q})$ abgekürzt und als *Grad von K über* $\mathbb{Q}$ bezeichnet.

Im Fall endlichen Grades $(K \mid \mathbb{Q})$ hat man die Hilfsmittel der Linearen Algebra verfügbar: Multiplikation mit $\alpha \in K$ bewirkt einen $\mathbb{Q}$-Vektorraum-Endomorphismus $\rho(\alpha): x \mapsto \alpha x = \rho(\alpha)x$ von K. Die so definierte Abbildung

$$\rho: K \ \to \ \mathcal{L}_{\mathbb{Q}}(K)$$

des Körpers K in den Ring der $\mathbb{Q}$-Vektorraum-Endomorphismen von K ist ein injektiver Homomorphismus. Er wird als *reguläre Darstellung* von $K \mid \mathbb{Q}$ (gelesen K *über* $\mathbb{Q}$) im Ring der $\mathbb{Q}$-Endomorphismen bezeichnet. Den Endomorphismen $\rho(\alpha)$ sind folgende Größen zugeordnet: die *Spur* $S(\alpha)$ von $\rho(\alpha)$, die *Determinante* $\det \rho(\alpha) = N(\alpha)$, welche auch *Norm* von α genannt wird, und das *charakteristische Polynom*

$$\chi_{\rho(\alpha)} \ = \ \det(X \cdot \mathrm{id}_K - \rho(\alpha)) \ = \ H(\alpha, X) \,,$$

das in diesem Zusammenhang auch das *Hauptpolynom* von α heißt. Seine Koeffizienten liegen natürlich im Skalarkörper $\mathbb{Q}$. Die Tatsache $H(\alpha, \alpha) = 0$

kann als Konsequenz des Satzes von Cayley–Hamilton aufgefaßt werden. Daher ist $H(\alpha, X)$ teilbar durch das normierte Polynom kleinsten Grades in $\mathbb{Q}[X]$, welches α als Nullstelle hat, das *Minimalpolynom* von α. Während die Spur eine $\mathbb{Q}$-Linearform des betrachteten Vektorraumes (hier also von K) ist, wird die Norm wegen des Produktsatzes für Determinanten *multiplikativ*: Für alle $\alpha, \beta \in K$ gilt $N(\alpha\beta) = N(\alpha)\,N(\beta)$. Bekanntlich lassen sich Spur und Determinante aus dem charakteristischen Polynom wiedergewinnen, da $H(\alpha, X) = X^n - S(\alpha)X^{n-1} + \cdots + (-1)^n N(\alpha)$ mit $n = (K\,|\,\mathbb{Q})$ gilt.

Definition. Ein Teilkörper K von $\mathbb{C}$ heißt ein *quadratischer Zahlkörper*, wenn sein Grad $(K\,|\,\mathbb{Q}) = 2$ ist.

Bemerkung: Im Fall $(K\,|\,\mathbb{Q}) = 2$ hat $\alpha \in K$ das Hauptpolynom

$$H(\alpha, X) \;=\; X^2 - S(\alpha)X + N(\alpha)\,.$$

Es ist bereits durch die Norm und die Spur von α bestimmt.

Das Zeichen $\sqrt{m}$ steht bei ganzzahligem Argument $m \in \mathbb{Z}$ für eine der zwei Wurzeln des Polynoms $X^2 - m$ in $\mathbb{C}$; dann ist $-\sqrt{m}$ die andere. Wichtig ist hier nicht die Fixierung, sondern vielmehr, daß dieses Symbol innerhalb einer Rechnung seine Bedeutung beibehält. Auch ist der von der Fixierung des Symbols unabhängige, durch $1 \mapsto 1$, $\sqrt{m} \mapsto -\sqrt{m}$ definierte Endomorphismus des $\mathbb{Q}$-Vektorraums $K = \mathbb{Q} + \sqrt{m}\,\mathbb{Q}$ an sich interessant, wie wir im Teil 7.4 zeigen wollen.

Satz 1. *Zu jedem quadratischen Zahlkörper K gibt es genau eine von 0 und 1 verschiedene* quadratfreie *Zahl $m \in \mathbb{Z}$ (also $v_p(m) \leq 1$ für alle Primzahlen p), die eine Quadratwurzel $\sqrt{m}$ in K besitzt. Umgekehrt definiert jede dieser quadratfreien Zahlen $m \in \mathbb{Z}$ durch die Menge*

$$K \;=\; \big\{\, a + b\sqrt{m}\,;\quad a, b \in \mathbb{Q} \,\big\}$$

einen quadratischen Zahlkörper in $\mathbb{C}$. Wir bezeichnen ihn mit $\mathbb{Q}(\sqrt{m})$.

Beweis. 1) Es sei K ein quadratischer Zahlkörper. Jedes $\omega \in K \smallsetminus \mathbb{Q}$ eignet sich zur Ergänzung von 1 zu einer $\mathbb{Q}$-Basis $1, \omega$ von K. Insbesondere gibt es eindeutig bestimmte Skalare $x, y \in \mathbb{Q}$ mit $\omega^2 = x + y\omega$. Weil ω nicht rational ist, wird $x \neq 0$. Für Zahlen $\omega_1 = a + \omega$, die aus ω durch Verschiebung um eine rationale Zahl a entstehen, ergibt sich

$$\omega_1^2 \;=\; (a + \omega)^2 \;=\; a^2 + x + (2a + y)\,\omega\,.$$

Hierin gilt $\omega_1^2 \in \mathbb{Q}^\times$ genau dann, wenn $a = -y/2$ ist. Jedenfalls enthält K irrationale Zahlen ω_1, deren Quadrat in $\mathbb{Q}^\times$ liegt. Weil für jedes $b \in \mathbb{Q}^\times$ auch $b^2 \omega_1^2 \in \mathbb{Q}^\times$ ist, enthält K sogar eine nichtrationale Zahl ω_0, deren Quadrat

$\omega_0^2 = m \in \mathbb{Z}$ ist und das dort durch kein Primzahlquadrat geteilt werden kann. Selbstverständlich ist $m \neq 1$.

Ist auch ω_2 eine Zahl aus $K \smallsetminus \mathbb{Q}$ mit rationalem Quadrat ω_2^2, so wird in der Darstellung $\omega_2 = a + b\omega_0$ sicher $b \neq 0$ und wegen $\omega_2^2 = a^2 + b^2 \omega_0^2 + 2ab\,\omega_0$ dann $a = 0$. Also liegt $\omega_2^2 = b^2 m$ in derselben Nebenklasse von $\mathbb{Q}^\times$ nach der Untergruppe $(\mathbb{Q}^\times)^2$ der rationalen Quadratzahlen wie m. Die im Satz genannte quadratfreie Zahl m ist somit durch K eindeutig bestimmt.

2) Ist $m \in \mathbb{Z}$, $m \neq 0, 1$ und quadratfrei, dann sind 1 und $\sqrt{m}$ in $\mathbb{C}$ linear unabhängig über $\mathbb{Q}$. Der von ihnen erzeugte $\mathbb{Q}$-Vektorraum

$$K = \left\{ a + b\sqrt{m};\quad a, b \in \mathbb{Q} \right\}$$

ist tatsächlich ein Körper. Denn das Produkt aus zwei beliebigen Faktoren $\alpha_k = a_k + b_k \sqrt{m}$ $(k = 1, 2)$ genügt der Beziehung

$$\alpha_1 \cdot \alpha_2 = (a_1 a_2 + b_1 b_2 m) + (a_1 b_2 + a_2 b_1)\sqrt{m} \in K\,;$$

und im Fall $\alpha_1 \neq 0$ gilt $a_1^2 - b_1^2 m \neq 0$. Daher hat das Produkt $\alpha_1 \cdot \alpha_2$ für

$$\alpha_2 = \frac{a_1 - b_1\sqrt{m}}{a_1^2 - b_1^2 m}$$

den Wert 1; also ist α_1 invertierbar in K. $\square$

7.2   Gitter und ihre Ordnungen

Definition. Als *Gitter* in einem quadratischen Zahlkörper K bezeichnet man jede Untergruppe M der additiven Gruppe von K, die endlich erzeugt ist und die zugleich eine $\mathbb{Q}$-Basis von K enthält.

Proposition 1. *Zu je zwei beliebigen Gittern M_1, M_2 eines quadratischen Zahlkörpers K gibt es stets eine natürliche Zahl n mit der Eigenschaft*

$$n \cdot M_2 \subset M_1\,.$$

Beweis. Es sei ω_1, ω_2 eine $\mathbb{Q}$-Basis von K in M_1, und für M_2 als abelsche Gruppe sei $\alpha_1, \ldots, \alpha_r$ ein Erzeugendensystem. Die rationalen Zahlen a_k, b_k in der Darstellung $\alpha_k = a_k\omega_1 + b_k\omega_2$ $(1 \leq k \leq r)$ haben einen gemeinsamen Nenner $n \in \mathbb{N}$, also gilt $na_k, nb_k \in \mathbb{Z}$. Damit liegt das Vielfache $n\alpha_k$ in $\mathbb{Z}\omega_1 + \mathbb{Z}\omega_2$ für jeden der Indizes $k = 1, 2, \ldots, r$. Folglich ist das Bild von M_2 unter dem Homomorphismus $x \mapsto nx$ eine Teilmenge von M_1. $\square$

Satz 2. *Zu jedem Gitter M des quadratischen Zahlkörpers K gibt es eine $\mathbb{Q}$-Basis α_1, α_2 von K, die M als abelsche Gruppe erzeugt:*

$$M = \alpha_1\mathbb{Z} + \alpha_2\mathbb{Z}\,.$$

Bemerkung. Die Summe $\alpha_1\mathbb{Z}+\alpha_2\mathbb{Z}$ ist dann eine direkte Summe, weil α_1, α_2 sogar linear unabhängig über $\mathbb{Q}$ sind.

Beweis von Satz 2. Nach Definition der Gitter existiert eine $\mathbb{Q}$-Basis ω_1, ω_2 von K in M. Insbesondere ist $L = \omega_1\mathbb{Z} + \omega_2\mathbb{Z}$ ein in M enthaltenes Gitter von K. Dazu gibt es wegen der Proposition 1 eine natürliche Zahl n mit $n \cdot M \subset L$. Insgesamt zeigen diese Überlegungen die Inklusionen

$$L \subset M \subset \frac{\omega_1}{n}\mathbb{Z} + \frac{\omega_2}{n}\mathbb{Z}.$$

Nun betrachten wir die Menge U_1 aller Zahlen $a_1 \in \mathbb{Z}$, zu denen es eine weitere Zahl $a_2 \in \mathbb{Z}$ gibt mit der Eigenschaft $a_1\omega_1/n + a_2\omega_2/n \in M$. Weil M eine Untergruppe von $(K, +)$ ist, bildet U_1 eine n enthaltende Untergruppe von $\mathbb{Z}$. Als solche ist sie von der Form $U_1 = d_1\mathbb{Z}$ mit einem positiven Teiler d_1 von n. Daher existiert mindestens ein Element $\alpha_1 \in M$ der Gestalt

$$\alpha_1 = d_1\omega_1/n + b\omega_2/n,$$

und jedes $\beta \in M$ läßt sich durch Subtraktion eines ganzzahligen Vielfachen von α_1 in die Untergruppe $(\omega_2/n)\mathbb{Z}$ verschieben. Natürlich ist auch die Menge $U_2 = \{b_2 \in \mathbb{Z}; \, b_2\omega_2/n \in M\}$ eine n enthaltende Untergruppe von $\mathbb{Z}$; also gilt $U_2 = d_2\mathbb{Z}$ mit einem weiteren positiven Teiler d_2 von n. Setzt man daher $\alpha_2 = d_2\,\omega_2/n$, so wird schließlich $M = \alpha_1\mathbb{Z} + \alpha_2\mathbb{Z}$.   □

Proposition 2. *Aus zwei Gittern M_1, M_2 von K und Skalaren λ in $K^\times$ entstehen weitere Gitter durch die Menge λM_1, die Summe $M_1 + M_2$, den Durchschnitt $M_1 \cap M_2$ sowie durch die von allen Produkten $\beta_1\beta_2$ mit Faktoren $\beta_1 \in M_1, \beta_2 \in M_2$ erzeugte Untergruppe von $(K, +)$; diese bezeichnet man mit M_1M_2 und nennt sie das Produkt von M_1 und M_2.*

Beweis. Offenbar sind die vier Mengen Untergruppen von $(K, +)$. Für eine passende natürliche Zahl n ist $n \cdot M_2 \subset M_1$ nach Proposition 1. Daher gilt

$$n \cdot M_2 \subset M_1 \cap M_2 \subset M_2 \,;$$

jede der vier Untergruppen enthält somit eine $\mathbb{Q}$-Basis von K. Klar ist, daß die Gruppen λM_1, $M_1 + M_2$ und M_1M_2 endlich erzeugt sind. Dies gilt auch für den Durchschnitt $M_1 \cap M_2$, da seine Untergruppe $n \cdot M_2$ endlichen Index in M_2 und damit auch in $M_1 \cap M_2$ hat. Ein Erzeugendensystem von $M_1 \cap M_2$ erhält man daher aus einem Erzeugendensystem von $n \cdot M_2$ zusammen mit Vertretern der Nebenklassen $a + n \cdot M_2$ in $M_1 \cap M_2$.   □

Definition. Zwei Gitter M_1, M_2 von K heißen *äquivalent* (im weiteren Sinne), wenn ein $\lambda \in K^\times$ existiert mit $\lambda M_1 = M_2$.

Jede Äquivalenzklasse von Gittern in K enthält ein Gitter der Form $M = \alpha\mathbb{Z} + \mathbb{Z}$. Dies ergibt sich aus Satz 2.

Definition. Nach DEDEKIND bezeichnet man als *Ordnung* $\mathfrak{o}$ eines Gitters M in K die Menge der Zahlen $\omega \in K$, für die $\omega M \subset M$ ist. Äquivalente Gitter haben offensichtlich dieselbe Ordnung.

Satz 3. (Eigenschaften der Dedekindschen Ordnungen) *Im quadratischen Zahlkörper K sei M ein Gitter und $\mathfrak{o}$ dessen Ordnung. Dann ist $\mathfrak{o}$ ein Gitter und zugleich ein Unterring von K. Überdies hat jedes Element $\omega \in \mathfrak{o}$ ein Hauptpolynom $H(\omega, X) = X^2 - S(\omega)X + N(\omega)$ mit Koeffizienten in $\mathbb{Z}$.*

Beweis. Es kann nach der Bemerkung zur Definition der Ordnungen vorausgesetzt werden, daß M die Form $\alpha\mathbb{Z} + \mathbb{Z}$ hat ($\alpha \in K \smallsetminus \mathbb{Q}$). Mit je zwei Elementen ω_1, ω_2 von $\mathfrak{o}$ gehören $\omega_1 \pm \omega_2$ ebenfalls zu $\mathfrak{o}$, da M eine additive Gruppe ist. Überdies ist dann $\omega_1\omega_2 M \subset \omega_1 M \subset M$. Also ist $\mathfrak{o}$ auch multiplikativ abgeschlossen und enthält wegen $1 \cdot M \subset M$ die Eins; $\mathfrak{o}$ ist daher ein Unterring von K. Die Bedingung $\omega \in \mathfrak{o}$ bedeutet in unserem Fall $M = \alpha\mathbb{Z} + \mathbb{Z}$ dasselbe wie $\omega \in M$ und $\omega\alpha \in M$. Zu der Beschreibung $\alpha^2 = a + b\alpha$ mit Koeffizienten $a, b \in \mathbb{Q}$ findet man eine natürliche Zahl n derart, daß die Produkte na und nb ganzzahlig sind. Daher ist $\omega = n\alpha \in \mathfrak{o}$, also gilt $nM \subset \mathfrak{o} \subset M$. Hieraus folgt, daß $\mathfrak{o}$ ein Gitter ist.

Das Hauptpolynom $H(\omega, X)$ von $\omega \in \mathfrak{o}$ wird mittels der $\mathbb{Q}$-Basis $\alpha, 1$ von K berechnet. Wegen $\mathfrak{o} \subset M = \alpha\mathbb{Z} + \mathbb{Z}$ sind $\alpha\omega, \omega \in M$; also gilt

$$\begin{pmatrix} \alpha \\ 1 \end{pmatrix}\omega = \begin{pmatrix} A & B \\ C & D \end{pmatrix}\begin{pmatrix} \alpha \\ 1 \end{pmatrix}$$

mit ganzen Zahlen A, B, C, D. Das Ergebnis sieht damit wie folgt aus:

$$\begin{aligned} H(\omega, X) &= \det\begin{pmatrix} X - A & -B \\ -C & X - D \end{pmatrix} \\ &= X^2 - (A + D)X + (AD - BC) \in \mathbb{Z}[X]. \quad \square \end{aligned}$$

7.3 Der Ganzheitsring und seine Einheitengruppe

Definition der Ganzheit. Eine Zahl ω des quadratischen Zahlkörpers K heißt *ganz*, wenn ihr Hauptpolynom $H(\omega, X) = X^2 - S(\omega)X + N(\omega)$ lauter Koeffizienten in $\mathbb{Z}$ hat.

Bemerkung. Eine *rationale* Zahl a ist in diesem Sinne ganz dann und nur dann, wenn $a \in \mathbb{Z}$ ist. Denn ihr Hauptpolynom ist $H(a, X) = X^2 - 2aX + a^2$, weil die Multiplikation mit a über jede Basis ω_1, ω_2 von K beschrieben wird durch das a-fache der Einheitsmatrix:

$$\begin{pmatrix} \omega_1 \\ \omega_2 \end{pmatrix}a = \begin{pmatrix} a & 0 \\ 0 & a \end{pmatrix}\begin{pmatrix} \omega_1 \\ \omega_2 \end{pmatrix}.$$

Satz 4. *Es sei K ein quadratischer Zahlkörper, und m sei die von 0 und 1 verschiedene quadratfreie Zahl in $\mathbb{Z}$ mit $\sqrt{m} \in K$. Dann ist die Menge $\mathbb{Z}_K$ aller ganzen Zahlen in K gegeben durch*

$$\mathbb{Z}_K = \begin{cases} \mathbb{Z} + \sqrt{m}\,\mathbb{Z} & , \quad \textit{falls } m \equiv 2 \textit{ oder } 3 \pmod 4, \\ \mathbb{Z} + \tfrac{1}{2}(1 + \sqrt{m}\,)\mathbb{Z} & , \quad \textit{falls } m \equiv 1 \pmod 4 \textit{ gilt.} \end{cases}$$

Sie ist die bezüglich Inklusion maximale Ordnung in K.

Definition. Die maximale Ordnung $\mathbb{Z}_K$ (oft auch $\mathfrak{o}_K$) des quadratischen Zahlkörpers K wird seine *Hauptordnung* oder sein *Ganzheitsring* genannt.

Beweis des Satzes. 1) Jedes $\alpha \in K$ hat die Form $\alpha = a + b\sqrt{m}$ ($a, b \in \mathbb{Q}$). Deshalb gilt die Gleichung

$$\begin{pmatrix} \sqrt{m} \\ 1 \end{pmatrix} \alpha = \begin{pmatrix} a & bm \\ b & a \end{pmatrix} \begin{pmatrix} \sqrt{m} \\ 1 \end{pmatrix},$$

und damit ist $H(\alpha, X) = (X - a)^2 - mb^2 = X^2 - 2aX + (a^2 - mb^2)$ das Hauptpolynom von α. Also bedeutet $\alpha \in \mathbb{Z}_K$ dasselbe wie $2a \in \mathbb{Z}$ und $a^2 - mb^2 \in \mathbb{Z}$. Daher hat für ganze Elemente α von K die rationale Zahl a den Nenner 1 oder 2 und folglich auch die Zahl b. Zudem sind dann $2a$ und $2b$ gleichzeitig gerade oder ungerade, da m nicht durch 4 teilbar ist. Aber mit ungeraden Zahlen $2a$, $2b$ gilt $(2a)^2 - m(2b)^2 \in 4\mathbb{Z}$ nur, wenn $m \equiv 1 \pmod 4$ ist, weil Quadrate ungerader Zahlen in die Restklasse $1 + 4\mathbb{Z}$ fallen. Damit bleibt lediglich festzustellen, daß dann die Zahl $\omega = \tfrac{1}{2}(1 + \sqrt{m}\,)$ tatsächlich ganz ist. Dies erkennt man an ihrem Hauptpolynom

$$H(\omega, X) = X^2 - X + (1 - m)/4.$$

2) Aus der Form von $\mathbb{Z}_K$ ist unmittelbar klar, daß die ganzen Zahlen ein Gitter in K bilden. Es enthält die 1 und das Produkt $\sqrt{m} \cdot \sqrt{m} = m$ sowie im Fall $m \equiv 1 \pmod 4$ auch das Produkt

$$\tfrac{1}{2}(1 + \sqrt{m}) \cdot \tfrac{1}{2}(1 + \sqrt{m}) = \tfrac{1}{4}(m - 1) + \tfrac{1}{2}(1 + \sqrt{m}.)$$

Damit ist $\mathbb{Z}_K$ multiplikativ abgeschlossen und enthält die Eins, ist also ein Unterring von K. Hieraus folgt auch $\mathbb{Z}_K \subset \mathfrak{o}$ für die Ordnung $\mathfrak{o}$ des Gitters $\mathbb{Z}_K$. Andererseits umfaßt $\mathbb{Z}_K$ nach Satz 3 jede Ordnung von K. Deshalb ist $\mathfrak{o} = \mathbb{Z}_K$ die bezüglich Inklusion maximale Ordnung von K. $\qquad\square$

Zusatz. *Unter den Voraussetzungen von Satz 4 sei abkürzend*

$$\omega = \begin{cases} \sqrt{m} & , \quad \textit{falls } m \equiv 2, 3 \pmod 4 \textit{ ist}, \\ \tfrac{1}{2}(1 + \sqrt{m}) & , \quad \textit{falls } m \equiv 1 \pmod 4 \textit{ ist}. \end{cases}$$

Mit dieser Bezeichnung sind die sämtlichen Ordnungen von K gegeben durch $\mathfrak{o}_f = \mathbb{Z} + f\omega\mathbb{Z}$ ($f \in \mathbb{N}$). Die Zahl f wird Führer *der Ordnung $\mathfrak{o}_f$ genannt.*

Beweis. Weil $\omega^2 \in \mathfrak{o}_1 = \mathbb{Z}_K$ ist, gilt $(f\omega)^2 \in \mathfrak{o}_f$ für alle natürlichen Zahlen f. Also ist $\mathfrak{o}_f$ nicht nur ein Gitter, sondern auch ein Unterring von K. Deswegen ist $\mathfrak{o}_f$ enthalten in seiner Ordnung. Andererseits gilt $1 \in \mathfrak{o}_f$. Darum ist jedes Element der Ordnung von $\mathfrak{o}_f$ auch ein Element von $\mathfrak{o}_f$, kurz: das Gitter $\mathfrak{o}_f$ fällt mit seiner Ordnung zusammen.

Es bleibt festzustellen, daß jede Ordnung $\mathfrak{o}$ von K übereinstimmt mit einem der Ringe $\mathfrak{o}_f$. Nach Satz 3 ist $\mathfrak{o}$ ein $\mathbb{Z}$ enthaltendes Untergitter von $\mathbb{Z}_K = \mathfrak{o}_1$. Daher gibt es eine natürliche Zahl n mit $n\mathfrak{o}_1 \subset \mathfrak{o} \subset \mathfrak{o}_1$. Also ist der Index f von $\mathfrak{o}$ in $\mathfrak{o}_1$ endlich. Wegen $1 \in \mathfrak{o}$ enthält jede Nebenklasse von $\mathfrak{o}$ in $\mathfrak{o}_1$ ein natürliches Vielfaches von ω. Der Index f berechnet sich deshalb als kleinste natürliche Zahl, für die $f\omega \in \mathfrak{o}$ ist. Das beweist $\mathfrak{o} = \mathfrak{o}_f$. $\square$

Proposition 3. *Ein Element ε der Hauptordnung $\mathbb{Z}_K$ des quadratischen Zahlkörpers K ist in $\mathbb{Z}_K$ invertierbar genau dann, wenn die Norm $N(\varepsilon) = \pm 1$ ist. In diesem Fall liegt ε^{-1} in jeder Ordnung $\mathfrak{o}$ von K, in der auch ε liegt.*

Beweis. Es ist $\varepsilon \in \mathbb{Z}_K$ invertierbar, wenn mit einem $\eta \in \mathbb{Z}_K$ gilt $\varepsilon\eta = 1$. Dann ist aufgrund der Multiplikativität der Norm $N(\varepsilon)N(\eta) = 1$, also folgt $N(\varepsilon) = \pm 1$. Ist umgekehrt $N(\varepsilon) = \pm 1$, so liefert das Hauptpolynom

$$\varepsilon^2 - S(\varepsilon)\varepsilon + N(\varepsilon) = 0$$

für das Inverse ε^{-1} von ε in $K^\times$ die Relation

$$\varepsilon^{-1} = S(\varepsilon)N(\varepsilon) - N(\varepsilon)\varepsilon \in \mathbb{Z}_K.$$

An ihr erkennt man auch $\varepsilon^{-1} \in \mathfrak{o}$, falls $\varepsilon \in \mathfrak{o}$ ist. $\square$

Zum Zwecke einer genaueren Untersuchung dieser *Einheiten* ist die folgende Fallunterscheidung notwendig.

Definition. Ein quadratischer Zahlkörper K heißt *reellquadratisch* oder *imaginärquadratisch* je nachdem, ob die von 0 und 1 verschiedene quadratfreie Zahl $m \in \mathbb{Z}$, für die $\sqrt{m}$ in K liegt, positiv oder negativ ist. Im ersten Fall ist K ein Teilkörper von $\mathbb{R}$, im zweiten Fall ist $\sqrt{m}$ rein imaginär.

Satz 5. *Es sei K ein imaginärquadratischer Zahlkörper, m bezeichne die (negative) quadratfreie ganze Zahl mit $\sqrt{m} \in K$. Dann gilt $\mathfrak{o}_f^\times = \{\pm 1\}$ für jede Ordnung $\mathfrak{o}_f$ von K, abgesehen von den folgenden Ausnahmen:*

$$m = -1, \ f = 1, \ \text{wo} \ \mathfrak{o}_1^\times = \{\pm 1, \pm\sqrt{-1}\} \ \text{ist und}$$
$$m = -3, \ f = 1, \ \text{wo} \ \mathfrak{o}_1^\times = \{\pm 1, \pm\tfrac{1}{2}(1 + \sqrt{-3}), \pm\tfrac{1}{2}(1 - \sqrt{-3})\} \ \text{ist.}$$

Dies sind die vierten beziehungsweise die sechsten Einheitswurzeln.

Beweis. Mit $a, b \in \mathbb{Q}$ sei $\varepsilon = a + b\sqrt{m}$ eine Einheit in $\mathbb{Z}_K$, also

$$S(\varepsilon) = 2a \in \mathbb{Z}, \qquad N(\varepsilon) = a^2 + |m| b^2 = 1.$$

Dann ist nach Satz 4 auch $2b \in \mathbb{Z}$ sowie $2a \equiv 2b \pmod{2}$. Im Fall $|m| > 4$ folgt sofort $b = 0$ und damit $\varepsilon = \pm 1$. Im Fall $m = -2$ sind $a, b \in \mathbb{Z}$, was wieder $b = 0$, $a = \pm 1$ ergibt. Ist dagegen $m = -1$, so ergeben sich die vier Lösungen $\varepsilon = \pm 1, \pm\sqrt{-1}$. Ist schließlich $m = -3$, dann ist entweder $a^2 = 1$, $b = 0$ oder $a^2 = b^2 = \frac{1}{4}$. Deshalb kommen hier die sechsten Einheitswurzeln und nur sie in Frage.— Aus der Beschreibung der sämtlichen Ordnungen im Zusatz zu Satz 4 und mit Proposition 3 erkennt man, daß die von ± 1 verschiedenen Einheiten in keiner Ordnung $\mathfrak{o}_f$ mit einem Führer $f > 1$ enthalten sind. $\square$

7.4   Der Automorphismus quadratischer Zahlkörper

Jeder quadratische Zahlkörper K besitzt einen von der Identität id_K verschiedenen Automorphismus σ. Damit bilden die Körpererweiterungen $K|\mathbb{Q}$ unser erstes Beispiel von *Galois-Erweiterungen*. Ihre reguläre Darstellung läßt sich mittels der hier von σ erzeugten *Galoisgruppe* elegant beschreiben.

Satz 6. *Es sei mit den bisherigen Bezeichnungen* $K = \mathbb{Q} + \mathbb{Q}\sqrt{m} = \mathbb{Q}(\sqrt{m})$ *ein quadratischer Zahlkörper. Darauf definiert die Formel*

$$\sigma(a + b\sqrt{m}) = a - b\sqrt{m} \qquad (a, b \in \mathbb{Q})$$

einen Automorphismus σ. *Er ist neben* id_K *der einzige Automorphismus von* K, *und seine Fixpunktmenge ist der Körper* $\mathbb{Q}$.

Beweis. Die Abbildung σ ist der Automorphismus des $\mathbb{Q}$-Vektorraumes K mit $\sigma(1) = 1$, $\sigma(\sqrt{m}) = -\sqrt{m}$. Bezüglich der Multiplikation gelten für je zwei Zahlen $\alpha_k = a_k + b_k\sqrt{m}$ mit rationalen Koeffizienten a_k, b_k $(k=1, 2)$ die Gleichungen

$$
\begin{aligned}
\sigma(\alpha_1 \alpha_2) &= \sigma(a_1 a_2 + b_1 b_2 m + (a_1 b_2 + a_2 b_1)\sqrt{m}) \\
&= a_1 a_2 + b_1 b_2 m - (a_1 b_2 + a_2 b_1)\sqrt{m} \\
&= a_1 a_2 + (-b_1)(-b_2)m + (a_1(-b_2) + a_2(-b_1))\sqrt{m} \\
&= \sigma(\alpha_1)\sigma(\alpha_2).
\end{aligned}
$$

Also ist σ ein Automorphismus des *Körpers* K. Seine Fixpunktmenge ist offensichtlich $\mathbb{Q}$. Übrigens hält jeder Automorphismus τ des Körpers K die 1 fest und deshalb auch alle Punkte des kleinsten Teilkörpers $\mathbb{Q}$ von K. Insbesondere ist τ ein Automorphismus des $\mathbb{Q}$-Vektorraumes K mit $\tau(1) = 1$. Er ist durch das Bild von $\sqrt{m}$ bereits festgelegt. Wegen der Verträglichkeit von τ mit der Multiplikation ist $\tau(\sqrt{m})^2 = m$, also $\tau(\sqrt{m}) = \pm\sqrt{m}$ und somit $\tau = \sigma$ oder $\tau = \mathrm{id}_K$. $\square$

Bemerkung 1. Für Zahlen $\alpha \in K$ heißt $\alpha' = \sigma(\alpha)$ die zu α *konjugierte* Zahl. In imaginärquadratischen Zahlkörpern ist $\alpha' = \overline{\alpha}$ zugleich die zu α konjugiert komplexe Zahl, mit anderen Worten, der Galoisautomorphismus von $K \,|\, \mathbb{Q}$ entsteht durch Restriktion des Galoisautomorphismus von $\mathbb{C} \,|\, \mathbb{R}$.

Bemerkung 2. Spur und Norm in einem quadratischen Zahlkörper K lassen sich mittels seines Automorphismus σ beschreiben:

$$S(\alpha) = \alpha + \alpha', \quad N(\alpha) = \alpha\alpha'.$$

Zum Beweis sei M die rationale (2×2)-Matrix mit $M\begin{pmatrix} 1 \\ \sqrt{m} \end{pmatrix} = \begin{pmatrix} 1 \\ \sqrt{m} \end{pmatrix}\alpha$. Dies ergibt die erste Spalte der folgenden Matrizengleichung, während durch Anwendung von σ deren zweite Spalte entsteht:

$$M\begin{pmatrix} 1 & 1 \\ \sqrt{m} & -\sqrt{m} \end{pmatrix} = \begin{pmatrix} 1 & 1 \\ \sqrt{m} & -\sqrt{m} \end{pmatrix}\begin{pmatrix} \alpha & 0 \\ 0 & \alpha' \end{pmatrix}.$$

Damit haben wir die Gleichung $M = C \operatorname{diag}(\alpha, \alpha')\, C^{-1}$ mit invertierbarer Matrix C, aus der $S(\alpha) = \operatorname{tr} M = \alpha + \alpha'$ und $N(\alpha) = \det M = \alpha\alpha'$ abzulesen ist, weil M dieselbe Spur und Determinante wie die zu ihr äquivalente Matrix $\operatorname{diag}(\alpha, \alpha')$ hat.

Bemerkung 3. Durch Restriktion von σ entsteht ein Ringautomorphismus von $\mathbb{Z}_K$. Denn aufgrund der Bemerkung 2 haben $\alpha \in K$ und $\sigma(\alpha)$ dasselbe Hauptpolynom, woraus $\sigma(\mathbb{Z}_K) = \mathbb{Z}_K$ folgt.— Diese hier nebenbei notierte Tatsache hat ein Analogon in allen *galoisschen* Zahlkörpern, das sind solche Körpererweiterungen $K \,|\, \mathbb{Q}$, die (einschließlich der Identität id_K) ebensoviele Automorphismen besitzen, wie ihr Grad $(K|\mathbb{Q})$ beträgt. Dieses Thema wird später in Abschnitt 15 ausführlich behandelt.

7.5 Grundeinheiten und Kettenbrüche

Die Einheiten der Ordnungen reellquadratischer Zahlkörper lassen sich mit Hilfe von Kettenbrüchen gewinnen. Sie ergeben sich als die Eigenwerte der Matrizen in der Halbgruppe S des euklidischen Algorithmus. Wir beenden diesen Abschnitt mit der Beschreibung dieses Weges zur Einheitengruppe.

Proposition 4. *Aus dem Kettenbruch* $[a_0; a_1, a_2, \ldots]$ *einer nichtrationalen Zahl* $\xi \in \mathbb{R}$ *ergeben sich deren Vorgänger in der Form*

$$\xi_m = [0; a_{m+1}, a_{m+2}, a_{m+3} \ldots], \qquad m \geq 0;$$

und für jede natürliche Zahl a *hat* $\theta := E(a)\xi_0$ *die Kettenbruchentwicklung* $\theta = [0; a, a_1, a_2, \ldots]$.

Beweis. Die Kettenbruchapproximation zum Index m von ξ im Sinne von Satz 4 in 6.3 ist $M_m = T(a_0)E(a_1) \cdots E(a_m)$. Nach ihrer Definition gilt $M_m \xi_m = \xi$ mit den Vorgängern $\xi_m \in [0, 1]$ von ξ. Abkürzend setzen wir

$$L_k = M_m^{-1} M_{m+k} = E(a_{m+1}) \cdots E(a_{m+k}) \quad \forall k \in \mathbf{N}.$$

Bezeichnet nun η den Wert des Kettenbruchs $[0; a_{m+1}, a_{m+2}, \ldots]$, dann sind stets η und $\xi_m = L_k \xi_{m+k}$ in $L_k[0, 1]$. Weil aber das System $(L_k[0, 1])_{k \in \mathbf{N}}$ nach dem soeben zitierten Satz 4 in 6.3 eine Intervallschachtelung auf $\mathbb{R}$ ist, folgt die erste Behauptung

$$\{\xi_m\} = \bigcap_{k=1}^{\infty} L_k[0, 1] = \{\eta\}.$$

Die zweite erhält man aus der Gleichung $\theta = E(a)\xi_0 = 1/(a + \xi_0)$, denn sie zeigt $\theta \in \,]0, 1[$, $\lfloor 1/\theta \rfloor = a$ und $\theta_1 = \xi_0$. Jetzt folgt $\theta_{k+1} = \xi_k$ für alle $k \in \mathbf{N}_0$; also ist die Kettenbruchentwicklung von θ auf die von ξ zurückgeführt. $\square$

Satz 7. *Es sei M ein Element der Halbgruppe des euklidischen Algorithmus, und seine Zerlegung gemäß Satz 1 in Abschnitt 6 sei*

$$M = \begin{pmatrix} p & r \\ q & s \end{pmatrix} = E(a_1) \cdots E(a_k).$$

Dazu bilde man den reinperiodischen Kettenbruch $\xi = [0; \overline{a_1, a_2, \ldots, a_k}]$. Er genügt der Gleichung

$$M \begin{pmatrix} \xi \\ 1 \end{pmatrix} = \begin{pmatrix} \xi \\ 1 \end{pmatrix} (q\,\xi + s).$$

Ferner ist $K = \mathbb{Q}\xi + \mathbb{Q}$ ein reellquadratischer Zahlkörper, und $\varepsilon = q\,\xi + s$ ist eine Einheit der Ordnung $\mathfrak{o}$ des Gitters $\xi \mathbb{Z} + \mathbb{Z}$ in K. Schließlich gelten für ξ und sein Konjugiertes ξ' die Ungleichungen $0 < \xi < 1 < -\xi'$.

Beweis. Die Periodizität des Kettenbruches ergibt $\xi = \xi_0 = \xi_k$ wegen der Proposition 4, und die k-te Approximation von ξ wird danach $M_k = M$. Folglich ist $\xi = M_k \xi_k$ ein Fixpunkt von M als Möbiustransformation. In Matrizenschreibweise bedeutet dies

$$\begin{pmatrix} p & r \\ q & s \end{pmatrix} \begin{pmatrix} \xi \\ 1 \end{pmatrix} = \begin{pmatrix} p\xi + r \\ q\xi + s \end{pmatrix} = \begin{pmatrix} \xi \\ 1 \end{pmatrix} (q\,\xi + s). \qquad (*)$$

Daraus ergibt sich insbesondere die Fixpunktgleichung

$$(p\,\xi + r)/(q\,\xi + s) = \xi,$$

und sie liefert $q\,\xi^2 + (s-p)\,\xi - r = 0$. Folglich ist $\xi^2 \in \mathbb{Q}\xi + \mathbb{Q}$. Dieser $\mathbb{Q}$-Vektorraum K bildet somit einen reellquadratischen Zahlkörper. Aus $(*)$

erkennt man nicht nur, daß $\varepsilon = q\xi + s$ ein Element der Ordnung $\mathfrak{o}$ des Gitters $\xi\mathbb{Z} + \mathbb{Z}$ in K ist; wegen $\det M = \pm 1$ ist ε auch invertierbar in $\mathfrak{o}$. Aus der Fixpunktgleichung für ξ folgen mit der Möbiustransformation M^{-1} und mit dem Automorphismus $\sigma \neq \mathrm{id}_K$ von K die Gleichungen

$$\xi = (s\xi - r)/(-q\xi + p), \qquad \xi' = (s\xi' - r)/(-q\xi' + p).$$

Deren zweite bedeutet dasselbe wie

$$-1/\xi' = \frac{-q\xi' + p}{-s\xi' + r} = \frac{p(-1/\xi') + q}{r(-1/\xi') + s} = M^t(-1/\xi').$$

Jedenfalls ist die zweite Wurzel ξ' von $qX^2 - (p-s)X - r$ negativ, das heißt $-1/\xi' > 0$. Da die zu $\mathcal{S}$ gehörenden Möbiustransformationen das Intervall $[0,\infty[$ in das Einheitsintervall $I = [0,1]$ abbilden, liegen ihre positiven Fixpunkte in I. Angewandt auf $M^t \in \mathcal{S}$ ergibt sich $0 < -1/\xi' < 1$.   □

Definition. Eine $\mathbb{Z}$-Basis α_1, α_2 des Gitters Γ in dem reellquadratischen Zahlkörper K heißt *reduziert*, falls $0 < \alpha_1/\alpha_2 < 1$ gilt und $\alpha_1'/\alpha_2' < -1$. Beispielsweise ist die Basis $\xi, 1$ des Gitters $\Gamma = \xi\mathbb{Z} + \mathbb{Z}$ in Satz 7 reduziert.

Proposition 5. *Jedes Gitter Γ in einem reellquadratischen Zahlkörper K besitzt eine reduzierte Basis.*

Beweis. Nach Satz 2 hat Γ jedenfalls eine $\mathbb{Z}$-Basis β_1, β_2. Sodann wird nach LAGRANGE die Kettenbruchentwicklung der Zahl $\xi = \beta_1/\beta_2$ periodisch. Also wird mindestens einer der Vorgänger ξ_n von ξ Fixpunkt der Möbiustransformation zu einer Matrix in $\mathcal{S}$. Aufgrund von Satz 7 ist dann $\xi_n, 1$ eine reduzierte Basis des zugehörigen Gitters $\xi_n\mathbb{Z} + \mathbb{Z}$. Bezeichnet M_n die n-te Kettenbruch-Approximation von ξ, so gilt wegen $M_n\xi_n = \xi = \beta_1/\beta_2$ mit einer Zahl $\lambda \in K^\times$ die Gleichung

$$M_n^{-1}\binom{\beta_1}{\beta_2} = \binom{\xi_n}{1}\lambda.$$

Daher ist auch $M_n^{-1}\binom{\beta_1}{\beta_2}$ eine reduzierte Basis von Γ.   □

Satz 8. (Konstruktion der Grundeinheiten von Ordnungen) *Es sei Γ ein Gitter in dem reellquadratischen Zahlkörper K, und α_1, α_2 sei eine reduzierte $\mathbb{Z}$-Basis von Γ. Dann hat der Quotient $\xi = \alpha_1/\alpha_2$ einen reinperiodischen Kettenbruch. Seine minimale Periodenlänge sei k, und es bezeichne*

$$M = \begin{pmatrix} p & r \\ q & s \end{pmatrix}$$

die k-te Kettenbruch-Approximation von ξ. Damit wird $\varepsilon = q\xi + s > 1$ eine Einheit der Ordnung $\mathfrak{o}$ von Γ. Die Einheitengruppe von $\mathfrak{o}$ hat die Struktur

$$\mathfrak{o}^\times = \{\pm 1\}\,\varepsilon^{\mathbb{Z}}.$$

Definition. Die Zahl ε aus Satz 8 wird die *Grundeinheit* von $\mathfrak{o}$ genannt.

Beweis des Satzes. 1) Die Ordnung $\mathfrak{o}$ enthält eine Einheit $\eta > 1$: Nach dem letzten Beweis besitzt Γ ein äquivalentes Gitter $\Delta = \xi_n \mathbb{Z} + \mathbb{Z}$, für das ξ_n in $]0,1[$ ist und zugleich ein Fixpunkt der Möbiustransformation zu einer Matrix $L \in \mathcal{S}$. Nach Satz 7 hat L eine Einheit $\eta > 1$ der Ordnung von Δ als Eigenwert. Nun haben aber die äquivalenten Gitter Γ und Δ dieselbe Dedekindsche Ordnung $\mathfrak{o}$.

2) $\mathfrak{o}$ enthält auch Einheiten $u > 1$ mit der Norm $N(u) = uu' = 1$, etwa $u = \eta^2$. Wir berechnen die Matrix L in $\mathbf{GL}_2(\mathbb{Z})$ mit der Eigenschaft

$$L = \begin{pmatrix} a & b \\ c & d \end{pmatrix}, \qquad \begin{pmatrix} \xi \\ 1 \end{pmatrix} u = \begin{pmatrix} a & b \\ c & d \end{pmatrix} \begin{pmatrix} \xi \\ 1 \end{pmatrix}.$$

Durch Übergang zu den Konjugierten erhält man daraus

$$\begin{aligned}
\begin{pmatrix} a & b \\ c & d \end{pmatrix} &= \begin{pmatrix} \xi & \xi' \\ 1 & 1 \end{pmatrix} \begin{pmatrix} u & 0 \\ 0 & u' \end{pmatrix} \begin{pmatrix} \xi & \xi' \\ 1 & 1 \end{pmatrix}^{-1} \\
&= \frac{1}{\xi - \xi'} \begin{pmatrix} \xi u & \xi' u' \\ u & u' \end{pmatrix} \begin{pmatrix} 1 & -\xi' \\ -1 & \xi \end{pmatrix} \\
&= \frac{1}{\xi - \xi'} \begin{pmatrix} \xi u - \xi'/u & -\xi\xi'(u - 1/u) \\ u - 1/u & -\xi' u + \xi/u \end{pmatrix}.
\end{aligned}$$

Wir zeigen jetzt $L \in \mathcal{S}$: Wegen der Abschätzungen $u - 1/u > 0$ und

$$(-\xi' u + \xi/u) - (u - 1/u) = (-1 - \xi')u + (\xi + 1)/u > 0$$

hat man $L \in \mathcal{J}$ (Abschnitt 6, Proposition 1). Sodann ist $L\xi = \xi$, also $L(]0,1[) \cap]0,1[\neq \varnothing$. Deshalb gilt nicht nur $L \in \mathcal{S}$, sondern L ist nach Satz 4 in 6.3 eine der Kettenbruchapproximationen von ξ. Aus Satz 7 ergibt sich jetzt, daß ξ einen reinperiodischen Kettenbruch hat.

3) Zum Nachweis von $\mathfrak{o}^\times = \{\pm 1\}\varepsilon^{\mathbb{Z}}$ sei $\eta \in \mathfrak{o}^\times$ und $\eta > 1$. Es ist zu zeigen, daß η eine Potenz von ε ist. Mit passenden $A, B, C, D \in \mathbb{Z}$ gilt jedenfalls

$$\begin{pmatrix} A & B \\ C & D \end{pmatrix} \begin{pmatrix} \xi \\ 1 \end{pmatrix} = \begin{pmatrix} \xi \\ 1 \end{pmatrix} \eta, \qquad AD - BC = N(\eta).$$

Dieselbe Rechnung wie unter 2) ergibt dann

$$\begin{pmatrix} A & B \\ C & D \end{pmatrix} = \frac{1}{\xi - \xi'} \begin{pmatrix} \xi\eta - \xi'\eta' & -\xi\xi'(\eta - \eta') \\ \eta - \eta' & -\xi'\eta + \xi\eta' \end{pmatrix}.$$

Wegen $0 < \xi < 1 < -\xi'$ folgt $C > 0$, $D > 0$. Das Produkt

$$M' = \begin{pmatrix} A & B \\ C & D \end{pmatrix} \begin{pmatrix} p & r \\ q & s \end{pmatrix} = \begin{pmatrix} Ap + Bq & Ar + Bs \\ Cp + Dq & Cr + Ds \end{pmatrix}$$

gehört deshalb zu $\mathcal{J}$. Da aber M' als Möbiustransformation den Fixpunkt $\xi \in \,]0,1[$ hat, gilt sogar $M' \in \mathcal{S}$. Die Wahl von k als minimale Periodenlänge der Kettenbruchentwicklung von ξ bedeutet, daß ξ genau k verschiedene Vorgänger $\xi = \xi_0, \xi_1, \ldots, \xi_{k-1}$ hat. Nun ist $M' = M_N$ *eine* der Kettenbruchapproximationen von ξ mit dem Fixpunkt ξ. Ihr Index N ist daher durch die minimale Periodenlänge k teilbar. So erkennt man, daß M' eine Potenz von M ist, und daraus folgt

$$\begin{pmatrix} A & B \\ C & D \end{pmatrix} = M'M^{-1} \in M^{\mathbb{N}}.$$

Deshalb ist der Eigenwert $\eta > 1$ der linken Matrix gleich der entsprechenden Potenz des Eigenwertes $\varepsilon > 1$ der Matrix M. $\qquad \square$

Bemerkung. Aus den Sätzen 7 und 8 folgt, daß $\xi \in K \smallsetminus \mathbb{Q}$ genau dann eine reinperiodische Kettenbruchentwicklung hat, wenn die Basis $\xi, 1$ reduziert ist. Dieses Resultat wurde von E. GALOIS entdeckt.

Beispiel. Für quadratfreie Zahlen $m > 1$ in $\mathbb{Z}$ sei wie bisher $\omega = \sqrt{m}$ oder $\omega = \frac{1}{2}(1 + \sqrt{m})$ je nachdem, ob $m \equiv 2, 3 \pmod{4}$ oder ob $m \equiv 1 \pmod{4}$ ist. Dann hat für jedes $f \in \mathbb{N}$ die Zahl

$$\xi = f\omega - \lfloor f\omega \rfloor$$

eine reinperiodische Kettenbruchentwicklung. Denn es ist $\xi \in \,]0,1[$ und auch $\xi' = f\omega' - \lfloor f\omega \rfloor < -1$. $\qquad \square$

$1 + \sqrt{2},\ 2 + \sqrt{3},\ (1 + \sqrt{5})/2,\ 5 + 2\sqrt{6},\ 8 + 3\sqrt{7},\ 3 + \sqrt{10},$

$10 + 3\sqrt{11},\ (3 + \sqrt{13})/2,\ 15 + 4\sqrt{14},\ 4 + \sqrt{15},\ 4 + \sqrt{17},\ 170 + 39\sqrt{19}$

Aufgabe 1. (Verallgemeinerung von Aufgabe 3 in Abschnitt 6) Die natürliche Zahl $m > 1$ sei quadratfrei. Im reellquadratischen Zahlkörper $K = \mathbb{Q}(\sqrt{m})$ sei $\xi = (a + b\sqrt{m})/c$ mit $a, b, c \in \mathbb{Z}$, $bc \neq 0$, und $\xi = [a_0; a_1, a_2, a_3, \ldots]$ sei die Kettenbruchentwicklung von ξ.

a) Man zeige, daß mit geeigneten $f \in \mathbb{N}$ und $A, B \in \mathbb{Z}$ sowie $N = f^2 m$ gilt

$$\xi = (\sqrt{N} - A)/B, \quad B \mid N - A^2.$$

b) Man begründe, daß durch $A_0 = A + a_0 B$, $B_0 = B$, $B_n B_{n+1} = N - A_n^2$ und $A_{n+1} = a_{n+1} B_{n+1} - A_n$ zwei Folgen ganzer Zahlen definiert werden, mit denen die Vorgänger von ξ sich schreiben als $\xi_n = (\sqrt{N} - A_n)/B_n$.

c) Aus der für die n-te Kettenbruchapproximation gültigen Gleichung $M_n \xi_n = \xi$ ergibt sich für die in K konjugierten Zahlen $\xi_n' = M_n^{-1} \xi'$. Daraus folgere man für hinreichend große Indizes n die Relationen $\xi_n' < 0$ und $B_n > 0$.

d) Teil c) liefert einen weiteren Beweis für die Periodizität der Kettenbruchentwicklung von ξ, ebenso Schranken für die Zahlen A_n, B_n mit hinreichend großen Indizes n und damit auch eine Schranke für die Periodenlänge des Kettenbruches.

Aufgabe 2. Man berechne für die Zahlen $m = 29, 30, 31, 33$ eine reduzierte Basis $\xi, 1$ des Ganzheitsrings $\mathbb{Z}_K$ von $K = \mathbb{Q}(\sqrt{m})$ und bestimme damit die Grundeinheit des Ganzheitsrings $\mathbb{Z}_K$.

Aufgabe 3. Es sei $m \in \mathbb{Z}$, $m \neq 0, 1$ und quadratfrei sowie $\omega = \frac{1}{2}(1 + \sqrt{m})$ oder $\omega = \sqrt{m}$ je nach dem, ob $m \equiv 1 \pmod 4$ ist oder nicht. Im quadratischen Zahlkörpers $\mathbb{Q}(\sqrt{m})$ ist für Zahlen $\xi = r + s\omega$ $(r \in \mathbb{Q}, s \in \mathbb{Q}^\times)$ die Dedekindsche Ordnung $\mathfrak{o}_f$ des Gitters $\Gamma = \mathbb{Z} + \xi\mathbb{Z}$ zu bestimmen. Man zeige, daß für jede Primzahl p gilt

$$v_p(f) = v_p(s) - \min\{0, v_p(r), v_p(s), v_p(N(\xi))\}.$$

worin $N(\xi)$ die Norm von ξ bezeichnet. Anleitung: $f\omega$ gehört zur Ordnung $\mathfrak{o}(\Gamma)$ genau dann, wenn gleichzeitig $f\omega$ und $f\omega\xi \in \Gamma$ sind.

Aufgabe 4. Es sei k eine natürliche Zahl, aber keine Quadratzahl in $\mathbb{Z}$. Die ihr zugeordnete Gleichung

$$x^2 - ky^2 = \pm 1$$

wird als *Pellsche Gleichung* bezeichnet. Man zeige, daß sie stets unendlich viele Lösungen $(x, y) \in \mathbb{Z} \times \mathbb{Z}$ besitzt, indem man die Lösungsmenge in Verbindung bringt mit der Einheitengruppe der Ordnung $\mathfrak{o} = \mathbb{Z} + \sqrt{k}\,\mathbb{Z}$.

Aufgabe 5. Man begründe, daß unter den Summen $1 + 2 + 3 + \cdots + n$ unendlich viele Quadratzahlen vorkommen.

Aufgabe 6. Zwei reelle Irrationalzahlen ξ, ξ' heißen *äquivalent*, wenn eine Matrix $L \in \mathbf{GL}_2(\mathbb{Z})$ existiert, für deren zugeordnete Möbiustransformation gilt $L\xi = \xi'$. Man beweise, daß reelle Irrationalzahlen $\xi, \xi' \in \mathbb{R} \smallsetminus \mathbb{Q}$ genau dann äquivalent sind, wenn zu ihrer Kettenbruchentwicklung $\xi = [a_0; a_1, a_2, \cdots], \xi' = [a_0'; a_1', a_2', \cdots]$ Indizes k, l existieren mit der Eigenschaft

$$a_{k+n} = a_{l+n}' \quad \text{für alle} \quad n \in \mathbb{N}_0.$$

Anleitung: Nach Proposition 4 in 7.5 bedeutet $a_{k+n} = a_{l+n}'$ für alle $n \in \mathbb{N}$ dasselbe wie die Gleichung $\xi_k = \xi_l'$ für die entsprechenden Vorgänger von ξ bzw. ξ'. Das ergibt fast unmittelbar die Äquivalenz von ξ und ξ'. Für die andere Richtung kann ausgenutzt werden, daß $\mathbf{GL}_2(\mathbb{Z})$ von den Matrizen $\begin{pmatrix} 0 & 1 \\ 1 & 0 \end{pmatrix}$ und $\begin{pmatrix} 1 & b \\ 0 & 1 \end{pmatrix}, b \in \mathbb{Z}$, erzeugt wird. So bleibt nur festzustellen, daß im Falle $\xi' = 1/\xi$ geeignete $k, l \in \mathbb{N}$ existieren mit $\xi_l' = \xi_k$. Dazu kann man etwa für die in 6.1 eingeführte Teilmenge $\mathcal{J}$ von $\mathbf{GL}_2(\mathbb{Z})$ zeigen: Ist $\begin{pmatrix} p & r \\ q & s \end{pmatrix} \in \mathcal{J}$ und $p \neq 0$ sowie $1 < q < s$, so ist $\begin{pmatrix} q & s \\ p & r \end{pmatrix}$ oder ihr Negativ ein Element von $\mathcal{J}$.

Aufgabe 7. Man gebe den Zusammenhang der Kettenbruchentwicklungen der reellen Irrationalzahlen ξ und $1 - \xi$ an.

8 Teilbarkeit in Integritätsbereichen

Die Arithmetik quadratischer Zahlkörper K erschließt sich erst nach angemessener Übertragung des Fundamentalsatzes. Dazu ist an die Stelle der multiplikativen Halbgruppe $\mathbb{N}$ im Ring $\mathbb{Z}$ der ganzen rationalen Zahlen zu setzen die Halbgruppe der von Null verschiedenen Ideale im Ring $\mathbb{Z}_K$ der ganzen Zahlen von K. Ihre Multiplikation ist ein Spezialfall der Gittermultiplikation. Indes gehört die systematische Diskussion dieser Struktur in die algebraische Zahlentheorie. In diesem Abschnitt beschränken wir uns auf die Untersuchung der von den Primzahlen p herrührenden Ideale $p\mathbb{Z}_K$. Zuvor ergibt sich die Gelegenheit, einer naiven Form des Fundamentalsatzes in Integritätsbereichen nachzugehen und dabei auch die Hauptordnungen quadratischer Zahlkörper nach Beispielen und Gegenbeispielen für Fragen der Teilbarkeitslehre abzusuchen.— Alle im folgenden auftretenden Ringe sind kommutativ und haben ein Einselement, falls nicht ausdrücklich etwas anderes gesagt wird. Demzufolge wird von einem Morphismus $\varphi\colon R \to R'$ zwischen Ringen neben der Verträglichkeit mit der Addition und der Multiplikation in den Ringen auch $\varphi(1_R) = 1_{R'}$ gefordert. Dann bildet die Restriktion von φ auf die Einheitengruppe $R^\times$ einen Gruppenmorphismus in die Einheitengruppe $(R')^\times$.

8.1 Grundbegriffe der Teilbarkeitslehre

Definition. Eine Untergruppe I der additiven Gruppe $(R, +)$ eines Ringes R heißt ein *Ideal*, wenn $IR \subset I$ ist.

Beispiele. Eine naheliegende Klasse von Idealen bilden die *Hauptideale* aR. Die Gleichung $aR = R$ bedeutet offensichtlich dasselbe wie $a \in R^\times$; und die Teilbarkeitsrelation $a \mid b$ ist gleichbedeutend mit $aR \supset bR$. Damit ist die Teilbarkeit ausgedrückt durch Inklusion von Hauptidealen. Es gibt folgende drei Verknüpfungen auf der Menge der Ideale eines Ringes: Zu je zwei Idealen I, J von R ergeben sich weitere Ideale durch die *Summe* $I + J$, den *Durchschnitt* $I \cap J$ und das *Produkt* IJ, definiert als die von den Produkten $\alpha\beta$ der Elemente $\alpha \in I$, $\beta \in J$ erzeugte Untergruppe von $(R, +)$.

Bemerkung. Die Definition des Ideals ist derart gewählt, daß die additive Faktorgruppe R/I außer der Addition von R auch die Multiplikation erbt: Für je zwei Nebenklassen $\alpha + I, \beta + I$ sind alle Produkte $\alpha_1\beta_1$ mit Faktoren $\alpha_1 \in \alpha + I$, $\beta_1 \in \beta + I$ enthalten in der Nebenklasse $\alpha\beta + I$. Durch sie definiert man daher das Produkt $(\alpha + I) \cdot (\beta + I) := \alpha\beta + I$. So wird R/I ein Ring und die Abbildung $\alpha \mapsto \alpha + I$ ein surjektiver Ringmorphismus $\varphi\colon R \to R/I$ mit dem

Kern I. Das verallgemeinert die Restklassenringe $\mathbb{Z}/n\mathbb{Z}$. Somit lassen sich die Ideale eines Ringes auch erklären als die Kerne von Ringmorphismen. Übrigens wird R/I als *Faktorring* oder *Restklassenring* von R modulo I bezeichnet. Im Ring $\mathbb{Z}$ erfüllt jede Untergruppe U der additiven Gruppe $(\mathbb{Z}, +)$ die Idealbedingung $U\mathbb{Z} \subset U$. Deshalb konnten wir die Behandlung der Ideale bis hierher aufschieben.

Proposition 1. (Homomorphiesatz für Ringe) *Es sei $\varphi\colon R \to R'$ ein Homomorphismus zwischen Ringen R und R'. Dann ist $I = \operatorname{Ker}\varphi := \varphi^{-1}\{0_{R'}\}$ ein Ideal des Ringes R, φ ist konstant auf jeder Nebenklasse $a+I$, und $\widetilde{\varphi}(a+I) = \varphi(a)$ definiert einen injektiven Ringhomomorphismus des Faktorringes R/I in den Ring R'. Wenn φ surjektiv ist, wird $\widetilde{\varphi}$ ein Isomorphismus.*

Beweis. Natürlich ist $I = \operatorname{Ker}\varphi = \{x \in R\,;\ \varphi(x) = 0\}$ eine Untergruppe von $(R, +)$. Für jedes Paar $x \in I$, $a \in R$ ist $ax \in I$ sowie $\varphi(a + x) = \varphi(a)$. Daher bildet $\operatorname{Ker}\varphi$ ein Ideal in R, und je zwei Elemente einer Nebenklasse $a + I$ haben dasselbe Bild unter der Abbildung φ. Liegen hingegen a und b in verschiedenen Nebenklassen von I, dann ist $a - b \notin I$, also $\varphi(a) \neq \varphi(b)$. Daher ist die Abbildung $\widetilde{\varphi}$ wohldefiniert und injektiv. Selbstverständlich ist sie verträglich mit den Verknüpfungen Addition und Multiplikation auf R/I, weil φ mit den entsprechenden Verknüpfungen auf R verträglich ist.   □

Drei verwandte Begriffe. Ein Ring R heißt ein *Integritätsbereich*, wenn $R \smallsetminus \{0\}$ unter der Multiplikation ein Monoid, also eine Halbgruppe mit Einselement ist. Das bedeutet, daß $1_R \neq 0_R$ gilt, und daß überdies Produkte zweier Elemente nur dann verschwinden, wenn ein Faktor verschwindet. Danach ist der nur aus Null bestehende *Nullring* kein Integritätsbereich.

Ein von Null verschiedenes Element p eines Ringes R wird ein *Primelement* genannt, wenn der Faktorring R/pR ein Integritätsbereich ist. Dies bedeutet, daß erstens p keine Einheit in R ist und daß zweitens aus $p \mid ab$ immer $p \mid a$ oder $p \mid b$ folgt.

Ein Ideal P des Ringes R heißt ein *Primideal*, wenn der Faktorring R/P ein Integritätsbereich ist. Dies bedeutet also, daß $P \neq R$ ist und daß das Komplement $R \smallsetminus P$ mit je zwei Elementen auch deren Produkt enthält.— Obwohl in jedem Integritätsbereich R das Nullideal $\{0_R\}$ ein Primideal ist, wird 0_R nicht als Primelement bezeichnet.

Definition irreduzibler Elemente. Ein Element q des Integritätsbereiches R heißt *irreduzibel*, wenn q weder die Null noch eine Einheit ist, und wenn in jeder Faktorisierung $q = ab$ *einer* der Faktoren eine Einheit ist.

Ist q irreduzibel, so ist für jede Einheit ε auch das zu q *assoziierte* Element $q\varepsilon$ irreduzibel. Damit zerfällt die Menge der irreduziblen Elemente in disjunkte Klassen $qR^{\times}$ von assoziierten Elementen, das sind die *Bahnen* der Einheitengruppe $R^{\times}$ auf der Menge der irreduziblen Elemente.

Beispiel. Das Element $a + \sqrt{-5}\,b$ der Hauptordnung R des Körpers $\mathbb{Q}(\sqrt{-5}\,)$ hat die Norm $a^2 + 5b^2 \in \mathbb{N}_0$. Sie liegt in einer der Restklassen $5\mathbb{Z}$, $1 + 5\mathbb{Z}$, $4 + 5\mathbb{Z}$. Folglich ist jedes der vier Elemente 2, 3, $1 \pm \sqrt{-5}$ irreduzibel; denn sonst wäre eine ihrer Normen 4, 9, 6 ein Produkt zweier Normen $\neq 1$, was nicht der Fall ist. Auch sind je zwei der vier Elemente nichtassoziiert, weil $R^\times = \{\pm 1\}$ gilt. Indes ist keines unter ihnen ein Primelement: wegen $2 \cdot 3 = (1 + \sqrt{-5}\,) \cdot (1 - \sqrt{-5}\,)$ teilt jedes von ihnen gewisses ein Produkt, ohne einen der Faktoren zu teilen.

Proposition 2. *Primelemente eines Integritätsbereiches R sind irreduzibel.*

Beweis. Ist $p = ab$ eine Zerlegung des Primelements p, dann ist das Produkt der beiden Restklassen $a + pR$, $b + pR$ die Nullrestklasse modulo pR. Da pR nach Voraussetzung ein Primideal ist, muß einer der Faktoren selbst schon die Nullrestklasse sein, etwa $a + pR$. Das bedeutet $a = pc$ mit einem $c \in R$, und daraus ergibt sich $p = ab = pbc$, also $1 = bc$. Demnach ist $b \in R^\times$. □

Proposition 3. *Ein Element $q \neq 0$ in einem Integritätsbereich R ist genau dann irreduzibel, wenn in der Menge aller von R verschiedenen Hauptideale das Hauptideal qR maximal bezüglich der Inklusion ist.*

Beweis. Wenn einerseits aR ein qR echt umfassendes Haupideal $\neq R$ ist, so gilt $q = ab$ mit $a, b \notin R^\times$, folglich ist q reduzibel. Ist indes q reduzibel, besitzt also das Element $q \neq 0$ eine Zerlegung $q = ab$ in Faktoren $a, b \notin R^\times$, dann ist aR ein Hauptideal, das qR echt umfaßt, aber nicht gleich R ist. □

Definition. Ein Ideal P des Ringes R heißt *maximal*, wenn $P \neq R$ ist und wenn jedes Ideal I mit $P \subset I \subset R$ gleich P oder R ist, wenn also P maximal in der durch Inklusion geordneten Menge aller Ideale $I \neq R$ ist.

Bemerkung. Ein Ideal P von R ist genau dann maximal, wenn der Faktorring R/P ein Körper ist. Jedes maximale Ideal ist daher auch ein Primideal: Ist P maximal, so gilt $aR + P = R$ für jedes $a \in R \smallsetminus P$; also gibt es ein Element $a' \in R$ mit $1 \in aa' + P$. Ist umgekehrt P ein nicht maximales Ideal $\neq R$, so enthält R ein Element a, mit dem $P + aR$ von P und R verschieden ist. Mithin ist $a + P$ im Faktorring R/P weder Null noch invertierbar.

8.2 Faktorielle Ringe

Definition. Ein Integritätsbereich R heißt *faktoriell*, wenn nach Wahl eines Vertretersystems P der Klassen assoziierter irreduzibler Elemente p von R jedes von Null verschiedene Element x eine eindeutige *Primfaktorisierung*

$$x \;=\; \varepsilon(x) \prod\nolimits_{p \in P} p^{\,v_p(x)}$$

hat mit $\varepsilon(x) \in R^\times$, in der die Exponenten $v_p(x) \in \mathbb{N}_0$ fast alle verschwinden.

Bemerkung. Existenz und Eindeutigkeit der Primzerlegung sind natürlich unabhängig von der Wahl des Vertretersystems P der Klassen assoziierter irreduzibler Elemente. Der Exponent $v_p(x)$ ist die größte Zahl $n \in \mathbb{N}_0$, für die x in der Potenz $(pR)^n = p^n R$ des Hauptideals pR liegt.

Beispiele. Der Ring $\mathbb{Z}$ der ganzen Zahlen ist faktoriell (Satz 6 in 1.4), und dort bilden die Primzahlen ein Vertretersystem der Klassen assoziierter irreduzibler Elemente. Analog ist der Polynomring $K[X]$ über einem Körper faktoriell (Satz 6 in 2.3), und in jeder Klasse assoziierter Polynome $\neq 0$ liegt genau ein normiertes Polynom.

Satz 1. *Ein Integritätsbereich R ist dann und nur dann faktoriell, wenn er gleichzeitig die folgenden Bedingungen erfüllt: i) Jede nichtleere Menge von Hauptidealen enthält ein bezüglich Inklusion maximales Element. ii) Jedes irreduzible Element von R ist ein Primelement.*

Beweis: 1) Angenommen, es sei R ein faktorieller Ring und P ein Vertretersystem seiner Klassen assoziierter irreduzibler Elemente. Die Primzerlegung eines Produktes $bc \neq 0$ ergibt sich aus der Primzerlegung der Faktoren durch Addition der Exponenten sowie durch Multiplikation der Vorfaktoren aus Einheiten. Daher sind alle Teiler d des Elementes $a \neq 0$ aus seiner Primzerlegung abzulesen: Das Element

$$a = \varepsilon \prod_{p \in P} p^{v_p(a)}$$

hat die Teiler $d = u \prod p^{v_p(d)}$ mit $u \in R^\times$ und Exponenten $0 \leq v_p(d) \leq v_p(a)$. Insbesondere gibt es nur endlich viele Hauptideale, die aR umfassen; und daher enthält jede nichtleere Menge von Hauptidealen maximale Elemente.

Zum Nachweis von ii) betrachte man ein irreduzibles Element $q' \in R$. Mit dem Vertreter $q \in P$ der Assoziiertenklasse von q' und mit einer Einheit ε gilt $q' = \varepsilon q$; dies ist die Primzerlegung von q'. Für alle $a, b \in R \smallsetminus q'R$ ist dann $v_q(a) = v_q(b) = 0$. Daher wird $v_q(ab) = v_q(a) + v_q(b) = 0$; also gilt auch $ab \in R \smallsetminus qR$, womit $q'R = qR$ als Primideal nachgewiesen ist.

2) Nun sei R ein Integritätsbereich, der die beiden Kriterien i) und ii) erfüllt. P sei ein Vertretersystem seiner Klassen assoziierter Primelemente. Zuerst zeigen wir indirekt, daß jedes von Null verschiedene Element $a \in R$ eine Primfaktorisierung besitzt, wobei wir stillschweigend benutzen, daß in Integritätsbereichen $aR = bR$ dasselbe bedeutet wie $aR^\times = bR^\times$.

Angenommen, die Menge M der Hauptideale $aR \neq \{0\}$, für die ein Erzeugendes a keine Primfaktorisierung hat, sei nicht leer. Dann enthält M nach i) ein maximales Element, etwa aR. Da nach unserer Annahme das Element a keine Primzerlegung hat, ist es natürlich nicht irreduzibel. Also existiert eine Faktorisierung $a = bc$, in der kein Faktor Null oder eine Einheit ist. Das Hauptideal aR ist daher sowohl in bR als auch in cR echt enthalten.

Aus der Maximalität von aR in M folgt nun, daß sowohl b als auch c eine Primfaktorisierung besitzt. Aber damit hätte auch $a = bc$ eine solche. Dieser Widerspruch zeigt, daß die Annahme falsch war. Es gilt vielmehr $M = \varnothing$.

Abschließend begründen wir die Eindeutigkeit der Primzerlegung, analog zu den Sonderfällen $R = \mathbb{Z}$ und $R = K[X]$. Da alle irreduziblen Elemente nach der Voraussetzung auch Primelemente sind, ergibt sich aus der Existenz zweier Faktorisierungen

$$a = \varepsilon_1 \prod_{p \in P} p^{m_p} = \varepsilon_2 \prod_{p \in P} p^{n_p}$$

(mit Exponenten $m_p, n_p \in \mathbb{N}_0$, die für fast alle p verschwinden), die Gleichheit der Mengen $\{p \in P;\ m_p > 0\}$ und $\{p \in P;\ n_p > 0\}$. Nach Kürzen folgt aus der Nullteilerfreiheit von R mit dem Vorhergehenden, daß niemals $m_p \neq n_p$ eintritt. Zum Schluß ergibt sich selbstverständlich $\varepsilon_1 = \varepsilon_2$. $\square$

In faktoriellen Ringen R ist der Begriff des *größten gemeinsamen Teilers* sinnvoll. Aufgrund der Primzerlegung der Elemente

$$a_i = \varepsilon(a_i) \prod_{q \in P} q^{v_q(a_i)} \in R \smallsetminus \{0\} \quad (1 \le i \le r)$$

setzt man

$$\mathrm{ggT}(a_1, \ldots, a_r) = \prod_{q \in P} q^{\min(v_q(a_i);\ 1 \le i \le r)}.$$

Wenn dagegen alle Elemente $a_i = 0$ sind, dann ist sinnvollerweise ihr größter gemeinsamer Teiler ebenfalls Null. So hat wieder der größte gemeinsame Teiler $d = \mathrm{ggT}(a_1, \ldots, a_r)$ die beiden Eigenschaften

$$d \mid a_i \quad (1 \le i \le r);\qquad t \mid a_i \quad (1 \le i \le r) \quad \Rightarrow \quad t \mid d.$$

Sie bestimmen die Assoziiertenklasse von d: Einerseits hat mit d auch $d' = ud$ diese Eigenschaften, sobald $u \in R^\times$ ist. Haben andererseits d und d' diese beiden Eigenschaften, so ergibt sich die Existenz einer Einheit $u \in R^\times$ mit $d' = ud$ ohne Mühe. Daher wird jedes Element dieser Assoziiertenklasse als ein größter gemeinsamer Teiler von $a_1, \ldots, a_r$ bezeichnet.

8.3 Hauptidealringe

Definition. Ein Integritätsbereich R wird *Hauptidealring* genannt, wenn jedes seiner Ideale I *monogen* ist, also von der Form $I = aR$.

Das Muster für Hauptidealringe bildet der Ring $\mathbb{Z}$ der ganzen Zahlen, in dem nach Abschnitt 1, Satz 2 jedes Ideal ein Hauptideal ist. Die zweitwichtigste Klasse von Hauptidealringen sind die Polynomringe $K[X]$ in einer Unbestimmten X über einem Körper K. Jedes Ideal $I \neq \{0\}$ darin enthält ein normiertes Polynom F minimalen Grades. Es ist eindeutig bestimmt, denn ist auch $f \in I$, so ist nach 2.3, Satz 4 (Division mit Rest) $f = Fq + g$ mit

Polynomen $q, g \in K[X]$, von denen g kleineren Grad als F hat. Als Differenz $g = f - Fq$ von Elementen in I liegt g selbst in I. Daher ist $g = 0$, woraus $I = FK[X]$ folgt. Dies ist der (in Abschnitt 2 noch verborgene) Hintergrund für die arithmetischen Eigenschaften des Polynomrings $K[X]$.

Satz 2. *Jeder Hauptidealring ist faktoriell.*

Beweis. Wir prüfen die beiden Kriterien in Satz 1 für den Fall eines Hauptidealringes R. Angenommen, es gibt entgegen der Behauptung eine nichtleere Menge M von Hauptidealen in R, die kein maximales Element bezüglich der Inklusion enthält. Dann existiert eine strikt monoton wachsende Folge von Hauptidealen $a_k R$, $k \in \mathbb{N}$. Ihre Vereinigung $I = \bigcup_{k=1}^{\infty} a_k R$ ist ebenfalls ein Ideal in R, da zu je zwei Elementen $a, b \in I$ ein Index n existiert, für den beide in $a_n R$ liegen. Also gilt $a - b \in I$ und $IR \subset I$. Auch I ist aufgrund der Voraussetzung ein Hauptideal, etwa $I = dR$. Nach der Konstruktion von I aber muß sein erzeugendes Element enthalten sein in einem der Ideale $a_m R$. Deshalb folgt sofort $I = dR \subset a_m R \subset I$, also $I = a_m R$ im Widerspruch zur strikten Monotonie der Folge $(a_k R)$. Die Annahme war somit falsch.

Nun sind die Hauptideale qR für irreduzible $q \in R$ zu betrachten. Wegen der Irreduzibilität von q ist qR maximal in der Menge aller Hauptideale $\neq R$. Aber hier ist *jedes* Ideal ein Hauptideal. Daher ist qR maximal in der Menge *aller* Ideale $\neq R$, und somit nach der Bemerkung zur Definition der maximalen Ideale auch ein Primideal. Folglich ist q ein Primelement.   □

Zusatz. *Jedes irreduzible Element q in einem Hauptidealring R erzeugt ein maximales Ideal qR von R.*

Beispiel. Der Ganzheitsring des Körpers $\mathbb{Q}(\sqrt{-5})$ enthält irreduzible Elemente, die keine Primelemente sind. Also ist er nach Satz 1 nicht faktoriell und damit nach Satz 2 auch kein Hauptidealring.

8.4 Zahlkörper mit euklidischem Algorithmus

In der Diskussion der Hauptidealringe $\mathbb{Z}$ und $K[X]$ spielt der euklidische Divisionsalgorithmus eine entscheidende Rolle. Wir treffen, um ihn auf einige Zahlkörper übertragen zu können, die folgende Verabredung:

Definition. Ein (quadratischer) Zahlkörper K heißt *normeuklidisch*, wenn zu jedem $x \in K$ ein ganzes Element $\beta \in K$ existiert derart, daß der Normbetrag der Differenz $x - \beta$ kleiner als 1 ist.

Proposition 4. *Die Hauptordnung $\mathfrak{o} = \mathfrak{o}_K$ eines normeuklidischen Zahlkörpers K enthält zu je zwei Elementen α_0, α_1 mit $\alpha_1 \neq 0$ ein Element β, für das gilt $|N(\alpha_0 - \beta\alpha_1)| < |N(\alpha_1)|$. Insbesondere ist $\mathfrak{o}$ dann ein Hauptidealring.*

Beweis. Wählt man zu $x = \alpha_0/\alpha_1$ gemäß der Definition ein $\beta \in \mathfrak{o}$ so, daß gilt $|N(x - \beta)| < 1$, dann ergibt die Multiplikativität der Norm

$$|N(\alpha_0 - \alpha_1\beta)| < |N(\alpha_1)|,$$

wie behauptet.— In jedem Ideal $I \neq \{0\}$ von $\mathfrak{o}$ ist ein Element α_1 anzugeben mit $I = \alpha_1\mathfrak{o}$. Da $N(\mathfrak{o}) \subset \mathbb{Z}$ ist, enthält $I \smallsetminus \{0\}$ Elemente α_1 mit minimalem Normbetrag. Dafür ist $\alpha_1\mathfrak{o} \subset I$. Jedes weitere Element $\tilde{\alpha} \in I$ läßt sich mit einem Vielfachen von α_1 reduzieren derart, daß $\alpha_2 = \tilde{\alpha} - \alpha_1\beta$ kleineren Normbetrag als α_1 hat. Weil $\alpha_2 \in I$ ist, folgt $N(\alpha_2) = 0$ aus der Minimalität von $|N(\alpha_1)|$; also ist $\alpha_2 = 0$. Somit ist auch $I \subset \alpha_1\mathfrak{o}$ bewiesen. □

Definition der Diskriminante quadratischer Zahlkörper. Es sei K ein quadratischer Zahlkörper, m bezeichne die von 0 und 1 verschiedene quadratfreie Zahl in $\mathbb{Z}$ mit $\sqrt{m} \in K^\times$. Als *Diskriminante* von K definiert man $d = m$, falls $m \equiv 1 \pmod 4$ ist, bzw. $d = 4m$, falls $m \equiv 2, 3 \pmod 4$ ist. Dieser Begriff wird später eine tragende Rolle spielen.

Proposition 5. *Für jede Basis ω_1, ω_2 der Hauptordnung $\mathfrak{o} = \mathfrak{o}_K$ von K gilt*

$$d = \det\Big(S(\omega_i\omega_k)\Big)_{i,k=1,2}.$$

Beweis. Durch $(\alpha, \beta) \mapsto S(\alpha\beta)$ wird eine $\mathbb{Q}$-Bilinearform auf K definiert. Die Proposition 5 besagt insbesondere, daß diese Form nicht ausgeartet ist. Zunächst betrachten wir nur eine spezielle $\mathbb{Z}$-Basis von $\mathfrak{o}$, nämlich

$$\omega_1 = 1, \quad \omega_2 = \tfrac{1}{2}(d + \sqrt{d}).$$

Es gilt $\omega_2 = 2m + \sqrt{m}$, falls $m \equiv 2, 3 \pmod 4$ und $\omega_2 = \frac{1}{2}(m-1) + \frac{1}{2}(1+\sqrt{m})$, falls $m \equiv 1 \pmod 4$ ist. Daher wird ω_1, ω_2 tatsächlich eine Basis von $\mathfrak{o}$ aufgrund von Satz 4 in 7.3. Neben $S(\omega_1^2) = 2$ ergibt sich $S(\omega_1\omega_2) = S(\omega_2) = d$, und wegen $\omega_2^2 = \frac{1}{4}(d^2 + d + 2d\sqrt{d})$ wird $S(\omega_2^2) = \frac{1}{2}(d^2 + d)$. Jene Determinante ist also $2 \cdot \frac{1}{2}(d^2 + d) - d^2 = d$. Alle weiteren $\mathbb{Z}$-Basen $\tilde{\omega}$ von $\mathfrak{o}$ entstehen aus der Spalte ω in der Form $\tilde{\omega} = C\omega$ mit einer ganzzahlig invertierbaren Matrix C, also $C \in \mathbf{GL}_2(\mathbb{Z})$. Bezüglich der neuen Basis transformiert sich die Matrix der Bilinearform wie folgt

$$\Big(S(\tilde{\omega}_i\tilde{\omega}_j)\Big)_{i,j} = C\Big(S(\omega_k\omega_l)\Big)_{k,l}C^t;$$

und wegen $\det C = \pm 1$ ergibt sich daraus die Behauptung. □

Beispiele normeuklidischer Zahlkörper. Alle quadratischen Zahlkörper $K = \mathbb{Q}(\sqrt{d})$ mit der Diskriminante d im Intervall $-12 < d < 32$ sind normeuklidisch. Es sind $d = -11, -8, -7, -4, -3, 5, 8, 12, 13, 17, 21, 24, 28, 29$. Zur Begründung reicht der Spezialfall $s = 1$ des folgenden Satzes:

Satz 3. *Es sei d die Diskriminante des quadratischen Zahlkörpers K. Man setze* $s = \lfloor (d/8)^{1/2} \rfloor$ *für* $d > 5$, $s = 1$ *für* $d = 5$ *und* $s = \lfloor (|d|/3)^{1/2} \rfloor$ *für* $d < 0$. *Dann gibt es zu jedem* $x \in K$ *eine natürliche Zahl* $q \leq s$ *sowie eine ganze Zahl* α *in* K *derart, daß der Normbetrag von* $qx - \alpha$ *kleiner als* 1 *ist.*

Beweis. 1) Setzt man $\theta = \sqrt{8/d}$, 1 oder $\sqrt{3/|d|}$ je nachdem, ob $d > 5$, $d = 5$ oder ob $d < 0$ ist, dann gilt $\theta > (s+1)^{-1}$. Wir betrachten nun in der FAREY-Reihe $\mathcal{F}_s$ zwei benachbarte Brüche $p'/q' < p/q$. Nach Satz 8 in Abschnitt 6.7 gilt $pq' - p'q = 1$ und $q' + q \geq s + 1$. Die beiden offenen Intervalle

$$]p'/q' - \theta/q', \, p'/q' + \theta/q'[\quad \text{und} \quad]p/q - \theta/q, \, p/q + \theta/q[$$

haben einen nichtleeren Durchschnitt. Denn der rechte Endpunkt des linken Intervalls ist größer als der linke Endpunkt des rechten Intervalls:

$$p'/q' + \theta/q' - p/q + \theta/q = (\theta(q + q') - 1)/q'q > 0.$$

Hieraus folgt, daß die reelle Gerade überdeckt wird von den Intervallen

$$]p/q - \theta/q, \, p/q + \theta/q[\qquad (p/q \in \mathcal{F}_s).$$

Ist nun $x = x_1 + x_2\sqrt{d}/2$ mit rationalen x_1, x_2, dann wähle man $p/q \in \mathcal{F}_s$ so, daß $x_2 \in]p/q - \theta/q, \, p/q + \theta/q[$ gilt. Damit ist $|x_2q - p| < \theta$.

2) Nach der letzten Proposition ist $\frac{1}{2}(d + \sqrt{d}) \in \mathfrak{o}$. Daher und aufgrund von Teil 1) enthält die Nebenklasse $qx + \mathfrak{o}$ ein Element $y = y_1 + y_2\sqrt{d}/2$ mit $y_2^2 < \theta^2$. Der rationale Koeffizient y_1 darf modulo $\mathbb{Z}$ abgeändert werden. Im Fall $d < 0$ wählen wir einheitlich $|y_1| \leq \frac{1}{2}$ und haben die Abschätzung

$$0 \leq N(y) = y_1^2 + y_2^2|d|/4 < 1/4 + (3/|d|) \cdot (|d|/4) = 1.$$

Im Fall $d = 5$ sei $|y_1| \leq 1/2$, wenn $y_2^2 < 4/5$ ist und $1/2 \leq |y_1| \leq 1$, wenn $4/5 < y_2^2 < 1$ ist. Jedesmal wird $|N(y)| < 1$. Schließlich sei im Fall $d > 5$

$$
\begin{array}{rcccl}
& |y_1| & \leq & 1/2 & , \quad \text{falls} \quad y_2^2 d < 4 \quad \text{ist,} \\
1/2 \leq & |y_1| & \leq & 1 & , \quad \text{falls} \quad 4 < y_2^2 d < 5 \quad \text{ist,} \\
1 \leq & |y_1| & \leq & 3/2 & , \quad \text{falls} \quad 5 < y_2^2 d < 8 \quad \text{ist.}
\end{array}
$$

Damit ergeben sich für die Norm von y jeweils die folgenden Abschätzungen $y_1^2 - y_2^2 d/4 \in \,]-1, 1/4]$, $y_1^2 - y_2^2 d/4 \in \,]-1, 0[$ bzw. $y_1^2 - y_2^2 d/4 \in \,]-1, 1[$, und Satz 3 ist bewiesen. $\qquad\square$

Es ist eine Eigenschaft der Gruppe $\mathbf{GL}_2(R)$ der invertierbaren 2×2-Matrizen, die darüber entscheidet, ob ein Ring R den Divisionsalgorithmus zuläßt oder nicht. Die Gruppe hat folgende drei Untergruppen von *Elementarmatrizen*

$$\begin{pmatrix} 1 & R \\ 0 & 1 \end{pmatrix}, \begin{pmatrix} 1 & 0 \\ R & 1 \end{pmatrix}, \begin{pmatrix} R^\times & 0 \\ 0 & 1 \end{pmatrix}.$$

Wir bezeichnen die von ihnen insgesamt erzeugte Untergruppe von $\mathbf{GL}_2(R)$ mit $\mathbf{GE}_2(R)$ und nennen sie die *elementar erzeugte* Untergruppe .

Definition. Ein Integritätsbereich R heißt *quasi-euklidisch*, wenn für alle Spalten in R^2 mit den Komponenten x, y eine Matrix $M \in \mathbf{GE}_2(R)$ existiert derart, daß für ein passendes $d \in R$ gilt

$$M \begin{pmatrix} x \\ y \end{pmatrix} = \begin{pmatrix} 0 \\ d \end{pmatrix}.$$

Proposition 6. *In jedem normeuklidischen (quadratischen) Zahlkörper K ist die Maximalordnung quasi-euklidisch.*

Beweis. Es seien x, y beliebige Elemente von $R = \mathbb{Z}_K$. Wir zeigen, daß unter den mit Matrizen $M \in \mathbf{GE}_2(R)$ gebildeten Spalten

$$\begin{pmatrix} x' \\ y' \end{pmatrix} = M \begin{pmatrix} x \\ y \end{pmatrix}$$

eine mit der ersten Komponente $x' = 0$ vorkommt. Aus der Relation

$$\begin{pmatrix} 1 & 0 \\ -1 & 1 \end{pmatrix} \begin{pmatrix} 1 & 1 \\ 0 & 1 \end{pmatrix} \begin{pmatrix} 1 & 0 \\ -1 & 1 \end{pmatrix} \begin{pmatrix} -1 & 0 \\ 0 & 1 \end{pmatrix} = \begin{pmatrix} 1 & 1 \\ -1 & 0 \end{pmatrix} \begin{pmatrix} -1 & 0 \\ 1 & 1 \end{pmatrix} = \begin{pmatrix} 0 & 1 \\ 1 & 0 \end{pmatrix}$$

sieht man, daß durch eine Matrix in $\mathbf{GE}_2(R)$ die Komponenten der Spalte vertauscht werden können. Ist $0 < |N(y)| \leq |N(x)|$, dann gibt es nach der Voraussetzung ein $\beta \in R$ mit $|N(x - \beta y)| < |N(y)|$. Wegen der Relation

$$\begin{pmatrix} 1 & -\beta \\ 0 & 1 \end{pmatrix} \begin{pmatrix} x \\ y \end{pmatrix} = \begin{pmatrix} x - \beta y \\ y \end{pmatrix}$$

kann man das Minimum der ganzzahligen Normbeträge der Komponenten verringern, solange es nicht Null ist. Daraus folgt die Behauptung. □

Unter den imaginärquadratischen Zahlkörpern sind nur die vor Satz 3 aufgeführten fünf Beispiele normeuklidisch. Das läßt sich direkt nachrechnen. Dagegen sind außer den neun reellquadratischen Zahlkörpern dort genau sieben weitere normeuklidisch, und zwar mit den Diskriminanten

$$d = 33, 37, 41, 44, 57, 73, 76.$$

Dieses abschließende und keineswegs triviale Resultat wurde um 1950 erzielt. Wir kommen auf den Gegenstand im Abschnitt 17 zurück.— Die Frage nach den Hauptidealringen unter den Maximalordnungen imaginärquadratischer Zahlkörper ist ebenfalls geklärt. Es sind insgesamt neun, und zwar zu den Diskriminanten

$$d = -3, -4, -7, -8, -11, -19, -43, -67, -163.$$

Andererseits ist noch unbekannt, ob unendlich viele Hauptidealringe unter den Hauptordnungen reellquadratischer Zahlkörper vorkommen oder nicht.

Es ist leicht zu zeigen, daß ein Integritätsbereich R genau dann quasi-euklidisch ist, wenn erstens jedes endlich erzeugte Ideal ein Hauptideal ist und zweitens die Gleichung gilt $\mathbf{GL}_2(R) = \mathbf{GE}_2(R)$ (vgl. Aufgabe 7 am Schluß des Abschnitts). Da Ideale in der Hauptordnung $\mathfrak{o}$ eines (quadratischen) Zahlkörpers nach 7.2, Satz 2 stets endlich erzeugt sind, bedeutet die erste Bedingung, daß der Ring $\mathfrak{o}$ nur dann quasi-euklidisch ist, wenn er ein Hauptidealring ist.

Beispiel. Der Körper $K = \mathbb{Q}(\sqrt{14})$ ist nicht normeuklidisch, aber seine Hauptordnung $\mathfrak{o} = \mathbb{Z} + \sqrt{14}\,\mathbb{Z}$ ist quasi-euklidisch.

Beweis. 1) Jede Zahl α der Nebenklasse $\frac{1}{2}(1 + \sqrt{14}) + \mathfrak{o}$ hat einen Normbetrag $|N(\alpha)| > 1$. Denn sie hat die Form $\alpha = \frac{1}{2}(a + b\sqrt{14})$, $a, b \in 1 + 2\mathbb{Z}$ und die Norm $\frac{1}{4}(a^2 - 14b^2)$. Ihr Zähler ist kongruent zu $0, 1, 2$ oder $4 \pmod 7$ sowie in $3 + 8\mathbb{Z}$, also kongruent zu $-21, -13, -5$ oder zu $11 \pmod{56}$.

2) Es ist zu zeigen, daß zu je zwei Elementen $\alpha, \beta \in \mathfrak{o}$ mit $\alpha\beta \neq 0$ eine Matrix $M \in \mathbf{GE}_2(\mathfrak{o})$ existiert derart, daß für ihr Bild

$$\begin{pmatrix} \alpha_0 \\ \beta_0 \end{pmatrix} = M \begin{pmatrix} \alpha \\ \beta \end{pmatrix}$$

gilt $\min(|N(\alpha_0)|, |N(\beta_0)|) < \min(|N(\alpha)|, |N(\beta)|)$. Da die Matrix mit den Zeilen $0, 1$ und $1, 0$ nach dem Beweis von Proposition 6 in $\mathbf{GE}_2(\mathfrak{o})$ liegt, kann vorausgesetzt werden $|N(\alpha)| \geq |N(\beta)|$. Wir betrachten $x = \alpha/\beta$ und haben aus Satz 3 eine der Zahlen $q = 1, 2$ sowie ein $y \in \mathfrak{o}$ mit $|N(qx+y)| < 1$, also mit $|N(q\alpha+y\beta)| < |N(\beta)|$. Wegen der Gleichung

$$(q, y) \begin{pmatrix} 1 & z \\ 0 & 1 \end{pmatrix} = (q, y + qz)$$

kann y modulo $q\mathfrak{o}$ abgeändert werden. Daher genügt es nun, Vertreter y der Restklassen modulo $q = 1$ und $q = 2$ zu wählen und für jedes der fünf Paare

$$(q, y) = (1, 0),\ (2, 0),\ (2, 1),\ (2, 4 + \sqrt{14}),\ (2, 3 + \sqrt{14})$$

zu zeigen, daß es aus der ersten Zeile einer Matrix in $\mathbf{GE}_2(\mathfrak{o})$ durch Multiplikation mit einem Skalar $\lambda \in \mathfrak{o}$ entsteht. Da $\mathbf{GE}_2(\mathfrak{o})$ ohnehin Matrizen mit erster Zeile (u, v) oder (v, u) enthält, falls $u \in \mathfrak{o}^\times$, $v \in \mathfrak{o}$ ist, und da $2 = (4 + \sqrt{14})(4 - \sqrt{14})$ ist, bleibt lediglich eine Matrix mit der ersten Zeile $(2, 3 + \sqrt{14})$ in $\mathbf{GE}_2(\mathfrak{o})$ zu konstruieren. Die Einheit $\varepsilon = 15 + 4\sqrt{14}$ liefert sie aus den Gleichungen

$$(\varepsilon, 3 + \sqrt{14}) \begin{pmatrix} -1 & 0 \\ 4 & 1 \end{pmatrix} = (-3, 3 + \sqrt{14}),$$

$$(-3, 3 + \sqrt{14}) \begin{pmatrix} 1 & 0 \\ -3+\sqrt{14} & 1 \end{pmatrix} = (2, 3 + \sqrt{14}). \qquad \square$$

8.5   Arithmetik quadratischer Zahlkörper

Definition. In der Hauptordnung $\mathfrak{o}$ eines quadratischen Zahlkörpers K hat jedes Ideal $I \neq \{0\}$ (als abelsche Gruppe) endlichen Index $\mathfrak{N}(I)$. Er ist die Elementezahl des Restklassenringes $\mathfrak{o}/I$ und heißt die *Norm* von I.

Beispiel. Jedes Ideal I von Primzahlnorm in $\mathfrak{o}$ ist ein Primideal. Denn für eine Restklasse $y \neq \bar{0}$ in $\mathfrak{o}/I$ ist bereits die abelsche Gruppe $y \cdot \mathbb{Z} = \langle y \rangle$ gleich $\mathfrak{o}/I$, weil ihre Ordnung nach Lagrange ein Teiler von $\mathfrak{N}(I) = |\mathfrak{o}/I|$ ist. Deshalb ergibt $x \mapsto x \cdot y$ eine Surjektion von $\mathfrak{o}/I$ auf sich. Der Restklassenring $\mathfrak{o}/I$ ist also sogar ein Körper.

Satz 4. *Für jede Primzahl p gilt $\mathfrak{N}(p\mathfrak{o}) = p^2$, und die Anzahl der Ideale I, die echt zwischen $p\mathfrak{o}$ und $\mathfrak{o}$ liegen, ist höchstens zwei.*

Beweis. 1) Wir verwenden die Abkürzung $(p) := p\mathfrak{o}$. Eine Basis $1, \omega$ der Hauptordnung $\mathfrak{o}$ ergibt für (p) die Basis $p, p\omega$. Daraus ist die Struktur und die Elementezahl der Faktorgruppe $\mathfrak{o}/(p) \cong (\mathbb{Z}/p\mathbb{Z}) \oplus (\mathbb{Z}/p\mathbb{Z})$ abzulesen.

2) Für je zwei echt zwischen (p) und $\mathfrak{o}$ liegende Ideale $I_1 \neq I_2$ gilt

$$I_1 I_2 \subset I_1 \cap I_2 = (p) \quad \text{und} \quad I_1 + I_2 = \mathfrak{o} :$$

Die Inklusion $I_1 I_2 \subset I_1 \cap I_2$ folgt sofort aus der Definition der Ideale. Von den vier Inklusionen $(p) \subset I_1 \cap I_2 \subset I_1 \subset I_1 + I_2 \subset \mathfrak{o}$ sind die beiden mittleren wegen $I_1 \neq I_2$ strikt. Deshalb sind die Indizes $[(I_1 + I_2) : I_1]$ und $[I_1 : (I_1 \cap I_2)]$ gleich p; denn ihr Produkt ist ein Teiler von $[\mathfrak{o} : (p)] = p^2$ (Bemerkung zu Satz 5 in 3.4). Die beiden Indizes $[I_1 \cap I_2 : (p)]$ und $[\mathfrak{o} : (I_1 + I_2)]$ sind demnach 1, woraus $I_1 \cap I_2 = (p)$ und $I_1 + I_2 = \mathfrak{o}$ folgt.

3) Angenommen, es gäbe drei verschiedene Ideale I_1, I_2, I_3 echt zwischen (p) und $\mathfrak{o}$. Dann lieferte Teil 2) mit passenden $e_k, \hat{e}_k \in I_k$ die Relationen

$$e_1 + \hat{e}_2 = e_2 + \hat{e}_3 = e_3 + \hat{e}_1 = 1.$$

Das Produkt $(e_1 + \hat{e}_2)(e_2 + \hat{e}_3)(e_3 + \hat{e}_1) = 1$ wäre eine Summe von Elementen in (p), obwohl doch $(p) \neq \mathfrak{o}$ ist. Deshalb war die Annahme falsch. $\square$

Bemerkung. Es bezeichne σ den Galois-Automorphismus des quadratischen Zahlkörpers $K|\mathbb{Q}$. Dann ist für jedes Ideal I von $\mathfrak{o}$ auch $\sigma(I)$ ein Ideal, das zu I *konjugierte* Ideal. Es hat dieselbe Norm wie I.

Satz 5. (Die Zerlegung der Primzahlen in quadratischen Zahlkörpern) *Die rationalen Primzahlen p verhalten sich in der Hauptordnung $\mathfrak{o} = \mathbb{Z}_K$ wie folgt: i) Das Ideal $p\mathfrak{o}$ ist Quadrat eines Primideales P von $\mathfrak{o}$ mit $\sigma(P) = P$, falls p die Diskriminante d von $\mathfrak{o}$ teilt. ii) Das Ideal $p\mathfrak{o}$ ist Produkt zweier verschiedener Primideale P, $P' = \sigma(P)$ in $\mathfrak{o}$ im Fall $p \neq 2$, $\left(\frac{d}{p}\right) = 1$ wie auch im Fall $p = 2$, $d \equiv 1 \pmod 8$. iii) Das Ideal $p\mathfrak{o}$ ist ein Primideal von $\mathfrak{o}$ im Fall $p \neq 2$, $\left(\frac{d}{p}\right) = -1$ und ebenso im Fall $p = 2$, $d \equiv 5 \pmod 8$.*

Beweis. i) Für jede Primzahl p, die die Diskriminante d teilt, gilt entweder $p \mid m$ oder $p = 2$, $m \equiv 3 \pmod 4$. Darin bezeichnet m, wie schon früher, die quadratfreie Zahl $\neq 0, 1$ in $\mathbb{Z}$, für die $\sqrt{m} \in K$ ist. <u>Fall 1: $p \mid m$.</u> Mit

$\omega = \frac{1}{2}(d + \sqrt{d})$ hat man $N(\omega) = \frac{1}{4}(d^2 - d) \equiv 0 \pmod{p}$. Wegen $\sigma(\omega) = d - \omega$ ist das Ideal $P = p\mathfrak{o} + \omega\mathfrak{o}$ gleich seinem konjugierten Ideal $\sigma(P) = P'$. Als abelsche Gruppe wird es erzeugt von $p, p\omega, \omega$ und $\omega^2 = \frac{1}{4}(d - d^2) + d\omega$. Nach Weglassen überflüssiger Erzeugender erhält man

$$P = p\mathbb{Z} + \omega\mathbb{Z}.$$

Also liegt P echt zwischen (p) und $\mathfrak{o}$ und ist deshalb nach dem Beispiel zur Definition der Idealnorm selbst ein Primideal. Aus der Definition der Idealmultiplikation erhalten wir überdies $P^2 = p^2\mathbb{Z} + p\omega\mathbb{Z} + \omega^2\mathbb{Z}$. Wegen $\mathrm{ggT}(p^2, \frac{1}{4}(d^2 - d)) = p$ ergibt sich daraus

$$P^2 = p\mathbb{Z} + p\omega\mathbb{Z} = p\mathfrak{o}.$$

Fall 2: $p = 2$, $m \equiv 3 \pmod 4$. Die Summe der Ideale $2\mathfrak{o}$ und $(1 + \sqrt{m})\mathfrak{o}$ ist $P = 2\mathbb{Z} + (1 + \sqrt{m})\mathbb{Z}$, das ist ein $2\mathfrak{o}$ umfassendes Ideal der Norm 2 mit $\sigma(P) = P$. Sein Quadrat hat wegen $m + 1 \equiv 0 \pmod 4$ die Form

$$P^2 = 4\mathbb{Z} + 2\left(1 + \sqrt{m}\right)\mathbb{Z} + \left(1 + m + 2\sqrt{m}\right)\mathbb{Z}$$
$$= 2\mathbb{Z} + 2\sqrt{m}\mathbb{Z} = 2\mathfrak{o}.$$

ii) Die Kongruenz $x^2 \equiv d \pmod{4p}$ hat selbstverständlich eine Lösung $x \in \mathbb{Z}$ im Fall $p = 2$, $d \equiv 1 \pmod 8$; aber auch wenn $p \neq 2$ sowie $\left(\frac{d}{p}\right) = 1$ gilt, denn ist $y^2 \equiv d \pmod p$, so ist genau eine der Zahlen y oder $p - y$ gerade, während $d \equiv 0$ oder $1 \pmod 4$ ist. Deshalb wird insbesondere $\frac{1}{2}(x + \sqrt{d})$ ganz. Man betrachte nun die beiden Ideale

$$P = p\mathfrak{o} + \tfrac{1}{2}(x + \sqrt{d})\mathfrak{o}, \quad P' = p\mathfrak{o} + \tfrac{1}{2}(x - \sqrt{d})\mathfrak{o}.$$

Wegen $\mathrm{ggT}(p, d) = 1$ sind sie ungleich, also gilt $P \cap P' = p\mathfrak{o}$ und $P + P' = \mathfrak{o}$. Das ergibt die Behauptung $PP' = p\mathfrak{o}$, wie die folgenden Inklusionen zeigen

$$P \cap P' = (P \cap P')(P + P') \subset P'P + PP' = PP' \subset P \cap P'.$$

iii) Die Kongruenz $x^2 \equiv d \pmod p$ hat keine Lösung $x \in \mathbb{Z}$, falls $p \neq 2$ ist und d ein quadratischer Nichtrest modulo p. Auch $x^2 \equiv d \pmod 8$ hat keine Lösung, falls $d \equiv 5 \pmod 8$ ist. Daraus folgt, daß ein Element $\alpha = a + b\omega$ mit $\omega = (d + \sqrt{d})/2 \in \mathfrak{o}$ eine durch p teilbare Norm

$$N(\alpha) = a^2 + abd + b^2(d^2 - d)/4 \equiv 0 \pmod p \qquad (*)$$

nur dann hat, wenn $\alpha \in p\mathfrak{o}$ ist: Im Fall $p \mid N(\alpha)$ kann nicht $\mathrm{ggT}(b, p) = 1$ gelten, denn sonst existiert ein $b' \in \mathbb{Z}$ mit $bb' \equiv 1 \pmod p$. Multiplikation von $(*)$ mit $(2b')^2$ ergäbe $(2ab' + b'bd)^2 - (bb')^2 d \equiv 0 \pmod{4p}$, und man hätte dann ein $x \in \mathbb{Z}$ mit $x^2 - d \equiv 0 \pmod p$ für $p \neq 2$ bzw. $x^2 - d \equiv 0 \pmod 8$ für $p = 2$, was beides der Voraussetzung widerspricht. Daher ist $b \equiv 0 \pmod p$

und wegen (∗) auch $a \equiv 0 \pmod{p}$.— Nun kann bewiesen werden, daß der Faktorring $\mathfrak{o}/p\mathfrak{o}$ nullteilerfrei ist. Haben Elemente $\alpha, \beta \in \mathfrak{o}$ ein Produkt $\alpha\beta \in p\mathfrak{o}$, so gilt $N(\alpha)N(\beta) \equiv 0 \pmod{p}$ und demzufolge $N(\alpha) \equiv 0 \pmod{p}$ oder $N(\beta) \equiv 0 \pmod{p}$. Nach der Vorüberlegung bedeutet dies $\alpha \in p\mathfrak{o}$ oder $\beta \in p\mathfrak{o}$. Das Produkt der Restklassen $x = \alpha + p\mathfrak{o}$, $y = \beta + p\mathfrak{o}$ verschwindet also nur, wenn ein Faktor verschwindet. □

Definition. Eine Primzahl p wird im quadratischen Zahlkörper K *verzweigt*, *zerlegt* beziehungsweise *träge* genannt je nachdem, ob der Fall i), ii) oder iii) von Satz 1 vorliegt. Bemerkenswert ist, daß nur endlich viele Primzahlen p in K verzweigt sind, die Primteiler der Diskriminante d.

Anwendung. Ist die Hauptordnung $\mathfrak{o}$ eines quadratischen Zahlkörpers K ein Hauptidealring, dann gibt es zu jeder in K verzweigten oder zerlegten Primzahl p Elemente $\pi \in \mathfrak{o}$ mit der Norm $\pm p$.— Wenn nämlich dann $P = \pi\mathfrak{o}$ eines der $p\mathfrak{o}$ umfassenden Primideale der Norm p ist, so liefert die zu π konjugierte Zahl π' das zu P konjugierte Ideal $P' = \pi'\mathfrak{o}$. Die Zerlegung $PP' = \pi\pi'\mathfrak{o} = p\mathfrak{o}$ gemäß Satz 5 ergibt also $N(\pi) = \pi\pi' = \pm p$.

Beispiel. Der Ring $\mathfrak{o} = \mathbb{Z} + \sqrt{15}\,\mathbb{Z}$ ist kein Hauptidealring. Denn der Zahlkörper $\mathbb{Q}(\sqrt{15})$ hat die Diskriminante $d = 60$, also ist 2 dort verzweigt. Aber die Gleichung $a^2 - 15b^2 = \pm 2$ ist mit $a, b \in \mathbb{Z}$ nicht lösbar, weil die Kongruenz $a^2 \equiv \pm 2 \pmod{5}$ unlösbar ist.

Satz 6. (Der Lucas-Test) *Für jede Primzahl $p \neq 2$ gilt mit der rekursiv definierten Folge $s_0 = 4$, $s_{n+1} = s_n^2 - 2$: Die Mersennesche Zahl $M_p := 2^p - 1$ ist dann und nur dann eine Primzahl, wenn $s_{p-2} \equiv 0 \pmod{M_p}$ ist.*

Beweis. 1) Es wird in der Hauptordnung $\mathfrak{o} = \mathbb{Z} + \sqrt{3}\,\mathbb{Z}$ des reellquadratischen Zahlkörpers $\mathbb{Q}(\sqrt{3})$ der Diskriminante $d = 12$ argumentiert. Nach Satz 5 sind 2 und 3 die in $\mathfrak{o}$ verzweigten Primzahlen, während eine Primzahl $q > 3$ dort zerlegt oder träge ist je nachdem, ob $\left(\frac{12}{q}\right) = \left(\frac{3}{q}\right) = 1$ oder ob $\left(\frac{3}{q}\right) = -1$ ist. Die Zahl $\varepsilon = 2 + \sqrt{3}$ ist in $\mathfrak{o}$ eine Einheit (sogar die Grundeinheit). Wegen $N(\varepsilon) = \varepsilon\varepsilon' = 1$ ist $\sigma(\varepsilon) = \varepsilon' = \varepsilon^{-1}$. Daraus folgt die Spur-Gleichung

$$s_n = S(\varepsilon^{2^n}) \qquad \text{für alle} \quad n \in \mathbb{N}_0. \qquad (\ast)$$

Denn im Fall $n = 0$ ist $S(\varepsilon^{2^0}) = \varepsilon + \varepsilon' = 4$. Wenn aber (∗) für ein $n \in \mathbb{N}_0$ zutrifft, dann wird $s_{n+1} = s_n^2 - 2 = (\varepsilon^{2^n} + \varepsilon^{-2^n})^2 - 2 = \varepsilon^{2^{n+1}} + \varepsilon^{-2^{n+1}}$. Das ist Aussage (∗) für $n + 1$ statt n.

Für jedes $\alpha = a + \sqrt{3}\,b$ mit invertierbarer Restklasse $\alpha + q\mathfrak{o}$ in $\mathfrak{o}/q\mathfrak{o}$ erhält man nach dem kleinen Satz von Fermat und mit dem Eulerschen Kriterium

$$\begin{aligned}
\alpha^{q+1} &= \alpha\left(a + b\sqrt{3}\right)^q \equiv \alpha\left(a^q + b^q\, 3^{\frac{1}{2}(q-1)}\sqrt{3}\right) \\
&\equiv \left(a + b\sqrt{3}\right)\left(a + b\left(\tfrac{3}{q}\right)\sqrt{3}\right) \pmod{q\mathfrak{o}},
\end{aligned}$$

also unterschieden nach dem Wert des Jacobi-Symbols:

$$\left.\begin{array}{ll} \alpha^{q-1} \equiv 1 \ (\mathrm{mod}\, q\mathfrak{o}) & , \ \text{falls}\ \left(\frac{3}{q}\right) = 1\,, \\[2mm] \alpha^{q+1} \equiv N(\alpha) \ (\mathrm{mod}\, q\mathfrak{o}) & , \ \text{falls}\ \left(\frac{3}{q}\right) = -1 \ \text{ist}\,. \end{array}\right\} \qquad (\ast\ast)$$

2) Wenn für die Mersennesche Zahl $M = M_p$ gilt $s_{p-2} \equiv 0 \ (\mathrm{mod}\, M)$, was nach $(\ast)$ bedeutet $\varepsilon^{2^{p-2}} \equiv -\varepsilon^{-2^{p-2}} \ (\mathrm{mod}\, M\mathfrak{o})$, dann ist

$$\varepsilon^{2^{p-1}} \equiv -1 \ (\mathrm{mod}\, M\mathfrak{o}) \quad \text{und} \quad \varepsilon^{2^p} \equiv 1 \ (\mathrm{mod}\, M\mathfrak{o})\,.$$

Für jeden Primteiler q von M in $\mathbb{Z}$ hat deshalb die Restklasse $\varepsilon + q\mathfrak{o}$ in $(\mathfrak{o}/q\mathfrak{o})^\times$ die Ordnung 2^p. Wegen $p \neq 2$ ist stets $M = M_p \equiv 1 \ (\mathrm{mod}\, 3)$, daher ist $q > 3$. Ferner ist $\left(\frac{3}{q}\right) = -1$, weil zufolge $(\ast\ast)$ sonst $\varepsilon^{q-1} \equiv 1 \ (\mathrm{mod}\, q\mathfrak{o})$ gilt, also $q - 1 \equiv 0 \ (\mathrm{mod}\, 2^p)$, was im Gegensatz zu $q < 2^p$ steht. Wegen $N(\varepsilon) = 1$ folgt aus $(\ast\ast)$ nun $\varepsilon^{q+1} \equiv 1 \ (\mathrm{mod}\, q\mathfrak{o})$. Also muß $q+1$ teilbar durch die Ordnung 2^p von $\varepsilon + q\mathfrak{o}$ sein. Das zieht $q = 2^p - 1 = M$ nach sich; anders gesagt, M ist eine Primzahl.

3) Ist umgekehrt $M = 2^p - 1$ eine Primzahl, dann ist $M \equiv 1 \ (\mathrm{mod}\, 3)$ und $M \equiv -1 \ (\mathrm{mod}\, 8)$, also nach dem quadratischen Reziprozitätsgesetz

$$\left(\frac{3}{M}\right) = -\left(\frac{M}{3}\right) = -1\,.$$

Deshalb ist M in $\mathfrak{o}$ träge. Man betrachte nun die Hilfszahl $\beta = 1 + \sqrt{3}$. Sie hat das Quadrat $\beta^2 = 2\varepsilon$ und die Norm $N(\beta) = -2$. Aus dem zweiten Ergänzungssatz zum quadratischen Reziprozitätsgesetz ergibt sich zusammen mit dem Eulerschen Kriterium

$$1 = (-1)^{(M^2-1)/8} = \left(\frac{2}{M}\right) \equiv 2^{(M-1)/2} \ (\mathrm{mod}\, M)\,.$$

Also folgt für $q = M$ aus $(\ast\ast)$

$$2\,\varepsilon^{2^{p-1}} \equiv 2^{(M+1)/2}\,\varepsilon^{(M+1)/2} = \beta^{M+1} \equiv N(\beta) = -2 \ (\mathrm{mod}\, M\mathfrak{o})\,.$$

Das liefert zunächst $\varepsilon^{2^{p-1}} \equiv -1 \ (\mathrm{mod}\, M\mathfrak{o})$, $\varepsilon^{2^{p-2}} \equiv -\varepsilon^{-2^{p-2}} \ (\mathrm{mod}\, M\mathfrak{o})$ und endlich $s_{p-2} = \varepsilon^{2^{p-2}} + \varepsilon^{-2^{p-2}} \equiv 0 \ (\mathrm{mod}\, M\mathfrak{o})$. Weil s_{p-2} eine natürliche Zahl ist, bedeutet dies $s_{p-2} \in M\mathbb{Z}$, also $M|s_{p-2}$. Damit ist der Beweis beendet. $\square$

Im Jahre 1876 bewies E. LUCAS auf diesem Wege, daß M_{127} eine Primzahl ist. Bis zum Auftritt der elektronischen Rechenanlagen war sie die größte explizit bekannte Primzahl. Zur Zeit [Ri, S.120] kennt man 33 Mersennesche Primzahlen, und zwar für die Exponenten

$$\begin{aligned} p = \ & 2, 3, 5, 7, 13, 17, 19, 31, 61, 89, 107, 127, 521, 607, \\ & 1279, 2203, 2281, 3217, 4253, 4423, 9689, 9941, \\ & 11\,213, 19\,937, 21\,701, 23\,209, 44\,497, 86\,243, \\ & 110\,503, 132\,049, 216\,091, 756\,839, 859\,433\,. \end{aligned}$$

$$M_{127} = 1701\ 41183\ 46046\ 92317\ 31687\ 30371\ 58841\ 05727$$

Aufgabe 1. (Der Quotientenkörper) Zu jedem Integritätsbereich R gibt es einen injektiven Ringhomomorphismus $\varphi\colon R \to \mathrm{Quot}\,(R)$ in einen Körper derart, daß zu jedem weiteren injektiven Ringhomomorphismus $\psi\colon R \to K$ in einen Körper K genau ein Homomorphismus $\tilde{\psi}\colon \mathrm{Quot}\,(R) \to K$ von Körpern existiert, für den gilt $\psi = \tilde{\psi} \circ \varphi$. Anleitung zum Beweis: Auf der Menge P der Paare $(a,b) \in R \times R$ mit $b \neq 0$ wird eine Äquivalenzrelation eingeführt durch

$$(a,b) \sim (a_1,b_1) \quad\Leftrightarrow\quad ab_1 = a_1 b,$$

und die Äquivalenzklasse von (a,b) wird als *Bruch* $\frac{a}{b}$ bezeichnet. $\mathrm{Quot}\,(R)$ sei die Menge dieser Brüche $\frac{a}{b}$ mit den Verknüpfungen

$$\frac{a}{b} + \frac{a'}{b'} = \frac{ab' + a'b}{bb'}, \quad \frac{a}{b} \cdot \frac{a'}{b'} = \frac{aa'}{bb'}.$$

Aufgabe 2. Man betrachte den Unterring $\mathbb{Z}[X]$ des Polynomringes $\mathbb{Q}[X]$ aller Polynome $f = \sum_{k\geq 0} a_k X^k$ mit Koeffizienten $a_k \in \mathbb{Z}$ sowie den durch Einsetzung $X \mapsto 0$ definierten Homomorphismus $\phi\colon \mathbb{Z}[X] \to \mathbb{Z}$. Man zeige, daß ϕ surjektiv ist, bestimme den Kern von ϕ und folgere, daß $\mathbb{Z}[X]$ kein Hauptidealring ist. Indes ist $\mathbb{Z}[X]$ ein faktorieller Ring aufgrund eines Satzes von Gauß (Satz 9 in 12.6).

Aufgabe 3. Jedes Ideal I im Ring $\mathbb{Z}[X]$ ist eine Summe endlich vieler Hauptideale. Anleitung: Zu jedem $n \in \mathbb{N}_0$ bilden die $f \in I$ vom Grad $\leq n$ eine Untergruppe von $(I,+)$, und ihre Koeffizienten bei X^n bilden ein Ideal U_n in $\mathbb{Z}$. Also ist $U_n = d_n\mathbb{Z}$ mit einem $d_n \in \mathbb{N}_0$. Wegen $U_n \subset U_{n+1}$ gilt $d_{n+1} \mid d_n$. Ist nun $I \neq \{0\}$, so gibt es ein kleinstes n_0 mit $d_{n_0} > 0$. Ferner gibt es ein $N \in \mathbb{N}$ mit $d_N = d_n$ für alle $n > N$. Nun wähle man $f_n \in I$ mit $\deg f_n = n$ und Leitkoeffizienten d_n, $n_0 \leq n \leq N$. Damit gilt $I = \sum_{n=n_0}^N f_n\mathbb{Z}[X]$.— (Die Aussage dieser Aufgabe ist ein Spezialfall des *Hilbertschen Basissatzes*.)

Aufgabe 4. Betrachtet wird im Polynomring $\mathbb{Q}[X]$ der Unterring A aller Polynome f mit dem Wert $f(m) \in \mathbb{Z}$ für jedes $m \in \mathbb{Z}$, der *ganzwertigen* Polynome. Induktiv werden die *Binomialpolynome* $\binom{X}{n}$ definiert durch

$$\binom{X}{0} := 1; \quad \binom{X}{n+1} := \binom{X}{n}\frac{X-n}{n+1}.$$

Dann hat stets $\binom{X}{n}$ den Grad n und die Nullstellenmenge $\{m \in \mathbb{Z}\,;\ 0 \leq m < n\}$.

a) Man zeige für alle $n \in \mathbb{N}_0$

$$\binom{X+1}{n+1} = \binom{X}{n} + \binom{X}{n+1}, \quad \binom{-X}{n} = (-1)^n \binom{X+n-1}{n} \quad\text{und}\quad \binom{X}{n} \in A.$$

b) Jedes $f \in A$ besitzt eine eindeutige Darstellung $f = \sum_{n\geq 0} a_n \binom{X}{n}$ mit Koeffizienten $a_n \in \mathbb{Z}$, die fast alle verschwinden.

c) Durch vollständige Induktion nach $m \in \mathbb{N}_0$ zeige man

$$\binom{X+m}{n} = \sum_{k=0}^{n} \binom{m}{n-k} \binom{X}{k}$$

und folgere daraus, daß $I_n := \{f \in A;\ f(N) \equiv 0 \pmod 2\ \ \forall N \in 2^n \mathbb{N}_0\}$ eine monoton wachsende Idealfolge in A liefert mit $\binom{X}{2n} \in I_{n+1} \smallsetminus I_n$.

Aufgabe 5. (Der Charakter χ_d zum quadratischen Zahlkörper K der Diskriminante d). Das Zerlegungsverhalten der Primzahlen p in $\mathbb{Z}_K$ läßt sich allein durch eine Kongruenzbedingung modulo d ausdrücken. Sei $m \in \mathbb{Z} \smallsetminus \{0,1\}$ die quadratfreie Zahl mit $\sqrt{m} \in K$ sowie $m' = m/2$, falls $m \equiv 2 \pmod 4$ ist. Als Abbildung von $\mathbb{Z}$ in $\{-1, 0, 1\}$ wird χ_d definiert durch $\chi_d(a) = 0$ für $\mathrm{ggT}(a, d)) \neq 1$, und sonst durch

$$\chi_d(a) = \begin{cases} \left(\frac{a}{|m|}\right) & ,\quad \text{falls}\quad m \equiv 1 \pmod 4, \\[2mm] (-1)^{(a-1)/2} \cdot \left(\frac{a}{|m|}\right) & ,\quad \text{falls}\quad m \equiv 3 \pmod 4, \\[2mm] (-1)^{(a^2-1)/8+(a-1)(m'-1)/4} \cdot \left(\frac{a}{|m'|}\right) & ,\quad \text{falls}\quad m \equiv 2 \pmod 4. \end{cases}$$

Man zeige, daß χ_d auf jeder Restklasse $a + d\mathbb{Z}$ konstant ist, daß für alle $a, b \in \mathbb{Z}$ gilt $\chi_d(ab) = \chi_d(a)\chi_d(b)$, und daß eine Primzahl p in $\mathbb{Z}_K$ verzweigt, zerlegt oder träge ist je nachdem, ob $\chi_d(p) = 0$, 1 oder -1 ist.

Aufgabe 6. Zu betrachten ist die Hauptordnung $\mathfrak{o}$ des imaginärquadratischen Zahlkörpers $\mathbb{Q}(\sqrt{-7})$ mit ihrer $\mathbb{Z}$-Basis 1, $\omega = \frac{1}{2}(1 + \sqrt{-7})$ und mit dem durch $1 \mapsto 1$, $\omega \mapsto \overline{\omega} = \frac{1}{2}(1 - \sqrt{-7})$ gegebenen Automorphismus. Man beweise, daß eine Primzahl $p \neq 7$ im Ring $\mathbb{Z}$ sich genau dann in der Form $p = a^2 + ab + 2b^2$ mit $(a, b \in \mathbb{Z})$ schreiben läßt, wenn gilt $\left(\frac{p}{7}\right) = 1$, wenn also $p \equiv 1, 2$ oder 4 $\pmod 7$ ist. Dazu beachte man das Zerlegungsverhalten der Ideale $p\mathfrak{o}$ im Hauptidealring $\mathfrak{o}$.

Aufgabe 7. Man zeige, daß ein Integritätsbereich R genau dann quasi-euklidisch ist, wenn erstens jedes endlich erzeugte Ideal ein Hauptideal ist und wenn zweitens die Gleichung $\mathbf{GL}_2(R) = \mathbf{GE}_2(R)$ gilt. Anleitung: Jedenfalls liegen alle unteren Dreiecksmatrizen aus $\mathbf{GL}_2(R)$ in $\mathbf{GE}_2(R)$. Ist R quasi-euklidisch, so wird jedes von zwei Elementen erzeugte Ideal $I = xR + yR$ ein Hauptideal; insbesondere existiert zu jedem $L \in \mathbf{GL}_2(R)$ ein $M \in \mathbf{GE}_2(R)$ derart, daß das Produkt ML eine untere Dreiecksmatrix wird. Wenn andererseits in R jedes von zwei Elementen erzeugte Ideal $I = xR + yR \neq \{0\}$ ein Hauptideal tR ist, so existiert dazu eine Matrix $M \in \mathbf{GL}_2(R)$ mit

$$M \binom{x}{y} = \binom{0}{t}.$$

9 Die lokalen Körper über $\mathbb{Q}$

Die Betrachtung von Grenzwerten spezieller Folgen rationaler Zahlen im Sinne des gewöhnlichen Absolutbetrages $|\cdot|_\infty$ führte zur Entdeckung der reellen Zahlen. Der Körper $\mathbb{R} = \mathbb{Q}_\infty$ entstand so durch Vervollständigung von $\mathbb{Q}$ bezüglich jenes *archimedischen* Betrages. Man darf wohl annehmen, daß dieser Prozeß von den Entdeckern der Differentialrechnung bereits vollzogen war. Nun entspringt aus jeder Primzahl p ein weiterer Betrag $|\cdot|_p$ auf $\mathbb{Q}$; auch zu ihm gehören Grenzwerte, gehört eine Vervollständigung von $\mathbb{Q}$, nämlich der Körper $\mathbb{Q}_p$ der *p-adischen Zahlen*. Seine Eroberung ist eine Leistung von Mathematikern des zwanzigsten Jahrhunderts. Die p-adischen Zahlkörper $\mathbb{Q}_p$ teilen übrigens mit $\mathbb{R}$ die angenehme topologische Eigenschaft der lokalen Kompaktheit. Ihnen ist dieser Abschnitt gewidmet. Zum Schluß wird durch einen Satz von OSTROWSKI gezeigt, daß außer den hier genannten keine weiteren Beträge für die rationalen Zahlen existieren.

Der Abstand einer rationalen Zahl a von 0 bezüglich der Primzahl p wird gemessen als Funktion des p-Exponenten $v_p(a)$ in der Primzerlegung von a, falls $a \neq 0$ ist (wo im Grenzfall $v_p(0) = \infty$ gesetzt wird): Je größer $v_p(a)$, desto näher ist a bei 0, p-adisch gesehen. Somit sind p-adische Nullfolgen $(a_n)_{n \geq 1}$ auf $\mathbb{Q}$ dadurch zu definieren, daß $v_p(a_n)$ mit n über alle Grenzen wächst. Analog heißt eine Folge rationaler Zahlen c_n eine *p-adische Cauchyfolge*, wenn zu jeder p-adischen Nullumgebung $U_M = \{x \in \mathbb{Q}; \ v_p(x) > M\}$ eine Indexschranke N_M existiert derart, daß die Differenzen $c_m - c_n$ in U_M liegen, sobald $m, n \geq N_M$ ist.

9.1 Der Ring der ganzen p-adischen Zahlen

Die Vervollständigung von $\mathbb{Q}$ zum Körper $\mathbb{Q}_p$ kann, im Gegensatz zu dem historisch bedeutsameren Übergang von $\mathbb{Q}$ zu $\mathbb{R}$, über die Vervollständigung des Ringes $\mathbb{Z}$ mit einem Schlag erledigt werden durch Angabe des gesuchten Objektes $\mathbb{Z}_p$ als Teil eines riesengroßen cartesischen Produktes. Dieses Programm werden wir gleich durchführen. Eine Alternative zur Konstruktion der Vervollständigung eines Körpers bezüglich eines Absolutbetrages, die in allen Fällen möglich ist, behandeln wir in Abschnitt 20.

Es sei p eine Primzahl, $A_n = \mathbb{Z}/p^n\mathbb{Z}$ seien die gewöhnlichen Restklassenringe modulo p^n $(n \in \mathbb{N})$, und $A = \prod_{n=1}^\infty A_n$ sei ihr cartesisches Produkt. Die Verknüpfungen Addition und Multiplikation auf A werden koordinatenweise definiert. So wird A wieder ein kommutativer Ring, dessen Einselement 1_A die n-te Komponente $\pi_n(1_A) = 1 + p^n\mathbb{Z}$ hat. Die Projektion $\pi_n \colon A \to A_n$ ist ein Ringepimorphismus, und zu je zwei Indizes $m \leq n$ gibt es einen weiteren natürlichen Ringepimorphismus

$$\alpha_m^n \colon A_n \to A_m\,,$$

der jeder Restklasse $x + p^n\mathbb{Z}$ in A_n die entsprechende Restklasse $x + p^m\mathbb{Z}$ in A_m zuordnet: Wegen $p^n\mathbb{Z} \subset p^m\mathbb{Z}$ ist $x + p^n\mathbb{Z} \subset x + p^m\mathbb{Z}$; daher ist α_m^n wohldefiniert. Es ist auch unmittelbar klar, daß α_m^n Summen beziehungsweise Produkte abbildet in die Summen beziehungsweise Produkte der Bilder, kurz, daß α_m^n ein Ringmorphismus ist. Das System der α erfüllt bezüglich der Abbildungskomposition offenbar auch die folgenden Gleichungen:

$$\alpha_l^m \circ \alpha_m^n = \alpha_l^n, \quad \text{falls} \quad l \leq m \leq n \quad \text{ist}\,.$$

Nun wird $\mathbb{Z}_p$ realisiert als Teilmenge der α-verträglichen Elemente a von A:

$$a \in \mathbb{Z}_p \quad \Leftrightarrow \quad \pi_m(a) = \alpha_m^n \circ \pi_n(a) \quad \text{für alle Paare} \quad m \leq n\,.$$

Diese Konstruktion im direkten Produkt $A = \prod_{n=1}^{\infty} \mathbb{Z}/p^n\mathbb{Z}$ wird mit

$$\mathbb{Z}_p = \varprojlim_{\alpha} \mathbb{Z}/p^n\mathbb{Z}$$

abgekürzt. Sie bildet ein Beispiel für einen *projektiven Limes*. Es ist fast unmittelbar klar, daß $\mathbb{Z}_p$ ein Unterring von A wird. Er heißt der *Ring der ganzen p-adischen Zahlen*. Naheliegend ist die natürliche Einbettung β von $\mathbb{Z}$ in $\mathbb{Z}_p$ durch die Formel:

$$\beta(x) = (x + p^n\mathbb{Z})_{n \in \mathbb{N}}\,.$$

Offensichtlich ist β ein Ringmorphismus. Wegen $\operatorname{Ker}\beta = \bigcap_{n=1}^{\infty} p^n\mathbb{Z} = \{0\}$ ist β injektiv.

9.2   Der p-Betrag und die ultrametrische Ungleichung

Die Bedingung der α-Verträglichkeit hat zur Folge, daß sich der Begriff des p-Exponenten $v_p(b)$ in der Primfaktorisierung der ganzen Zahlen $b \in \mathbb{Z}$ auf die Zahlen $a \in \mathbb{Z}_p$ ausdehnen läßt. Ist $m \leq n$ und $a \in \operatorname{Ker}\pi_n$, dann ist auch $a \in \operatorname{Ker}\pi_m$. Mit den Konventionen $v_p(x) = 0$, falls $\pi_1(x) \neq 0_{A_1}$ ist, und $v_p(0) = \infty$ definiert man sonst

$$v_p(x) := \max \{n \in \mathbf{N}; \quad x \in \operatorname{Ker}\pi_n\}$$

Dieser erweiterte p-Exponent hat die Eigenschaften

$$\left.\begin{array}{rcl} v_p(xy) &=& v_p(x) + v_p(y)\,, \\ v_p(x + y) &\geq& \min \left(v_p(x), v_p(y)\right)\,. \end{array}\right\} \tag{$*$}$$

Die zweite Formel ist selbstverständlich, wenn $\min(v_p(x), v_p(y)) = 0$ ist und ebenso, wenn $x = y = 0$ ist. Sonst aber gilt $\min(v_p(x), v_p(y)) = n$ mit einer

Zahl $n \in \mathbb{N}$. Dann sind x und y Elemente der Untergruppe $\operatorname{Ker} \pi_n$ von $(\mathbb{Z}_p, +)$, also ist auch $x + y \in \operatorname{Ker} \pi_n$; und das bedeutet $v_p(x+y) \geq n$. Zum Nachweis der ersten Formel darf $x \neq 0$ und $y \neq 0$ vorausgesetzt werden. Dann sind $m = v_p(x)$ und $n = v_p(y)$ endlich. Die Zahl p^m ist ein Repräsentant der Restklasse $x_k = \pi_k(x)$ für $1 \leq k \leq m$ und die Zahl p^n ist ein Repräsentant der Restklasse $y_k = \pi_k(y)$ in A_k für $1 \leq k \leq n$. Es gibt daher Zahlen $p^m a_N$ in der Restklasse x_N und $p^n b_N$ in der Restklasse y_N mit $a_N, b_N \in \mathbb{Z} \setminus p\mathbb{Z}$. Hieraus folgt

$$x_N \cdot y_N = p^{m+n} a_N b_N + p^N \mathbb{Z} \quad \text{für alle} \quad N \in \mathbb{N}$$

und damit die Behauptung $v_p(xy) = v_p(x) + v_p(y)$. Auf dem Ring $\mathbb{Z}_p$ entsteht ein Absolutbetrag durch die Definition

$$|x|_p := p^{-v_p(x)}$$

mit den der Eigenschaft $(*)$ des p-Exponenten entsprechenden Regeln

$$
\begin{aligned}
|x|_p &= 0 & &\text{genau dann, wenn} \quad x = 0 \quad \text{ist,} \\
|x \cdot y|_p &= |x|_p \, |y|_p & &\text{(Multiplikativität),} \\
|x + y|_p &\leq \max(|x|_p, |y|_p) & &\text{(ultrametrische Ungleichung).}
\end{aligned}
$$

Bemerkungen. Die ultrametrische Ungleichung ist schärfer als die Dreiecksungleichung. Sind die Beträge rechts verschieden, dann gilt sogar

$$|x + y|_p = \max(|x|_p, |y|_p).$$

Ausgedrückt durch die Funktion v_p besagt dies:

$$v_p(x) \neq v_p(y) \quad \Rightarrow \quad v_p(x + y) = \min(v_p(x), v_p(y)).$$

Angenommen, es ist $|x|_p < |y|_p$. Dann gilt zunächst $|x + y|_p \leq |y|_p$ sowie

$$|y|_p = |(x + y) - x|_p \leq \max(|x + y|_p, |x|_p).$$

Da $|y|_p \leq |x|_p$ falsch ist, folgt $|y|_p \leq |x + y|_p$, also insgesamt $|y|_p = |x + y|_p$.

Die Vorstellung der Standardumgebungen bzgl. einer Metrik als offene Kugeln ist hier aufgrund der ultrametrischen Ungleichung mit einer Merkwürdigkeit behaftet, an die man sich erst gewöhnen muß: Für positive r sei $B_r(a) = \{x \in \mathbb{Z}_p; \ |x - a|_p < r\}$ die übliche offene Kugel vom Radius r um einen Punkt a. Dann ist jeder ihrer Punkte ein Mittelpunkt. Dazu genügt es natürlich, die Implikation $|b - a|_p < r \ \Rightarrow \ B_r(a) \subset B_r(b)$ zu zeigen.

$$
\begin{aligned}
x \in B_r(a) \quad &\Rightarrow \quad |x - a|_p < r \\
&\Rightarrow \quad |x - b|_p \leq \max(|x - a|_p, |a - b|_p) < r \\
&\Rightarrow \quad x \in B_r(b).
\end{aligned}
$$

Durch den p-Betrag wird für den metrischen Raum $\mathbb{Z}_p$ sowohl die Addition als auch die Multiplikation eine stetige Abbildung von $\mathbb{Z}_p \times \mathbb{Z}_p$ in $\mathbb{Z}_p$.

Proposition 1. *Der Ring der ganzen p-adischen Zahlen $\mathbb{Z}_p$ ist unter dem p-Betrag ein vollständiger metrischer Raum.*

Beweis. Zu jeder Cauchyfolge (x_k) auf $\mathbb{Z}_p$ und zu jedem $\varepsilon = p^{-n}$ existiert ein Index $k_n \in \mathbb{N}$ derart, daß gilt

$$|x_k - x_l|_p \leq p^{-n} \quad \text{für alle} \quad k, l \geq k_n \,.$$

Das bedeutet $\pi_m(x_k) = \pi_m(x_l)$ für $1 \leq m \leq n$, falls nur $k, l \geq k_n$ sind. Bezeichnen wir diese Restklasse in A_m mit y_m, dann definiert $y := (y_m)_{m \in \mathbb{N}}$ ein α-verträgliches Element in A, also ein Element in $\mathbb{Z}_p$: Ist nämlich $m \leq n$ und $k \geq k_n$, so wird

$$\pi_m(y) \;=\; \pi_m(x_k) \;=\; \alpha_m^n \circ \pi_n(x_k) \;=\; \alpha_m^n \circ \pi_n(y) \,.$$

Nach unserer Wahl der Komponenten y_m von y ist $\pi_m(x_k - y) = 0_{A_m}$ für die Indizes $m \leq n$ und $k \geq k_n$. Daraus ergibt sich

$$|x_k - y|_p \;\leq\; p^{-n} \quad \text{für alle} \quad k \geq k_n \,.$$

Da diese Abschätzung für jedes $n \in \mathbb{N}$ gilt, ist $\displaystyle\lim_{k \to \infty} x_k = y$ bewiesen. $\qquad\square$

Proposition 2. *Der Ring $\mathbb{Z}$ der gewöhnlichen ganzen Zahlen ist dicht im Ring $\mathbb{Z}_p$ der ganzen p-adischen Zahlen.*

Beweis. Die Behauptung bedeutet, daß jedes $y \in \mathbb{Z}_p$ gleich dem Limes einer Folge der eingebetteten Zahlen von $\mathbb{Z}$ ist. Zu ihrem Nachweis wähle man a_n als kleinstes nichtnegatives Element in der Restklasse $\pi_n(y) = y_n \in A_n$. Dann gelten für Indizes $1 \leq m \leq n$ die Gleichungen

$$a_m + p^m \mathbb{Z} \;=\; \pi_m(y) \;=\; \alpha_m^n \circ \pi_n(y) \;=\; a_n + p^m \mathbb{Z} \,.$$

Also ist $\pi_m \circ \beta(a_n) = \pi_m(y)$, wenn immer $m \leq n$ ist. Das besagt

$$|y - \beta(a_n)|_p \;\leq\; p^{-n} \quad \text{für alle} \quad n \in \mathbb{N};$$

und das bedeutet insbesondere $\displaystyle\lim_{n \to \infty} \beta(a_n) = y$. $\qquad\square$

Proposition 3. *Die Menge $1 + p\,\mathbb{Z}_p$ ist eine Untergruppe in der Einheitengruppe $\mathbb{Z}_p^\times$ des Ringes der ganzen p-adischen Zahlen.*

Beweis. Für jedes Element der Form $\varepsilon = 1 + y$ mit $y \in p\mathbb{Z}_p$, also mit $|y|_p < 1$, erhält man das inverse Element ε^{-1} aus der geometrischen Reihe

$$(1 + y)^{-1} \;=\; \sum_{n=0}^{\infty} (-y)^n \,.$$

Zur Begründung bezeichne $s_N = \sum_{n=0}^{N}(-y)^n$ die N-te Partialsumme der Reihe. Deren Konvergenz ergibt sich wegen Proposition 1 wie im Reellen daraus, daß die Partialsummen eine Cauchyfolge bilden. Sodann wird

$$p_N := (1+y) \cdot s_N = \sum_{n=0}^{N}(-y)^n - \sum_{n=1}^{N+1}(-y)^n = 1 - (-y)^{N+1}.$$

Daraus aber folgt $p_N \to 1$ für $N \to \infty$, also $(1+y) \cdot \lim_{N\to\infty} s_N = 1$. □

Satz 1. *Die Elemente aus $\mathbb{Z}_p \smallsetminus p\,\mathbb{Z}_p$ sind genau die Einheiten im Ring der ganzen p-adischen Zahlen, und jedes $a \neq 0$ in $\mathbb{Z}_p$ hat eine eindeutige Zerlegung der Form $a = \varepsilon\, p^{v_p(a)}$ mit einer Einheit ε.*

Beweis. 1) Es sei zunächst $a \in \mathbb{Z}_p \smallsetminus p\,\mathbb{Z}_p$. Nach dem kleinen Fermatschen Satz ist dann

$$\pi_1(a^{p-1}) = \pi_1(a)^{p-1} = 1 + p\,\mathbb{Z},$$

das bedeutet $a^{p-1} \in 1 + p\,\mathbb{Z}_p$. Deshalb existiert aufgrund der Proposition 3 ein $b \in \mathbb{Z}_p$ mit $a^{p-1}b = 1$. Wegen $a(a^{p-2}b) = 1$ ist daher auch $a \in \mathbb{Z}_p^{\times}$. Andererseits ist wegen der Multiplikativität des p-Betrages kein Element von $p\,\mathbb{Z}_p$ in $\mathbb{Z}_p$ invertierbar.

2) Ist $a \in \mathbb{Z}_p \smallsetminus \{0\}$ vom Exponenten $v_p(a) = n$, so gibt es zu jedem Index $N \in \mathbb{N}$ ein Element $a_N \in \mathbb{Z} \smallsetminus p\mathbb{Z}$ mit $0 < a_N < p^N$ derart, daß gilt

$$\pi_{n+N}(a) = p^n a_N + p^{n+N}\mathbb{Z}.$$

Wegen der α-Verträglichkeit der Folge $(\pi_k(a))_{k\in\mathbb{N}}$ ist für $M \leq N$ stets

$$\begin{aligned}
p^n a_M + p^{n+M}\mathbb{Z} &= \pi_{n+M}(a) \\
&= \alpha_{n+M}^{n+N} \circ \pi_{n+N}(a) = p^n a_N + p^{n+M}\mathbb{Z},
\end{aligned}$$

also gilt, sobald $M \leq N$ ist, $a_M + p^M\mathbb{Z} = a_N + p^M\mathbb{Z}$. Dies bedeutet, daß die Folge $\varepsilon = (a_N + p^N\mathbb{Z})_{N\in\mathbb{N}}$ ein Element der Einheitengruppe $\mathbb{Z}_p \smallsetminus p\,\mathbb{Z}_p = \mathbb{Z}_p^{\times}$ definiert mit der Eigenschaft $a = p^n \varepsilon$. Die Eindeutigkeit einer derartigen Faktorisierung ist hier selbstverständlich. □

Zusatz. *Der Ring der ganzen p-adischen Zahlen ist ein Hauptidealring mit genau einem maximalen Ideal $p\mathbb{Z}_p$. Die Ideale $p^n\mathbb{Z}_p$ $(n \in \mathbb{N}_0)$ zusammen mit dem Nullideal $\{0\}$ sind die einzigen Ideale von $\mathbb{Z}_p$.*

Beweis. Wegen der Multiplikativität des p-Betrages ist $\mathbb{Z}_p$ ein Integritätsbereich. Ist I irgendeines seiner Ideale $\neq \{0\}$, so wähle man in I ein Element a von maximalem p-Betrag $|a|_p = p^{-v_p(a)}$, also von minimalem p-Exponenten $v_p(a)$. Dann folgt aus Satz 1

$$I = a\mathbb{Z}_p = p^{v_p(a)}\mathbb{Z}_p.$$

□

9.3 Der Körper der p-adischen Zahlen

Wie der Körper $\mathbb{Q}$ der rationalen Zahlen aus dem Ring $\mathbb{Z}$ der ganzen Zahlen
wird der Körper $\mathbb{Q}_p$ aller p-adischen Zahlen aus dem Ring $\mathbb{Z}_p$ der ganzen
p-adischen Zahlen gebildet mit Hilfe von *Brüchen*. Hier sind die Brüche a/p^n
Äquivalenzklassen der Menge $\{(a,p^n)\,;\ a\in\mathbb{Z}_p,\ n\in\mathbb{N}_0\}$ bezüglich der Äquivalenzrelation

$$(a,p^m)\ \sim\ (b,p^n)\ \ \Leftrightarrow\ \ ap^n\ =\ bp^m\,.$$

Sie werden addiert beziehungsweise multipliziert gemäß der Regel

$$\frac{a}{p^m}+\frac{b}{p^n}\ =\ \frac{ap^n+bp^m}{p^{m+n}}\,;\qquad \frac{a}{p^m}\cdot\frac{b}{p^n}\ =\ \frac{ab}{p^{m+n}}\,.$$

Es macht keine Mühe nachzuweisen, daß der Wert von Summe und Produkt
unabhängig von der Wahl der Repräsentanten ist. Der so entstehende Ring
$\mathbb{Q}_p$ ist sogar ein Körper. Denn wegen Satz 1 hat jedes $a\in\mathbb{Z}_p\smallsetminus\{0\}$ die Form
$a=\varepsilon\,p^{v_p(a)}$ mit einem $\varepsilon\in\mathbb{Z}_p^\times$. Deshalb ist der Bruch a/p^n invertierbar mit
dem Inversen

$$(a/p^n)^{-1}\ =\ (\varepsilon^{-1}p^n)/p^{v_p(a)}\,.$$

Der p-Betrag kann vom Ring $\mathbb{Z}_p$ auf den Körper $\mathbb{Q}_p$ eindeutig so fortgesetzt
werden, daß die Multiplikativität erhalten bleibt, nämlich durch die Formel

$$|a/p^n|_p\ :=\ |a|_p/|p^n|_p\ =\ |a|_p\,p^n\,.$$

Zunächst ist festzustellen, daß diese Definition unabhängig von der speziellen
Darstellung als Bruch ist: Gilt $a/p^n=b/p^m$, ist also $ap^m=bp^n$, dann gilt
für die p-Beträge $|a|_p\,p^{-m}=|b|_p\,p^{-n}$, und das ergibt $|a|_p\,p^n=|b|_p\,p^m$. Ferner
überträgt sich die ultrametrische Ungleichung: Man findet zu jedem Paar
$x,y\in\mathbb{Q}_p$ einen gemeinsamen Nenner p^N. Mit ihm sind die Produkte p^Nx,
p^Ny in $\mathbb{Z}_p$. Daher gilt

$$|p^Nx+p^Ny|_p\ \le\ \max(|p^Nx|_p,|p^Ny|_p).$$

Nach der Definition des p-Betrages auf $\mathbb{Q}_p$ ist sodann $|1/p^N|_p=p^N$; also
folgt durch Multiplikation mit p^N aus der vorhergehenden Abschätzung die
Ungleichung $|x+y|_p\le\max(|x|_p,|y|_p)$.

Aus Satz 1 ergibt sich, daß jede nicht durch p teilbare Zahl $q\in\mathbb{Z}$ im Ring
$\mathbb{Z}_p$ invertierbar ist. Dies mag zunächst verwundern, da $\mathbb{Z}_p$ allein aus $\mathbb{Z}$ durch
Vervollständigung gewonnen wurde. Indes liefert der Schluß unter Proposi-
tion 3 sofort eine konkrete Folge in $\mathbb{Z}$, die p-adisch gegen $1/q$ konvergiert.
Wegen $\mathrm{ggT}(p,q)=1$ gilt $Q:=q^{p-1}\equiv 1\ (\mathrm{mod}\,p)$. Daher ist $1-Q\in p\mathbb{Z}$ und
mithin $|1-Q|_p<1$. Folglich konvergiert die geometrische Reihe

$$\frac{1}{1-(1-Q)}\ =\ \sum_{n=0}^{\infty}(1-Q)^n$$

gegen $1/Q$, und deshalb ihr Produkt mit q^{p-2} gegen $1/q$. Wir fassen einige unmittelbare Konsequenzen zusammen in der

Bemerkung. Bei natürlicher Einbettung des Körpers $\mathbb{Q}$ in $\mathbb{Q}_p$ gilt

$$\mathbb{Q} \cap \mathbb{Z}_p = \mathbb{Z}_{(p)} = \left\{ \frac{m}{n}; \quad m \in \mathbb{Z}, \, n \in \mathbb{N} \smallsetminus p\mathbb{N} \right\}.$$

Der Ring $\mathbb{Z}_{(p)}$ der *p-ganzen rationalen Zahlen* hat mit dem Ring $\mathbb{Z}_p$ der ganzen p-adischen Zahlen die Gemeinsamkeit, genau ein maximales Ideal zu besitzen; und dessen Komplement $\mathbb{Z}_{(p)} \smallsetminus p\mathbb{Z}_{(p)}$ ist die Einheitengruppe $\mathbb{Z}_{(p)}^{\times}$ des Ringes.

9.4 Polynome mit ganzen p-adischen Koeffizienten

Mit $\mathbb{Z}_p[X]$ bezeichnen wir den Unterring des Polynomringes $\mathbb{Q}_p[X]$ aller Polynome $f = \sum_{n=0}^{N} a_n X^n$ mit lauter ganzen p-adischen Koeffizienten $a_n \in \mathbb{Z}_p$. Selbstverständlich ist $\mathbb{Z}_p[X]$ wieder ein Integritätsbereich.

Proposition 4. *Für jedes nichtkonstante Polynom $f \in \mathbb{Z}_p[X]$ und jede Zahl $x_0 \in \mathbb{Z}_p$ liegt das durch die Gleichung $f - f(x_0) = (X - x_0)g$ definierte Polynom $g \in \mathbb{Q}_p[X]$ sogar in $\mathbb{Z}_p[X]$.*

Beweis. Aus den Koeffizienten a_n des Polynoms f ergibt sich

$$f - f(x_0) = \sum_{n=1}^{N} a_n (X^n - x_0^n) = (X - x_0) \cdot \underbrace{\sum_{n=1}^{N} a_n \sum_{m=0}^{n-1} X^m x_0^{n-m-1}}_{= \, g \, \in \, \mathbb{Z}_p[X]}.$$

Daran ist die Behauptung abzulesen. $\qquad\square$

Proposition 5. *Gilt unter der Voraussetzung von Proposition 4 zusätzlich die Gleichung $|g(x_0)|_p = 1$, dann ist für jedes $x_1 \in x_0 + p\mathbb{Z}_p$ auch $|g(x_1)|_p = 1$.*

Beweis. Die Differenz $g(x_1) - g(x_0)$ spaltet in $\mathbb{Z}_p$ den Faktor $x_1 - x_0$ ab. Daher gilt $|g(x_1) - g(x_0)|_p \leq |x_1 - x_0|_p < 1$. Mit der Bemerkung zur ultrametrischen Ungleichung ergibt sich hieraus

$$|g(x_1)|_p = \max\left(|g(x_1) - g(x_0)|_p, \, |g(x_0)|_p \right) = |g(x_0)|_p. \qquad\square$$

Der folgende Satz ist ein Spezialfall des *Henselschen Lemmas*, benannt nach dem Entdecker der p-adischen Zahlen K. HENSEL.

Satz 2. *Es sei f ein Polynom mit ganzen p-adischen Koeffizienten und vom Grad ≥ 1. Ferner sei für ein $x_0 \in \mathbb{Z}_p$ in der Zerlegung gemäß Proposition 4*

$$f = f(x_0) + (X - x_0)\, g$$

der Betrag $|f(x_0)|_p < 1$ sowie $|g(x_0)|_p = 1$. Dann existiert genau eine Wurzel $\tilde{x}_0$ von f in $x_0 + p\mathbb{Z}_p$.

Zum Beweis benutzen wir eine Beobachtung über Fixpunkte in vollständigen metrischen Räumen, die auch sonst zahlreiche Anwendungen hat.

Das Kontraktionslemma. *Es sei X bezüglich der Abstandsfunktion $|\cdot,\cdot|$ ein vollständiger metrischer Raum, und $T\colon X \to X$ sei eine Abbildung, zu der eine Schranke $\vartheta \in\ ]0,1[$ existiert derart, daß für alle $x,x' \in X$ gilt $|T(x),T(x')| \leq \vartheta|x,x'|$. Dann hat T genau einen Fixpunkt in X.*

Beweis. 1) Wir zeigen zuerst, daß für jeden Anfangspunkt $x_0 \in X$ die durch $x_{n+1} = T(x_n)$, $n \geq 0$ rekursiv definierte Folge konvergiert. Da X vollständig ist, genügt die Feststellung, daß (x_n) eine Cauchyfolge ist. Durch wiederholte Anwendung der Dreiecksungleichung ergibt sich aus der vorausgesetzten Abschätzung für alle natürlichen Zahlen n,q

$$
\begin{aligned}
|x_{n+q}, x_n| &\leq \sum_{m=0}^{q-1} |x_{n+m+1}, x_{n+m}| \\
&\leq \sum_{m=0}^{q-1} \vartheta^{m+n} |x_1, x_0| \\
&\leq \frac{\vartheta^n}{1-\vartheta} |x_1, x_0| \ .
\end{aligned}
$$

Weil hier die rechte Seite mit $n \to \infty$ gegen Null konvergiert, ist auch die Konvergenz der Folge (x_n) im vollständigen metrischen Raum X bewiesen.

2) Es bezeichne x_* den Limes der Folge (x_n). Da nach Voraussetzung die Abbildung T speziell auch stetig ist, gilt $\lim_{n\to\infty} T(x_n) = T(x_*)$. Andererseits ist $(T(x_n))$ eine Teilfolge von (x_n), was $\lim_{n\to\infty} T(x_n) = x_*$ nach sich zieht. Insgesamt ist somit $x_* = T(x_*)$, also ein Fixpunkt von T.

3) Die Abbildung T besitzt nur einen Fixpunkt: Denn aus der Annahme $T(x_*) = x_*$, $T(y_*) = y_*$ folgt $|x_*, y_*| = |T(x_*), T(y_*)| \leq \vartheta\,|x_*, y_*|$. Das ist nur möglich, wenn $|x_*, y_*| = 0$, wenn also $x_* = y_*$ ist. $\square$

Beweis von Satz 2. Die Nebenklasse $x_0 + p\,\mathbb{Z}_p$ ist bezüglich des p-Betrages zugleich die abgeschlossene Kugel $|x - x_0|_p \leq 1/p$ um x_0. Denn für $y \in \mathbb{Z}_p$ bedeutet $|y|_p \leq 1/p$ dasselbe wie $v_p(y) \geq 1$, also dasselbe wie $y \in p\,\mathbb{Z}_p$. Daher ist $x_0 + p\,\mathbb{Z}_p$ mit der eingeschränkten Metrik selbst ein vollständiger metrischer Raum. Auf ihn wird das Kontraktionslemma angewendet mit der Abbildung

$$
T(x) := x - f(x)/g(x) = x_0 - f(x_0)/g(x_0)\ .
$$

1) $T(x_0 + p\,\mathbb{Z}_p) \subset x_0 + p\,\mathbb{Z}_p$: Nach Proposition 5 ist $|g(x)|_p = 1$ auf der Kugel $x_0 + p\,\mathbb{Z}_p$. Deshalb gilt dort

$$
|T(x) - x_0|_p = |f(x_0)|_p/|g(x)|_p = |f(x_0)|_p \leq 1/p\ .
$$

2) T ist eine Kontraktion auf $x_0 + p\mathbb{Z}_p$: Wir wählen $x, x' \in x_0 + p\mathbb{Z}_p$ beliebig. Dann ergibt sich

$$T(x) - T(x') = f(x_0)\Big(\frac{1}{g(x')} - \frac{1}{g(x)}\Big)$$

und weiter, da die Differenz $g(x) - g(x')$ in $\mathbb{Z}_p$ den Faktor $x - x'$ abspaltet,

$$\begin{aligned}
|T(x) - T(x')|_p &= |f(x_0)|_p \, |g(x) - g(x')|_p \\
&\leq |f(x_0)|_p \, |x - x'|_p \, .
\end{aligned}$$

3) Nachdem T die Voraussetzungen des Kontraktionslemmas erfüllt, ist die Existenz genau eines Fixpunktes $\tilde{x}_0$ von T in $x_0 + p\mathbb{Z}_p$ gesichert. Die Fixpunkteigenschaft $T(\tilde{x}_0) = \tilde{x}_0$ besagt aber dasselbe wie $f(\tilde{x}_0) = 0$. $\square$

Beispiel 1. (Quadrate in der Einheitengruppe $\mathbb{Z}_p^\times$) Ist p eine Primzahl $\neq 2$ und $u = x_0^2 + pz$ mit einem $x_0 \in \mathbb{Z} \setminus p\mathbb{Z}$ und $z \in \mathbb{Z}_p$, so existiert ein $x \in \mathbb{Z}_p$ mit $x^2 = u$. Ist dagegen $p = 2$ und $u = 1 + 8z$ mit einem $z \in \mathbb{Z}_2$, so existiert ein $x \in \mathbb{Z}_2$ mit $x^2 = u$.

Beweis. 1) Das Polynom

$$f = X^2 - x_0^2 - pz = -pz + (X - x_0)(X + x_0)$$

erfüllt die Voraussetzungen von Satz 2, da $g(x_0) = 2x_0 \in \mathbb{Z}_p^\times$ ist. Daher hat f eine Nullstelle $x \in x_0 + p\mathbb{Z}_p$. Also gilt $x^2 = x_0^2 + pz = u$.

2) Im zweiten Fall hat das Polynom

$$f = -2z + X(X + 1) \in \mathbb{Z}_2[X]$$

bei $x_0 = -1$ einen Wert in $2\mathbb{Z}_2$. Damit sind wieder die Voraussetzungen von Satz 2 erfüllt, und deswegen hat f genau eine Nullstelle $\tilde{x}_0 \in -1 + 2\mathbb{Z}_2$. Dies bedeutet $\tilde{x}_0^2 + \tilde{x}_0 = 2z$. Die Behauptung über u erfüllt nun $x = 1 + 2\tilde{x}_0$. Denn damit gilt $x^2 = 1 + 4(\tilde{x}_0^2 + \tilde{x}_0) = 1 + 8z$. $\square$

Beispiel 2. Im Polynomring $\mathbb{Q}_p[X]$ zerfällt das Polynom $f = X^{p-1} - 1$ in Linearfaktoren, und alle seine Nullstellen, die $(p-1)$-ten Einheitswurzeln, liegen in $\mathbb{Z}_p$.

Beweis. Nach dem kleinen Fermatschen Satz gilt für alle $x_0 \in \mathbb{Z} \setminus p\mathbb{Z}$ die Kongruenz $x_0^{p-1} \equiv 1 \pmod{p}$. Sie liefert die Abschätzung $|f(x_0)|_p < 1$. Sodann ist

$$f(X) - f(x_0) = (X - x_0) \sum_{m=0}^{p-2} X^m x_0^{p-2-m} = (X - x_0)\, g(X)\,.$$

Darin wird $g(x_0) = (p-1)x_0^{p-2}$ und damit $|g(x_0)|_p = 1$. Also gibt es nach Satz 2 in jeder Nebenklasse $x_0 + p\mathbb{Z}_p$ genau eine Wurzel von f. $\square$

9.5   Die verschiedenen Beträge des Körpers $\mathbb{Q}$

Am Schluß dieses Abschnittes behandeln wir das Zusammenspiel mehrerer Beträge für die rationalen Zahlen. Wir bezeichnen, um die Analogie hervorzuheben, mit $\mathbb{Q}_\infty$ den Körper $\mathbb{R}$, also die Vervollständigung des Körpers $\mathbb{Q}$ bezüglich des gewöhnlichen Absolutbetrages.

Satz 3. (Simultane Approximation durch rationale Zahlen) *Gegeben seien r verschiedene Primzahlen p_j ($1 \leq j \leq r$) sowie Zahlen $x_\infty \in \mathbb{R} = \mathbb{Q}_\infty$, $x_j \in \mathbb{Q}_{p_j}$. Dann gibt es zu jedem $\varepsilon > 0$ eine rationale Zahl x, für die gleichzeitig gilt*

$$|x - x_\infty|_\infty \;\leq\; \varepsilon \quad und \quad |x - x_j|_{p_j} \;\leq\; \varepsilon \quad (1 \leq j \leq r).$$

Beweis. 1) Man findet zu den Zahlen x_j einen Exponenten n derart, daß gilt $x_j p_j^n \in \mathbb{Z}_{p_j}$ ($1 \leq j \leq r$). Mit dem Produkt $q = \prod_{j=1}^r p_j^n$ ist dann das System

$$|y - x_\infty q|_\infty \;\leq\; \varepsilon q \quad und \quad |y - x_j q|_{p_j} \;\leq\; \varepsilon p_j^{-n} \quad (1 \leq j \leq r)$$

für ein $y \in \mathbb{Q}$ zu lösen. Dann löst $x = y/q$ die Anfangsaufgabe. Kurz gesagt, es genügt, Satz 3 zu beweisen für den Fall, daß alle x_j ganz sind ($1 \leq j \leq r$).

2) Angenommen, es ist $x_j \in \mathbb{Z}_{p_j}$ ($1 \leq j \leq r$). Wir wählen nun $m \in \mathbb{N}$ so, daß gilt $p_j^{-m} \leq \varepsilon$ und bestimmen $a_j \in \mathbb{Z}$ derart, daß $v_{p_j}(a_j - x_j) \geq m$ ist ($1 \leq j \leq r$). Dann existiert nach dem Chinesischen Restsatz eine Zahl $a \in \mathbb{Z}$ mit den Bedingungen $a \equiv a_j \pmod{p_j^m}$. Dafür gilt nach der ultrametrischen Ungleichung

$$|a - x_j|_{p_j} \;\leq\; p_j^{-m}, \qquad 1 \leq j \leq r. \tag{$*$}$$

3) In Teil 2) kann a ersetzt werden durch jede rationale Zahl $x = a + d$, wo der Zähler der rationalen Zahl d durch $P = (p_1 \cdots p_r)^m$ teilbar ist. Wählt man eine natürliche, zu P teilerfremde Zahl $Q \geq P/\varepsilon$, dann haben in der von P/Q erzeugten Untergruppe $\mathbb{Z}P/Q$ von $(\mathbb{R}, +)$ je zwei benachbarte Elemente in $\mathbb{R}$ den Abstand $P/Q \leq \varepsilon$, also enthält sie ein Element d, für das gilt

$$|a + d - x_\infty|_\infty \;\leq\; \varepsilon. \qquad\qquad \square$$

Bemerkung. Es liegt nahe zu fragen, ob die bislang betrachteten Beträge auf $\mathbb{Q}$ völlig unabhängig voneinander sind. Indes, eine erste Einschränkung gibt der Fundamentalsatz der Arithmetik: Bis auf endlich viele Ausnahmeprimzahlen p ist für jedes Element $x \in \mathbb{Q}^\times$ der Exponent $v_p(x) = 0$. Eine zweite Einschränkung steckt in der *Produktformel*

$$|x|_\infty \prod_p |x|_p \;=\; 1 \quad \text{für alle} \quad x \in \mathbb{Q}^\times.$$

Zu ihrer Begründung betrachten wir die Primzerlegung $x = \operatorname{sgn}(x) \prod_p p^{v_p(x)}$. Wegen $x = \operatorname{sgn}(x)|x|_\infty$ ergibt sich aus der Normierung $|x|_p = p^{-v_p(x)}$ der p-Beträge

$$|x|_\infty \prod_p |x|_p \;=\; \prod_p \Big(p^{v_p(x)} p^{-v_p(x)}\Big) \;=\; 1.$$

Definition. Eine Abbildung $x \mapsto |x|$ eines Körpers in die Menge $\mathbb{R}_+$ der nichtnegativen reellen Zahlen heißt ein *Betrag* oder eine *Bewertung* von K, wenn sie für alle $x, y \in K$ die folgenden Eigenschaften hat:

(Abs 1) $|x| = 0$ genau dann, wenn x die Null in K ist,

(Abs 2) $|x \cdot y| = |x| \, |y|$ (Multiplikativität),

(Abs 3) $|x + y| \leq |x| + |y|$ (Dreiecksungleichung).

Jeder Betrag hat die speziellen Werte $|0_K| = 0$, $|\pm 1_K|^2 = |1_K| \neq 0$, folglich $|1_K| = |-1_K| = 1$ und generell $|-x| = |x|$ für jedes Element x. Sobald der Betrag in den Grenzen $0 < |x| < 1$ liegt, definieren die Potenzen eine Nullfolge $(x^n)_{n \geq 1}$. Wenn K kein Element dieser Art besitzt, dann ist für jedes $y \in K$ entweder $y = 0_K$ oder $|y| = 1$. Denn aus $|y| > 1$ entstünde in $x = 1/y$ ein Element der ersten Art. Tatsächlich wird durch $|x|_{\mathrm{tr}} = 1$ für $x \neq 0_K$ und $|0_K|_{\mathrm{tr}} = 0$ ein Betrag gegeben, der *triviale* Betrag auf K.

Definition. Zwei Beträge auf einem Körper K heißen *äquivalent*, falls sie dieselben Nullumgebungen definieren.

Satz 4. *Je zwei der folgenden drei Aussagen über zwei nichttriviale Beträge* $|\cdot|, |\cdot|'$ *auf einem Körper K sind gleichbedeutend:*
i) $|\cdot|$ ist äquivalent zu $|\cdot|'$.
ii) Aus $|x| < 1$ folgt $|x|' < 1$.
iii) Es gibt eine Zahl $s > 0$ mit $|x|' = |x|^s$ für alle $x \in K$.

Beweis. Wir bemerken zuvor, daß die Potenzfunktion $t \mapsto t^s$ zu positiven Exponenten s sich stets zu einer stetigen, strikt monoton wachsenden und damit stetig umkehrbaren Funktion auf $\mathbb{R}_+$ fortsetzt. Damit ist insbesondere die Implikation *iii) $\Rightarrow$ i)* klar.

i) $\Rightarrow$ ii): Aus $|x| < 1$ folgt, wie bemerkt, $\lim_{n \to \infty} |x^n| = 0$. Daher gibt es nach der Voraussetzung *i)* einen Index $m \in \mathbb{N}$, für den $|x^m|' = (|x|')^m < 1$ gilt. Aber das ist nur möglich, wenn $|x|' < 1$ ist.

ii) $\Rightarrow$ iii): Ist $|x| < |y|$, so folgt aus der Voraussetzung von *ii)* mit den Eigenschaften der Beträge der Reihe nach $|x/y| < 1$, $|x/y|' < 1$, $|x|' < |y|'$. Da $x \mapsto |x|$ nichttrivial ist, existiert ein $a \in K$ mit dem Betrag $|a| = \rho_1 > 1$. Dann aber ist auch $1 < |a|' = \rho_2$. Zu jedem $x \in K^\times$ gibt es eindeutig bestimmte $\alpha, \beta \in \mathbb{R}$, für die gilt $|x| = \rho_1^\alpha$, $|x|' = \rho_2^\beta$. Zum Vergleich von α und β betrachten wir Paare rationaler Zahlen $k/n < \alpha < m/n$, $k, m \in \mathbb{Z}$ beiderseits von α mit gemeinsamem Nenner $n > 0$. Die strikte Monotonie der Abbildung $t \mapsto \rho^t$ ergibt

$$\rho_1^k = |a^k| < \rho_1^{\alpha n} = |x^n| < \rho_1^m = |a^m|.$$

Daraus folgt aufgrund der Voraussetzung von *ii)* sowie der Wahl von ρ_2

$$\rho_2^k = |a^k|' < |x^n|' = \rho_2^{\beta n} < |a^m|' = \rho_2^m.$$

Wegen $\rho_2 > 1$ resultiert die Abschätzung $k/n < \beta < m/n$, und damit folgt selbstverständlich $\alpha = \beta$. Mit $s = \log\rho_2/\log\rho_1$ lautet unser Ergebnis

$$|x|' \;=\; \exp(\beta\log\rho_2) \;=\; \exp(\alpha s\log\rho_1) \;=\; |x|^s \quad \text{für alle } x \in K^\times. \qquad \square$$

Bemerkung. Wenn $|1_K + 1_K| = 2$ ist, so erfüllt die Funktion $|x|' := |x|^s$ auf K nur dann die Dreiecksungleichung, wenn $s \le 1$ ist.

Satz 5. (OSTROWSKI) *Die p-adischen Beträge $|\cdot|_p$ zu den Primzahlen p in $\mathbb{Z}$ bilden zusammen mit dem gewöhnlichen Absolutbetrag $|\cdot|_\infty$ ein Vertretersystem der Äquivalenzklassen nichttrivialer Beträge auf dem Körper $\mathbb{Q}$ der rationalen Zahlen.*

Bemerkung. Jede Klasse äquivalenter, nichttrivialer Beträge eines Körpers K bezeichnen wir als eine *Stelle* von K. Der Satz von Ostrowski besagt also, daß die Menge V aller Stellen von $\mathbb{Q}$ durch den gewöhnlichen Betrag und die sämtlichen p-adischen Beträge gegeben ist, kurz $V = \{\infty\} \cup \{p\,; p\,\text{Primzahl}\}$.

Beweis. Jeder Betrag $|\cdot|$ auf $\mathbb{Q}$ gehört zu einer der beiden folgenden Sorten: Entweder gilt $|n| \le 1$ für alle $n \in \mathbb{N}$, oder es gibt ein $b \in \mathbb{N}$ mit $|b| > 1$.

1) Ein nichttrivialer Betrag $|\cdot|$ der ersten Sorte besitzt ein minimales $q \in \mathbb{N}$, für das $|q| < 1$ ist. Denn sonst wäre $|x| = 1$ für alle $x \in \mathbb{Q}^\times$. Aus der Multiplikativität des Betrages folgt nun, daß q eine Primzahl ist: Sicher ist $q > 1$, und eine Faktorisierung $q = ab$ mit Faktoren $a, b \in \mathbb{N}$ ergibt einerseits $a \le q$ und $b \le q$ sowie andererseits $|a| < 1$ oder $|b| < 1$. Also ist einer der Faktoren a oder b gleich q, der andere 1.

Für jede Primzahl $p \ne q$ gilt $|p| = 1$, denn anderenfalls gäbe es einen Exponenten $N \in \mathbb{N}$ mit $|p^N| < \frac{1}{2}$, $|q^N| < \frac{1}{2}$. Aufgrund der Teilerfremdheit von p^N und q^N existieren Skalare $a, b \in \mathbb{Z}$ mit $ap^N + bq^N = 1$. Daher würde aus der Dreiecksungleichung folgen

$$1 \;=\; |1| \;\le\; |a||p^N| + |b||q^N| \;\le\; |p^N| + |q^N| \;<\; \tfrac{1}{2} + \tfrac{1}{2}\,;$$

das wäre ein Widerspruch. Also ist doch $|p| = 1$.

Nun gewinnen wir aus der kanonischen Zerlegung von $x \in \mathbb{Q}^\times$ wegen der Multiplikativität des Betrages die Formel $|x| = |q|^{v_q(x)}$, und aus ihr ergibt sich die Implikation $|x|_q < 1 \Rightarrow |x| < 1$. Deswegen ist nach Satz 4 der Betrag $|\cdot|$ äquivalent zum q-Betrag.

2) Für reelle $\varepsilon > 0$ und alle $n \in \mathbb{N}$ gilt

$$(1+\varepsilon)^n \;\ge\; 1 \,+\, n\varepsilon \,+\, \tfrac{1}{2}n(n-1)\,\varepsilon^2,$$

also liegen positive γ, für die die Folge $(\gamma^n/n)_{n\ge 1}$ in $\mathbb{R}$ beschränkt ist, im Intervall $0 < \gamma \le 1$.

Zu jedem nichttrivialen Betrag $|\cdot|$ der zweiten Sorte existiert mindestens ein $b \in \mathbb{N}$ mit $|b| > 1$. Wir entwickeln analog zur Dezimaldarstellung die Potenzen von b nach den Potenzen einer weiteren Zahl $a > 1$ in $\mathbb{N}$:

$$b^n = \sum_{m=0}^{N} c_m a^m, \quad 0 \le c_m < a, \quad c_N \ne 0.$$

Dann ist $b^n \ge a^N$, also $N \le n \log b / \log a$. Wegen der Dreiecksungleichung gilt für $c \in \mathbb{N}$ die Abschätzung $|c| \le c$, und sie gilt auch noch für $c = 0$. Mit der Schranke $M = \max(1, |a|)$ erhalten wir so

$$|b|^n \le a(N+1)M^N \le a(n \log b / \log a + 1)(M^{\log b / \log a})^n.$$

Damit ist $\gamma = |b|/M^{\log b / \log a} \le 1$, woraus $M > 1$ folgt, also $M = |a|$, und dann $\log|b|/\log b \le \log|a|/\log a$. Nun können in der vorangehenden Betrachtung die Rollen von a und b vertauscht werden. Danach erhält man

$$\log|b|/\log b = \log|a|/\log a =: s \quad \text{für alle} \quad a \in \mathbb{N} \smallsetminus \{1\}.$$

Das bedeutet $\log|n| = s \log n$ für alle $n \in \mathbb{N}$. Wegen der Multiplikativität des Betrages haben wir schließlich $|x| = |x|_\infty^s$ für alle $x \in \mathbb{Q}$. $\qquad\square$

Wo gilt

$$\sum_{n=1}^{\infty} \frac{2^n}{n} = 0$$

?

Aufgabe 1. Analog zu Aufgabe 4 in Abschnitt 8 sollen die *Binomialpolynome* $\binom{X}{n}$, $n \in \mathbb{N}_0$ im Polynomring $\mathbb{Q}_p[X]$ betrachtet werden. Man beweise:

a) Jedes Polynom $f \in \mathbb{Q}_p[X]$ hat eine eindeutige Darstellung als $\mathbb{Q}_p$-Linearkombination der Binomialpolynome.

b) Jedes Binomialpolynom $\binom{X}{n}$ hat bei Einsetzung $X \mapsto a \in \mathbb{Z}_p$ einen ganzen p-adischen Wert $\binom{a}{n}$. Tip: Polynomfunktionen auf $\mathbb{Q}_p$ sind stetig, und die Menge $\mathbb{N}_0$ der natürlichen Zahlen ist dicht in $\mathbb{Z}_p$.

c) Die Menge aller $f \in \mathbb{Q}_p[X]$ mit $f(\mathbb{Z}_p) \subset \mathbb{Z}_p$ bildet einen Unterring R von $\mathbb{Q}_p[X]$, und jedes $f \in R$ besitzt eine eindeutige Darstellung der Form

$$f = \sum_{n=0}^{N} a_n \binom{X}{n}, \quad a_n \in \mathbb{Z}_p \quad \text{für alle} \quad n \in \mathbb{N}_0.$$

Insbesondere gilt für alle $n \in \mathbb{N}_0$ und für alle $a \in \mathbb{Z}_p$ die Gleichung

$$\binom{X+a}{n} = \sum_{k=0}^{n} \binom{a}{n-k} \binom{X}{k}.$$

Aufgabe 2. a) In $\mathbb{Z}_p$ konvergiert eine Reihe $\sum_{n=0}^{\infty} a_n$ genau dann, wenn ihre Summanden eine Nullfolge bilden, das heißt wenn $|a_n|_p \to 0$ für $n \to \infty$ gilt.

b) Jedes $x \in \mathbb{Z}_p$ besitzt genau eine Reihendarstellung $x = \sum_{n=0}^{\infty} d_n p^n$ mit $d_n \in \mathbb{Z}$, $0 \le d_n < p$. Für welche Zahl sind alle Ziffern $d_n = p - 1$? (Bei Rechnungen von Hand wird häufig die Kurzschreibweise $x = d_0, d_1 d_2 \dots$ verwendet; dabei werden Überträge von links nach rechts transportiert.)

c) $\mathbb{Z}_p$ ist ein kompakter metrischer Raum. Anleitung: Es sei U_i ($i \in I$) eine offene Überdeckung von $\mathbb{Z}_p$. Dann gibt es zu jedem $a \in \mathbb{Z}_p$ eine natürliche Zahl $n(a)$ derart, daß die Kugel $a + p^{n(a)} \mathbb{Z}_p$ in einer der Mengen U_i enthalten ist. Angenommen, $\mathbb{Z}_p$ würde nicht von endlich vielen dieser Kugeln überdeckt. Dann gäbe es eine monoton fallende Folge von Nebenklassen $a_n + p^n \mathbb{Z}_p \supset a_{n+1} + p^{n+1} \mathbb{Z}_p$, von denen keine durch endlich viele Kugeln $a + p^{n(a)} \mathbb{Z}_p$ überdeckt würde. Aber $(a_n)_{n \ge 1}$ würde konvergieren gegen ein Element

$$a_* \in \bigcap_{n=1}^{\infty} (a_n + p^n \mathbb{Z}_p).$$

Aufgabe 3. Mit Hilfe von Satz 2 berechne man die vier vierten Einheitswurzeln in $\mathbb{Z}_5$ auf vier Stellen $d_0, d_1 \cdots d_4$ in der Bezeichnung von Aufgabe 2b) sowie die sechsten Einheitswurzeln in $\mathbb{Z}_7$ auf je drei Stellen. Beispielsweise ist $2,463 \dots$ eine dritte Einheitswurzel in $\mathbb{Z}_7$ und es gilt $(2,1213 \dots)^2 = -1$ in $\mathbb{Z}_5$.

Aufgabe 4. a) Man beweise, daß eine p-adisch konvergente Reihe (anders als im Reellen!) stets unbedingt konvergiert, das heißt: Zu jedem $\varepsilon > 0$ gibt es eine endliche Teilmenge I_ε der Indexmenge derart, daß die Partialsumme über die Indizes irgendeiner endlichen, I_ε umfassenden Teilmenge J der Indexmenge sich von der Reihensumme s dem p-Betrag nach um weniger als ε unterscheidet.

b) Das Cauchy-Produkt $\sum_{n=0}^{\infty} c_n$ mit $c_n = \sum_{k=0}^{n} a_k b_{n-k}$ zweier p-adisch konvergenter Reihen $A = \sum_0^{\infty} a_k$ und $B = \sum_0^{\infty} b_m$ konvergiert gegen das Produkt AB.

Aufgabe 5. Für jede ganze p-adische Zahl a wird die *binomische Reihe* zum Exponenten a definiert durch

$$(1 + x)^a := \sum_{n=0}^{\infty} \binom{a}{n} x^n.$$

a) Man beweise für alle $x \in \mathbb{Q}_p$ vom Betrage $|x|_p < 1$ die Konvergenz der Reihe.

b) Man begründe die Formel $(1 + x)^a \cdot (1 + x)^b = (1 + x)^{a+b}$ für $a, b \in \mathbb{Z}_p$ und $x \le p\mathbb{Z}_p$. Hinweis: Aufgabe 1c) und Aufgabe 4b).

Aufgabe 6. Die Reihe $\sum_{n=0}^{\infty} \binom{\frac{1}{2}}{n} \left(\frac{-3}{4} \right)^n$ konvergiert im Körper $\mathbb{R}$ der reellen Zahlen gegen $1/2$, im Körper $\mathbb{Q}_3$ aber gegen $-1/2$.

10   Das Hilbertsche Normenrestsymbol

In Analogie zu den quadratischen Zahlkörpern wird hier die Frage nach den zweidimensionalen Erweiterungskörpern $K|k$ für den Körper $k = \mathbb{Q}_p$ der p-adischen Zahlen und beiläufig auch für den Grundkörper $k = \mathbb{R} = \mathbb{Q}_\infty$ der reellen Zahlen behandelt. Im Gegensatz zur Situation der quadratischen Zahlkörper über dem Körper $\mathbb{Q}$ der rationalen Zahlen gibt es hier über jedem der Grundkörper k bis auf Isomorphie nur eine endliche Anzahl quadratischer Erweiterungskörper als Folge der Tatsache, daß die Quadrategruppe $(k^\times)^2$ in der multiplikativen Gruppe $k^\times$ endlichen Index hat. Nun definiert man nach HILBERT für jede Stelle v von $\mathbb{Q}$, also $v = \infty$ oder $v = p$ Primzahl, auf der multiplikativen Gruppe $\mathbb{Q}_v^\times$ eine *bilineare* Abbildung in die kleinste nichttriviale abelsche Gruppe $\{\pm 1\}$ durch das *Hilbertsymbol*, indem man $(a, b)_v = 1$ oder -1 setzt je nach dem, ob b als Wert der Norm für die Körper-Erweiterung $\mathbb{Q}_v(\sqrt{a}) \,|\, \mathbb{Q}_v$ auftritt oder nicht. Bei Restriktion des Symbols auf die multiplikative Gruppe $\mathbb{Q}^\times$ gilt die Produktformel

$$\prod_v (a, b)_v = 1.$$

Sie ist der Schimmer eines tiefgreifenden Gesetzes aus der Klassenkörpertheorie, welches das quadratische Reziprozitätsgesetz als Spezialfall enthält.

10.1   Quadratische Erweiterungen p-adischer Körper

Wie wir es im Fall der quadratischen Zahlkörper bereits kennengelernt haben, ergibt sich zu jedem Erweiterungskörper K eines Körpers k von endlicher Vektorraumdimension $(K|k)$ durch die Multiplikation $x \mapsto x\alpha =: \rho(\alpha)x$ eine *Darstellung* $\rho: K \to \mathcal{L}_k(K)$ der k-Algebra K im Endomorphismenring des k-Vektorraumes K. Zu ihr gehören die natürlichen Abbildungen

$$S(\alpha) = \operatorname{tr}\rho(\alpha), \quad N(\alpha) = \det\rho(\alpha), \quad H(\alpha, X) = \det(X \, id_K - \rho(\alpha)),$$

genannt *Spur*, *Norm* beziehungsweise *Hauptpolynom* von $\alpha \in K$. Speziell die Norm ergibt einen Gruppenmorphismus $N: K^\times \to k^\times$, dessen Restriktion auf $k^\times$ gleich der Potenzabbildung $a \mapsto a^n$ mit dem Exponenten $n = (K|k)$ ist.

Proposition 1. *Jede Körpererweiterung K vom Grad $(K|k) = 2$ eines Körpers k der Charakteristik $\neq 2$ hat die Form $K = k(\sqrt{a})$, in der $a \in k^\times$, aber dort kein Quadrat ist. Anstatt a eignet sich jedes andere Element der Nebenklasse $a\,(k^\times)^2$. Andererseits ist jede solche Nebenklasse durch einen Erweiterungskörper $K|k$ vom Grad 2 in dieser Weise bestimmt.*

Beweis. Im zweidimensionalen Vektorraum $K \mid k$ kann die 1 durch ein beliebiges Element $\omega \in K \smallsetminus k$ zu einer k-Basis ergänzt werden. Dafür gilt

$$\omega^2 \;=\; a + b\,\omega \quad \text{mit geeigneten} \quad a, b \in k, \; a \neq 0.$$

Ersetzt man ω durch die um eine Konstante c aus dem Grundkörper k verschobene Zahl $\omega_0 = \omega + c$, so wird $\omega_0^2 = a + c^2 + (b + 2c)\,\omega$. Das Element ω_0^2 liegt in der Gruppe $k^\times$ genau dann, wenn gilt $c = -b/2$. Ist dies der Fall und ist auch $\omega_1 \in K \smallsetminus k$ mit $\omega_1^2 \in k^\times$, dann gilt für die Beschreibung $\omega_1 = A + B\,\omega_0$ durch die Basis $1, \omega_0$ wegen $\omega_1^2 = A^2 + B^2 \omega_0^2 + 2AB\omega_0$ zunächst $B \neq 0$ und daher $A = 0$. Die Zahlen ω_1^2 bilden somit die volle Nebenklasse $\omega_0^2 (k^\times)^2$ von $k^\times$ modulo $(k^\times)^2$. Damit ist der erste Teil von Proposition 1 bewiesen, und zwar entsprechend der Situation quadratischer Zahlkörper $K \mid \mathbb{Q}$ in Satz 1 von Abschnitt 7. Auch der zweite Teil kann analog der Konstruktion der Körper $\mathbb{Q}(\sqrt{m})$ dort gestaltet werden. Wir verzichten auf die Durchführung der Einzelheiten.   □

Beispiel. Im Fall $k = \mathbb{R}$ ist $\mathbb{R}^\times / (\mathbb{R}^\times)^2$ eine zwei-elementige Gruppe, und die einzige quadratische Erweiterung von $k = \mathbb{R}$ ist $K = \mathbb{R}(\sqrt{a}) = \mathbb{C}$ $(a < 0)$.

Bemerkung. Für jede quadratische Erweiterung $k(\sqrt{a}) \mid k$ gemäß Proposition 1 erhält man die Norm $N(\alpha) = x^2 - ay^2$ der Elemente $\alpha = x + y\sqrt{a}$ $(x, y \in k)$ aus der Matrizengleichung

$$\begin{pmatrix} \sqrt{a} \\ 1 \end{pmatrix} \alpha = \begin{pmatrix} ya + x\sqrt{a} \\ x + y\sqrt{a} \end{pmatrix} = \begin{pmatrix} x & ay \\ y & x \end{pmatrix} \begin{pmatrix} \sqrt{a} \\ 1 \end{pmatrix}.$$

Satz 1. *Die Faktorgruppe $\mathbb{Q}_p^\times / (\mathbb{Q}_p^\times)^2$ ist eine elementar-abelsche 2-Gruppe. Im Fall $p = 2$ hat sie die Ordnung 8, und Repräsentanten ihrer Elemente sind ± 1, ± 2, ± 3, ± 6. Im Falle $p \neq 2$ dagegen ist ihre Ordnung gleich 4, und mit einem beliebigen quadratischen Nichtrest $b \in \mathbb{Z}$ modulo p bilden die Zahlen $1, b, p, bp$ ein Repräsentantensystem ihrer Elemente.*

Beweis. Wegen Satz 1 in Abschnitt 9.2 hat jedes Element $a \in \mathbb{Q}_p^\times$ eine eindeutige Zerlegung $a = \varepsilon p^{v_p(a)}$ mit $v_p(a) \in \mathbb{Z}$ und $\varepsilon \in \mathbb{Z}_p^\times$. Daher läßt sich die Gruppe $(\mathbb{Q}_p^\times)^2$ aller Quadrate in der multiplikativen Gruppe des Körpers $\mathbb{Q}_p$ bestimmen aus der Gruppe $(\mathbb{Z}_p^\times)^2$ aller Quadrate in der Einheitengruppe $\mathbb{Z}_p^\times$ des Ringes $\mathbb{Z}_p$ der ganzen p-adischen Zahlen.

1) Im Fall $p = 2$ ist $\mathbb{Z}_2^\times = \mathbb{Z}_2 \smallsetminus 2\mathbb{Z}_2 = 1 + 2\mathbb{Z}_2$ nach Satz 1 in 9.2. Für Elemente $\varepsilon = 1 + 2y$ mit $y \in \mathbb{Z}_2$ gilt, da y oder $y + 1$ in $2\mathbb{Z}_2$ liegt,

$$u := \varepsilon^2 \;=\; 1 + 4\,(y + 1)\,y \;\in\; 1 + 8\,\mathbb{Z}_2.$$

Andererseits besteht nach Beispiel 1 zu Satz 2 in 9.4 die Menge $1 + 8\,\mathbb{Z}_2$ aus lauter Quadraten von $\mathbb{Z}_2^\times$.

2) Im Fall $p \neq 2$ enthält jede Nebenklasse $\varepsilon + p\mathbb{Z}_p$ in $\mathbb{Z}_p^\times = \mathbb{Z}_p \smallsetminus p\mathbb{Z}_p$ als offene Menge ein Element x_0 der in $\mathbb{Z}_p$ dichten Menge $\mathbb{Z}$. Ist $\varepsilon = x_0 + py$ mit einem $y \in \mathbb{Z}_p$, so wird

$$u := \varepsilon^2 \;=\; x_0^2 + p(2x_0 y + py^2) \;\in\; x_0^2 + p\mathbb{Z}_p.$$

Andererseits ist wieder nach Beispiel 1 zu Satz 2 in Abschnitt 9.4 jedes Element von $x_0^2 + p\mathbb{Z}_p$ ein Quadrat in $\mathbb{Z}_p^\times$. Daher ist $(\mathbb{Z}_p^\times)^2$ die Vereinigung aller Restklassen

$$a + p\mathbb{Z}_p, \quad \text{wobei} \quad 1 \le a \le p-1 \quad \text{und} \quad \left(\frac{a}{p}\right) = 1 \text{ ist}.$$

3) Da ± 1, ± 3 die Einheiten $\overline{u}$ im Restklassenring $\mathbb{Z}_2/8\,\mathbb{Z}_2$ repräsentieren, ergibt sich mit der Vorbemerkung der Fall $p = 2$ des Satzes aus Teil 1): Zu jedem $x \in \mathbb{Q}_2^\times$ existiert genau eine Zahl der Form $2^k u$ mit $k = 0, 1$ und $u \in \{\pm 1, \pm 3\}$ derart, daß $2^k u x^{-1} \in (\mathbb{Q}_2^\times)^2$ ist. Entsprechend erhält man den Fall $p \ne 2$ des Satzes aus dem Teil 2) des Beweises. $\qquad\square$

Bemerkung. Nach Satz 1 besitzt $\mathbb{Q}_2$ bis auf Isomorphie sieben quadratische Körpererweiterungen, nämlich $\mathbb{Q}_2(\sqrt{m})$ mit $m = -1$, ± 2, ± 3, ± 6, während sonst der p-adische Zahlkörper $\mathbb{Q}_p$ drei quadratische Körpererweiterungen hat, nämlich $\mathbb{Q}_p(\sqrt{m})$ mit $m = b$, p, bp, worin $b \in \mathbb{Z}$ und das Legendre-Symbol $\left(\frac{b}{p}\right) = -1$ ist.

10.2 Die Normen-Index-Gleichung

Definition des Hilbertschen Normenrestsymbols. Es bezeichne V die Menge aller Stellen von $\mathbb{Q}$, also die Vereinigung $V = \{\infty\} \cup \{p \,;\; p \text{ Primzahl}\}$. Zu jeder Stelle v wird für die Elemente $a, b \in \mathbb{Q}_v^\times$ gesetzt

$$(a, b)_v = \begin{cases} 1, & \text{falls} \quad b \in N\left(\mathbb{Q}_v(\sqrt{a})^\times\right) \text{ ist,} \\ -1, & \text{sonst.} \end{cases}$$

Sollte hier $a \in (\mathbb{Q}_v^\times)^2$ sein, so ist natürlich $\mathbb{Q}_v(\sqrt{a}) = \mathbb{Q}_v$, und die Norm N wird demzufolge die Identität auf $\mathbb{Q}_v$, also $(a, b)_v = 1$ für alle b. Ist etwa $v = p$ eine Primzahl $\ne 2$ sowie $a \in \mathbb{Z}$ und $\left(\frac{a}{p}\right) = 1$, dann ist $(a, b)_p = 1$ für alle $b \in \mathbb{Q}_p^\times$, da $a \in (\mathbb{Q}_p^\times)^2$ ist. Im Fall $v = \infty$ ist $\mathbb{Q}_\infty = \mathbb{R}$ und $\mathbb{Q}_\infty(\sqrt{a}) = \mathbb{C}$, sobald a negativ ist; und dann ist $N(\mathbb{C}^\times) = \mathbb{R}_+^\times$. Die Werte des Hilbertsymbols sind hier somit

$$(a, b)_\infty = \begin{cases} 1, & \text{falls} \quad a > 0 \quad \text{oder} \quad b > 0 \text{ ist,} \\ -1, & \text{falls} \quad a < 0 \quad \text{und} \quad b < 0 \text{ ist.} \end{cases}$$

Proposition 2. (Elementare Eigenschaften des Hilbertsymbols) *Für jede Stelle v von $\mathbb{Q}$ und für alle $a, b, x, y \in \mathbb{Q}_v^\times$ gilt*

$$(1, b)_v = (a, 1)_v = 1; \quad (a, b)_v = (ax^2, by^2)_v; \quad (a, b)_v = (b, a)_v.$$

Beweis. Im Fall $v = \infty$ sind alle drei Eigenschaften unmittelbar zu erkennen. Sei nun $v = p$ eine Primzahl. Die Gleichung $(1, b)_p = 1$ wurde oben schon festgestellt. Überdies ist $1 = N(1)$ für jeden der betrachteten Erweiterungskörper von $\mathbb{Q}_p$, das heißt $(a, 1)_p = 1$ für alle $a \in \mathbb{Q}_p^\times$. Der Körper $K = \mathbb{Q}_p(\sqrt{a})$ hängt nach Proposition 1 nur von der Quadratklasse $a(\mathbb{Q}_p^\times)^2$ von a ab. Andererseits enthält eine Quadratklasse $b\,(\mathbb{Q}_p^\times)^2$ entweder kein Normelement von $\mathbb{Q}_p(\sqrt{a})$ oder lauter Normelemente. Damit ist die dritte Gleichung begründet.

Zum Nachweis der letzten Formel braucht jetzt nur noch der Fall behandelt zu werden, in dem weder a noch b ein Quadrat in $\mathbb{Q}_p^\times$ ist. Wir zeigen

$$(a, b)_p = 1 \quad \Rightarrow \quad (b, a)_p = 1. \tag{$*$}$$

Die linke Seite garantiert die Existenz passender Elemente $x, y \in \mathbb{Q}_p$ derart, daß $b = x^2 - ay^2$ gilt. Da b kein Quadrat ist, wird y nicht Null. Also folgt

$$a = \left(\frac{x}{y}\right)^2 - b\left(\frac{1}{y}\right)^2,$$

was $(b, a)_p = 1$ bedeutet. Durch Vertauschen der Rollen von a und b folgt aus der Implikation ($*$) die Äquivalenz $(a, b)_p = 1 \Leftrightarrow (b, a)_p = 1$. Sie liefert weiter die Aussage $(a, b)_p = -1 \Leftrightarrow (b, a)_p = -1$, da das Symbol nur zwei Werte hat. □

Satz 2. (Normen-Index-Gleichung) *Es sei v eine Stelle von $\mathbb{Q}$. Für jeden Erweiterungskörper $K|\mathbb{Q}_v$ vom Grad 2 hat die Untergruppe der Normen von $K^\times$ in der multiplikativen Gruppe $\mathbb{Q}_v^\times$ des lokalen Körpers $\mathbb{Q}_v$ den Index*

$$[\mathbb{Q}_v^\times : N(K^\times)] = 2.$$

Beweis. Im Fall $v = \infty$ ist $K = \mathbb{C}$ und $N(\mathbb{C}^\times) = \mathbb{R}_+^\times$; also stimmt hier die Indexgleichung. Vor der Diskussion weiterer Einzelfälle sind folgende Beobachtungen am Hilbertsymbol nützlich:

1) Es gilt für alle $a, b_1, b_2 \in \mathbb{Q}_v^\times$

$$(a, -a)_v = 1 \quad \text{und} \quad (a, 1 - a)_v = 1, \quad \text{falls } a \neq 1 \text{ ist},$$

$$(a, b_1 b_2)_v = (a, b_1)_v \, (a, b_2)_v, \quad \text{falls } (a, b_1)_v = 1 \text{ ist}.$$

Wenn a in der Gruppe $(\mathbb{Q}_v^\times)^2$ der Quadrate liegt, sind alle drei Formeln wegen Proposition 2 selbstverständlich. Sonst betrachten wir die Norm des Erweiterungskörpers $K = \mathbb{Q}_v(\sqrt{a})$. Da $X^2 - a$ das Hauptpolynom von $\sqrt{a}$ und $X^2 - 2X + 1 - a$ dasjenige von $1 + \sqrt{a}$ ist, gilt

$$N(\sqrt{a}) = -a, \quad N(1 + \sqrt{a}) = 1 - a.$$

Das beweist die beiden ersten Formeln. Im Fall $(a, b_2)_v = 1$ existieren geeignete Elemente $\beta_1, \beta_2 \in K^\times$ mit $b_1 = N(\beta_1)$, $b_2 = N(\beta_2)$. Die Multiplikativität der Norm ergibt somit auch $(a, b_1 b_2)_v = 1$. Ist indes $(a, b_2) = -1$, so ist $(a, b_1 b_2)_v = 1$ unmöglich, weil daraus mit dem Bewiesenen folgen würde

$$1 = (a, b_1)_v (a, b_1 b_2)_v = (a, b_1^2 b_2)_v = (a, b_2)_v;$$

aber das widerspräche der Voraussetzung.

2) Wir behandeln jetzt in zwei Schritten die Primzahlen $v = p \neq 2$. Als erstes zeigen wir $\mathbb{Q}_p^\times \neq N(K^\times)$ für jede quadratische Erweiterung $K|\mathbb{Q}_p$. Dazu wird auf indirektem Wege bewiesen, daß gilt

$$a \in \mathbb{Z}, \quad \left(\frac{a}{p}\right) = -1 \quad \Rightarrow \quad (b, a)_p = -1 \quad \text{für alle } b \in \mathbb{Z}_p \text{ mit } v_p(b) = 1. \tag{$*$}$$

Anderenfalls gäbe es Zahlen $x, y \in \mathbb{Q}_p$ mit $a = x^2 - by^2$. Daraus würde nach den Bemerkungen zur ultrametrischen Ungleichung (vgl. 9.2) folgen

$$0 = v_p(a) = \min\left(v_p(x^2), 1 + v_p(y^2)\right) = 2v_p(x),$$

also $v_p(x) = 0$, $v_p(y) \geq 0$. Damit wäre $a \in x^2(1 + p\mathbb{Z}_p)$. Die Gruppe $1 + p\mathbb{Z}_p$ aber besteht aus lauter Quadraten, wohingegen a wegen $\left(\frac{a}{p}\right) = -1$ keine Quadratzahl in $\mathbb{Q}_p^\times$ ist. Das ist ein Widerspruch. Wir haben damit speziell gezeigt

$$a \in \mathbb{Q}_p^\times \smallsetminus N(K^\times) \quad \text{für} \quad K = \mathbb{Q}_p(\sqrt{p}) \quad \text{und für} \quad K = \mathbb{Q}_p(\sqrt{ap}),$$
$$p \in \mathbb{Q}_p^\times \smallsetminus N(K^\times) \quad \text{für} \quad K = \mathbb{Q}_p(\sqrt{a}).$$

3) Zum Abschluß des Falles $p \neq 2$ beweisen wir, daß für die quadratischen Erweiterungen $K \mid \mathbb{Q}_p$ auch gilt $N(K^\times) \neq (\mathbb{Q}_p^\times)^2$. Damit liegt die Gruppe $N(K^\times)$ echt zwischen $(\mathbb{Q}_p^\times)^2$ und $\mathbb{Q}_p^\times$. Wegen $[\mathbb{Q}_p^\times : (\mathbb{Q}_p^\times)^2] = 4$ folgt daraus die Indexgleichung.— Nach Satz 1 sind die quadratischen Erweiterungen von $\mathbb{Q}_p$ gegeben durch $\mathbb{Q}_p(\sqrt{m})$ mit $m = p$, ap, a, wo $a \in \mathbb{Z}$ ein ansonsten beliebiger quadratischer Nichtrest modulo p ist.

Weder $-p$ noch $-ap$ ist ein Quadrat in $\mathbb{Q}_p^\times$, weil diese Zahlen den v_p-Wert 1 haben. Andererseits gilt $(p, -p)_p = (ap, -ap)_p = 1$ nach Teil 1). Für die beiden erstgenannten Körper $K \mid \mathbb{Q}_p$ ist damit die Behauptung bewiesen. Zu diskutieren bleibt $K = \mathbb{Q}_p(\sqrt{a})$. Im Fall $p \equiv 1 \pmod 4$ ist auch $\left(\frac{-a}{p}\right) = -1$; also ist das Element $-a$ zwar keine Quadratzahl, wird aber ein Normelement der Erweiterung $K \mid \mathbb{Q}_p$. Für $p \equiv -1 \pmod 4$ schließlich ist $\left(\frac{-1}{p}\right) = -1$. Wir wählen $a \in \mathbb{N}$ als den kleinsten quadratischen Nichtrest modulo p. Dann gilt $\left(\frac{a-1}{p}\right) = 1$ und damit $\left(\frac{1-a}{p}\right) = -1$. Wegen $(a, 1-a)_p = 1$ ist auch hier $1 - a \in N(K^\times) \smallsetminus (\mathbb{Q}_p^\times)^2$.

4) Es bleibt der komplizierteste Fall $p = 2$ zu behandeln. Die Faktorgruppe $\mathbb{Q}_2^\times / (\mathbb{Q}_2^\times)^2$ ist dann eine elementar-abelsche 2-Gruppe der Ordnung 8. Um die Indexgleichung nachzuweisen, geben wir zu jeder quadratischen Erweiterung $K \mid \mathbb{Q}_2$ Vertreter a zweier verschiedener Nebenklassen modulo $(\mathbb{Q}_2^\times)^2$ in $\mathbb{Q}_2^\times$ an mit a in $N(K^\times) \smallsetminus (\mathbb{Q}_2^\times)^2$ und einen Vertreter $b \in \mathbb{Q}_2^\times \smallsetminus N(K^\times)$. Deshalb folgt die Normen-Index-Gleichung mit Rücksicht auf die Produktformel aus der Bemerkung zum Satz von Lagrange (Satz 5 in 3.4):

$$8 = [\mathbb{Q}_2^\times : (\mathbb{Q}_2^\times)^2] = [\mathbb{Q}_2^\times : N(K^\times)][N(K^\times) : (\mathbb{Q}_2^\times)^2].$$

Zur Vorbereitung wird $(-1, m)_2$ berechnet für $m = \pm 1$, ± 2, ± 3, ± 6. Nach Teil 1) ist $(-1, 1)_2 = (-1, 2)_2 = 1$, und wegen $1^2 + 2^2 = 5 \in -3 + 8\mathbb{Z}_2$ ist $(-1, -3)_2 = 1$, woraus noch $(-1, -6)_2 = 1$ folgt. Nun wird indirekt gezeigt, daß $(-1, -2)_2 = -1$ gilt. Angenommen, es sei $(-1, -2)_2 = 1$. Dann gäbe es Elemente $x, y \in \mathbb{Q}_2$, die der Gleichung genügen

$$x^2 + y^2 = -2. \tag{$**$}$$

Aus ihr folgt $v_2(x^2 + y^2) = 1$. Da andererseits $v_2(x^2) \equiv v_2(y^2) \equiv 0 \pmod 2$ ist, muß nach den Bemerkungen in 9.2 zur ultrametrischen Ungleichung $v_2(x^2) = v_2(y^2)$ sein, und überdies ist dieser Wert ≤ 0. Daher existiert eine Zahl $t \in \mathbb{N}_0$ sowie ein

Paar ξ, η von Einheiten in $\mathbb{Z}_2$ mit $x = 2^{-t}\xi$, $y = 2^{-t}\eta$. Zwischen ihnen müßte die Beziehung bestehen

$$2^{2t}(x^2 + y^2) \ = \ \xi^2 + \eta^2 \ \in \ 2 + 8\,\mathbb{Z}_2\,.$$

Da die Zahlen rechts $\equiv 2 \pmod 4$ sind, ist $t > 0$ nicht möglich. Da indes die rechte Seite die Zahl -2 nicht enthält, ist zufolge der Gleichung $(**)$ auch $t = 0$ nicht möglich. Also war die Annahme falsch; es gilt vielmehr $(-1,-2)_2 = -1$. Nun ergeben sich aus Teil 1) und Proposition 2 auch die fehlenden Werte

$$(-1,-1)_2 \ = \ (-1,3)_2 \ = \ (-1,6)_2 \ = \ -1\,.$$

Darauf braucht man jetzt nur die Formeln unter 1) erneut anzuwenden, um die folgende Tabelle einzusehen.

$$
\begin{aligned}
(\ 2,-1)_2 &= (\ 2,-2)_2 = 1, & (\ 2,\ 3)_2 &= -1, \\
(-2,\ 2)_2 &= (-2,\ 3)_2 = 1, & (-2,-1)_2 &= -1, \\
(\ 3,-3)_2 &= (\ 3,-2)_2 = 1, & (\ 3,-1)_2 &= -1, \\
(-3,\ 3)_2 &= (-3,-1)_2 = 1, & (-3,\ 2)_2 &= -1, \\
(\ 6,-6)_2 &= (\ 6,-2)_2 = 1, & (\ 6,-1)_2 &= -1, \\
(-6,\ 6)_2 &= (-6,-1)_2 = 1, & (-6,\ 2)_2 &= -1\,.
\end{aligned}
$$

Die Begründung für die Normenindexgleichung ist damit beendet. $\qquad\qquad\square$

10.3   Das Hilbert-Symbol als Bilinearform

Satz 3. *Es sei v eine Stelle von $\mathbb{Q}$. Für beliebige Elemente a, a_1, a_2, b, b_1, b_2 in $\mathbb{Q}_v^{\times}$ gilt dann $(a, b_1 b_2)_v = (a, b_1)_v\,(a, b_2)_v$, $(a_1 a_2, b)_v = (a_1, b)_v\,(a_2, b)_v$; somit vermittelt das Hilbertsymbol auf der elementar-abelschen 2-Gruppe $\mathbb{Q}_v^{\times}/(\mathbb{Q}_v^{\times})^2$, aufgefaßt als $\mathbb{F}_2$-Vektorraum, wo $\mathbb{F}_2$ auf der Faktorgruppe $\mathbb{Q}_v^{\times}/(\mathbb{Q}_v^{\times})^2$ natürlich operiert durch Exponenten, eine nichtausgeartete, symmetrische Bilinearform*

$$(\,\cdot\,,\,\cdot\,)_v : \ \mathbb{Q}_v^{\times}/(\mathbb{Q}_v^{\times})^2 \times \mathbb{Q}_v^{\times}/(\mathbb{Q}_v^{\times})^2 \ \longrightarrow \ \{\pm 1\}\,.$$

Beweis. Weil das Hilbertsymbol symmetrisch ist (Proposition 2), genügt es, die erste Gleichung zu beweisen. Alle Fälle, in denen dort wenigstens ein Faktor rechts gleich 1 ist, wurden überdies bereits im Teil 1) des Beweises von Satz 2 behandelt. Damit bleibt nur der Fall $(a, b_1)_v = (a, b_2)_v = -1$ zu diskutieren. Nach Satz 2 gibt es dann ein $\beta \in \mathbb{Q}_v(\sqrt{a})^{\times}$ mit $b_2 = b_1\,N(\beta)$; und daraus folgt mit Proposition 2

$$(a, b_1 b_2)_v \ = \ (a, b_1^2\,N(\beta))_v \ = \ (a, N(\beta))_v \ = \ 1\,.$$

In Proposition 2 wurde auch schon festgestellt, daß $(a, b)_v$ je nur von der Quadratklasse der Argumente a, b in $\mathbb{Q}_v^{\times}$ abhängt. Schließlich bleibt noch zu erläutern, weshalb die betrachtete Bilinearform nichtausgeartet ist, also weshalb aus

$$(a, x)_v = 1 \quad \text{für alle} \quad x \in \mathbb{Q}_v^{\times}$$

folgt $a \in (\mathbb{Q}_v^{\times})^2$. Für jedes a in $\mathbb{Q}_v^{\times} \smallsetminus (\mathbb{Q}_v^{\times})^2$ bildet $\mathbb{Q}_v(\sqrt{a})$ eine quadratische Körpererweiterung $K\,|\,\mathbb{Q}_v$. Aufgrund der Normenindexgleichung existieren Zahlen

$x \in \mathbb{Q}_v^\times \setminus N(K^\times)$; und sie erfüllen natürlich die Gleichung $(a,x)_p = -1$ nach Definition des Hilbertsymbols. □

Bemerkungen. Die symmetrische, nichtausgeartete Bilinearform $(\,\cdot\,,\,\cdot\,)_v$ auf dem ein-, zwei- oder dreidimensionalen $\mathbb{F}_2$-Vektorraum $\mathbb{Q}_v^\times/(\mathbb{Q}_v^\times)^2$ (mit Multiplikation statt Addition auf der zugrunde liegenden abelschen Gruppe und damit der Wirkung von $\mathbb{F}_2$ durch Exponenten auf die Gruppenelemente anstelle der Skalarmultiplikation) ist, wie aus der Linearen Algebra bekannt, vollkommen bestimmt durch ihre Werte auf den Paaren von Basiselementen.

Im Fall $v = \infty$, wo die Dimension gleich 1 ist, besteht nur die Möglichkeit, $-1 \cdot (\mathbb{Q}_v^\times)^2$ als Basis zu wählen, und dann ist $(-1,-1)_\infty = -1$.

Ist $v = \ell$ eine Primzahl $\neq 2$, so wählen wir einen quadratischen Nichtrest $m \pmod \ell$. Nach Satz 1 haben wir die Basis $\ell(\mathbb{Q}_\ell^\times)^2$, $m(\mathbb{Q}_\ell^\times)^2$ für $\mathbb{Q}_\ell^\times/(\mathbb{Q}_\ell^\times)^2$. Die Aussage (∗) aus dem Beweis von Satz 2 liefert $(m,\ell)_\ell = (m,m\ell)_\ell = -1$ und $(-1,\ell)_\ell = \left(\frac{-1}{\ell}\right)$, woraus $(m,m)_\ell = 1$ folgt. Das ergibt nebenstehende Tabelle.

$(\,\cdot\,,\,\cdot\,)_\ell$	ℓ	m
ℓ	$\left(\dfrac{-1}{\ell}\right)$	-1
m	-1	1

Die Quadratklasse $c(\mathbb{Q}_\ell^\times)^2$ einer ganzen Zahl $c \in \mathbb{Z} \setminus \ell\mathbb{Z}$ liegt im Unterraum $\langle m(\mathbb{Q}_\ell^\times)^2\rangle$; also ist $(a,b)_\ell = 1$, sobald a und b Einheiten in $\mathbb{Z}_\ell$ sind. Für zwei verschiedene Primzahlen $p \neq 2$, $q \neq 2$ gilt mit $\ell = p$ bzw. q speziell

$$(p,q)_p = \left(\frac{q}{p}\right) \quad \text{und} \quad (p,q)_q = \left(\frac{p}{q}\right).$$

$(\,\cdot\,,\,\cdot\,)_2$	-1	2	-3
-1	-1	1	1
2	1	1	-1
-3	1	-1	1

Im Fall $v = 2$ hat der dreidimensionale $\mathbb{F}_2$-Vektorraum $\mathbb{Q}_2^\times/(\mathbb{Q}_2^\times)^2$ nach Satz 1 die Basis $-1 \cdot (\mathbb{Q}_2^\times)^2$, $2 \cdot (\mathbb{Q}_2^\times)^2$, $-3 \cdot (\mathbb{Q}_2^\times)^2$. Aus Teil 4) des Beweises von Satz 2 gewinnen wir die Wertematrix links. Für Primzahlen $p \neq 2$ wird daher

$$(p,p)_2 = (-p,p)_2\,(-1,p)_2 = (-1)^{\frac{1}{2}(p-1)},$$

wie sich aus der ersten Zeile ablesen läßt. Der zweiten Zeile in der letzten Matrix kann man entnehmen

$$(2,p)_2 = (-1)^{\frac{1}{8}(p^2-1)},$$

Wenn schließlich q eine von 2 und p verschiedene Primzahl ist, dann ergibt die Tabelle aus den zugehörigen Restklassen modulo 8 die Gleichung

$$(p,q)_2 = (-1)^{\frac{1}{2}(p-1)\frac{1}{2}(q-1)}.$$

10.4 Produktformel für die lokalen Hilbertsymbole

Satz 4. *Jedes Paar rationaler Zahlen $a,b \in \mathbb{Q}^\times$ erfüllt die Gleichung*

$$\prod_v (a,b)_v = 1,$$

in der v unter dem Produktzeichen neben ∞ alle Primzahlen durchläuft.

Beweis. 1) Zunächst ist festzustellen, daß das Produkt nur endlich viele Faktoren -1 hat. Jeder Faktor behält seinen Wert, wenn a und b in ihrer Nebenklasse modulo $(\mathbb{Q}^\times)^2$ abgeändert werden. Daher kann man annehmen, daß $a, b \in \mathbb{Z} \smallsetminus \{0\}$ und quadratfrei sind. Ist $v = \ell$ eine Primzahl $\neq 2$, die weder a noch b teilt, dann ist nach den letzten Bemerkungen $(a, b)_\ell = 1$.

2) Wegen der Multiplikativität der lokalen Symbole genügt es, die Produktformel zu prüfen für Paare $a, b \in \{-1, 2, p \neq 2 \text{ und prim}\}$. Aufgrund der Symmetrie der lokalen Symbole sind das die folgenden sieben Fälle:

$$(-1, -1)_v \, ; \ (-1, 2)_v \, ; \ (-1, p)_v \, ; \ (2, 2)_v \, ; \ (2, p)_v \, ; \ (p, p)_v \, ; \ (p, q)_v \quad \text{mit} \ p \neq q \, .$$

Die Faktoren des Produkts stehen jeweils in den Bemerkungen zu Satz 3.

$$
\begin{aligned}
(-1, -1)_\infty &= (-1, -1)_2 = -1, & & & (-1, -1)_\ell &= 1; \\
(-1, 2)_v &= 1 \quad \forall\, v \in V; & & & & \\
(-1, p)_2 &= (-1)^{\frac{p-1}{2}}, & (-1, p)_p &= \left(\tfrac{-1}{p}\right), & (-1, p)_\ell &= 1; \\
(2, 2)_2 &= 1, & & & (2, 2)_\ell &= 1; \\
(2, p)_2 &= (-1)^{\frac{p^2-1}{8}}, & (2, p)_p &= \left(\tfrac{2}{p}\right), & (2, p)_\ell &= 1; \\
(p, p)_2 &= (-1)^{\frac{p-1}{2}}, & (p, p)_p &= \left(\tfrac{-1}{p}\right), & (p, p)_\ell &= 1; \\
(p, q)_2 &= (-1)^{\frac{p-1}{2}\frac{q-1}{2}}, & (p, q)_p = \left(\tfrac{q}{p}\right), \ (p, q)_q &= \left(\tfrac{p}{q}\right), & (p, q)_\ell &= 1.
\end{aligned}
$$

Die Produktformel für das Hilbertsymbols beruht also auf der Gültigkeit des quadratischen Reziprozitätsgesetzes und seiner Ergänzungssätze. $\square$

Am Ende des Abschnitts behandeln wir die Frage, ob bei Vorgabe eines endlichen Systems von rationalen Zahlen $a_j \neq 0$ $(1 \leq j \leq r)$ und bei Vorgabe je eines Systems von Werten $\varepsilon_{j,v} \in \{\pm 1\}$ mit einer rationalen Zahl $x \neq 0$ das Gleichungssystem

$$(a_j, x)_v = \varepsilon_{j,v} \quad (1 \leq j \leq r, \ v \in V)$$

gelöst werden kann. Dazu ist natürlich notwendig, daß gilt

$$\varepsilon_{j,v} = 1 \quad \text{bis auf endlich viele Ausnahmen}\,, \tag{1}$$

und nach der Hilbertschen Produktformel in Satz 4 auch

$$\prod_{v \in V} \varepsilon_{j,v} = 1, \quad 1 \leq j \leq r\,. \tag{2}$$

An jeden Index $v \in V$ gibt es noch eine notwendige Bedingung:

$$\text{Es gibt ein} \quad x_v \in \mathbb{Q}_v^\times \quad \text{mit} \quad (a_j, x_v)_v = \varepsilon_{j,v} \quad (1 \leq j \leq r)\,. \tag{3}$$

Damit sind alle notwendigen Bedingungen aufgezählt.

Satz 5. (Rationale Zahlen mit vorgeschriebenem Hilbert-Symbol)* *Es sei r eine natürliche Zahl und $a_j \in \mathbb{Q}^\times$ für $1 \leq j \leq r$. Gegeben sei ferner ein System von Zahlen $\varepsilon_{j,v} \in \{\pm 1\}$ $(1 \leq j \leq r, \ v \in V)$ mit den Bedingungen (1), (2), (3). Dann existiert eine Zahl $x \in \mathbb{Q}^\times$, die simultan die Gleichungen erfüllt*

$$(a_j, x)_v = \varepsilon_{j,v} \quad (1 \leq j \leq r, \ v \in V)\,.$$

Beweis in Anlehnung an J. P. SERRE [Se2].

1) Der Wert des Hilbertsymbols hängt nur von den *Quadratklassen*, also den Nebenklassen modulo der Gruppe $(\mathbb{Q}_v^\times)^2$ seiner Argumente ab. Deshalb darf von vornherein angenommen werden, daß alle Zahlen $a_j \in \mathbb{Z} \setminus \{0\}$ sind. Es bezeichne S die Menge der Stellen $v \in V$, für die $|a_j|_v < 1$ ist für mindestens einen Index j zuzüglich $v = \infty$ und $v = 2$. Dann sei T die Menge aller Stellen $v \in V$, zu denen mindestens ein Index j existiert mit $\varepsilon_{j,v} = -1$. Die Vereinigung $S \cup T$ ist eine endliche Teilmenge von V.

2) Aufgrund der Multiplikativität des Hilbertsymbols im zweiten Argument kann die Aufgabe auf den Fall $S \cap T = \varnothing$ reduziert werden: Für jedes $v \in S$ ist $x_v(\mathbb{Q}_v^\times)^2$ eine offene Umgebung von x_v in $\mathbb{Q}_v$. Denn $(\mathbb{Q}_\infty^\times)^2$ enthält das Intervall $]0, \infty[$; nach Satz 1 enthält sodann $(\mathbb{Q}_p^\times)^2$ die 1-Umgebung $1 + p\mathbb{Z}_p$, falls $p > 2$ ist und $1 + 8\mathbb{Z}_2$, falls $p = 2$ ist. Also gibt es nach Satz 3 in 9.5, dem Satz über simultane Approximationen, eine rationale Zahl b mit der Eigenschaft $b \in x_v(\mathbb{Q}_v^\times)^2$ für alle $v \in S$. Mit ihrer Hilfe wird die Aufgabe neu formuliert: Man setze

$$\eta_{j,v} = (a_j, b)_v \, \varepsilon_{j,v} \qquad (1 \le j \le r, \ v \in V).$$

Auch dann ist fast immer $\eta_{j,v} = 1$ sowie $\prod_{v \in V} \eta_{j,v} = 1$ $(1 \le j \le r)$, und in $y_v = b x_v$ hat man ein Element von $\mathbb{Q}_v^\times$ mit der Eigenschaft $(a_j, y_v)_v = \eta_{j,v}$ $(1 \le j \le r)$. Wann immer $v = \infty$ oder $v = 2$ oder $|a_i|_v < 1$ für einen Index i gilt, sind alle r Werte $\eta_{j,v} = 1$.

3) Es sei jetzt $S \cap T = \varnothing = T \cap \{\infty, 2\}$. Wir definieren

$$a = \prod_{q \in T} q \quad \text{und} \quad m = 8 \prod_{q' \in S} q',$$

worin q' die ungeraden Primzahlen in S durchläuft. Dann ist $\mathrm{ggT}(a, m) = 1$. An dieser Stelle benutzen wir DIRICHLETs Satz über Primzahlen in arithmetischen Progressionen. Beweisen werden wir ihn erst in Abschnitt 19, und zur Erinnerung an diesen Vorgriff haben wir einen Stern an Satz 5 angebracht. Nach Dirichlets Resultat gibt es unendlich viele Primzahlen in der Restklasse $a + m\mathbb{Z}$, also jedenfalls eine Primzahl $p \equiv a \pmod{m}$, die weder in S noch in T enthalten ist. Wir werden zeigen, daß $x = ap$ die gestellte Aufgabe löst. Jedenfalls ist $x > 0$ und daher $(a_j, x)_\infty = 1 = \varepsilon_{j,\infty}$ für $1 \le j \le r$.

a) Für endliche $v \in S$ ist stets $(a_j, x)_v = 1$: Die Wahl von p und x ergibt

$$x \equiv a^2 \pmod{m},$$

woraus $x \equiv a^2 \pmod 8$ im Fall $v = 2$ folgt und $x \equiv a^2 \pmod{\ell}$ im Fall eines Primteilers $v = \ell \ne 2$ von m. Also ist $(a_j, x)_v = 1$ für alle $v \in S$.

b) Wenn $v = \ell$ eine Primzahl außerhalb von S ist, dann sind alle a_j Einheiten in $\mathbb{Z}_\ell$. Ist überdies noch $\ell \notin T \cup \{p\}$, so ist auch $x \in \mathbb{Z}_\ell^\times$, was nach den Bemerkungen zu Satz 3 für alle Indizes j ergibt

$$(a_j, x)_\ell = 1 = \varepsilon_{j,\ell}.$$

Im Fall $\ell \in T$ ist $v_\ell(x) = 1$ nach Wahl von x. Für die Zahl $x_\ell \in \mathbb{Q}_\ell^\times$ gemäß Bedingung (3) ist $(a_j, x_\ell)_\ell = \varepsilon_{j,\ell}$. Andererseits gibt es nach Definition der Menge

T mindestens einen Index j, für den $\varepsilon_{j,\ell} = -1$ ist. Daraus folgt $v_\ell(x_\ell) \equiv 1 \pmod 2$. Denn aufgrund der ersten Tabelle des Hilbertsymbols in den Bemerkungen zu Satz 3 ist $(a_j, x_\ell)_\ell = (a_j, \ell)^{v_\ell(x_\ell)}$, weil nach wie vor a_j eine Einheit in $\mathbb{Z}_\ell$ ist. Daher ergibt sich auch hier wieder

$$\varepsilon_{j,\ell} = (a_j, \ell)_\ell = (a_j, x)_\ell \qquad (1 \le j \le r).$$

c) Der einzig fehlende Fall ist $\ell = p$. Die zugehörige Gleichung wird nun durch den Produktsatz zusammen mit der Bedingung (2) geliefert:

$$(a_j, x)_p = \prod_{v \neq p} (a_j, x)_v = \prod_{v \neq p} \varepsilon_{j,v} = \varepsilon_{j,p}. \qquad \square$$

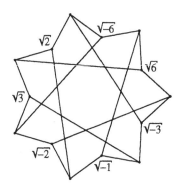

Aufgabe 1. Man zeige, daß für jede Primzahl p der Körper $\mathbb{Q}_p$ der p-adischen Zahlen bis auf Isomorphie genau eine quadratische Erweiterung K besitzt, deren Normen alle einen geraden Exponenten haben: $v_p(N(K^\times)) \subset 2\mathbb{Z}$.

Aufgabe 2. Es bezeichne $x \mapsto \overline{x}$ den Galoisautomorphismus der Erweiterung $K|\mathbb{Q}_p$ von Aufgabe 1. Dann wird unter der Addition und Multiplikation von Matrizen folgende Menge eine *Divisionsalgebra*, deren von Null verschiedene Elemente also ohne Ausnahme invertierbar sind:

$$D = \left\{ \begin{pmatrix} x & yp \\ \overline{y} & \overline{x} \end{pmatrix}; \ x, y \in K \right\}.$$

Aufgabe 3. Es sei 1_2 das Einselement der Divisionsalgebra D von Aufgabe 2. Man betrachte den zu $\mathbb{Q}_p$ isomorphen Teilkörper $\mathbb{Q}_p \cdot 1_2$ von D und beweise, daß er zu jeder quadratischen Körpererweiterung $K' \mid \mathbb{Q}_p$ sogar in D einen isomorphen Erweiterungskörper besitzt. Anleitung: Es genügt zu zeigen, daß $\alpha \cdot 1_2$ ein Quadrat in D ist für die in Satz 1 angegebenen Vertreter $\alpha \neq 1$ der Quadratklassen in $\mathbb{Q}_p^\times$.

11 Elemente der Gruppentheorie

Im ersten Drittel dieses Abschnittes sammeln wir grundlegende Konzepte und einfache Folgerungen über Gruppen. Dazu gehört an erster Stelle der Begriff des Normalteilers, der die Kerne von Homomorphismen einer Gruppe beschreibt. Die Details kommen im Homomorphiesatz zum Ausdruck. Diese Grundlagen wurden übrigens, soweit sie abelsche Gruppen betreffen, von Beginn an vorausgesetzt und benutzt. Ergänzungen zum Thema abelscher Gruppen bringt das zweite Drittel: Abelsche Gruppen mit lauter Elementen endlicher Ordnung lassen sich zerlegen als direkte Summe ihrer *Primärkomponenten*. Daraus entsteht später mit dem Struktursatz für endliche abelsche Gruppen nützliches Werkzeug zum Beweis des Satzes von KRONECKER und WEBER. In ihm erblickt man einen Höhepunkt der Verbindung von Galoistheorie und Arithmetik der Zahlkörper. Für den Einstieg in diese Arithmetik bilden die Sätze über endlich erzeugte freie abelsche Gruppen bequeme Stufen.— Bei tieferen Untersuchungen in der Arithmetik der Zahlkörper zeigt sich bald der Nutzen der Galoistheorie. In ihr werden natürliche Aktionen von Gruppen auf Mengen sichtbar, die mit bestimmten Erweiterungen L eines Körpers K verknüpft sind: etwa auf der Menge der Faktoren eines in $K[X]$ irreduziblen Polynoms im großen Ring $L[X]$, auf der Menge der Zwischenkörper K' von $L|K$, auf der Menge der Ideale oder der Faktorringe des Ringes $\mathfrak{O}$ der ganzen Zahlen von L. Zur Vorbereitung auf die Galoistheorie beschäftigen wir uns im letzten Drittel mit den Gruppenaktionen auf Mengen. Die *symmetrische Gruppe* $\mathfrak{S}_n$ aller Permutationen der Menge $\{1, \dots, n\}$ ist das Standard-Beispiel. Die Aktionen einer Gruppe zeigen, abstrakt gesprochen, die mannigfachen Beschreibungen der Gruppe als Permutationsgruppe. Als Anwendung leiten wir zum Schluß die SYLOWschen Sätze über die Untergruppen von Primzahl-Potenz-Ordnung in einer endlichen Gruppe her. Darunter befindet sich der Satz über die Existenz von Untergruppen U der Ordnung q in jeder endlichen Gruppe G, deren Ordnung $n = mq$ durch die Primzahlpotenz q teilbar ist.

11.1 Halbgruppen, Monoide und Gruppen

Wir beginnen mit der grundlegenden Definition der Halbgruppen. Eine Menge S mit einer Abbildung $S \times S \rightarrow S$, $(x, y) \mapsto xy$, die man *Verknüpfung* auf S nennt, heißt eine *Halbgruppe*, falls die Verknüpfung das Assoziativgesetz erfüllt: $(ab)c = a(bc)$ für alle $a, b, c \in S$. Es bedeutet, daß man bei wiederholter Anwendung der Verknüpfung keine Klammern braucht.

Beispiel. Durch jede Halbgruppe S entsteht auf der *Potenzmenge* $\mathfrak{P}(S)$, also der Menge aller ihrer Teilmengen, eine natürliche Halbgruppenstruktur, indem man das *Komplexprodukt* zweier Mengen $A, B \subset S$ definiert durch

$$A \cdot B := \{ab; \ a \in A, \, b \in B\}.$$

In einer Halbgruppe S heißt ein Element e *neutral*, falls gilt $ae = ea = a$ für alle $a \in S$. Eine Halbgruppe S enthält höchstens ein neutrales Element; ist nämlich auch $e' \in S$ sowie $e'a = a$ für alle $a \in S$, so gilt mit e und e' statt a speziell $e = e'e = e'$. Bei multiplikativer Schreibweise der Verknüpfung auf S kann man e auch das *Einselement* von S nennen und dafür $e = 1_S$ schreiben. Jede Halbgruppe mit einem Einselement wird *Monoid* genannt. In Monoiden S hat der Begriff invertierbarer Elemente einen Sinn: $a \in S$ heißt *invertierbar*, falls es ein weiteres Element $a^* \in S$ mit $aa^* = a^*a = 1_S$ gibt. Es existiert höchstens ein derartiges *Inverses* a^*, denn aus $aa' = 1_S$ folgt $a^* = a^*1_S = a^*aa' = 1_S\,a' = a'$. Aus diesem Grunde wird für das Inverse von a im Falle der Existenz auch a^{-1} geschrieben. Übrigens ist das neutrale Element stets invertierbar. Mit jedem invertierbaren Element a in dem Monoid S ist auch a^{-1} invertierbar und hat als Inverses das Element a. Endlich ist mit je zwei invertierbaren Elementen $a, b \in S$ auch das Produkt ab^{-1} invertierbar; sein Inverses ist ba^{-1}.

Jede Menge X liefert in der Gesamtheit der Abbildungen von X in X mit der Abbildungskomposition als Verknüpfung ein Monoid, dessen Einselement die Identität id_X ist. Es ist insofern wichtig, als das Assoziativgesetz aus einer selbstverständlichen Eigenschaft der Abbildungen folgt. Die invertierbaren Elemente dieses Monoides sind gerade die bijektiven Selbstabbildungen von X, ihre Inversen sind zugleich ihre Umkehrabbildungen.

Eine Abbildung $\varphi \colon S \to S'$ zwischen Halbgruppen, die die Verknüpfungen beiderseits respektiert, heißt *Homomorphismus*. Das besagt genauer: für alle $a, b \in S$ gilt $\varphi(ab) = \varphi(a)\varphi(b)$. Ist die Abbildung φ überdies bijektiv, so ist ihre Umkehrabbildung φ^{-1} ebenfalls ein Homomorphismus, kurz φ ist ein *Isomorphismus*. Denn unter diesen Voraussetzungen besitzen zwei Elemente $a', b' \in S'$ eindeutige Urbilder $a = \varphi^{-1}(a')$, $b = \varphi^{-1}(b')$, deren φ-Bilder $\varphi(a) = a'$, $\varphi(b) = b'$ sind. Deshalb gilt

$$\varphi^{-1}(a'b') = \varphi^{-1}(\varphi(a)\varphi(b)) = \varphi^{-1} \circ \varphi(ab) = ab = \varphi^{-1}(a')\varphi^{-1}(b').$$

Es ist fast unmittelbar klar, daß zu jedem Element a einer Halbgruppe S ein eindeutiger Homomorphismus der Halbgruppe $\mathbb{N}$ (unter der Addition als Verknüpfung) in S existiert, der die natürliche Zahl 1 auf a wirft; sein Bild bei n ist die n-te Potenz a^n. Wenn S ein Monoid ist mit dem Einselement e, dann hat dieser Homomorphismus eine Fortsetzung auf das Monoid $\mathbb{N}_0$ durch $a^0 = e$; ist überdies a sogar invertierbar in S, dann wird er auf die Gruppe $\mathbb{Z}$ via $a^{-m} = (a^{-1})^m$ fortgesetzt.

Definition. Ein Monoid mit lauter invertierbaren Elementen heißt *Gruppe*.

Bemerkung. Es sei $\varphi\colon G \to G'$ ein Halbgruppenhomomorphismus zwischen zwei Gruppen mit neutralem Element e bzw. e'. Dann gelten die Gleichungen $\varphi(e)=e'$ und $\varphi(a^{-1}) = \varphi(a)^{-1}$ für alle $a \in G$. Also sind solche Morphismen stets mit der Inversenbildung verträglich, werden also zu Homomorphismen von Gruppen. Denn für alle $a, x \in G$ ist $x = xaa^{-1} = a^{-1}ax$. Daraus folgt die Gleichung $\varphi(x) = \varphi(x)\varphi(a)\varphi(a^{-1}) = \varphi(a^{-1})\varphi(a)\varphi(x)$. Nach Multiplikation mit $\varphi(x)^{-1}$ von links und rechts wird $e' = \varphi(a)\varphi(a^{-1}) = \varphi(a^{-1})\varphi(a) = \varphi(e)$.

Proposition 1. *Ein endliches Monoid C mit genau einem Idempotent e ist eine Gruppe. Dabei bedeutet* Idempotent, *daß $e^2 = e$ gilt.*

Beweis. Natürlich ist e das neutrale Element von C, und jedes $a \in C$ hat nur endlich viele verschiedene Potenzen. Daher gilt $a^{k+s} = a^k$ für passende $k, s \in \mathbf{N}$. Folglich ist $a^{m+s} = a^m$ für alle $m \geq k$. Sodann ist auch $a^{m+ns} = a^m$ für alle $m \geq k$ und alle $n \geq 1$. Speziell mit $m = ns \geq k$ wird $a^{2m} = a^m$ ein Idempotent, nach Voraussetzung also $a^m = e$. Mithin ist a invertierbar. □

Definition. Eine nicht leere Teilmenge U einer Gruppe G heißt eine *Untergruppe*, wenn mit je zwei Elementen $a, b \in U$ auch $ab^{-1} \in U$ ist.

Jede Untergruppe U ist mit der eingeschränkten Verknüpfung selbst eine Gruppe: Da U nicht leer ist, gibt es ein $c \in U$. Es liefert $cc^{-1} = 1_G \in U$. Zu jedem $y \in U$ findet man über $a = 1_G$, $b = y$ das Inverse $y^{-1} \in U$. Für jedes weitere x in U folgt mittels $a = x$, $b = y^{-1}$, daß auch $xy \in U$ liegt. Daher ist U ein Monoid in G mit lauter invertierbaren Elementen.

Definition. Eine Untergruppe N der Gruppe G heißt ein *Normalteiler* oder eine *normale* Untergruppe, wenn für alle $x \in G$ gilt $xN = Nx$.

Hauptbeispiel. Für jeden Morphismus $\varphi\colon G \to G'$ zwischen Gruppen ist $N := \{x \in G\,;\ \varphi(x) = 1_{G'}\}$, der *Kern* von φ, ein Normalteiler von G.

Es seien e, e' die neutralen Elemente von G, G'. Für sie gilt nach der Bemerkung zur Gruppendefinition $\varphi(e) = e'$, also ist $e \in N$. Ferner ergibt sich $\varphi(ab^{-1}) = \varphi(a)\varphi(b)^{-1} = e'$ für alle $a, b \in N$; das liefert die Untergruppeneigenschaft von N. Weiter ist für $x \in G$ zu zeigen $xNx^{-1} = N$: Ist $a \in N$, gilt also $\varphi(a) = e'$, so folgt $\varphi(xax^{-1}) = \varphi(x)\varphi(a)\varphi(x)^{-1} = e'$. Damit ist $xNx^{-1} \subset N$ bewiesen. Weil dies für alle $x \in G$ gilt, haben wir ebenso $x^{-1}Nx \subset N$, folglich auch $N \subset xNx^{-1}$. □

Proposition 2. (Die Faktorgruppe) *Für jeden Normalteiler N einer Gruppe G bildet das System der Nebenklassen xN, $x \in G$ eine Partition von G, also eine Zerlegung in paarweise disjunkte nichtleere Teilmengen. Sodann ist die Menge $\overline{G} = G/N$ der Nebenklassen unter der Komplexmultiplikation eine Gruppe mit dem neutralen Element $\overline{e} = N$. Schließlich liefert die Zuordnung $\pi(x) := xN$ einen surjektiven Gruppenmorphismus π von G auf $\overline{G}$ mit dem Kern N; er wird die* kanonische Projektion *von G auf G/N genannt.*

Beweis. Die Nebenklasse xN enthält das Element x aus G; daher ist sie nicht leer, und die Vereinigung aller Nebenklassen in G ist die ganze Gruppe. Zwei Nebenklassen xN, yN haben genau dann einen nichtleeren Durchschnitt, wenn im Normalteiler N Elemente a, b existieren, für die gilt $xa = yb$. Dann aber ist $yN = xab^{-1}N \subset xN$ und $xN = yba^{-1}N \subset yN$, also $xN = yN$. Da N eine Untergruppe von G ist, wird $N \cdot N = N$ im Sinne des Komplexproduktes. Sodann ist $(xN)(yN) = (x(Ny))N = (xy)(NN) = (xy)N$ für beliebige $x, y \in G$. Die Menge der Nebenklassen ist also ein Monoid mit dem neutralen Element $\bar{e} = eN = N$. Endlich wird $x^{-1}N$ das zu xN inverse Element im Monoid der Nebenklassen modulo N. Die Multiplikativität der Abbildung $\pi \colon G \to \overline{G}$ ist bereits mitbewiesen. Offenbar ist $\pi(x) = N$ dasselbe wie $x \in N$, und das besagt $\operatorname{Ker} \pi = N$. $\qquad\square$

Satz 1. (Der Homomorphiesatz für Gruppen) *Für jeden Homomorphismus* $\varphi \colon G \to G'$ *zwischen zwei Gruppen ist* $\varphi(G)$ *eine Untergruppe von* G', *die Abbildung* φ *ist konstant auf jeder Nebenklasse* xN *des Kernes* N *von* φ, *und durch* $\overline{\varphi}(xN) = \varphi(x)$ *wird ein Monomorphismus der Faktorgruppe* G/N *in die Gruppe* G' *definiert mit der Eigenschaft* $\overline{\varphi} \circ \pi = \varphi$. *Darin bezeichnet* $\pi \colon G \to G/N$ *die kanonische Projektion.*

Beweis. Das Bild $\varphi(G)$ enthält bekanntlich das neutrale Element e' von G', ferner wird für alle $x, y \in G$ das Produkt $\varphi(x)\varphi(y)^{-1} = \varphi(xy^{-1})$ wieder ein Element im Bild von φ. Damit ist $\varphi(G)$ als Untergruppe von G' erkannt.— Für alle $a \in N = \operatorname{Ker} \varphi$ gilt $\varphi(xa) = \varphi(x)\varphi(a) = \varphi(x)$. Daraus ist die Konstanz von φ auf den Nebenklassen modulo N abzulesen. Insbesondere ist die Abbildung $\overline{\varphi}$ wohldefiniert. Sie respektiert die Multiplikation auf der Faktorgruppe, weil φ die Multiplikation auf G respektiert. Schließlich bedeutet $\overline{\varphi}(xN) = \overline{\varphi}(yN)$ dasselbe wie $\varphi(x) = \varphi(y)$, also wie $\varphi(xy^{-1}) = e'$. Dies besagt, daß $\overline{\varphi}$ injektiv ist. Mit der letzten Aussage wird lediglich der Anschluß an die Notation der vorangehenden Proposition 2 hergestellt. $\qquad\square$

Definition. Als *direktes Produkt* zweier Gruppen G_1, G_2 bezeichnet man die Menge $G_1 \times G_2$ aller Paare (g_1, g_2) mit Komponenten $g_1 \in G_1$, $g_2 \in G_2$ unter der Verknüpfung $(g_1, g_2)(h_1, h_2) = (g_1 h_1, g_2 h_2)$.

Das direkte Produkt zweier Gruppen ist wieder eine Gruppe. Sie hat das Einselement $e = (e_1, e_2)$, worin die Komponente e_k das Einselement von G_k bezeichnet. Durch $\pi_1(g_1, g_2) := g_1$ ist ein surjektiver Homomorphismus π_1 von $G_1 \times G_2$ auf G_1 gegeben mit dem Kern $N_1 = \{(e_1, g_2)\,;\ g_2 \in G_2\}$. Er ist offenbar isomorph zu G_2. Analog definiert $\pi_2(g_1, g_2) := g_2$ einen surjektiven Homomorphismus π_2 von $G_1 \times G_2$ auf G_2 mit dem zu G_1 isomorphen Kern $N_2 = \{(g_1, e_2)\,;\ g_2 \in G_2\}$. Man nennt π_k die *Projektion* von $G_1 \times G_2$ auf G_k.

Bemerkung. Auf der Gleichung $(g_1, e_2)(e_1, g_2) = (e_1, g_2)(g_1, e_2)$ im direkten Produkt $G_1 \times G_2$ beruht die Tatsache, daß für zwei Untergruppen G_1, G_2

der Gruppe G die durch $(g_1, g_2) \mapsto g_1 g_2$ definierte Abbildung φ genau dann verträglich ist mit der Multiplikation beiderseits, also ein Homomorphismus ist von $G_1 \times G_2$ nach G, wenn gilt $g_1 g_2 = g_2 g_1$ für alle $g_1 \in G_1$, $g_2 \in G_2$. Ist das der Fall, dann ist

$$\operatorname{Ker}\varphi = \{(g_1, g_2)\,;\ g_1 = g_2^{-1} \in G_1 \cap G_2\}\,,$$

daher besagt $G_1 \cap G_2 = \{1_G\}$ dasselbe wie die Injektivität von φ, während die Gleichung $G_1 G_2 = G$ gleichbedeutend ist mit der Surjektivität von φ.

Definition. In (multiplikativ geschriebenen) Gruppen G eignet sich der für die Elemente $a \in G$ erklärte Potenzhomomorphismus $m \mapsto a^m$, $m \in \mathbb{Z}$ zur Definition der *Ordnung* von a. Wenn er injektiv ist, sagt man, a habe die Ordnung ∞; ist dagegen sein Kern gleich $N\mathbb{Z}$ mit $N \in \mathbb{N}$, so nennt man N die Ordnung von a. In *abelschen*, also in kommutativen Gruppen haben wir diesen Begriff schon von Abschnitt 3.4 an intensiv benutzt.

11.2 Torsions-Elemente in abelschen Gruppen

Die Verknüpfung schreiben wir in den abelschen Gruppen A hier additiv. Das neutrale Element 0_A wird folglich *Nullelement* genannt, und das bezüglich Addition zu $a \in A$ inverse Element $-a$ heißt das *Negativ* von a.

Proposition 3. (Die Torsionsuntergruppe) *Die Teilmenge T aller Elemente endlicher Ordnung bildet in jeder abelschen Gruppe A eine Untergruppe.*

Beweis. Die Null ist das Element der Ordnung 1 in A, daher ist $0_A \in T$. Zu Elementen $a, b \in T$ existieren $m, n \in \mathbb{N}$, für die gilt $a \cdot m = b \cdot n = 0_A$. Daraus folgt $(a - b) \cdot (mn) = (a \cdot m) \cdot n - (b \cdot n) \cdot m = 0_A - 0_A = 0_A$. Also teilt die Ordnung der Differenz $a - b$ das Produkt mn. Insbesondere ist $a - b \in T$. $\square$

Definition. Eine abelsche Gruppe A heißt eine *Torsionsgruppe*, wenn jedes ihrer Elemente eine endliche Ordnung hat; sie heißt dagegen *torsionsfrei*, wenn nur die Null endliche Ordnung hat.

Beispiel. Die Faktorgruppe A/T einer abelschen Gruppe A modulo ihrer Torsionsuntergruppe T ist stets torsionsfrei.— Denn ist $x = a + T$ eine von Null verschiedene Nebenklasse in der Faktorgruppe A/T, vertreten durch ihr Element $a \in A \smallsetminus T$, dann bedeutet $x \cdot k = \overline{0}$ dasselbe wie $a \cdot k \in T$. Daher existiert eine natürliche Zahl m mit $(a \cdot k) \cdot m = 0 = a \cdot (km)$. Wegen $a \in A \smallsetminus T$ geht das nur, wenn gilt $km = 0$, wenn also $k = 0$ ist.

Definition. Es sei A eine abelsche Gruppe und p eine Primzahl. Die Teilmenge A_p aller Elemente, deren Ordnung eine p-Potenz ist, nennt man die p-*Primärkomponente* von A. Sie ist eine Untergruppe von A.

Denn das Nullelement 0_A hat die Ordnung $1 = p^0$, liegt also in A_p. Weiter gibt es zu Elementen $a, b \in A_p$ eine natürliche Zahl N derart, daß $a \cdot p^N = 0_A$ und $b \cdot p^N = 0_A$ ist. Daher gilt auch $(a - b) \cdot p^N = 0_A$, was $a - b \in A_p$ bedeutet.

Satz 2. (Die Primärzerlegung) *Jede abelsche Torsionsgruppe A ist direkte Summe $A = \bigoplus_p A_p$ ihrer Primärkomponenten A_p; darin durchläuft p die Primzahlen.*

Beweis. Wir zeigen zunächst, daß jedes Element $a \in A$ sich als eine endliche Summe von Elementen mit Primzahlpotenzordnung schreiben läßt. Dazu sei $n = \prod_{i=1}^{r} p_i^{e_i}$ die Primzerlegung der Ordnung n von a. Das System der Zahlen $N_j = \prod_{i \neq j} p_i^{e_i}$ ($1 \leq j \leq r$) ist teilerfremd. Daher gibt es Zahlen $q_j \in \mathbb{Z}$ mit $\sum_{j=1}^{r} N_j q_j = 1$. Folglich ist $a = \sum_{j=1}^{r} a \cdot (N_j q_j)$, und der Summand $a \cdot (N_j q_j)$ liegt in A_{p_j}, weil seine Ordnung die Potenz $p_j^{e_j}$ teilt.— Zum Nachweis der Eindeutigkeit gehen wir indirekt vor. Angenommen, es gibt eine nichtleere endliche Menge P von Primzahlen und dazu Summanden $a_p \in A_p$, die nicht sämtlich Null sind, mit verschwindender Summe

$$\sum_{p \in P} a_p = 0_A. \qquad (*)$$

Dann existiert auch eine kleinste Menge P_0 dieser Art. Sie hat mindestens zwei Elemente, und für sie sind *alle* Summanden in $(*)$ von Null verschieden. Wir fixieren $p_0 \in P_0$ und wählen $N = p_0^e$ so groß, daß $a_{p_0} \cdot N = 0_A$ ist. Für die übrigen $p \in P_1 = P_0 \smallsetminus \{p_0\}$ ist das Element $a'_p = a_p \cdot N \neq 0_A$. Daraus folgt im Gegensatz zur Minimalität von P_0 die Relation $\sum_{p \in P_1} a'_p = 0_A$. $\qquad \square$

Bemerkungen. Die Primärkomponente A_p der endlichen abelschen Gruppe A ist nur für die Primteiler p der Ordnung von A von Null verschieden. Nach dem Struktursatz für endliche abelsche Gruppen ist A_p eine endliche direkte Summe zyklischer Gruppen von Primzahlpotenz-Ordnung. Übrigens ist A genau dann zyklisch, wenn alle Primärkomponenten zyklisch sind.

Proposition 4. *Jede Untergruppe B einer von n Elementen $a_1, \ldots, a_n$ erzeugten abelschen Gruppe A besitzt ein Erzeugendensystem von n Elementen $b_1, \ldots, b_n$, für das jeweils b_k in der von $a_k, \ldots, a_n$ erzeugten Untergruppe $\langle a_k, \ldots, a_n \rangle$ von A liegt ($1 \leq k \leq n$). Dabei kann zusätzlich erreicht werden, daß im Fall $b_k \in \langle a_{k+1}, \ldots, a_n \rangle$ sogar $b_k = 0_A$ ist.*

Beweis durch Induktion nach n. Im Fall $n = 0$ wird $A = \{0_A\}$, und dies ist die einzige Untergruppe B. Für sie gilt $B = \langle \varnothing \rangle$, also stimmt die Behauptung. Angenommen nun, es sei $n > 0$ sowie $A = \sum_{i=1}^{n} a_i \mathbb{Z}$, und die verschärfte Behauptung der Proposition sei richtig für abelsche Gruppen mit weniger als n Erzeugenden. Wir setzen $A' = \sum_{i=2}^{n} a_i \mathbb{Z}$ und betrachten zu jeder Untergruppe B von A die Gruppe $B' = B \cap A'$. Nach der Induktionsvoraussetzung gibt es ein Erzeugendensystem $(b_k)_{2 \leq k \leq n}$ von B' mit $b_k \in \langle a_k, \ldots, a_n \rangle$ und mit $b_k = 0_A$, falls $b_k \in \langle a_{k+1} \ldots a_n \rangle$ ist. Wenn $B = B'$ ist, kann $b_1 = 0_A$ gesetzt werden, und die Behauptung ist erfüllt. Ist dagegen $B \neq B'$, so bildet die Menge M der ganzen Zahlen m_1, zu denen es weitere $m_j \in \mathbb{Z}$ ($2 \leq j \leq n$) gibt mit einer Summe $\sum_{j=1}^{n} a_j \cdot m_j \in B$, eine von $\{0\}$ verschiedene Untergruppe von $\mathbb{Z}$. Sie hat also die Form $M = d_1 \mathbb{Z}$ mit einem $d_1 \in \mathbb{N}$. Nach der Definition von M existiert somit ein Element

$$b_1 = a_1 \cdot d_1 + c_1 \in B \quad \text{mit passendem} \quad c_1 \in A'.$$

Deshalb gibt es zu jedem $b \in B$ ein ganzzahliges Vielfaches $b_1 \cdot t$ von b_1 derart, daß gilt $b - b_1 \cdot t \in B'$. Daher ist auch in diesem Fall die verschärfte Behauptung über B richtig. $\qquad \square$

11.3 Freie abelsche Gruppen und ihre Untergruppen

Definition. Ein System $a_1, a_2, \ldots, a_n$ von Elementen der abelschen Gruppe A heißt *frei*, falls eine Relation $\sum_{i=1}^{n} a_i \cdot m_i = 0$ mit Koeffizienten $m_i \in \mathbb{Z}$ nur dann gilt, wenn alle m_i verschwinden. Eine endlich erzeugte abelsche Gruppe heißt *frei*, wenn sie ein freies Erzeugendensystem $a_1, a_2, \ldots, a_n$ besitzt.

Bemerkung. Der Sonderfall $n = 0$ bedeutet $A = \{0_A\}$. Diese kleinste Gruppe wird also zu den freien abelschen Gruppen gezählt.

Definition. Jedes freie Erzeugendensystem $a_1, \ldots, a_n$ der freien abelschen Gruppe A wird eine $\mathbb{Z}$-*Basis* oder kurz eine *Basis* von A genannt.

Satz 3. *Es sei C eine freie abelsche Gruppe mit der Basis $e_1, \ldots, e_n$. Weiter seien n Elemente $c_k = \sum_{i=1}^{n} e_i \cdot \gamma_{ik}$ $(1 \le k \le n)$ von C gegeben mit Koeffizienten $\gamma_{ik} \in \mathbb{Z}$. Dann sind je zwei der folgenden Aussagen äquivalent:*

i) $(c_k)_{1 \le k \le n}$ ist ein Erzeugendensystem von C.

ii) Es ist $\det(\gamma_{ik}) = \pm 1$, also eine Einheit in $\mathbb{Z}$.

iii) $(c_k)_{1 \le k \le n}$ ist eine $\mathbb{Z}$-Basis von C.

Beweis. Aussage *i)* folgt aus *iii)*, das ist klar. *i)* $\Rightarrow$ *ii)*: Wegen $\sum_{k=1}^{n} c_k \mathbb{Z} = C$ gibt es Zahlen $\gamma'_{kj} \in \mathbb{Z}$ mit der Eigenschaft $e_j = \sum_{k=1}^{n} c_k \cdot \gamma'_{kj}$ $(1 \le j \le n)$. Wenn hier die Beschreibung der c_k durch die e_i eingesetzt wird, so folgt

$$e_j = \sum_{i=1}^{n} e_i \cdot \sum_{k=1}^{n} \gamma_{ik} \gamma'_{kj} .$$

Da nun $e_1, \ldots, e_n$ eine Basis ist, ergibt sich $\sum_{k=1}^{n} \gamma_{ik} \gamma'_{kj} = \delta_{ij}$ $(1 \le i, j \le n)$. Mithin ist die Matrix (γ_{ik}) ganzzahlig invertierbar, und nach dem Produktsatz für Determinanten gilt $\det(\gamma_{ik}) \det(\gamma'_{kj}) = 1$. Weil beide Faktoren ganze Zahlen sind, ist $\det(\gamma_{ik}) = \pm 1$.

Es bleibt zu zeigen, daß *iii)* aus *ii)* folgt. Die Gleichung $\det(\gamma_{ik}) = \pm 1$ mit ganzen Koeffizienten γ_{ik} ergibt nach der Determinantentheorie bekanntlich die Ganzzahligkeit der inversen Matrix (γ_{ik}^*) von (γ_{ik}). Daher erhalten wir für $1 \leq k \leq n$ der Reihe nach

$$e_k = \sum_{j=1}^{n} e_j \cdot \delta_{jk} = \sum_{j,l=1}^{n} e_j \cdot \gamma_{jl} \gamma_{lk}^* = \sum_{l=1}^{n} c_l \cdot \gamma_{lk}^* \, .$$

Also wird $(c_l)_{1 \leq l \leq n}$ ein Erzeugendensystem der Gruppe C. Zum Abschluß haben wir zu begründen, daß dieses System auch frei ist. Aus jeder Relation $\sum_{k=1}^{n} c_k \cdot x_k = 0_C$ mit ganzen Koeffizienten x_k folgt sogleich

$$0_C = \sum_{i=1}^{n} e_i \cdot \sum_{k=1}^{n} \gamma_{ik} x_k \, ,$$

mithin $\sum_k \gamma_{ik} x_k = 0 \;\; (1 \leq i \leq n)$. Dieses Gleichungssystem hat nur die triviale Lösung $(x_k)_{1 \leq k \leq n} = 0$, da seine Koeffizientenmatrix invertierbar ist. $\quad\square$

Aus Satz 3 folgt, daß je zwei Basen einer freien abelschen Gruppe A dieselbe Elementezahl haben: Angenommen, $c_1, \dots, c_m$ sei ebenfalls eine Basis von A, und es sei $m \leq n$. Mit $c_j = 0$, falls $m < j \leq n$ gilt, ist $c_1, \dots, c_n$ ein Erzeugendensystem von A mit n Elementen. Nach Satz 3 ist es frei in A. Aber das ist nur möglich, wenn $m = n$ gilt.

Definition. Die gemeinsame Elementezahl aller Basen einer freien abelschen Gruppe A wird ihr *Rang* genannt und mit $\mathrm{rg}\, A$ abgekürzt.

Proposition 5. *Jede Untergruppe B einer freien abelschen Gruppe A mit $\mathrm{rg}\, A = n$ ist selbst frei vom Rang $m \leq n$.*

Beweis. Im Fall $n = 0$ ist das selbstverständlich. Ist $n > 0$, so wenden wir die Proposition 4 in der verschärften Version an. Es sei $a_1, \dots, a_n$ eine $\mathbb{Z}$-Basis von A sowie $b_1, \dots, b_n$ ein dazu gemäß Proposition 4 gebildetes Erzeugendensystem von B. Ferner bezeichne S die Menge der Zahlen $l \in \{1, 2, \dots, n\}$ mit $b_l \neq 0_A$. Dann ist auch $(b_l)_{l \in S}$ ein Erzeugendensystem von B; und dieses ist sogar frei. Denn aus einer Relation

$$\sum_{l \in S} b_l \cdot m_l = 0_A, \qquad m_l \in \mathbb{Z}$$

mit einem Koeffizienten $m_k \neq 0$ von minimalem Index k ergäbe sich eine Relation zwischen $a_1, \dots, a_n$, in der a_k einen Koeffizienten $\neq 0$ tragen würde. Das steht im Widerspruch zur Wahl von $a_1, \dots, a_n$ als Basis von A. $\quad\square$

Satz 4. *Jede endlich erzeugte und torsionsfreie abelsche Gruppe A ist frei.*

Beweis. Es genügt, den Fall $A \neq \{0\}$ zu besprechen. In einem endlichen Erzeugendensystem S von A wählen wir ein freies Teilsystem $a_1, \dots, a_n$ von maximaler Anzahl n. Aufgrund der Maximalität von n gibt es zu jedem $a \in S$ eine natürliche Zahl n_a derart, daß $a \cdot n_a$ in der freien abelschen Gruppe

$$B := \sum_{i=1}^{n} a_i \, \mathbb{Z}$$

liegt. Weil S endlich ist, gibt es eine natürliche Zahl N mit $a \cdot N \in B$ für alle $a \in S$; und dies hat zur Folge $a \cdot N \in B$ für jedes $a \in A$. Nach unserer Voraussetzung aber ist A torsionsfrei. Daher wird die Abbildung $\phi \colon A \to B$, $x \mapsto x \cdot N$ ein Monomorphismus abelscher Gruppen. Sein Bild $A' = \phi(A)$ ist also isomorph zu A. Andererseits ist A' als Untergruppe der freien abelschen Gruppe B selbst eine freie abelsche Gruppe nach Proposition 5. Mit ihr ist daher auch A eine freie abelsche Gruppe. $\square$

Beispiel. Die additive Gruppe $(\mathbb{Q}, +)$ der rationalen Zahlen ist torsionsfrei, was zum Ausdruck kommt in der Feststellung, $\mathbb{Q}$ habe die Charakteristik 0. Aber $(\mathbb{Q}, +)$ ist keine freie abelsche Gruppe. Ist nämlich $q_1, \ldots, q_r$ irgendein System rationaler Zahlen, dann ist $\sum_{i=1}^{r} q_i \mathbb{Z} = q \mathbb{Z}$ monogen. Maximale freie Teilmengen von $\mathbb{Q}$ sind daher einelementig, während $\mathbb{Q}$ nicht endlich erzeugt ist.— Zum Nachweis der Gleichung sei N ein gemeinsamer Nenner der q_i. Für ihn ist jedes Produkt $a_i = q_i N \in \mathbb{Z}$. Mit $d = \mathrm{ggT}(a_1, \ldots, a_r)$ erfüllt daher der Bruch $q = d/N$ die Gleichung in der Behauptung.

Satz 5. *Es sei A eine freie abelsche Gruppe vom Rang $n > 0$. Das System $a_1, \ldots, a_n$ sei eine $\mathbb{Z}$-Basis von A, und $b_k = \sum_{j=1}^{n} a_j \cdot m_{jk}$ $(1 \leq k \leq m)$ sei ein System von weiteren m Elementen in A, wobei $m \leq n$ ist. Die von ihm erzeugte Untergruppe $B = \sum_{k=1}^{m} b_k \mathbb{Z}$ von A hat genau dann endlichen Index $[A : B]$, wenn $m = n$ ist und $\det(m_{jk}) \neq 0$. In diesem Fall gilt genauer*

$$[A : B] = |\det(m_{jk})| \,.$$

Beweis. 1) Für die Aussage des Satzes bedeutet es keine Einschränkung, wenn durch eventuelles Auffüllen des Systems der b_k durch Nullen von vornherein $m = n$ vorausgesetzt wird. Ist dann einerseits die Determinante der Matrix $M = (m_{jk})$ gleich Null, so gibt es rationale Zahlen ξ_j $(1 \leq j \leq n)$, die nicht alle verschwinden, mit der Eigenschaft

$$\sum_{j=1}^{n} \xi_j \, m_{jk} = 0 \qquad (1 \leq k \leq n) \,.$$

Nun wird durch $\phi(a_j) = \xi_j$ $(1 \leq j \leq n)$ ein nicht verschwindender Morphismus abelscher Gruppen $\phi \colon A \to (\mathbb{Q}, +)$ definiert mit der Eigenschaft

$$\phi(b_k) = \sum_j \phi(a_j) m_{jk} = \sum_j \xi_j m_{jk} = 0 \,.$$

Sein Bild $\phi(A)$ ist als eine von $\{0\}$ verschiedene Untergruppe der torsionsfreien abelschen Gruppe $(\mathbb{Q}, +)$ nicht endlich. Aber ϕ ist auf jeder Nebenklasse $a + B$ $(a \in A)$ konstant. Deshalb hat B unendlich viele Nebenklassen in A.

2) Ist andererseits det $M \neq 0$, dann ist $b_1, \ldots, b_n$ ein freies System. Denn eine Relation $\sum_{k=1}^{n} b_k \cdot x_k = 0_A$ mit ganzen Koeffizienten ergibt

$$\sum_{k=1}^{n} \sum_{j=1}^{n} a_j \cdot m_{jk} x_k = \sum_{j=1}^{n} a_j \cdot \left(\sum_{k=1}^{n} m_{jk} x_k \right) = 0_A.$$

Weil das System $a_1, \ldots, a_n$ frei ist, folgt $\sum_{k=1}^{n} m_{jk} x_k = 0$ $(1 \leq j \leq n)$; und das zieht wegen det $M \neq 0$ nach sich $x_k = 0$ für alle k.

3) Im Fall det $M \neq 0$ gilt $[A : B] = |\det M|$: Denn nach Teil 2) ist $b_1, \ldots, b_n$ eine Basis von B. Aufgrund von Satz 3 erhält man aus ihr alle übrigen Basen in der Form $b'_l = \sum_{k=1}^{n} b_k \beta_{kl}$ $(1 \leq k \leq n)$, worin (β_{kl}) eine Matrix in $\mathbf{GL}_n(\mathbb{Z})$ ist. Diese Basen werden durch $a_1, \ldots, a_n$ beschrieben mittels der Formel

$$b'_l = \sum_{i,k=1}^{n} a_i \cdot m_{ik} \beta_{kl} = \sum_{i=1}^{n} a_i \cdot m'_{il}.$$

Die Matrix M ist also zu ersetzen durch $M' = M \cdot (\beta_{kl})$. Zur Berechnung des Index $[A : B]$ wählen wir $b'_l \in \sum_{j=l}^{n} a_j \mathbb{Z}$ $(1 \leq l \leq n)$ gemäß Proposition 4. Dazu gehört eine untere Dreiecksmatrix (m'_{il}), was $m'_{il} = 0$ bedeutet für $i < l$. Durch die folgenden Gruppen $B_l = \sum_{j=1}^{l} b'_j \mathbb{Z} + \sum_{j=l+1}^{n} a_j \mathbb{Z}$ $(0 \leq l \leq n)$ wird eine monoton fallende Kette von Zwischengruppen definiert, in der speziell $B_0 = A$ und $B_n = B$ ist. Zur Bestimmung der Indizes $[B_{l-1} : B_l]$ ist lediglich zu beachten, daß für jedes l das System der Vielfachen $a_l \cdot m$ mit Faktoren m in den Grenzen $0 \leq m < |m'_{ll}|$ ein Vertretersystem der Nebenklassen $x + B_l$ in B_{l-1} bildet. Damit ist gezeigt $[B_{l-1} : B_l] = |m'_{ll}|$ $(1 \leq l \leq n)$. Aus der Indexformel $[A : B] = [A : U][U : B]$ für Zwischengruppen U von A und B (vgl. die Bemerkung zu Satz 5 in 3.4) ergibt sich also endgültig

$$[B_0 : B_n] = \prod_{l=1}^{n} [B_{l-1} : B_l] = \prod_{l=1}^{n} |m'_{ll}|$$
$$= |\det M'| = |\det M|. \qquad \Box$$

11.4 Die symmetrische Gruppe

Definition. Zu jedem natürlichen Index n nennt man *symmetrische Gruppe n-ten Grades* die Gruppe $\mathfrak{S}_n$ aller bijektiven Selbstabbildungen der Menge $\{1, \ldots, n\}$ unter der Abbildungskomposition als Multiplikation. Es ist wohlbekannt und leicht zu beweisen, daß sie $n!$ Elemente hat.

Im Fall $n = 1$ enthält $\mathfrak{S}_n$ nur das neutrale Element, während für $n > 1$ auch die zu Indizes $i \neq k$ definierte *Transposition* τ mit der Abbildungseigenschaft $i \mapsto k$, $k \mapsto i$ und $m \mapsto m$ für alle $m \neq i, k$ enthalten ist in $\mathfrak{S}_n$. Sie wird in *Zyklenschreibweise* notiert als $\tau = (i, k)$. Mit dem neutralen Element ε von $\mathfrak{S}_n$ gilt natürlich $\tau \circ \tau = \varepsilon$ für jede Transposition τ.

Proposition 6. *Jedes Element $\pi \in \mathfrak{S}_n$ ist ein Produkt von Transpositionen.*

Beweis durch Induktion nach der Anzahl $n(\pi)$ der Nichtfixpunkte von π. Im Fall $n(\pi) = 0$ ist $\pi = \varepsilon$. Ist indes $n(\pi) > 0$ und gilt die Behauptung für alle $\rho \in \mathfrak{S}_n$ mit $n(\rho) < n(\pi)$, dann wähle man ein $j \in \{1, \ldots, n\}$ mit $\pi(j) = k > j$. Da π eine bijektive Abbildung ist, gilt $\pi(k) \neq k$. Also hat die mit der Transposition $\tau = (j, k)$ gebildete Permutation $\rho = \tau \circ \pi$ neben jedem Fixpunkt von π den weiteren Fixpunkt j. Zufolge der Induktionsvoraussetzung ist daher ρ ein Produkt von Transpositionen, und mit ρ ist auch $\pi = \tau \circ \rho$ ein Produkt von Transpositionen. $\square$

Im Fall $n > 1$ wird $\mathfrak{S}_n$ erzeugt von den Transpositionen $(1, k)$ $(2 \leq k \leq n)$. Das ist an den Formeln $(1, i)(1, k)(1, i) = (i, k)$ für $1 < i < k \leq n$ abzulesen.— Bereits in der Determinantentheorie spielt ein Homomorphismus der Gruppe $\mathfrak{S}_n$ auf die zweielementige Gruppe $\{\pm 1\}$ eine Rolle.

Proposition 7. (Das Signum der Permutationen) *Für jede natürliche Zahl $n > 1$ gibt es genau einen surjektiven Homomorphismus* sgn: $\mathfrak{S}_n \to \{\pm 1\}$. *Sein Kern $\mathfrak{A}_n$ heißt die* alternierende *Gruppe n-ten Grades.*

Beweis. Für alle $\pi, \rho \in \mathfrak{S}_n$ gilt die Formel

$$\frac{\prod_{i<k}(\pi(k) - \pi(i))}{\prod_{i<k}(k - i)} = \frac{\prod_{i<k}(\pi(\rho(k)) - \pi(\rho(i)))}{\prod_{i<k}(\rho(k) - \rho(i))} = \pm 1.$$

Denn in Zähler und Nenner stehen bis auf die Reihenfolge und das Vorzeichen beiderseits dieselben Faktoren. Wenn (i, k) die Zweiermengen in $\{1, \ldots, n\}$ in natürlicher Reihenfolge $i < k$ durchläuft, dann durchläuft auch $(\rho(i), \rho(k))$ dieselben Zweiermengen, eventuell aber nicht in natürlicher Reihenfolge. Der gelegentlich durch ρ bewirkte Vorzeichenwechsel tritt indes rechts sowohl im Zähler als auch im Nenner auf. Setzt man nun sgn(π) gleich der linken Seite der Formel, dann besagt sie sgn(π)sgn$(\rho) = $ sgn$(\pi \circ \rho)$. Da überdies sgn$(1, 2) = \frac{1-2}{2-1} = -1$ gilt, ist die Existenz des genannten Epimorphismus bewiesen. Die folgenden Identitäten für Indizes $2 \leq j < k \leq n$:

$$(2, k)(1, 2)(2, k) = (1, k), \quad (1, j)(1, k)(1, j) = (j, k)$$

zeigen, daß ein Homomorphismus von $\mathfrak{S}_n$ in eine abelsche Gruppe für alle Transpositionen denselben Wert hat. Wegen Proposition 6 kann es also auch nur einen Epimorphismus von $\mathfrak{S}_n$ auf $\{\pm 1\}$ geben. $\square$

11.5   Exkurs über Gruppenaktionen

Ähnlich wie mit dem Begriff des Körpers K das Konzept der K-Vektorräume einhergeht, so begleitet den Begriff der Gruppe G das Konzept der Operation (oder Aktion) von G auf einer Menge $X \neq \varnothing$. Darunter versteht man eine Abbildung $G \times X \to X$, $(g, x) \mapsto g \cdot x$ mit den beiden Eigenschaften

(Op 1) $1_G \cdot x = x$ für alle $x \in X$
(Op 2) $g \cdot (h \cdot x) = (gh) \cdot x$ für alle $g, h \in G$ und für alle $x \in X$.

Eine derartige Abbildung wird präziser eine *Aktion der Gruppe G von links* auf X genannt; analog werden *G-Aktionen von rechts* erklärt.

Proposition 8. *Es sei $G \times X \to X$ eine Linksoperation der Gruppe G auf der nichtleeren Menge X. Dann definiert jedes Gruppenelement $g \in G$ durch $\lambda_g(x) = g \cdot x$ eine Permutation λ_g von X, und λ ist ein Homomorphismus der Gruppe G in die Gruppe $\mathfrak{S}_X$ aller bijektiven Selbstabbildungen von X. Überdies bilden die verschiedenen Bahnen $G \cdot x = \{\lambda_g(x)\,;\ g \in G\}$ eine Partition $G \backslash X$ von X, also eine disjunkte Zerlegung von X. Insbesondere gilt die Anzahlformel*

$$|X| = \sum_{x \in V} |G \cdot x|\,,$$

wo V ein Vertretersystem der verschiedenen Bahnen bezeichnet. In Worten: Die Elementezahl von X ist gleich der Summe aller Bahnlängen.

Beweis. Dem Einselement 1_G von G ist nach (Op 1) die Identität $\lambda_{1_G} = \mathrm{id}_X$ zugeordnet, während (Op 2) die Gleichung ausdrückt

$$\lambda_g \circ \lambda_h = \lambda_{gh} \quad \text{für alle} \quad g, h \in G\,.$$

Daher ist speziell $\lambda_g \circ \lambda_{g^{-1}} = \lambda_{g^{-1}} \circ \lambda_g = \mathrm{id}_X$. Also sind alle λ_g in $\mathfrak{S}_X$. Nach (Op 2) wird somit $\lambda\colon G \to \mathfrak{S}_X$ ein Homomorphismus von Gruppen.
   Sobald für zwei Elemente $x, y \in X$ der Durchschnitt $G \cdot x \cap G \cdot y \neq \varnothing$ ist, existieren Gruppenelemente $g, h \in G$ mit $g \cdot x = h \cdot y$. Daher ist

$$G \cdot x = (Gg) \cdot x = G(g \cdot x) = G(h \cdot y) = (Gh) \cdot y = G \cdot y\,,$$

also haben dann x und y dieselbe Bahn. Mithin bilden die G-Bahnen eine Partition von X. Jetzt ist auch die Anzahlformel im Fall endlicher Mengen X einleuchtend. Im Fall unendlicher Mengen X soll sie nur besagen, daß die Zahl der Bahnen unendlich oder wenigstens eine Bahn unendlich ist. $\Box$

Bezeichnungen. Man nennt die Operation von G auf X *transitiv*, wenn sie nur eine Bahn besitzt. Ist der Gruppenmorphismus λ injektiv, so sagt man, G operiert *treu* auf X. Gilt sogar $g \cdot x \neq x$ für alle $g \neq 1_G$ und alle $x \in X$, so wird gesagt, G operiert *fixpunktfrei*. Dann ist stets $g \mapsto g \cdot x$ eine Bijektion von G auf die Bahn $G \cdot x$, und alle Bahnen haben dieselbe Länge $|G|$. Im Fall einer Rechtsoperation von G auf X wird die entstehende Partition übrigens mit X/G statt mit $G \backslash X$ bezeichnet.

Beispiele. (Nebenklassen und Index) Es sei G eine Gruppe und U eine Untergruppe. Wegen der Gruppengesetze operiert U durch Multiplikation $U \times G \to G$ und $G \times U \to G$ sowohl von links als auch von rechts auf G, und zwar fixpunktfrei. Die Bahnen Ux respektive xU müssen in der Regel voneinander unterschieden werden. Sie heißen *Links-* bzw. *Rechtsnebenklassen* von U in G. Nach der Anzahlformel in Proposition 8 ist also für jede endliche Gruppe G die Elementezahl von U, die auch als *Ordnung* von U bezeichnet wird, ein Teiler von $|G|$. Die Anzahl der verschiedenen Rechtsnebenklassen xU, $x \in G$ ist gleich der Anzahl der verschiedenen Linksnebenklassen Ux. Sie wird mit $[G : U]$ bezeichnet und *Index von U in G* genannt. Also ist stets

$$|G| = [G : U]|U|.$$

Diesen Satz von LAGRANGE hatten wir für endliche *abelsche* Gruppen bereits formuliert (Satz 5 in 3.4) und seither benutzt.

Bemerkung 1. Die Inversenbildung auf G bewirkt eine Bijektion der Menge $U \backslash G$ aller Linksnebenklassen auf die Menge G/U aller Rechtsnebenklassen. Aus einem Vertretersystem V aller Linksnebenklassen Ux entsteht durch $V^* = \{v^{-1} ;\ v \in V\}$ ein solches aller Rechtsnebenklassen xU.

Bemerkung 2. Nach der Indexformel von Lagrange ist auch im nichtabelschen Fall die Ordnung jedes Elementes der endlichen Gruppe G ein Teiler der Elementezahl $|G|$, also der *Ordnung* von G.

Beispiel. Jede Untergruppe U einer Gruppe G vom Index $[G : U] = 2$ ist ein Normalteiler. Denn für alle $x \in G \smallsetminus U$ ist xU ebenso wie Ux das Komplement $G \smallsetminus U$ von U in G, also gilt insbesondere $yU = Uy$ für alle $y \in G$.

Proposition 9. (Die Fixgruppen) *Es sei $G \times X \to X$ eine Operation der Gruppe G auf der Menge X von links. Dann ist für jedes $x \in X$ die Menge $G_x = \{g \in G ;\ g \cdot x = x\}$ eine Untergruppe von G. Sie heißt* Fixgruppe *oder* Stabilisator *von x. Es gilt $|G \cdot x| = [G : G_x]$; in Worten ausgedrückt, die Bahnlänge von x unter G ist gleich dem Index der Fixgruppe von x in G. Daher gilt für jedes Vertretersystem V der G-Bahnen die Anzahlformel*

$$|X| = \sum_{v \in V} [G : G_v].$$

Beweis. Offenbar gehört 1_G zum Stabilisator G_x. Für alle $g, h \in G_x$ gilt speziell $h^{-1} \cdot x = x$, also $(gh^{-1}) \cdot x = g \cdot x = x$, was $gh^{-1} \in G_x$ beweist. Mithin ist G_x eine Untergruppe von G. Ferner gilt $(gh) \cdot x = g \cdot x$, falls $g \in G$ und $h \in G_x$ ist, denn alle Elemente einer Nebenklasse gG_x haben dasselbe Bild für x. Umgekehrt ergibt $g \cdot x = h \cdot x$, daß $g^{-1}h \in G_x$ ist, also $gG_x = hG_x$: Die Bahnlänge $|Gx|$ ist die Zahl der Nebenklassen gG_x, das ist der Index der Fixgruppe G_x in G. Die Anzahlformel folgt somit aus Proposition 8. $\qquad\square$

Beispiel 1. (Operation durch Konjugation) Die Abbildung $(g, x) \mapsto gxg^{-1}$ definiert eine Aktion der Gruppe G auf G von links. Ihre Bahnen heißen die *Klassen konjugierter Elemente*. Die Fixgruppe von $x \in G$, der *Zentralisator* von x, wird $C(x) = \{y \in G \, ; \, yx = xy\}$. Es gilt die *Klassengleichung*

$$|G| = \sum_{v \in V} [G : C(v)],$$

in der V ein Vertretersystem der Klassen konjugierter Elemente von G ist.

Bemerkung. Nach Proposition 8 gehört zur Konjugation $x \mapsto gxg^{-1}$ ein Homomorphismus λ von G in die Permutationsgruppe $\mathfrak{S}_G$ der Menge G. Sein Kern $Z(G)$, das *Zentrum* von G, besteht aus den Elementen von G, die die einpunktigen Konjugationsklassen bilden. Also hat die Klassengleichung die Form

$$|G| = |Z(G)| + \sum_{v \in V'} [G : C(v)],$$

worin V' ein Vertretersystem der Konjugiertenklassen in G bezeichnet, die mehr als ein Element enthalten.

Anwendung. (Das Zentrum einer p-Gruppe ist nichttrivial) Es sei G eine endliche Gruppe, deren Ordnung eine Potenz $q > 1$ der Primzahl p ist. Dann ist die Ordnung des Zentrums $Z(G)$ durch p teilbar, da in der Klassengleichung jeder Summand $[G : C(v)]$ und die linke Seite $|G|$ durch p teilbar ist.

Beispiel 2. (Aktion der Gruppe G auf den Untergruppen via Konjugation) Auf der Menge X aller Untergruppen von G definiert die Abbildung

$$(g, U) \mapsto gUg^{-1} \qquad (g \in G, \ U \in X)$$

eine Operation von G. Die Bahn von $U \in X$ nennt man die *Klasse der zu U konjugierten Untergruppen*. Die Fixgruppe $N_G(U) = \{g \in G \, ; \, gUg^{-1} = U\}$ von U unter dieser Operation heißt der *Normalisator* von U in G. Die Anzahl aller zu U konjugierten Untergruppen ist somit gleich dem Index $[G : N_G(U)]$ des Normalisators von U in G. Insbesondere teilt sie als Untergruppenindex die Gruppenordnung $|G|$, falls diese endlich ist.

Es ist nur festzustellen, daß gUg^{-1} mit U die Untergruppeneigenschaft besitzt. Wegen $U \neq \varnothing$ ist auch $gUg^{-1} \neq \varnothing$. Für $a, b \in U$ gilt $ab^{-1} \in U$. Daher liegt mit den Elementen $a_1 = gag^{-1}$ und $b_1 = gbg^{-1}$ auch das Produkt $a_1 b_1^{-1} = gag^{-1} \cdot gbg^{-1} = gab^{-1}g^{-1}$ in gUg^{-1}.

Bemerkung. Für jede beliebige Aktion der Gruppe G auf einer Menge X stehen die Fixgruppen zweier Elemente x, $y = g \cdot x$ derselben G-Bahn in X in der Beziehung $G_y = g\,G_x\,g^{-1}$. Insbesondere sind sie zueinander konjugiert.

11.6 Die Sylowschen Sätze

Wir belegen die Bedeutung von Gruppenaktionen mit dem Beweis zweier Existenz-
sätze für Untergruppen von Primzahlpotenzordnung in endlichen Gruppen.

Satz 6. *Es sei G eine endliche Gruppe mit dem Einselement e, deren Ordnung n
durch eine Potenz $q = p^a$ $(a > 0)$ einer Primzahl p teilbar ist. Dann gilt für die
Anzahl $A_G(q)$ aller Untergruppen U von G mit der Ordnung $|U| = q$ die Kongruenz*

$$A_G(q) \equiv 1 \ (\mathrm{mod}\, p).$$

Beweis. (WIELANDT) 1) Wir betrachten die Menge $\mathfrak{X}$ aller Teilmengen X von G
mit q Elementen. Ihre Anzahl ist bekanntlich $\binom{n}{q}$. Die Gruppe G operiert auf $\mathfrak{X}$
von links per Multiplikation: $(g, X) \mapsto gX \in \mathfrak{X}$. Ist $y \in X$, so ist $e \in y^{-1}X$. Daher
enthält jede G-Bahn mindestens ein Element X mit $e \in X$. Speziell gibt es ein
Vertretersystem V der G-Bahnen mit $e \in X$ für alle $X \in V$. Wenn wieder G_X die
Fixgruppe von X bezeichnet, dann wird aufgrund von Proposition 9

$$\binom{n}{q} = \sum_{X \in V} [G : G_X].$$

2) Auf jeder Menge $X \in \mathfrak{X}$ wirkt G_X wieder durch Multiplikation $(g, x) \mapsto gx$,
und zwar fixpunktfrei, da aus $gx = x$ hier $g = e$ folgt. Daher hat jede Bahn
dieser Aktion auf X als Länge die Ordnung $|G_X|$ der wirkenden Gruppe; sie ist als
positiver Teiler von $|X| = q$ eine p-Potenz. Nach der Formel $|G| = [G : G_X]|G_X|$
gilt $|G_X| < q$ genau dann, wenn die Bahnlänge $|G(X)| = [G : G_X] \equiv 0 \ (\mathrm{mod}\, p \cdot n/q)$
ist. Die den Teil 1) abschließende Formel liefert also

$$\binom{n}{q} \equiv \sum_{U \in V_0} [G : G_U] \ \left(\mathrm{mod}\, p\, \frac{n}{q}\right),$$

wo V_0 die Menge derjenigen Vertreter $U \in V$ mit $|G_U| = q$ bezeichnet.

3) Nach Wahl von V ist $e \in U$ für jedes $U \in V_0$ und daher $G_U e = G_U \subset U$;
wegen $|U| = q = |G_U|$ folgt $U = G_U$. Also ist U eine der gesuchten Gruppen. Die
Bahn $G \cdot U$ besteht daher aus den n/q Nebenklassen gU, $g \in G$. Ist umgekehrt
U' eine Untergruppe von G der Ordnung q, so ist U' das unter Teil 1) in seiner
G-Bahn ausgezeichnete Element in V. Daher ist V_0 die Menge aller Untergruppen
von G mit q Elementen. Die in Teil 2) betonte Formel sagt somit

$$\binom{n}{q} \equiv A_G(q)\, \frac{n}{q} \ \left(\mathrm{mod}\, p\, \frac{n}{q}\right).$$

4) Diese Gleichung gilt für jede Gruppe G der Ordnung n, also speziell auch
für die zyklische Gruppe C der Ordnung n. Diese aber hat genau eine Untergruppe
mit q Elementen, womit $A_C(q) = 1$ ist. Deshalb ergibt sich die Kongruenz

$$\binom{n}{q} \equiv \frac{n}{q} \ \left(\mathrm{mod}\, p\, \frac{n}{q}\right).$$

Damit ist abschließend, wie behauptet, $A_G(q) \equiv 1 \ (\mathrm{mod}\, p)$ bewiesen. $\qquad \square$

Definition. Die Primzahl p sei ein Teiler der Ordnung n der endlichen Gruppe G. Jede Untergruppe U von G mit größtmöglicher p-Potenzordnung $p^{v_p(n)}$ heißt eine *p-Sylow-Untergruppe* von G.

Bemerkung. Die Anzahl der p-Sylow-Untergruppen einer endlichen Gruppe G ist kongruent zu 1 modulo p nach Satz 6; insbesondere gibt es stets derartige Untergruppen. (Erster Sylowscher Satz)

Satz 7. (Zweiter Sylowscher Satz) *Es sei G eine endliche Gruppe, p ein Primteiler der Ordnung n von G und P eine p-Sylow-Untergruppe von G. Dann gibt es zu jeder Untergruppe U von G, deren Ordnung eine p-Potenz ist, ein Element $g \in G$ mit $U \subset gPg^{-1}$. Insbesondere sind alle p-Sylow-Untergruppen von G zueinander konjugiert.*

Beweis. Die Untergruppe U operiert auf der Menge X aller Nebenklassen gP, $g \in G$ durch Multiplikation von links. Die Elementezahl von X ist einerseits gleich dem Index $[G : P]$, und dieser ist nach Voraussetzung nicht durch p teilbar. Sie ist andererseits die Summe aller Bahnlängen der Operation von U, und jede Bahnlänge ist als Index einer Untergruppe von U eine p-Potenz. Also gibt es mindestens eine Bahn der Länge $p^0 = 1$, etwa $\{gP\}$. Dann ist $UgP = gP$, also $UgPg^{-1} = gPg^{-1}$. Das ist gleichbedeutend mit $U \subset gPg^{-1}$. □

Bemerkung. Die Anzahl der p-Sylow-Untergruppen von G ist aufgrund von Satz 7 und nach Beispiel 2 zu den Gruppenaktionen auch gleich dem Index d des Normalisators einer der p-Sylow-Untergruppen P von G. Diese Zahl d ist ein Teiler von $n = |G|$, der nach Satz 6 der Kongruenz $d \equiv 1 \pmod{p}$ genügt.

Herr N: Nun sagen Sie mal, Frau NN, was machen Sie eigentlich?
Frau NN: Abelsche Gruppen!
Herr N: Aber, Frau NN, abelsche Gruppen, die gibt's doch gar nicht.
Elliptische Kurven, das sind abelsche Gruppen!

Aufgabe 1. Man beweise die Behauptungen in der Bemerkung zum direkten Produkt zweier Gruppen aus 11.1.

Aufgabe 2. (Die Quaternionengruppe) Die Matrizen $\begin{pmatrix} i & 0 \\ 0 & -i \end{pmatrix}$ und $\begin{pmatrix} 0 & 1 \\ -1 & 0 \end{pmatrix}$ erzeugen eine Untergruppe Q_8 der Ordnung 8 von $\mathbf{SL}_2(\mathbb{C})$, die nicht kommutativ ist, aber deren sechs Untergruppen sämtlich Normalteiler von Q_8 sind.

Aufgabe 3. Gegeben seien eine ganzzahlige $(m \times n)$-Matrix (a_{ik}) sowie natürliche Zahlen $n_1, \ldots, n_m$. Man betrachte die Menge B der Vektoren $b \in \mathbb{Z}^n \subset \mathbb{R}^n$, die dem folgenden System von Kongruenzen genügen

$$\sum_{k=1}^{n} a_{ik} b_k \equiv 0 \pmod{n_i}, \quad 1 \leq i \leq m,$$

und beweise dafür, daß B eine Untergruppe von $\mathbb{Z}^n$ ist mit einem endlichen Index $[\mathbb{Z}^n : B] \leq n_1 n_2 \cdots n_m$. Anleitung: Die Gruppe B läßt sich auffassen als Kern eines Homomorphismus ϕ von $\mathbb{Z}^n$ in das direkte Produkt der Gruppen $\mathbb{Z}/n_i\mathbb{Z}$.

Aufgabe 4. (Die Untergruppen der Gruppe $(\mathbb{Q}, +)$ der rationalen Zahlen)
a) Konstruktion: Zu jeder Primzahl p und jeder Schranke $s \in \mathbb{Z} \cup \{-\infty\}$ ist $U_{p,s} = \{x \in \mathbb{Q}; \ v_p(x) \geq s\}$ eine Untergruppe von $(\mathbb{Q}, +)$. Daher liefert jedes System $S = (s_p)_p$ prim derartiger Schranken in $U_S = \bigcap_{p \text{ prim}} U_{p,s_p}$ eine Untergruppe von $\mathbb{Q}$. Gilt indes $s_p > 0$ für unendlich viele Primzahlen p, so ist $U_S = \{0\}$.

b) Isomorphismen: Für jede Untergruppe U in $(\mathbb{Q}, +)$ und jedes $x \in \mathbb{Q}^\times$ ist xU eine zu U isomorphe Gruppe. Mit den Bezeichnungen von a) ist speziell

$$xU_S = \bigcap_{p \text{ prim}} U_{p, s_p + v_p(x)}.$$

c) Die Konstruktionen aus a) und b) liefern sämtliche Untergruppen von $(\mathbb{Q}, +)$ und sämtliche Isomorphismen zwischen Untergruppen von $(\mathbb{Q}, +)$. Anleitung: 1) Man setze bei gegebener Untergruppe $U \neq \{0\}$ von $(\mathbb{Q}, +)$ für die Primzahl p jeweils $s_p = \sup\{s \in \mathbb{Z} \cup \{-\infty\}; \ U \subset U_{p,s}\}$ und wie unter a) U_S mit $S = (s_p)_p$. Dann gilt $U \subset U_S$. Zum Nachweis von $U = U_S$ zeige man zunächst, daß für jedes System von Zahlen $x_i \in \mathbb{Q}^\times$ ($1 \leq i \leq r$) gilt $\sum_{i=1}^r x_i \mathbb{Z} = q\mathbb{Z}$ mit $v_p(q) = \min_{1 \leq i \leq r} v_p(x_i)$ für jede Primzahl p. 2) Es sei $\phi : U_S \to (\mathbb{Q}, +)$ ein Homomorphismus. Für alle $x \in U_S$ und alle $m \in \mathbb{Z}$ gilt dann $\phi(mx) = m\phi(x)$. Ist speziell $x \neq 0$, so gibt es zu jedem $y \in U_S$ Zahlen $m \in \mathbb{Z}$, $N \in \mathbb{N}$ mit $Ny = mx$, woraus $N \cdot \phi(y) = m \cdot \phi(x)$ folgt.

Aufgabe 5. (Prozedur zur Determinantenberechnung ganzzahliger Matrizen)

Eingabe:
   $n \in \mathbb{N}$; $a(i, k) \in \mathbb{Z}$ $(1 \leq i, k \leq n)$.
Initialisierung:
   $m \leftarrow n$; $d \leftarrow 1$;
Iteration:
   while $d \neq 0$ **and** $m > 1$ **do**
   begin
      $i1 \leftarrow 1$; $i2 \leftarrow 2$;
      for $i = 2$ **to** m **do**   {Pivotsuche}
         if abs $a(i1, m) <$ abs $a(i, m)$ **then** $i2 \leftarrow i1$; $i1 \leftarrow i$
         elif abs $a(i2, m) <$ abs $a(i, m)$ **then** $i2 \leftarrow i$ **fi**;
      if $a(i2, m) = 0$ **then**   {Entwicklung}
         $d \leftarrow d * a(i1, m)$;
         if odd$(i1 + m)$ **then** $d \leftarrow -d$ **fi**;
         $m \leftarrow m - 1$;
         for $i = i1$ **to** m **do**
         for $k = 1$ **to** m **do** $a(i, k) \leftarrow a(i + 1, k)$
      else   {Reduktion}
         $q \leftarrow$ floor$(a(i1, m)/a(i2, m))$;
         for $k = 1$ **to** m **do** $a(i1, k) \leftarrow a(i1, k) - q * a(i2, k)$;
      fi
   end
Ausgabe:
$d \leftarrow d * a(1, 1)$.

Aufgabe 6. (Über die symmetrische Gruppe $\mathfrak{S}_n$) Es seien n und r natürliche Zahlen mit $n > 1$ und $r \leq n$. Ferner sei $a_1, a_2, \ldots, a_r$ ein System von r verschiedenen Elementen der Menge $N = \{1, 2, \ldots, n\}$. Die Permutation π von N mit der Abbildungseigenschaft

$$\pi(a_i) = a_{i+1} \quad (1 \leq i < r), \quad \pi(a_r) = a_1, \quad \pi(a) = a \quad \text{für alle übrigen} \quad a \in N$$

heißt ein *r-Zyklus*. Dafür ist die suggestive Schreibweise $\pi = (a_1, \ldots, a_r)$ üblich. (Speziell ist jeder 1-Zyklus das neutrale Element $\mathrm{id}_N = \varepsilon$ von $\mathfrak{S}_n$, 2-Zyklen sind dasselbe wie Transpositionen.) Man zeige

a) $\mathfrak{S}_n$ wird erzeugt von dem 2-Zyklus $(1,2)$ und dem n-Zyklus $(1,2,\ldots,n)$.

b) Die alternierende Gruppe $\mathfrak{A}_n$ wird für $n \geq 3$ erzeugt von 3-Zyklen $(1,2,k)$ ($3 \leq k \leq n$).

Aufgabe 7. Die alternierende Gruppe $\mathfrak{A}_4$ besteht aus folgenden zwölf Elementen ε, $(1,2)(3,4)$, $(1,3)(2,4)$, $(1,4)(2,3)$, $(1,2,3)$, $(1,3,2)$, $(1,2,4)$, $(1,4,2)$, $(1,3,4)$, $(1,4,3)$, $(2,3,4)$, $(2,4,3)$. Man zeige, daß die ersten vier Elemente einen Normalteiler $\mathfrak{V}_4$ von $\mathfrak{A}_4$ bilden, die *Kleinsche Vierergruppe*. Ferner begründe man, daß $\mathfrak{A}_4$ zwei Konjugiertenklassen von Elementen der Ordnung 3 enthält, die aber in $\mathfrak{S}_4$ in eine Konjugiertenklasse zusammenfallen. Schließlich beweise man, daß von $a := (1,2,3,4)$ und $b := (1,3)$ eine 2-Sylowuntergruppe von $\mathfrak{S}_4$ erzeugt wird.

Aufgabe 8. Es gibt genau 5 Klassen isomorpher Gruppen der Ordnung 8. Das sind drei Klassen abelscher Gruppen, vertreten durch C_8, $C_4 \times C_2$ und $C_2 \times C_2 \times C_2$, wo je C_n eine zyklische Gruppe der Ordnung n bezeichnet, sowie zwei Klassen isomorpher nichtabelscher Gruppen, vertreten durch eine 2-Sylowuntergruppe D_4 von $\mathfrak{S}_4$ und die Quaternionengruppe Q_8. Man zeige: Jede nichtabelsche Gruppe G der Ordnung 8 enthält ein Element a der Ordnung 4, und die Elemente in $G \smallsetminus \langle a \rangle$ haben entweder alle die Ordnung 2 oder alle die Ordnung 4. Im ersten Fall ist G isomorph zu D_4, im zweiten Fall ist G isomorph zu Q_8.

Das *Hasse-Diagramm* einer endlichen Gruppe G enthält einen Knoten für jede Untergruppe und eine geradlinige Verbindung von unten nach oben zwischen den Knoten je zweier Untergruppen $U_0 \subset U_1$, falls zwischen den beiden keine weitere Untergruppe liegt. Die Knoten der Normalteiler in unseren Beispielen sind fett.

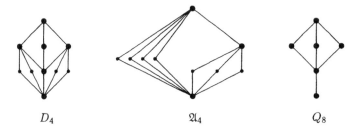

D_4 $\mathfrak{A}_4$ Q_8

12 Zahlkörper und ihre Ordnungen

Wir dehnen hier die in Abschnitt 7 begonnene Untersuchung von Erweiterungskörpern K des rationalen Zahlkörpers $\mathbb{Q}$ aus auf beliebige Körper endlichen Grades $(K|\mathbb{Q}) = n$. Auch in der allgemeineren Situation werden, wie dort, die Gitter von K und deren Ordnungen definiert, und dann wird der Ring $\mathfrak{o} = \mathbb{Z}_K$ der ganzen Zahlen von K eingeführt als die bezüglich der Inklusion maximale Ordnung von K. Durch die stets endliche *Klassenzahl* von K wird ausgedrückt, ob der Ganzheitsring $\mathbb{Z}_K$ ein Hauptidealring ist oder wie weit er davon abweicht.

Diese Einführung algebraischer Zahlen hat ihr Vorbild in der Darstellung desselben Stoffes durch DEDEKIND. Er gab die Vorlesungen über Zahlentheorie von LEJEUNE DIRICHLET heraus [D]. In der vierten Auflage von 1894 findet man mit dem XI. Supplement *Ueber die Theorie der ganzen algebraischen Zahlen* eine in sich geschlossene und auch heute noch modern wirkende Grundlegung von DEDEKIND. Sie bietet unter anderem die Galoissche Theorie der Körpererweiterungen $L|K$ als Theorie der Gruppe relativer Körperautomorphismen σ von L, für die K in der Fixpunktmenge von σ enthalten ist.

Die Grundlagen der Zahlkörper mit ihren Gittern und Ordnungen, mit ihrer Diskriminante und Klassenzahl werden anhand vieler Beispiele beleuchtet. Wir werden in Abschnitt 14 ein allgemeines Konstruktionsprinzip von Erweiterungskörpern durch Polynomen untersuchen; es wird hier vorbereitet durch Beschreibung von Zahlkörpern als Teilkörpern des Körpers $\mathbb{C}$ der komplexen Zahlen über eine feste Wurzel eines Polynoms mit rationalen Koeffizienten. Für die *kubischen*, also die Zahlkörper K vom Grad $(K|\mathbb{Q}) = 3$, werden die Diskriminanten gewisser Körperbasen berechnet. Dann wird die Gaußsche Theorie der Teilbarkeit von Polynomen mit ganzzahligen Koeffizienten behandelt. Zum Schluß führen wir ein zweites Experiment zur Galois-Theorie durch. Ausgehend von den quadratischen Zahlkörpern mit ihrem Galois-Automorphismus untersuchen wir die quadratischen Erweiterungen dieser Körper, die *biquadratischen Zahlkörper*.

12.1 Die Gitter in algebraischen Zahlkörpern

Definition. Als *algebraischen Zahlkörper* oder kurz *Zahlkörper* bezeichnet man jeden Erweiterungskörper K des Körpers $\mathbb{Q}$ der rationalen Zahlen, der als $\mathbb{Q}$-Vektorraum eine endliche Dimension $n = (K|\mathbb{Q})$ hat. Sie heißt auch *Grad* von $K|\mathbb{Q}$ (gesprochen K *über* $\mathbb{Q}$).

Bemerkungen. Gute Dienste leisten wieder die Grundbegriffe der Linearen Algebra, wenn man sie auf den $\mathbb{Q}$-Vektorraum K und den zu K isomorphen

Unterring $\rho(K)$ des Endomorphismenringes $\mathcal{L}_{\mathbb{Q}}(K)$ anwendet, der durch die Multiplikation von K gegebenen ist. Die Hauptgedanken wurden bereits am Anfang von Abschnitt 7 dargestellt. So wird jedes Element α von K eine Nullstelle seines Hauptpolynoms $H(\alpha, X)$, was man als einen Spezialfall des Satzes von Cayley–Hamilton auffassen kann. Insbesondere ist $H(\alpha, X)$ teilbar durch das *Minimalpolynom f von* α in $\mathbb{Q}[X]$, das normierte Polynom kleinsten Grades mit der Wurzel α. Weil α Element eines Körpers ist, besitzt sein Minimalpolynom keine Zerlegung in Faktoren kleineren Grades, es ist vielmehr irreduzibel.— Bekanntlich lassen sich auch die Spur und die Norm von α aus $H(\alpha, X)$ ablesen. Dem $\mathbb{Q}$-Vektorraum K ist durch die Multiplikation von K und die Spur S der Erweiterung $K|\mathbb{Q}$ die natürliche, symmetrische Bilinearform $\langle \alpha, \beta \rangle := S(\alpha\beta)$ aufgeprägt. Da $\langle \alpha, 1/\alpha \rangle = n \neq 0$ für jedes $\alpha \neq 0$ gilt, ist sie nicht ausgeartet. Die zu einer $\mathbb{Q}$-Basis $(\omega_k)_{1 \leq k \leq n}$ von K *duale* Basis $(\widetilde{\omega}_k)_{1 \leq k \leq n}$ ist immer bezogen auf diese Bilinearform, also durch die Gleichungen $\langle \omega_j, \widetilde{\omega}_k \rangle = \delta_{jk}$ $(1 \leq j, k \leq n)$ bestimmt.

Definition. Als *Gitter* im algebraischen Zahlkörper K bezeichnet man jede endlich erzeugte Untergruppe M von $(K, +)$, die eine $\mathbb{Q}$-Basis von K enthält.

Satz 1. (Das duale Gitter) *Jedes Gitter M eines Zahlkörpers K vom Grad n ist eine freie abelsche Gruppe vom Rang n. Ebenfalls ein Gitter ist die Menge*

$$M^* := \{\beta \in K ;\ S(\beta M) \subset \mathbb{Z}\} ;$$

es wird das zu M duale *Gitter genannt. Die zu einer $\mathbb{Z}$-Basis $\alpha_1, \ldots, \alpha_n$ von M duale Basis von K ist auch eine $\mathbb{Z}$-Basis des zu M dualen Gitters M^*.*

Beweis. 1) Es sei E ein endliches Erzeugendensystem von M und $\gamma_1, \ldots, \gamma_n$ eine $\mathbb{Q}$-Basis von K in M. Die Beschreibung der Zahlen $\alpha \in E$ als rationale Linearkombination der Basis ergibt einen gemeinsamen Nenner $q \in \mathbb{N}$ der Koeffizienten, also mit der Eigenschaft

$$q\alpha \in \sum_{i=1}^{n} \gamma_i \mathbb{Z} \quad \text{für alle} \quad \alpha \in E.$$

Das Bild M' von M unter dem injektiven Homomorphismus $x \mapsto qx$ in die freie abelsche Gruppe $\sum_{i=1}^{n} \gamma_i \mathbb{Z}$ enthält die $\mathbb{Q}$-Basis $\gamma_1 q, \ldots, \gamma_n q$ von K. Also ist auch M' eine freie abelsche Gruppe vom Rang n (Abschnitt 11.3, Satz 5). Dies gilt gleichermaßen für die zu M' isomorphe Gruppe M.

2) Die Inklusion $S(\beta M) \subset \mathbb{Z}$ für Bilder der Spur wird über eine $\mathbb{Z}$-Basis $\alpha_1, \ldots, \alpha_n$ von M ausgedrückt durch $S(\beta\alpha_j) \in \mathbb{Z}$ $(1 \leq j \leq n)$. Ist mit $b_i \in \mathbb{Q}$ nun $\beta = \sum_{i=1}^{n} \widetilde{\alpha}_i b_i$, dann wird $S(\beta\alpha_j) = \sum_{i=1}^{n} S(\widetilde{\alpha}_i \alpha_j) b_i = b_j$ $(1 \leq j \leq n)$; also ist $\beta \in M^*$ genau dann, wenn alle Koeffizienten b_j in $\mathbb{Z}$ sind. Dies besagt

$$M^* = \sum_{i=1}^{n} \widetilde{\alpha}_i \mathbb{Z} . \qquad \square$$

Bemerkung. Zu je zwei Gittern M, M' von K gibt es eine natürliche Zahl $q > 0$ derart, daß gilt $q \cdot M \subset M'$. Ist speziell $M' \subset M$, so ist der Index $[M : M']$ endlich.— Denn ist $\alpha'_1, \ldots, \alpha'_n$ eine $\mathbb{Z}$-Basis von M', dann ergibt der Schluß unter 1) ein $q \in \mathbb{N}$ mit $q \cdot M \subset \sum_{i=1}^{n} \alpha'_i \mathbb{Z}$. Die zweite Aussage folgt direkt aus Satz 5 in Abschnitt 11.3.

Satz 2. *Es sei $\mathfrak{M}$ die Menge aller Gitter des Zahlkörpers K. Dann sind mit je zwei Gittern $M, M' \in \mathfrak{M}$ weitere Elemente von $\mathfrak{M}$ die Summe $M + M'$, der Durchschnitt $M \cap M'$, zu jedem Skalar $\lambda \in K^\times$ die Menge λM sowie die von den Produkten $\beta\beta'$ der Elemente $\beta \in M$, $\beta' \in M'$ erzeugte Gruppe $M \cdot M'$, das Gitterprodukt von M und M'. Die Verknüpfungen $+, \cap, \cdot$ auf $\mathfrak{M}$ sind assoziativ und kommutativ, ferner gilt dort stets*

$$M \cdot (M' + M'') = M \cdot M' + M \cdot M''.$$

Beweis. 1) Es ist unmittelbar klar, daß $M + M'$, λM ebenso wie $M \cdot M'$ eine endlich erzeugte Untergruppe von $(K, +)$ ist, welche eine $\mathbb{Q}$-Basis von K enthält. Wählt man der Bemerkung zu Satz 1 entsprechend ein $q \in \mathbb{N}$ mit $q \cdot M \subset M'$, dann ist sogar $q \cdot M \subset M \cap M' \subset M$. Daher ist die Untergruppe $M \cap M'$ der additiven Gruppe $(K, +)$ ebenfalls ein Element von $\mathfrak{M}$.

2) Die Behauptungen über die Assoziativität und Kommutativität sind unmittelbar klar. Aus dem Distributivgesetz im Körper K ergibt sich

$$M \cdot (M' + M'') \subset M \cdot M' + M \cdot M''.$$

Weil M' und M'' in $M' + M''$ enthalten sind, folgt auf der anderen Seite $M \cdot M' \subset M \cdot (M' + M'')$ und $M \cdot M'' \subset M \cdot (M' + M'')$. Nun steht hier rechts eine abelsche Gruppe; daher ist auch die Summe der beiden Gruppen links in ihr enthalten: $M \cdot M' + M \cdot M'' \subset M \cdot (M' + M'')$. $\square$

Bemerkung. In $\mathfrak{M}$ gilt auch das *modulare Gesetz*

$$M \subset M'' \quad \Rightarrow \quad M + (M' \cap M'') = (M + M') \cap M''.$$

(Die Gestaltung eines Beweises ist als Übung geeignet.)

12.2 Die Dedekindschen Ordnungen

Definition. Zwei Gitter M, M' des algebraischen Zahlkörpers K heißen (im weiteren Sinne) *äquivalent*, wenn mit einem $\lambda \in K^\times$ gilt $M' = \lambda M$.

Definition. Als die *Ordnung* des Gitters M im algebraischen Zahlkörper K bezeichnet man nach Dedekind die Menge der Elemente ω in K, die durch Multiplikation einen Endomorphismus der abelschen Gruppe M bewirken:

$$\mathfrak{o} = \mathfrak{o}(M) = \{\omega \in K; \; \omega M \subset M\}.$$

Offensichtlich ist jede Ordnung $\mathfrak{o}$ ein Unterring von K. Ebenso unmittelbar klar ist, daß äquivalente Gitter dieselbe Ordnung haben. Schließlich stimmt ein Unterring $\mathfrak{o}$ von K, der zugleich ein Gitter in K ist, überein mit seiner Ordnung $\mathfrak{O}$.— Denn im Ring $\mathfrak{o}$ gilt $\omega\mathfrak{o} \subset \mathfrak{o}$ für alle $\omega \in \mathfrak{o}$, was $\mathfrak{o} \subset \mathfrak{O}$ ergibt. Da andererseits das Einselement von K in $\mathfrak{o}$ liegt, gilt für alle $\omega \in \mathfrak{O}$ auch $\omega \cdot 1 \in \mathfrak{o}$, woraus die Inklusion $\mathfrak{O} \subset \mathfrak{o}$ abzulesen ist.

Satz 3. (Eigenschaften der Dedekindschen Ordnungen) *Die Ordnung $\mathfrak{o}$ eines Gitters M im Zahlkörper K ist selbst ein Gitter und ein Unterring von K. Ihre Elemente haben ein ganzzahliges Hauptpolynom. Ist $\alpha \in K$ Wurzel eines normierten Polynoms $f \in \mathbb{Z}[X]$, dann ist auch $\mathfrak{o}[\alpha]$ eine Ordnung von K.*

Beweis. 1) Für jedes $\alpha \neq 0$ in M gilt $\alpha\mathfrak{o} \subset M$, also $\mathfrak{o} \subset \alpha^{-1}M$. Daher ist $\mathfrak{o}$ als Untergruppe des Gitters $\alpha^{-1}M$ endlich erzeugt. Weiter gibt es eine natürliche Zahl q mit $q \cdot (M{\cdot}M) \subset M$ (Bemerkung zu Satz 1). Also ist $q{\cdot}M \subset \mathfrak{o}$. Insbesondere enthält $\mathfrak{o}$ eine $\mathbb{Q}$-Basis von K. Schließlich wurden die Ringeigenschaften von $\mathfrak{o}$ schon bei der Definition der Ordnungen angemerkt.

2) Wir benutzen zur Berechnung des Hauptpolynoms von $\omega \in \mathfrak{o}$ die Basis $\alpha_1, \ldots, \alpha_n$ von M. Wegen $\omega\alpha_i \in M$ $(1{\leq}i{\leq}n)$ gibt es Zahlen $a_{ik} \in \mathbb{Z}$ mit

$$\omega\alpha_i = \sum_{k=1}^{n} a_{ik}\alpha_k \qquad (1 \leq i \leq n). \qquad (*)$$

Aus der Matrix $A = (a_{ik})$ entsteht somit das Hauptpolynom von ω:

$$H(\omega, X) = \det(X \cdot 1_n - A) \in \mathbb{Z}[X].$$

Die wichtige Tatsache $H(\omega, \omega) = 0$, die eingangs als Konsequenz des Satzes von CAYLEY–HAMILTON dargestellt wurde, folgt direkt aus dem Gleichungssystem $(*)$. Es besagt, daß $(\omega \cdot 1_n - A)(\alpha_k)_{1 \leq k \leq n}$ das Nullelement in K^n wird, was nur im Fall $\det(\omega \cdot 1_n - A) = 0$ möglich ist.

3) Der durch Einsetzung $X \mapsto \alpha$ aus dem Polynomring $\mathbb{Z}[X]$ entstehende Unterring $\mathbb{Z}[\alpha]$ von K ist als abelsche Gruppe endlich erzeugt, sobald α Nullstelle eines normierten Poynoms $f = X^N + \sum_{k=0}^{N-1} a_k X^k \in \mathbb{Z}[X]$ ist. Denn aus $\alpha^N = -\sum_{k=0}^{N-1} a_k \alpha^k$ folgt

$$\alpha \cdot \sum_{k=0}^{N-1} \alpha^k \mathbb{Z} \subset \sum_{k=0}^{N-1} \alpha^k \mathbb{Z}.$$

Daher ist für jede Ordnung $\mathfrak{o}$ auch $\mathfrak{o}[\alpha] = \sum_{k=0}^{N-1} \alpha^k \mathfrak{o}$ als abelsche Gruppe endlich erzeugt und, wie $\mathbb{Z}[\alpha]$, ein Ring. Schließlich enthält $\mathfrak{o}[\alpha]$ mit $\mathfrak{o}$ eine $\mathbb{Q}$-Basis von K. Nach den Bemerkungen zur Definition der Ordnungen ist somit $\mathfrak{o}[\alpha]$ ebenfalls eine Ordnung. $\qquad\square$

Definition ganzer Elemente. Ein Element α eines Zahlkörpers K heißt *ganz über* $\mathbb{Z}$, wenn es Nullstelle eines normierten Polynoms in $\mathbb{Z}[X]$ ist.

Die Elemente einer Ordnung $\mathfrak{o}$ von K sind nach Satz 3 ganz über $\mathbb{Z}$; und jedes ganze Element von K hat ein ganzzahliges Hauptpolynom, mithin auch ganzzahlige Norm und Spur.

Proposition 1. *Eine rationale Zahl q ist im Sinne der Definition über $\mathbb{Z}$ ganz genau dann, wenn $q \in \mathbb{Z}$ gilt.*

Beweis. Jede Zahl $q \in \mathbb{Z}$ ist als Nullstelle von $X - q$ ganz über $\mathbb{Z}$ im neuen Sinne. Ist umgekehrt die rationale Zahl $q \neq 0$ und ganz im neuen Sinne, dann gibt es ein $N \in \mathbb{N}$ und Koeffizienten $a_k \in \mathbb{Z}$ ($0 \leq k \leq N-1$), für die gilt

$$\sum_{0 \leq k \leq N-1} a_k \, q^k + q^N = 0. \qquad (*)$$

Wir zeigen, daß q bei jeder Primzahl p einen p-Exponenten $a := v_p(q) \geq 0$ hat. (Daraus folgt die Behauptung $q \in \mathbb{Z}$). Weil alle Koeffizienten $a_k \in \mathbb{Z}$ sind, gilt $v_p(a_k) \geq 0$. Nach Gleichung $(*)$ ist deshalb

$$N \cdot a = v_p(q^N) = v_p\Big(\sum_{k=0}^{N-1} a_k \, q^k\Big) \geq \min_{0 \leq k < N} v_p(a_k \, q^k) \geq \min_{0 \leq k < N} ka \,.$$

Das ist für negative Exponenten a nicht möglich. Also gilt $a \geq 0$. □

Satz 4. (Die Hauptordnung) *Die Menge $\mathfrak{o}_K = \mathbb{Z}_K$ aller über $\mathbb{Z}$ ganzen Elemente des Zahlkörpers K ist die bezüglich Inklusion größte Ordnung von K.*

Beweis. Zweifellos enthält K Ordnungen $\mathfrak{o}$. Daher bleibt zu beweisen, daß $\mathfrak{o}_K$ ein Ring ist und als abelsche Gruppe endlich erzeugt ist. Sind α, β ganze Elemente von K, dann ergibt zweimalige Anwendung des letzten Teiles von Satz 3 die Existenz einer α und β enthaltenden Ordnung $\mathfrak{o}$ von K. Damit sind speziell $\alpha \pm \beta$ und $\alpha\beta$ als Elemente von $\mathfrak{o}$ ganz über K.

Daß $\mathfrak{o}_K$ als abelsche Gruppe endlich erzeugt ist, folgt aus der Inklusion $\mathfrak{o}_K \subset \mathfrak{o}^*$ für das duale Gitter $\mathfrak{o}^*$ irgendeiner Ordnung $\mathfrak{o}$ von K: Für jedes $\alpha \in \mathfrak{o}_K$ und jedes $\beta \in \mathfrak{o}$ hat das Produkt $\alpha\beta$ als Element einer Ordnung von K ein ganzzahliges Hauptpolynom. Daher ist auch die Spur $S(\alpha\beta) \in \mathbb{Z}$, also $S(\alpha\mathfrak{o}) \subset \mathbb{Z}$. Das bedeutet aber $\alpha \in \mathfrak{o}^*$, wie behauptet. □

Anstelle von *Hauptordnung* sind ebenso die Bezeichnungen *Maximalordnung* und *Ganzheitsring* gebräuchlich.

12.3 Die Diskriminante einer Basis

Wir greifen die auf einem algebraischen Zahlkörper K über die Spur definierte nichtausgeartete $\mathbb{Q}$-Bilinearform $\langle \alpha, \beta \rangle = S(\alpha\beta)$ wieder auf.

Definition. Es sei $\alpha_1, \ldots, \alpha_n$ eine $\mathbb{Q}$-Basis des algebraischen Zahlkörpers K. Als ihre *Diskriminante* bezeichnet man die Zahl

$$d(\alpha_1, \ldots, \alpha_n) = \det(S(\alpha_i \alpha_k))_{1 \leq i, k \leq n} \,.$$

Sie ist ungleich 0, weil die Bilinearform nicht ausgeartet ist.

Bemerkung 1. Ist $\gamma_1, \ldots, \gamma_n \in K$ ein über $\mathbb{Q}$ linear abhängiges System, so gilt $\det(S(\gamma_i \gamma_k))_{1 \leq i,k \leq n} = 0$. Denn dann gibt es einen Index l derart, daß γ_l eine rationale Linearkombination der übrigen γ_k ist; daher wird die Spalte vom Index l in der Matrix $(S(\gamma_i \gamma_k))_{1 \leq i,k \leq n}$ gleich der entsprechenden Linearkombination der übrigen Spalten.

Bemerkung 2. Es bezeichne $C = (c_{ir}) \in \mathbf{M}_n(\mathbb{Q})^\times$ die Übergangsmatrix von der Basis $(\alpha_i)_{1 \leq i \leq n}$ des algebraischen Zahlkörpers K zur Basis $(\beta_r)_{1 \leq r \leq n}$, also $\beta_r = \sum_i \alpha_i c_{ir}$ $(1 \leq r \leq n)$. Dann gilt bekanntlich

$$(S(\beta_r \beta_s))_{rs} = C^t (S(\alpha_i \alpha_k))_{ik} C.$$

Proposition 2. *Es sei $K|\mathbb{Q}$ ein algebraischer Zahlkörper vom Grad n. Die Diskriminanten zweier $\mathbb{Q}$-Basen unterscheiden sich stets um eine rationale Quadratzahl als Faktor. Alle $\mathbb{Z}$-Basen eines Gitters $L = \sum_{i=1}^n \alpha_i \mathbb{Z}$ von K haben dieselbe Diskriminante $d(L)$; sie ist somit eine Invariante des Gitters. Die Diskriminante $d(\mathfrak{o})$ jeder Ordnung $\mathfrak{o}$ ist ein Element von $\mathbb{Z}$, und schließlich gilt für Untergitter M von Gittern L die Formel $d(M) = [L : M]^2 \cdot d(L)$.*

Beweis. Die Übergangsmatrix zwischen zwei $\mathbb{Z}$-Basen eines Gitters hat die Determinante ± 1 (Abschnitt 11.3, Satz 3). Also sind die beiden ersten Aussagen direkte Konsequenzen der Bemerkung 2. Die Ganzheit von $d(\mathfrak{o})$ ergibt sich daraus, daß jedes Element der Hauptordnung eine ganzzahlige Spur hat. Zum Nachweis der letzten Aussage ziehen wir Satz 5 in Abschnitt 11.3 heran. Danach hat die Determinante der Matrix, die eine $\mathbb{Z}$-Basis $(\beta_r)_r$ von M durch eine $\mathbb{Z}$-Basis $(\alpha_i)_i$ von L beschreibt, den Betrag $[L : M]$. □

Definition. Die Diskriminante $d(\mathbb{Z}_K)$ der Hauptordnung des algebraischen Zahlkörpers K wird oft als Diskriminante des *Körpers* K bezeichnet und mit d_K abgekürzt. Sie bildet neben dem Körpergrad $(K|\mathbb{Q})$ die wichtigste Invariante von K.

Bemerkung. Eine Ordnung $\mathfrak{o}$ von K ist stets ein Untergitter von $\mathbb{Z}_K$ mit endlichem Index $f = [\mathbb{Z}_K : \mathfrak{o}]$. Nach Proposition 2 hat sie die Diskriminante

$$d(\mathfrak{o}) = f^2 \cdot d(\mathbb{Z}_K).$$

12.4 Die Endlichkeit der Klassenzahl

Satz 5. (Approximation mit Gitterzahlen) *Zu jedem Gitter M eines algebraischen Zahlkörpers K gehört eine natürliche Schranke $m \in \mathbf{N}$ derart, daß für alle $x \in K$ wenigstens eine der Nebenklassen $rx + M$ $(1 \leq r \leq m)$ eine Zahl y mit dem Normbetrag $|N(y)| < 1$ enthält.*

Beweis (HURWITZ). Es sei $\omega_1, \ldots, \omega_n$ eine $\mathbb{Z}$-Basis von M; ferner bezeichne $D \colon K \to \mathbf{M}_n(\mathbb{Q})$ die durch sie definierte Matrixdarstellung:

$$(\omega_i \alpha)_{1 \leq i \leq n} = D(\alpha)(\omega_i)_{1 \leq i \leq n}.$$

Mit ihr ist $\det D(\alpha) = N(\alpha)$. Für jedes System $x_1, \ldots, x_n \in \mathbb{Q}$ wird nach dem Entwicklungssatz der Determinanten die Funktion

$$g(x_1, \ldots, x_n) := \det D\Big(\sum_{j=1}^{n} x_j \omega_j\Big) = \det\Big(\sum_{j=1}^{n} x_j D(\omega_j)\Big)$$

eine Polynomfunktion der Variablen $x_1, \ldots, x_n$ mit rationalen Koeffizienten, welche homogen vom Grad n ist: $g(x_1\lambda, \ldots, x_n\lambda) = \lambda^n g(x_1, \ldots, x_n)$. Wir interpretieren sie selbstverständlich als Polynomfunktion auf $\mathbb{R}^n$ und setzen

$$C := \max\{|g(x)| ;\ \max_{1\leq i\leq n} |x_i| \leq 1\}.$$

Dazu existiert ein $k \in \mathbb{N}$ mit $m = k^n > C$. Es sei $x \in K$ beliebig. Zu jeder natürlichen Zahl s innerhalb $0 \leq s \leq k^n$ gibt es eine Gitterzahl $\mu_s \in M$ derart, daß die Koordinaten a_{is} der Differenz $sx - \mu_s = \sum_{i=1}^{n} \omega_i a_{is}$ in das Intervall $[0, 1[$ fallen. Nun zerlege man es in die Teilintervalle $[(l-1)/k, l/k[\,,\ 1\leq l\leq k$. Auf diese Weise enstehen k^n Teilwürfel des n-dimensionalen Würfels $[0, 1[^n$. In mindestens einen fallen zwei der $k^n + 1$ Vektoren $a_s = (a_{is})_{1\leq i\leq n}$, etwa a_{s_1} und a_{s_2} $(s_1 < s_2)$. Mit $r = s_2 - s_1$ ist dann

$$y = rx + \mu_{s_1} - \mu_{s_2} = \sum_{i=1}^{n} \omega_i b_i\,,$$

wo $b_i = a_{i,s_2} - a_{i,s_1}$ dem Betrage nach kleiner als $1/k$ ist $(1\leq i\leq n)$. Das ergibt

$$|N(y)| = \Big|\det D\Big(\sum_{i=1}^{n} \omega_i b_i\Big)\Big| \leq k^{-n}C < 1. \qquad \square$$

Satz 6. (Die Endlichkeit der Klassenzahl) *Es sei $\mathfrak{o}$ eine Ordnung des Zahlkörpers K. Die Menge $\mathfrak{J}(\mathfrak{o})$ aller Gitter M von K, deren Ordnung $\mathfrak{o}$ enthält, für die also gilt $\mathfrak{o} \cdot M = M$, ist ein Monoid unter der Multiplikation der Gitter. Es enthält mit jedem Gitter M auch alle Gitter der Äquivalenzklasse von M im weiteren Sinne. Schließlich und hauptsächlich ist die Zahl $h(\mathfrak{o})$ der in $\mathfrak{J}(\mathfrak{o})$ enthaltenen Gitterklassen endlich.*

Beweis. 1) Offenbar liegt $\mathfrak{o}$ in der Menge $\mathfrak{J}(\mathfrak{o})$. Sind $M, M' \in \mathfrak{J}(\mathfrak{o})$, so gilt für alle $\omega \in \mathfrak{o}$ und alle $\mu \in M$ auch $\omega\mu \in M$, also

$$\omega \in \mathfrak{o},\ \mu \in M,\ \mu' \in M' \quad \Rightarrow \quad \omega\mu\mu' \in M \cdot M'.$$

Daraus folgt $\mathfrak{o} \cdot (M \cdot M') \subset M \cdot M'$ und wegen $1 \in \mathfrak{o}$ auch $\mathfrak{o} \cdot (M \cdot M') = M \cdot M'$. Also ist $\mathfrak{J}(\mathfrak{o})$ eine Halbgruppe mit dem Einselement $\mathfrak{o}$. Wenn $\mathfrak{o} \cdot M = M$ gilt, so auch $\mathfrak{o} \cdot (\lambda M) = \lambda M$ für jedes $\lambda \in K^\times$. Daher besteht $\mathfrak{J}(\mathfrak{o})$ aus vollen Gitter-Äquivalenzklassen.

2) Es gibt eine natürliche Zahl q derart, daß jede Gitterklasse in $\mathfrak{J}(\mathfrak{o})$ ein Gitter M enthält mit $q\mathfrak{o} \subset M \subset \mathfrak{o}$. Vor dem Beweis dieser Aussage ziehen

wir eine Folgerung: Die Faktorgruppe $\mathfrak{o}/q\mathfrak{o}$ ist endlich, also auch die Menge der Gruppen M zwischen $q\mathfrak{o}$ und $\mathfrak{o}$. Folglich ist die Klassenzahl $h(\mathfrak{o})$ endlich.

Zum Beweis der Aussage 2) wählt man gemäß Satz 5 eine natürliche Zahl m zum Gitter $\mathfrak{o}$ derart, daß für jedes Element $x \in K$ wenigstens eine der Restklassen $rx + \mathfrak{o}$ $(1 \leq r \leq m)$ ein Element y mit $|N(y)| < 1$ enthält. Sodann sei q ein gemeinsames Vielfaches der Zahlen r, etwa $q = m!$. Nach der Bemerkung zu Satz 1 enthält jede Äquivalenzklasse ein Gitter $M \subset \mathfrak{o}$. Für die Darstellung der Elemente von M durch eine $\mathbb{Z}$-Basis von $\mathfrak{o}$ ergeben sich daher ganzzahlige Matrizen. Also hat jedes Element von M eine ganzzahlige Norm. Sei nun $\alpha \in M$, $\alpha \neq 0$ und von minimalem Normbetrag. Für jedes $\beta \in M$ setze man $x = \beta/\alpha$ und wähle $y \in \mathfrak{o}$, $r \in \mathbb{N}$ $(1 \leq r \leq m)$ so, daß gilt $|N(rx + y)| < 1$. Es folgt $|N(r\beta + y\alpha)| < |N(\alpha)|$, da die Norm multiplikativ ist. Wegen $r\beta + y\alpha \in M$ ergibt sich $r\beta + y\alpha = 0$ aufgrund der Wahl von α. Daher ist $q\beta \in \alpha\mathfrak{o}$ für alle $\beta \in M$ und mithin $q\alpha\mathfrak{o} \subset qM \subset \alpha\mathfrak{o}$. Das gibt $q\mathfrak{o} \subset (q/\alpha)M \subset \mathfrak{o}$, und die Behauptung unter 2) ist bewiesen. $\qquad\square$

12.5 Konstruktion von Zahlkörpern aus Polynomen

Satz 7. *Es sei n eine natürliche Zahl, und $f = \sum_{k=0}^{n-1} a_k X^k + X^n$ sei ein normiertes Polynom mit rationalen Koeffizienten a_k. Außerdem sei α eine Nullstelle von f im Körper $\mathbb{C}$ der komplexen Zahlen. Dann ist*

$$K = \mathbb{Q}(\alpha) = \sum_{k=0}^{n-1} \mathbb{Q}\alpha^k$$

ein algebraischer Zahlkörper. Sind alle Koeffizienten $a_k \in \mathbb{Z}$, so ist durch

$$\mathfrak{o} = \mathbb{Z}[\alpha] = \sum_{k=0}^{n-1} \mathbb{Z}\alpha^k.$$

eine Ordnung in K gegeben.

Beweis. 1) Als endlich erzeugter $\mathbb{Q}$-Untervektorraum von $\mathbb{C}$ hat K endliche $\mathbb{Q}$-Dimension. Nach der Voraussetzung über α gilt die Gleichung

$$\alpha^n = -\sum_{k=0}^{n-1} a_k \alpha^k. \qquad (*)$$

Aus ihr gewinnen wir $\alpha \cdot K \subset K$ und dann $\alpha^m \cdot K \subset K$ für alle $m \in \mathbb{N}_0$. Deshalb gilt $g(\alpha) \cdot K \subset K$ für jedes Polynom $g \in \mathbb{Q}[X]$. Also ist K ein Teilring des Körpers $\mathbb{C}$, folglich ein Integritätsbereich. Jedes $\beta \in K \setminus \{0\}$ liefert durch $x \mapsto \beta \cdot x$ einen injektiven Vektorraum-Endomorphismus von K. Er ist, da K endliche Dimension hat, auch surjektiv. Somit gibt es ein $\beta' \in K$ mit $\beta \cdot \beta' = 1$; alle Elemente $\beta \neq 0$ in K sind daher invertierbar.

2) Wir setzen jetzt $f \in \mathbb{Z}[X]$ voraus. Das System $\alpha^0, \ldots, \alpha^{n-1}$ enthält eine $\mathbb{Q}$-Basis von K. Deshalb ist $\mathfrak{o}$ ein Gitter in K. Nach den Bemerkungen zur Definition der Dedekindschen Ordnungen ist nur noch festzustellen, daß $\mathfrak{o}$ ein Ring ist. Nun ergibt die Gleichung $(*)$ wegen $a_k \in \mathbb{Z}$ $(0 \leq k \leq n-1)$ die Gültigkeit der Inklusionen $\alpha^m \cdot \mathfrak{o} \subset \mathfrak{o}$ $(m \in \mathbb{N}_0)$; und daraus folgt sofort, daß $\mathfrak{o}$ mit je zwei Elementen auch deren Produkt enthält. $\qquad \square$

Satz 8. *Ist in Satz 7 das Polynom $f \in \mathbb{Q}[X]$ irreduzibel, so gilt $(K|\mathbb{Q}) = n$.*

Beweis. Der Ringhomomorphismus ψ der Einsetzung $X \mapsto \alpha$ bildet den Polynomring $\mathbb{Q}[X]$ surjektiv auf den Zahlkörper $\mathbb{Q}(\alpha)$ ab. Das Polynom f liegt im Kern von ψ. Als Ideal des Hauptidealringes $\mathbb{Q}[X]$ hat er mit einem normierten Polynom F die Form Ker $\psi = F\,\mathbb{Q}[X]$. Da mithin F ein Teiler des Primpolynoms f ist, gilt $F = f$. Jede Relation $\sum_{k=0}^{m} c_k \alpha^k = 0$ mit rationalen Koeffizienten c_k und $c_m \neq 0$ gehört zu einem Polynom $g \in \mathrm{Ker}\,\psi$ vom Grad $\deg g = m \geq 0$. Nach dem Vorangehenden ist $m \geq n$ und daher ist die Dimension von $K|\mathbb{Q}$ gleich dem Grad n von f. $\qquad \square$

Beispiel. Es sei $f = X^3 - pX - q \in \mathbb{Z}[X]$ irreduzibel, und $\alpha \in \mathbb{C}$ sei eine Wurzel von f. Dann hat $\mathfrak{o} = \mathbb{Z}[\alpha]$ die Diskriminante $d = 4p^3 - 27q^2$. Denn mit der $\mathbb{Z}$-Basis $(\alpha^i)_{0 \leq i \leq 2} = B$ von $\mathfrak{o}$ und mit den Matrizen

$$D = \begin{pmatrix} 0 & 1 & 0 \\ 0 & 0 & 1 \\ q & p & 0 \end{pmatrix}, \quad D^2 = \begin{pmatrix} 0 & 0 & 1 \\ q & p & 0 \\ 0 & q & p \end{pmatrix}$$

gilt $B \cdot \alpha = D \cdot B$ und $B \cdot \alpha^2 = D^2 \cdot B$. Aufgrund der $\mathbb{Q}$-Linearität der Spur ergeben diese Matrizen die Spurwerte $S(\alpha^k) = \mathrm{tr}\,D^k$ für $0 \leq k \leq 4$: $S(1) = 3$, $S(\alpha) = 0$, $S(\alpha^2) = 2p$, $S(\alpha^3) = S(p\alpha^1 + q\alpha^0) = 3q$, $S(\alpha^4) = S(p\alpha^2 + q\alpha) = 2p^2$. Also ist

$$d = \det\Big(S(\alpha^{i+k})\Big)_{0 \leq i,k \leq 2} = \det \begin{pmatrix} 3 & 0 & 2p \\ 0 & 2p & 3q \\ 2p & 3q & 2p^2 \end{pmatrix} = 4p^3 - 27q^2.$$

Weitere Beispiele. (Zwei Klassen irreduzibler kubischer Polynome)

$$P_a = X^3 - aX^2 + (a-3)X + 1, \quad Q_a = X^3 - aX^2 + (a+1)X - 1 \quad (a \in \mathbb{Z}).$$

Jedes dieser Polynome ist irreduzibel in $\mathbb{Q}[X]$. Denn anderenfalls besäße eines unter ihnen, etwa f, eine rationale Nullstelle c. Nach Proposition 1 wäre $c \in \mathbb{Z}$ und f wäre durch $X - c$ teilbar. Durchführung der Division ergäbe, daß c ein Teiler des konstanten Termes ± 1 von f wäre. Aber das ist nicht möglich, da $f(1)$ und $f(-1)$ als ungerade Zahlen nicht Null sind.

Aufgrund der Sätze 7 und 8 erzeugt jede Wurzel η von P_a einen *kubischen* Zahlkörper $K = \mathbb{Q}(\eta)$, der Grad $(K|\mathbb{Q})$ ist also gleich 3; und $\mathbb{Z}[\eta]$ ist eine Ordnung in K. Ihre Diskriminante $d = \det(S(\eta^{i+k}))_{0 \le i,k \le 2}$ läßt sich berechnen wie im ersten Beispiel. Mit der Matrix $D(\eta)$, für die $(\eta^{i+1})_{0 \le i \le 2} = D(\eta)(\eta^i)_{0 \le i \le 2}$ gilt, und mit ihrem Quadrat findet man die Spuren. Dann folgt nach mehr oder weniger geschickter Rechnung für d der Wert

$$\det \begin{pmatrix} 3 & a & a^2-2a+6 \\ a & a^2-2a+6 & a^3-3a^2+9a-3 \\ a^2-2a+6 & a^3-3a^2+9a-3 & a^4-4a^3+14a^2-16a+18 \end{pmatrix} = (a^2 - 3a + 9)^2 .$$

Analog ergibt sich aus einer Wurzel ϑ von Q_a der Zahlkörper $K = \mathbb{Q}(\vartheta)$, darin die Ordnung $\mathbb{Z}[\vartheta]$ und ihre Diskriminante $d = (a^2-3a-1)^2 - 32$. Sie geht bei Ersetzung von a durch $3-a$ in sich über. Eine Quadratzahl ist sie nur für $a{=}{-}2$ und $a{=}5$. (Das sieht man wie folgt. Die Quadrate benachbarter natürlicher Zahlen haben eine ungerade Differenz. Gilt $A^2-B^2{=}32$ mit natürlichen Zahlen A, B, so ist $A = B{+}2$ oder $B{+}4$. Da $A^2 = (a^2-3a-1)^2$ ungerade ist, muß B ungerade sein. Im zweiten Fall ist $8B{+}16 = 32$, also $B{=}2$ gerade. Daher bleibt nur der erste Fall. Dann ist $4B{+}4 = 32$, also $B{=}7$, $A{=}9$. Das führt auf $a{=}-2$ oder 5.) Daher sind die für $a \ne -2, 5$ entstehenden Körper $\mathbb{Q}(\vartheta)$ verschieden von den Körpern $\mathbb{Q}(\eta)$.

12.6   Polynome über faktoriellen Ringen

Dieser Teil behandelt den von GAUSS aufgedeckten Zusammenhang zwischen der Teilbarkeit ganzzahliger Polynome und der von Polynomen mit rationalen Koeffizienten. Zu diesem Zwecke sei, etwas allgemeiner, R ein faktorieller Ring, der in einem Körper E als Unterring enthalten ist. Mit K bezeichnen wir den kleinsten, R umfassenden Teilkörper von E, den *Quotientenkörper* von R. Ferner sei $K[X]$ der Polynomring in der Unbestimmten X über K sowie $R[X]$ der Unterring aller Polynome mit lauter Koeffizienten in R. Jedes Element $a \in K^\times$ besitzt eine Zerlegung $a = u(a) \prod_{p \in P} p^{v_p(a)}$, wo P ein festes Vertretersystem der Klassen assoziierter Primelemente von R ist, $u(a) \in R^\times$ und $v_p(a) \in \mathbb{Z}$ sowie $v_p(a) = 0$ bis auf endlich viele $p \in P$. Diese Faktorisierung ist durch a eindeutig bestimmt; das läßt sich fast unmittelbar aus der entsprechenden Eindeutigkeitsaussage in R ableiten.

Definition. Dem Polynom $f = \sum_{k \ge 0} a_k X^k \in R[X]$ ordnen wir als *Inhalt* das Hauptideal $I(f) = dR$ zu, das erzeugt wird vom größten gemeinsamen Teiler d des Systems der Koeffizienten a_k. Wenn $I(f) = R$ ist, wenn also das Koeffizientensystem teilerfremd ist, so heißt f *primitiv*.

Proposition 3. *Für je zwei Polynome $f, g \in R[X]$ gilt $I(f)I(g) = I(fg)$. Insbesondere ist das Produkt primitiver Polynome wieder primitiv.*

Beweis. Es genügt offenbar, den Fall zu betrachten, in dem beide Polynome nicht Null sind. Dann existieren Elemente $d, d' \in R \smallsetminus \{0\}$ mit $I(f) = dR$, $I(g) = d'R$; und durch $f = d \cdot F$, $g = d' \cdot G$ sind primitive Polynome $F = \sum a_k X^k$, $G = \sum b_k X^k$ definiert. Es bleibt zu zeigen, daß ihr Produkt

FG primitiv ist. Dazu wählen wir irgendein Primelement p von R. Da F und G primitiv sind, gilt $F, G \in R[X] \smallsetminus pR[X]$. Also gibt es minimale Indizes $l, m \in \mathbb{N}_0$ mit $a_l, b_m \in R \smallsetminus pR$. Zum Index $k = l + m$ des Produktes FG gehört der Koeffizient

$$c_k = \sum_{r=0}^{l-1} a_r b_{k-r} + a_l b_m + \sum_{s=0}^{m-1} a_{k-s} b_s \in a_l b_m + pR.$$

Daher liegt FG in $R[X] \smallsetminus pR[X]$ für jedes Primelement p von R, und somit ist FG wieder primitiv. □

Wir haben beiläufig gezeigt, daß $pR[X]$ ein Primideal in $R[X]$ ist für jedes Primelement p von R; anders ausgedrückt, auch im Polynomring $R[X]$ ist p ein Primelement.— Einen weiteren Teil dieser Theorie formulieren wir in

Proposition 4. *Für primitive Polynome $g \in R[X]$ gilt stets*

$$R[X] \cap gK[X] = gR[X];$$

und jedes irreduzible Element f positiven Grades in $R[X]$ ist auch irreduzibel im Polynomring $K[X]$.

Beweis. 1) Angenommen, für das Polynom $f \in R[X]$ gilt $f = gh$ mit einem Faktor $h \in K[X]$. Im Fall $f = 0$ ist $h = 0$, also speziell $h \in R[X]$. Sonst existieren Elemente $a, b, c \in R \smallsetminus \{0\}$ mit $aR = I(f)$ und $bh = ch_0$ für ein primitives Polynom $h_0 \in R[X]$. Aus Proposition 3 erhalten wir dann

$$abR = I(bf) = I(g)I(bh) = I(ch_0) = cR.$$

Also gibt es ein $a' \in R$ mit $c = a'b$, und damit ist $h = a'h_0 \in R[X]$.

2) Jedenfalls ist f primitiv, weil sonst ein größter gemeinsamer Teiler der Koeffizienten von f als Faktor abspaltet. Wäre aber $f = gh$ mit Faktoren $g, h \in K[X]$ von positivem Grad, dann existierten Elemente $b, c \in R \smallsetminus \{0\}$ und ein primitives $g_0 \in R[X]$ mit $bg = cg_0 \in R[X]$, also

$$f = g_0 \cdot \frac{c}{b} h.$$

Aus Teil 1) ergäbe sich $b^{-1}ch \in R[X]$ im Gegensatz zur Voraussetzung. Daher war die Annahme falsch, f ist vielmehr in $K[X]$ irreduzibel. □

Satz 9. (GAUSS) *Gegeben sei, eingebettet in seinen Quotientenkörper K, ein faktorieller Ring R. Der im Polynomring $K[X]$ in der Unbestimmten X enthaltene Polynomring $R[X]$ ist dann ebenfalls faktoriell.*

Beweis. Wir benutzen die Charakterisierung der faktoriellen Ringe in Satz 1 aus 8.2. Als erstes zeigen wir indirekt, daß jede nichtleere Menge von Hauptidealen in $R[X]$ ein größtes Element enthält. Wenn das falsch ist, dann gibt es eine Folge von Polynomen $f_n \in R[X] \smallsetminus \{0\}$, die eine strikt monoton wachsende Folge von Hauptidealen $f_n R[X]$ erzeugt. Da R und $K[X]$ indes faktoriell sind, existiert zu den ebenfalls monoton wachsenden Folgen aus Hauptidealen $I(f_n)$ in R sowie $f_n K[X]$ in $K[X]$ eine Schranke $N \in \mathbb{N}$ mit $I(f_n) = I(f_N)$ und $f_n K[X] = f_N K[X]$ für alle $n \geq N$. Dann gibt es aufgrund der Relation $(f_n) \supset (f_N)$ Elemente $g_n \in R[X]$ mit $f_N = f_n g_n$. Daraus folgt nach Proposition 4 $I(g_n) = R$ und $\deg g_n = 0$; also gilt $g_n \in R^\times$ und damit $f_n R[X] = f_N R[X]$ für alle $n \geq N$ im Gegensatz zur Annahme.

Als zweites ist festzustellen, daß jedes irreduzible Element $g \in R[X]$ dort ein Primideal erzeugt. Ist $g = q$ konstant, dann ist nach der Bemerkung zu Proposition 3 das Ideal $g R[X]$ ein Primideal, also g ein Primelement im Ring $R[X]$. Ist $\deg g > 0$, dann ist g primitiv und nach Proposition 4 auch in $K[X]$ irreduzibel. Daher haben je zwei Polynome $f_1, f_2 \in R[X] \smallsetminus g R[X]$ ein Produkt $f_1 f_2 \in R[X] \smallsetminus g K[X] \subset R[X] \smallsetminus g R[X]$. Folglich ist $g R[X]$ ein Primideal in $R[X]$. $\square$

Bemerkung 1. Unter den Voraussetzungen von Satz 9 ist ein Polynom f in $R[X]$ irreduzibel genau dann, wenn entweder $f = p$ irreduzibel in R ist oder wenn f primitiv und zugleich irreduzibel in $K[X]$ ist. Das sieht man aus der Bemerkung zu Proposition 3 oder aus Proposition 4.

Bemerkung 2. Es sei $f \in R[X]$ und normiert sowie $f = gh$ mit normierten Faktoren $g, h \in K[X]$. Dann gilt sogar $g, h \in R[X]$. Insbesondere liegen alle normierten irreduziblen Faktoren der Primzerlegung von f schon in $R[X]$.

Jedenfalls existieren Faktoren $a, b \in R \smallsetminus \{0\}$ mit $ag, bh \in R[X]$. Mit den Abkürzungen $cR = I(ag)$, $dR = I(bh)$, ergibt sich dann

$$abR = I(abf) = I(ag)I(bh) = cdR.$$

Nun ist a der Leitkoeffizient von ag und b der von bh. Deshalb gilt $c \mid a$ und $d \mid b$; mit passenden Elementen $a', b' \in R$ ist somit $a = ca'$, $b = db'$. Aber aus $abR = cdR$ folgt nun sogar $a', b' \in R^\times$. Also sind $a'g, b'h \in R[X]$, und damit sind auch $g, h \in R[X]$.

Satz 10. (Irreduzibilitätskriterium von Eisenstein) *Es sei K Quotientenkörper des faktoriellen Ringes R, und $h = \sum_{n=0}^{N} c_n X^n$ sei ein Element des als Unterring von $K[X]$ aufgefaßten Polynomringes $R[X]$ vom Grad $N > 0$. Wenn es ein Primelement p von R mit den Eigenschaften $p \mid c_n$ $(0 \leq n < N)$, $p \nmid c_N$ und $p^2 \nmid c_0$ gibt, dann ist h in $K[X]$ irreduzibel.— Die Polynome h dieser Art heißen* Eisensteinpolynome *bezüglich p.*

Beweis. Nach Satz 9 genügt es zu zeigen, daß h nicht Produkt $h = fg$ zweier Polynome $f = \sum_{n=0}^{L} a_n X^n$, $g = \sum_{n=0}^{M} b_n X^n$ mit positiven Graden L und M in $R[X]$ ist. Angenommen, dies sei doch der Fall. Dann liegen mit h auch die Faktoren f und g in $R[X] \smallsetminus p R[X]$. Also existieren minimale Indizes l und m

mit $a_l, b_m \in R \smallsetminus pR$. Nach dem Beweis von Proposition 3 liegt der Koeffizient c_k zum Index $k = l + m$ in $R \smallsetminus pR$. Das ist nach unserer Voraussetzung nur für $k = N$ möglich. Also ist $l = L$ und $m = M$. Insbesondere lägen dann a_0 und b_0 in pR, was $c_0 = a_0 b_0 \in p^2 R$ zur Folge hätte im Widerspruch zur Voraussetzung. $\qquad \square$

Beispiel 1. Ein Muster für Eisensteinpolynome enthält die Kreisteilungslehre: Zu jeder Primzahl p wird das p-te *Kreisteilungspolynom* erklärt durch

$$\Phi_p = \frac{X^p - 1}{X - 1} = \sum_{m=0}^{p-1} X^m \in \mathbb{Z}[X].$$

Die Einsetzung $X \mapsto X + 1$ ergibt einen Ringautomorphismus von $\mathbb{Q}[X]$; unter ihm entsteht aus Φ_p das Eisensteinpolynom

$$\Phi_p(X + 1) = \frac{(X + 1)^p - 1}{X} = \sum_{n=1}^{p} \binom{p}{n} X^{n-1}.$$

Nach Satz 10 ist es irreduzibel in $\mathbb{Q}[X]$, und mit ihm ist auch Φ_p irreduzibel.

Anwendung (Ein Beweis des quadratischen Reziprozitätsgesetzes mit Hilfe von Gaußschen Summen). Für voneinander und von 2 verschiedene Primzahlen p, q erfüllt das Legendre-Symbol die Gleichung

$$\left(\frac{q}{p}\right) = (-1)^{\frac{1}{2}(p-1)\frac{1}{2}(q-1)} \left(\frac{p}{q}\right).$$

Zum Beweis sei ζ eine primitive p-te Einheitswurzel in $\mathbb{C}$, also eine Nullstelle von Φ_p. Da Φ_p in $\mathbb{Z}[X]$ irreduzibel ist, hat die Ordnung $\mathbb{Z}[\zeta]$ als freie abelsche Gruppe den Rang $p-1$ ebenso wie ihr Hauptideal $q\mathbb{Z}[\zeta]$. Insbesondere ist $q\mathbb{Z}[\zeta] \cap \mathbb{Z} = q\mathbb{Z}$. Für jedes $a \in \mathbb{Z}$ wird eine *Gaußsche Summe* definiert durch

$$G_a = \sum_{m=1}^{p-1} \left(\frac{m}{p}\right) \zeta^{ma}.$$

Es gilt

$$G_a = \left(\frac{a}{p}\right) G_1 \quad \text{für alle} \quad a \in \mathbb{Z}. \tag{1}$$

Denn $\left(\frac{m}{p}\right)$ hat den Wert -1 auf der Hälfte der primen Restklassen modulo p, den Wert 1 auf der anderen Hälfte. Deshalb gilt $G_0 = \sum_{m=1}^{p-1} \left(\frac{m}{p}\right) = 0$. Also liefern für $a \in p\mathbb{Z}$ beide Seiten den Wert 0. Im Fall $p \nmid a$ dagegen ist aufgrund der Multiplikativität des Legendre-Symbols

$$\left(\frac{a}{p}\right) G_a = \sum_{m=1}^{p-1} \left(\frac{ma}{p}\right) \zeta^{ma} = \sum_{k=1}^{p-1} \left(\frac{k}{p}\right) \zeta^k = G_1,$$

da ma mit m die primen Restklassen modulo p durchläuft. Jetzt zeigen wir

$$G_1^2 = \left(\frac{-1}{p}\right) p, \qquad (2)$$

indem wir die Summe $S := \sum_{a=0}^{p-1} G_a G_{-a}$ auf zweierlei Weise auswerten. Aus der Relation (1) ergibt sich einerseits

$$S = \sum_{a=1}^{p-1} \left(\frac{a}{p}\right)\left(\frac{-a}{p}\right) G_1^2 = (p-1)\left(\frac{-1}{p}\right) G_1^2 .$$

Andererseits gilt $\sum_{a=0}^{p-1} \zeta^{ma} = 0$, falls $m \not\equiv 0 \pmod{p}$ ist. Daher folgt aus der Definition von G_a der Reihe nach

$$S = \sum_{a,k,m=1}^{p-1} \left(\frac{k}{p}\right)\left(\frac{m}{p}\right) \zeta^{(k-m)a} = \sum_{a,k=1}^{p-1} \left(\frac{k^2}{p}\right) + \sum_{a,k=1}^{p-1}\sum_{l=2}^{p-1} \left(\frac{k^2 l}{p}\right) \zeta^{(1-l)ka}$$

$$= (p-1)^2 + \sum_{l=2}^{n-1} \left(\frac{l}{p}\right) \sum_{k=1}^{p-1}\underbrace{\sum_{a=1}^{p-1} \zeta^{(1-l)ka}}_{=-1} = (p-1)\left[(p-1) - \sum_{l=2}^{p-1}\left(\frac{l}{p}\right)\right] = (p-1)p .$$

Als Konsequenz ergibt sich die Formel (2), und speziell ist $G_1^2 \in \mathbb{Z}$. Nun wird im Restklassenring $\mathbb{Z}[\zeta]/q\mathbb{Z}[\zeta]$ argumentiert. Dort gilt

$$\left(\sum a_m \zeta^m\right)^q \equiv \sum a_m^q \zeta^{mq} \equiv \sum a_m \zeta^{mq} \pmod{q\mathbb{Z}[\zeta]},$$

insbesondere mit (1) also

$$\left(\frac{q}{p}\right) G_1 = G_q = \sum_{m=1}^{p-1} \left(\frac{m}{p}\right) \zeta^{mq} \equiv G_1^q \pmod{q\mathbb{Z}[\zeta]}. \qquad (3)$$

Aus dem Eulerschen Kriterium folgt dann

$$G_1^q = (G_1^2)^{\frac{1}{2}(q-1)} G_1 \equiv \left(\frac{G_1^2}{q}\right) G_1 \pmod{q\mathbb{Z}[\zeta]}. \qquad (4)$$

Da nach (2) die Restklasse $G_1^2 + q\mathbb{Z}[\zeta]$ invertierbar ist und mit ihr auch $G_1 + q\mathbb{Z}[\zeta]$, ergibt sich aus (3), (4) und (2) schließlich

$$\left(\frac{q}{p}\right) \equiv \left(\frac{\left(\frac{-1}{p}\right)}{q}\right)\left(\frac{p}{q}\right) \equiv \left(\frac{-1}{p}\right)^{\frac{1}{2}(q-1)}\left(\frac{p}{q}\right)$$

$$\equiv (-1)^{\frac{1}{2}(p-1)\cdot\frac{1}{2}(q-1)}\left(\frac{p}{q}\right) \pmod{q\mathbb{Z}[\zeta]}.$$

Daraus folgt wegen $q\mathbb{Z}[\zeta] \cap \mathbb{Z} = q\mathbb{Z}$ die Behauptung.

12.7 Biquadratische Zahlkörper

In diesem Teil betrachten wir die quadratischen Erweiterungskörper L von quadratischen Zahlkörpern K mit der Frage nach den Möglichkeiten, ihre Automorphismen id_K und σ zu Automorphismen des Körpers L fortzusetzen. Nach den quadratischen Zahlkörpern bilden sie unser zweites Experiment auf dem Felde der Galois-Theorie.

Quadratische Zahlkörper K in $\mathbb{C}$ sind durch ihre Diskriminante d eindeutig bestimmt; die Menge der Diskriminanten quadratischer Zahlkörper bildet ein Vertretersystem der vom Einselement verschiedenen Elemente der Faktorgruppe $\mathbb{Q}^\times/(\mathbb{Q}^\times)^2$. Analog den quadratischen Erweiterungen $K|\mathbb{Q}$ stehen die quadratischen Erweiterungen L von K in $\mathbb{C}$ in eindeutiger Beziehung zu den von $(K^\times)^2$ verschiedenen Nebenklassen von $K^\times$ nach der Untergruppe $(K^\times)^2$ ihrer Quadrate: Der quadratischen Erweiterung $L|K$ entspricht die Nebenklasse $\delta(K^\times)^2$ als Gesamtheit der Quadrate in $L^\times$, die in $K^\times \setminus (K^\times)^2$ fallen. Man kann dann $L = K(\sqrt{\delta})$ als kleinsten Erweiterungskörper von K in $\mathbb{C}$ beschreiben, in dem δ ein Quadrat wird. Mit $\sqrt{\delta}$ sei irgendeine der beiden Quadratwurzeln von δ in $\mathbb{C}$ bezeichnet. Über den Galois-Automorphismus $\sigma\colon \alpha \mapsto \alpha'$ von K lassen sich die quadratischen Erweiterungskörper $L|K$ einteilen in drei Klassen. Es kann die Norm $N(\delta) = \delta \cdot \delta'$ entweder 1) in $(K^\times)^2$ oder 2) in $K^\times \setminus (K^\times)^2$ liegen. Dann ist im Fall 1) zu unterscheiden, ob $\delta(K^\times)^2$ eine rationale Zahl enthält oder nicht. Dies sind die Fälle 1a) und 1b).

1a) Wenn die Menge $\delta(K^\times)^2 \cap \mathbb{Q}^\times$ nicht leer ist, dann enthält sie genau eine Diskriminante d_* eines quadratischen Zahlkörpers, und es gilt $d_* \neq d$, weil d eine Quadratzahl in $K^\times$ ist. Deshalb ist $L = K(\sqrt{d_*}) = \mathbb{Q}(\sqrt{d}, \sqrt{d_*})$ der von $\sqrt{d}$ und $\sqrt{d_*}$ erzeugte Erweiterungskörper von $\mathbb{Q}$ in $\mathbb{C}$. Aufgrund seiner Definition ist L ein zweidimensionaler Vektorraum über K mit Basis $1, \sqrt{d_*}$, während K ein zweidimensionaler $\mathbb{Q}$-Vektorraum mit der Basis $1, \sqrt{d}$ ist. Folglich wird $(L|\mathbb{Q}) = 4$, und eine $\mathbb{Q}$-Basis von L wird beispielsweise $1, \sqrt{d}, \sqrt{d_*}, \sqrt{d}\sqrt{d_*}$. Man sieht auch, daß L neben K und $K_* = \mathbb{Q}(\sqrt{d_*})$ einen dritten Teilkörper $K_0 = \mathbb{Q}(\sqrt{dd_*})$ vom Grad 2 über $\mathbb{Q}$ enthält. Die Bezeichnung soll durch $\sqrt{dd_*} := \sqrt{d}\sqrt{d_*}$ fixiert sein. Der Körper K_0 ist von K und von K_* verschieden, weil in der elementar-abelschen 2-Gruppe $\mathbb{Q}^\times/(\mathbb{Q}^\times)^2$ zwei voneinander und von dem Einselement $\bar{e}$ verschiedene Elemente eine Untergruppe der Ordnung 4 erzeugen, deren drittes Element $\neq \bar{e}$ das Produkt der beiden Ausgangselemente ist.

Der Galoisautomorphismus σ von K läßt sich zu einem Automorphismus von L erweitern durch $\sigma(\sqrt{d_*}) = \sqrt{d_*}$. Damit die Fortsetzung auch mit der Multiplikation verträglich bleibt, ist $\sigma(\sqrt{dd_*}) = -\sqrt{dd_*}$ zu setzen. Das legt σ als $\mathbb{Q}$-linearen Automorphismus fest. Die Gleichung $\sigma(\alpha\beta) = \sigma(\alpha)\sigma(\beta)$ gilt für alle $\alpha, \beta \in L$, da sie für die Paare α, β von Basiselementen gilt und da die Multiplikation von L zudem $\mathbb{Q}$-bilinear ist. Ebenso wird der Automorphismus $\sigma_* \neq \mathrm{id}_{K_*}$ von K_* zu einem Automorphismus des Körpers L fortgesetzt durch die Zuordnung $\sigma_*(\sqrt{d}) = \sqrt{d}$, $\sigma_*(\sqrt{dd_*}) = -\sqrt{dd_*}$. Für die

Zusammensetzung gilt $\sigma \circ \sigma_* = \sigma_* \circ \sigma \neq \mathrm{id}_L$. Auf diese Weise ist die Existenz einer vierelementigen Gruppe $\{\mathrm{id}_L, \sigma, \sigma_*, \sigma \circ \sigma_*\}$ von Automorphismen des Körpers $L = \mathbb{Q}(\sqrt{d}, \sqrt{d_*})$ gezeigt, welche isomorph ist zum direkten Produkt $\langle \sigma \rangle \times \langle \sigma_* \rangle$ zweier zyklischer Gruppen der Ordnung 2.

1b) Wenn $\delta\delta' \in (K^\times)^2$ ist, aber $\delta(K^\times)^2 \cap \mathbb{Q} = \varnothing$, dann gilt $\delta' = \gamma^2\delta$ mit einem $\gamma \in K^\times$, und der Galois-Automorphismus σ von K ergibt sofort $\delta = (\gamma')^2\delta'$, also $(\gamma\gamma')^2 = 1$. Wir werden $\gamma\gamma' = -1$ beweisen. Wäre nämlich $\gamma\gamma' = 1$, so gäbe es ein $\beta \in K^\times$ mit $\gamma = \beta/\beta'$: Für $\gamma = -1$ kann man $\beta = \sqrt{d}$ nehmen, sonst eignet sich $\beta = 1 + \gamma$ wegen $\frac{\beta}{\beta'} = \frac{1+\gamma}{1+\gamma'} = \frac{\gamma(1+\gamma)}{\gamma+1} = \gamma$. Also ergäbe die Gleichung $\delta' = \gamma^2\delta$ sogleich $\delta\beta^2 = \sigma(\delta\beta^2)$. Sie würde bedeuten, daß in der Nebenklasse $\delta(K^\times)^2$ eine rationale Zahl läge, im Gegensatz zur Voraussetzung (Satz 6 in 7.4). Wie im Fall 1a) wird hier $1, \sqrt{d}, \sqrt{\delta}, \sqrt{d}\sqrt{\delta}$ eine $\mathbb{Q}$-Basis des Vektorraumes L, und wieder läßt sich der Automorphismus σ von K zu einem Automorphismus des Körpers L erweitern: Man setze

$$\sigma(\sqrt{\delta}) = \gamma\sqrt{\delta}, \ \sigma(\sqrt{d}\sqrt{\delta}) = -\gamma\sqrt{d}\sqrt{\delta},$$

und ergänze σ zu einer $\mathbb{Q}$-linearen Selbstabbildung von L. Die Verträglichkeit mit der $\mathbb{Q}$-bilinearen Multiplikation von L braucht nur für die Paare α, β von Basisvektoren geprüft zu werden, was mühelos geschieht: Beispielsweise ist

$$\sigma(\sqrt{\delta} \cdot \sqrt{\delta}) = \sigma(\delta) = \delta' = \gamma^2\delta = (\sigma(\sqrt{\delta}))^2,$$

$$\sigma(\sqrt{\delta} \cdot \sqrt{\delta}\sqrt{d}) = \sigma(\delta\sqrt{d}) = -\delta'\sqrt{d} = -\gamma^2\delta\sqrt{d} = \sigma(\sqrt{\delta})\sigma(\sqrt{d}\sqrt{\delta}).$$

Das Quadrat von σ ergibt $\sigma^2(\sqrt{d}) = \sqrt{d}$, $\sigma^2(\sqrt{\delta}) = \sigma(\gamma\sqrt{\delta}) = \gamma\gamma'\sqrt{\delta} = -\sqrt{\delta}$. Die Fixpunktmenge von σ^2 ist daher der Teilkörper K von L. Ferner hat σ als Element der Gruppe aller Körperautomorphismen die Ordnung 4.

2) Weil hier $\delta\delta' \notin (K^\times)^2$ ist, sind die Nebenklassen $\delta(K^\times)^2$ und $\delta'(K^\times)^2$ voneinander verschieden; mithin sind ebenfalls die zugeordneten quadratischen Erweiterungen $L = K(\sqrt{\delta})$ und $L' = K(\sqrt{\delta'})$ verschieden. Analog zu der Situation in 1a) erzeugen sie eine biquadratische Erweiterung M von K, in der mit $L_0 = K(\sqrt{\delta\delta'})$ noch eine dritte quadratische Erweiterung von K enthalten ist. Da $\delta\delta' \in \mathbb{Q}^\times$, aber dort erst recht keine Quadrat ist, enthält die Nebenklasse $\delta\delta'(\mathbb{Q}^\times)^2$ die Diskriminante d_* eines quadratischen Zahlkörpers K_*. Daher wird $L_0 = \mathbb{Q}(\sqrt{d}, \sqrt{d_*})$ eine biquadratische Erweiterung von $\mathbb{Q}$ des Typs 1a). Wie wir oben gesehen haben, hat sie eine von den vertauschbaren Automorphismen σ, σ_* der Ordnung 2 erzeugte Gruppe von Automorphismen der Ordnung 4. Die Erweiterung $M|L_0$ hat den Grad 2 und die L_0-Basis $1, \sqrt{\delta}$. Überdies ist $\sqrt{\delta'} = \gamma\sqrt{\delta}$ mit dem Element $\gamma = \delta'/\sqrt{\delta\delta'} \in L_0^\times$. Der Automorphismus $\sigma\sigma_*$ sendet δ' nach δ, $\sqrt{\delta\delta'}$ nach $-\sqrt{\delta\delta'}$, da σ_* die Elemente von K festläßt. Also ist $\gamma \cdot \sigma\sigma_*(\gamma) = -\delta'\delta/(\sqrt{\delta\delta'})^2 = -1$. Daraus ist in Analogie zum Fall 1b) zu sehen, daß $\rho(\sqrt{\delta}) = \sqrt{\delta'} = \gamma\sqrt{\delta}$ eine Fortsetzung von $\sigma\sigma_*$ zu einem Automorphismus ρ von M definiert. Das werden wir hier direkt nachprüfen. Die vollständige Definition lautet

$$\rho(\alpha + \beta\sqrt{\delta}) = \sigma\sigma_*(\alpha) + \sigma\sigma_*(\beta)\gamma\sqrt{\delta}, \qquad \alpha, \beta \in L_0.$$

Da $\sigma\sigma_*$ ein Automorphismus des Körpers L_0 ist, wird ρ ein Automorphismus der abelschen Gruppe $(M, +)$. Wegen $\gamma^2\delta = \sigma\sigma_*(\delta)$ gelten mit beliebigen α_1, $\beta_1 \in L_0$ die Gleichungen

$$\rho(\alpha + \beta\sqrt{\delta})\,\rho(\alpha_1 + \beta_1\sqrt{\delta})$$
$$= (\sigma\sigma_*(\alpha) + \sigma\sigma_*(\beta)\gamma\sqrt{\delta})(\sigma\sigma_*(\alpha_1) + \sigma\sigma_*(\beta_1)\gamma\sqrt{\delta})$$
$$= \sigma\sigma_*(\alpha\alpha_1) + \sigma\sigma_*(\beta\beta_1)\gamma^2\delta + \sigma\sigma_*(\alpha\beta_1 + \beta\alpha_1)\gamma\sqrt{\delta}$$
$$= \rho((\alpha + \beta\sqrt{\delta})(\alpha_1 + \beta_1\sqrt{\delta})).$$

Neben ρ besitzt M auch den durch $\tau\,|_K = \mathrm{id}_K$, $\tau(\sqrt{\delta}) = -\sqrt{\delta}$, $\tau(\sqrt{\delta'}) = \sqrt{\delta'}$ definierten Automorphismus, der dem Paar $L|K$, $L'|K$ entspricht wie σ dem Paar $K|\mathbb{Q}$, $K_*|\mathbb{Q}$. Es ist nun leicht zu prüfen, indem man die Restriktionen auf L_0 und die Wirkung auf $\sqrt{\delta}$ ins Auge faßt, daß ρ und τ eine Gruppe von acht Automorphismen von M erzeugen, nämlich mit den Elementen $\rho^m\tau^t$, $0\leq m\leq 3$, $0\leq t\leq 1$. Es gelten die Formeln $\rho^4 = \tau^2 = \mathrm{id}$ und $\tau\rho\tau = \rho^{-1}$. Die Menge der Fixpunkte von τ ist L', während die Fixpunktmenge von $\rho^3\tau$ der neue Teilkörper $L_* = K_*(\sqrt{\delta} + \sqrt{\delta'})$ ist. Dagegen hat $\rho^2\tau$ die Fixpunktmenge L, während $L'_* = K_*(\sqrt{\delta} - \sqrt{\delta'})$ die Fixpunktmenge von $\rho\tau$ ist. Man hat dabei zu beachten, daß $(\sqrt{\delta} \pm \sqrt{\delta'})^2 = \delta + \delta' \pm 2\sqrt{\delta}\sqrt{\delta'} \in K_*^\times$ gilt, während $(\sqrt{\delta} + \sqrt{\delta'})^2(\sqrt{\delta} - \sqrt{\delta'})^2 = (\delta - \delta')^2 \in d(\mathbb{Q}^\times)^2$, also kein Quadrat in $K_*^\times$ ist.

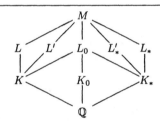

Aufgabe 1. In dem algebraischen Zahlkörper K sei $\mathfrak{f}$ ein von Null verschiedenes Ideal der Hauptordnung $\mathbb{Z}_K$. Man zeige, daß $\mathfrak{o} = \mathbb{Z} + \mathfrak{f}$ eine Ordnung in K ist.

Aufgabe 2. (Ein Seitenstück zum Gaußschen Satz) a) Man begründe folgenden Irreduzibilitätstest modulo einer Primzahl p: Es sei $f \in \mathbb{Z}[X]$ normiert und $\overline{f}$ sei das aus f durch Reduktion der Koeffizienten modulo p im Polynomring $\mathbb{F}_p[Y]$ entstehende Polynom. Ist $\overline{f}$ in $\mathbb{F}_p[Y]$ irreduzibel, dann ist f in $\mathbb{Q}[X]$ irreduzibel.

b) Zur Anwendung des Irreduzibilitätstestes modulo p braucht man einen Zugang zu den Primpolynomen in $\mathbb{F}_p[Y]$. Da $\mathbb{F}_p$ endlich ist, existieren in $\mathbb{F}_p[Y]$ nur endlich viele Primpolynome festen Grades n. Darunter sind die p Polynome $Y - a$, $a \in \mathbb{F}_p$ ersten Grades. Ein normiertes $f \in \mathbb{F}_p[Y]$ vom Grad 2 oder 3 ist genau dann irreduzibel, wenn es keine Nullstelle in $\mathbb{F}_p$ hat. Man bestimme so die Primpolynome für $p = 2$, $n \leq 4$, für $p = 3$, $n \leq 3$ und für $p = 5$, $n \leq 2$.

c) Man beweise die Irreduzibilität von $X^5 + 20X + 16$ in $\mathbb{Z}[X]$.

Aufgabe 3. Man zeige, daß für jede Primzahl p das Polynom $Y^4 + 1$ in $\mathbb{F}_p[Y]$ reduzibel ist, obwohl das Polynom $X^4 + 1$ in $\mathbb{Z}[X]$ irreduzibel ist. Anleitung: Man trenne die Fälle $p = 2$, $p \equiv 1 \pmod 4$ und $p \equiv -1 \pmod 4$.

Aufgabe 4. Es sei p eine Primzahl, und ϑ sei eine Wurzel des Eisensteinpolynoms $X^n + \sum_{k=0}^{n-1} a_k X^k$ mit Koeffizienten $a_k \in p\mathbb{Z}$ und $p^2 \nmid a_0$. Man zeige, daß der Index von $\mathbb{Z}[\vartheta]$ in der Hauptordnung $\mathfrak{o}$ von $K = \mathbb{Q}(\vartheta)$ nicht durch p teilbar ist.

Anleitung: Die ganzzahligen $n \times n$-Matrizen $D(\beta)$ zu den Elementen $\beta = \sum_{i=0}^{n-1} b_i \vartheta^i$ in der Ordnung $\mathbb{Z}[\vartheta]$, für die die Gleichung gilt $D(\beta)(\vartheta^i)_{0 \leq i \leq n-1} = (\beta \vartheta^i)_{0 \leq i \leq n-1}$, erfüllen die Kongruenz

$$D(\beta) \equiv \begin{pmatrix} b_0 & * & * \\ 0 & \ddots & * \\ 0 & 0 & b_0 \end{pmatrix} \pmod{p}.$$

Insbesondere ist die Norm $N(\beta) \equiv b_0^n \pmod{p}$. Wäre die Behauptung falsch, so gäbe es Elemente $\alpha \in \mathfrak{o} \setminus \mathbb{Z}[\vartheta]$, für die $p\alpha \in \mathbb{Z}[\vartheta]$ wäre. Unter ihnen sind auch solche mit $\beta := \vartheta \alpha \in \mathbb{Z}[\vartheta]$.

Aufgabe 5. Zu betrachten sind die Polynome

$$f_1 = X^3 - 18X - 6, \quad f_2 = X^3 - 36X - 78, \quad f_3 = X^3 - 54X - 150.$$

Man zeige, daß jedes f_k in $\mathbb{Q}[X]$ irreduzibel ist. Bezeichnet $\alpha_k \in \mathbb{C}$ eine Wurzel von f_k $(1 \leq k \leq 3)$, so haben die Ordnungen $\mathbb{Z}[\alpha_k]$ dieselbe Diskriminante. $\mathbb{Z}[\alpha_k]$ ist jeweils die Hauptordnung des Zahlkörpers $\mathbb{Q}(\alpha_k)$, $1 \leq k \leq 3$. (Man benutze die Aufgabe 4.)

Aufgabe 6. a) Es sei $\alpha \in \mathbb{C}$ eine Nullstelle des Polynoms $f = X^4 - X^2 + 1$. Man zeige $(\alpha + \alpha^{-1})^2 = 3$ und beschreibe $L = \mathbb{Q}[\alpha]$ als quadratische Erweiterung des Körpers $K = \mathbb{Q}(\sqrt{3})$.

b) Es sei $\zeta \in \mathbb{C}$ eine Nullstelle von $\Phi_5 = X^4 + X^3 + X^2 + X + 1$, dem fünften Kreisteilungspolynom. Man zeige, daß $\xi = \zeta + \zeta^{-1}$ der quadratischen Gleichung $\xi^2 + \xi - 1 = 0$ genügt, bestimme die Diskriminante des quadratischen Zahlkörpers $K = \mathbb{Q}[\xi]$ und beschreibe den Körper $L = \mathbb{Q}[\zeta]$ als quadratische Erweiterung $L = K(\sqrt{\vartheta})$ mit passendem $\vartheta \in K^\times$.

Aufgabe 7. Eine Ganzheitsbasis des *reinen* kubischen Zahlkörpers $K = \mathbb{Q}(\sqrt[3]{m})$: Weil K nur von der Nebenklasse $m(\mathbb{Q}^\times)^3$ abhängt, darf $m = ab^2 > 1$ mit teilerfremden natürlichen Zahlen a, b gesetzt werden, die beide durch kein Primzahlquadrat teilbar sind. Sei $\vartheta = \sqrt[3]{m}$ in $\mathbb{R}$, also eine der Wurzeln von $X^3 - m$ in $\mathbb{C}$, sowie $\vartheta' = \vartheta^2/b$. Dann ist ϑ' eine Wurzel von $X^3 - a^2 b$. Man zeige: Eine Basis der Hauptordnung $\mathfrak{o}$ von K bilden ϑ, ϑ' und 1, falls $m \not\equiv \pm 1 \pmod 9$ gilt, dagegen ϑ, ϑ' und $\frac{1}{3}(1 \pm \vartheta + \vartheta^2)$, falls $m \equiv \pm 1 \pmod 9$ ist. Insbesondere hat K die Diskriminante $d_K = -27(ab)^2$ im ersten und $d_K = -3(ab)^2$ im zweiten Fall.

Hinweise: Das Polynom $X^3 - ab^2$ ist Eisensteinsch für die Primteiler von a, dagegen $X^3 - a^2 b$ für die Primteiler von b; die Primteiler von ab sind also nach Aufgabe 4 nicht im Index $[\mathfrak{o} : \mathbb{Z}[\vartheta, \vartheta']]$ enthalten, der sowohl $[\mathfrak{o} : \mathbb{Z}[\vartheta]]$ als auch $[\mathfrak{o} : \mathbb{Z}[\vartheta']]$ teilt. In den Fällen $m \equiv \pm 2, \pm 4 \pmod 9$ ist $\vartheta - m$ Wurzel des 3-Eisensteinpolynoms $(X + m)^3 - m$. Dagegen ist im Fall $m \equiv \pm 1 \pmod 9$ die Zahl $\frac{1}{3}(1 \pm \vartheta + \vartheta^2)$ ganz über $\mathbb{Z}$.

13 Der Fundamentalsatz in Zahlkörpern

In Abschnitt 8 hatten wir die Teilbarkeitslehre im Ring $\mathbb{Z}$ der gewöhnlichen ganzen Zahlen ansatzweise übertragen auf die Ganzheitsringe quadratischer Zahlkörper. Hier wird, gestützt auf die Vorbereitungen in Abschnitt 12, die Übertragung des Fundamentalsatzes der Arithmetik auf die Hauptordnungen $\mathbb{Z}_K$ beliebiger algebraischer Zahlkörper K vollzogen. Dabei zeigt sich, daß an die Stelle des multiplikativen Monoids $\mathbb{N}$ mit den Primzahlen als Bausteinen das multiplikative Monoid der von Null verschiedenen Ideale von $\mathbb{Z}_K$ tritt mit den Primidealen $\mathfrak{p} \neq \{0\}$ als Bausteinen. Die simultanen Kongruenzen führen auf eine allgemeine Version des Chinesischen Restsatzes. Zusammen mit dem Begriff der Absolutnorm eines ganzen Ideals, das ist sein Index als Untergruppe der abelschen Gruppe $\mathfrak{o} = \mathbb{Z}_K$, haben wir dann eine Grundlage zur Behandlung wichtiger Regeln für das Rechnen mit den Restklassen von $\mathbb{Z}_K$ modulo verschiedener Ideale, die später oft verwendet werden. Notwendig ist zudem das Studium der *Relativerweiterungen $L|K$*, wo ein Zahlkörper L als Erweiterung eines anderen Zahlkörpers K auftritt und worin die Beziehung der arithmetischen Größen beider Körper untersucht wird. Am Ende des Abschnittes betrachten wir noch einmal die quadratischen Zahlkörper und demonstrieren die Nützlichkeit ihres Automorphismus $\sigma \neq \mathrm{id}$. So wird eine weitere Brücke zur Galois-Theorie geschlagen.

13.1 Die Gruppe der gebrochenen Ideale

Satz 1. *Es sei $\mathbb{Z}_K$ der Ring der über $\mathbb{Z}$ ganzen Zahlen des Zahlkörpers K, also die Hauptordnung von K. Die Menge $J_K = J(\mathbb{Z}_K)$ aller Gitter von K, deren Dedekindsche Ordnung gleich der Hauptordnung $\mathbb{Z}_K$ ist, bildet eine abelsche Gruppe unter der Multiplikation von Gittern.*

Bemerkung. Für jede nichtmaximale Ordnung $\mathfrak{o}$ von K bildet das Monoid der Gitter M von K, deren Ordnung $\mathfrak{o}$ umfaßt, keine Gruppe. Denn darin liegen mit $\mathfrak{o}$ und $\mathbb{Z}_K$ mindestens zwei Idempotente.

Beweis des Satzes. 1) Die Menge der Gitter $\lambda\mathbb{Z}_K$, $\lambda \in K^\times$ bildet offenbar eine Untergruppe H_K im Monoid J_K. Daher genügt es zu zeigen, daß zu jedem $\mathfrak{a} \in J_K$ ein Gitter $\mathfrak{b} \in J_K$ existiert mit einem Produkt $\mathfrak{a} \cdot \mathfrak{b}$ in H_K. Dann ist nämlich $\mathfrak{a}^{-1} = \mathfrak{b}\lambda$ mit einer passenden Zahl $\lambda \in K^\times$.— Nach Satz 6 in Abschnitt 12.4 ist die Klassenzahl h_K, das ist die Anzahl der *Nebenklassen* $\mathfrak{a}H_K$ in J_K, endlich. Über die Gittermultiplikation bildet die Menge dieser

Nebenklassen ein endliches (kommutatives) Monoid C_K mit dem neutralen Element H_K.

2) Es sei $\mathfrak{A} = \mathfrak{a}H_K$ ein Idempotent in C_K. Dann gilt $\mathfrak{A} \cdot \mathfrak{A} = \mathfrak{A}$. Mit einem $\lambda \in K^\times$ wird somit $\mathfrak{a} \cdot \mathfrak{a} = \lambda\mathfrak{a}$. Nun sind die Gitter $\mathfrak{b} = \lambda^{-1}\mathfrak{a}$ und $\mathfrak{a}$ äquivalent, also gilt auch $\mathfrak{A} = \mathfrak{b}H_K$. Überdies gilt die Gleichung $\mathfrak{b} \cdot \mathfrak{b} = \mathfrak{b}$. Da $\mathfrak{b}$ die Dedekindsche Ordnung $\mathbb{Z}_K$ hat, folgt die Inklusion $\mathfrak{b} \subset \mathbb{Z}_K$, also ist $\mathfrak{b}$ ein Ideal in $\mathbb{Z}_K$. Jedes Erzeugendensystem $\beta_1, \ldots, \beta_r$ dieses Ideals führt auf die Gleichung $\mathfrak{b} = \sum_{i=1}^r \beta_i\mathbb{Z}_K$, nach Multiplikation mit $\mathfrak{b}$ also auf $\mathfrak{b} = \sum_{i=1}^r \beta_i\mathfrak{b}$. Folglich gibt es Zahlen $\beta_{ik} \in \mathfrak{b}$, für die gilt

$$\beta_k = \sum_{i=1}^r \beta_i\,\beta_{ik} \qquad (1 \leq k \leq r)\,.$$

Weil die β_i nicht sämtlich verschwinden, ist $\det(\delta_{ik} - \beta_{ik})_{1 \leq i,k \leq r} = 0$. Die Entwicklung der Determinante indes hat die Form $1 - \beta$ mit einem Element $\beta \in \mathfrak{b}$. Ihr Verschwinden bedeutet, daß $1 \in \mathfrak{b}$ ist, bedeutet also $\mathfrak{b} = \mathbb{Z}_K$ und damit $\mathfrak{A} = H_K$. Das Monoid C_K besitzt hiernach nur ein Idempotent. Nach Proposition 1 aus Abschnitt 11 ist daher C_K eine Gruppe. $\square$

Definitionen. Die in Satz 1 eingeführten Gitter mit der Ordnung $\mathbb{Z}_K$ nennt man *gebrochene Ideale* von K. Sie bilden danach eine Gruppe J_K unter der Multiplikation der Gitter, die *Gruppe der gebrochenen Ideale* von $\mathbb{Z}_K$. Ideale von $\mathbb{Z}_K$ im Sinne von 8.1 heißen auch *ganze* Ideale. Abgesehen vom Nullideal sind sie ebenfalls Gitter. Die endliche Faktorgruppe $C_K = J_K/H_K$ nach der Untergruppe H_K der gebrochenen Hauptideale heißt die *Idealklassengruppe* von K. Ihre Ordnung h_K, die *Klassenzahl* von K, ist genau dann gleich 1, wenn $\mathbb{Z}_K$ ein Hauptidealring ist.

Die Struktur der Klassengruppe C_K ist bislang nicht allgemein aufgeklärt. Nur verstreute Resultate sind bekannt, von denen eines über quadratische Zahlkörper im letzen Teil dieses Abschnittes behandelt wird. Für die Klassenzahl gibt es zumindest eine allgemeingültige Formel (vgl. 19.5).

Satz 2. (Fundamentalsatz der Arithmetik in Zahlkörpern) *Es sei K ein Zahlkörper und $\mathfrak{o} = \mathbb{Z}_K$ seine Hauptordnung. Jedes ganze Ideal $\mathfrak{a} \neq \{0\}$ von $\mathbb{Z}_K$ läßt sich darstellen als Produkt*

$$\mathfrak{a} = \prod_{k=1}^r \mathfrak{p}_k^{a_k} \qquad (a_k > 0)$$

von Potenzen paarweise verschiedener Primideale $\mathfrak{p}_k \neq \{0\}$. Diese Darstellung ist bis auf die Reihenfolge der Faktoren eindeutig .

Bemerkung. Die Gruppe J_K aller gebrochenen Ideale von K ist mithin eine freie abelsche Gruppe mit der Menge aller Primideale $\mathfrak{p} \neq \{0\}$ als freiem Erzeugendensystem.

Beweis des Satzes. 1) Wir beginnen mit der Existenz einer Faktorisierung. Jedes Ideal $\mathfrak{a} \neq \{0\}$ von $\mathbb{Z}_K$ hat als abelsche Gruppe endlichen Index in $\mathbb{Z}_K$. Daher ist der Faktorring $\mathbb{Z}_K/\mathfrak{a}$ endlich. Die Ideale zwischen $\mathfrak{a}$ und $\mathbb{Z}_K$ können nach dem Homomorphiesatz für Ringe (Proposition 1 in 8.1) aus den endlich vielen Idealen des Ringes $\mathbb{Z}_K/\mathfrak{a}$ abgelesen werden. Ist $\mathfrak{a} = \mathfrak{p}$ ein Primideal, so ist $\mathbb{Z}_K/\mathfrak{p}$ als endlicher Integritätsbereich ein Körper. (Die Primideale $\mathfrak{p} \neq \{0\}$ in $\mathbb{Z}_K$ sind also maximale Ideale.) Ansonsten bezeichne $n(\mathfrak{a})$ die endliche Anzahl der Ideale $\mathfrak{b} \supset \mathfrak{a}$, der sogenannten *Idealteiler* von $\mathfrak{a}$. Im Fall $n(\mathfrak{a}) = 1$ gilt $\mathfrak{a} = \mathbb{Z}_K$, das entspricht dem leeren Produkt. Angenommen, es sei $n(\mathfrak{a}) > 1$, und die Faktorisierbarkeit der Ideale mit kleinerer Teilerzahl sei bekannt. Zunächst kann ein in Bezug auf die Inklusion maximaler Teiler $\mathfrak{p} \neq \mathbb{Z}_K$ von $\mathfrak{a}$ gefunden werden: $\mathfrak{a} \subset \mathfrak{p} \subset \mathbb{Z}_K$. Dies ist ein maximales Ideal. Durch Multiplikation der Inklusionen mit $\mathfrak{p}^{-1}$ und mit $\mathfrak{a}$ erhält man

$$\mathfrak{p}^{-1} \supset \mathbb{Z}_K \supset \mathfrak{a}\mathfrak{p}^{-1} \supset \mathfrak{a}\mathbb{Z}_K = \mathfrak{a}.$$

Da J_K eine Gruppe ist, gilt $\mathfrak{b} := \mathfrak{a}\mathfrak{p}^{-1} \neq \mathfrak{a}$. Also ist $n(\mathfrak{b}) < n(\mathfrak{a})$. Nach der Induktionsvoraussetzung besitzt $\mathfrak{b}$ eine Faktorisierung als Produkt endlich vieler maximaler Ideale. Aus ihr ergibt sich aber auch eine solche für $\mathfrak{a}$.

2) Eindeutigkeit der Faktorisierung: Ist $\mathfrak{p}$ ein Primideal, welches das Produkt $\mathfrak{a}\mathfrak{b}$ zweier Ideale $\mathfrak{a}, \mathfrak{b}$ umfaßt, so gilt $\mathfrak{p} \supset \mathfrak{a}$ oder $\mathfrak{p} \supset \mathfrak{b}$. Denn anderenfalls hätte man Elemente $a \in \mathfrak{a} \smallsetminus \mathfrak{p}$, $b \in \mathfrak{b} \smallsetminus \mathfrak{p}$ mit $ab \in \mathfrak{a}\mathfrak{b} \subset \mathfrak{p}$, was der Definition von Primidealen widerspräche. Rekursiv ergibt sich so: Umfaßt das Primideal $\mathfrak{p}$ ein Produkt von mehreren Idealen, so umfaßt es mindestens einen Faktor. Angenommen, man hat zwei Faktorisierungen

$$\mathfrak{a} = \mathfrak{p}_1^{a_1} \cdots \mathfrak{p}_r^{a_r} = \mathfrak{q}_1^{b_1} \cdots \mathfrak{q}_s^{b_s} \qquad (a_i > 0,\ b_k > 0).$$

Dann gilt je $\mathfrak{p}_i \supset \mathfrak{a}$ und $\mathfrak{q}_k \supset \mathfrak{a}$ $(1 \leq i \leq r,\ 1 \leq k \leq s)$. Deshalb umfaßt jedes $\mathfrak{p}_i$ eines der Ideale $\mathfrak{q}_j$ und jedes $\mathfrak{q}_k$ umfaßt eines der $\mathfrak{p}_l$. Die Inklusion maximaler Ideale $\mathfrak{p}_i \supset \mathfrak{q}_j$ ergibt sofort $\mathfrak{p}_i = \mathfrak{q}_j$, und analog zieht $\mathfrak{q}_k \supset \mathfrak{p}_l$ nach sich $\mathfrak{q}_k = \mathfrak{p}_l$. Deshalb ist $r = s$, und bei passender Numerierung auch $\mathfrak{p}_i = \mathfrak{q}_i$ $(1 \leq i \leq r)$. Zum Nachweis der Eindeutigkeit der Exponenten nehmen wir entgegen der Behauptung an, daß etwa $a_1 > b_1$ sei: Dann würde unter Berücksichtigung der Gruppeneigenschaft von J_K folgen

$$\mathfrak{p}_1^{-b_1}\mathfrak{a} = \mathfrak{p}_1^{a_1-b_1}\mathfrak{p}_2^{a_2} \cdots \mathfrak{p}_r^{a_r} = \mathfrak{p}_2^{b_2} \cdots \mathfrak{p}_r^{b_r};$$

aber das widerspricht der bereits bewiesenen Eindeutigkeit der Menge der Primidealfaktoren von $\mathfrak{p}_1^{-b_1}\mathfrak{a}$. Also ist doch stets $a_i = b_i$.

3) Begründung der Bemerkung: Zu jedem $\mathfrak{c} \in J_K$ gibt es ein *ganzes* Ideal $\mathfrak{b} \in J_K$ mit der Eigenschaft $\mathfrak{a} = \mathfrak{b}\mathfrak{c} \subset \mathbb{Z}_K$; aufgrund der Bemerkung zu Satz 1 in Abschnitt 12 kann etwa $\mathfrak{b} = q\mathbb{Z}_K$ mit einer natürlichen Zahl q gewählt werden. Die Faktorisierungen von $\mathfrak{a}$ und von $\mathfrak{b}$ als Produkt von Potenzen maximaler Ideale ergeben dann eine Darstellung

$$\mathfrak{c} = \prod_{i=1}^{r} \mathfrak{p}_i^{c_i} \qquad (c_i \in \mathbb{Z},\ c_i \neq 0).$$

Deren Eindeutigkeit folgt wie unter 2), denn $\prod_{i=1}^{r} \mathfrak{p}_i^{c_i} = \prod_{k=1}^{s} \mathfrak{q}_k^{d_k}$ ergibt

$$\prod_{c_i>0} \mathfrak{p}_i^{c_i} \prod_{d_k<0} \mathfrak{q}_k^{-d_k} = \prod_{d_k>0} \mathfrak{q}_k^{d_k} \prod_{c_i<0} \mathfrak{p}_i^{-c_i} . \qquad \square$$

13.2   Der allgemeine Chinesische Restsatz

Definition. Als größten gemeinsamen Teiler der Ideale $I_1, \ldots, I_r$ des kommutativen Ringes R bezeichnet man das Ideal

$$\mathrm{ggT}(I_1, \ldots, I_r) := \sum_{k=1}^{r} I_k .$$

Es ist das im Sinne der Inklusion kleinste Ideal, welches alle I_k umfaßt. Das System $I_1, \ldots, I_r$ heißt *koprim* oder *teilerfremd*, falls gilt $\sum_{k=1}^{r} I_k = R$.

Bemerkung 1. In der Hauptordnung $\mathbb{Z}_K$ eines algebraischen Zahlkörpers K ergibt sich der größte gemeinsame Teiler zweier Ideale $\mathfrak{a} \neq \{0\}$, $\mathfrak{b} \neq \{0\}$ aus ihrer kanonischen Faktorisierung in der Form

$$\mathrm{ggT}(\mathfrak{a}, \mathfrak{b}) = \prod_{\mathfrak{p}} \mathfrak{p}^{\min(v_\mathfrak{p}(\mathfrak{a}), v_\mathfrak{p}(\mathfrak{b}))} .$$

Insbesondere gilt $\mathfrak{a} + \mathfrak{b} = \mathbb{Z}_K$ genau dann, wenn $v_\mathfrak{p}(\mathfrak{a}) v_\mathfrak{p}(\mathfrak{b}) = 0$ ist für jedes Primideal $\mathfrak{p} \neq \{0\}$.

Bemerkung 2. Der jedem gebrochenen Ideal $\mathfrak{a} \in J_K$ und jedem Primideal $\mathfrak{p}$ von $\mathbb{Z}_K$ aufgrund der Primzerlegung zugeordnete ganzzahlige Exponent $v_\mathfrak{p}(\mathfrak{a})$ wird oft als Funktion auf K gedeutet mittels $v_\mathfrak{p}(\alpha) = v_\mathfrak{p}(\alpha \mathbb{Z}_K)$, falls $\alpha \neq 0$ ist, und $v_\mathfrak{p}(0) = \infty$. Er hat für alle $\alpha, \beta \in K$ die Eigenschaften

$$v_\mathfrak{p}(\alpha \cdot \beta) = v_\mathfrak{p}(\alpha) + v_\mathfrak{p}(\beta), \quad v_\mathfrak{p}(\alpha + \beta) \geq \min(v_\mathfrak{p}(\alpha), v_\mathfrak{p}(\beta)) .$$

Die erste Relation folgt unmittelbar aus der Definition. Sodann genügt es, die zweite Relation allein für die $\alpha, \beta \in \mathbb{Z}_K \smallsetminus \{0\}$ zu begründen. Wegen $(\alpha + \beta)\mathbb{Z}_K \subset \alpha \mathbb{Z}_K + \beta \mathbb{Z}_K$ ist dann aber

$$v_\mathfrak{p}(\alpha + \beta) \geq v_\mathfrak{p}(\alpha \mathbb{Z}_K + \beta \mathbb{Z}_K) = \min(v_\mathfrak{p}(\alpha), v_\mathfrak{p}(\beta)) .$$

Satz 3. (Chinesischer Restsatz, allgemeine Form) *Zu jedem System paarweise koprimer Ideale I_m eines kommutativen Ringes R ($1 \leq m \leq r$, $r \geq 2$), also mit den Gleichungen $I_k + I_m = R$, falls $k \neq m$ ist, und zu jedem System $(x_m)_{1 \leq m \leq r}$ von Ringelementen gibt es ein weiteres Element $x \in R$, das die folgenden Kongruenzen erfüllt:*

$$x \equiv x_m \pmod{I_m} \qquad (1 \leq m \leq r) .$$

Anders gesagt, durch die Abbildung $x \mapsto (x + I_m)_{1 \leq m \leq r}$ ist ein surjektiver Ringhomomorphismus φ von R auf die direkte Summe der Ringe R/I_m definiert. Sein Kern ist $I = I_1 \cap \cdots \cap I_r$.

Beweis. Offensichtlich ist φ ein Ringmorphismus mit dem Kern I. Deshalb besteht die Aufgabe allein im Nachweis der Surjektivität von φ. Er wird durch Induktion nach r geführt. Im Fall $r = 2$ besagt die Voraussetzung, daß $I_1 + I_2 = R$ ist. Also gibt es Elemente $a_1 \in I_2$, $a_2 \in I_1$ mit der Summe $a_1 + a_2 = 1$. Daher gilt die Kongruenz

$$a_k \equiv \delta_{km} \pmod{I_m}, \qquad (1 \leq k, m \leq 2).$$

Die Summe $x = a_1 x_1 + a_2 x_2$ erfüllt somit die Kongruenzen $x \equiv x_k \pmod{I_k}$ $(k = 1, 2)$. Ist $r > 2$ und stimmt die Behauptung für $r - 1$ paarweise koprime Ideale, so gibt es für die Indizes $2 \leq k \leq r$ Elemente $b_k \in I_1$, $c_k \in I_k$ mit der Summe $b_k + c_k = 1$. Das Produkt dieser Summen ist

$$1 = \prod_{k=2}^{r}(b_k + c_k) = a + \prod_{k=2}^{r} c_k,$$

worin $a \in I_1$ ist, während das letzte Produkt im Ideal $J_1 = I_2 \cdots I_r$ liegt. Daher ist $I_1 + J_1 = R$. Aufgrund der Induktionsvoraussetzung gibt es nun ein Element $y_1 \in R$ mit $y_1 \equiv x_k \pmod{I_k}$ $(2 \leq k \leq r)$. Verwendet man dieses zusammen mit x_1 für die beiden koprimen Ideale J_1 und I_1, so erhält man ein Element $x \in R$ mit $x \equiv y_1 \pmod{J_1}$, $x \equiv x_1 \pmod{I_1}$. Wegen der Inklusionen $J_1 \subset I_k$ für $2 \leq k \leq r$ folgt daraus $x \equiv x_k \pmod{I_k}$ $(1 \leq k \leq r)$. $\square$

Zusatz. *Das Produkt von r paarweise koprimen Idealen I_m eines Ringes R ist zugleich ihr Durchschnitt I.*

Beweis. Jedenfalls ist $I_1 \cdots I_r \subset I$. Im Fall $r = 2$ ergibt sich ferner

$$\begin{aligned}
I_1 \cap I_2 &= (I_1 \cap I_2)(I_1 + I_2) = (I_1 \cap I_2)I_1 + (I_1 \cap I_2)I_2 \\
&\subset I_2 I_1 + I_1 I_2 = I_1 I_2.
\end{aligned}$$

Also ist $I_1 I_2 = I_1 \cap I_2$. Für $r > 2$ und $J_1 = I_2 \cdots I_r$ ergab der Beweis oben die Gleichung $I_1 + J_1 = R$. Aus ihr folgt mit der Induktionsvoraussetzung

$$I = (I_1 \cap J_1)(I_1 + J_1) \subset J_1 I_1 + I_1 J_1 = I_1 J_1. \qquad \square$$

Bemerkung 1. Im Ganzheitsring $\mathbb{Z}_K$ eines algebraischen Zahlkörpers K sind Potenzen $\mathfrak{p}^a$, $\mathfrak{q}^b$ zweier verschiedener maximaler Ideale $\mathfrak{p}, \mathfrak{q}$ stets koprim.

Denn ein Primideal teilt (das heißt umfaßt) ein Produkt von Idealen nur, wenn es einen der Faktoren teilt. Also ist $\mathfrak{p}^a$ lediglich durch *ein* Primideal, nämlich durch $\mathfrak{p}$, teilbar. Somit ist $\mathfrak{p}^a + \mathfrak{q}^b$ durch kein Primideal teilbar. Da andererseits jedes Ideal $\mathfrak{a} \neq \mathbb{Z}_K$ von wenigstens einem maximalen Ideal umfaßt wird, folgt $\mathfrak{p}^a + \mathfrak{q}^b = \mathbb{Z}_K$.

Bemerkung 2. Die Idealteiler $\mathfrak{b}$ des ganzen Ideals $\mathfrak{a} \neq \{0\}$ in $\mathbb{Z}_K$ ergeben sich aus der kanonischen Faktorisierung von $\mathfrak{a}$ und $\mathfrak{b}$ allein durch die Beschränkung ihrer $\mathfrak{p}$-Exponenten $v_{\mathfrak{p}}(\mathfrak{b}) \leq v_{\mathfrak{p}}(\mathfrak{a})$ für jedes von $\{0\}$ verschiedene Primideal $\mathfrak{p}$.

Denn aus der Gruppenstruktur von J_K folgt für Primideale $\mathfrak{p} \neq \{0\}$ und Exponenten $n \in \mathbb{N}$ die Äquivalenz $\mathfrak{p}^n \supset \mathfrak{a} \Leftrightarrow \mathbb{Z}_K \supset \mathfrak{p}^{-n}\mathfrak{a}$; und die Aussage rechts besagt, daß der $\mathfrak{p}$-Exponent von $\mathfrak{a}$ mindestens gleich n ist. Die volle Aussage über die Idealteiler $\mathfrak{b}$ von $\mathfrak{a}$ ergibt sich jetzt aus der im Zusatz zu Satz 3 bewiesenen Gleichung

$$\mathfrak{b} = \prod_{\mathfrak{p}} \mathfrak{p}^{v_\mathfrak{p}(\mathfrak{b})} = \bigcap_{\mathfrak{p}} \mathfrak{p}^{v_\mathfrak{p}(\mathfrak{b})}.$$

Proposition 1. *Jedes Ideal $\mathfrak{a}$ von $\mathfrak{o} = \mathbb{Z}_K$ wird von zwei Elementen erzeugt: $\mathfrak{a} = \alpha_1\mathfrak{o} + \alpha_2\mathfrak{o}$. Darin kann überdies jedes der Hauptideale $\alpha_1\mathfrak{o}$, $\alpha_2\mathfrak{o}$ koprim zu einem gegebenen Ideal $\mathfrak{b}$ gewählt werden, sobald $\mathfrak{b}$ koprim zu $\mathfrak{a}$ ist.*

Beweis. Interessant ist nur der Fall, daß $\mathfrak{a}$ und $\mathfrak{b}$ weder $\{0\}$ noch $\mathfrak{o}$ sind. Dann ist

$$\mathfrak{a} = \prod_{i=1}^{r} \mathfrak{p}_i^{a_i}, \quad \mathfrak{b} = \prod_{j=1}^{s} \mathfrak{q}_j^{b_j}, \quad a_i, b_j \in \mathbb{N}$$

mit positiven Faktorenanzahlen r, s. Die Gleichung $\mathfrak{a} + \mathfrak{b} = \mathfrak{o}$ besagt dasselbe wie $\mathfrak{p}_i \neq \mathfrak{q}_j$ für alle möglichen Indizes i, j. Nach Satz 3, dem allgemeinen Chinesischen Restsatz, gibt es ein Element $\alpha_1 \in \mathbb{Z}_K$ mit den Kongruenzen

$$\alpha_1 \equiv \beta_i \,(\mathrm{mod}\,\mathfrak{p}_i^{a_i+1}), \quad \alpha_1 \equiv 1 \,(\mathrm{mod}\,\mathfrak{q}_j) \quad (1 \leq i \leq r, \ 1 \leq j \leq s),$$

worin je $\beta_i \in \mathfrak{p}^{a_i} \setminus \mathfrak{p}^{a_i+1}$ ist. Dafür wird $v_{\mathfrak{p}_i}(\alpha_1) = a_i$, $v_{\mathfrak{q}_j}(\alpha_1) = 0$. Das ergibt eine Faktorisierung $\alpha_1\mathfrak{o} = \mathfrak{a} \cdot \mathfrak{c}$ mit einem ganzen Ideal $\mathfrak{c}$ von $\mathfrak{o}$, das koprim zu $\mathfrak{a}$ und zu $\mathfrak{b}$ ist. Dazu existiert, wieder aufgrund von Satz 3, ein Element $\alpha_2 \in \mathfrak{o}$ mit den Kongruenzen $\alpha_2 \equiv 0 \,(\mathrm{mod}\,\mathfrak{a})$, $\alpha_2 \equiv 1 \,(\mathrm{mod}\,\mathfrak{b})$, $\alpha_2 \equiv 1 \,(\mathrm{mod}\,\mathfrak{c})$. Deshalb hat $\alpha_2\mathfrak{o}$ eine Zerlegung $\alpha_2\mathfrak{o} = \mathfrak{a}\mathfrak{d}$ mit einem zu $\mathfrak{b}$ und $\mathfrak{c}$ koprimen Ideal $\mathfrak{d}$. Also folgt $\alpha_1\mathfrak{o} + \alpha_2\mathfrak{o} = \mathfrak{a}\mathfrak{c} + \mathfrak{a}\mathfrak{d} = \mathfrak{a} \cdot (\mathfrak{c} + \mathfrak{d}) = \mathfrak{a}$. $\square$

13.3 Die Absolutnorm der Ideale in Zahlkörpern

Definition. Als *Absolutnorm* $\mathfrak{N}(\mathfrak{a})$ eines von Null verschiedenen Ideals $\mathfrak{a}$ im Ganzheitsring $\mathfrak{o}$ eines Zahlkörpers K bezeichnet man die Ordnung der Faktorgruppe $\mathfrak{o}/\mathfrak{a}$, also den Index $\mathfrak{N}(\mathfrak{a}) = [\mathfrak{o} : \mathfrak{a}]$ von $\mathfrak{a}$ im Ganzheitsring $\mathfrak{o}$ als abelsche Gruppe.

Satz 4. *Für je zwei von $\{0\}$ verschiedene Ideale $\mathfrak{a}$, $\mathfrak{b}$ der Hauptordnung $\mathfrak{o}$ eines Zahlkörpers K gilt die Produktformel $\mathfrak{N}(\mathfrak{a}\mathfrak{b}) = \mathfrak{N}(\mathfrak{a}) \cdot \mathfrak{N}(\mathfrak{b})$. Ferner gilt bezüglich der Norm von $K|\mathbb{Q}$ die Formel $\mathfrak{N}(\alpha\mathfrak{o}) = |N(\alpha)|$ für alle $\alpha \in \mathfrak{o} \setminus \{0\}$.*

Beweis. 1) Zum Nachweis der Produktformel genügt es zu zeigen, daß aus der kanonischen Faktorisierung $\mathfrak{a} = \prod_{i=1}^{r} \mathfrak{p}_i^{a_i}$ durch Anwendung der Absolutnorm die Formel entsteht $\mathfrak{N}(\mathfrak{a}) = \prod_{i=1}^{r} \mathfrak{N}(\mathfrak{p}_i)^{a_i}$. Aus Satz 3 folgt die Isomorphie

$$\mathfrak{o}/\mathfrak{a} \cong \bigoplus_{i=1}^{r} \mathfrak{o}/\mathfrak{p}_i^{a_i},$$

und daraus ergibt sich durch Abzählen insbesondere $\mathfrak{N}(\mathfrak{a}) = \prod_{i=1}^{r} \mathfrak{N}(\mathfrak{p}_i^{a_i})$. Also bleibt zu zeigen, daß für jedes maximale Ideal $\mathfrak{p}$ und alle natürlichen Zahlen n die Formel gilt $[\mathfrak{p}^n : \mathfrak{p}^{n+1}] = \mathfrak{N}(\mathfrak{p})$. Wir wählen dazu $t \in \mathfrak{p}^n \setminus \mathfrak{p}^{n+1}$ und betrachen den Morphismus abelscher Gruppen $x \mapsto t \cdot x + \mathfrak{p}^{n+1}$ von $\mathfrak{o}$ in die Faktorgruppe $\mathfrak{p}^n/\mathfrak{p}^{n+1}$. Sein Kern ist mit $\mathfrak{p}^{n+1}$ ein Ideal in $\mathfrak{o}$. Wegen $t \notin \mathfrak{p}^{n+1}$ enthält er die 1 nicht; dagegen umfaßt er $\mathfrak{p}$, weil $t\mathfrak{p} \subset \mathfrak{p}^{n+1}$ ist. Also ist $\mathfrak{p}$ der Kern jenes Morphismus. Sein Bild ist die Faktorgruppe $\mathfrak{c}/\mathfrak{p}^{n+1}$, wobei $\mathfrak{c} = t\mathfrak{o} + \mathfrak{p}^{n+1}$ ein Ideal von $\mathfrak{o}$ zwischen $\mathfrak{p}^{n+1}$ ausschließlich und $\mathfrak{p}^n$ ist. Daher haben wir genauer $\mathfrak{c} = \mathfrak{p}^n$, und der Isomorphiesatz für abelsche Gruppen ergibt $\mathfrak{o}/\mathfrak{p} \cong \mathfrak{p}^n/\mathfrak{p}^{n+1}$. Speziell besitzen beide Seiten dieselbe Elementezahl:

$$\# \mathfrak{o}/\mathfrak{p} \;=\; \mathfrak{N}(\mathfrak{p}) \;=\; [\mathfrak{p}^n : \mathfrak{p}^{n+1}].$$

2) Jede $\mathbb{Z}$-Basis $(\omega_k)_k$ von $\mathfrak{o}$ liefert in $(\alpha\omega_k)_k$ eine $\mathbb{Z}$-Basis von $\alpha\mathfrak{o}$. Bezeichnet $A \in M_n(\mathbb{Z})$ die Matrix mit $(\alpha\omega_i)_{1\le i \le n} = A(\omega_i)_{1 \le i \le n}$, so ist $\det A = N(\alpha)$. Daher ergibt Satz 5 in Abschnitt 11.3 die Gleichung

$$\mathfrak{N}(\alpha\mathfrak{o}) \;=\; [\mathfrak{o} : \alpha\mathfrak{o}] \;=\; |N(\alpha)|. \qquad \square$$

Bemerkung 1. Für jedes Primideal $\mathfrak{p} \ne \{0\}$ in der Hauptordnung $\mathfrak{o} = \mathbb{Z}_K$ ist der Faktorring $\mathfrak{o}/\mathfrak{p}$ als endlicher Integritätsbereich ein (endlicher) Körper. Bezeichnet p seine Charakteristik, so gilt $\mathfrak{p} \cap \mathbb{Z} = p\mathbb{Z}$. Denn links steht ein p enthaltendes Ideal von $\mathbb{Z}$, das mit $\mathfrak{p}$ ebenfalls ein Primideal ist. Die Norm $\mathfrak{N}(\mathfrak{p})$ ist als Elementezahl des Körpers $\mathfrak{o}/\mathfrak{p}$ eine p-Potenz

$$\mathfrak{N}(\mathfrak{p}) \;=\; p^f.$$

Der Exponent $f = f(\mathfrak{p})$ heißt *Restklassengrad* von $\mathfrak{p}$. Es ist der Grad des *Restklassenkörpers* $\mathfrak{o}/\mathfrak{p}$ über seinem kleinsten Teilkörper, dem *Primkörper* $\mathbb{F}_p$ von $\mathfrak{o}/\mathfrak{p}$. Nach 3.5, Satz 7 ist die Gruppe $(\mathfrak{o}/\mathfrak{p})^\times$ zyklisch. Daraus gewinnen wir, den kleinen Fermatschen Satz verallgemeinernd, die Formel

$$\alpha^{\mathfrak{N}(\mathfrak{p})} \;\equiv\; \alpha \pmod{\mathfrak{p}} \quad \text{für alle} \quad \alpha \in \mathfrak{o}.$$

Bemerkung 2. Nach der Produktformel ist $\mathfrak{N}$ auf genau eine Art fortsetzbar zu einem Homomorphismus der Gruppe J_K aller gebrochenen $\mathfrak{o}$-Ideale in die Gruppe $\mathbb{Q}_+^\times$ der positiven rationalen Zahlen; und dafür gilt die Formel $\mathfrak{N}(\mathfrak{b}) = [\mathfrak{a} : \mathfrak{a}\mathfrak{b}]$, sobald $\mathfrak{a}, \mathfrak{b} \in J_K$ sind und $\mathfrak{b} \subset \mathfrak{o}$, also ganz ist.

Denn die Idealmultiplikation ist mit der Inklusion verträglich. Wegen $\mathfrak{b} \subset \mathfrak{o}$ gilt also $\mathfrak{a}\mathfrak{b} \subset \mathfrak{a}$. Sei nun $q \in \mathbb{N}$ so gewählt, daß $q\mathfrak{a} \subset \mathfrak{o}$ ist. Durch die Multiplikation $\alpha \mapsto q\alpha$ wird ein Isomorphismus abelscher Gruppen gegeben, der $\mathfrak{a}$ auf $q\mathfrak{a}$ und $\mathfrak{a}\mathfrak{b}$ auf $q\mathfrak{a}\mathfrak{b}$ abbildet. Deshalb wird für die Indizes

$$[\mathfrak{a} : \mathfrak{a}\mathfrak{b}] \;=\; [q\mathfrak{a} : q\mathfrak{a}\mathfrak{b}] \;=\; \frac{[\mathfrak{o} : q\mathfrak{a}\mathfrak{b}]}{[\mathfrak{o} : q\mathfrak{a}]} \;=\; \frac{\mathfrak{N}(q\mathfrak{a}\mathfrak{b})}{\mathfrak{N}(q\mathfrak{a})} \;=\; \mathfrak{N}(\mathfrak{b}).$$

13.4 Zerlegung der Primzahlen in Zahlkörpern

Satz 5. *Es sei $\mathfrak{o}$ die Hauptordnung eines Zahlkörpers K, und p sei eine Primzahl. Der Exponent $e(\mathfrak{p}) := v_{\mathfrak{p}}(p\mathfrak{o})$ eines Primideals $\mathfrak{p}$, das $p\mathfrak{o}$ teilt, heißt der* Verzweigungsexponent *oder* Verzweigungsindex *von $\mathfrak{p}$ in der Erweiterung $K\,|\,\mathbb{Q}$. Dafür gilt mit dem Restklassengrad $f(\mathfrak{p})$ von $\mathfrak{p}$ die Formel*

$$\sum_{\mathfrak{p} \supset p\mathfrak{o}} e(\mathfrak{p})f(\mathfrak{p}) \;=\; (K\,|\,\mathbb{Q})\,,$$

in der $\mathfrak{p}$ die Primideale von $\mathfrak{o}$ durchläuft, welche $p\mathfrak{o}$ teilen.

Beweis. Es sei abkürzend $n = (K\,|\,\mathbb{Q})$ der Grad von K über $\mathbb{Q}$. Wegen Satz 4 wird damit $\mathfrak{N}(p\mathfrak{o}) = |N(p)| = p^n$. Auf der anderen Seite liefert der Chinesische Restsatz den Isomorphismus von $\mathfrak{o}/p\mathfrak{o}$ mit der direkten Summe der Faktorringe $\mathfrak{o}/\mathfrak{p}^{e(\mathfrak{p})}$, $\mathfrak{p} \supset p\mathfrak{o}$ und damit folgende Anzahlformel

$$p^n \;=\; |\mathfrak{o}/p\mathfrak{o}| \;=\; \prod_{\mathfrak{p} \supset p\mathfrak{o}} \mathfrak{N}(\mathfrak{p})^{e(\mathfrak{p})} \;=\; \prod_{\mathfrak{p} \supset p\mathfrak{o}} p^{f(\mathfrak{p})e(\mathfrak{p})}\,.$$

Aus ihr erhält man durch Vergleich der Exponenten die Behauptung. □

Oft sind Zahlkörper K gegeben durch Adjunktion einer Wurzel α eines Primpolynoms $f \in \mathbb{Z}[X]$ zum Körper $\mathbb{Q}$ der rationalen Zahlen: $K = \mathbb{Q}(\alpha)$. Wir stellen uns die Aufgabe, in dieser Situation die Zerlegung des Hauptideals $p\mathfrak{o}$ im Ganzheitsring $\mathfrak{o}$ von K als Produkt von Potenzen verschiedener Primideale zu bestimmen, indes nur für solche Primzahlen p, die den Index k der Ordnung $\mathbb{Z}[\alpha]$ in $\mathfrak{o}$ nicht teilen. Zuerst untersuchen wir den durch $\beta \mapsto \beta + p\mathfrak{o}$ gegebenen Ringhomomorphismus $\Phi : \mathbb{Z}[\alpha] \to \mathfrak{o}/p\mathfrak{o}$. Da mit einer natürlichen Zahl k' gilt $kk' \equiv 1 \pmod{p}$, wird stets $\beta + p\mathfrak{o} = kk'\beta + p\mathfrak{o}$. Nach Definition des Index k ist $k\omega \in \mathbb{Z}[\alpha]$ für jedes $\omega \in \mathfrak{o}$, also $kk'\beta \in \mathbb{Z}[\alpha]$ für alle $\beta \in \mathfrak{o}$. Mithin ist Φ surjektiv und hat den Kern $\mathbb{Z}[\alpha] \cap p\mathfrak{o}$; nach dem Homomorphiesatz für Ringe ist also $\mathfrak{o}/p\mathfrak{o}$ isomorph zu $\mathbb{Z}[\alpha]/(\mathbb{Z}[\alpha] \cap p\mathfrak{o})$. Insbesondere haben beide Ringe dieselbe Elementezahl p^n, wo $n = (K\,|\,\mathbb{Q}) = \deg f$ ist. Aber $p\mathbb{Z}[\alpha]$ ist eine in $\mathbb{Z}[\alpha] \cap p\mathfrak{o}$ enthaltene Untergruppe von $\mathbb{Z}[\alpha]$ vom gleichen Index p^n. Daher gilt $\mathbb{Z}[\alpha] \cap p\mathfrak{o} = p\mathbb{Z}[\alpha]$, und Φ induziert einen Ringisomorphismus

$$\varphi \colon \mathbb{Z}[\alpha]/p\mathbb{Z}[\alpha] \to \mathfrak{o}/p\mathfrak{o}\,.$$

Satz 6. *Es sei α im Ganzheitsring $\mathfrak{o}$ des Zahlkörpers K so gewählt, daß gilt $K = \mathbb{Q}(\alpha)$. Weiter sei p eine Primzahl, die nicht im Index $[\mathfrak{o} : \mathbb{Z}[\alpha]]$ aufgeht. Sodann sei f das Minimalpolynom von α, und $\overline{f}$ bezeichne das ihm durch Reduktion der Koeffizienten modulo p in $\mathbb{F}_p[Y]$ zugeordnete Polynom. Dieses habe die Primfaktorisierung $\overline{f} = \prod_{i=1}^{r} \overline{g}_i^{\,e_i}$ mit verschiedenen Primpolynomen $\overline{g}_i$. Wählt man je ein Urbild $g_i \in \mathbb{Z}[X]$ von $\overline{g}_i$, dann ist die Primfaktorisierung von $p\mathfrak{o}$ in $\mathfrak{o}$ gegeben durch $p\mathfrak{o} = \prod_{i=1}^{r} \mathfrak{p}_i^{e_i}$ mit den verschiedenen Primidealen $\mathfrak{p}_i = g_i(\alpha)\mathbb{Z}[\alpha] + p\mathfrak{o}$ vom Restklassengrad $f(\mathfrak{p}_i) = \deg \overline{g}_i$ $(1 \leq i \leq r)$.*

Beweis. Neben dem Isomorphismus φ von oben wird der Ringisomorphismus

$$\psi\colon \mathbb{Z}[\alpha]/p\mathbb{Z}[\alpha] \to \mathbb{F}_p[Y]/\overline{f}\,\mathbb{F}_p[Y]$$

verwendet. Er entsteht in natürlicher Weise ausgehend vom Faktorring von $\mathbb{Z}[X]$ nach dem Ideal $p\mathbb{Z}[X] + f\mathbb{Z}[X]$ durch Einsetzen von α für X und Reduktion modulo p, indes ebenso durch Reduktion modulo p und Einsetzung von $Y + \overline{f}\,\mathbb{F}_p[Y]$ statt X. Aus der Primfaktorisierung von $\overline{f}$ ergeben sich die $\overline{f}\,\mathbb{F}_p[Y]$ umfassenden Ideale von $\mathbb{F}_p[Y]$ eindeutig in der Form $\overline{g}\,\mathbb{F}_p[Y]$, wo $\overline{g}$ die normierten Teiler von $\overline{f}$ durchläuft. Sie entsprechen als Urbilder unter der Projektion $\mathbb{F}_p[Y] \to \mathbb{F}_p[Y]/\overline{f}\,\mathbb{F}_p[Y]$ den Idealen des Faktorringes $\mathbb{F}_p[Y]/\overline{f}\,\mathbb{F}_p[Y]$. Ihre Urbilder in $\mathfrak{o}$ findet man durch Wahl je eines Polynoms $g \in \mathbb{Z}[X]$, das nach Reduktion modulo p mit $\overline{g}$ zusammenfällt, in der Gestalt

$$g(\alpha)\mathbb{Z}[\alpha] + p\mathfrak{o} \;=\; g(\alpha)\mathfrak{o} + p\mathfrak{o}\,.$$

Damit gewinnen wir die maximalen, $p\mathfrak{o}$ umfassenden Ideale $\mathfrak{p}_i = g_i(\alpha)\mathfrak{o} + p\mathfrak{o}$ aus den maximalen, $\overline{f}\,\mathbb{F}_p[Y]$ umfassenden Idealen $\overline{g}_i\,\mathbb{F}_p[Y]$ von $\mathbb{F}_p[Y]$. Aus der Isomorphie der Ringe $\mathfrak{o}/\mathfrak{p}_i$ und $\mathbb{F}_p[Y]/\overline{g}_i\,\mathbb{F}_p[Y]$ folgt die Gleichheit ihrer Elementezahlen, also $f(\mathfrak{p}_i) = \deg \overline{g}_i$. Ferner sind die Potenzen

$$g_i(\alpha)^m\mathfrak{o} + p\mathfrak{o} \;=\; \mathfrak{p}_i^m \qquad (1 \leq m \leq e_i)$$

als Urbilder von $\overline{g}_i^{\,m}\mathbb{F}_p[Y]$ ($1 \leq m \leq e_i$) paarweise verschieden. Daher gilt für den Verzweigungsindex die Abschätzung $e(\mathfrak{p}_i) \geq e_i$. Andererseits liefert die Dimension der isomorphen Ringe $\mathfrak{o}/p\mathfrak{o}$ und $\mathbb{F}_p[Y]/\overline{f}\,\mathbb{F}_p[Y]$ über $\mathbb{F}_p$ die Formel

$$\sum_{i=1}^{r} e(\mathfrak{p}_i)f(\mathfrak{p}_i) \;=\; n \;=\; \sum_{i=1}^{r} e_i \deg \overline{g}_i\,.$$

Aus ihr folgt abschließend $e_i = e(\mathfrak{p}_i)$ für alle Indizes. $\qquad\square$

Wir erläutern Satz 6 zuerst an dem quadratischen Zahlkörper $K = \mathbb{Q}(\sqrt{m})$, worin $m \neq 0, 1$ und quadratfrei in $\mathbb{Z}$ ist. Die Diskriminante von K ist $d = m$ oder $d = 4m$ je nachdem, ob $m \equiv 1 \pmod 4$ ist oder nicht. Die Ordnung $\mathbb{Z}[\sqrt{m}]$ hat daher in der Hauptordnung $\mathfrak{o} = \mathbb{Z} + \frac{1}{2}(d + \sqrt{d})\mathbb{Z}$ den Index 2 oder 1. Für die Primzahlen $p > 2$ zerfällt $Y^2 - m$ über $\mathbb{F}_p$ genau dann, wenn das Legendre-Symbol $\left(\frac{m}{p}\right) = 0$ oder 1 ist. Damit liefert hier Satz 6 das Zerlegungsverhalten von $p\mathfrak{o}$, wie es Satz 5 von Abschnitt 8.5 beschreibt.

Als zweites Beispiel wählen wir den kubischen Zahlkörper $K = \mathbb{Q}(\alpha)$ mit $\alpha^3 = \alpha + 1$. Er entsteht aus dem Minimalpolynom $f = X^3 - X - 1$ von α. Da dessen konstanter Koeffizient -1 ist, wird α eine Einheit in der Hauptordnung $\mathfrak{o}$ von K. Die Diskriminante $d = d(1, \alpha, \alpha^2)$ ist -23. (In Abschnitt 12 hatten wir die Diskriminante des Polynoms $Q_a = X^3 - aX^2 + (a+1)X - 1$ berechnet als $d = (a^2 - 3a - 1)^2 - 32$. Speziell ist $Q_{-1} = X^3 + X^2 - 1$ das Minimalpolynom von α^{-1}.) Weil d durch keine Quadratzahl > 1 teilbar ist, hat die Ordnung $\mathbb{Z}[\alpha]$ den Index $k = 1$ in der Hauptordnung (Proposition 2 in Abschnitt 12.3). Für f stellen wir die folgenden Werte fest:

x	0	± 1	2	-2	3	-3	4	-4	5	-5	6	-6
$f(x)$	-1	-1	5	-7	23	-25	59	-61	119	-121	209	-211

Im Polynomring $\mathbb{F}_p[Y]$ ist $\overline{f} = Y^3 - Y - 1$ irreduzibel, sobald $\overline{f}$ in $\mathbb{F}_p[Y]$ keine Nullstelle hat. Dies ist der Fall unter anderem für $p = 2, 3, 13$. Das Verhalten der übrigen Primzahlen $p \leq 23$ wird aus der anschließenden Tabelle ersichtlich. Darin bedeutet $\Delta = a^2 - 4b$ die Diskriminante des in der mittleren Spalte stehenden quadratischen Polynoms $\overline{g} = Y^2 + aY + b \in \mathbb{F}_p[Y]$; da Δ kein Quadrat in $\mathbb{F}_p$ ist, wird $\overline{g}$ irreduzibel (Abschnitt 5.5, Proposition 2).

p	Zerlegung von $\overline{f}$	$\Delta \pmod p$
5	$(Y - 2)\,(Y^2 + 2Y - 2)$	2
7	$(Y + 2)\,(Y^2 - 2Y + 3)$	-1
11	$(Y + 5)\,(Y^2 - 5Y + 2)$	-5
17	$(Y - 5)\,(Y^2 + 5Y + 7)$	-3
19	$(Y - 6)\,(Y^2 + 6Y - 3)$	-9
23	$(Y - 3)\,(Y - 10)^2$	

Dagegen besitzt f modulo $p = 59$ drei inkongruente Nullstellen $4, 13, -17$, sodaß $p\mathfrak{o}$ ein Produkt von drei verschiedenen Primidealen ersten Grades ist.

13.5   Restklassenrechnen im Ganzheitsring

Wir fassen hier drei Regeln zum Restklassenrechnen in den Ganzheitsringen $\mathfrak{o} = \mathbb{Z}_K$ der Zahlkörper K zusammen.

Proposition 2. *Zu je zwei von Null verschiedenen Idealen $\mathfrak{a}, \mathfrak{b}$ der Hauptordnung $\mathfrak{o}$ eines Zahlkörpers K existiert ein zu $\mathfrak{b}$ koprimes Ideal $\mathfrak{c}$ von $\mathfrak{o}$ derart, daß $\mathfrak{a} \cdot \mathfrak{c}$ ein Hauptideal ist.*

Beweis. Es seien $\mathfrak{a} = \prod_{i=1}^{r} \mathfrak{p}_i^{a_i}$, $\mathfrak{b} = \prod_{i=1}^{r} \mathfrak{p}_i^{b_i}$ mit verschiedenen Primidealen $\mathfrak{p}_i \neq \{0\}$ und Exponenten in $\mathbb{N}_0$ die Primfaktorisierungen von $\mathfrak{a}$ und $\mathfrak{b}$. Wir wählen für jeden Index i je $x_i \in \mathfrak{a} \smallsetminus \mathfrak{p}_i^{a_i+1}$ und dazu nach dem Chinesischen Restsatz ein Element $\alpha \in \mathfrak{o}$ mit der Eigenschaft $\alpha \equiv x_i \pmod{\mathfrak{p}_i^{a_i+1}}$, $1 \leq i \leq r$. Dann ist $\alpha \in \mathfrak{p}_i^{a_i} \smallsetminus \mathfrak{p}_i^{a_i+1}$. Deshalb gilt $\alpha \in \bigcap_{i=1}^{r} \mathfrak{p}_i^{a_i} = \mathfrak{a}$, während zugleich in der Zerlegung $\alpha\mathfrak{o} = \mathfrak{a}\mathfrak{c}$ für jede Index i der Exponent $v_{\mathfrak{p}_i}(\mathfrak{c}) = 0$ ist.   □

Definition. Für maximale Ideale $\mathfrak{p}$ von $\mathfrak{o}$ hat der endliche Körper $\mathfrak{o}/\mathfrak{p}$ eine zyklische multiplikative Gruppe $(\mathfrak{o}/\mathfrak{p})^{\times}$. Jedes Element $\vartheta \in \mathfrak{o}$, dessen Restklasse $\vartheta + \mathfrak{p}$ diese Gruppe erzeugt, heißt eine *Primitivwurzel* modulo $\mathfrak{p}$.

Proposition 3. *Es sei $\mathfrak{p}$ ein maximales Ideal der Hauptordnung $\mathfrak{o}$ in dem algebraischen Zahlkörper K. Jede Primitivwurzel ϑ_1 modulo $\mathfrak{p}$ enthält in ihrer Nebenklasse $\vartheta_1 + \mathfrak{p}$ ein Element ϑ mit der Eigenschaft*

$$\pi := \vartheta^{\mathfrak{N}(\mathfrak{p})} - \vartheta \in \mathfrak{p} \smallsetminus \mathfrak{p}^2.$$

Beweis. Wenn nicht schon ϑ_1 diese Eigenschaft hat, so ist $\vartheta_1^{\mathfrak{N}(\mathfrak{p})} - \vartheta_1 \in \mathfrak{p}^2$. Für jedes $\omega \in \mathfrak{p} \setminus \mathfrak{p}^2$ wird daher

$$(\vartheta_1 + \omega)^{\mathfrak{N}(\mathfrak{p})} \equiv \vartheta_1^{\mathfrak{N}(\mathfrak{p})} \ (\operatorname{mod} \mathfrak{p}^2) \equiv \vartheta_1 \ (\operatorname{mod} \mathfrak{p}^2) \not\equiv \vartheta_1 + \omega \ (\operatorname{mod} \mathfrak{p}^2).$$

Also genügt $\vartheta = \vartheta_1 + \omega$ der Forderung. (Diese Proposition verallgemeinert Satz 3 in 4.2). □

Proposition 4. *Es sei $\mathfrak{p}$ ein maximales Ideal in der Hauptordnung $\mathfrak{o}$ des Zahlkörpers K, ferner Γ ein Vertretersystem seiner Restklassen $\alpha + \mathfrak{p}$ und schließlich $\pi \in \mathfrak{p} \setminus \mathfrak{p}^2$. Dann ist für jede natürliche Zahl m die Menge der Summen $\sum_{i=0}^{m-1} \gamma_i \pi^i$ $(\gamma_i \in \Gamma)$ ein Vertretersystem der Restklassen $\beta + \mathfrak{p}^m$ in $\mathfrak{o}$.*

Beweis. Im Fall $m = 1$ ist das schon vorausgesetzt. Angenommen nun, die Behauptung stimmt für ein $m \in \mathbf{N}$. Die Anzahl der Restklassen modulo $\mathfrak{p}^m$ ist dann $\mathfrak{N}(\mathfrak{p}^m) = |\Gamma|^m$. Wenn mit irgendwelchen Elementen $\gamma_i, \gamma_i' \in \Gamma$ gilt

$$\sum_{i=0}^{m} \gamma_i \pi^i \equiv \sum_{i=0}^{m} \gamma_i' \pi^i \ (\operatorname{mod} \mathfrak{p}^{m+1}),$$

dann ist auch

$$\sum_{i=0}^{m-1} \gamma_i \pi^i \equiv \sum_{i=0}^{m-1} \gamma_i' \pi^i \ (\operatorname{mod} \mathfrak{p}^m).$$

Daraus folgt aufgrund der Induktionsvoraussetzung $\gamma_i = \gamma_i'$ $(0 \leq i < m)$. Also erhalten wir $(\gamma_m - \gamma_m')\pi^m \equiv 0 \ (\operatorname{mod} \mathfrak{p}^{m+1})$. Da $\pi^m \in \mathfrak{p}^m \setminus \mathfrak{p}^{m+1}$ ist, muß $\gamma_m \equiv \gamma_m' \ (\operatorname{mod} \mathfrak{p})$ und deshalb $\gamma_m = \gamma_m'$ gelten. Die angegebenen Summen sind demzufolge paarweise inkongruent modulo $\mathfrak{p}^{m+1}$, und ihre Anzahl ist dieselbe wie die der Restklassen modulo $\mathfrak{p}^{m+1}$. Das beendet den Beweis. □

13.6 Relativerweiterungen von Zahlkörpern

Es sei K ein algebraischer Zahlkörper mit der Hauptordnung $\mathfrak{o}$ sowie L eine endliche Körpererweiterung von K mit der Hauptordnung $\mathfrak{O}$. Wir fragen nach Beziehungen zwischen den gebrochenen Idealen $\mathfrak{a} \neq \{0\}$ von K und den von ihnen erzeugten gebrochenen Idealen $j(\mathfrak{a}) = \mathfrak{aO}$ in L.

Proposition 5. *Durch $\mathfrak{a} \mapsto j(\mathfrak{a})$ wird ein injektiver Homomorphismus der Gruppe J_K aller von Null verschiedenen gebrochenen Ideale in K definiert in die entsprechende Gruppe J_L von L.*

Beweis. Für alle Ideale $\mathfrak{a}, \mathfrak{b} \in J_K$ ist $\mathfrak{ab}$ enthalten in $j(\mathfrak{a})j(\mathfrak{b})$, also gilt auch $j(\mathfrak{ab}) \subset j(\mathfrak{a})j(\mathfrak{b})$. Die rechte Seite ist die von den Produkten $(\alpha\xi)(\beta\eta)$ mit Faktoren $\alpha \in \mathfrak{a}$; $\beta \in \mathfrak{b}$; $\xi, \eta \in \mathfrak{O}$ erzeugte Untergruppe von $(L, +)$. Da jedes dieser Produkte in $j(\mathfrak{ab})$ liegt, folgt $j(\mathfrak{ab}) = j(\mathfrak{a})j(\mathfrak{b})$. Mithin ist $j \colon J_K \to J_L$

ein Gruppenmorphismus. Nach der Definition von j ist $\mathfrak{a} \subset j(\mathfrak{a})$. Gilt nun $\mathfrak{a} \in \operatorname{Ker} j$, also $\mathfrak{a}\mathfrak{O} = \mathfrak{O}$, so folgt $\mathfrak{a} \subset \mathfrak{O} \cap K = \mathfrak{o}$. Mit $\mathfrak{a}$ ist auch $\mathfrak{a}^{-1} \in \operatorname{Ker} j$ und daher $\mathfrak{a}^{-1} \subset \mathfrak{o}$, was insgesamt $\mathfrak{a} = \mathfrak{o}$ ergibt; j ist somit injektiv.   □

Definition. Der Homomorphismus $j \colon J_K \to J_L$ wird als die *Einbettung* von J_K in J_L bezeichnet.

Satz 7. *Es sei L eine endliche Erweiterung des Zahlkörpers K vom Grad n. Mit $\mathfrak{O}$ wird die Hauptordnung von L, mit $\mathfrak{o}$ die von K bezeichnet. Ist $\mathfrak{p}$ ein maximales Ideal von $\mathfrak{o}$ und hat seine Einbettung in L die Primfaktorisierung $\mathfrak{p}\mathfrak{O} = \prod_{i=1}^{g} \mathfrak{P}_i^{e_i}$ $(e_i \in \mathbb{N})$, dann ist die Elementezahl $\mathfrak{N}_L(\mathfrak{P}_i) = \mathfrak{N}_K(\mathfrak{p})^{f_i}$ des Körpers $\mathfrak{O}/\mathfrak{P}_i$ eine Potenz von $\mathfrak{N}_K(\mathfrak{p})$. Zudem gilt die Formel*

$$\sum_{1 \leq i \leq g} e_i f_i = n.$$

Zwischen der Absolutnorm der von Null verschiedenen Ideale $\mathfrak{a}$ von $\mathfrak{o}$ und der Absolutnorm ihrer Einbettung $j(\mathfrak{a})$ in $\mathfrak{O}$ besteht die Relation

$$\mathfrak{N}_L(j(\mathfrak{a})) = \mathfrak{N}_K(\mathfrak{a})^n.$$

Beweis. 1) Es ist $\mathfrak{p} \subset j(\mathfrak{p})$ und $\mathfrak{p} \subset \mathfrak{P}_i$ für jeden Index i. Die Abbildungen

$$\alpha + \mathfrak{p} \mapsto \alpha + j(\mathfrak{p}), \quad \alpha + \mathfrak{p} \mapsto \alpha + \mathfrak{P}_i$$

definieren Ringmorphismen des Restklassenkörpers $\mathfrak{o}/\mathfrak{p}$ in die Faktorringe $\mathfrak{O}/j(\mathfrak{p})$ bzw. $\mathfrak{O}/\mathfrak{P}_i$. Wie alle Ringmorphismen von Körpern in Ringe $\neq \{0\}$ sind sie injektiv. Auf diese Art werden $\mathfrak{O}/j(\mathfrak{p})$ und $\mathfrak{O}/\mathfrak{P}_i$ Vektorräume über $\mathfrak{o}/\mathfrak{p}$. Die Elementezahl $\mathfrak{N}_L(\mathfrak{P}_i)$ des Vektorraumes $\mathfrak{O}/\mathfrak{P}_i$ ist daher eine Potenz $\mathfrak{N}_K(\mathfrak{p})^{f_i}$ der Elementezahl $\mathfrak{N}_K(\mathfrak{p})$ des Skalarbereiches $\mathfrak{o}/\mathfrak{p}$. Die Anwendung der Absolutnorm auf die Primfaktorisierung von $\mathfrak{p}\mathfrak{O}$ ergibt

$$\mathfrak{N}_L(j(\mathfrak{p})) = \prod_{i=1}^{g} \mathfrak{N}_L(\mathfrak{P}_i)^{e_i} = \prod_{i=1}^{g} \mathfrak{N}_K(\mathfrak{p})^{e_i f_i}.$$

Die Dimension von $\mathfrak{O}/j(\mathfrak{p})$ über $\mathfrak{o}/\mathfrak{p}$ genügt deshalb der Formel

$$n(\mathfrak{p}) = \sum_{i=1}^{g} e_i f_i. \tag{1}$$

Wir zeigen in zwei Schritten die Gleichung $n(\mathfrak{p}) = n$.

(a) $n(\mathfrak{p}) \leq n$: Für je $n+1$ Elemente $\alpha_0, \alpha_1, \ldots \alpha_n \in \mathfrak{O}$ ist zu zeigen, daß die Restklassen $\alpha_i + j(\mathfrak{p})$ $(0 \leq i \leq n)$ über $\mathfrak{o}/\mathfrak{p}$ linear abhängig sind. Über K sind die Elemente $\alpha_0, \alpha_1, \ldots, \alpha_n$ jedenfalls linear abhängig. Also existieren sogar Zahlen $b_i \in \mathfrak{o}$, die nicht alle Null sind, mit der Relation $\sum_{i=0}^{n} \alpha_i b_i = 0$. Weil mindestens ein $b_i \neq 0$ ist, gibt es eine höchste Potenz $\mathfrak{p}^a$ von $\mathfrak{p}$, die alle b_i enthält. Man wähle jetzt ein Element $\pi \in \mathfrak{p} \smallsetminus \mathfrak{p}^2$ und betrachte in der Idealzerlegung $\pi^a \mathfrak{o} = \mathfrak{p}^a \mathfrak{b}$ den Faktor $\mathfrak{b}$. Er ist koprim zu $\mathfrak{p}$, enthält somit ein Element $c \equiv 1 \pmod{\mathfrak{p}}$. Mit dem Skalar $\lambda = c/\pi^a$ gilt für die Zahlen $a_i := b_i\lambda$, daß $a_i \in \mathfrak{p}^a\mathfrak{b}(\mathfrak{p}^a\mathfrak{b})^{-1} = \mathfrak{o}$ ist ($0 \leq i \leq n$). Nach Wahl von a gibt es mindestens einen Index k mit $a_k \notin \mathfrak{p}$. Die Relation $\sum_{i=0}^{n} \alpha_i a_i = 0$ besagt daher, daß die Restklassen $(\alpha_i + j(\mathfrak{p}))_{0 \leq i \leq n}$ über $\mathfrak{o}/\mathfrak{p}$ linear abhängig sind.

(b) Zum Nachweis der Gleichung $n(\mathfrak{p}) = n$ benutzen wir die rationale Primzahl $p \in \mathfrak{p}$ und die Primfaktorisierung des Hauptideals

$$p\mathfrak{o} = \prod_{\mathfrak{q} \supset p\mathfrak{o}} \mathfrak{q}^{e(\mathfrak{q})}. \tag{2}$$

Bezeichnet $f(\mathfrak{q})$ den Restklassengrad von $\mathfrak{o}/\mathfrak{q}$ über $\mathbb{F}_p$, ist also $\mathfrak{N}_K(\mathfrak{q}) = p^{f(\mathfrak{q})}$, dann gilt nach Satz 5 die Gleichung

$$(K|\mathbb{Q}) = \sum_{\mathfrak{q} \supset p\mathfrak{o}} e(\mathfrak{q})f(\mathfrak{q}). \tag{3}$$

Durch Anwendung der Abbildung $\mathfrak{N}_L \circ j$ liefert (2) die Gleichung

$$p^{(L|\mathbb{Q})} = \prod_{\mathfrak{q} \supset p\mathfrak{o}} \mathfrak{N}_L(j(\mathfrak{q}))^{e(\mathfrak{q})} = \prod_{\mathfrak{q} \supset p\mathfrak{o}} \mathfrak{N}_K(\mathfrak{q})^{n(\mathfrak{q})e(\mathfrak{q})},$$

und daraus durch Vergleich der Exponenten $(L|\mathbb{Q}) = \sum_{\mathfrak{q} \supset p\mathfrak{o}} n(\mathfrak{q})e(\mathfrak{q})f(\mathfrak{q})$. Nach der Produktformel für Körpergrade, welche in allgemeinerem Zusammenhang in der Proposition 1 des nächsten Abschnittes 14 bewiesen wird, gilt $(L|\mathbb{Q}) = (L|K)(K|\mathbb{Q})$. Aus (3) ergibt sich daher

$$(L|\mathbb{Q}) = n \cdot (K|\mathbb{Q}) = n \cdot \sum_{\mathfrak{q} \supset p\mathfrak{o}} e(\mathfrak{q})f(\mathfrak{q}).$$

Wegen $n(\mathfrak{q}) \leq n$ folgt nun $n(\mathfrak{q}) = n$ für jedes p enthaltende Primideal $\mathfrak{q}$.

2) Im Teil 1) haben wir die Formel $\mathfrak{N}_L(j(\mathfrak{a})) = \mathfrak{N}_K(\mathfrak{a})^n$ für die Primideale $\mathfrak{a} = \mathfrak{p}$ bereits bewiesen. Die Multiplikativität von $\mathfrak{N}_L$, $\mathfrak{N}_K$ und j ergibt dann die Allgemeingültigkeit der Formel. $\square$

Definitionen. In den Bezeichnungen von Satz 7 heißt $f_i = f(\mathfrak{P}_i|\mathfrak{p})$ der *Restklassengrad* und $e_i = e(\mathfrak{P}_i|\mathfrak{p})$ der *Verzweigungsindex* von $\mathfrak{P}_i|\mathfrak{p}$. Generell nennt man $\mathfrak{P}_i|\mathfrak{p}$ *unverzweigt* oder *verzweigt* je nachdem, ob $e_i = 1$ oder $e_i > 1$ ist. Wenn die Zahl g der verschiedenen Primidealteiler von $\mathfrak{p}\mathfrak{O}$ in L gleich dem Körpergrad n ist, so heißt $\mathfrak{p}$ in L *voll zerlegt*, ist dagegen der Verzweigungsindex e eines Primideals $\mathfrak{P}|\mathfrak{p}$ gleich dem Körpergrad n, dann heißt $\mathfrak{p}$ in L *voll verzweigt*.

Zusatz. (Multiplikativität von Restklassengrad und Verzweigungsindex)
Sind $K'|K$ und $L|K'$ zwei Erweiterungen von Zahlkörpern, und sind $\mathbb{Z}_K = \mathfrak{o}$, $\mathbb{Z}_{K'} = \mathfrak{o}'$ und $\mathbb{Z}_L = \mathfrak{O}$ die zugehörigen Hauptordnungen, dann gelten für alle maximalen Ideale $\mathfrak{P}$ von $\mathfrak{O}$ und die darunter liegenden Primideale $\mathfrak{p}' = \mathfrak{P} \cap \mathfrak{o}'$ in $\mathfrak{o}'$ sowie $\mathfrak{p} = \mathfrak{P} \cap \mathfrak{o}$ in $\mathfrak{o}$ die Formeln

$$e(\mathfrak{P}|\mathfrak{p}) = e(\mathfrak{P}|\mathfrak{p}')e(\mathfrak{p}'|\mathfrak{p}) \quad sowie \quad f(\mathfrak{P}|\mathfrak{p}) = f(\mathfrak{P}|\mathfrak{p}')f(\mathfrak{p}'|\mathfrak{p}).$$

Beweis. Durch schrittweise Einbettung von $\mathfrak{p}$ in $\mathfrak{o}'$ und von $\mathfrak{p}'$ in $\mathfrak{O}$ erhält man aus Satz 7 die erste Formel. Die zweite Formel ist wieder ein Spezialfall der Produktformel für Körpergrade (Proposition 1 in 14.1). $\square$

Proposition 6. (Die Relativnorm der Ideale) *Zu jeder Erweiterung $L|K$ von Zahlkörpern endlichen Grades $n = (L|K)$ mit der Hauptordnung $\mathbb{Z}_L = \mathfrak{O}$ und $\mathbb{Z}_K = \mathfrak{o}$ gibt es einen eindeutig bestimmten Homomorphismus $\mathfrak{N}_{L|K}$ der Gruppe J_L in die Gruppe J_K mit der Eigenschaft $\mathfrak{N}_{L|K}(\mathfrak{P}) = \mathfrak{p}^{f(\mathfrak{P}|\mathfrak{p})}$ für die Primideale $\mathfrak{P} \in J_L$ vom Restklassengrad $f(\mathfrak{P}|\mathfrak{p})$. Die in J_L eingebetteten Ideale $\mathfrak{a}$ von J_K genügen der Gleichung $\mathfrak{N}_{L|K}(j(\mathfrak{a})) = \mathfrak{a}^n$.*

Beweis. Die Existenz und die Eindeutigkeit des Homomorphismus $\mathfrak{N}_{L|K}$ mit der angegebenen Eigenschaft folgt aus dem Fundamentalsatz bezüglich L. Sodann genügt zum Nachweis der zweiten Formel die Behandlung der von Null verschiedenen Primideale $\mathfrak{a} = \mathfrak{p}$. Es sei $j(\mathfrak{p}) = \mathfrak{p}\mathfrak{O} = \prod_{i=1}^{g} \mathfrak{P}_i^{e_i}$ die Primfaktorisierung der Einbettung $\mathfrak{p}\mathfrak{O}$. Dann liefert der Homomorphismus $\mathfrak{N}_{L|K}$ mit der Abkürzung $f_i = f(\mathfrak{P}_i|\mathfrak{p})$ aufgrund von Satz 7 die Formel

$$\mathfrak{N}_{L|K}(j(\mathfrak{p})) \;=\; \prod_{i=1}^{g} \mathfrak{N}_{L|K}(\mathfrak{P}_i)^{e_i} \;=\; \prod_{i=1}^{g} \mathfrak{p}^{e_i f_i} \;=\; \mathfrak{p}^n\,. \qquad\qquad \square$$

13.7   Quadrate in quadratischen Zahlkörpern

Es sei K ein quadratischer Zahlkörper der Diskriminante d. Seine Hauptordnung ist bekanntlich $\mathfrak{o} = \mathbb{Z} + \frac{1}{2}(d+\sqrt{d})\mathbb{Z}$. Weiter bezeichne σ den von id_K verschiedenen Galoisautomorphismus von K. Für jedes maximale Ideal $\mathfrak{p}$ von $\mathfrak{o}$ ist $\mathfrak{p} \cap \mathbb{Z} = p\mathbb{Z}$, wo p die Ordnung des Elementes $1 + \mathfrak{p}$ in der abelschen Gruppe $\mathfrak{o}/\mathfrak{p}$, also die Charakteristik des Restklassenringes bezeichnet. Nach Satz 5 in 8.5 ist für Primzahlen p das Hauptideal $p\mathfrak{o}$ ein Primideal, falls p in K träge ist, und sonst gilt $p\mathfrak{o} = \mathfrak{p} \cdot \sigma(\mathfrak{p})$ mit einem maximalen Ideal $\mathfrak{p}$. Dabei ist $\mathfrak{p} \neq \sigma(\mathfrak{p})$ bis auf die endlich vielen Primteiler p der Diskriminante d, für die somit $p\mathfrak{o} = \mathfrak{p}^2$ gilt. Die gebrochenen Ideale $\mathfrak{a} \in J_K$ erfüllen die Gleichung

$$\mathfrak{a} \cdot \sigma(\mathfrak{a}) \;=\; \mathfrak{N}(\mathfrak{a})\,\mathfrak{o}\,. \qquad\qquad (1)$$

Denn beide Seiten sind in $\mathfrak{a}$ multiplikativ, und für die maximalen Ideale $\mathfrak{a} = \mathfrak{p}$ ergibt sich (1) aus dem zitierten Satz.

Mit der Erinnerung an die Idealklassen in J_K weisen wir auch auf die engeren Idealklassen hin: Ideale $\mathfrak{a}, \mathfrak{b} \in J_K$ heißen *äquivalent im engeren Sinne*, wenn eine Zahl $\lambda \in K^\times$ mit positiver Norm $N(\lambda)$ existiert, für die gilt $\mathfrak{b} = \lambda\mathfrak{a}$. Die Idealklassen im engeren Sinne bestehen somit aus den Nebenklassen von J_K nach der Untergruppe H_K^+ der Hauptideale $\lambda\mathfrak{o}$ mit einem Erzeugenden λ von positiver Norm, wohingegen die Idealklassen im weiteren Sinne aus den

Nebenklassen von J_K nach der Untergruppe H_K *aller* Hauptideale $\lambda\mathfrak{o} \neq \{0\}$ bestehen.

In imaginärquadratischen Zahlkörpern K sind alle von 0 verschiedenen Normen positiv. Dort fallen die engeren mit den weiteren Idealklassen zusammen. Auch in den reellquadratischen Zahlkörpern, deren Hauptordnung eine Grundeinheit ε der Norm -1 besitzt, sind äquivalente Ideale schon äquivalent im engeren Sinne, da für $\lambda \in K^\times$ entweder λ oder $\varepsilon\lambda$ eine positive Norm hat. Wenn aber die Grundeinheit von K positive Norm hat, dann haben wegen $\mathfrak{o}^\times = \pm\varepsilon^{\mathbb{Z}}$ alle Einheiten von $\mathfrak{o}$ positive Norm, und jede gewöhnliche Idealklasse zerfällt in zwei Idealklassen engeren Sinnes. In diesem Zusammenhang wird $J_K/H_K = C_K$ die *gewöhnliche Klassengruppe* von K genannt, während $J_K/H_K^+ = C_K^+$ als *Gruppe der engeren Idealklassen* bezeichnet wird. Für ihre jeweiligen Ordnungen h_K und h_K^+ gilt $h_K^+ = h_K$ oder $h_K^+ = 2h_K$.

Es sei s die Anzahl der verschiedenen Primteiler p der Diskriminante d von K, und $\mathfrak{R}$ sei die von den s Primidealen $\mathfrak{p}$ über ihnen erzeugte Untergruppe von J_K. $\mathfrak{R}$ ist eine freie abelsche Gruppe mit s Erzeugenden, folglich ist die Faktorgruppe $\mathfrak{R}/\mathfrak{R}^2$ eine elementar-abelsche 2-Gruppe $\cong C_2 \times \cdots \times C_2$ mit s Faktoren. Ein Gruppenmorphismus $\rho\colon \mathfrak{R} \to C_K^+$ wird definiert durch

$$\rho(\mathfrak{r}) \;=\; \mathfrak{r}\, H_K^+, \qquad \mathfrak{r} \in \mathfrak{R}. \tag{2}$$

Satz 8. *Das Bild $\rho(\mathfrak{R})$ in der Gruppe C_K^+ der engeren Idealklassen ist der Kern des durch Quadrieren $C \mapsto C^2$ gegebenen Endomorphismus von C_K^+, während die Gruppe $\mathfrak{R}^2$ der Quadrate in $\mathfrak{R}$ den Index 2 im Kern von ρ hat.*

Beweis. 1) Wir untersuchen zunächst, welche Ideale $\mathfrak{a} \in J_K$ unter σ invariant sind. Dazu gehören nach dem Vorangehenden alle verzweigten und alle trägen Primideale, also auch beliebige Produkte solcher Ideale; dagegen sind die zerlegten Primideale $\mathfrak{p} \neq \sigma(\mathfrak{p})$ nicht invariant unter σ. Also sagt $\sigma(\mathfrak{a}) = \mathfrak{a}$ dasselbe wie $v_{\mathfrak{p}}(\mathfrak{a}) = v_{\sigma(\mathfrak{p})}(\mathfrak{a})$ für alle *zerlegten* Primideale $\mathfrak{p}$. Faßt man dies mit dem Zerlegungsgesetz der Primzahlen in $\mathfrak{o}$ zusammen, so ergibt sich, daß $\mathfrak{a} \in J_K$ genau dann σ-invariant ist, wenn mit einem $\mathfrak{r} \in \mathfrak{R}$ und einem positiven $q \in \mathbb{Q}^\times$ gilt $\mathfrak{a} = q\mathfrak{r}$.

2) Da für jede in K verzweigte Primzahl p die Gleichung $p\mathfrak{o} = \mathfrak{p}^2$ gilt mit einem σ-invarianten Primideal $\mathfrak{p}$, ist $\mathfrak{R}^2$ eine Untergruppe von $\mathrm{Ker}\,\rho$. Wir zeigen jetzt, daß $\mathfrak{a} \in J_K$ ein Quadrat $\mathfrak{a}^2 \in H_K^+$ hat genau dann, wenn $\mathfrak{a}H_K^+ \in \rho(\mathfrak{R})$ ist. Das Quadrat jeder Idealklasse $\rho(\mathfrak{r})$ ist das Einselement von C_K^+. Ist umgekehrt $\mathfrak{a} \in J_K$ und $\mathfrak{a}^2 \in H_K^+$, dann ist $\mathfrak{a} \cdot \sigma(\mathfrak{a}^{-1}) \in H_K^+$ nach (1). Also gibt es ein $\alpha \in K^\times$ mit $\mathfrak{a}\sigma(\mathfrak{a}^{-1}) = \alpha\mathfrak{o}$ und $N(\alpha) > 0$. Da $-\alpha$ dasselbe Ideal wie α erzeugt und auch positive Norm hat, darf im Fall reellquadratischer K sogar $\alpha > 0$ vorausgesetzt werden. Zur einheitlichen Beschreibung dieser Möglichkeit führen wir die folgende Sprechweise ein: Ist K reellquadratisch, so heißen die Elemente $\lambda \in K^\times$ *total positiv*, für die $N(\lambda) > 0$ und $\lambda > 0$ ist, während in imaginärquadratischen Zahlkörpern alle

von Null verschiedenen Elemente total positiv genannt werden sollen. (Dies
ist auch der angemessene Begriff, um die Äquivalenz von Idealen im engeren
Sinne für Zahlkörper höheren Grades zu definieren.)

Für Ideale einer engeren Idealklasse $\mathcal{C}$ mit trivialem Quadrat $\mathcal{C}^2 = H_K^+$
gilt daher $\mathfrak{a} = \sigma(\mathfrak{a})\alpha$ mit total positivem $\alpha \in K^\times$. Daraus gewinnt man
wegen $\mathfrak{N}(\mathfrak{a}) = \mathfrak{N}(\sigma(\mathfrak{a}))$ noch $N(\alpha) = 1$. Folglich gibt es ein $\beta \in K^\times$, für das
$\alpha = \sigma(\beta)/\beta$ ist. (Im Fall $\alpha = -1$ kann $\beta = \sqrt{d}$ gewählt werden, sonst eignet
sich $\beta = \frac{1}{1+\alpha}$ wegen $\frac{\sigma(\beta)}{\beta} = \frac{1+\alpha}{1+\sigma(\alpha)} = \frac{\alpha(1+\alpha)}{\alpha+1} = \alpha$. Dieser Schluß wurde schon
einmal in 12.7 benutzt. Er gehört in den Ideenkreis von Hilberts „Satz 90",
vgl. 15.5, Satz 4.) Ist überdies α total positiv, so kann auch β total positiv
gewählt werden. Die Relation $\mathfrak{a}^2 \in H_K^+$ hat also die Existenz eines total
positiven β mit $\mathfrak{a}\beta = \sigma(\mathfrak{a}\beta)$ zur Folge. Nach Teil 1) bedeutet dies, daß die
engere Idealklasse $\mathfrak{a}H_K^+$ ein Element von $\mathfrak{R}$ enthält.

3) Die restliche Aufgabe besteht allein im Nachweis von $|\text{Ker}\,\rho/\mathfrak{R}^2| = 2$.
Dazu wird ein Gruppenhomomorphismus betrachtet

$$\widetilde{\rho}\colon \text{Ker}\,\rho \to \mathfrak{o}_+^\times/(\mathfrak{o}_+^\times)^2$$

in die Faktorgruppe der Gruppe $\mathfrak{o}_+^\times$ aller total positiven Einheiten nach der
Untergruppe ihrer Quadrate. Wir zeigen der Reihe nach $[\mathfrak{o}_+^\times : (\mathfrak{o}_+^\times)^2] = 2$,
$\text{Ker}\,\widetilde{\rho} = \mathfrak{R}^2$ und die Surjektivität von $\widetilde{\rho}$.

3a) Ist K imaginärquadratisch, so sind alle Einheiten total positiv. Nach
7.3, Satz 5 ist $\mathfrak{o}^\times$ eine endliche zyklische Gruppe gerader Ordnung, also hat
die Untergruppe der Quadrate darin den Index 2. Ist indes K reellquadratisch
und $\varepsilon > 0$ die Grundeinheit von $\mathfrak{o}$, dann ist $\mathfrak{o}^\times = \pm\varepsilon^\mathbb{Z}$ und folglich $\mathfrak{o}_+^\times = \varepsilon^\mathbb{Z}$
oder $\mathfrak{o}_+^\times = \varepsilon^{2\mathbb{Z}}$ je nachdem, ob $N(\varepsilon) = 1$ oder ob $N(\varepsilon) = -1$ ist. Jedenfalls
ist dann $\mathfrak{o}_+^\times$ unendlich zyklisch, und daher hat die Untergruppe der Quadrate
darin wieder den Index 2.

3b) Definition von $\widetilde{\rho}$ mit $\text{Ker}\,\widetilde{\rho} = \mathfrak{R}^2$: Jedes Ideal $\mathfrak{a} \in \text{Ker}\,\rho$ hat die Form
$\mathfrak{a} = \alpha\mathfrak{o}$ mit einem total positiven $\alpha \in K^\times$. Die Zahl α ist indes nur bis auf eine
Einheit $\eta \in \mathfrak{o}_+^\times$ als Faktor bestimmt: Es gilt auch $\mathfrak{a} = (\alpha\eta)\mathfrak{o}$ und $N(\alpha\eta) > 0$.
Die Quotienten $\sigma(\alpha)/\alpha$ und $\sigma(\alpha\eta)/(\alpha\eta) = (\sigma(\alpha)/\alpha)\cdot\eta^{-2}$ unterscheiden sich
um das Quadrat einer total positiven Einheit η. Daher wird eine Abbildung
$\widetilde{\rho}\colon \text{Ker}\,\rho \to \mathfrak{o}_+^\times/(\mathfrak{o}_+^\times)^2$ wohldefiniert durch die Formel

$$\widetilde{\rho}(\mathfrak{a}) = \frac{\sigma(\alpha)}{\alpha}\,(\mathfrak{o}_+^\times)^2\,;$$

und selbstverständlich ist sie ein Homomorphismus. Für jedes Ideal $\mathfrak{a} \in \mathfrak{R}^2$
ist $\mathfrak{a} = q\mathfrak{o}$ mit einem positiven $q \in \mathbb{Q}^\times$. Also ist $\mathfrak{R}^2 \subset \text{Ker}\,\widetilde{\rho}$. Umgekehrt liefert
jedes von einem total positiven α erzeugte Hauptideal $\mathfrak{a} = \alpha\mathfrak{o} \in \mathfrak{R}$, für das
$\sigma(\alpha) = \alpha\eta^2$ mit einer total positiven Einheit η gilt, auch $\alpha\eta = \sigma(\alpha\eta)$ und
folglich $\alpha\eta \in \mathbb{Q}$, der Fixpunktmenge von σ. Daraus folgt $\mathfrak{a} \in \mathfrak{R}^2$ aufgrund
des Zerlegungsgesetzes.

3c) Surjektivität von $\widetilde{\rho}$: Nach dem Schluß von Teil 2) gibt es zu jeder
total positiven Einheit η ein total positives Element $\beta \in K^\times$ mit $\eta = \frac{\sigma(\beta)}{\beta}$.

Das Hauptideal $\mathfrak{b} = \beta\mathfrak{o}$ ist σ-invariant, also von der Form $\mathfrak{b} = q\mathfrak{r}$ mit einem positiven rationalen Faktor q und einem Ideal $\mathfrak{r} \in \mathfrak{R}$. Somit ist $\mathfrak{r} = q^{-1}\beta\mathfrak{o} \in \mathfrak{R}$, also $\rho(\mathfrak{r}) = H_K^+$ und $\tilde{\rho}(\mathfrak{r}) = \eta(\mathfrak{o}^\times)^2$. $\qquad\square$

Bemerkung. Satz 8 enthält eine merkwürdige Strukturaussage über die endliche abelsche Gruppe C_K^+ der engeren Idealklassen eines quadratischen Zahlkörpers K: Die Dimension der elementar-abelschen 2-Gruppe $C_K^+/(C_K^+)^2$ als $\mathbb{F}_2$-Vektorraum ist $s - 1$, wo s die Anzahl der verschiedenen Primteiler der Diskriminante d_K von K bezeichnet. Diese Information betrifft allein die 2-Primärkomponente von C_K^+.

Zusatz. *Ist die Diskriminante des quadratischen Zahlkörpers K nur durch eine Primzahl teilbar ist, so gilt $h_K = h_K^+ \equiv 1 \pmod 2$. Insbesondere ist dann für reellquadratische K die Norm der Grundeinheit ε gleich -1.*

$$h\left(\sqrt{-p}\right) = \frac{1}{2 - \left(\frac{2}{p}\right)} \sum_{m=1}^{\frac{1}{2}(p-1)} \left(\frac{m}{p}\right), \qquad p \in -1 + 4\mathbb{Z} \quad \text{prim}, \quad p > 3$$

Aufgabe 1. Man nennt die Diskriminante d eines quadratischen Zahlkörpers eine *Primdiskriminante*, wenn sie nur durch eine Primzahl teilbar ist. Zu zeigen ist:

a) Die durch 2 teilbaren Primdiskriminanten sind $-8, -4$ und 8; für Primzahlen $p \neq 2$ ist $p^* = (-1)^{\frac{1}{2}(p-1)} p$ die einzige durch p teilbare Primdiskriminante.

b) Die Diskriminante d eines quadratischen Zahlkörpers $K = \mathbb{Q}(\sqrt{d})$ läßt sich auf genau eine Weise als Produkt verschiedener Primdiskriminanten faktorisieren.

Aufgabe 2. a) Man bestimme die normierten Polynome $f \in \mathbb{Q}[X]$ vom Grad 2 mit der Eigenschaft $f(\{0,1\}) \subset \{-1,1\}$ sowie vom Grad 3 mit der Eigenschaft $f(\{-1,0,1\}) \subset \{-1,1\}$ und beschreibe man die durch sie definierten Körper.

b) Man formuliere einen Irreduzibilitätstest für normierte Polynome $f \in \mathbb{Z}[X]$ vom Grad ≤ 5 mit $f(\{0,1\}) \subset \{-1,1\}$ und vom Grad ≤ 7 mit $f(\{-1,0,1\}) \subset \{-1,1\}$.

Aufgabe 3. a) Im Polynomring $\mathbb{Q}[X]$ sind die folgenden Polynome irreduzibel:

$$f = X^4 - X^3 - X^2 + X + 1, \quad g = X^4 - 2X^3 + X - 1, \quad h = X^4 + X^3 - 3X^2 - X + 1.$$

b) Man bestimme die Primfaktorisierung von f im Polynomring $K[X]$ über dem Körper $K = \mathbb{Q}[\sqrt{-3}]$ sowie die von g und h über dem Körper $K = \mathbb{Q}[\sqrt{5}]$. Tip: Ein Ansatz mit normierten Faktoren zweiten Grades aus $K[X]$ führt zum Ziel.

Aufgabe 4. Die komplexe Zahl $\zeta = \frac{1}{4}\left(\sqrt{6} + \sqrt{2} + i(\sqrt{6} - \sqrt{2})\right)$ wird betrachtet.

a) Man zeige, daß ζ ein Element der Ordnung 24 in $\mathbb{C}^\times$, also eine *primitive vierundzwanzigste Einheitswurzel*, ist.

b) Der doppelte Realteil $\xi = \zeta + \zeta^{-1}$ von ζ genügt der Gleichung $\xi^4 - 4\xi^2 + 1 = 0$. Er ist deshalb eine Quadratwurzel der Grundeinheit $2 + \sqrt{3}$ des Körpers $\mathbb{Q}(\sqrt{3})$.

c) Man begründe, daß $\mathbb{Z}[\xi]$ die Maximalordnung des Körpers $K = \mathbb{Q}(\sqrt{2}, \sqrt{3})$ ist. Anleitung: Das Minimalpolynom von $\xi - 1$ ist ein 2-Eisensteinpolynom. Daher ist $[\mathbb{Z}_K : \mathbb{Z}[\xi]] \not\equiv 0 \pmod 2$ (vgl. Aufgabe 12.4). Andererseits gelten mit $\mathfrak{o} = \mathbb{Z} + \sqrt{3}\mathbb{Z}$ die Inklusionen

$$\tfrac{1}{2}\mathfrak{o} + \tfrac{1}{2}\xi\mathfrak{o} \supset \mathbb{Z}_K \supset \mathbb{Z}[\xi] \supset \mathfrak{o} + \xi\mathfrak{o}.$$

Aufgabe 5. Quadratische Zahlkörper sind durch ihre Diskriminante eindeutig bestimmt, indes gilt dies für kubische Zahlkörper K, also vom Grad $(K|\mathbb{Q}) = 3$, i. a. nicht mehr: Nach Aufgabe 12.5 gehören die drei irreduziblen Polynome

$$f_1 = X^3 - 18X - 6, \quad f_2 = X^3 - 36X - 78, \quad f_3 = X^3 - 54X - 150$$

zu Zahlkörpern K_1, K_2, K_3 derselben Diskriminante $d = 2^2 \cdot 3^5 \cdot 23$. Man zeige auf folgende Weise, daß die drei Körper nicht isomorph sind: 5 ist prim in $\mathfrak{o}_1$ und in $\mathfrak{o}_2$, nicht aber in $\mathfrak{o}_3$; ferner ist 13 prim in $\mathfrak{o}_1$, nicht aber in $\mathfrak{o}_2$. Dabei ist jeweils $\mathfrak{o}_j$ die Hauptordnung von K_j.

Aufgabe 6. Zu untersuchen ist der Zahlkörper $K = \mathbb{Q}(\kappa)$, der durch die (einzige) reelle Wurzel κ des Polynoms $f = X^3 + X^2 - X + 1$ definiert ist. Gleichzeitig mit dem 2-Eisensteinpolynom $f(X - 1) = X^3 - 2X^2 + 2$, das $\kappa + 1$ als Wurzel hat, ist f in $\mathbb{Z}[X]$ irreduzibel, was $(K|\mathbb{Q}) = 3$ begründet. Überdies ist der Index von $\mathbb{Z}[\kappa]$ in der Hauptordnung $\mathfrak{o}$ von K nicht durch 2 teilbar. Es ist die Diskriminante $d(1, \kappa, \kappa^2) = -44$, also folgt sogar $\mathfrak{o} = \mathbb{Z}[\kappa]$ und $d_K = -44$. Die Zerlegung der Primzahlen p mit $2 \leq p \leq 11$ in $\mathfrak{o}$ ist die folgende: $2\mathfrak{o} = \mathfrak{p}_2^3$ ist eine dritte Potenz, $3\mathfrak{o}$ und $5\mathfrak{o}$ sind prim, $7\mathfrak{o} = \mathfrak{p}_7\mathfrak{q}_7$ ist Produkt eines Primideals vom Grad 1 mit einem Primideal vom Grad 2 und $11\mathfrak{o} = \mathfrak{p}_{11}^2\mathfrak{p}_{11}'$ ist Produkt eines Primidealquadrates mit einem Primideal, das $\kappa - 2$ enthält.

Aufgabe 7. Es wird der von einer (etwa der reellen) Nullstelle α des Polynoms $f = X^3 + X^2 - 2X + 8$ erzeugte kubische Zahlkörper $K = \mathbb{Q}(\alpha)$ untersucht.

a) Man beweise die Irreduzibilität von f in $\mathbb{Q}[X]$ und zeige, daß die Diskriminante der $\mathbb{Q}$-Basis $1, \alpha, \alpha^2$ von K den Wert $d(1, \alpha, \alpha^2) = -4 \cdot 503$ hat.

b) Das Element $\beta = \tfrac{1}{2}(\alpha^2 + \alpha)$ ist ganz. Deshalb ist $1, \alpha, \beta$ eine $\mathbb{Z}$-Basis der Hauptordnung $\mathfrak{o}$ von K und $d_K = -503$ ihre Diskriminante. Es gelten die Formeln

$$\alpha^2 = -\alpha + 2\beta, \quad \alpha\beta = \alpha - 4, \quad \beta^2 = -2 - 2\alpha + \beta.$$

c) Die folgenden drei Gitter $\mathfrak{p}_1 = 2\mathbb{Z} + \alpha\mathbb{Z} + \beta\mathbb{Z}$, $\mathfrak{p}_2 = 2\mathbb{Z} + \alpha\mathbb{Z} + (\beta-1)\mathbb{Z}$ und $\mathfrak{p}_3 = 2\mathbb{Z} + (\alpha - 1)\mathbb{Z} + (\beta-1)\mathbb{Z}$ sind voneinander verschiedene Primideale, und es gilt $2\mathfrak{o} = \mathfrak{p}_1\mathfrak{p}_2\mathfrak{p}_3$.

d) Jede von einem Element $\vartheta \in \mathfrak{o} \smallsetminus \mathbb{Z}$ erzeugte monogene Ordnung $\mathbb{Z}[\vartheta]$ hat in $\mathfrak{o}$ einen durch 2 teilbaren Index. (Anderenfalls könnte $2\mathfrak{o}$ nach Satz 6 höchstens zwei verschiedene Primidealteiler ersten Grades haben.)

14 Endliche Galois-Erweiterungen

Nach Vorarbeiten insbesondere von LAGRANGE, GAUSS und N. H. ABEL brachte
E. GALOIS (1811–1832) eine zuvor verborgene Beziehung ans Licht zwischen der
alten Frage, ob man die Wurzeln eines Polynoms f durch gewöhnliche Radikale
ziehen kann einerseits und seiner modernen Frage nach der Struktur einer durch
f bestimmten endlichen Gruppe andererseits.

Hier entwickeln wir nach dem Vorbild von E. ARTIN [Ar2] in knapper Form
das Konzept der galoisschen Körpererweiterungen. Die Galoistheorie behandelt die
Klasse endlicher Körpererweiterungen $L|K$, welche ausgezeichnet sind durch eine
hinreichend große Gruppe $\mathrm{Aut}(L|K)$ der Automorphismen von L, die K element-
weise festlassen. Nach DEDEKIND ist die Ordnung der Gruppe $\mathrm{Aut}(L|K)$ immer
durch den Körpergrad $(L|K)$ nach oben beschränkt, und Galoiserweiterungen sind
gekennzeichnet durch die Gleichung $|\mathrm{Aut}(L|K)| = (L|K)$. Für sie besteht eine Bi-
jektion zwischen der Menge aller Untergruppen U der *Galoisgruppe* $G = \mathrm{Aut}(L|K)$
und der Menge aller Zwischenkörper K' mit $K \subset K' \subset L$. Dabei ist K' als die
Menge der $x \in L$ zu wählen, die von allen Automorphismen $\sigma \in U$ fixiert werden (*Hauptsatz der Galoistheorie*). Die Galoisgruppe G wirkt in natürlicher Weise
auf dem Polynomring $L[X]$. Aus dieser Aktion ergibt sich eine weitere, bedeut-
same Charakterisierung der Galoiserweiterungen als *Zerfällungskörper separabler
Polynome*.

14.1 Adjunktion von Nullstellen eines Polynoms

Satz 1. (KRONECKER) *Es sei K ein Körper und f ein in $K[X]$ irreduzibles
Polynom. Dazu existiert ein Erweiterungskörper L von K derart, daß f,
aufgefaßt als Polynom über L, eine Nullstelle α in L hat. Überdies liefert
für jeden Erweiterungskörper L' von K, in dem f eine Wurzel α' hat, die
Einsetzung $X \mapsto \alpha'$ einen Ringmorphismus von $K[X]$ in L' mit dem Kern
$fK[X]$. Sein Bild $K(\alpha')$ ist der kleinste Erweiterungskörper von K in L', der
α' enthält. Er hat den Grad $(K(\alpha')|K) = \deg f$.*

Beweis. 1) In dem Hauptidealring $K[X]$ erzeugt jedes irreduzible Element
ein maximales Ideal. Deshalb ist der Restklassenring $A = K[X]/fK[X]$ ein
Körper. Die Abbildung $\phi \colon K \to A$, die jedem Element $a \in K$ seine Restklasse
$\phi(a) = a + (f)$ nach dem Hauptideal $(f) := fK[X]$ zuordnet, ist ein injektiver
Homomorphismus von Ringen. Er liefert einen injektiven Homomorphismus
des Polynomringes $K[X]$ in den Polynomring $A[Y]$ in der Unbestimmten Y

über A durch $\widetilde{\phi}\left(\sum c_n X^n\right) = \sum \phi(c_n) Y^n$. Das Polynom $f = \sum_{n=0}^{N} a_n X^n$ hat darunter das Bild $\widetilde{f} = \widetilde{\phi}(f) = \sum_{n=0}^{N} (a_n + (f)) Y^n$. Nach den Regeln für das Restklassenrechnen modulo dem Ideal (f) gilt hiermit

$$\widetilde{f}(X + (f)) = \sum_{n=0}^{N} (a_n + (f))(X + (f))^n = \sum_{n=0}^{N} a_n X^n + (f) = 0_A.$$

Also hat $\widetilde{f}$ die Wurzel $\widetilde{\alpha} = X + (f)$ in A. Der einzige Schönheitsfehler besteht darin, daß K kein Teilkörper von A ist. Um dem abzuhelfen, wählen wir eine Bijektion $\beta' \colon A \smallsetminus \phi(K) \to B$ auf irgendeine zu K elementfremde Menge B, setzen dann $L = K \cup B$ und $\beta(a) = \beta'(a)$, falls $a \in A \smallsetminus \phi(K)$ ist sowie $\beta(\phi(a)) = a$, falls $a \in K$ ist. So entsteht eine Bijektion $\beta \colon A \to L$, mit deren Hilfe Addition und Multiplikation von A auf L übertragen werden:

$$x + y = \beta(\beta^{-1}(x) + \beta^{-1}(y)), \quad x \cdot y = \beta(\beta^{-1}(x) \cdot \beta^{-1}(y)).$$

Diese Definition macht β zu einem Isomorphismus von A auf L, mithin L zu einem K umfassenden Körper, in dem f die Nullstelle $\alpha = \beta(\widetilde{\alpha})$ hat.

2) Das Bild $K(\alpha')$ der Einsetzung ψ mit $X \mapsto \alpha'$ ist als 1 enthaltender Unterring des Körpers L' ein Integritätsbereich. Deshalb ist der Kern von ψ ein Primideal in $K[X]$. Wegen $f(\alpha') = 0$ gilt $f \in \operatorname{Ker} \psi$. Da aber f bereits ein maximales Ideal in $K[X]$ erzeugt, gilt $\operatorname{Ker} \psi = (f)$. Also definiert ψ einen Isomorphismus des Körpers A auf $K(\alpha')$. Die Dimension von $K(\alpha')$ als K-Vektorraum ist $N = \deg f$: Erstens ist $f(\alpha) = 0$, was die lineare Abhängigkeit von $\alpha^0, \ldots, \alpha^N$ beweist, zweitens sind $\alpha^0, \ldots, \alpha^{N-1}$ über K linear unabhängig, weil alle von Null verschiedenen Polynome in $\operatorname{Ker} \psi$ einen Grad $\geq N$ haben. Schließlich umfaßt jeder Erweiterungskörper von K in L', der α' enthält, selbstverständlich auch den Körper $K(\alpha')$. $\square$

Bemerkung. Nach Satz 1 gibt es zu jedem nichtkonstanten Polynom f in $K[X]$ einen Erweiterungskörper $K'|K$ endlichen Grades, in dem f mindestens eine Wurzel hat. Durch Iteration dieser Version des Satzes folgt die Existenz eines Erweiterungskörpers $L|K$ endlichen Grades derart, daß f in $L[X]$ lauter Primfaktoren ersten Grades hat. Die Endlichkeit des Grades ergibt sich aus der folgenden, auch sonst nützlichen Formel:

Proposition 1. (Produktformel für Körpergrade) *Für endliche Körpererweiterungen $K''|K'$ und $K'|K$ gilt die Gradgleichung*

$$(K''|K')\,(K'|K) = (K''|K).$$

Beweis. Sei $a_1, \ldots, a_m$ eine K-Basis von K' und $b_1, \ldots, b_n$ eine K'-Basis von K''. Dann hat jedes Element $c \in K''$ eine Beschreibung $c = \sum_{j=1}^{n} \beta_j b_j$ mit Koeffizienten $\beta_j \in K'$, deren jeder darstellbar ist als Linearkombination $\beta_j = \sum_{i=1}^{m} \alpha_{ij} a_i$ mit Koeffizienten $\alpha_{ij} \in K$. Daher erzeugt das System der Produkte $a_i b_j$ $(1\leq i\leq m,\ 1\leq j\leq n)$ den K-Vektorraum K''. Dieses System ist auch linear unabhängig über K, da aus einer Relation

$$\sum_{1\leq i\leq m}\sum_{1\leq j\leq n}\widetilde{\alpha}_{ij}\cdot a_i b_j = 0, \qquad \widetilde{\alpha}_{ij}\in K$$

wegen der linearen Unabhängigkeit der b_j über K' folgt $\sum_{1\leq i\leq m}\widetilde{\alpha}_{ij}a_i = 0$ für $1\leq j\leq n$. Sodann ergibt die lineare Unabhängigkeit von $a_1,\dots,a_m$ über K die Gleichungen $\widetilde{\alpha}_{ij} = 0$ $(1\leq i\leq m,\ 1\leq j\leq n)$. $\qquad\square$

Hauptpolynom und Minimalpolynom. Sei α ein Element der endlichen Erweiterung K' des Körpers K sowie $g = X^n + \sum_{i=0}^{n-1} c_i X^i$ das Minimalpolynom von α in $K[X]$. Dann gilt

$$H_{K'|K}(\alpha, X) = g(X)^{(K'|K(\alpha))}.$$

Zum Beweis sei $b_1,\dots,b_m$ eine $K(\alpha)$-Basis von K'. Eine K-Basis von $K(\alpha)$ ist α^i $(0\leq i<n)$ nach Satz 1. Eine K-Basis von K' ist nach Proposition 1 daher $\alpha^i b_j$ $(0\leq i<n,\ 1\leq j\leq m)$. Die K-lineare Selbstabbildung $x \mapsto \alpha x$ von K' wird wegen $\alpha\cdot\alpha^{n-1}b_j = -\sum_{i=0}^{n-1} c_i\alpha^i b_j$ bzgl. jener Basis beschrieben durch ein Blockmatrix $A = \mathrm{diag}(B,\dots,B)$ mit m Blöcken

$$B = \begin{pmatrix} 0 & \cdots & 0 & -c_0 \\ 1 & & & -c_1 \\ & \ddots & & \vdots \\ & & 1 & -c_{n-1} \end{pmatrix}.$$

Folglich ist $\det(X\cdot 1_n - B) = g$ und $H_{K'|K}(\alpha, X) = \det(X\cdot 1_{nm} - A) = g^m$.

14.2 Fortsetzung von Körper-Isomorphismen

Satz 2. *Es sei $\sigma\colon K \to \widetilde{K}$ ein (bijektiver) Isomorphismus zwischen Körpern K, $\widetilde{K}$. Ferner sei f irreduzibel im Polynomring $K[X]$ sowie $\widetilde{f}$ das f vermöge σ entsprechende Element im Polynomring $\widetilde{K}[Y]$. Schließlich seien $L = K(\alpha)$ und $\widetilde{L} = \widetilde{K}(\widetilde{\alpha})$ minimale Körpererweiterungen mit einer Wurzel α von f und einer Wurzel $\widetilde{\alpha}$ von $\widetilde{f}$. Dann gibt es genau eine Fortsetzung $\tau\colon L \to \widetilde{L}$ von σ zu einem Ringmorphismus mit $\tau(\alpha) = \widetilde{\alpha}$. Überdies ist τ ein Isomorphismus.*

Beweis. Durch die Zusammensetzung von drei natürlichen Isomorphismen entsteht τ: Eine mit der Addition und der Multiplikation von Polynomen verträgliche bijektive Fortsetzung $\widetilde{\sigma}\colon K[X] \to \widetilde{K}[Y]$ von σ wird durch die Formel definiert

$$\widetilde{\sigma}\left(\sum c_n X^n\right) := \sum \sigma(c_n)Y^n.$$

Jeder Isomorphismus $\phi\colon R \to \widetilde{R}$ von Ringen induziert bei gegebenem Ideal I von R und mit dessen Bild $\phi(I) = \widetilde{I}$ mittels $\widetilde{\phi}(r + I) := \phi(r) + \widetilde{I}$ einen Isomorphismus $\widetilde{\phi}\colon R/I \to \widetilde{R}/\widetilde{I}$. Dies gilt insbesondere für $\phi = \widetilde{\sigma}$, $R = K[X]$, $I = (f)$. Wir setzen hier $A = R/I$, $\widetilde{A} = \widetilde{R}/\widetilde{I}$. Schließlich liefert Satz 1 einen durch Einsetzen $X \mapsto \alpha$ bewirkten Isomorphismus ψ von A auf L und ebenso einen durch Einsetzen $Y \mapsto \tilde{\alpha}$ bewirkten Isomophismus $\tilde{\psi} \colon \tilde{A} \to \tilde{L}$. Damit hat $\tau = \tilde{\psi} \circ \tilde{\phi} \circ \psi^{-1}$ die verlangten Eigenschaften. Als Ringmorphismus ist τ bereits eindeutig bestimmt durch die Werte auf K und bei α.   □

Definition. Es sei f ein nichtkonstantes Element des Polynomringes $K[X]$ in der Unbestimmten X über dem Körper K. Außerdem sei $\overline{L}|K$ eine Körpererweiterung, über der das Polynom f in Linearfaktoren zerfällt. Der kleinste K umfassende Teilkörper L von $\overline{L}$, der die Nullstellenmenge von f in $\overline{L}$ enthält, heißt ein *Zerfällungskörper* von f über K.

Satz 3. *Gegeben sei ein Isomorphismus* $\sigma \colon K \to \tilde{K}$ *von Körpern. Weiter sei f nicht konstant im Polynomring $K[X]$. Das f vermöge σ zugeordnete Element des Polynomringes $\tilde{K}[Y]$ in der Unbestimmten Y nennen wir $\tilde{f}$. Schließlich sei $L|K$ (bzw. $\tilde{L}|\tilde{K}$) ein Zerfällungskörper von f (bzw. von $\tilde{f}$). Dann existiert ein Isomorphismus* $\tilde{\sigma} \colon L \to \tilde{L}$ *mit der Restriktion* $\tilde{\sigma}|_K = \sigma$.

Zusatz. (Eindeutigkeit des Zerfällungskörpers) *Zu zwei Zerfällungskörpern $L|K$, $\tilde{L}|K$ von $f \in K[X] \setminus K$ existiert stets ein Isomorphismus von L auf $\tilde{L}$, der K punktweise festläßt.*

Beweis von Satz 3. Es wird vollständige Induktion durchgeführt nach der Anzahl s der in L, aber nicht in K liegenden Wurzeln von f. Im Fall $s = 0$ zerfällt f über K in Linearfaktoren. Also zerfällt auch $\tilde{f}$ über $\tilde{K}$ in Linearfaktoren, und es ist $L = K$, $\tilde{L} = \tilde{K}$. Damit ist $\tilde{\sigma} = \sigma$ die Lösung. Sei nun $s > 0$ und die Behauptung gelte für Zerfällungskörper von Polynomen mit weniger als s Wurzeln außerhalb des Grundkörpers. Dann hat f eine Wurzel α_1 in $L \setminus K$, und es gibt einen irreduziblen Faktor g von f in $K[X]$, der die Wurzel α_1 hat. Den g vermöge σ entsprechenden Faktor von $\tilde{f}$ bezeichnen wir mit $\tilde{g}$. Da $\tilde{g}$ mit $\tilde{f}$ über $\tilde{L}$ in Linearfaktoren zerfällt, hat $\tilde{g}$ mindestens eine Wurzel $\tilde{\alpha}_1 \in \tilde{L}$. Nach Satz 2 gibt es dazu eine Fortsetzung τ von σ zu einem Isomorphismus $\tau \colon K' = K(\alpha_1) \to \tilde{K}' = \tilde{K}(\tilde{\alpha}_1)$. Nun bleibt L ein Zerfällungskörper von f auch über dem neuen Grundkörper K', indes hat f weniger als s Wurzeln außerhalb von K'. Daher existiert nach unserer Induktionsvoraussetzung ein Isomorphismus $\tilde{\sigma} \colon L \to \tilde{L}$ mit $\tilde{\sigma}|_{K'} = \tau$. Seine Restriktion auf K ist selbstverständlich gleich σ, wie behauptet wurde.   □

Beispiele von Zerfällungskörpern. 1) Der Körper der komplexen Zahlen läßt sich charakterisieren als Zerfällungskörper des Polynoms X^2+1 über dem Körper $K = \mathbb{R}$ der reellen Zahlen; aber er ist ebenso Zerfällungskörper jedes anderen in $\mathbb{R}[X]$ irreduziblen Polynoms vom Grad 2.

2) Ist $m \in \mathbb{Z}$ verschieden von 0 und 1 sowie quadratfrei, dann ist der quadratische Zahlkörper $K = \mathbb{Q}(\sqrt{m})$ auch Zerfällungskörper von $X^2 - m$ über dem Grundkörper $\mathbb{Q}$.

14.3 Einfache Nullstellen und formale Ableitung

Definition. Es sei $K[X]$ der Polynomring in der Unbestimmten X über dem Körper K. Ein Element $\alpha \in K$ heißt eine *einfache Nullstelle* von $f \in K[X]$, wenn f durch $X - \alpha$, aber nicht durch $(X - \alpha)^2$ teilbar ist. Als *formale Ableitung* von $f = \sum_{n=0}^{N} a_n X^n$ bezeichnet man das Polynom

$$\mathrm{D}f = \sum_{n=1}^{N} n a_n X^{n-1}.$$

Bemerkung. Die Abbildung $f \mapsto \mathrm{D}f$ bildet ein Beispiel für eine *Derivation* auf einer K-Algebra A, also einer K-linearen Selbstabbildung $\mathrm{d}\colon A \to A$, welche die *Produktregel* erfüllt:

$$\mathrm{d}(uv) = (\mathrm{d}u)v + u(\mathrm{d}v) \quad \text{für alle} \quad u, v \in A.$$

Denn die formale Ableitung D ist offensichtlich K-linear. Da ferner beide Seiten der Produktregel K-bilinear in (u, v) sind, genügt in unserem Fall ihr Nachweis für die Paare $u = X^m$, $v = X^n$. Nun ist die Behauptung klar, sobald $m = 0$ oder $n = 0$ gilt. Sonst aber haben wir

$$\mathrm{D}(X^{m+n}) = (m+n)X^{m+n-1} = mX^{m-1}X^n + X^m(nX^{n-1})$$
$$= \mathrm{D}(X^m)X^n + X^m \mathrm{D}(X^n).$$

Proposition 2. *Es sei f ein Polynom in einer Unbestimmten X über dem Körper K. Das Element $\alpha \in K$ ist genau dann eine einfache Nullstelle von f, wenn $f(\alpha) = 0$ und $\mathrm{D}f(\alpha) \neq 0$ ist; genau dann hat f in jedem Erweiterungskörper $L|K$ nur einfache Nullstellen, wenn in $K[X]$ gilt $\mathrm{ggT}(f, \mathrm{D}f) = 1$.*

Beweis. 1) Die Zahl α ist eine Nullstelle von f genau dann, wenn mit einem Faktor $g \in K[X]$ gilt $f = (X - \alpha)g$. In diesem Fall ist nach der Produktregel $\mathrm{D}f = g + (X - \alpha)\mathrm{D}g$. Also ist dann $g(\alpha) \neq 0$ gleichbedeutend mit $\mathrm{D}f(\alpha) \neq 0$.

2) Ist $h = \mathrm{ggT}(f, \mathrm{D}f)$ von positivem Grad, dann existiert nach Satz 1 ein Erweiterungskörper $L|K$ mit einer Wurzel α von h. Nach 1) mit L anstelle von K erkennt man, daß dann α keine einfache Nullstelle von f ist. Ist aber $\mathrm{ggT}(f, \mathrm{D}f) = 1$ konstant, dann gibt es passende Polynome $g_1, g_2 \in K[X]$, für die die Gleichung gilt

$$g_1 \cdot f + g_2 \cdot \mathrm{D}f = 1;$$

denn $K[X]$ ist ein Hauptidealring. Diese Gleichung ergibt in Erweiterungen L von K für jede Wurzel α von f die Beziehung $g_2(\alpha) \cdot \mathrm{D}f(\alpha) = 1$, also ist $\mathrm{D}f(\alpha) \neq 0$. Nach 1) ist α dann eine einfache Wurzel von f. □

Bemerkungen zur Separabilität. Jedes irreduzible Polynom $f \in K[X]$ besitzt definitionsgemäß nur zwei Klassen assoziierter Teiler in $K[X]$, nämlich die von 1 und von f. Wegen der Gradbeziehung $\deg \mathrm{D}f < \deg f$ und wegen der

Gradformel für Produkte gilt $\operatorname{ggT}(f, \mathrm{D}f) = 1$, außer wenn $\mathrm{D}f = 0$ ist. Dann ist $\operatorname{ggT}(f, \mathrm{D}f) = f$. Im ersten Fall heißt f *separabel*, da aufgrund von Proposition 2 alle Nullstellen einfach sind, dagegen *inseparabel* im zweiten Fall. Man beachte, daß diese Begriffe zunächst nur für irreduzible Polynome aus Polynomringen $K[X]$ über Körpern erklärt sind. Es ist sinnvoll, ein allgemeines Polynom $f \in K[X] \setminus K$ *separabel* zu nennen, wenn gilt $\operatorname{ggT}(f, \mathrm{D}f) = 1$, und sonst *inseparabel*. Nach dieser Definition ist jeder Primteiler eines separablen Polynoms f separabel, und jedes Primpolynom teilt f höchstens in erster Potenz. Das gleichzeitige Zutreffen beider Eigenschaften charakterisiert die separablen Polynome f. Insbesondere ist das kleinste gemeinsame Vielfache separabler Polynome ebenfalls separabel.

Übrigens gilt im Fall $\operatorname{char} K = 0$, wenn also in $(K, +)$ das Element 1_K unendliche Ordnung hat, die Gleichung $\deg f = 1 + \deg \mathrm{D}f$ für alle f in $K[X] \setminus K$. Dort ist somit jedes irreduzible Polynom separabel. Dagegen besteht im Polynomring $K[X]$ über einem Körper K der Charakteristik $p > 0$ die Menge der Polynome f im Kern der formalen Ableitung aus sämtlichen Polynomen in Potenzen von X^p, also den Bildern der Einsetzung $X \mapsto X^p$, wie man aus der definierenden Formel

$$\mathrm{D}\Big(\sum_{n=0}^{N} c_n X^n\Big) = \sum_{n=1}^{N} n c_n X^{n-1}$$

ablesen kann. Insbesondere existiert zu jedem irreduziblen $f \in K[X]$, das im Kern der Ableitung liegt, ein (ebenfalls irreduzibles) Polynom $g \in K[X]$ mit der Relation $f(X) = g(X^p)$.

14.4 Über Homomorphismen von Körpern

Proposition 3. (Ein Lemma von DEDEKIND) *Es sei L ein Körper, und G sei eine (multiplikative) Gruppe. Dann ist jede endliche Menge S von Homomorphismen $\sigma\colon G \to L^\times$, aufgefaßt als Teilmenge des L-Vektorraumes L^G aller Abbildungen von G in L, linear unabhängig.*

Beweis. Angenommen, es sei S entgegen der Behauptung linear abhängig. Dann gibt es eine Minimalzahl n von paarweise verschiedenen und linear abhängigen Morphismen $\sigma_1, \ldots, \sigma_n \in S$. Weil $\sigma(G) \subset L^\times$ ist, sobald $\sigma \in S$ ist, kann in L^G die Gleichung $a\sigma = 0$ mit einem Skalar $a \neq 0$ nicht gelten; es ist daher $n > 1$. Wegen der Minimalität von n sind indes die Elemente $\sigma_1, \ldots, \sigma_{n-1}$ linear unabhängig. Daher gibt es eindeutig bestimmte Skalare $a_i \in L$ mit $\sigma_n = \sum_{i=1}^{n-1} a_i \sigma_i$. Es gilt also

$$\sigma_n(x) = \sum_{i=1}^{n-1} a_i \sigma_i(x) \quad \text{für alle} \quad x \in G. \tag{$*$}$$

Wir ersetzen hier x durch das Produkt yx, $y \in G$, multiplizieren dann $(*)$ mit $\sigma_n(y)$ und subtrahieren die Gleichungen voneinander:

$$0 = \sum_{i=1}^{n-1} a_i(\sigma_i(y) - \sigma_n(y))\sigma_i(x) \quad \text{für alle} \quad x, y \in G.$$

Da $\sigma_1, \ldots, \sigma_{n-1}$ linear unabhängig sind, folgt $a_i(\sigma_i(y) - \sigma_n(y)) = 0$ für alle $y \in G$ und für $1 \le i \le n-1$. Weil aber $\sigma_1, \ldots, \sigma_n$ paarweise verschieden sind, gibt es zu jedem Index $i \ne n$ ein $y \in G$ mit $\sigma_i(y) \ne \sigma_n(y)$; also ist $a_i = 0$ $(1 \le i \le n-1)$. Nach Gleichung $(*)$ müßte folglich $\sigma_n = 0$ sein im Gegensatz zu $\sigma_n \in S$. Dieser Widerspruch zeigt, daß die Annahme falsch war. $\square$

Hauptbeispiel. Es sei S eine Menge von (injektiven) Homomorphismen σ eines Körpers L in einen weiteren Körper $\widetilde{L}$. Dann ist S im Vektorraum $\widetilde{L}^L$ linear unabhängig. Denn mit $\widetilde{L}$ statt L und $L^\times$ statt G wird dies ein Spezialfall der Proposition 3. Diese Tatsache begründet auch die in der Einleitung hervorgehobene Schranke für die Anzahl der relativen Automorphismen jeder endlichen Körper-Erweiterung $K|L$:

Satz 4. *Es sei $L|K$ eine endliche, $\widetilde{L}|\widetilde{K}$ eine beliebige Körpererweiterung und $\sigma: K \to \widetilde{K}$ ein Isomorphismus von Körpern. Dann gibt es höchstens $(L|K)$ Fortsetzungen von σ zu Homomorphismen $\sigma_i: L \to \widetilde{L}$.*

Beweis. Wir beginnen mit einer K-Basis $u_1, \ldots, u_n$ von L. Angenommen nun, σ habe $n+1$ verschiedene Fortsetzungen $\sigma_0, \ldots, \sigma_n: L \to \widetilde{L}$. Dann haben die n Gleichungen

$$\sum_{k=0}^{n} \sigma_k(u_i)x_k = 0 \qquad (1 \le i \le n) \tag{L}$$

mit $n+1$ Unbekannten in $\widetilde{L}^{n+1}$ eine nichttriviale Lösung (x_k). Für jedes Element $\alpha = \sum_{i=1}^{n} a_i u_i$ $(a_i \in K)$ multiplizieren wir die i-te Gleichung in (L) mit dem Faktor $\sigma(a_i) = \sigma_k(a_i)$ und summieren über i. Das Resultat ist

$$\sum_{k=0}^{n} x_k \sigma_k(\alpha) = 0 \quad \text{für alle} \quad \alpha \in L,$$

was $\sum_{k=0}^{n} x_k \sigma_k = 0$ bedeutet. Das ist ein Widerspruch zum Lemma von Dedekind, demzufolge verschiedene Morphismen eines Körpers L in einen weiteren Körper $\widetilde{L}$ linear unabhängig sind. Die Annahme war also falsch. $\square$

Bemerkungen. Im Spezialfall $\widetilde{K} = K$, $\widetilde{L} = L$, $\sigma = \mathrm{id}_K$ besagt Satz 4, daß die Menge $\mathrm{Aut}(L|K)$ der Automorphismen des Körpers L, die K punktweise festlassen, höchstens $(L|K)$ Elemente hat. Diese Menge hat überdies eine natürliche Gruppenstruktur durch die Abbildungskomposition mit id_L als Einselement: Für $\sigma, \tau \in \mathrm{Aut}(L|K)$ ist neben $\sigma \circ \tau$ auch die Umkehrabbildung σ^{-1} ein Automorphismus von L. Die Elemente in $\mathrm{Aut}(L|K)$ nennt man auch K-*Automorphismen* oder *relative Automorphismen* der Erweiterung $L|K$.

14.5   Der Fixkörper von Automorphismen

Proposition 4. *Es sei σ ein Automorphismus des Körpers L. Die Menge* Fix(σ) *aller Fixpunkte von σ ist ein Teilkörper von L, der* Fixkörper *von σ.*

Beweis. Wir bezeichnen mit K die Menge der Fixpunkte von σ in L. Neutrales Element der Addition ist $\sigma(0)$ ebenso wie 0. Neutrales Element der Multiplikation ist $\sigma(1)$ ebenso wie 1. Also gilt $\sigma(0) = 0$, $\sigma(1) = 1$: Null und Eins gehören zu K. Mit $a, b \in K$ sind auch $a - b$ und $a \cdot b$ in K, da dann $\sigma(a - b) = \sigma(a) - \sigma(b) = a - b$ und $\sigma(ab) = \sigma(a)\sigma(b) = ab$ gilt. Schließlich haben wir die Gleichung $\sigma(a^{-1})a = \sigma(a^{-1})\sigma(a) = \sigma(1) = 1$ für jedes $a \neq 0$ in K. Daher ist $\sigma(a^{-1}) = a^{-1}$; das Inverse von a ist ebenfalls ein Element von K. Insgesamt ist damit K als Teilkörper von L nachgewiesen.   □

Satz 5. *(Der Fixkörper endlicher Automorphismengruppen) Es sei G eine endliche Gruppe von Automorphismen des Körpers L. Nach Proposition 4 ist $K = \text{Fix}(G) = \bigcap_{\sigma \in G} \text{Fix}(\sigma)$ ein Teilkörper, der Fixkörper von G. Der Grad von $L|K$ ist gleich der Gruppenordnung $|G|$, und G ist die Gruppe aller K-Automorphismen von L.*

Beweis. Offensichtlich ist G eine Untergruppe von $\text{Aut}(L|K)$. Nach den Bemerkungen zu Satz 4 wird $|G| \leq |\text{Aut}(L|K)| \leq (L|K)$. Es genügt daher, für die Ordnung n von G zu zeigen $(L|K) \leq n$. Dazu verwenden wir die *Spur* $S = \sum_{\sigma \in G} \sigma \in L^L$. Für alle $\alpha \in L$ und $\tau \in G$ ist

$$\tau(S(\alpha)) \;=\; \sum_{\sigma \in G} \tau \circ \sigma(\alpha) \;=\; \sum_{\rho \in G} \rho(\alpha) \;=\; S(\alpha)\,,$$

weil $\tau \circ \sigma$ mit σ die Gruppe G durchläuft. Daher liegt $S(\alpha)$ im Fixkörper K von G. Da nach der Proposition 3 die $\sigma \in G$ linear unabhängig über L sind, ist S nicht die Nullabbildung. Mindestens ein $y \in L$ hat also eine Spur $S(y) \neq 0$. Für je $n+1$ Elemente $\alpha_0, \alpha_1, \ldots, \alpha_n$ in L hat das Gleichungssystem

$$\sum_{k=0}^{n} \sigma^{-1}(\alpha_k)y_k \;=\; 0 \qquad (\sigma \in G) \tag{$*$}$$

aus n Gleichungen in $n + 1$ Unbekannten eine nichttriviale Lösung (y_k) in L^{n+1}. Da sie um einen skalaren Faktor aus $L^{\times}$ geändert werden darf, ohne diese Eigenschaft zu verlieren, kann vorausgesetzt werden, daß die Spur für wenigstens eine ihrer Komponenten y_l nicht verschwindet. Wendet man jeweils $\sigma \in G$ auf die zugehörige Gleichung in $(*)$ an und summiert über alle σ, so erhält man die Relation

$$\sum_{k=0}^{n} \alpha_k S(y_k) \;=\; 0\,.$$

Also sind je $n + 1$ Elemente von L linear abhängig über K.   □

Definition. Eine endliche Körpererweiterung $L|K$ heißt *galoissch* oder eine *Galoiserweiterung*, wenn K der Fixkörper einer endlichen Automorphismengruppe von L ist. Diese Gruppe ist für jede Galoiserweiterung $L|K$ nach Satz 5 nichts anderes als die Gruppe $\mathrm{Aut}(L|K)$ *aller* K-Automorphismen von L. Sie heißt die *Galoisgruppe* von $L|K$.

Proposition 5. (Erstes Kriterium für Galoiserweiterungen) *Die endliche Erweiterung $L|K$ ist genau dann galoissch, wenn $(L|K) = |\mathrm{Aut}(L|K)|$ gilt.*

Beweis. Nach Satz 5 gilt diese Gleichung in jeder Galoiserweiterung $L|K$. Genügt nun der Grad einer Körpererweiterung $L|K$ dieser Gleichung, so betrachten wir den Fixkörper $K' = \mathrm{Fix}(G)$ der Gruppe $G = \mathrm{Aut}(L|K)$ in L. Dann ist $L|K'$ eine Galoiserweiterung. Also gilt nach Satz 5 auch $(L|K') = |G|$. Nach Wahl von G ist K ein Teilkörper von K', und endlich folgt $(L|K')(K'|K) = (L|K)$ aus Proposition 1. Wegen $(L|K) = (L|K')$ ist also $(K'|K) = 1$ und damit $K' = K$. □

14.6 Der Hauptsatz der Galoistheorie

Definition. In einer Körpererweiterung $L|K$ werden die K umfassenden Teilkörper K' von L als *Zwischenkörper* der Erweiterung bezeichnet.

Satz 6. *Es sei $L|K$ eine Galoiserweiterung mit der Galoisgruppe G. Dann ist auch $L|K'$ eine Galoiserweiterung für jeden Zwischenkörper K'. Weiter gilt für alle Automomorphismen $\tau \in G$ die Gleichung*

$$\mathrm{Aut}(L|\tau(K')) \;=\; \tau \circ \mathrm{Aut}(L|K') \circ \tau^{-1}.$$

Zusatz. *Die Restriktion der Automorphismen einer Galoiserweiterung $L|K$ auf einen Zwischenkörper K' vom Grade $n = (K'|K)$ ergibt n verschiedene K-Homomorphismen von K' in L. Das ist nach Satz 4 die Gesamtheit aller K-Homomorphismen von K' in L.*

Beweis. Es bezeichne U die Menge der Elemente σ in G mit $\sigma(x) = x$ für alle $x \in K'$. Offensichtlich ist mit $\sigma, \tau \in U$ auch $\sigma^{-1} \in U$ und $\sigma \circ \tau \in U$. Also ist U eine Untergruppe von $\mathrm{Aut}(L|K')$. Deshalb gilt

$$|U| \;\leq\; |\mathrm{Aut}(L|K')| \;\leq\; (L|K') \,. \tag{1}$$

Wegen $(L|K) = |G|$ (Proposition 5) ergibt die Lagrangesche Gleichung für den Untergruppenindex und die Produktformel für Körpergrade

$$(L|K')(K'|K) \;=\; (L|K) \;=\; |G| \;=\; |U|[G : U] \,. \tag{2}$$

Nun betrachten wir die durch Restriktion der $\sigma \in G$ auf K' entstehenden Homomorphismen des Körpers K' in den Körper L. Es bedeutet $\sigma|_{K'} = \tau|_{K'}$ offenbar dasselbe wie $\tau^{-1}\sigma \in U$. Folglich entstehen so $[G : U]$ verschiedene

K-Homomorphismen von K' in L. Deren Gesamtzahl ist aber nach Satz 4 beschränkt durch den Körpergrad $(K'|K)$; das liefert mit (2) die Abschätzung $|U| \geq (L|K')$. Damit folgt aus (1) die Gleichung $|\mathrm{Aut}(L|K')| = |U| = (L|K')$. Nach Proposition 5 ergibt sie unsere erste Behauptung. Ferner haben wir aus (2) die Gleichung $(K'|K) = [G : U]$, womit der Zusatz bewiesen ist.

Selbstverständlich hat das Bild $\tau(K')$ des Zwischenkörpers K' unter dem K-Homomorphismus τ dieselbe K-Dimension: $(K'|K) = (\tau(K')|K)$. Daher gilt nach der Produktformel für die Körpergrade auch $(L|K') = (L|\tau(K'))$. Andererseits ist $\tau\sigma\tau^{-1}$ für jedes $\sigma \in U$ ein Automorphismus von L, der $\tau(K')$ punktweise festläßt. Also ist die zu U konjugierte Untergruppe $\tau U \tau^{-1}$ von G eine Untergruppe von $\mathrm{Aut}(L|\tau(K'))$, deren Ordnung gleich dem Grad $(L|\tau(K'))$ ist. Daraus folgt die zweite Behauptung des Satzes.   □

Satz 7. (Hauptsatz der Galoistheorie) *Jede endliche Galoiserweiterung $L|K$ mit der Galoisgruppe $G = \mathrm{Aut}(L|K)$ ergibt in $U \mapsto \mathrm{Fix}(U)$ eine die Inklusion umkehrende Bijektion der Menge aller Untergruppen von G auf die Menge der Zwischenkörper K' von $L|K$. Ihre Umkehrabbildung ist $K' \mapsto \mathrm{Aut}(L|K')$.*

Beweis. Die Implikation $U_1 \subset U_2 \Rightarrow \mathrm{Fix}(U_1) \supset \mathrm{Fix}(U_2)$ folgt daraus, daß die Elemente des Fixkörpers von U_2 auch alle Bedingungen erfüllen, die an die Elemente von $\mathrm{Fix}(U_1)$ gestellt sind. Von je zwei verschiedenen Untergruppen U, V von G ist wenigstens eine nicht in der anderen enthalten, etwa $V \not\subset U$. Da überdies nach Satz 5 für den Körper $K' = \mathrm{Fix}(U)$ gilt $U = \mathrm{Aut}(L|K')$, liegt jedes $\sigma \in V \smallsetminus U$ außerhalb von $\mathrm{Aut}(L|K')$; also sind nicht alle $x \in K'$ Fixpunkte von σ. Deshalb ist $K' \neq \mathrm{Fix}(V)$: die Abbildung $U \mapsto \mathrm{Fix}(U)$ ist folglich injektiv. Gemäß Satz 6 ist L über jedem Zwischenkörper K' galoissch. Aus der Definition der Galoiserweiterungen folgt so $K' = \mathrm{Fix}(\mathrm{Aut}(L|K'))$. Daher ist die Abbildung $U \mapsto \mathrm{Fix}(U)$ surjektiv.   □

Der Durchschnitt $U_1 \cap U_2$ von Untergruppen U_1, U_2 von G ist die größte in U_1 und U_2 enthaltene Untergruppe. Ihr entspricht der kleinste Zwischenkörper von $L|K$, der $K_1' = \mathrm{Fix}(U_1)$ und $K_2' = \mathrm{Fix}(U_2)$ umfaßt, das *Kompositum* von K_1' und K_2'. Die kleinste Untergruppe U von G, die U_1 und U_2 umfaßt, das *Erzeugnis* von $U_1 \cup U_2$, entspricht dem größten gemeinsamen Teilkörper von K_1' und K_2', also dem Durchschnitt $K_1' \cap K_2'$. Wir fragen nun nach den Zwischenkörpern, die zu Normalteilern der Galoisgruppe gehören.

Proposition 6. *In einer Galoiserweiterung $L|K$ mit der Galoisgruppe G ist der Fixkörper K' einer Untergruppe U von G selbst eine Galoiserweiterung von K dann und nur dann, wenn U ein Normalteiler von G ist. In diesem Fall definiert die Restriktion der Automorphismen $\sigma \in G$ auf den Zwischenkörper K' einen surjektiven Homomorphismus ρ von $G = \mathrm{Aut}(L|K)$ auf die Galoisgruppe $\mathrm{Aut}(K'|K)$ von $K'|K$ mit dem Kern U.*

Beweis. Jeder Automorphismus von $K'|K$ ist ein K-Homomorphismus von K' in L; er besitzt also eine Fortsetzung zu einem Automorphismus τ in G

nach dem Zusatz zu Satz 6. Somit ist $K'|K$ galoissch genau dann, wenn jede der $(K'|K)$ verschiedenen Restriktionen der $\tau \in G$ zu K-Homomorphismen von K' in L herrührt von einem Automorphismus in $\text{Aut}(K'|K)$, also die Bedingung $\tau(K') = K'$ erfüllt. Nach Satz 6 ist $\tau(K')$ der Fixkörper von $\tau U \tau^{-1}$. Deshalb liefert der Hauptsatz als Resultat, daß $K'|K$ galoissch ist genau dann, wenn für alle $\tau \in G$ gilt $\tau U \tau^{-1} = U$.— Die zweite Aussage ist lediglich ein Spezialfall des Zusatzes zu Satz 6, wenn man berücksichtigt, daß für Normalteiler U von G die Restriktion eines Produktes $\sigma\tau$ auf K' übereinstimmt mit dem Produkt $\sigma|_{K'} \circ \tau|_{K'}$ der Restriktionen. □

Als Beispiel behandeln wir die Situation einer Galoiserweiterung $L|K$, deren Galoisgruppe $G = G_1 \times G_2$ direktes Produkt zweier Untergruppen G_1, G_2 ist. Wir nennen L_1 den Fixkörper von G_2, dagegen L_2 den Fixkörper von G_1. Weil G_1 und G_2 Normalteiler in G sind, wird L_1 ebenso wie L_2 eine Galoiserweiterung von K mit den Galoisgruppen $\text{Aut}(L_1|K) \cong G/G_2 \cong G_1$ und $\text{Aut}(L_2|K) \cong G/G_1 \cong G_2$. Nach Definition des direkten Produktes ist der Durchschnitt $G_1 \cap G_2 = \{\text{id}_L\}$ trivial, also wird das Kompositum $L_1 \cdot L_2$ der beiden Teilkörper gleich L.— Ist hingegen L das Kompositum von Zwischenkörpern L_1 und L_2 einer Körpererweiterung $\overline{L}|K$, die beide über K galoissch sind, so entsteht die interessante Frage nach der Beziehung zwischen den Galoisgruppen von $L_1|K$, $L_2|K$ und der Gruppe $\text{Aut}(L|K)$ andererseits. Wir kommen in 15.4, Satz 6 auf sie zurück. Immerhin ergeben die nächsten Sätze, daß $L|K$ galoissch ist (Bemerkung zu Satz 9).

14.7 Polynome in Galoiserweiterungen

Die Gruppe einer Galoiserweiterung $L|K$ operiert über die Koeffizienten auch auf dem Polynomring $L[X]$; der Polynomring $K[X]$ bildet dabei ihre Fixpunktmenge. Dem Studium dieser Aktion wenden wir uns jetzt zu.

Satz 8. *Es sei $L|K$ eine Galoiserweiterung mit der Galoisgruppe G. Jedes Primpolynom $f \in K[X]$ besitzt in $L[X]$ die Primzerlegung $f = \prod_{i=1}^{r} g_i$, worin $g_1, \ldots, g_r$ die verschiedenen Bilder eines normierten Primteilers g von f in $L[X]$ unter der Operation von G auf $L[X]$ sind. Insbesondere ist deren Anzahl r ein Teiler von $|G| = (L|K)$, und alle g_i haben denselben Grad. Hat speziell f wenigstens eine Wurzel in L, so zerfällt f in $L[X]$ in verschiedene Linearfaktoren. Jedes $\alpha \in L$ besitzt demnach ein separables Minimalpolynom in $K[X]$. Ist indes g ein Primpolynom in $L[X]$ und sind unter der G-Aktion auf $L[X]$ seine verschiedenen Bilder $g_1, \ldots, g_r$, dann ist $f = \prod_{i=1}^{r} g_i$ das einzige Primpolynom in $K[X]$, welches in $L[X]$ durch g teilbar ist.*

Beweis. Die Operation der $\sigma \in G$ auf dem Ring $L[X]$ wird erklärt durch

$$\tilde{\sigma}\left(\sum c_n X^n\right) = \sum \sigma(c_n) X^n.$$

Offensichtlich entsteht ein Automorphismus $\tilde{\sigma}$ von $L[X]$ und insgesamt eine Aktion von G auf dem Polynomring $L[X]$ durch Automorphismen. Hier gilt $\tilde{\sigma}(h) = h$ für alle $\sigma \in G$ genau dann, wenn die Koeffizienten von h im Fixkörper K von G liegen. Da $\tilde{\sigma}(f) = f$ für alle $\sigma \in G$ ist, teilt jedes Element g_i der G-Bahn von g das Polynom f. Da andererseits die g_i, als voneinander verschiedene Primpolynome, paarweise teilerfremd sind, ist f durch $f_0 = \prod_{i=1}^{r} g_i$ teilbar. Weil aber G die Faktoren g_i nur permutiert, ist f_0 ein Fixpunkt aller $\sigma \in G$, folglich ist $f_0 \in K[X]$. Damit ergibt die Irreduzibilität von f in $K[X]$ die Gleichung $f = f_0$. Hat speziell f eine Wurzel α in L und sind $\alpha_1, \ldots, \alpha_r$ ihre verschiedenen G-Bilder, dann ist $f = \prod_{i=1}^{r}(X - \alpha_i)$. Zum zweiten Teil bleibt festzuhalten, daß f eindeutig ist, weil je zwei verschiedene Primpolynome in $K[X]$ den größten gemeinsamen Teiler 1 haben auch über jeder Erweiterung von K (Satz 8 in 2.4).   □

Eine bemerkenswerte Konsequenz von Satz 8 ist, daß irreduzible Polynome f in $K[X]$ mit zu $(L|K)$ teilerfremdem Grad auch in $L[X]$ irreduzibel bleiben.

Satz 9. (Zweites Kriterium für Galoiserweiterungen) *Eine Erweiterung L des Körpers K vom Grade $n < \infty$ ist genau dann eine Galoiserweiterung, wenn sie Zerfällungskörper eines separablen Polynoms $f \in K[X]$ ist.*

Beweis. Es sei $L|K$ eine Galoiserweiterung, und $\alpha_1, \ldots, \alpha_n$ sei eine K-Basis von L. Nach Satz 8 ist das Minimalpolynom f_i von α_i in $K[X]$ separabel und in $L[X]$ ein Produkt von Linearfaktoren; daher wird $L|K$ ein Zerfällungskörper des separablen Polynoms $f = \mathrm{kgV}(f_1, \ldots, f_n)$.

Ist dagegen $L|K$ ein Zerfällungskörper des separablen Polynoms f in $K[X]$, so ist natürlich der Grad $(L|K)$ endlich, und wir haben zu zeigen, daß K der Fixkörper der Gruppe $G = \mathrm{Aut}(L|K)$ ist. Dies geschieht durch Induktion nach der Anzahl s der nicht in K gelegenen Wurzeln von f. Im Fall $s = 0$ ist $L = K$ und $G = \{\mathrm{id}_K\}$; dann bleibt nichts mehr zu zeigen. Ist $s > 0$ und ist die Behauptung richtig für Zerfällungskörper separabler Polynome mit weniger als s Wurzeln außerhalb des Grundkörpers, so fixieren wir eine Nullstelle $\alpha \in L \setminus K$ von f und betrachten deren Minimalpolynom $g \in K[X]$. Es ist ein normierter Primteiler von f in $K[X]$, ist also in $L[X]$ ein Produkt $g = \prod_{i=1}^{r}(X - \alpha_i)$ von paarweise verschiedenen Linearfaktoren. Nach Satz 2 gibt es Isomorphismen $\sigma_i \colon K' = K(\alpha) \to K(\alpha_i)$ mit $\sigma|_K = \mathrm{id}_K$ und $\sigma(\alpha) = \alpha_i$ für $1 \leq i \leq r$. Da L auch ein Zerfällungskörper von f über jedem der Körper $K(\alpha_i)$ ist, existieren Satz 3 zufolge Fortsetzungen τ_i von σ_i zu Automorphismen von L. Übrigens ist r nach Satz 1 der Grad $(K'|K)$.

Nun wird f als Polynom in $K'[X]$ betrachtet. Es bleibt separabel, und $L|K'$ bleibt ein Zerfällungskörper von f. Indes hat f weniger als s Wurzeln außerhalb des neuen Grundkörpers K'. Nach der Induktionsvoraussetzung ist daher $L|K'$ eine Galoiserweiterung. Mithin ist K' Fixkörper der Gruppe $U = \mathrm{Aut}(L|K')$. Sie ist eine Untergruppe von G. Der Fixkörper von G ist deshalb ein Teilkörper von $K' = K(\alpha)$. Folglich hat jedes $\beta \in \mathrm{Fix}(G)$ eine eindeutige

Darstellung als Summe $\beta = b_0 + \sum_{j=1}^{r-1} b_j \alpha^j$, $b_j \in K$. Durch Anwendung der τ_i ergeben sich daraus wegen $\beta \in \mathrm{Fix}(G)$ die Gleichungen

$$\beta \;=\; \tau_i(\beta) \;=\; b_0 + \sum_{j=1}^{r-1} b_j \alpha_i^j \qquad (1 \le i \le r)\,.$$

Das Polynom $h = b_0 - \beta + \sum_{j=1}^{r-1} b_j X^j$ hat also r verschiedene Nullstellen und höchstens den Grad $r-1$. Mithin folgt $h = 0$ und deshalb $\beta = b_0 \in K$. Das besagt $\mathrm{Fix}(G) \subset K$; also ist auch $\mathrm{Fix}(G) = K$ bewiesen. $\square$

Bemerkung. Das Kompositum $L = L_1 \cdot L_2$ von zwei über K galoisschen Zwischenkörpern L_k einer Erweiterung $\overline{L}|K$ ist wieder galoissch über K.

Nach Satz 9 ist $L_k|K$ der Zerfällungskörper eines separablen Polynoms $f_k \in K[X]$, und nach den Bemerkungen zur Separabilität in Teil 14.3 ist auch $f = \mathrm{kgV}(f_1, f_2)$ separabel. Sodann ist L der kleinste Zwischenkörper von $\overline{L}|K$, in dem sowohl f_1 als auch f_2 in Linearfaktoren zerfällt. Daher ist $L|K$ ein Zerfällungskörper von f und somit nach Satz 9 eine Galoiserweiterung.

Beispiel 1. Nach den Beispielen in Teil 12.5 ist das Polynom

$$P \;=\; X^3 - aX^2 + (a-3)X + 1$$

im Polynomring $\mathbb{Q}[X]$ irreduzibel, gleichgültig wie $a \in \mathbb{Z}$ gewählt wurde. Wir untersuchen P als Polynom in $\mathbb{R}[X]$. Wegen $P(1) = -1$ hat P eine reelle Wurzel $\eta > 1$. Wir zeigen, daß auch $\eta' = 1/(1-\eta)$ und $\eta'' = (\eta-1)/\eta$ Wurzeln von P sind. Das Polynom $-P(1-X) = X^3 + (a-3)X^2 - aX + 1$ hat die Nullstelle $1 - \eta$, und daraus folgt, daß ihr Kehrwert η' eine Wurzel von $X^3 - aX^2 + (a-3)X + 1$ ist. Wiederholung desselben Schlusses für η' statt η ergibt mit $\eta'' = 1/(1-\eta') = (\eta-1)/\eta \in \,]0,1[$ die dritte Wurzel von P. Es ist fast überflüssig zu sagen, daß η, η', η'' voneinander verschieden sind. Daher ist $K = \mathbb{Q}(\eta)$ ein Zerfällungskörper des separablen Polynoms P, und ausgehend von der Identität auf $\mathbb{Q}$ ergibt Satz 2 einen durch $\sigma(\eta) = \eta'$ bestimmten Automorphismus von $K|\mathbb{Q}$. Für ihn gilt $\sigma^2(\eta) = \eta''$, $\sigma^3(\eta) = \eta$. Damit ist $G = \{\sigma, \sigma^2, \mathrm{id}_K\}$ die Galoisgruppe von $K|\mathbb{Q}$.

Beispiel 2. Es sei F ein endlicher Körper. Er hat die Charakteristik $p > 0$ mit einer Primzahl p. Die Vorschrift $m \mapsto 1_F \cdot m$ definiert deshalb ein Homomorphismus von $\mathbb{F}_p = \mathbb{Z}/p\mathbb{Z}$ in F. Auf diese Weise wird F ein endlichdimensionaler $\mathbb{F}_p$-Vektorraum. Seine Elementezahl ist also eine p-Potenz $q = p^n$. An $|L^\times| = q - 1$ sieht man, daß F Zerfällungskörper des Polynoms $f = X^q - X$ über $\mathbb{F}_p$ ist. Dieses Polynom ist übrigens separabel, denn seine Nullstellenmenge, das ist F, hat $\deg(f) = q$ verschiedene Elemente. Ein endlicher Körper F ist daher durch seine Ordnung q als Zerfällungskörper von $X^q - X$ über $\mathbb{F}_p$ bis auf Isomorphie eindeutig bestimmt.

14.8 Automorphismen rationaler Funktionenkörper

Der Quotientenkörper K des Polynomringes $R = k[T]$ in einer Unbestimmten über dem Grundkörper k erschließt eine Operation der Gruppe $\mathbf{GL}_2(k)$ durch relative Automorphismen der Erweiterung $K|k$. Wir stellen in diesem Schlußteil des Abschnittes 14 den Hintergrund dar.

1) Der *Quotientenkörper* K von R besteht aus den Brüchen f/g mit Zählern $f \in R$ und normierten Nennern $g \in R$. Jeder Bruch ist eine Äquivalenzklasse in der Menge der Paare $(f, g) \in R \times R$ mit normierter zweiter Komponente g, gegeben durch die Gleichheitsdefinition für Brüche

$$\frac{f}{g} = \frac{f_1}{g_1} \quad \Leftrightarrow \quad fg_1 = f_1 g \,.$$

Die Verknüpfungen auf K werden in vollkommener Analogie zu denen auf dem rationalen Zahlkörper $\mathbb{Q}$ definiert:

$$\frac{f}{g} \cdot \frac{f_1}{g_1} = \frac{ff_1}{gg_1} \,, \quad \frac{f}{g} + \frac{f_1}{g_1} = \frac{fg_1 + f_1 g}{gg_1} \,.$$

Auf diese Weise entsteht der kleinste Körper $K = k(T)$, der R als Unterring enthält, der *rationale Funktionenkörper* in der Unbestimmten T über k.

2) T ist nicht die einzige *Unbestimmte* über k in K. Jedes $y \in K \smallsetminus k$ hat vielmehr ein über k linear unabhängiges System von Potenzen y^m, $m \in \mathbb{N}_0$. Zum Beweis setzen wir $y \in K^\times$ in die Form $y = f/g$, worin wieder $f, g \in R$ und g normiert ist, und wo jetzt zusätzlich gilt $\mathrm{ggT}(f, g) = 1$. Angenommen, es gibt eine Gleichung $\sum_{n=0}^{N} a_n y^n = 0$ mit Koeffizienten $a_n \in k$, die nicht alle Null sind. Es kann vorausgesetzt werden $a_N \neq 0 \neq a_0$, da sonst N verkleinert werden könnte. Nach Multiplikation mit g^N ergibt sich die Gleichung

$$a_0 g^N + \sum_{n=1}^{N-1} a_n f^n g^{N-n} + a_N f^N = 0 \,.$$

Aus ihr folgt, daß jedes f teilende Primpolynom $p \in R$ auch $a_0 g^N$ teilt, was wegen $\mathrm{ggT}(f, g) = 1$ unmöglich ist; ebenso ist jedes g teilende Primpolynom $q \in R$ auch ein Teiler von $a_N f^N$, was wiederum wegen $\mathrm{ggT}(f, g) = 1$ nicht möglich ist. Damit haben wir gezeigt, daß jedes $y = f/g$ mit teilerfremden $f, g \in R$, von denen g normiert ist und $d = \max(\deg f, \deg g) > 0$, stets *transzendent* über k wird, also nicht Nullstelle irgendeines von Null verschiedenen Polynoms in $k[X]$.

3) Mit derselben Voraussetzung zeigen wir die Gradgleichung $(K|k(y)) = d$ für den von y erzeugten Zwischenkörper $k(y)$ der Erweiterung $K|k$, indem wir das Polynom $F(X) = f(X) - y\,g(X) \in k(y)[X]$ betrachten. Offenbar ist sein Grad nicht größer als d. Ist a der Leitkoeffizient von f, so trägt X^d in F den Koeffizienten a, $a-y$ oder $-y$ je nachdem, ob $\deg f > \deg g$, $\deg f = \deg g$ oder ob $\deg f < \deg g$ ist. Somit hat F in $k(y)[X]$ den Grad d. Nun kommt als Konsequenz des Gaußschen Satzes für Polynome über faktoriellen Ringen (Satz 9 in 12.6) ein entscheidender Schluß: F ist irreduzibel. Denn F liegt sogar im Polynomring $k[y][X] = k[X][y]$ und ist als Polynom in der Unbestimmten y über dem faktoriellen Ring $k[X]$ primitiv wegen $\mathrm{ggT}(f, g) = 1$ und irreduzibel, da vom Grad 1. Die $K|k$ erzeugende

Unbestimmte T ist somit eine Wurzel des irreduziblen Polynoms F vom Grad d. Nach Satz 1 bedeutet das insbesondere $(K|k(y)) = d$.

4) Wir haben jetzt einen vollständigen Überblick über die Elemente $T' \in K$ mit $K = k(T')$, das heißt $d = 1$. Es sind die Brüche

$$T' = T^S := \frac{aT+b}{cT+d}, \quad S = \begin{pmatrix} a & b \\ c & d \end{pmatrix} \in \mathbf{GL}_2(k).$$

Dabei besagt die Determinantenbedingung $ad - bc \neq 0$ dasselbe wie die Teilerfremdheit von Zähler und Nenner. Auf die Normierung des Nenners haben wir zugunsten der suggestiven Schreibweise verzichtet. Die gefundenen Elemente T' gestatten für jedes $S \in \mathbf{GL}_2(k)$ einen Automorphismus von K durch Einsetzung $T \mapsto (aT+b)/(cT+d)$, zuerst definiert auf R und dann mit den Bruchregeln fortgesetzt auf K. Dasselbe Bild von T liefern S und S_1 genau dann, wenn $S_1 = \lambda S$ ist mit einem Skalar $\lambda \in k$. Bei dieser Sicht wird ein Gruppenmorphismus von $\mathbf{GL}_2(k)$ in $\mathrm{Aut}(K|k)$ definiert mit dem Kern $\{\lambda \cdot 1_2 ; \ \lambda \in k^\times\}$, das ist das Zentrum der Gruppe $\mathbf{GL}_2(k)$. Es ist darauf zu achten, daß in unserer Notation die Gruppe $\mathbf{GL}_2(k)$ *von rechts* agiert, denn es gilt

$$(T^S)^{S_1} = \frac{a(a_1T+b_1)/(c_1T+d_1)+b}{c(a_1T+b_1)/(c_1T+d_1)+d} = \frac{(aa_1+bc_1)T+(ab_1+bd_1)}{(ca_1+dc_1)T+(cb_1+dd_1)} = T^{(SS_1)}.$$

Will man die Operation der Gruppe lieber von links notieren, so hat man etwa $\sigma_S(T) = T' = T^{S^{-1}}$ zu setzen für die Fortsetzung der Einsetzung $T \mapsto T'$ zu einem Automorphismus von K. Dadurch ist gewährleistet $\sigma_{SS_1} = \sigma_S \circ \sigma_{S_1}$.

Aufgabe 1. Es sei $\sqrt[3]{2}$ die reelle Wurzel von $f = X^3 - 2$ in $\mathbb{C}$. Man bestätige, daß der von $\sqrt[3]{2}$ und $\sqrt{-3}$ erzeugte Teilkörper L von $\mathbb{C}$ der Zerfällungskörper von f über $\mathbb{Q}$ ist. Ferner bestimme man alle Automorphismen der Körpererweiterung $L|\mathbb{Q}$. Wie wirken sie auf die Wurzeln von f, welche unter ihnen lassen $\sqrt{-3}$ fest?

Aufgabe 2. Im Körper $\mathbb{C}$ sei α die reelle Wurzel des über $\mathbb{Q}$ irreduziblen Polynoms $f = X^3 - X - 1$. Nach einem Beispiel in 12.5 hat $\mathbb{Z}[\alpha]$ die Diskriminante $d = -23$. Man zeige, daß $L = \mathbb{Q}(\alpha, \sqrt{-23})$ der Zerfällungskörper von f über $\mathbb{Q}$ in $\mathbb{C}$ ist. Hinweis: Aus der Zerlegung $f = (X - \alpha)(X^2 + \alpha X + \alpha^{-1})$ erkennt man, daß L aus $K = \mathbb{Q}(\alpha)$ durch eine Quadratwurzel aus $\Delta = \alpha^2 - 4\alpha^{-1} = 4 - 3\alpha^2$ entsteht. In derselben Quadratklasse von $K^\times$ wie Δ liegt das Produkt $\Delta(3\alpha^2 - 1)^2$.

Aufgabe 3. Die Frage, ob der Zerfällungskörper L eines separablen Primpolynoms $f = X^3 + a_1 X^2 + a_2 X + a_3$ über einem Körper K eine zu $\mathfrak{S}_3$ oder zu $\mathfrak{A}_3$ isomorphe Galoisgruppe hat, kann durch die *Polynomdiskriminante*

$$d_f = (\alpha - \beta)^2 (\beta - \gamma)^2 (\gamma - \alpha)^2$$

entschieden werden, falls char $K \neq 2$ ist (vgl. Abschnitt 15.1). Darin sind α, β, γ die Wurzeln von f in L. Unabhängig von der Charakteristik gestattet die *quadratische Resolvente* $q = q_f = (X - \alpha\beta^2 - \beta\gamma^2 - \gamma\alpha^2) \cdot (X - \alpha^2\beta - \beta^2\gamma - \gamma^2\alpha)$ diese Entscheidung. Durch Vergleich von $\alpha\beta^2 + \beta\gamma^2 + \gamma\alpha^2 - \alpha^2\beta - \beta^2\gamma - \gamma^2\alpha$ und $(\alpha - \beta)(\beta - \gamma)(\gamma - \alpha)$ zeige man die Diskriminantengleichung $d_f = d_q$. Sodann beweise man für die Koeffizienten von $q = X^2 + A_1 X + A_2$ die Formeln $A_1 = a_1 a_2 - 3a_3$, $A_2 = a_1^3 a_3 - 6 a_1 a_2 a_3 + a_2^3 + 9 a_3^2$ und leite aus $d_q = A_1^2 - 4A_2$ eine Formel für d_f her.

Aufgabe 4. Es ist $\zeta = \frac{1}{2}(1 + \sqrt{-3})$ eine sechste Einheitswurzel in $\mathbb{C}$. Wegen des Verhältnisses $(\vartheta + 1) : \vartheta = \vartheta : 1$ heißt $\vartheta = \frac{1}{2}(1 + \sqrt{5})$ die *Zahl des goldenen Schnittes*. Man bestimme mit der jeweiligen Faktorisierung der folgenden drei Polynome f, g, h ihre Zerfällungskörper in $\mathbb{C}$ sowie deren Galoisgruppen über $\mathbb{Q}$:

$$\begin{aligned}
f &= X^4 - X^3 - X^2 + X + 1 &&= (X^2 - \zeta X - 1)(X^2 - \overline{\zeta} X - 1), \\
g &= X^4 - 2X^3 + X - 1 &&= (X^2 - X - \vartheta)(X^2 - X - \vartheta'), \\
h &= X^4 + X^3 - 3X^2 - X + 1 &&= (X^2 + \vartheta X - 1)(X^2 + \vartheta' X - 1).
\end{aligned}$$

Aufgabe 5. (Galoiserweiterungen vom Grad p für Körper der Charakteristik p) Es sei K ein Körper mit char $K = p > 0$. Für beliebige $a \in K$ wird das Polynom $f = X^p - X - a \in K[X]$ betrachtet. Der durch Adjunktion einer Wurzel α von f aus K entstehende Körper $L = K(\alpha)$ ist stets eine Galoiserweiterung von K. Tip: Die Nullstellenmenge von f in L ist $\{\alpha + m\,;\ m \in \mathbb{F}_p\}$, wo $\mathbb{F}_p$ den kleinsten Teilkörper von K bezeichnet.

Aufgabe 6. (Man vergleiche mit der Aufgabe 4 in Abschnitt 13) Das Kompositum $K = \mathbb{Q}(\sqrt{2}, \sqrt{3})$ der quadratischen Zahlkörper $K_2 = \mathbb{Q}(\sqrt{2})$ und $K_3 = \mathbb{Q}(\sqrt{3})$ ist eine Galoiserweiterung vierten Grades von $\mathbb{Q}$, deren Galoisgruppe nach 12.7 von den beiden Elementen σ_2, σ_3 erzeugt wird mit den Abbildungsvorschriften

$$\begin{aligned}
\sigma_2(\sqrt{2}) &= \sqrt{2}, & \sigma_2(\sqrt{3}) &= -\sqrt{3}, & \sigma_2(\sqrt{6}) &= -\sqrt{6}, \\
\sigma_3(\sqrt{2}) &= -\sqrt{2}, & \sigma_3(\sqrt{3}) &= \sqrt{3}, & \sigma_3(\sqrt{6}) &= -\sqrt{6}.
\end{aligned}$$

Darin ist $\sqrt{6} = \sqrt{2}\sqrt{3}$. Der Fixkörper des Produktes $\sigma_6 := \sigma_2\sigma_3 = \sigma_3\sigma_2$ ist $\mathbb{Q}(\sqrt{6})$. Betrachtet werden soll das Element $\vartheta = (2 + \sqrt{2})(3 + \sqrt{3})$ in K.

a) Man zeige $K = \mathbb{Q}(\vartheta)$ und bestimme das Minimalpolynom von ϑ in $\mathbb{Q}[X]$. Ferner begründe man, etwa durch Betrachtung der Norm $N_{K|K_2}(\vartheta)$, daß ϑ in $K^\times$ kein Quadrat ist.

b) Man beweise für $m = 2, 3, 6$ die Existenz von Zahlen $\gamma_m \in K^\times$ mit $\sigma_m(\vartheta) = \gamma_m^2 \vartheta$ und $\gamma_m \sigma_m(\gamma_m) = -1$. Dabei kann und soll $\gamma_6 = \gamma_2 \gamma_3$ gewählt werden.

c) Man begründe, daß $L := K(\sqrt{\vartheta})$ eine Galoiserweiterung von $\mathbb{Q}$ ist.

d) Durch $\widetilde{\sigma}_m(\sqrt{\vartheta}) = \gamma_m \sqrt{\vartheta}$ ($m = 2, 3, 6$) wird je σ_m fortgesetzt zu einem Automorphismus von $L|\mathbb{Q}$. Dafür gilt ferner $\widetilde{\sigma}_2^2 = \widetilde{\sigma}_3^2 = \widetilde{\sigma}_6^2$. Folglich ist die Galoisgruppe $\mathrm{Aut}(L|\mathbb{Q})$ isomorph zur Quaternionengruppe Q_8. (Beweis!)

15 Anwendungen der Galois-Theorie

Ist $L|K$ eine galoissche Körpererweiterung und f ein Polynom in $K[X]$, so operiert die Galoisgruppe $\text{Aut}(L|K)$ als natürliche Permutationsgruppe auf der Nullstellenmenge von f in L. Oft kann $\text{Aut}(L|K)$ (nur) auf diesem Wege bestimmt werden. Galoiserweiterungen sind separabel, und die separablen Körpererweiterungen lassen sich charakterisieren als die Erweiterungen von K durch die Zwischenkörper K' beliebiger galoisscher Erweiterungen $L|K$. So ergibt sich eine nützliche Form für Hauptpolynom, Norm und Spur zu separablen Erweiterungen $K'|K$ mittels der Gruppe einer K' umfassenden Galoiserweiterung L von K. Bildet man in einer großen Körpererweiterung $\overline{L}|K$ das Kompositum $L\cdot K'$ eines über K galoisschen Körpers L mit einem beliebigen Zwischenkörper K', so ist auch $L\cdot K'|K'$ wieder galoissch, und die Restriktion der relativen Automorphismen dieser Erweiterung auf L liefert einen Isomorphismus von $\text{Aut}(L\cdot K'|K')$ auf $\text{Aut}(L|L \cap K')$. Dies ist der Inhalt des überaus nützlichen *Verschiebungssatzes der Galoistheorie*.

Endlich betreten wir mit dem Blick auf Wirkungen der Galoisgruppe von Zahlkörpererweiterungen $L|K$ in der Arithmetik ein weites neues Feld. Vorbereitend werden die endlichen Körper im Sinne der Galoistheorie studiert und ebenso die Kreisteilungserweiterungen. Die Galoisgruppe G wirkt als Gruppe von Ringautomorphismen des Ganzheitsringes $\mathfrak{O}$ von L, welche den Ganzheitsring $\mathfrak{o}$ von K elementweise festhalten. Besonders aufschlußreich sind die jedem Primideal $\mathfrak{P} \neq \{0\}$ von $\mathfrak{O}$ zugeordneten *Hilbertschen Untergruppen* $G_n(\mathfrak{P})$ von G. Die größte ist $G_{-1}(\mathfrak{P})$, die Fixgruppe von $\mathfrak{P}$ in der G-Operation auf den maximalen Idealen von $\mathfrak{O}$, während dann $G_n(\mathfrak{P})$ ihr Kern unter der natürlichen Operation auf dem Faktorring $\mathfrak{O}/\mathfrak{P}^{n+1}$ ist. Damit ist auch das Werkzeug parat zum Beweis des Satzes von KRONECKER-WEBER, nach dem jeder abelsche Erweiterungskörper des Körpers $\mathbb{Q}$ der rationalen Zahlen enthalten ist in einem Kreisteilungskörper. Durchgeführt wird dieser Beweis in Abschnitt 17 über die Kreisteilungskörper.

15.1 Aktion der Galoisgruppe auf den Wurzeln

Wir betrachten zu einer endlichen Galoiserweiterung $L|K$ mit der Galoisgruppe G im Polynomring $K[X]$ ein normiertes Primelement f, das in L wenigstens eine Wurzel α hat. Nach 14.7, Satz 9 gilt in $L[X]$ die Zerlegung

$$f = \prod_{1 \leq i \leq n} (X - \alpha_i)$$

mit den verschiedenen Bildern $\alpha_1, \ldots, \alpha_n$ von α unter der Operation von G. Daher bewirkt jedes Element $\sigma \in G$ mit den Bildern $\sigma(\alpha_1), \ldots, \sigma(\alpha_n)$ eine

Permutation von $\alpha_1, \ldots, \alpha_n$. Sie wird ebensogut beschrieben durch die zugehörige Permutation $i \mapsto \sigma \cdot i$ der Indexmenge $\{1, \ldots, n\}$. Auf diese Weise entdeckt man eine Operation $(\sigma, i) \mapsto \sigma \cdot i$ der Galoisgruppe G von links auf der Menge $\{1, \ldots, n\}$; das ist nach Proposition 8 in 11.5 ein Homomorphismus der Gruppe G in die *symmetrische Gruppe* $\mathfrak{S}_n$ der verschiedenen Permutationen π von $\{1, \ldots, n\}$. Erinnert sei auch an den Homomorphismus sgn: $\mathfrak{S}_n \to \{\pm 1\}$ aus 11.4, Proposition 7. In dem bereits zitierten Satz 9 aus 14.7 wurde schon festgestellt, daß die Galoisgruppe G transitiv auf den Faktoren von f in $L[X]$, und so transitiv auf $\{1, \ldots, n\}$ operiert. Deshalb ist n ein Teiler der Ordnung von G.

Der kleinste Zwischenkörper $K' = K(\alpha_1, \ldots, \alpha_n)$ von $L|K$, der sämtliche Wurzeln von f enthält, ist der Zerfällungskörper von f in L. Die zugehörige Gruppe $\mathrm{Aut}(L|K')$ bildet den Kern der Galois-Aktion auf $\{1, \ldots, n\}$, und $K' = L$ bedeutet, daß diese Aktion treu ist. Die Faktorisierung von f in $L[X]$ ergibt in der Beschreibung von $f = X^n + \sum_{k=1}^{n} a_k X^{n-k}$ als Linearkombination der X-Potenzen für den Koeffizienten a_k die explizite Formel

$$a_k = (-1)^k \sum_{1 \leq i_1 < \cdots < i_k \leq n} \prod_{m=1}^{k} \alpha_{i_m}.$$

Dieser Ausdruck (oft ohne das Vorzeichen) wird als das k-te *elementarsymmetrische Polynom* in den Wurzeln $\alpha_1, \ldots, \alpha_n$ bezeichnet. Die *Polynome* a_k sind sogar invariant unter beliebigen Permutationen der Nullstellen $\alpha_1, \ldots, \alpha_n$. Und das gilt auch für die *Diskriminante*

$$\Delta(f) = \prod_{i < k} (\alpha_k - \alpha_i)^2$$

des Polynoms $f \in K[X]$. Sie liegt deshalb im Fixkörper K von G. Indes bleibt ihre Quadratwurzel $\delta = \prod_{i<k}(\alpha_k - \alpha_i)$ in Körpern mit einer von 2 verschiedenen Charakteristik nur dann unter allen Galoisautomorphismen invariant, wenn das Bild von G in $\mathfrak{S}_n$ lauter gerade Permutationen enthält. Dies bedeutet, daß $\Delta(f)$ ein Quadrat in $K^\times$ ist. Im Fall char $K = 2$ ist die Diskriminante zum Test für ungerade Galoispermutationen nicht geeignet.

15.2 Separable Körpererweiterungen

Wir gehen von der Frage aus, welche endlichen Körpererweiterungen $K'|K$ als Zwischenkörper einer Galoiserweiterung $L|K$ auftreten können.

Definition. Ein Element $\alpha \in K'$ heißt *separabel über* K, wenn sein Minimalpolynom in $K[X]$ separabel ist. Dabei wird nach Abschnitt 14.3 ein Polynom $f \in K[X] \setminus K$ *separabel* genannt, wenn f und seine Ableitung Df den größten gemeinsamen Teiler 1 haben. Eine endliche Erweiterung $L|K$ heißt separabel, wenn jedes $\alpha \in L$ separabel über K ist.

Eine endliche Galoiserweiterung $L|K$ ist stets separabel, da alle $\alpha \in L$ ein separables Minimalpolynom in $K[X]$ haben (14.7, Satz 8). Ist $\alpha_1, \ldots, \alpha_n$ eine K-Basis der endlichen Erweiterung $K'|K$ aus lauter über K separablen Elementen und ist $\tilde{L}$ ein L umfassender Zerfällungskörper des kleinsten gemeinsamen Vielfachen f der Minimalpolynome $f_i \in K[X]$ von α_i $(1 \leq i \leq n)$, dann ist $\tilde{L}|K$ galoissch (14.7, Satz 9). Insbesondere sind dann alle Elemente α von K' separabel über K. Damit gewinnen wir unter Benutzung des Hauptsatzes der Galois-Theorie zusammenfassend:

Satz 1. *Eine endliche Körpererweiterung $K'|K$ ist separabel dann und nur dann, wenn es eine endliche Erweiterung $L|K'$ gibt derart, daß $L|K$ galoissch ist. Insbesondere ist jede Galoiserweiterung $L|K$ separabel, und jede separable Erweiterung $K'|K$ besitzt nur endlich viele Zwischenkörper.*

Nun wird beschrieben, wann eine endliche Körpererweiterung $K'|K$ *einfach* ist, also von der Form $K' = K(\vartheta)$ mit einem *primitiven Element* ϑ für $K'|K$.

Satz 2. (STEINITZ) *Eine endliche Körpererweiterung $K'|K$ hat ein primitives Element ϑ genau dann, wenn die Zahl der Zwischenkörper endlich ist.*

Beweis. 1) Angenommen, es sei $K' = K(\vartheta)$. Man ordne Zwischenkörpern L von $K'|K$ das Minimalpolynom $g_L \in L[X]$ von ϑ zu sowie den aus K durch die Koeffizienten von g_L erzeugten Teilkörper L_0 von L. Dann ist einerseits $(K'|L) = \deg g_L$ und andererseits $g_{L_0} = g_L$, weil g_L selbstverständlich auch in $L_0[X]$ irreduzibel ist. Daher gilt $(K'|L) = (K'|L_0)$, folglich $L_0 = L$. Somit definiert $L \mapsto g_L$ eine injektive Abbildung von der Menge der Zwischenkörper der Erweiterung $K'|K$ in die endliche Menge der normierten Teiler von g_K in $K'[X]$, und deshalb ist die Menge jener Zwischenkörper endlich.

2) Nun sei die Menge der Zwischenkörper von $K'|K$ endlich. Wenn die Elementezahl von K endlich ist, so ist auch diejenige von K' endlich, und es gilt $K' = K(\vartheta)$ beispielsweise für jedes erzeugende Element ϑ der zyklischen Gruppe $K'^\times$. Wenn indes K nicht endlich ist, so betrachten wir eine einfache Erweiterung $L = K(\alpha)$ von K in K' mit maximalem Grad $(L|K)$ und zeigen auf indirektem Wege $L = K'$. Wäre β ein Element in $K' \smallsetminus L$, dann würden nach Voraussetzung von den unendlich vielen Elementen $\vartheta = \alpha + c\beta$ $(c \in K)$ nur endlich viele Körper über K erzeugt. Somit gäbe es $c_1, c_2 \in K$, $c_1 \neq c_2$, die derselben Erweiterung entsprächen: $L' = K(\alpha + c_1\beta) = K(\alpha + c_2\beta)$. Daraus schließt man zunächst $\beta \in L'$ und dann auch $\alpha \in L'$; also bestünde die Ungleichung $(L'|K) > (L|K)$, im Widerspruch zur Maximalität von $(L|K)$ unter den Graden einfacher Erweiterungen von K in K'. □

15.3 Norm, Spur und Hauptpolynom

Es sei $K'|K$ eine endlichdimensionale Körpererweiterung. Wir wiederholen, was schon öfter in Spezialfällen besprochen wurde: Die Multiplikation mit

$\alpha \in K'$ definiert durch $D_\alpha(x) := \alpha \cdot x$, $x \in K'$ einen Endomorphismus D_α des K-Vektorraums K'. Spur, Determinante und charakteristisches Polynom von D_α heißen *Spur*, *Norm* und *Hauptpolynom* von α bezüglich der Erweiterung $K'|K$. Wir kürzen sie ab mit $S(\alpha) = S_{K'|K}(\alpha)$, $N(\alpha) = N_{K'|K}(\alpha)$ und $H(\alpha, X) = H_{K'|K}(\alpha, X)$. Mit der Abbildung $D: K' \to \mathcal{L}_K(K')$ ist ein injektiver Homomorphismus der K-Algebra K' in die K-Algebra $\mathcal{L}_K(K')$ der Endomorphismen des K-Vekorraums K' gegeben. Bezeichnet $n = (K'|K)$ den Grad der Erweiterung, so ist das Hauptpolynom von der Gestalt

$$H_{K'|K}(\alpha, X) = X^n - S_{K'|K}(\alpha)X^{n-1} + - \ldots + (-1)^n N_{K'|K}(\alpha).$$

Satz 3. (Norm und Spur separabler Erweiterungen) *Gegeben seien die separable Erweiterung $K'|K$ vom Grad n und eine endliche Erweiterung $L|K'$, die über K galoissch ist. Die n verschiedenen K-Morphismen von K' in L seien $\sigma_1, \ldots, \sigma_n$. Damit gelten für die Elemente $\alpha \in K'$ die Formeln*

$$H_{K'|K}(\alpha, X) = \prod_{i=1}^{n}(X - \sigma_i(\alpha)), \quad S_{K'|K}(\alpha) = \sum_{i=1}^{n}\sigma_i(\alpha), \quad N_{K'|K}(\alpha) = \prod_{i=1}^{n}\sigma_i(\alpha).$$

Überdies wird durch die Gleichung $\langle \alpha, \beta \rangle := S_{K'|K}(\alpha\beta)$ $(\alpha, \beta \in K')$ eine nichtausgeartete symmetrische K-Bilinearform auf K' definiert.

Beweis. Für jedes Element $\alpha \in K'$ heißen die Wurzeln seines Minimalpolynoms in $K[X]$ auch die „zu α über K konjugierten Elemente". Sie bilden in jeder α enthaltenden Galoiserweiterung $L|K$ die Bahn $G\alpha$ der Galoisgruppe G von $L|K$.

1) Nach Satz 2 besitzt die Erweiterung $K'|K$ ein primitives Element ϑ. Sein Minimalpolynom $f = \prod_{i=1}^{n}(X - \vartheta_i)$ in $K[X]$ hat genau n verschiedene Wurzeln in L. Mit ihnen sind die verschiedenen Fortsetzungen der Identität id_K zu Ringhomomorphismen von K' in L durch $\sigma_i(\vartheta) = \vartheta_i$ $(1 \leq i \leq n)$ festgelegt (Zusatz zu Satz 6 in Abschnitt 14.6). Wir verwenden nun die Matrix $T = (\sigma_i(\vartheta^{k-1}))_{1 \leq i,k \leq n} = (\vartheta_i^{k-1})_{1 \leq i,k \leq n}$. Sie ist vom Vandermondeschen Typ und hat daher die Determinante

$$\det T = \prod_{1 \leq i < j \leq n}(\vartheta_j - \vartheta_i) \neq 0.$$

Zu $\alpha \in K'$ betrachten wir die Matrix $D(\alpha) \in M_n(K)$, die die Multiplikation der Potenzbasis (ϑ^{k-1}) mit α beschreibt: $\alpha(\vartheta^{k-1})_{1 \leq k \leq n} = (\vartheta^{k-1})_{1 \leq k \leq n}D(\alpha)$. Durch Anwendung der σ_i ergibt sich daraus die Matrizengleichung

$$\mathrm{diag}\big(\sigma_1(\alpha), \ldots, \sigma_n(\alpha)\big)\big(\sigma_i(\vartheta^{k-1})\big)_{1 \leq i,k \leq n} = \big(\sigma_i(\vartheta^{k-1})\big)_{1 \leq i,k \leq n}D(\alpha),$$

und mit den Regeln für Determinanten erhalten wir

$$\begin{aligned} H_{K'|K}(\alpha, X) &= \det(X \cdot 1_n - D(\alpha)) \\ &= \det(X \cdot 1_n - TD(\alpha)T^{-1}) = \prod_{i=1}^{n}(X - \sigma_i(\alpha)). \end{aligned}$$

2) Jede Bilinearform $\langle -, - \rangle$ auf einem n-dimensionalen K-Vektorraum V liefert für linear abhängige Vektoren $v_1, \ldots, v_n \in V$ durch die Werte $\langle v_i, v_j \rangle$ eine singuläre Matrix, denn ist v_k eine Linearkombination der übrigen Vektoren v_j, so wird auch die k-te Spalte der Matrix eine Linearkombination der übrigen Spalten. Die Bilinearform $\langle -, - \rangle$ ist andererseits nicht ausgeartet genau dann, wenn eine Basis $u_1, \ldots, u_n$ von V existiert, deren Matrix $(\langle u_i, u_j \rangle)_{1 \leq i,j \leq n}$ invertierbar ist. Ist mit $C = (c_{ip}) \in \mathrm{GL}_n(K)$ in diesem Fall

$$w_p = \sum_{i=1}^{n} u_i c_{i,p} \qquad (1 \leq p \leq n)$$

eine andere Basis, dann ist bekanntlich $(\langle w_p, w_q \rangle) = C^t (\langle u_i, u_j \rangle) C$. Also gehört zu jeder Basis $w_1, \ldots, w_n$ eine invertierbare Matrix $(\langle w_p, w_q \rangle)$.

In unserer Situation ist $\langle \alpha, \beta \rangle := S_{K'|K}(\alpha\beta)$ symmetrisch und K-bilinear, weil die Multiplikation auf K' kommutativ und K-bilinear ist. Der Basis aus den Potenzen ϑ^{k-1} $(1 \leq k \leq n)$ eines primitiven Elementes ϑ ist zugeordnet

$$\left(\langle \vartheta^{i-1}, \vartheta^{k-1} \rangle \right)_{1 \leq i,k \leq n} = \left(\sum_{j=1}^{n} \sigma_j(\vartheta^{i-1}) \sigma_j(\vartheta^{k-1}) \right)_{1 \leq i,k \leq n} = T^t T .$$

Diese Matrix hat nach Teil 1) die Determinante

$$d(\vartheta^0, \ldots, \vartheta^{n-1}) = \prod_{i<k} \left(\sigma_k(\vartheta) - \sigma_i(\vartheta) \right)^2 = (-1)^{n(n-1)/2} \prod_{i \neq k} \left(\sigma_k(\vartheta) - \sigma_i(\vartheta) \right) . \quad \square$$

Bemerkung. Die Elemente $\alpha_1, \ldots, \alpha_n$ bilden eine K-Basis von K' genau dann, wenn ihre folgendermaßen definierte *Diskriminante* nicht Null ist:

$$d(\alpha_1, \ldots, \alpha_n) = \det \left(S_{K'|K}(\alpha_i \alpha_k) \right)_{1 \leq i,k \leq n} .$$

Die Formel für die Diskriminante einer Potenzbasis $(\vartheta^{k-1})_{1 \leq k \leq n}$ im Beweis oben gibt zugleich die Diskriminante des Minimalpolynoms $f \in K[X]$ von ϑ; also gilt $d(\vartheta^0, \ldots, \vartheta^{n-1}) = \Delta(f)$. Dies ist nur eine vorläufige Feststellung über Polynomdiskriminanten. Ausführlich behandelt wird die Berechnung von Diskriminanten normierter Polynome im Abschnitt 16.7.

Satz 4. (Der Schachtelsatz für Norm und Spur) *Es sei $K''|K$ eine endliche, separable Erweiterung und K' ein beliebiger Zwischenkörper. Dann gelten die Formeln*

$$S_{K''|K} = S_{K'|K} \circ S_{K''|K'}, \qquad N_{K''|K} = N_{K'|K} \circ N_{K''|K'} .$$

Beweis. Wir wählen eine K'' umfassende Galoiserweiterung $L|K$ und nennen ihre Galoisgruppe G. Die K-Morphismen der Zwischenkörper $\widetilde{K}$ in L entsprechen den Nebenklassen $\sigma \widetilde{U}$ der Fixgruppe $\widetilde{U} = \mathrm{Aut}(L|\widetilde{K})$ von $\widetilde{K}$ in G (Satz 6 in 14.6). Analog zu $\widetilde{U}$ wird abgekürzt $U = \mathrm{Aut}(L|K')$, $U' = \mathrm{Aut}(L|K'')$. Ist $\mathcal{V}$ ein Vertretersystem der Nebenklassen σU in G und ist $\mathcal{V}'$ ein Vertretersystem der Nebenklassen $\sigma'U'$ in U, so bilden die Produkte $\tau = \sigma \circ \sigma'$ mit $\sigma \in \mathcal{V}$, $\sigma' \in \mathcal{V}'$ ein Vertretersystem der Nebenklassen $\tau U'$ in G. Aufgrund von Satz 3 gilt daher

$$H_{K''|K}(\alpha, X) = \prod_{\sigma \in \mathcal{V}} \left(\prod_{\sigma' \in \mathcal{V}'} \left(X - \sigma \circ \sigma'(\alpha) \right) \right)$$

$$= X^N - \sum_{\sigma \in \mathcal{V}} \sigma \left(\sum_{\sigma' \in \mathcal{V}'} \sigma'(\alpha) \right) X^{N-1} + \ldots + (-1)^N \prod_{\sigma \in \mathcal{V}} \sigma \left(\prod_{\sigma' \in \mathcal{V}'} \sigma'(\alpha) \right),$$

worin $N = (K''|K)$ gesetzt wurde. Daraus ist $S_{K''|K}(\alpha) = S_{K'|K}(S_{K''|K'}(\alpha))$ und $N_{K''|K}(\alpha) = N_{K'|K}(N_{K''|K'}(\alpha))$ abzulesen. $\square$

15.4 Der Verschiebungssatz der Galoistheorie

Wir kommen in diesem Teil zurück auf die Frage nach der Galoisgruppe des Kompositums $L = L_1 \cdot L_2$ zweier Galoiserweiterungen L_1, L_2 eines Körpers K in einer gemeinsamen Körpererweiterung $\overline{L}|K$.

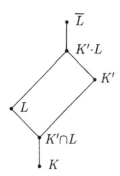

Satz 5. (Verschiebungssatz) *Es seien K' und L Zwischenkörper der Körpererweiterung $\overline{L}|K$, davon sei $L|K$ galoissch mit der Galoisgruppe G. Dann ist der kleinste K' und L enthaltende Zwischenkörper $K'\cdot L$, das Kompositum von K' und L, eine Galoiserweiterung von K', und die Restriktion der Automorphismen σ von $(K'\cdot L)|K'$ auf L definiert einen Isomorphismus ρ der Galoisgruppe von $(K'\cdot L)|K'$ auf die Galoisgruppe von $L|(K'\cap L)$, die Fixgruppe von $K'\cap L$ in der Galoisgruppe G.*

Beweis. Es gibt ein separables Polynom $f \in K[X]$ mit dem Zerfällungkörper $L|K$ (Satz 9 in Abschnitt 14.7). Bezeichnet $\alpha_1, \ldots, \alpha_n$ die Wurzeln von f, so ist demnach $L = K(\alpha_1, \ldots, \alpha_n)$, und deshalb ist $K'\cdot L = K'(\alpha_1, \ldots, \alpha_n)$ ein Zerfällungskörper des separablen Polynoms $f \in K'[X]$. Nach dem zitierten Satz ist also $K'\cdot L|K'$ eine Galoiserweiterung. Ihre Galoisautomorphismen σ permutieren die Wurzeln $\alpha_1, \ldots, \alpha_n$. Deshalb ist $\sigma(L) \subset L$, folglich wird die Restriktion von σ auf L als injektiver K-Vektorraum-Endomorphismus des endlichdimensionalen Vektorraumes L auch bijektiv. So wird $\rho(\sigma)$ zu einem Automorphismus des Körpers L, der nach seiner Herkunft alle Elemente von $K' \cap L$ festläßt. Weil die Wirkung der Automorphismen σ von $L \cdot K'|K'$ vollständig bestimmt ist durch ihre Wirkung auf $\{\alpha_1, \ldots, \alpha_n\}$, und damit durch ihre Restriktion auf L, wird ρ ein injektiver Homomorphismus der Galoisgruppe von $K'\cdot L|K'$ in G. Sein Bild enthält alle Automorphismen von

$L|K' \cap L$. Denn jedes $\beta \in L \smallsetminus (K' \cap L)$ ist, weil es nicht in K' liegt, ein Nichtfixpunkt für mindestens einen Automorphismus σ von $K' \cdot L|K'$. $\quad\square$

Satz 6. (Das Kompositum zweier Galoiserweiterungen) *Die Zwischenkörper L_1 und L_2 einer Körpererweiterung $\overline{L}|K$ seien Galoiserweiterungen von K mit den Galoisgruppen G_1 und G_2. Dann ist auch ihr Kompositum $L = L_1 \cdot L_2$ eine Galoiserweiterung von K. Die Zuordnung $\sigma \mapsto (\sigma|_{L_1}, \sigma|_{L_2})$ definiert einen injektiven Morphismus ρ der Galoisgruppe G von $L|K$ in das direkte Produkt $G_1 \times G_2$. Das Bild $\rho(G)$ wird surjektiv projiziert auf jeden der beiden Faktoren; und ρ ist genau dann ein Isomorphismus, wenn $L_1 \cap L_2 = K$ gilt.*

Beweis. Bereits nach Satz 9 in Abschnitt 14.7 wurde bemerkt, daß $L|K$ eine Galoiserweiterung ist. Für alle $\sigma \in G$ ist $\sigma(L_1) = L_1$ und $\sigma(L_2) = L_2$, denn durch Restriktion der Galoisautomorphismen von $L|K$ auf Zwischenkörper K', die galoissch über K sind, entstehen die Elemente der Galoisgruppe von $K'|K$ (14.6, Proposition 6). Damit ist auch klar, daß ρ ein Gruppenmorphismus ist. Wenn ein Automorphismus $\sigma \in G$ die Körper L_1 und L_2 elementweise festhält, dann liegt ihr Kompositum L ebenfalls im Fixkörper von σ, also ist $\sigma = \mathrm{id}_L$. Endlich ist nach dem Verschiebungssatz

$$(L|K) = (L_1|L_1 \cap L_2)(L_2|L_1 \cap L_2)(L_1 \cap L_2|K) = (L_1|K)(L_2|L_1 \cap L_2).$$

Daraus liest man ab, daß $|G| = |G_1||G_2|$, daß also $(L|K) = (L_1|K)(L_2|K)$ eintritt genau dann, wenn gilt $L_1 \cap L_2 = K$. $\quad\square$

Bemerkung. Sind G_1 und G_2 kommutativ, so ist auch G kommutativ. Man pflegt dies auszudrücken durch die Feststellung: „Das Kompositum abelscher Körpererweiterungen ist wieder abelsch".

15.5 Adjunktion von Einheitswurzeln

Es seien K ein Körper und m eine natürliche Zahl, die nicht teilbar ist durch die Charakteristik von K. Wir betrachten einen der bis auf K-Isomorphismen eindeutig bestimmten Zerfällungskörper L des Polynoms $f = X^m - 1$. Die Ableitung $Df = mX^{m-1}$ hat mit f den größten gemeinsamen Teiler 1, da $m^{-1}XDf - f = 1$ ist. Also besitzt f genau m verschiedene Nullstellen, die m-ten *Einheitswurzeln*. Sie bilden offenkundig eine Untergruppe μ_m von $L^\times$. Wie jede endliche Untergruppe von $L^\times$ ist μ_m zyklisch. Überdies ist $L|K$ als Zerfällungskörper eines separablen Polynoms eine Galoiserweiterung.

Wir fixieren ein erzeugendes Element ζ von μ_m. Dafür gilt $L = K(\zeta)$. Eine Potenz ζ^s ist dann und nur dann ebenfalls ein Erzeugendes von μ_m, also von der Ordnung m, wenn gilt $\mathrm{ggT}(s, m) = 1$. Jeder Automorphismus σ in $\mathrm{Aut}(L|K)$ ist auch ein Automorphismus der Gruppe μ_m, daher existiert genau eine Restklasse $s + m\mathbb{Z}$ in der primen Restklassengruppe $(\mathbb{Z}/m\mathbb{Z})^\times$ mit $\sigma(\zeta) = \zeta^s$. Für diese Restklasse gilt natürlich $\sigma(\varepsilon) = \varepsilon^s$ für alle $\varepsilon \in \mu_m$. Also wird $\sigma = \sigma_s$ durch die Restklasse $s + m\mathbb{Z}$ eindeutig bestimmt, und umgekehrt. Ist ferner auch $\sigma_t \in \mathrm{Aut}(L|K)$, so gilt die Gleichung $\sigma_s \circ \sigma_t = \sigma_{st}$:

$$\sigma_s \circ \sigma_t(\zeta) = \sigma_s(\zeta^t) = \sigma_s(\zeta)^t = \zeta^{st}.$$

Deshalb entsteht durch die Zuordnung $\sigma_s \mapsto s + m\mathbb{Z}$ ein injektiver Homomorphismus von $\mathrm{Aut}(L|K)$ in die prime Restklassengruppe $(\mathbb{Z}/m\mathbb{Z})^\times$. Somit ist die Galoisgruppe von $L|K$ isomorph zu einer Untergruppe von $(\mathbb{Z}/m\mathbb{Z})^\times$. Folglich ist sie insbesondere kommutativ, und ihre Ordnung teilt $\varphi(m)$.— Wir haben eben bereits benutzt, daß $\mathrm{Aut}(L|K)$ die Elemente maximaler Ordnung in μ_m untereinander permutiert. Daher folgt aus Satz 8 in 14.7, daß die Koeffizienten des m-ten *Kreisteilungspolynoms*

$$\Phi_m = \prod_{\substack{1 \le s \le m \\ \mathrm{ggT}(s,m)=1}} (X - \zeta^s),$$

im Fixkörper K der Galoisgruppe liegen. Es ist irreduzibel in $K[X]$ genau dann, wenn die Galoisgruppe $\mathrm{Aut}(L|K)$ isomorph zur primen Restklassengruppe $(\mathbb{Z}/m\mathbb{Z})^\times$ ist.

Der folgende Satz 90 aus Hilberts Zahlbericht hat eine gewisse Berühmtheit erlangt, weil er als Beginn der Galois-Kohomologie anzusehen ist.

Satz 7. *Es sei $L|K$ eine Galois-Erweiterung vom Grade n mit zyklischer Galoisgruppe G, und σ sei ein Erzeugendes von G. Ein Element $\alpha \in L^\times$ hat genau dann die Norm $N(\alpha) = 1$, wenn mit einem $\beta \in L^\times$ gilt $\alpha = \beta/\sigma(\beta)$.*

Beweis. Die Norm $N(\alpha)$ ist das Produkt der Bilder $\sigma^k(\alpha)$ von α unter den Automorphismen von $L|K$. Für $\alpha = \beta/\sigma(\beta)$ folgt daraus sofort $N(\alpha) = 1$. Ist andererseits $N(\alpha) = 1$, so betrachte man auf L den Endomorphismus

$$R = \sum_{m=0}^{n-1} \left(\prod_{k=0}^{m-1} \sigma^k(\alpha) \right) \sigma^m = \sigma^0 + \alpha\sigma + \alpha\sigma(\alpha)\sigma^2 + \ldots + \alpha\sigma(\alpha)\cdots\sigma^{n-2}(\alpha)\sigma^{n-1}.$$

Nach dem Lemma von DEDEKIND (Proposition 3 in 14.4) ist $R \ne 0$. Deshalb gibt es ein Element $\vartheta \in L$ mit $\beta := R(\vartheta) \ne 0$, und für β gilt die Gleichung

$$\alpha\sigma(\beta) = \alpha\sigma(\vartheta) + \alpha\sigma(\alpha)\sigma^2(\vartheta) + \ldots + \alpha\sigma(\alpha)\cdots\sigma^{n-1}(\alpha)\sigma^n(\vartheta) = \beta,$$

da der letzte Summand $N(\alpha)\sigma^n(\vartheta) = \vartheta$ ist.   □

Satz 7 führt zu einer Beschreibung aller Galoiserweiterungen $L|K$ mit einer zyklischen Galoisgruppe der Ordnung n für solche Grundkörper K, deren multiplikative Gruppe $K^\times$ ein Element der Ordnung n enthält, eine *primitive* n-te Einheitswurzel. Dann ist n nicht durch die Charakteristik von K teilbar; denn für jeden Primteiler p von n gibt es ein Element $\eta \in K^\times$ der Ordnung p, also ist $\eta - 1 \ne 0$, aber $\eta^p - 1 = 0$, wohingegen im Fall char $K = p$ für alle $x \in K$ gilt $(x-1)^p = x^p - 1$.

Satz 8. (Über Kummer-Erweiterungen) *Der Körper K enthalte eine primitive n-te Einheitswurzel ζ. Dann gibt es zu jeder Galoiserweiterung $L|K$ vom Grade n mit zyklischer Galoisgruppe ein Element $a \in K^\times$, für das $L = K(a^{1/n})$ ist. Wenn auch die n-te Potenz eines weiteren Elementes $\beta \in L^\times$ in $K^\times$ fällt, dann gilt $\beta^n \in a^t(K^\times)^n$ für ein passendes $t \in \mathbb{Z}$.*

Beweis. Es sei σ ein erzeugendes Element der Galoisgruppe G. Da die Norm $N_{L|K}(\zeta^{-1}) = N(\zeta^{-1}) = \zeta^{-n} = 1$ ist, enthält $L^\times$ aufgrund von Satz 7 ein Element α mit $\alpha/\sigma(\alpha) = \zeta^{-1}$. Also sind die verschiedenen G-Bilder von α gegeben durch $\sigma^k(\alpha) = \zeta^k\alpha$ $(1 \leq k \leq n)$. Aus $\sigma(\alpha^n) = (\zeta\alpha)^n = \alpha^n$ erkennt man, daß $\alpha^n = a$ in den Fixkörper von G, also in K fällt. Insbesondere ist $X^n - a$ das Minimalpolynom von α in $K[X]$, und α ist ein primitives Element von $L|K$.— Ist auch $\beta^n = b \in K^\times$, dann ist $\sigma(\beta)$ ebenso wie β eine Wurzel von $X^n - b$, also gilt $\sigma(\beta) = \zeta^t\beta$ für eine natürliche Zahl t in den Grenzen $0 \leq t \leq n-1$. Mit passenden $b_i \in K$ $(0 \leq i < n)$ läßt sich β durch die Potenzen von α ausgedrückt:

$$\beta = \sum_{i=0}^{n-1} b_i \alpha^i \quad \text{und} \quad \sigma(\beta) = \sum_{i=0}^{n-1} b_i \zeta^i \alpha^i.$$

Wegen $\sigma(\beta) = \zeta^t\beta$ gilt daher $\sum_{i=0}^{n-1} b_i(\zeta^i - \zeta^t)\alpha^i = 0$; folglich ist $b_i = 0$ für alle $i \neq t$. Mithin bleibt nur $\beta = b_t\alpha^t$ übrig, was $\beta^n \in a^t(K^\times)^n$ beweist. $\square$

15.6 Erweiterungen endlicher Körper

Ein endlicher Körper E der Charakteristik p ist Zerfällungskörper des separablen Polynoms $X^q - X$ mit $q = |E| = p^n$ (14.7, Beispiel 2) und ist deshalb eine Galoiserweiterung seines zu $\mathbb{Z}/p\mathbb{Z}$ isomorphen kleinsten Teilkörpers $\mathbb{F}_p$, des *Primkörpers* von E. Die Abbildung $\alpha \mapsto \alpha^p$ definiert einen Automorphismus ϕ des Körpers E, denn ϕ ist selbstverständlich mit der Multiplikation, aber auch mit der Addition vertauschbar: Wegen

$$\binom{p}{m} \equiv 0 \pmod{p}, \qquad 1 \leq m \leq p-1$$

ergibt sich aus der binomischen Formel für alle $\alpha, \beta \in E$

$$\phi(\alpha + \beta) = \sum_{m=0}^{p} \alpha^m \beta^{p-m} \cdot \binom{p}{m}$$
$$= \alpha^p + \beta^p = \phi(\alpha) + \phi(\beta).$$

Da zudem ϕ offenbar einen trivialen Kern hat, also injektiv ist und da E endlich ist, wird ϕ ein Automorphismus von E. Aus $\phi(1_E) = 1_E$ erhält man $\mathrm{Fix}(\phi) \supset \mathbb{F}_p$. Für ein erzeugendes Element ζ der multiplikativen Gruppe $E^\times$ ist nun offensichtlich $\phi^k(\zeta) = \zeta^{p^k}$ für alle $k \in \mathbb{N}$. Wegen $|E^\times| = p^n - 1$ hat daher ϕ in $\mathrm{Aut}(E|\mathbb{F}_p)$ die Ordnung $n = (E|\mathbb{F}_p)$. Wir fassen zusammen:

Satz 9. *Jeder endliche Körper E der Charakteristik $p > 0$ ist eine Galois-erweiterung seines Primkörpers $\mathbb{F}_p$. Die Galoisgruppe $G = \mathrm{Aut}(E|\mathbb{F}_p)$ ist zyklisch. Sie wird erzeugt von dem durch $\phi(\alpha) = \alpha^p$ $(\alpha \in E)$ definierten Automorphismus ϕ von E. Zu jedem Teiler d des Grades $n = (E|\mathbb{F}_p)$ gibt es genau einen Zwischenkörper F mit p^d Elementen, und die Galoisgruppe von $E|F$ wird erzeugt von ϕ^d.*

Beweis. Nach dem Hauptsatz der Galoistheorie bleibt im Anschluß an die voranstehenden Überlegungen nur zu notieren, daß eine endliche zyklische Gruppe G der Ordnung n zu jedem Teiler d von n genau eine Untergruppe der Ordnung n/d besitzt: Ein erzeugendes Element g von G liefert mit den Potenzen von g^d eine dieser Untergruppen. Für jede weitere Untergruppe U der Ordnung n/d gilt $u^{n/d} = 1_G$ für alle $u \in U$. Da $u = g^k$ mit einem $k \in \mathbb{N}$ ist, folgt $k \equiv 0 \pmod{d}$. Das ergibt $U \subset \langle g^d \rangle$; und weil beide Seiten dieselbe Ordnung haben, sind sie gleich.   □

15.7   Galoiserweiterungen von Zahlkörpern

Wir betrachten wie in 13.6 eine endliche Zahlkörpererweiterung $L|K$, die überdies galoissch ist. Ihre Galoisgruppe wird mit G bezeichnet, die Hauptordnungen von L und K seien $\mathfrak{O}$ bzw. $\mathfrak{o}$.

Proposition 1. *G operiert als Gruppe von Ringautomorphismen auf $\mathfrak{O}$.*

Beweis. Es sei $\alpha \in \mathfrak{O}$ und $\sigma \in G$. Als Wurzel des Minimalpolynoms $f \in \mathbb{Z}[X]$ von α über $\mathbb{Q}$ ist $\sigma(\alpha)$ eine ganze Zahl in L, also $\sigma(\alpha) \in \mathfrak{O}$. Das beweist bereits $\sigma(\mathfrak{O}) \subset \mathfrak{O}$. Da mit σ auch σ^{-1} zu G gehört, gilt ebenso $\sigma^{-1}(\mathfrak{O}) \subset \mathfrak{O}$, also $\mathfrak{O} \subset \sigma(\mathfrak{O})$ und damit $\sigma(\mathfrak{O}) = \mathfrak{O}$. Die Verträglichkeit von σ mit Addition und Multiplikation ist ebenso wie seine Injektivität selbstverständlich, da σ ein Automorphismus von K ist.   □

Proposition 2. *(Transitivität der Ganzheit) Es sei $K'|K$ eine Zahlkörper-erweiterung. Weiter seien $\mathfrak{o}' = \mathbb{Z}_{K'}$ und $\mathfrak{o} = \mathbb{Z}_K$ die zugehörigen Hauptordnungen. Für jedes $\alpha \in K'$ mit dem (normierten) Minimalpolynom $f \in K[X]$ ist $\alpha \in \mathfrak{o}'$ gleichbedeutend damit, daß alle Koeffizienten von f in $\mathfrak{o}$ liegen.*

Beweis. Es sei L eine K' umfassende Galoiserweiterung von $\mathbb{Q}$ mit der Galoisgruppe G. Nach unserer Definition in 12.2 ist $\alpha \in K'$ ganz über $\mathbb{Z}$ genau dann, wenn sein Minimalpolynom $F \in \mathbb{Q}[X]$ lauter Koeffizienten in $\mathbb{Z}$ hat. Ist das der Fall, so sind auch alle übrigen Wurzeln $\sigma(\alpha)$ von F ganz $(\sigma \in G)$. Daher hat jeder normierte Teiler von F in $K[X]$ ebenfalls ganze Koeffizienten über $\mathbb{Z}$. Unter ihnen ist speziell f, also gilt $f \in \mathfrak{o}[X]$. Hat umgekehrt f lauter Koeffizienten in $\mathfrak{o}$, so haben auch die Bilder $\sigma(f)$ $(\sigma \in G)$ lauter ganze

Koeffizienten. Das Produkt der verschiedenen $\sigma(f)$ aber ist nach 14.7, Satz 8 gleich F. Folglich ist α ganz über $\mathbb{Z}$. $\square$

Wir kehren zur Voraussetzung vom Anfang dieses Teilabschnittes zurück. Die Automorphismen in G permutieren auch die Ideale $\mathfrak{A}$ von $\mathfrak{O}$. Die Bilder $\sigma(\mathfrak{A})$ unter den $\sigma \in G$ heißen auch die zu $\mathfrak{A}$ *konjugierten Ideale*. Nach dem Homomorphiesatz (Proposition 1 in 8.1) sind die Faktorringe $\mathfrak{O}/\mathfrak{A}$ und $\mathfrak{O}/\sigma(\mathfrak{A})$ natürlich isomorph. Schließlich werden auch die auf der Menge der von Null verschiedenen Ideale definierten Verknüpfungen der Summe, des Durchschnitts und des Produktes von den Automorphismen $\sigma \in G$ respektiert. Diese Tatsachen sind unmittelbare Folgen der Definition von Ideal und Restklassenring.

Satz 10. *Es sei K ein Zahlkörper sowie $L|K$ eine Galois-Erweiterung vom Grade n mit der Galoisgruppe G. Die Hauptordnung von L wird mit $\mathfrak{O}$, die von K mit $\mathfrak{o}$ bezeichnet. Für ein Primideal $\mathfrak{p} \neq \{0\}$ von $\mathfrak{o}$ sei*

$$\mathfrak{p}\mathfrak{O} = j(\mathfrak{p}) = \prod_{1 \leq i \leq g} \mathfrak{P}_i^{e_i}$$

die Primfaktorisierung seiner Einbettung in $\mathfrak{O}$. Dann operiert G transitiv auf der Menge aller $\mathfrak{p}$ enthaltenden Primideale $\mathfrak{P}_1, \ldots, \mathfrak{P}_g$ von $\mathfrak{O}$. Insbesondere haben alle $\mathfrak{P}_i$ denselben Restklassengrad $f_i = f$ über $\mathfrak{o}/\mathfrak{p}$ sowie denselben Verzweigungsindex $e_i = e$, und es gilt die Gleichung $efg = n$.

Beweis. Für jedes $\mathfrak{p}$ enthaltende Primideal $\mathfrak{P}$ von $\mathfrak{O}$ ist $\mathfrak{P} \cap \mathfrak{o} = \mathfrak{p}$. Denn links steht ein $\mathfrak{p}$ umfassendes Primideal von $\mathfrak{o}$, da sein Komplement $\mathfrak{o} \smallsetminus (\mathfrak{P} \cap \mathfrak{o})$ die 1 enthält und mit je zwei Elementen auch deren Produkt. Angenommen nun, es existieren entgegen der Behauptung mindestens zwei G-Bahnen von Primidealen in $\mathfrak{O}$, welche $\mathfrak{p}$ enthalten. Sie seien repräsentiert durch $\mathfrak{P}$ und $\mathfrak{Q}$. Dann hätte man nach dem Chinesischen Restsatz (Satz 3 in 13.2) ein Element $\alpha \in \mathfrak{O}$, für das gilt $\alpha \equiv 0 \pmod{\mathfrak{P}}$ und $\alpha \equiv 1 \pmod{\sigma^{-1}(\mathfrak{Q})}$ für alle $\sigma \in G$. Multiplikation über alle σ ergäbe gleichzeitig

$$N_{L|K}(\alpha) = \prod_{\sigma \in G} \sigma(\alpha) \in \mathfrak{P} \cap \mathfrak{o} = \mathfrak{p}, \quad N_{L|K}(\alpha) \in (1 + \mathfrak{Q}) \cap \mathfrak{o} = 1 + \mathfrak{p};$$

das ist ein Widerspruch. Also bilden die Primidealteiler von $\mathfrak{p}\mathfrak{O}$ eine einzige G-Bahn. Durch Anwendung der $\sigma \in G$ auf die eindeutige Primzerlegung von $\mathfrak{p}\mathfrak{O}$ wird die Gleichheit der Verzweigungsexponenten $e_i = e$ erkennbar; und die isomorphen Restklassenkörper $\mathfrak{O}/\mathfrak{P}$, $\mathfrak{O}/\sigma(\mathfrak{P})$ haben natürlich dieselbe Elementezahl, was die Behauptung über die Restklassengrade beweist. Die Gradformel $efg = n$ wiederholt nur eine analoge Formel in 13.6, Satz 7. $\square$

15.8   Die Hilbertsche Untergruppenkette

Es sei $L|K$ eine galoissche Zahlkörpererweiterung vom Grad n mit der Galoisgruppe G. Wir bezeichnen die Hauptordnungen von L und K mit $\mathfrak{O}$ bzw. mit $\mathfrak{o}$. Nach Proposition 1 operiert G auf $\mathfrak{O}$ als Gruppe von Ringautomorphismen. Zu jedem Primdeal $\mathfrak{P} \neq \{0\}$ von $\mathfrak{O}$ wird die *Zerlegungsgruppe* von $\mathfrak{P}$ definiert durch

$$G_{-1} \;=\; G_{-1}(\mathfrak{P}) \;:=\; \{\sigma \in G;\; \sigma(\mathfrak{P}) = \mathfrak{P}\} \;.$$

Das ist in der Notation von 11.5 die Fixgruppe des Ideals $\mathfrak{P}$ unter der Aktion von G auf der Menge der ganzen Ideale von $\mathfrak{O}$. Die verschiedenen Bilder $\mathfrak{P}_1, \ldots, \mathfrak{P}_g$ von $\mathfrak{P}$ entsprechen den Nebenklassen σG_{-1} von G_{-1} in G. Speziell ist g gleich dem Index der Zerlegungsgruppe in G. Jedes $\sigma \in G_{-1}$ bildet $\mathfrak{P}^{n+1}$ auf sich ab, wie auch $n \in \mathbb{N}_0$ gewählt wird. Daher bewirkt σ einen Automorphismus des Faktorringes $\mathfrak{O}/\mathfrak{P}^{n+1}$, und G_{-1} operiert als Automorphismengruppe von $\mathfrak{O}/\mathfrak{P}^{n+1}$. Der Kern dieser Operation ist die *n-te Verzweigungsgruppe* von $\mathfrak{P}$:

$$G_n \;=\; G_n(\mathfrak{P}) \;:=\; \{\sigma \in G_{-1};\; v_{\mathfrak{P}}(\sigma(\alpha) - \alpha) \geq n+1 \quad \text{für alle} \quad \alpha \in \mathfrak{O}\} \;.$$

Als Kern eines Homomorphismus der Gruppe G_{-1} ist G_n ein Normalteiler in G_{-1}; die G_n bilden somit eine bezüglich Inklusion monoton fallende Folge normaler Untergruppen in G_{-1}. Da jedes von id_L verschiedene σ mindestens einen Nichtfixpunkt $\alpha \in \mathfrak{O}$ hat, liegt σ nicht in jeder Gruppe G_n. Also gibt es einen Index N, für den $G_N(\mathfrak{P}) = \{\mathrm{id}_L\}$ ist. Wegen ihrer besonderen Bedeutung heißt die Gruppe G_0 auch *Trägheitsgruppe* von $\mathfrak{P}$.— Schon hier soll festgehalten werden, daß die Hilbertsche Untergruppenkette des zu $\mathfrak{P}$ konjugierten Primideals $\tau(\mathfrak{P})$ $(\tau \in G)$ durch die konjugierten Gruppen $\tau G_n \tau^{-1}$ gegeben ist. Wenn insbesondere G kommutativ ist, dann ist die Hilbertsche Untergruppenkette nicht abhängig von der Wahl von $\mathfrak{P}$ unter seinen konjugierten Idealen.

Satz 11. *Es sei $\mathfrak{P}$ ein maximales Ideal in $\mathfrak{O}$. Ihm ist das Primideal $\mathfrak{p} = \mathfrak{o} \cap \mathfrak{P}$ in K zugeordnet. Weiter sei e der Verzweigungsindex und f der Restklassengrad von $\mathfrak{P}|\mathfrak{p}$; die Anzahl der verschiedenen Primideale in $\mathfrak{O}$, die $\mathfrak{p}$ enthalten, sei g. Dann hat die Zerlegungsgruppe G_{-1} von $\mathfrak{P}|\mathfrak{p}$ den Index g in G. Sie operiert auf dem Restklassenkörper $\mathfrak{O}/\mathfrak{P}$ als Galoisgruppe mit der Trägheitsgruppe G_0 als Kern und mit dem Fixkörper $\mathfrak{o}/\mathfrak{p}$. Die Faktorgruppe G_{-1}/G_0 ist zyklisch von der Ordnung f; und es gibt einen Automorphismus $\varphi \in G_{-1}$ mit*

$$\varphi(\alpha) \;\equiv\; \alpha^{\mathfrak{N}(\mathfrak{p})} \pmod{\mathfrak{P}} \quad \text{für alle} \quad \alpha \in \mathfrak{O} \;.$$

Die Ordnung der Trägheitsgruppe G_0 von $\mathfrak{P}$ ist gleich dem Verzweigungsindex e.

Beweis. Als endlicher Körper ist der Faktorring $\mathfrak{O}/\mathfrak{P}$ eine galoissche Erweiterung seines zu $\mathfrak{o}/\mathfrak{p}$ isomorphen Teilkörpers mit $\mathfrak{N}(\mathfrak{p}) =: q$ Elementen. Die Operation von G_{-1} auf dem Faktorring $\mathfrak{O}/\mathfrak{P}$ liefert einen Gruppenhomomorphismus der Zerlegungsgruppe G_{-1} in die Galoisgruppe von $\mathfrak{O}/\mathfrak{P}$ über $\mathfrak{o}/\mathfrak{p}$ mit dem Kern G_0. Also ist der Index $[G_{-1} : G_0]$ ein Teiler des Restklassengrades f. Es gibt ferner eine (von Null verschiedene) Restklasse $\overline{\vartheta}$ modulo $\mathfrak{P}$, welche den Körper $\mathfrak{O}/\mathfrak{P}$ über $\mathfrak{o}/\mathfrak{p}$ erzeugt. Nach dem Chinesischen Restsatz enthält sie ein Element $\vartheta \in \mathfrak{O}$ mit den zusätzlichen Eigenschaften $\vartheta \in \sigma^{-1}(\mathfrak{P})$, also $\sigma(\vartheta) \in \mathfrak{P}$ für alle $\sigma \in G \smallsetminus G_{-1}$.

Nun betrachten wir das Polynom

$$P(X) = \prod_{\sigma \in G} (X - \sigma(\vartheta)).$$

Es hat Koeffizienten in $\mathfrak{o}$. Durch Reduktion modulo $\mathfrak{P}$ entspricht ihm das Polynom

$$\overline{P}(Y) = Y^{|G|-|G_{-1}|} \prod_{\sigma \in G_{-1}} \left(Y - \sigma(\overline{\vartheta}) \right) \in \mathfrak{O}/\mathfrak{P}[Y].$$

Wegen $P \in \mathfrak{o}[X]$ sind die Koeffizienten von $\overline{P}$ in dem zu $\mathfrak{o}/\mathfrak{p}$ isomorphen Teilkörper von $\mathfrak{O}/\mathfrak{P}$. Deshalb ist $\overline{P}$ durch das Minimalpolynom $\overline{F}$ von $\overline{\vartheta}$ im Polynomring über $\mathfrak{o}/\mathfrak{p}$ teilbar. Die von Null verschiedenen Wurzeln von $\overline{P}$ sind die Bilder $\sigma(\overline{\vartheta})$ von $\overline{\vartheta}$ unter den Abbildungen $\sigma \in G_{-1}$. Nun wird nach Satz 9 die Galoisgruppe der Erweiterung $\mathfrak{O}/\mathfrak{P}$ von $\mathfrak{o}/\mathfrak{p}$ erzeugt durch $x \mapsto x^q$. Also ist $\overline{\vartheta}^q$ eine Wurzel von $\overline{F}$. Daher gibt es einen Automorphismus $\varphi \in G_{-1}$ mit der Eigenschaft

$$\varphi(\overline{\vartheta}) = \overline{\vartheta}^{\,q}.$$

Folglich ist die Ordnung f der Galoisgruppe von $\mathfrak{O}/\mathfrak{P}$ über $\mathfrak{o}/\mathfrak{p}$ ebenso groß wie die der Faktorgruppe G_{-1}/G_0. Zusammen mit der Gleichung $efg = n$ folgt endlich $|G_0| = e$ für die Ordnung der Trägheitsgruppe G_0. $\qquad \square$

Zusatz. *Es gibt einen Homomorphismus der Gruppe G_0 in die multiplikative Gruppe des Körpers $\mathfrak{O}/\mathfrak{P}$ mit dem Kern G_1. Die Ordnung der Faktorgruppe G_0/G_1 ist insbesondere nicht teilbar durch die rationale Primzahl p in $\mathfrak{P}$. Weiter gibt es zu jedem $n \geq 1$ einen Homomorphismus von G_n in die additive Gruppe des Restklassenkörpers $\mathfrak{O}/\mathfrak{P}$ mit dem Kern G_{n+1}. Die Faktorgruppe G_n/G_{n+1} ist insbesondere eine elementar-abelsche p-Gruppe.*

Beweis. 1) Der Fixkörper K' von G_0 in L hat die Hauptordnung $\mathfrak{o}' = \mathfrak{O} \cap K'$, und $\mathfrak{p}' = \mathfrak{o}' \cap \mathfrak{P}$ ist das $\mathfrak{P}$ in $\mathfrak{o}'$ entsprechende Primideal. Die $\mathfrak{P}$ in der Galoisgruppe $G' = G_0$ von $L|K'$ zugeordnete Untergruppenkette ist $G'_{-1} = G'_0 = G_0$, $G'_n = G_n$ ($n \geq 1$). Insbesondere wird nach Satz 11 der Restklassengrad $f(\mathfrak{P}|\mathfrak{p}') = 1$. Deshalb haben die Restklassen von $\mathfrak{P}$ in $\mathfrak{O}$ ein Vertretersystem $V \subset \mathfrak{o}'$; seine Elemente sind Fixpunkte der $\sigma \in G_0$. Nach Proposition 4 in 13.5 enthält jede Restklasse mod $\mathfrak{P}^{n+1}$ ein Element $\sum_{i=0}^{n} v_i \pi^i$ mit $v_i \in V$, wo $\pi \in \mathfrak{P} \smallsetminus \mathfrak{P}^2$ fest gewählt ist. Daher bedeutet für $\sigma \in G_0$ und $n \in \mathbb{N}_0$ die Relation $\sigma(\pi) - \pi \in \mathfrak{P}^{n+1}$ dasselbe wie $\sigma \in G_n$.

2) Für $\sigma \in G_0$ gibt es ein $a_\sigma \in V \smallsetminus \mathfrak{P}$ mit $\sigma(\pi) \equiv \pi a_\sigma \pmod{\mathfrak{P}^2}$; und $a_\sigma \equiv 1 \pmod{\mathfrak{P}}$ bedeutet dasselbe wie $\sigma \in G_1$. Liegt auch τ in G_0, so wird $\sigma\tau(\pi) \equiv \sigma(\pi a_\tau) \equiv \pi a_\sigma a_\tau \pmod{\mathfrak{P}^2}$. Deswegen gilt $a_{\sigma\tau} \equiv a_\sigma a_\tau \pmod{\mathfrak{P}^2}$.

3) Nun sei $n \geq 1$ und $\sigma \in G_n$. Dazu existiert ein $b_\sigma \in V$ mit der Eigenschaft $\sigma(\pi) = \pi + \pi^{n+1} b_\sigma \pmod{\mathfrak{P}^{n+2}}$; und $b_\sigma \in \mathfrak{P}$ besagt dasselbe wie $\sigma \in G_{n+1}$. Ist auch $\tau \in G_n$, so gelten wegen $\sigma(\pi^{n+1}) \equiv \sigma(\pi)^{n+1} \equiv \pi^{n+1} \pmod{\mathfrak{P}^{n+2}}$ die Kongruenzen

$$\sigma\tau(\pi) \equiv \sigma(\pi + \pi^{n+1} b_\tau) \equiv \pi + \pi^{n+1} b_\sigma + \pi^{n+1} b_\tau \pmod{\mathfrak{P}^{n+2}}.$$

Also ist $b_\sigma + b_\tau \equiv b_{\sigma\tau} \pmod{\mathfrak{P}}$. Zum Schluß bleibt lediglich zu bemerken, daß die Faktorgruppe G_0/G_1 bzw. G_n/G_{n+1} isomorph zu ihrem Bild in $(\mathfrak{O}/\mathfrak{P})^\times$ bzw. in $\mathfrak{O}/\mathfrak{P}$ ist. $\qquad \square$

Wir betrachten zum Schluß die Bedeutung gewisser Extremfälle der Hilbertschen Untergruppenkete, um sie zu einer Einordnung markanter Zwischenkörper in die Gesamtheit aller Zwischenkörper K' der Galoiserweiterung $L|K$ zu nutzen.

Über $\mathfrak{p}$ liegt in L nur ein Primideal genau dann, wenn $G = G_{-1}$ ist. Dagegen ist $\mathfrak{p}$ in L voll zerlegt genau dann, wenn $G_{-1} = \{\mathrm{id}_L\}$ ist. Es ist ferner $\mathfrak{p}$ in L voll verzweigt genau dann, wenn $G_0 = G$ ist. Dagegen ist $\mathfrak{P}|\mathfrak{p}$ unverzweigt genau dann, wenn $G_0 = \{\mathrm{id}_L\}$ ist.

Wie schon im Beweis des Zusatzes gewinnt man für jeden Zwischenkörper K' von $L|K$ in der Galoisgruppe $G' = \mathrm{Aut}(L|K')$ die zu $\mathfrak{P}$ gehörige Untergruppenkette aus derjenigen in G in der Form $G'_n = G' \cap G_n$ ($n \geq -1$). Die Verbindung dieser Beobachtungen führt zu einer Beschreibung der Fixkörper K_n von G_n durch eine Maximal- oder Minimaleigenschaft. Wir verwenden dabei die Maximalordnung $\mathfrak{o}'$ von K' und das Primideal $\mathfrak{p}' = \mathfrak{o}' \cap \mathfrak{P}$ von $\mathfrak{o}'$.

(1) Ein Zwischenkörper K' umfaßt den *Zerlegungskörper* K_{-1} genau dann, wenn mit einem $t \in \mathbb{N}$ gilt $\mathfrak{p}'\mathfrak{O} = \mathfrak{P}^t$. Denn diese Bedingung ist gleichbedeutend mit $G' \subset G_{-1}$, also mit $G' = G'_{-1}$.

(2) Ein Zwischenkörper K' umfaßt den *Trägheitskörper* K_0 genau dann, wenn $\mathfrak{p}'\mathfrak{O} = \mathfrak{P}^t$ mit einem Exponenten $t \in \mathbb{N}$ gilt und gleichzeitig $f(\mathfrak{p}'|\mathfrak{p}) = f(\mathfrak{P}|\mathfrak{p})$ für die Restklassengrade. Denn wegen der Multiplikativität der Restklassengrade bedeutet diese Bedingung, daß $\mathfrak{P}|\mathfrak{p}'$ vollverzweigt ist, daß also $G'_0 = G'$ ist.

(3) Ein Zwischenkörper K' ist enthalten im Trägheitskörper K_0 genau dann, wenn $e(\mathfrak{P}|\mathfrak{p}') = e(\mathfrak{P}|\mathfrak{p})$ für die Verzweigungsexponenten gilt. Denn mit der Voraussetzung gleichbedeutend ist $G' \supset G_0$, also $G'_0 = G_0$.

(4) In einem Zwischenkörper K' ist der Verzweigungsexponent $e(\mathfrak{p}'|\mathfrak{p})$ genau dann nicht durch p teilbar, wenn K' enthalten ist im *Verzweigungskörper* K_1. Denn diese Bedingung ist gleichbedeutend mit $G'_1 = G_1$, was besagt, daß der Verzweigungsexponent $e(\mathfrak{P}|\mathfrak{p}')$ ein Vielfaches der Ordnung von G_1 ist, daß also der komplementäre Faktor $e(\mathfrak{p}'|\mathfrak{p})$ von $e(\mathfrak{P}|\mathfrak{p})$ nicht durch p teilbar ist.

Eine ähnliche Interpretation der *höheren Verzweigungskörper* K_n, $n \geq 1$ läßt sich mittels der Differenten von Zahlkörpererweiterungen geben. Sie werden im folgenden Abschnitt behandelt (Proposition 5 in 16.4).

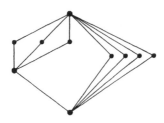

Aufgabe 1. Es sei $f = X^3 + a_1 X^2 + a_2 X + a_3$ ein über dem Körper K irreduzibles und separables Polynom. In einem Zerfällungskörper $L|K$ von f seien α, β, γ die sämtlichen Nullstellen von f. Ferner sei die Charakteristik von K nicht 2. Man begründe, daß die Galoisgruppe von $L|K$ isomorph zur zyklischen Gruppe $\mathfrak{A}_3$ oder zur nichtzyklischen Gruppe $\mathfrak{S}_3$ ist je nachdem, ob die Diskriminante $\Delta = (\alpha - \beta)^2 (\beta - \gamma)^2 (\gamma - \alpha)^2$ von f in $K^\times$ ein Quadrat ist oder nicht. Hinweis: $\sqrt{\Delta} = (\alpha - \beta)(\beta - \gamma)(\gamma - \alpha)$ liegt jedenfalls in L.

Aufgabe 2. Man bestimme für alle $a \in \mathbb{Z}$ den Grad des Zerfällungskörpers $L|\mathbb{Q}$ von $X^3 - aX^2 + (a+1)X - 1$. Diese Polynome wurden schon in 12.5 betrachtet.

Aufgabe 3. (Die kubische Resolvente) Es sei $f = X^4 + a_1 X^3 + a_2 X^2 + a_3 X + a_4$ ein Polynom mit Koeffizienten im Körper K. Mit $L|K$ bezeichnen wir wieder einen Zerfällungskörper von f. Dort seien $\alpha, \beta, \gamma, \delta$ die sämtlichen Wurzeln von f. Als *kubische Resolvente* von f bezeichnet man das Polynom

$$g = (X - (\alpha\beta + \gamma\delta))\,(X - (\alpha\gamma + \beta\delta))\,(X - (\alpha\delta + \beta\gamma)) .$$

(Dies ist nur eine von mehreren Möglichkeiten.) Man begründe, daß g dieselbe Diskriminante wie f hat und beweise die Gleichung

$$g = X^3 - a_2 X^2 + (a_1 a_3 - 4a_4)X - a_1^2 a_4 + 4a_2 a_4 - a_3^2 .$$

Aufgabe 4. Mit den Bezeichnungen von Aufgabe 3 sei f in $K[X]$ zusätzlich irreduzibel und separabel. Dann ist $L|K$ eine Galoiserweiterung (14.7, Satz 9). Man zeige, daß die Galoisgruppe G von $L|K$ genau dann eine durch 3 teilbare Ordnung hat, wenn g in $K[X]$ irreduzibel ist. Anleitung: Wenn G ein Element π der Ordnung 3 enthält, dann operiert es auf den Wurzeln $\alpha, \beta, \gamma, \delta$ von f als ein 3-Zyklus, bei geeigneter Wahl der Bezeichnung etwa $\pi = (\alpha, \beta, \gamma)$. Daher operiert schon die Untergruppe $\langle \pi \rangle$ von G transitiv auf den Wurzeln von g.

Aufgabe 5. (Galoiserweiterungen von $\mathbb{Q}$ zur Gruppe $\mathfrak{A}_4$) Nach 12.5 ist jedes der Polynome $f_a = X^3 + aX^2 + (a-3)X - 1$ in $\mathbb{Q}[X]$ irreduzibel ($a \in \mathbb{Z}$), nach dem Beispiel 1 in 14.7 ergeben sich aus einer Wurzel α_1 von f_a, etwa der positiven, die anderen als $\sigma(\alpha_1) = \alpha_2 := -1/(\alpha_1+1)$, $\sigma^2(\alpha_1) = \alpha_3 := (-\alpha_1-1)/\alpha_1 = 1/(\alpha_1\alpha_2)$. Daher ist $K = \mathbb{Q}(\alpha_1)$ galoissch über $\mathbb{Q}$ mit der durch σ erzeugten Galoisgruppe. Da α_k zwei negative Konjugierte hat, ist $\alpha_k \notin (K^\times)^2$. Man begründe damit, daß der Zerfällungskörper $L|\mathbb{Q}$ des Polynoms

$$f(X^2) = (X^2 - \alpha_1)(X^2 - \alpha_2)(X^2 - \alpha_3) = X^6 + aX^4 + (a-3)X^2 - 1$$

den Grad 12 hat. Man zeige, daß L auch ein Zerfällungskörper des Polynoms

$$g = X^4 + 2aX^2 - 8X + a^2 - 4a + 12 = (X - \alpha)(X - \beta)(X - \gamma)(X - \delta)$$

ist mit $\alpha = \sqrt{\alpha_1} + \sqrt{\alpha_2} + \sqrt{\alpha_3}$, $\beta = \sqrt{\alpha_1} - \sqrt{\alpha_2} - \sqrt{\alpha_3}$, $\gamma = -\sqrt{\alpha_1} + \sqrt{\alpha_2} - \sqrt{\alpha_3}$, $\delta = -\sqrt{\alpha_1} - \sqrt{\alpha_2} + \sqrt{\alpha_3}$, wobei $\sqrt{\alpha_3} = 1/(\sqrt{\alpha_1}\sqrt{\alpha_2})$ gesetzt wurde.

Aufgabe 6. (Additive Version von Hilberts Satz 90) Es sei $L|K$ eine Galoiserweiterung vom Grad $n > 1$ mit zyklischer Galoisgruppe G, ferner bezeichne σ

ein erzeugendes Element von G. Man zeige, daß ein Element $\alpha \in L$ genau dann die Spur $S_{L|K}(\alpha) = 0$ hat, wenn mit einem $\beta \in L$ gilt $\alpha = \beta - \sigma(\beta)$. Anleitung: Nach dem Dedekindschen Lemma ist $S = \sum_{m=1}^{n} \sigma^m \colon L \to K$ eine nichttriviale K-lineare Abbildung. Also gilt für ein $\vartheta \in L$ die Gleichung $S(\vartheta) = 1$. Damit untersuche man $\beta = \sum_{m=0}^{n-1} (\sum_{k=0}^{m-1} \sigma^k(\alpha)) \sigma^m(\vartheta)$.

Aufgabe 7. (ARTIN–SCHREIER-Erweiterungen) Ist K ein Körper der Charakteristik $p > 0$ und $L|K$ eine Galoiserweiterung vom Grad p, dann existiert ein Element $a \in K^{\times}$ derart, daß L Zerfällungskörper des Polynoms $X^p - X - a$ über K ist. Anleitung: Zum Beweis kann Aufgabe 6 mit $\alpha = -1$ verwendet werden.

Aufgabe 8. Analog zum rationalen Funktionenkörper $\mathbb{F}_p(T_1)$ in einer Unbestimmten T_1 über dem Körper $\mathbb{F}_p$ mit p Elementen entsteht der rationale Funktionenkörper $L = \mathbb{F}_p(T_1, T_2)$ in zwei Unbestimmten, z. B. als Quotientenkörper des Polynomringes $\mathbb{F}_p(T_1)[T_2]$ über $\mathbb{F}_p(T_1)$.

a) Man begründe, daß $\varphi(\alpha) := \alpha^p$ einen injektiven Ringhomomorphismus von L in sich definiert mit dem Bild $K = \mathbb{F}_p(T_1^p, T_2^p)$, dem kleinsten Teilkörper von L, der T_1^p und T_2^p enthält. Ferner beweise man die Gradgleichung $(L|K) = p^2$.

b) Man zeige, daß für jedes $a \in K$ das Element $T_1 + aT_2$ in $L \smallsetminus K$ liegt. Sodann schließe man (indirekt), daß die Zwischenkörper $K'_a = K(T_1 + aT_2)$, $a \in K$, paarweise verschieden sind.

Aufgabe 9. Es sei K ein endlicher Körper mit q Elementen. Für jede natürliche Zahl n bezeichne $\psi(n)$ die Anzahl der Primpolynome $f \in K[X]$ vom Grade n.

a) Man beweise die Formel $X^{q^n} - X = \prod_{d|n} \prod_{f_d \text{ prim}} f_d(X)$, worin f_d die Primpolynome vom Grad d in $K[X]$ durchläuft.

b) Man folgere $q^n = \sum_{d|n} d\,\psi(d)$ aus a) durch Gradvergleich, und sodann mittels der Möbiusschen Umkehrformel $n\,\psi(n) = \sum_{d|n} \mu(d) q^{n/d}$.

Tip zu a): Jede Körpererweiterung L von K vom Grade n ist die Nullstellenmenge des Polynoms $X^{q^n} - X \in K[X]$.

Aufgabe 10. Aus dem Zerlegungsverhalten der Primzahlen p im quadratischen Zahlkörper $K = \mathbb{Q}(\sqrt{d})$ der Diskriminante d (Satz 5 in Abschnitt 8.5) ermittle man in der Galoisgruppe $G = \operatorname{Aut}(K|\mathbb{Q})$ zu jedem Primideal $\mathfrak{p} \neq \{0\}$ der Hauptordnung $\mathfrak{o}$ von K die Zerlegungsgruppe $G_{-1}(\mathfrak{p})$, die Trägheitsgruppe $G_0(\mathfrak{p})$ sowie den kleinsten Index k, für den $G_k(\mathfrak{p}) = \{\operatorname{id}_K\}$ gilt.

Aufgabe 11. Es sei $L|K$ eine galoissche Zahlkörpererweiterung vom Grade n sowie $\mathfrak{P}$ ein Primideal in $\mathbb{Z}_L$, dessen Norm teilerfremd zu n ist und das die Relation $\mathfrak{p}\mathbb{Z}_L = \mathfrak{P}^n$ mit dem ihm in $\mathbb{Z}_K$ zugeordneten Primideal $\mathfrak{p} = \mathfrak{P} \cap \mathbb{Z}_K$ erfüllt. Man begründe, daß die Galoisgruppe von $L|K$ zyklisch ist.

16 Differente und Diskriminante

Wir greifen den in 12.3 definierten Begriff der Diskriminante eines algebraischen Zahlkörpers K wieder auf, um ihn zusammen mit dem feineren Begriff der Differente $\mathfrak{D}_K$ zu studieren. Am Ende der Untersuchung steht fest, daß die Differente $\mathfrak{D}_K$ ein ganzes Ideal von K ist, in dem genau diejenigen Primideale $\mathfrak{p}$ von K aufgehen, die in $K|\mathbb{Q}$ verzweigt sind, deren Exponent $v_\mathfrak{p}(p\mathfrak{o})$ in der Primzerlegung des Hauptideals $p\mathfrak{o}$ bezüglich der in $\mathfrak{p}$ enthaltenen Primzahl p von $\mathbb{Z}$ also größer als 1 ist. Am Anfang schon wird beobachtet, daß die Absolutnorm $\mathfrak{N}(\mathfrak{D}_K)$ der Differente der Betrag $|d_K|$ der Diskriminante ist. Daher teilt eine Primzahl die Diskriminante genau dann, wenn sie in K verzweigt ist (Dedekindscher Diskriminantensatz). Eine genauere Übersicht über die Verzweigung der Primzahlen und der sie enthaltenden Primideale gewinnt man durch die Betrachtung relativer Erweiterungen $L|K$. Auch ihnen wird eine Differente $\mathfrak{D}_{L|K}$ zugeordnet. Bei Galoiserweiterungen $L|K$ ergibt sich für jedes Primideal $\mathfrak{P} \neq \{0\}$ von L eine explizite Formel für den $\mathfrak{P}$-Exponenten in der Primfaktorisierung von $\mathfrak{D}_{L|K}$ aus der Hilbertschen Untergruppenkette zu $\mathfrak{P}$ in der Galoisgruppe G von $L|K$. Hieraus folgt schließlich auch der Dedekindsche Diskriminantensatz.

Zur konkreten Berechnung der Diskriminante eines algebraischen Zahlkörpers ist die Kenntnis der Diskriminante *monogener* Ordnungen $\mathbb{Z}[\alpha]$ mit einem primitiven ganzen Element α in K von großem Nutzen. Sie ist zugleich die Diskriminante $\Delta(f)$ des Minimalpolynoms $f \in \mathbb{Z}[X]$ von α. Mit einem Algorithmus aus der Theorie der Resultanten gelingt ihre Bestimmung. Wir entwickeln dazu am Schluß in etwas größerer Allgemeinheit die notwendigen Hintergründe aus dieser Theorie.

16.1 Einführung der Differente eines Zahlkörpers

Es sei K ein Zahlkörper, $\mathfrak{o}$ seine Hauptordnung und $S\colon K \to \mathbb{Q}$ die Spur. Über sie wird, wie schon in Abschnitt 12, zu jedem Gitter M in K das zu ihm duale Gitter $M^\star = \{\omega \in K\,;\; S(\omega M) \subset \mathbb{Z}\}$ bezüglich der nicht ausgearteten $\mathbb{Q}$-Bilinearform $\langle \alpha, \beta \rangle = S(\alpha\beta)$ $(\alpha, \beta \in K)$ betrachtet.

Proposition 1. *Für jedes gebrochene $\mathfrak{o}$-Ideal $\mathfrak{a}$ gilt die Identität $\mathfrak{a}^\star \mathfrak{a} = \mathfrak{o}^\star$, und das zu $\mathfrak{o}$ duale Gitter $\mathfrak{o}^\star = \mathfrak{D}_K^{-1}$ ist das Reziproke eines ganzen Ideals.*

Beweis. Für alle $\omega \in \mathfrak{a}^\star$ ist die Menge $S((\omega\mathfrak{o})\mathfrak{a}) = S((\omega\mathfrak{a})\mathfrak{o})$ in $\mathbb{Z}$ enthalten. Daher ist $\mathfrak{a}^\star$ mit $\mathfrak{a}$ ein gebrochenes $\mathfrak{o}$-Ideal, und es gilt die Inklusion $\mathfrak{a}^\star \mathfrak{a} \subset \mathfrak{o}^\star$. Wegen $S(\mathfrak{o} \cdot \mathfrak{o}) = S(\mathfrak{o}) \subset \mathbb{Z}$ ist weiter $\mathfrak{o} \subset \mathfrak{o}^\star$, und somit $(\mathfrak{o}^\star)^{-1} \subset \mathfrak{o}$. Schließlich ist $S((\omega\mathfrak{a}^{-1})\mathfrak{a}) \subset \mathbb{Z}$ für alle $\omega \in \mathfrak{o}^\star$. Das bedeutet $\mathfrak{o}^\star \mathfrak{a}^{-1} \subset \mathfrak{a}^\star$. $\square$

Definition. Man nennt $\mathfrak{D}_K = (\mathfrak{o}^\star)^{-1}$ die *Differente* des Zahlkörpers K.

Satz 1. (Erster Dedekindscher Hauptsatz) *Die Absolutnorm der Differente eines algebraischen Zahlkörpers K stimmt überein mit dem Betrag seiner Diskriminante:* $\mathfrak{N}(\mathfrak{D}_K) = |d_K|$.

Beweis. Die Gleichung $[\mathfrak{o}^\star : \mathfrak{o}] = [\mathfrak{o}^\star : (\mathfrak{o}^\star\mathfrak{D}_K)] = \mathfrak{N}(\mathfrak{D}_K)$ haben wir aus 13.3 (Bemerkung 2 zu Satz 4). Eine weitere Formel für den Index $[\mathfrak{o}^\star : \mathfrak{o}]$ liefert der Satz über die Untergruppen freier abelscher Gruppen: Ist $\omega_1, \ldots, \omega_n$ eine $\mathbb{Z}$-Basis von $\mathfrak{o}$, dann ist die dazu duale Basis $\widetilde{\omega}_1, \ldots, \widetilde{\omega}_n$ eine $\mathbb{Z}$-Basis von $\mathfrak{o}^\star$ (Satz 1 in Abschnitt 12). Die Matrix $A = (a_{ik})$ über $\mathbb{Z}$ aus dem Gleichungssystem $\omega_k = \sum_{j=1}^n \widetilde{\omega}_j a_{jk}$ $(1 \leq k \leq n)$ benennen wir suggestiv mit „ω durch $\widetilde{\omega}$" und kürzen sie symbolisch mit $(\omega/\widetilde{\omega})$ ab. Nach Satz 5 in Abschnitt 11.3 gilt für sie $[\mathfrak{o}^\star : \mathfrak{o}] = |\det(\omega/\widetilde{\omega})|$. Durch Multiplikation des Gleichungssystems mit ω_i und anschließende Anwendung der Spur folgt

$$S(\omega_i\omega_k) = \sum_j S(\omega_i\widetilde{\omega}_j)a_{jk} = a_{ik}.$$

Gemäß der Definition der Diskriminanten in 12.3 ist daher

$$\mathfrak{N}(\mathfrak{D}_K) = [\mathfrak{o}^\star : \mathfrak{o}] = |\det(S(\omega_i\omega_k))| = |d_K|. \qquad \square$$

Wir übertragen diese Betrachtungen sogleich auf Relativerweiterungen.

Proposition 2. *Es seien $L|K$ eine Zahlkörpererweiterung und $\mathfrak{O} = \mathbb{Z}_L$ bzw. $\mathfrak{o} = \mathbb{Z}_K$ die zugehörigen Hauptordnungen. Dann wird mit der Spur $S = S_{L|K}$ durch $\mathfrak{O}^\star := \{\omega \in L ;\ S(\omega\mathfrak{O}) \subset \mathfrak{o}\}$ das Inverse eines ganzen $\mathfrak{O}$-Ideals $\mathfrak{D}_{L|K}$ definiert. Es ist das bezüglich der Inklusion größte gebrochene $\mathfrak{O}$-Ideal in L, dessen Spur in $\mathfrak{o}$ fällt. Überdies sind für gebrochene Ideale $\mathfrak{a}$ von K und $\mathfrak{B}$ von L die Relationen $S(\mathfrak{B}) \subset \mathfrak{a}$ und $\mathfrak{B} \subset \mathfrak{a}\mathfrak{D}_{L|K}^{-1}$ gleichbedeutend.*

Beweis. Weil offensichtlich $S_{K|\mathbb{Q}}(\mathfrak{o}) \subset \mathbb{Z}$ ist, wird nach der Schachtelformel für die Spur $S_{L|\mathbb{Q}}(\omega\mathfrak{O}) \subset \mathbb{Z}$, sobald $S_{L|K}(\omega\mathfrak{O}) \subset \mathfrak{o}$ ist. Daher gilt $\mathfrak{O} \subset \mathfrak{O}^\star \subset \mathfrak{D}_L^{-1}$. Für jedes $\omega \in \mathfrak{O}^\star$ ist auch $\omega\mathfrak{O} \subset \mathfrak{O}^\star$; also ist tatsächlich $\mathfrak{O}^\star$ das Inverse eines ganzen Ideals $\mathfrak{D}_{L|K}$ in L. Schließlich ist $S(\mathfrak{B}) \subset \mathfrak{a}$ gleichbedeutend mit $S(\mathfrak{a}^{-1}\mathfrak{B}) \subset \mathfrak{o}$, da S eine K-lineare Abbildung ist. Und die letzte Bedingung sagt aufgrund der Definition von $\mathfrak{O}^\star = \mathfrak{D}_{L|K}^{-1}$ dasselbe wie $\mathfrak{a}^{-1}\mathfrak{B} \subset \mathfrak{D}_{L|K}^{-1}$. $\square$

Definition. Man nennt $\mathfrak{D}_{L|K}$ die *Relativdifferente* der Erweiterung $L|K$, deren Relativnorm $\mathfrak{N}_{L|K}(\mathfrak{D}_{L|K}) = \mathfrak{d}_{L|K}$ heißt ihre *Relativdiskriminante*.

Proposition 3. (Transitivität von Differente und Diskriminante) *Für die Differenten und Diskriminanten zweier endlicher Erweiterungen $L|K'$ und $K'|K$ algebraischer Zahlkörper gelten die Formeln*

$$\mathfrak{D}_{L|K} = \mathfrak{D}_{K'|K} \cdot \mathfrak{D}_{L|K'} \quad und \quad \mathfrak{d}_{L|K} = (\mathfrak{d}_{K'|K})^{(L|K')} \cdot \mathfrak{N}_{K'|K}(\mathfrak{d}_{L|K'}).$$

Beweis. Wir beweisen die Gleichung $\mathfrak{D}_{L|K'}^{-1} = \mathfrak{D}_{K'|K}\,\mathfrak{D}_{L|K}^{-1}$, indem wir durch Anwendung der Äquivalenz in Proposition 2 auf die drei Erweiterungen $L|K'$, $K'|K$ und $L|K$ zeigen, daß beide Seiten dieselben gebrochenen Ideale von L enthalten. Es ist $\mathfrak{B} \subset \mathfrak{D}_{L|K'}^{-1}$ genau dann wenn $S_{L|K'}(\mathfrak{B}) \subset \mathfrak{o}'$ ist, wenn also $S_{L|K'}(\mathfrak{D}_{K'|K}^{-1}\mathfrak{B}) \subset \mathfrak{D}_{K'|K}^{-1}$ gilt. Diese Inklusion bedeutet indes dasselbe wie $S_{L|K}(\mathfrak{D}_{K'|K}^{-1}\mathfrak{B}) \subset \mathfrak{o}$, also wie die Inklusion $\mathfrak{D}_{K'|K}^{-1}\mathfrak{B} \subset \mathfrak{D}_{L|K}^{-1}$. Sie aber ist gleichbedeutend mit $\mathfrak{B} \subset \mathfrak{D}_{K'|K}\,\mathfrak{D}_{L|K}^{-1}$. Die Formel für die Relativdifferenten ist somit bewiesen. Sie ergibt durch Anwendung der Relativnorm für Ideale die Behauptung über die Relativdiskriminanten, wobei die Schachtelformel $\mathfrak{N}_{L|K} = \mathfrak{N}_{K'|K} \circ \mathfrak{N}_{L|K'}$ zu berücksichtigen ist.   □

Bemerkung. Nach Satz 1 und Proposition 3 macht sich jeder Teilkörper K eines Zahlkörpers L bemerkbar durch einen bestimmten Faktor der absoluten Diskriminante von L, den Faktor $d_K^{(L|K)}$.

Beispiel 1. Das Polynom $f = X^4 - 2X^3 + X^2 + 1 = (X^2 - X - i)(X^2 - X + i)$ ist irreduzibel über $\mathbb{Q}$ und hat die Diskriminante $\Delta(f) = 272 = 2^4 \cdot 17$. Nach der Bemerkung zu Satz 3 in Abschnitt 15.3 ist $\Delta(f)$ zugleich die Diskriminante der durch eine Wurzel ξ von f gegebenen Ordnung $\mathbb{Z}[\xi]$. Der Körper $K' = \mathbb{Q}(\xi)$ enthält mit $\xi^2 - \xi$ auch eine Wurzel von $X^2 + 1$, hat also den quadratischen Zwischenkörper K mit der Diskriminante $d_K = -4$. Daher ist $d_{K'}$ durch 4^2 teilbar. Folglich hat die Ordnung $\mathbb{Z}[\xi]$ in der Hauptordnung $\mathfrak{o}'$ von K' den Index 1, kurz: $\mathbb{Z}[\xi] = \mathfrak{o}'$ und $d_{K'} = 272$.

Beispiel 2. Das Kompositum L des quadratischen Zahlkörpers $K_1 = \mathbb{Q}(\vartheta)$ mit $\vartheta^2 - \vartheta - 1 = 0$ sowie $d_{K_1} = 5$ und des kubischen Zahlkörpers $K_2 = \mathbb{Q}(\eta)$ mit $\eta^3 + \eta^2 - 2\eta - 1 = 0$ sowie $d_{K_2} = 49$ hat eine durch kgV$(d_{K_1}^3, d_{K_2}^2) = 125 \cdot 2\,401 = 300\,125$ teilbare Diskriminante d_L. Andererseits erhält man aus dem Minimalpolynom $X^3 + 2X^2 - X - 1$ von η^{-1} dasjenige von ϑ/η über $\mathbb{Q}(\vartheta)$ in $X^3 + 2\vartheta X^2 - \vartheta^2 X - \vartheta^3$. Damit hat ϑ/η in $\mathbb{Q}[X]$ das Minimalpolynom:

$$(X^3 + 2\vartheta X^2 - \vartheta^2 X - \vartheta^3)(X^3 + 2\vartheta' X^2 - \vartheta'^2 X - \vartheta'^3)$$

$$= X^6 + 2X^5 - 7X^4 - 2X^3 + 7X^2 + X - 1 =: F.$$

Mit der Methode am Schluß des Abschnittes folgt leicht $\Delta(F) = 300\,125$. Daher gilt $d_L = 300\,125$, und $(\vartheta/\eta)^k$ $(0 \leq k \leq 5)$ ist eine $\mathbb{Z}$-Basis von $\mathbb{Z}_L$.

Proposition 4. (Kleiner Differentensatz) *Die Zahlkörpererweiterung $K'|K$ habe die zugehörigen Ganzheitsringe $\mathbb{Z}_K = \mathfrak{o}$, $\mathbb{Z}_{K'} = \mathfrak{o}'$. Ferner sei $\mathfrak{p}'$ ein maximales Ideal von $\mathfrak{o}'$ und $\mathfrak{p} = \mathfrak{o} \cap \mathfrak{p}'$ das ihm in K entsprechende Primideal. Dann gilt: die Potenz $(\mathfrak{p}')^{e-1}$ mit dem um 1 verringerten Verzweigungsindex $e = e(\mathfrak{p}'|\mathfrak{p})$ als Exponenten ist ein Teiler der Relativdifferente $\mathfrak{D}_{K'|K}$.*

Beweis. In $\mathfrak{o}'$ gilt die Zerlegung $\mathfrak{p}\mathfrak{o}' = (\mathfrak{p}')^e\mathfrak{q}'$ mit einem zu $\mathfrak{p}'$ teilerfremden ganzen Ideal $\mathfrak{q}'$. Nach Proposition 2 genügt es, für die Spur $S = S_{K'|K}$ zu

zeigen $S(\mathfrak{p}'\mathfrak{q}') \subset \mathfrak{p}$; denn daraus folgt $\mathfrak{p}'\mathfrak{q}' \subset \mathfrak{p}\mathfrak{D}_{K'|K}^{-1}$, also $\mathfrak{D}_{K'|K} \subset (\mathfrak{p}')^{e-1}$.
Wir wählen eine K' umfassende Galoiserweiterung $L|K$, bezeichnen mit $\mathfrak{O}$
ihre Hauptordnung und mit $\sigma_1, \ldots, \sigma_n$ ein Vertretersystem der Nebenklassen
$\sigma \mathrm{Aut}(L|K')$ in $\mathrm{Aut}(L|K)$. Die Relativspur der $\alpha \in K'$ ist gegeben durch

$$S(\alpha) = \sum_{j=1}^{n} \sigma_j(\alpha).$$

Mit der in $\mathfrak{p}$ enthaltenen Primzahl p gilt für alle $\beta \in \mathfrak{o}'$ die Kongruenz
$S(\beta)^p \equiv S(\beta^p) \pmod{\mathfrak{p}}$, da die Differenz beider Seiten in $p\mathfrak{O} \cap K \subset \mathfrak{p}$ liegt.
Rekursiv ergibt sich so

$$S(\alpha)^{p^N} \equiv S(\alpha^{p^N}) \pmod{\mathfrak{p}} \quad \text{speziell für alle} \quad \alpha \in \mathfrak{p}'\mathfrak{q}', \ N \in \mathbb{N}.$$

Nun ist $\alpha^{p^N} \in \mathfrak{p}\mathfrak{o}' \subset \mathfrak{p}\mathfrak{O}$, falls $p^N \geq e$ ist. Damit ist auch $\sigma_j(\alpha^{p^N}) \in \mathfrak{p}\mathfrak{O}$ und
folglich $S(\alpha)^{p^N} \in (\mathfrak{p}\mathfrak{O}) \cap \mathfrak{o} = \mathfrak{p}$. Weil $\mathfrak{p}$ eine Primideal ist, geht das nur, wenn
bereits $S(\alpha) \in \mathfrak{p}$ ist. Damit haben wir $S(\mathfrak{p}'\mathfrak{q}') \subset \mathfrak{p}$ bewiesen. $\square$

Bemerkung. Nach dem kleinen Differentensatz ist für Erweiterungen $K'|K$
von Zahlkörpern jedes maximale Ideal $\mathfrak{p}'$ der Hauptordnung $\mathfrak{o}'$ von K', das
über K verzweigt ist, ein Teiler der Relativdifferente. Insbesondere ist die
Menge der über K verzweigten Primideale $\mathfrak{p}'$ von $\mathfrak{o}'$ stets endlich.

16.2   Über monogene Ordnungen in Zahlkörpern

Mit einem allgemeinen Satz über Dualbasen separabler Körpererweiterungen
lassen sich die dualen Gitter monogener Ordnungen bestimmen.

Satz 2. *Es seien α ein primitives Element der separablen Körpererweiterung
$K'|K$ vom Grad n und $f \in K[X]$ sein Minimalpolynom. Die zur Potenzbasis
$(\alpha^k)_{0 \leq k \leq n-1}$ bezüglich der Spur $S = S_{K'|K}$ duale Basis ist $(\beta_i/f'(\alpha))_{0 \leq i \leq n-1}$.
Darin sind die Zähler β_i die Koeffizienten des Polynoms*

$$\frac{f(X)}{X - \alpha} = \sum_{i=0}^{n-1} \beta_i X^i.$$

Beweis. Wir argumentieren in einem K' enthaltenden Zerfällungskörper L
des Polynoms f; dort hat es n verschiedene Wurzeln $\alpha_1, \ldots, \alpha_n$. Nach der
Lagrangeschen Interpolationsformel bilden die Elemente

$$P_j(X) = \frac{1}{f'(\alpha_j)} \frac{f(X)}{X - \alpha_j} \quad (1 \leq j \leq n)$$

eine Basis des Unterraumes $L[X]_n$ von $L[X]$ aller Polynome vom Grade $< n$.
Das Gleichungssystem $P_j(\alpha_k) = \delta_{jk}$ $(1 \leq j, k \leq n)$ drückt den Zusammenhang
mit der Interpolationsaufgabe aus. Speziell gelten die Formeln

$$\sum_{j=1}^{n} \frac{\alpha_j^k}{f'(\alpha_j)} \frac{f(X)}{X - \alpha_j} = X^k \quad (0 \leq k \leq n - 1). \qquad (*)$$

Bekanntlich sind die verschiedenen K-Homomorphismen von K' in L gegeben durch $\sigma_j(\alpha) = \alpha_j$ $(1\leq j\leq n)$. Damit schreibt sich das Gleichungssystem $(*)$

$$\sum_{j=1}^{n} \sum_{i=0}^{n-1} \sigma_j(\alpha^k)\sigma_j\Big(\beta_i/f'(\alpha)\Big) X^i = X^k \qquad (0 \leq k \leq n-1);$$

und ein Vergleich der Koeffizienten bei X^i beiderseits ergibt

$$\sum_{j=1}^{n} \sigma_j\Big(\alpha^k\beta_i/f'(\alpha)\Big) = S_{K'|K}\Big(\alpha^k\beta_i/f'(\alpha)\Big) = \delta_{ik} \qquad (0 \leq i,k \leq n-1). \quad \square$$

Satz 3. *Es sei $L|K$ eine Erweiterung von Zahlkörpern vom Grade n mit der Spur S. Die Hauptordnung in K sei $\mathfrak{o}$, die in L sei $\mathfrak{O}$. Zu jedem primitiven ganzen Element α der Erweiterung bildet $\mathfrak{o}[\alpha]$ eine Ordnung in L, und die Menge der $\omega \in L$ mit $S(\omega\mathfrak{o}[\alpha]) \subset \mathfrak{o}$ ist*

$$\mathfrak{o}[\alpha]^\star = f'(\alpha)^{-1}\mathfrak{o}[\alpha];$$

darin bezeichnet $f \in K[X]$ das Minimalpolynom von α. Nach Abschnitt 15.7, Proposition 2 liegen seine Koeffizienten in $\mathfrak{o}$. Überdies zerfällt das Hauptideal $f'(\alpha)\mathfrak{O} = \mathfrak{D}_{L|K}\mathfrak{F}$ in das Produkt der Differente von $L|K$ und des größten in $\mathfrak{o}[\alpha]$ enthaltenen $\mathfrak{O}$-Ideals $\mathfrak{F}$, des Führers von $\mathfrak{o}[\alpha]$.

Beweis. 1) Das System $(\alpha^i)_{0\leq i\leq n-1}$ bildet eine K-Basis von L. Also wird $\mathfrak{o}[\alpha]$ ein Gitter in L. Nach Satz 2 ist die Menge der gesuchten ω über das Polynom $f(X)/(X-\alpha) = \sum_{i=0}^{n-1} \beta_i X^i$ gegeben als $\mathfrak{o}[\alpha]^\star = f'(\alpha)^{-1} \sum_{i=0}^{n-1} \beta_i\mathfrak{o}$. Mithin bleibt zu beweisen $\sum_i \beta_i\mathfrak{o} = \mathfrak{o}[\alpha]$. Wegen $f \in \mathfrak{o}[X]$ folgt aus der Identität

$$f = (X-\alpha)\sum_{i=0}^{n-1} \beta_i X^i = \beta_{n-1}X^n + \sum_{m=1}^{n-1}(\beta_{m-1} - \alpha\beta_m)X^m - \alpha\beta_0$$

neben $\beta_{n-1} = 1$ auch $\beta_{m-1} - \alpha\beta_m \in \mathfrak{o}$ $(1\leq m\leq n-1)$. Daher ergibt sich $\beta_{m-1} \in \mathfrak{o}[\alpha]$ für $m = n, n-1, \ldots, 1$, also $B := \sum_{i=0}^{n-1} \beta_i\mathfrak{o} \subset \mathfrak{o}[\alpha]$, aber ebenso $1 \in \beta_{n-1}\mathfrak{o}$ und induktiv $\alpha^j \in \sum_{i=n-j-1}^{n-1} \beta_i\mathfrak{o}$ für $j = 1, \ldots, n-1$. Damit haben wir schließlich $B = \mathfrak{o}[\alpha]$.

2) Die Inklusion $\mathfrak{o}[\alpha] \subset \mathfrak{O}$ liefert für die bezüglich S dualen Gitter

$$\mathfrak{D}_{L|K}^{-1} = \mathfrak{O}^\star \subset \mathfrak{o}[\alpha]^\star = f'(\alpha)^{-1}\mathfrak{o}[\alpha].$$

Daher ist $\mathfrak{D}_{L|K}^{-1} \subset f'(\alpha)^{-1}\mathfrak{O}$, was dasselbe bedeutet wie $f'(\alpha)\mathfrak{O} \subset \mathfrak{D}_{L|K}$. Das Hauptideal $f'(\alpha)\mathfrak{O}$ ist also teilbar durch die Differente: $f'(\alpha)\mathfrak{O} = \mathfrak{D}_{L|K}\mathfrak{F}$ mit dem Ideal $\mathfrak{F} = f'(\alpha)\mathfrak{O}^\star \subset f'(\alpha)\mathfrak{o}[\alpha]^\star$. Nach Teil 1) ist deshalb $\mathfrak{F} \subset \mathfrak{o}[\alpha]$. Ist umgekehrt $\mathfrak{A}$ ein in $\mathfrak{o}[\alpha]$ enthaltenes $\mathfrak{O}$-Ideal, dann gilt für die dualen Gitter

$$f'(\alpha)^{-1}\mathfrak{o}[\alpha] = \mathfrak{o}[\alpha]^\star \subset \mathfrak{A}^\star.$$

Da $\mathfrak{A}$ die $\mathfrak{o}[\alpha]$ umfassende Ordnung $\mathfrak{O}$ hat, folgt durch Multiplikation mit $\mathfrak{A}$ die Inklusion $f'(\alpha)^{-1}\mathfrak{A} \subset \mathfrak{A}^\star \cdot \mathfrak{A}$. Nach demselben Schluß wie in Proposition 1 gilt $\mathfrak{A}^\star \cdot \mathfrak{A} = \mathfrak{D}_{L|K}^{-1}$. Also ist $\mathfrak{A}$ enthalten in $\mathfrak{D}_{L|K}^{-1}f'(\alpha) = \mathfrak{F}$. Der Führer $\mathfrak{F}$ ist somit das größte in $\mathfrak{o}[\alpha]$ enthaltene $\mathfrak{O}$-Ideal. $\square$

16.3   Der zweite Dedekindsche Hauptsatz

Definition. Es sei $L|K$ eine Zahlkörpererweiterung. Für Elemente $\alpha \in L$ wird die *Zahldifferente* in Bezug auf K definiert über das Hauptpolynom $F(X) = H_{L|K}(\alpha, X) \in K[X]$ mittels der Ableitung $\delta(\alpha) = \delta_{L|K}(\alpha) := F'(\alpha)$.

Aufgrund der Beziehung zwischen Haupt- und Minimalpolynom ist die Zahldifferente $\delta(\alpha)$ genau dann nicht Null, wenn α ein primitives Element von $L|K$ ist (vgl. 14.1).

Satz 4. (Zweiter Dedekindscher Hauptsatz) *Es sei $L|K$ eine Erweiterung von Zahlkörpern und $\mathfrak{O} = \mathbb{Z}_L$ sei die Hauptordnung von L. Dann ist die Differente $\mathfrak{D}_{L|K}$ von $L|K$ gleich dem größten gemeinsamen Idealteiler der Zahldifferenten $\delta_{L|K}(\alpha)$ sämtlicher Elemente $\alpha \in \mathfrak{O}$:*

$$\mathfrak{D}_{L|K} = \sum_{\alpha \in \mathfrak{O}} \delta_{L|K}(\alpha)\mathfrak{O}.$$

Beweis. 1) Es genügt, primitive Elemente $\alpha \in \mathfrak{O}$ für die Erweiterung $L|K$ zu betrachten. Satz 3 liefert in diesem Fall über den Führer $\mathfrak{F}$ der Ordnung $\mathfrak{o}[\alpha]$ die Formel $F'(\alpha)\mathfrak{O} = \delta(\alpha)\mathfrak{O} = \mathfrak{D}_{L|K}\mathfrak{F}$, worin F zugleich Haupt- und Minimalpolynom von α in $K[X]$ ist und $\mathfrak{o}$ die Hauptordnung von K.

2) Jede Nebenklasse $\alpha + \mathfrak{A}$ eines beliebigen ganzen Ideals $\mathfrak{A} \neq \{0\}$ von $\mathfrak{O}$ enthält primitive Elemente: Zunächst ist das $\mathfrak{o}$-Ideal $\mathfrak{A} \cap \mathfrak{o}$ nicht Null, da es beispielsweise die natürlich Zahl $\mathfrak{N}(\mathfrak{A})$ enthält. Also hat es unendlich viele Elemente. Andererseits hat L nur endlich viele Teilkörper. Für jedes α in der fixierten Nebenklasse modulo $\mathfrak{A}$, für das der Grad $(K(\alpha)|K)$ maximal ist, gilt $K(\alpha) = L$. Zum Beweis betrachte man für ein $\beta \in \mathfrak{O}$ die Körper $K(\alpha + \beta a)$ $(a \in \mathfrak{A} \cap \mathfrak{o})$. Unter ihnen gibt es Koinzidenzen: Es existieren $a_1 \neq a_2$ in $\mathfrak{A} \cap \mathfrak{o}$ mit $L' := K(\alpha + \beta a_1) = K(\alpha + \beta a_2)$. Daher ist $\beta \in L'$, und auch $\alpha \in L'$; nach Wahl von α ist $L' = K(\alpha)$. Also gilt $\beta \in K(\alpha)$ für alle $\beta \in \mathfrak{O}$ und daher ist $K(\alpha) = L$.

3) Zu jedem maximalen Ideal $\mathfrak{P}$ von $\mathfrak{O}$ gibt es ein primitives ganzes Element α von $L|K$, für das der Führer $\mathfrak{F}$ der Ordnung $\mathfrak{o}[\alpha]$ nicht durch $\mathfrak{P}$ teilbar ist: Zum Beweis bezeichne p die in $\mathfrak{P}$ enthaltene Primzahl. Dann gilt mit einer natürlichen Zahl e die Gleichung $p\mathfrak{O} = \mathfrak{P}^e\mathfrak{Q}$, wo $\mathfrak{Q}$ ein zu $\mathfrak{P}$ koprimes Ideal in $\mathfrak{O}$ ist. Nach Proposition 3 in 13.5 gibt es eine Restklasse $\vartheta + \mathfrak{P}^2$, deren Elemente ϑ Primitivwurzeln modulo $\mathfrak{P}$ sind, und für die gilt

$$\vartheta^{\mathfrak{N}(\mathfrak{P})} - \vartheta \not\equiv 0 \bmod \mathfrak{P}^2.$$

Nach dem Chinesischen Restsatz enthält sie ein $\vartheta_0 \equiv 0 \pmod{\mathfrak{Q}}$. Aus Teil 2) ergibt sich somit die Existenz eines primitiven Elementes $\alpha \in \vartheta_0 + \mathfrak{P}^2\mathfrak{Q}$ von $L|K$. Bewiesen wird die Behauptung $\mathfrak{F} + \mathfrak{P} = \mathfrak{O}$ aufgrund von Satz 3 durch die Angabe eines zu $\mathfrak{P}$ koprimen Hauptideales $y\mathfrak{O} \subset \mathfrak{o}[\alpha]$.— Die Menge $\Gamma = \{0, \alpha, \ldots, \alpha^{\mathfrak{N}(\mathfrak{P})-1}\}$ bildet ein Vertretersystem der Restklassen $\gamma + \mathfrak{P}$ in $\mathfrak{O}$, und $\pi = \alpha^{\mathfrak{N}(\mathfrak{P})} - \alpha$ ist ein in $\mathfrak{o}[\alpha]$ liegendes Element von $\mathfrak{P} \setminus \mathfrak{P}^2$.

Deshalb enthält die Ordnung $o[\alpha]$ nach Proposition 4 in Abschnitt 13.5 ein Vertretersystem von $\mathfrak{O}$ modulo $\mathfrak{P}^m$ für jede natürliche Zahl m. Man zerlege die Norm $N := N_{L|\mathbb{Q}}(\delta(\alpha))$ der Zahldifferente $\delta(\alpha)$ bezüglich $\mathbb{Q}$ in der Form $N = p^k b$, $k \in \mathbf{N}_0$, $b \in \mathbb{Z} \setminus p\mathbb{Z}$, und setze $y = \alpha^k b$. Dann ist y prim zu $\mathfrak{P}$. Es bleibt $y\mathfrak{O} \subset o[\alpha]$ zu zeigen. Weil das (ganzzahlige) Hauptpolynom von $\delta(\alpha)$ über $\mathbb{Q}$ die Nullstelle $\delta(\alpha)$ hat, liegt sein konstanter Term $\pm N$ im Ideal $\delta(\alpha)\mathfrak{O}$. Nach Satz 3 gilt $\delta(\alpha)\mathfrak{O} = \mathfrak{D}_{L|K}\mathfrak{F} \subset o[\alpha]$, wo $\mathfrak{F}$ der Führer von $o[\alpha]$ ist. Man fixiere ein $m \geq ek$. Zu jedem $\omega \in \mathfrak{O}$ gibt es einen Vertreter $\beta \in o[\alpha]$ mit $\omega - \beta \in \mathfrak{P}^m$. Also ist $(\omega - \beta)y = (\omega - \beta)\alpha^k b \in (\mathfrak{P}^e\mathfrak{Q})^k b = N\mathfrak{O} \subset o[\alpha]$ wegen $\alpha \in \mathfrak{Q}$ und $N \in \delta(\alpha)\mathfrak{O}$. Da mit β und y auch $\beta y \in o[\alpha]$ ist, ergibt sich $\omega y \in o[\alpha]$ für alle $\omega \in \mathfrak{O}$. $\square$

Bemerkung zum Beweis. Nach Teil 3) gibt es zu jedem Primideal $\mathfrak{P} \neq \{0\}$ in L ein primitives ganzes Element α von $L|K$ mit folgenden Eigenschaften:

a) Der Führer der Ordnung $o[\alpha]$ ist prim zu $\mathfrak{P}$,

b) es gilt $\alpha \equiv 0 \pmod{\mathfrak{Q}}$, wobei $p\mathfrak{O} = \mathfrak{P}^e\mathfrak{Q}$ mit der in $\mathfrak{P}$ enthaltenen Primzahl $p \in \mathbb{Z}$ und mit einem zu $\mathfrak{P}$ koprimen Ideal $\mathfrak{Q}$ ist,

c) für alle natürlichen Zahlen m enthält die Ordnung $o[\alpha]$ ein Vertretersystem der Restklassen modulo $\mathfrak{P}^m$ in $\mathfrak{O}$.

Zusatz. *Es seien K_1, K_2 zwei endliche Erweiterungen des Zahlkörpers K in einem gemeinsamen Oberkörper $\overline{K}$ mit dem Kompositum $L = K_1 \cdot K_2$. Ein Primideal $\mathfrak{p}$ in der Hauptordnung o von K teilt die Relativdiskriminante $\mathfrak{d}_{L|K} = \mathfrak{d}$ genau dann, wenn es eine der Relativdiskriminanten $\mathfrak{d}_{K_1|K} = \mathfrak{d}_1$ oder $\mathfrak{d}_{K_2|K} = \mathfrak{d}_2$ teilt.*

Beweis. Nach Proposition 3 ist $\mathfrak{d}_1$ sowie $\mathfrak{d}_2$ ein Teiler von $\mathfrak{d}$; also teilt $\mathfrak{p}$ die Relativdiskriminante $\mathfrak{d}$, wenn es $\mathfrak{d}_1$ oder $\mathfrak{d}_2$ teilt. Sei nun $\mathfrak{p}$ ein $\mathfrak{d}$ teilendes Primideal in o, das aber $\mathfrak{d}_1$ nicht teilt. Dann gibt es ein Primideal $\mathfrak{P}$ in der Hauptordnung $\mathfrak{O}$ von L über $\mathfrak{p}$, das in der Differente $\mathfrak{D}_{L|K}$ aufgeht. Es teilt das Ideal $\mathfrak{D}_{K_1|K} \cdot \mathfrak{O}$ nicht, weil $\mathfrak{p}$ kein Teiler seiner Relativnorm $\mathfrak{d}_1$ bezüglich K ist. Wegen $\mathfrak{D}_{L|K} = \mathfrak{D}_{K_1|K} \cdot \mathfrak{D}_{L|K_1}$ ist daher $\mathfrak{P}$ ein Teiler von $\mathfrak{D}_{L|K_1}$. Sei nun α ein primitives ganzes Element von $K_2|K$. Es ist auch ein primitives Element von $L|K_1$. Sein Minimalpolynom über K bzw. über K_1 sei F bzw. G. Nach Proposition 2 in 15.7 haben F und G ganze Koeffizienten in K_1. Bei Division von F durch das normierte Polynom G entsteht eine Gleichung $F = GH$ mit einem Polynom $H \in K_1[X]$, welches wieder ganze Koeffizienten hat. Aus dieser Gleichung folgt $F'(\alpha) = G'(\alpha)H(\alpha)$. Also ist $F'(\alpha) \in G'(\alpha)\mathfrak{O}$. Nach Satz 4 gelten die Inklusionen $G'(\alpha)\mathfrak{O} \subset \mathfrak{D}_{L|K_1} \subset \mathfrak{P}$, mithin fällt die Zahldifferente $\delta_{K_2|K}(\alpha) = F'(\alpha)$ in $\mathfrak{P} \cap K_2$ für alle ganzen primitiven Zahlen α von $K_2|K$. Somit ist nach Satz 4, bezogen auf die Erweiterung $K_2|K$, die Differente $\mathfrak{D}_{K_2|K}$ durch $\mathfrak{P} \cap K_2$ teilbar, und folglich ihre Relativnorm $\mathfrak{d}_2$ auch durch $\mathfrak{p}$ teilbar. $\square$

(Die hier betrachtete Situation wird in Aufgabe 2 wieder aufgegriffen.)

16.4   Der dritte Dedekindsche Hauptsatz

Wir wenden uns jetzt der expliziten Bestimmung des $\mathfrak{P}$-Exponenten in der Prim-
zerlegung der Relativdifferente $\mathfrak{D}_{L|K}$ zu, vorerst für Galoiserweiterungen $L|K$
durch Rückgriff auf die HILBERTsche Untergruppenkette zu $\mathfrak{P}$ in der Galoisgruppe
(Abschnitt 15.8).

Satz 5. *Es sei $L|K$ eine Galoiserweiterung von Zahlkörpern mit den zugehörigen
Hauptordnungen $\mathfrak{o} = \mathbb{Z}_K$ sowie $\mathfrak{O} = \mathbb{Z}_L$ und der Galoisgruppe G. Weiter sei $\mathfrak{P}$
ein maximales Ideal in $\mathfrak{O}$ und $\mathfrak{p} = \mathfrak{P} \cap \mathfrak{o}$ das zugehörige Primideal in $\mathfrak{o}$. Sodann
bezeichne G_{-1} die Zerlegungsgruppe von $\mathfrak{P}$, und für jedes $n \in \mathbb{N}_0$ sei G_n die n-te
Verzweigungsgruppe von $\mathfrak{P}$. Dann gilt für den $\mathfrak{P}$-Exponenten in $\mathfrak{D}_{L|K}$ die Formel*

$$v_{\mathfrak{P}}(\mathfrak{D}_{L|K}) \;=\; \sum_{n=0}^{\infty} (n{+}1)\,|G_n \smallsetminus G_{n+1}| \;=\; \sum_{n=0}^{\infty} (|G_n| - 1)\,.$$

Beweis. Nach Abschnitt 15.8 ist $G_n = \{\mathrm{id}_L\}$ für hinreichend große Indizes n;
deshalb ist die Summe sinnvoll. Zum Beweis der Formel wählen wir ein Element
$\alpha \in L$ gemäß der Bemerkung zum Beweis von Satz 4. Nun gilt $\sigma^{-1}(\mathfrak{P}) \neq \mathfrak{P}$ für
alle $\sigma \in G \smallsetminus G_{-1}$; also ist $\sigma^{-1}(\mathfrak{P})$ ein Primteiler von $\mathfrak{Q}$. Weil $\alpha \in \mathfrak{Q}$ ist, ergibt das
$\sigma(\alpha) \in \mathfrak{P}$, aber $\alpha \notin \mathfrak{P}$, also

$$\alpha - \sigma(\alpha) \;\in\; \mathfrak{O} \smallsetminus \mathfrak{P} \quad \text{für alle} \quad \sigma \in G \smallsetminus G_{-1}\,.$$

Da jeder Automorphismus $\sigma \in G_{-1} \smallsetminus G_0$ als nichttrivialer Automorphismus der
Restklassenerweiterung $\mathfrak{O}/\mathfrak{P}$ über $\mathfrak{o}/\mathfrak{p}$ wirkt und da $\mathfrak{o}[\alpha]$ ein Vertretersystem der
Restklassen $\gamma + \mathfrak{P}$ von $\mathfrak{P}$ in $\mathfrak{O}$ enthält, gilt die Kongruenz $\sigma(\alpha) \equiv \alpha \pmod{\mathfrak{P}}$ für
$\sigma \in G_{-1}$ nur, falls $\sigma \in G_0$ ist. Damit haben wir

$$\alpha - \sigma(\alpha) \;\in\; \mathfrak{O} \smallsetminus \mathfrak{P} \quad \text{für alle} \quad \sigma \in G_{-1} \smallsetminus G_0\,.$$

Im Fall $n \geq 0$ ist für $\sigma \in G_n \smallsetminus G_{n+1}$ indes $\inf\{v_{\mathfrak{P}}(x - \sigma(x))\,;\; x \in \mathfrak{O}\} = n + 1$.
Schreibt man $x = \beta + \gamma$ mit passenden $\gamma \in \mathfrak{P}^{n+2}$ und $\beta = \sum_{i=0}^{N-1} b_i \alpha^i \in \mathfrak{o}[\alpha]$, dann
ist $x - \sigma(x) \equiv \beta - \sigma(\beta) \pmod{\mathfrak{P}^{n+2}}$. Da aber die Differenz $\beta - \sigma(\beta)$ in $\mathfrak{o}[\alpha]$ den
Faktor $\alpha - \sigma(\alpha)$ abspaltet, wird $v_{\mathfrak{P}}(\beta - \sigma(\beta)) \geq v_{\mathfrak{P}}(\alpha - \sigma(\alpha))$, also

$$v_{\mathfrak{P}}(\alpha - \sigma(\alpha)) \;=\; n + 1 \quad \text{für alle} \quad \sigma \in G_n \smallsetminus G_{n+1}\,.$$

Das Hauptpolynom von α zur Erweiterung $L|K$ hat die Gestalt

$$f(X) \;=\; H_{L|K}(\alpha, X) \;=\; \prod_{\sigma \in G} (X - \sigma(\alpha))\,.$$

Daraus ergibt sich die Differente

$$\delta_{L|K}(\alpha) \;=\; f'(\alpha) \;=\; \prod_{\sigma \in G \smallsetminus \{\mathrm{id}_L\}} (\alpha - \sigma(\alpha))\,.$$

Wenn man nun beachtet, daß $v_{\mathfrak{P}}(\mathfrak{D}_{L|K}) = v_{\mathfrak{P}}(\delta_{L|K}(\alpha))$ ist, so erhält man die
behauptete Formel aus den $\mathfrak{P}$-Beiträgen der Faktoren. $\qquad\qquad\square$

In Abschnitt 15.8 hatten wir eine Charakterisierung der Zerlegungs- und Trägheitskörper von Galoiserweiterungen eines Zahlkörpers durch Extremaleigenschaften
gefunden. Ergänzend charakterisieren wir jetzt auch die Verzweigungskörper.

Proposition 5. *Es sei $L|K$ eine endliche Galoiserweiterung von Zahlkörpern mit der Galoisgruppe G. Ferner sei $\mathfrak{P}$ ein maximales Ideal in der Hauptordnung von L sowie $(G_m)_{m \geq -1}$ die Hilbertsche Untergruppenkette zu $\mathfrak{P}$ und K_m der Fixkörper von G_m in L. Dann gilt für jeden Index $n \geq 0$: Alle Zwischenkörper K' von $L|K$ vom Grad $(K'|K) = (K_n|K)$ genügen der Abschätzung*

$$v_{\mathfrak{P}}(\mathfrak{D}_{L|K'}) \leq v_{\mathfrak{P}}(\mathfrak{D}_{L|K_n}),$$

und das Gleichheitszeichen steht genau dann, wenn $K' = K_n$ ist.

Beweis. Es sei $G' = \mathrm{Aut}(L|K')$ die dem Körper K' zugeordnete Untergruppe der Galoisgruppe. Damit folgt aus der Voraussetzung $|G_n| = |G'|$. Die m-te Verzweigungsgruppe von $L|K_n$ zu $\mathfrak{P}$ ist G_n, falls $m \leq n$ ist und G_m sonst. Überdies gilt $|G_m \cap G'| \leq |G'| = |G_n|$, falls $m \leq n$, sowie $|G_m \cap G'| \leq |G_m|$, falls $m > n$ ist. Deshalb liefert Satz 5, angewandt auf die Erweiterungen $L|K'$ und $L|K_n$, die Abschätzung $v_{\mathfrak{P}}(\mathfrak{D}_{L|K'}) \leq v_{\mathfrak{P}}(\mathfrak{D}_{L|K_n})$. Das Gleichheitszeichen tritt hier nur dann ein, wenn es in den vorhergehenden Abschätzungen an jeder Stelle eintritt. Für $m = n$ ergibt sich speziell die Bedingung $|G_n \cap G'| = |G_n|$, also wegen $|G'| = |G_n|$ sogar $G_n = G'$. Hieraus folgt nach dem Hauptsatz der Galoistheorie $K_n = K'$. $\square$

Satz 6. (Dritter Dedekindscher Hauptsatz, Dedekindscher Differentensatz) *Es sei $K'|K$ eine Erweiterung von Zahlkörpern mit der Relativdifferente $\mathfrak{D}_{K'|K}$ und mit den Hauptordnungen $\mathfrak{o}' = \mathbb{Z}_{K'}$ sowie $\mathfrak{o} = \mathbb{Z}_K$. Für jedes Primideal $\mathfrak{p}' \neq \{0\}$ von $\mathfrak{o}'$ mit dem in $\mathfrak{o}$ zugeordneten Primideal $\mathfrak{p} = \mathfrak{p}' \cap \mathfrak{o}$ und dem Verzweigungsindex $e = e(\mathfrak{p}'|\mathfrak{p})$ gilt*

$$
\begin{aligned}
v_{\mathfrak{p}'}(\mathfrak{D}_{K'|K}) &= e - 1, &\text{falls}\quad e \not\equiv 0 \ (\mathrm{mod}\, p) \quad\text{ist und} \\
v_{\mathfrak{p}'}(\mathfrak{D}_{K'|K}) &\geq e, &\text{falls}\quad e \equiv 0 \ (\mathrm{mod}\, p) \quad\text{ist.}
\end{aligned}
$$

Darin bedeutet p die in $\mathfrak{p}$ enthaltene rationale Primzahl. Insbesondere teilt das Primideal $\mathfrak{p}'$ die Relativdifferente $\mathfrak{D}_{K'|K}$ genau dann, wenn der Verzweigungsindex $e(\mathfrak{p}'|\mathfrak{p}) > 1$ ist. Durch Normbildung erhält man die analoge Aussage für die Relativdiskriminante (Diskriminantensatz).

Beweis. Man wähle eine Galoiserweiterung $L|K$ mit K' als Zwischenkörper. Dann ist auch $L|K'$ galoissch. Daher kann Satz 5 auf $L|K$ und auf $L|K'$ angewendet werden. Die K' zugeordnete Untergruppe der Galoisgruppe G von $L|K$ sei G'. In der Hauptordnung $\mathfrak{O}$ von L wählen wir ein Primideal $\mathfrak{P}$ über $\mathfrak{p}'$. Mit der n-ten Verzweigungsgruppe G_n von $\mathfrak{P}$ bezüglich K ist offenbar $G'_n = G' \cap G_n$ die n-te Verzweigungsgruppe von $\mathfrak{P}$ bezüglich K' ($n \in \mathbb{N}_0$). Wir schreiben abkürzend $v_n = |G_n|$, $v'_n = |G'_n|$ und erhalten aus Satz 5 folgende Formeln:

$$v_{\mathfrak{P}}(\mathfrak{D}_{L|K}) = \sum_{n=0}^{\infty} (v_n - 1), \qquad v_{\mathfrak{P}}(\mathfrak{D}_{L|K'}) = \sum_{n=0}^{\infty} (v'_n - 1).$$

Aufgrund von Proposition 3 haben wir $\mathfrak{D}_{L|K} = \mathfrak{D}_{L|K'}\,\mathfrak{D}_{K'|K}$ und damit

$$v_{\mathfrak{P}}(\mathfrak{D}_{K'|K}\mathfrak{O}) = v_{\mathfrak{P}}(\mathfrak{D}_{L|K}) - v_{\mathfrak{P}}(\mathfrak{D}_{L|K'}) = \sum_{n=0}^{\infty}(v_n - v'_n).$$

Die Multiplikativität der Verzweigungsindizes ergibt für $e' = e(\mathfrak{P}|\mathfrak{p}')$ mit Satz 11 in Abschnitt 15.8 die Formel $ee' = e(\mathfrak{P}|\mathfrak{p}) = v_0$ und deshalb

$$v_{\mathfrak{p}'}(\mathfrak{D}_{K'|K}) = \frac{1}{e'}\, v_{\mathfrak{P}}(\mathfrak{D}_{K'|K}\,\mathfrak{D}) = \frac{1}{e'} \sum_{n=0}^{\infty} (v_n - v_n') \geq \frac{1}{e'}\,(v_0 - v_0') = e - 1\,.$$

Nun ist nach dem Zusatz zu Satz 11 in Abschnitt 15.8 die höchste p-Potenz in $ee' = |G_0| = [G_0 : G_1]|G_1|$ gegeben durch den Faktor $|G_1|$; analog ist die höchste p-Potenz in $e' = |G_0'| = [G_0' : G_1']|G_1'|$ der Faktor $|G_1'|$. Also ist e genau dann nicht durch p teilbar, wenn $G_1 = G_1'$ ist. Wegen $G_n' = G_n \cap G'$ folgt aus der Monotonie der Folge der G_n hier sogar $G_n = G_n'$ und damit $v_n = v_n'$ für alle $n \geq 1$. Mithin gilt dann in der letzten Abschätzung das Gleichheitszeichen, und sonst nicht. □

Satz 7. (Über Eisensteinpolynome) *Das Polynom $f = X^n + \sum_{k=0}^{n-1} a_k X^k$ in $\mathbb{Z}[X]$ habe bezüglich der Primzahl $p \in \mathbb{Z}$ die Eigenschaften $a_k \in p\mathbb{Z}$ ($0 \leq k \leq n-1$) und $a_0 \not\equiv 0 \pmod{p^2}$. Ferner sei π eine Nullstelle von f. Dann besitzt die Maximalordnung $\mathfrak{o}$ von $K = \mathbb{Q}(\pi)$ genau ein maximales Ideal $\mathfrak{p}$, welches p enthält. Es hat den Restklassengrad 1, daher gilt $p\mathfrak{o} = \mathfrak{p}^n$. Überdies ist der Führer von $\mathbb{Z}[\pi]$ nicht durch $\mathfrak{p}$ teilbar, also insbesondere der Index $[\mathfrak{o} : \mathbb{Z}[\pi]]$ nicht durch p teilbar.*

Beweis. 1) Nach dem Eisensteinkriterium ist f irreduzibel in $\mathbb{Q}[X]$ (Satz 10 in Abschnitt 12.6). Insbesondere ist $\mathbb{Q}(\pi)|\mathbb{Q}$ vom Grad n und $N(\pi) = (-1)^n a_0$. Sei $\mathfrak{p}$ ein p enthaltendes Primideal von $\mathfrak{o}$. Wegen $a_k \in \mathfrak{p}$ ($0 \leq k \leq n-1$) ist $\pi^n \in \mathfrak{p}$, also $\pi \in \mathfrak{p}$. Aus der Zerlegung $\pi\mathfrak{o} = \mathfrak{p}\mathfrak{q}$ liefert die Anwendung der Absolutnorm

$$|a_0| = \mathfrak{N}(\pi\mathfrak{o}) = \mathfrak{N}(\mathfrak{p})\,\mathfrak{N}(\mathfrak{q})$$

und daraus mit $v_p(a_0) = 1$ die Gleichungen $\mathfrak{N}(\mathfrak{p}) = p$, $\mathfrak{N}(\mathfrak{q}) = |a_0|/p \in \mathbb{Z} \smallsetminus p\mathbb{Z}$. Deshalb hat $\mathfrak{p}$ den Restklassengrad 1, und kein weiteres Primideal enthält p. Mithin ist $p\mathfrak{o} = \mathfrak{p}^n$ (Satz 5 in Abschnitt 13.4).

2) Die Ordnung $\mathbb{Z}[\pi]$ enthält mit π und den Zahlen von $\Gamma = \{0, 1, \ldots, p-1\}$ ein Vertretersystem der Restklassen modulo $\mathfrak{p}^m$ für jedes $m \in \mathbb{N}$ (Proposition 4 in Abschnitt 13.5). Nun ist $N_{K|\mathbb{Q}}(f'(\pi)) = p^k b$ mit passenden $k \in \mathbb{N}$, $b \in \mathbb{Z} \smallsetminus p\mathbb{Z}$. Wir werden $b\mathfrak{o} \subset \mathbb{Z}[\pi]$ beweisen. Daraus folgt $\mathfrak{f} + \mathfrak{p} = \mathfrak{o}$ für den Führer $\mathfrak{f}$ von $\mathbb{Z}[\pi]$. Jedes $\omega \in \mathfrak{o}$ hat einen Vertreter $\beta \in \mathbb{Z}[\pi]$ mit $\omega - \beta \in \mathfrak{p}^{nk} = p^k\mathfrak{o}$. Deshalb gilt $b(\omega - \beta) \in p^k b\mathfrak{o} = N_{K|\mathbb{Q}}(f'(\pi))\mathfrak{o} \subset f'(\pi)\mathfrak{o} \subset \mathfrak{f} \subset \mathbb{Z}[\pi]$. Weil $b\beta$ in $\mathbb{Z}[\pi]$ liegt, ist auch $b\omega \in \mathbb{Z}[\pi]$ für alle $\omega \in \mathfrak{o}$. Damit ist $b\mathfrak{o} \subset \mathfrak{f}$ bewiesen. Schließlich folgt aus der Gleichung $[\mathfrak{o} : \mathfrak{f}] = \mathfrak{N}(\mathfrak{f}) = [\mathfrak{o} : \mathbb{Z}[\pi]][\mathbb{Z}[\pi] : \mathfrak{f}]$ die Indexaussage, weil $\mathfrak{N}(\mathfrak{f})$ nicht durch p teilbar ist. □

Proposition 6. (Voll verzweigte Erweiterungen und Eisensteinpolynome) *Es sei K ein algebraischer Zahlkörper vom Grade n mit der Hauptordnung $\mathfrak{o}$. Für eine Primzahl $p \in \mathbb{Z}$ und ein Primideal $\mathfrak{p}$ in $\mathfrak{o}$ sei $p\mathfrak{o} = \mathfrak{p}^n$. Dann ist jedes $\pi \in \mathfrak{p} \smallsetminus \mathfrak{p}^2$ ein primitives Element der Erweiterung $K|\mathbb{Q}$, und sein Minimalpolynom $f \in \mathbb{Z}[X]$ ist ein Eisensteinpolynom bezüglich p.*

Beweis. Die $n + 1$ Elemente π^m ($0 \leq m \leq n$) sind linear abhängig über $\mathbb{Q}$. Deshalb gibt es ganze Zahlen c_m, die nicht alle in $p\mathbb{Z}$ liegen, mit

$$\sum_{m=0}^{n} c_m \pi^m = 0. \tag{$*$}$$

Nun sei k der kleinste Index mit $c_k \notin p\mathbb{Z}$. Wir beweisen $k = n$ auf indirektem Wege. Angenommen, es sei $k < n$. Wegen $v_\mathfrak{p}(p) = n$ ist dann

$$v_\mathfrak{p}(c_m \pi^m) \; = \; m + n\,v_p(c_m) \; \geq \; k+1$$

falls $m < k$ ist. Für $m > k$ ist diese Abschätzung selbstverständlich. Zusammen mit (*) ergäbe sich $c_k \pi^k = -\sum_{m \neq k} c_m \pi^m \in \mathfrak{p}^{k+1}$, was falsch ist. Daher gilt $k = n$. Es gibt insbesondere keine Relation (*) mit $c_n = 0$. Folglich sind $\pi^0, \pi^1, \dots, \pi^{n-1}$ linear unabhängig, das Minimalpolynom $f = X^n + \sum_{m=0}^{n-1} a_m X^m$ von π hat lauter Koeffizienten $a_m \in p\mathbb{Z}$. Wegen $\pi^n + \sum_{m=0}^{n-1} a_m \pi^m = 0$ liegt a_0 nicht in $\mathfrak{p}^{n+1}$, da sonst $\pi^n \in \mathfrak{p}^{n+1}$ folgt, was nach der Voraussetzung falsch ist. Also ist a_0 nicht durch p^2 teilbar, und damit ist f ein Eisensteinpolynom zur Primzahl p. □

Bemerkung. Nach Satz 7 ist der Führer der Ordnung $\mathbb{Z}[\pi]$ zu $\mathfrak{p}$ teilerfremd. Daher ist $v_\mathfrak{p}(\mathfrak{D}_{K|\mathbb{Q}}) = v_\mathfrak{p}(\delta_{K|\mathbb{Q}}(\pi))$ mit der Differente $\delta(\pi) = \sum_{m=1}^{n} m a_m \pi^{m-1}$ der Zahl π. Die $v_\mathfrak{p}$-Werte der von Null verschiedenen Summanden dieser Summe gehören in verschiedene Restklassen modulo n, da $v_\mathfrak{p}(a) \in n\mathbb{Z}$ für alle $a \in \mathbb{Z}$ gilt. Sie sind insbesondere paarweise verschieden, und daraus folgt

$$v_\mathfrak{p}(\mathfrak{D}_{K|\mathbb{Q}}) \; = \; \min_{1 \leq m \leq n} \Big(m - 1 + n v_p(m a_m) \Big).$$

Hier bezeichnet $v_p(a)$ den p-Exponenten in der Primfaktorisierung von $a \in \mathbb{Z}$, falls $a \neq 0$ ist, und sonst $v_p(0) = \infty$. Auf diese Gleichung wird im Beweis des Satzes von Kronecker-Weber zurückgegriffen, und zwar in Proposition 1 von 17.5.

16.5 Die Resultante zweier Polynome

In diesem Teil wird das Studium der Diskriminante normierter Polynome vorbereitet durch die Frage nach einem gemeinsamen Teiler positiven Grades zweier nichtkonstanter Polynome $f = \sum_{i=0}^{m} a_i X^{m-i}$ und $g = \sum_{k=0}^{n} b_k X^{n-k}$ im Polynomring $K[X]$ über einem Körper K. Hat $h = \mathrm{ggT}(f, g)$ positiven Grad, dann findet man durch Abspalten des Faktors h von g und von f ein Paar nicht gleichzeitig verschwindender Polynome F, G mit

$$fF + gG \; = \; 0 \qquad\qquad (*)$$

vom Grad $\deg G < \deg f$, $\deg F < \deg g$. Ist dagegen $\mathrm{ggT}(f, g) = 1$, dann ergibt sich für jedes Lösungspaar F, G von (*)

$$f \; = \; \mathrm{ggT}(f, fF) \; = \; \mathrm{ggT}(f, gG) \; = \; \mathrm{ggT}(f, G),$$

also $f | G$ und ganz analog $g | F$. Die Gleichung (*) hat also nicht gleichzeitig verschwindende Lösungen F, G mit $\deg G < \deg f$, $\deg F < \deg g$ genau dann, wenn $\mathrm{ggT}(f, g)$ von positivem Grad ist. Nun ist (*) ein homogenes lineares Gleichungssystem in den $n + m$ Koeffizienten von F und G als Unbestimmten mit der Koeffizientenmatrix

$$S = \begin{pmatrix} a_0 & & & & b_0 & & & \\ a_1 & \ddots & & & b_1 & \ddots & & \\ \vdots & \ddots & a_0 & & \vdots & \ddots & \ddots & \\ \vdots & & a_1 & b_n & & \ddots & & b_0 \\ a_m & & \vdots & & & \ddots & & b_1 \\ & \ddots & \vdots & & & & \ddots & \vdots \\ & & a_m & & & & & b_n \end{pmatrix} .$$

Definition. Die Determinante der traditionell transponiert notierten Matrix S^t wird als *Resultante* von f und g bezeichnet, kurz gefaßt

$$\mathrm{res}(f,g) := \det \begin{pmatrix} a_0 & a_1 & \cdots & \cdots & a_m & & & & \\ & \ddots & \ddots & & & & \ddots & & \\ & & a_0 & a_1 & \cdots & \cdots & a_m & \\ b_0 & b_1 & \cdots & b_n & & & & \\ & \ddots & \ddots & & \ddots & & & \\ & & \ddots & \ddots & & \ddots & & \\ & & & b_0 & b_1 & \cdots & b_n \end{pmatrix} .$$

Die ersten n Zeilen der Matrix enthalten nur Koeffizienten von f, wogegen die letzten m Zeilen allein mit den Koeffizienten von g gebildet werden.

Der neue Begriff der Resultante soll verträglich sein mit Homomorphismen von Ringen, die die Koeffizienten der betrachteten Polynome enthalten. Dazu ist es notwendig, die Determinantentheorie für quadratische Matrizen über Ringen $R \neq \{0\}$ zu verwenden (vgl. den Anhang). In den Polynomen $f = \sum_{j=0}^{m} a_j X^{m-j}$ und $g = \sum_{k=0}^{n} b_k X^{n-k}$ sollte deshalb nicht generell $a_0 \neq 0$ oder $b_0 \neq 0$ gefordert werden. Indessen sind die Parameter m und n mitzuführen. Sie heißen hier *formaler Grad* von f und g.— Der Matrizenkalkül über kommutativen Ringen $R \neq \{0\}$ hat analoge Grundlagen wie der über Körpern K:

Definitionen. Eine (additiv geschriebene) abelsche Gruppe M mit einer äußeren Verknüpfung $M \times R \to M$, genannt *Multiplikation mit Skalaren*, heißt ein *R-Modul*, wenn für alle $x, y \in M$ und alle $\lambda, \mu \in R$ gilt

$$\begin{aligned} (x + y)\lambda &= x\lambda + y\lambda \ , & x(\lambda + \mu) &= x\lambda + x\mu, \\ x(\lambda\mu) &= (x\lambda)\mu \ , & x \cdot 1 &= x. \end{aligned}$$

Ist M ein R-Modul, so sagt man, die Elemente $e_1, \ldots e_n \in M$ bilden ein *Erzeugendensystem* von M als R-Modul, wenn gilt $\sum_{i=1}^{n} e_i R = M$. Sie bilden ein *freies System* in M, wenn aus jeder Relation $\sum_{i=1}^{n} e_i \lambda_i = 0$ mit Skalaren

$\lambda_i \in R$ folgt $\lambda_i = 0$ für alle i. Ein endlich erzeugter R-Modul M heißt *frei*, wenn er ein freies Erzeugendensystem $e_1, \ldots, e_n$ besitzt. Jedes freie Erzeugendensystem von M wird auch als eine *R-Basis* von M bezeichnet.

Das Muster für R-Moduln liefert $R = \mathbb{Z}$ in den additiven abelschen Gruppen mit der Vielfachenbildung als skalarer Multiplikation. Der Satz 3 in 11.3 überträgt sich wörtlich auf endlicherzeugte freie R-Moduln M. Danach haben zwei R-Basen von M stets dieselbe Elementezahl; sie heißt der *Rang* von M.

Jede R-lineare Abbildung $\varphi: M \to M'$ zwischen zwei freien R-Moduln M und M' mit Basen $e_1, \ldots, e_n$ und $e_1', \ldots, e_m'$ wird in der bekannten Weise beschrieben durch eine $(m \times n)$-Matrix über R, die wir symbolisch mit „$\varphi(e)$ *durch* e'" bezeichnen:

$$(\varphi(e) \,/\, e') = (\alpha_{jk})$$

wegen der Gleichungen $\varphi(e_k) = \sum_{j=1}^{m} e_j' \alpha_{jk}$ $(1 \leq k \leq n)$. Ist $\tilde{e}' = \{\tilde{e}_1', \ldots, \tilde{e}_m'\}$ eine weitere Basis von M' mit der Summendarstellung $e_j' = \sum_{i=1}^{m} \tilde{e}_i' \gamma_{ij}$ durch die wieder suggestiv e' *durch* $\tilde{e}'$ benannte Übergangsmatrix $(e' \,/\, \tilde{e}') = (\gamma_{ij})$, dann gilt

$$(\varphi(e) \,/\, \tilde{e}') \;=\; (e' \,/\, \tilde{e}')\,(\varphi(e) \,/\, e')\,.$$

Den Basiswechsel $e \to \tilde{e}$ in M beschreibt eine analoge Formel:

$$(\varphi(\tilde{e}) \,/\, e') \;=\; (\varphi(e) \,/\, e')\,(\tilde{e} \,/\, e)\,.$$

Definition. Ein Polynomring $R[X]$ in der *Unbestimmten* X über dem Ring $R \neq \{0\}$ wird erklärt als ein kommutativer Ring, der R als Unterring enthält mit demselben Einselement wie R, und dessen Elemente f sich eindeutig als endliche R-Linearkombinationen der Potenzen X^n $(n \in \mathbb{N}_0)$ schreiben lassen:

$$f \;=\; \sum_{j=0}^{m} a_j X^{m-j}\,, \quad a_j \in R\,.$$

Ist $a_0 \neq 0$, so heißt m der *Grad* und a_0 der *Leitkoeffizient* von f. Das Polynom f heißt *normiert*, falls überdies $a_0 = 1$ ist.

Die Summe von f und $g = \sum_{k=0}^{n} b_k X^{n-k}$ wird gewonnen durch Addition der Koeffizienten zum gleichem Exponenten von X, während das Produkt durch die Formel gegeben ist

$$f g \;=\; \sum_{k=0}^{m+n} \left(\sum_{j=0}^{k} a_j b_{k-j} \right) X^{m+n-k}\,,$$

in der stillschweigend $a_r = 0$ und $b_s = 0$ gesetzt wurde für Indizes $r > m$ und $s > n$. Zu beachten ist, daß der Grad von $f g$ zwar stets höchstens $m + n$ ist, daß aber $\deg f g < m + n$ sein kann aufgrund von Nullteilern in R, selbst wenn $\deg f = m$ und $\deg g = n$ ist. Indessen gilt stets

$$\deg f g \;=\; \deg f + \deg g \,, \text{ falls } f \text{ normiert ist}\,.$$

Auch kann in diesem Fall die Division durch f mit Rest in R uneingeschränkt durchgeführt werden: Jede Nebenklasse $G + fR[X]$ in $R[X]$ enthält genau ein Element G_0 vom Grad $\deg G_0 < \deg f$.

Seiner Definition entsprechend enthält der Polynomring $R[X]$ für jede natürliche Zahl N in der Menge $R[X]_N$ aller Polynome von kleinerem Grad als N einen freien R-Modul vom Rang N mit der Basis $(X^{N-j})_{1 \leq j \leq N}$. Beispielsweise hat $R[X]_{m+n}$ neben der R-Basis $e = (X^{m+n-j}; \ 1 \leq j \leq m+n)$ für jedes normierte Polynom $f = \sum_{j=0}^{m} a_j X^{m-j}$ vom Grad m auch die R-Basis

$$\widetilde{e} \ = \ \left(X^{n-1}f, \ldots, X^0 f, X^{m-1}, \ldots, X^0 \right).$$

Eine Dreiecksmatrix A mit lauter Diagonalelementen 1 drückt $\widetilde{e}$ durch e aus, also ist $\det A = 1$. Jedes Polynom $g = \sum_{k=0}^{n} b_k X^{n-k}$ vom formalen Grad n definiert über $X^{n-k}f \mapsto X^{n-k}f$ $(1 \leq k \leq n)$ und $X^{m-j} \mapsto X^{m-j}g$ $(1 \leq j \leq m)$ einen R-Homomorphismus φ von $R[X]_{m+n}$ in sich. Zu ihm gehört, bezogen auf die Basis $\widetilde{e}$ im Urbild sowie e im Bild, die Matrix $(\varphi(\widetilde{e}) / e) = S$, die wir eingangs zur Definition der Resultante $\mathrm{res}(f, g) = \det S^t$ verwendet haben. Damit folgt aus der Matrixgleichung $(\varphi(\widetilde{e}) / e) = (\widetilde{e} / e)(\varphi(\widetilde{e}) / \widetilde{e})$ für den Basiswechsel die Determinantengleichung

$$\det \varphi \ = \ \det(\varphi(\widetilde{e}) / \widetilde{e}) \ = \ \mathrm{res}(f, g).$$

16.6   Eigenschaften der Resultante

Aus der Diskussion der voranstehenden Formel ist bereits ersichtlich, daß wir für Polynome $f = \sum_{j=0}^{m} a_j X^{m-j}$ und $g = \sum_{k=0}^{n} b_k X^{n-k} \in R[X]$ vom formalen Grad m und n die Definition der Resultante vom Anfang des vorigen Teilabschnittes durch die Formel $\mathrm{res}(f, g) = \det S^t$ übernehmen wollen. An ihr sind sofort die beiden elementaren Regeln zu erkennen:

$$\mathrm{res}(g, f) \ = \ (-1)^{mn} \, \mathrm{res}(f, g), \quad \mathrm{res}(af, bg) \ = \ a^n \, b^m \mathrm{res}(f, g) \quad \text{für} \quad a, b \in R.$$

Satz 8. *Es sei $R[X]$ der Polynomring in der Unbestimmten X über dem Ring $R \neq \{0\}$. Ferner sei $f \in R[X]$ normiert vom Grad $m > 0$ sowie $g \in R[X]$ ein Polynom vom formalen Grad $n > 0$. Dann ist der Faktorring $A = R[X]/fR[X]$ als R-Modul frei vom Rang m. Die Resultante $\mathrm{res}(f, g)$ ist zugleich die Norm $N_{A|R}(g(x))$, das ist die Determinante der R-linearen Selbstabbildung von A, die durch die Multiplikation $a \mapsto g(x)a$ $(a \in A)$ gegeben ist. Hier ist x das Bild $x = X + fR[X]$ von X in A.*

Beweis. Für jedes Polynom $G \in R[X]$ bezeichnen wir mit $V(G)$ das Element vom Grad $< m$ in der Nebenklasse $G + fR[X]$, also den Rest bei Division von G durch f. Dann ist für alle $G_1, G_2 \in R[X]$ und alle $\lambda \in R$

$$V(G_1 + G_2) \ = \ V(G_1) + V(G_2) \quad \text{und} \quad V(\lambda G_1) \ = \ \lambda V(G_1).$$

Dies bedeutet, daß V eine R-lineare Abbildung von $R[X]$ ist mit dem Bild $R[X]_m$ und dem Kern $fR[X]$. Insbesondere ist A als R-Modul isomorph zu $R[X]_m$. Die Multiplikation $a \mapsto g(x)a$ mit $g(x) \in A$ wird daher beschrieben durch $a \mapsto V(ga)$ in $R[X]_m$. Die Matrix dieser R-linearen Abbildung von A in sich bezüglich der Basis $(X^{m-j})_{1 \le j \le m}$ nennen wir $D(g)$.

Nun betrachten wir die R-lineare Abbildung φ, die am Schluß des letzten Teilabschnittes definiert wurde. Mittels der Basis $\tilde{e}$ haben wir $R[X]_{m+n}$ zerlegt als direkte Summe der beiden freien R-Moduln $fR[X]_n$ und $R[X]_m$. Auf dem ersten Summanden wirkt φ wie die Identität, während auf dem zweiten Summanden gilt

$$\varphi(a) = ga = (ga - V(ga)) + V(ga),$$

wo rechts der erste Summand in $fR[X]_n$ liegt und der zweite Summand in $R[X]_m$. Bezogen auf $\tilde{e}$ ergibt sich die Blockmatrix

$$(\varphi(\tilde{e})/\tilde{e}) = \begin{pmatrix} 1_n & * \\ 0 & D(g) \end{pmatrix},$$

deren Determinante den Wert $\mathrm{res}(f,g) = \det D(g) = N_{A|R}(g(x))$ hat. $\qquad\square$

Satz 9. (Produktzerlegung der Resultante) *Über einem Ring $R \neq \{0\}$ seien zwei Polynome der Form $f = a_0 \prod_{i=1}^{m}(X - \alpha_i)$, $g = b_0 \prod_{k=1}^{n}(X - \beta_k)$ mit Elementen $a_0, b_0, \alpha_i, \beta_k \in R$ gegeben. Dann gilt*

$$\mathrm{res}(f,g) = a_0^n b_0^m \prod_{1 \le i \le m} \prod_{1 \le k \le n} (\alpha_i - \beta_k).$$

Beweis. Nach den elementaren Regeln genügt es erstens, den Fall $a_0 = b_0 = 1$ zu behandeln. Zweitens ist für Produkte normierter Polynome nach Satz 8 aufgrund des Multiplikationssatzes für Determinanten

$$\begin{aligned}
\mathrm{res}(f_1 f_2, g) &= (-1)^{n(\deg f_1 + \deg f_2)} \, \mathrm{res}(g, f_1 f_2) \\
&= (-1)^{n \deg f_1} \mathrm{res}(g, f_1) \, (-1)^{n \deg f_2} \mathrm{res}(g, f_2) \\
&= \mathrm{res}(f_1, g) \, \mathrm{res}(f_2, g).
\end{aligned}$$

Weil für jedes $\alpha \in R$ gilt $g(X) \equiv g(\alpha) \pmod{(X-\alpha)}$, ergibt Satz 8 zunächst $\mathrm{res}(X - \alpha, g) = g(\alpha)$. Dann aber liefert die vorangestellte Produktformel

$$\mathrm{res}(f,g) = \prod_{i=1}^{m} g(\alpha_i).$$

Durch Eintragen der Zerlegung von g folgt die Behauptung des Satzes. $\qquad\square$

16.7   Die Diskriminante eines normierten Polynoms

Definition. Für normierte Polynome $f = X^m + \sum_{j=1}^m a_j X^{m-j}$ vom Grad m im Polynomring $R[X]$ über einem Ring $R \neq \{0\}$ wird die *Diskriminante* definiert durch die Formel

$$\Delta(f) \;=\; (-1)^{\frac{1}{2}m(m-1)} \operatorname{res}(f, f')\,.$$

Darin ist $f' = mX^{m-1} + \sum_{k=1}^{m-1}(m-k)a_k X^{m-1-k}$ die Ableitung von f vom formalen Grad $m-1$. Im Fall $f = \prod_{i=1}^m (X - \alpha_i)$ gilt $f' = \sum_{i=1}^m \prod_{k \neq i}(X - \alpha_k)$, daher liefert Satz 9 hier den Ausdruck

$$\Delta(f) \;=\; (-1)^{\frac{1}{2}m(m-1)} \prod_{i=1}^m f'(\alpha_i) \;=\; \prod_{i<k}(\alpha_k - \alpha_i)^2\,.$$

Er trat bereits im Zusammenhang der Galoistheorie in 15.1 auf.— Aus der Determinantenformel für die Resultante ergibt sich nach einigen Vertauschungen von Zeilen für die Diskriminante die Gleichung

$$\Delta(f) \;=\; \det \begin{pmatrix} 1 & a_1 & \cdots & a_{m-1} & a_m & & & \\ & \ddots & \ddots & & \ddots & \ddots & & \\ & & 1 & a_1 & \cdots & a_{m-1} & a_m \\ & & & m & \cdots & 2a_{m-2} & a_{m-1} \\ & & m & (m-1)a_1 & \cdots & a_{m-1} & \\ & \ddots & \ddots & & \ddots & & \\ m & (m-1)a_1 & \cdots & a_{m-1} & & & \end{pmatrix}\,.$$

Durch wiederholte Subtraktion geeigneter Vielfacher der ersten $m-1$ Zeilen von entsprechenden der letzten $m-1$ Zeilen gewinnen wir unter der Determinante eine Blockmatrix der Form

$$\begin{pmatrix} 1_{m-1} & * \\ 0 & A \end{pmatrix}\,,$$

in der die $(m \times m)$-Matrix $A = (a_{ik})_{1 \le i, k \le m}$ sich mit $a_0 = 1$ aus der folgenden Rekursionsvorschrift berechnet:

$$\begin{aligned} a_{1,k+1} &= (m-k)\,a_k & (0 \le k \le m),\quad \text{und für } i = 1, \ldots, m-1 \\ a_{i+1,k} &= a_{i,k+1} - a_{i,1} \cdot a_k & (1 \le k \le m),\quad a_{i+1,m+1} = 0 \end{aligned}$$

In Worten liest sich der Algorithmus so: Man schreibt zuerst die Koeffizienten von f in eine Zeile. Dann bilden die Koeffizienten von f' die erste Zeile von A: $a_{1,k} = (m+1-k)a_{k-1}$. Ist $(a_{i,k})_{1 \le k \le m}$ die i-te Zeile von A, so verlängert man sie um das Element $a_{i,m+1} = 0$, subtrahiert davon das $a_{i,1}$-fache der Koeffizientenzeile von f und verschiebt die so entstehende, mit 0 beginnende Zeile um eine Stelle nach links. Dies ergibt die $(i+1)$-te Zeile von A:

$$a_{i+1,k} \;=\; a_{i,k+1} - a_{i,1} \cdot a_k \quad (1 \le k \le m)\,.$$

Beispiel 1. $\Delta(X^2 + aX + b) = \det A = a^2 - 4b$.

$$1 \qquad a \qquad b \quad \| -2$$

$$\begin{pmatrix} 2 & a \\ -a & -2b \end{pmatrix} = A\,.$$

Beispiel 2. $\Delta(X^3 + aX^2 + bX + c) = \det A = -4a^3c + a^2b^2 + 18abc - 4b^3 - 27c^2$.

$$1 \qquad a \qquad b \qquad c \quad \| -3 \| \quad a$$

$$\begin{pmatrix} 3 & 2a & b \\ -a & -2b & -3c \\ a^2 - 2b & ab - 3c & ac \end{pmatrix} = A\,.$$

✱✱✱✱✱✱✱✱✱ $\Delta(X^6 + 2X^5 - 7X^4 - 2X^3 + 7X^2 + X - 1) = 300\,125$ ✱✱✱✱✱✱✱✱✱

$$1 \qquad 2 \qquad -7 \qquad -2 \qquad 7 \qquad 1 \quad -1 \| -6 \| 2 \| -18 \| 44 \| -182$$

$$\det \begin{pmatrix} 6 & 10 & -28 & -6 & 14 & 1 \\ -2 & 14 & 6 & -28 & -5 & 6 \\ 18 & -8 & -32 & 9 & 8 & -2 \\ -44 & 94 & 45 & -118 & -20 & 18 \\ 182 & -263 & -206 & 288 & 62 & -44 \\ -627 & 1068 & 652 & -1212 & -226 & 182 \end{pmatrix} = 300\,125$$

Aufgabe 1. Man bestimme unter Verwendung des Zwischenkörpers $K = \mathbb{Q}(\sqrt{2})$ die Hauptordnung und die Differente des Körpers $L = \mathbb{Q}\left(\sqrt{1+\sqrt{2}}\right)$.

Aufgabe 2. (Zum zweiten Dedekindschen Hauptsatz) Es seien K_1, K_2 zwei endliche Erweiterungen des Zahlkörpers K in einem gemeinsamen Oberkörper $\overline{L}$, und $L = K_1 \cdot K_2$ bezeichne ihr Kompositum sowie $\mathfrak{O}$ dessen Hauptordnung. Dann gilt für die Differenten $\mathfrak{D}_{K_2|K}\mathfrak{O} \subset \mathfrak{D}_{L|K_1}$. Anleitung: Jedes primitive ganze Element α von $K_2|K$ ist auch ein primitives Element von $L|K_1$, und für dessen Zahldifferenten gilt $\delta_{L|K_1}(\alpha) \mid \delta_{K_2|K}(\alpha)$.

Aufgabe 3. Es sei $d = d_1 \cdot d_2 \cdots d_r$ die Diskriminante eines quadratischen Zahlkörpers $K \subset \mathbb{C}$, zerlegt in das Produkt von r verschiedenen Primdiskriminanten d_j (vgl. Aufgabe 1 in Abschnitt 13). Der von den r Wurzeln $\sqrt{d_j}$ ($1 \leq j \leq r$) erzeugte Teilkörper L von $\mathbb{C}$ ist unverzweigt über K, d.h. es gilt $\mathfrak{D}_{L|K} = \mathbb{Z}_L$. Anleitung: Man verwende mehrfach Aufgabe 2 und den Zusatz zu Satz 4.

Aufgabe 4. Man leite für normierte Polynome $f = X^4 + aX^3 + bX^2 + cX + d$ vierten Grades die Diskriminantenformel her

$$\begin{aligned} \Delta(f) = \ & -27a^4d^2 + 18a^3bcd - 4a^3c^3 - 4a^2b^3d + a^2b^2c^2 \\ & + 144a^2bd^2 - 6a^2c^2d - 80ab^2cd + 18abc^3 - 192acd^2 \\ & + 16b^4d - 4b^3c^2 - 128b^2d^2 + 144bc^2d - 27c^4 + 256d^3\,. \end{aligned}$$

Dies kann entweder aufgrund des Algorithmus in 16.7 geschehen oder unter Verwendung der kubischen Resolvente von f (vgl. Aufgabe 3 in Abschnitt 15).

Aufgabe 5. Die normierten Polynome $Q \in \mathbb{Z}[X]$ vierten Grades mit den Werten $Q(-1) = \varepsilon_-$, $Q(0) = \varepsilon$, $Q(1) = \varepsilon_+$ mit $\varepsilon, \varepsilon_-, \varepsilon_+ \in \{\pm 1\}$ sind:

$$Q = X^4 - aX^3 + \left(\tfrac{1}{2}(\varepsilon_+ + \varepsilon_-) - \varepsilon - 1\right) X^2 + \left(a + \tfrac{1}{2}(\varepsilon_+ - \varepsilon_-)\right) X + \varepsilon \quad (a \in \mathbb{Z}).$$

Bis auf drei Ausnahmen sind sie irreduzibel. Sie werden untereinander vertauscht durch die Substitutionen $Q \mapsto Q(-X)$, $Q \mapsto \varepsilon X^4 Q(1/X)$. Alle möglichen Fälle erhält man so bereits aus den folgenden fünf Klassen mit $a \in \mathbb{N}_0$:

s	$Q_{s,a}$	Δ
-3	$X^4 - aX^3 - 3X^2 + aX + 1,$	$(a^2 + 4)^2 (4a^2 + 25),$
-2	$X^4 - aX^3 - 2X^2 + (a-1)X + 1,$	$4(a^2 - a)^3 + 16(a^2 - a)^2 - 72(a^2 - a) - 283,$
-1	$X^4 - aX^3 - X^2 + aX + 1,$	$(a^2 - 4)^2 (4a^2 + 9),$
0	$X^4 - aX^3 + (a+1)X - 1,$	$4(a^2 + a)^3 - 48(a^2 + a)^2 + 84(a^2 + a) - 283,$
1	$X^4 - aX^3 + X^2 + aX - 1,$	$4a^6 - 47a^4 + 112a^2 - 400.$

Man bestätige die angegebenen Formeln für die Diskriminante Δ und zeige, daß diese Polynome bis auf endlich viele Ausnahmen vier reelle Nullstellen haben. Tip: Für reelle separable f hängt $\operatorname{sgn}\Delta(f)$ allein von der Zahl der nichtreellen Wurzeln von f ab.

Aufgabe 6. Die Diskriminante $\Delta(f) = \prod_{j<i}(\alpha_i - \alpha_j)^2$ eines normierten Polynoms $f = \prod_{i=1}^n (X - \alpha_i)$ ist ein Polynom in den $n = \deg f$ Nullstellen $\alpha_1, \ldots, \alpha_n$ von f, das sich bei Vertauschung der Wurzeln von f nicht ändert. Man sagt deshalb, sie sei ein *symmetrisches Polynom* in $\alpha_1, \ldots, \alpha_n$. Die nächstliegenden symmetrischen Polynome sind die Koeffizienten von $f = \sum_{k=0}^n a_k X^{n-k}$:

$$a_k = (-1)^k \prod_{1 \le i_1 < \cdots < i_k \le n} \alpha_{i_1} \cdots \alpha_{i_k}.$$

Hier ist $a_0 = 1$. Weitere symmetrische Polynome sind die *Potenzsummen*

$$p_k = \sum_{i=1}^n \alpha_i^k \quad (k \in \mathbb{N}_0).$$

Speziell ist $p_0 = n$. Von I. NEWTON stammen die Formeln

$$\sum_{l=0}^{k-1} a_l p_{k-l} + k\, a_k = 0 \quad (1 \le k < n) \quad \text{und} \quad \sum_{l=0}^n a_l p_{n+k-l} = 0 \quad (k \ge 0).$$

Zu ihrem Nachweis ersetze man in der Gleichung $f'(X) = \sum_{i=1}^n \dfrac{f(X)}{X - \alpha_i}$ die Zähler rechts durch $f(X) - f(\alpha_i)$ und entwickle wieder nach Potenzen von X:

$$\sum_{k=0}^{n-1} (n-k) a_k X^{n-k-1} = \sum_{0 \le l < k < n} a_l p_{k-l} X^{n-k-1}.$$

17 Kreisteilungskörper über $\mathbb{Q}$

Die Kreisteilungskörper spielen eine große Rolle in der Entwicklung der Mathematik. Dies belegen schon die drei folgenden Beispiele. C. F. GAUSS gab eine Konstruktion für das regelmäßige 17-Eck mittels Zirkel und Lineal an über die Kette der Teilkörper $\mathbb{Q} = K_0 \subset K_1 \subset K_2 \subset K_3 \subset K_4 = \mathbb{Q}(\zeta_{17})$ des 17-ten Kreisteilungskörpers mit den relativen Graden $(K_i | K_{i-1}) = 2$. E. E. KUMMER machte einen entscheidenden Fortschritt bei der Überprüfung der FERMATschen Vermutung, nach der die Gleichung $x^n + y^n = z^n$ in positiven ganzen Zahlen x, y, z unlösbar ist für jeden Exponenten $n > 2$. Dazu formulierte KUMMER, nachdem zuvor klar war, daß nur die Unlösbarkeit für $n = 4$ und Primzahlen $n = p > 2$ zu beweisen ist, die Frage in ein arithmetisches Problem der p-ten Kreisteilungskörper um. Hierbei wurde ihm bewußt, daß an die Stelle des Satzes über die eindeutige Zerlegung in Produkte von Primzahlpotenzen in $\mathbb{Z}$ eine neue Theorie der Teilbarkeit, die spätere Idealtheorie, zu treten hätte. L. KRONECKER sprach den Satz aus, daß jede *abelsche* Erweiterung des Körpers der rationalen Zahlen, also jede Galoiserweiterung $L|\mathbb{Q}$ mit abelscher Galoisgruppe, enthalten ist in einem Kreisteilungskörper. Dies ist der Anfang der *Klassenkörpertheorie*.

Nach den Bemerkungen in Abschnitt 15.5 über die Adjunktion von Einheitswurzeln zu diversen Grundkörpern wissen wir, daß der Zerfällungskörper von $X^m - 1$ über dem Körper der rationalen Zahlen eine Galoiserweiterung $K = \mathbb{Q}(\zeta_m)|\mathbb{Q}$ ist, die von einer der *primitiven* m-ten Einheitswurzeln ζ_m erzeugt wird, also einer der Erzeugenden der Gruppe μ_m aller m-ten Einheitswurzeln in K. Das m-te Kreisteilungspolynom

$$\Phi_m = \prod_{\substack{1 \le s \le m \\ \mathrm{ggT}(s,m)=1}} (X - \zeta_m^s)$$

hat Koeffizienten im Fixkörper $\mathbb{Q}$ der Galoisgruppe. Als normierter Teiler des Polynoms $X^m - 1$ hat es nach dem GAUSSschen Satz (Bemerkung 2 zu Satz 9 in 12.6) sogar lauter Koeffizienten in $\mathbb{Z}$. Mit den Kreisteilungskörpern zu Einheitswurzeln von Primzahlpotenzordnung $m = q = p^a$ haben wir die Grundlage für die rekursive Behandlung des allgemeinen Falles. Danach wird ein Satz von Kummer über die Fermatsche Vermutung hergeleitet. Dann stellen wir das Zerlegungsverhalten der Primzahlen in den Kreisteilungskörpern dar. Schließlich bildet der Beweis des genannten Satzes von KRONECKER–WEBER den krönenden Abschluß dieses Abschnittes.— Wir werden alle hier auftretenden Zahlkörper als Teilkörper des Körpers der komplexen Zahlen auffassen. Nach dem Satz über die wesentliche Eindeutigkeit des Zerfällungskörpers eines Polynoms bei gegebenem Grundkörper bedeutet dies keine Einschränkung der Allgemeinheit.

17.1   Einheitswurzeln von Primzahlpotenzordnung

Satz 1. *Es sei $q > 2$ eine Potenz der Primzahl p, und ζ sei eine primitive q-te Einheitswurzel über dem Körper $\mathbb{Q}$ der rationalen Zahlen. Dann ist*

$$\Phi_q \;=\; \frac{X^q - 1}{X^{q/p} - 1} \;=\; \sum_{k=0}^{p-1} X^{kq/p}$$

das Minimalpolynom von ζ über $\mathbb{Q}$. Ferner wird $\mathfrak{o} = \mathbb{Z}[\zeta]$ die Hauptordnung von $\mathbb{Q}(\zeta)$, und ihre Diskriminante ist

$$d(\mathfrak{o}) \;=\; d(\zeta^0, \dots, \zeta^{\varphi(q)-1}) \;=\; (-1)^{\frac{1}{2}\varphi(q)}\, q^{\varphi(q)} p^{-q/p}.$$

Schließlich ist p die einzige in $\mathbb{Q}(\zeta)$ verzweigte Primzahl; ihre Zerlegung ist $p\mathfrak{o} = \mathfrak{p}^{\varphi(q)}$, worin das Primideal $\mathfrak{p}$ von dem Element $\pi = \zeta - 1$ erzeugt wird.

Beweis. Das normierte Polynom $(X^q - 1)/(X^{q/p} - 1)$ hat dieselben Nullstellen wie Φ_q und den gleichen Grad $\varphi(q)$; deshalb stimmt es mit Φ_q überein. Wir zeigen jetzt, daß $\Phi_q(X + 1)$ ein Eisensteinpolynom zur Primzahl p ist:

$$\Phi_q(X + 1) \;=\; \sum_{k=0}^{p-1} (X + 1)^{kq/p} \;\equiv\; \sum_{k=0}^{p-1} (X^{q/p} + 1)^k$$

$$=\; \frac{(X^{q/p} + 1)^p - 1}{(X^{q/p} + 1) - 1} \;=\; \frac{(X^{q/p} + 1)^p - 1}{X^{q/p}} \;\equiv\; X^{\varphi(q)} \pmod{p}.$$

Das konstante Glied in $\Phi_q(X + 1)$ ist offenbar gleich p. Also ist $\Phi_q(X + 1)$ ein Eisensteinpolynom bezüglich der Primzahl p und als solches irreduzibel. Mit ihm ist auch Φ_q irreduzibel. Die Nullstelle $\pi = \zeta - 1$ von $\Phi_q(X + 1)$ hat, da $\varphi(q)$ gerade ist, die Norm $N(\pi) = N(1 - \zeta) = \Phi_q(1) = p$. Nun ergibt Satz 7 in Abschnitt 16.4, daß π das einzige p enthaltende Primideal $\mathfrak{p}$ in $\mathfrak{o}$ erzeugt und daß dafür gilt $p\mathfrak{o} = \mathfrak{p}^{\varphi(q)}$. Die Ordnung $\mathbb{Z}[\zeta]$ hat die Diskriminante

$$d \;=\; \Delta(\Phi_q) \;=\; (-1)^{\frac{1}{2}\varphi(q)} \cdot N(\Phi_q'(\zeta)).$$

Es wird $N(\zeta) = (-1)^{\varphi(q)} = 1$, und wegen $(1 - X^{q/p})\,\Phi_q = 1 - X^q$ ist

$$N(\Phi_q'(\zeta)) \;=\; N\!\left(\frac{-q\zeta^{q-1}}{1 - \zeta^{q/p}}\right) \;=\; \frac{q^{\varphi(q)}}{N(1 - \zeta^{q/p})}.$$

Die Potenz $\zeta^{q/p}$ ist eine primitive p-te Einheitswurzel. Im Zwischenkörper $K = \mathbb{Q}(\zeta^{q/p})$ der p-ten Einheitswurzeln gilt $p = \Phi_p(1) = N_{K|\mathbb{Q}}(1 - \zeta^{q/p})$. Also ergibt der Normschachtelsatz $N(1 - \zeta^{q/p}) = p^{q/p}$, und damit

$$d \;=\; (-1)^{\frac{1}{2}\varphi(q)} \cdot q^{\varphi(q)} p^{-q/p}.$$

Der Index von $\mathbb{Z}[\zeta] = \mathbb{Z}[\pi]$ in $\mathfrak{o}$ ist nach Satz 7 in 16.4 nicht durch p teilbar, aber sein Quadrat teilt die Diskriminante $d(\mathbb{Z}[\zeta])$ (vgl. Proposition 2 in 12.3). Da ihr Betrag eine reine p-Potenz ist, folgt $[\mathfrak{o} : \mathbb{Z}[\zeta]] = 1$. $\qquad\square$

17.2 Der m-te Kreisteilungskörper

Satz 2. *Es sei $\prod_{i=1}^{r} q_i$ die Zerlegung der natürlichen Zahl $m > 1$ als Produkt von Potenzen $q_i = p_i^{a_i} > 1$ paarweise verschiedener Primzahlen p_i. Außerdem sei $\varepsilon = \zeta_m$ eine primitive m-te Einheitswurzel in $\mathbb{C}$. Dann ist das m-te Kreisteilungspolynom Φ_m in $\mathbb{Q}[X]$ irreduzibel. Insbesondere ist $\mathbb{Q}(\varepsilon)\,|\,\mathbb{Q}$ eine Galoiserweiterung vom Grade $\varphi(m)$ mit einer zur primen Restklassengruppe $(\mathbb{Z}/m\mathbb{Z})^{\times}$ kanonisch isomorphen Galoisgruppe. Sobald r größer als 1 ist, gilt $\Phi_m(1) = 1$, während für die Potenzen q einer Primzahl p gilt $\Phi_q(1) = p$. Die Hauptordnung von $\mathbb{Q}(\varepsilon)$ wird $\mathfrak{o} = \mathbb{Z}[\zeta_m]$, und sie hat die Diskriminante*

$$d(\mathbb{Z}[\zeta_m]) \;=\; \prod_{i=1}^{r} d\big(\mathbb{Z}[\zeta_{q_i}]\big)^{\varphi(m/q_i)}.$$

Beweis durch Induktion nach r. 1) Im Fall $r = 1$ stehen die Behauptungen in Satz 1, bis auf $m = 2$, wo $\Phi_2 = X + 1$ ist und wo daher alle Behauptungen trivial sind. Angenommen, sie gelten für Einheitswurzeln ε, deren Ordnung m nur r Primteiler hat. Jede natürliche Zahl m' mit $r + 1$ verschiedenen Primteilern läßt sich faktorisieren als $m' = mq$, wo $q = p^a > 1$ eine zu m teilerfremde Potenz einer Primzahl $p > 2$ ist. Nun sei ζ eine primitive q-te Einheitswurzel. Wir zeigen zunächst

$$\mathbb{Q}(\varepsilon) \cap \mathbb{Q}(\zeta) = \mathbb{Q}. \qquad (*)$$

Vorläufig bezeichne K die linke Seite. Nach Satz 1 hat $p\mathbb{Z}[\zeta]$ in $\mathbb{Z}[\zeta]$ eine Primzerlegung der Form

$$p\,\mathbb{Z}[\zeta] \;=\; \mathfrak{P}^{\varphi(q)}$$

mit einem Primideal $\mathfrak{P}$ vom Restklassengrad 1. Jetzt wenden wir den Zusatz zu Satz 7 in 13.6 an auf die Erweiterungen $\mathbb{Q}(\zeta)\,|\,K\,|\,\mathbb{Q}$ statt auf $L\,|\,K'\,|\,K$. Das Hauptideal $p\mathfrak{o}_K$ hat danach auch nur einen Primteiler $\mathfrak{p}$, und dieser hat ebenfalls den Restklassengrad 1. Mithin gilt die Zerlegung

$$p\mathfrak{o}_K \;=\; \mathfrak{p}^{(K|\mathbb{Q})}.$$

Auf der anderen Seite ist nach Induktionsvoraussetzung die Primzahl p kein Teiler der Diskriminante des m-ten Kreisteilungskörpers $\mathbb{Q}(\varepsilon)$. Also sind alle Primidealteiler von $p\mathbb{Z}[\varepsilon]$ nach dem kleinen Differentensatz unverzweigt. Dies gilt erst recht für die Primidealteiler $\mathfrak{p}$ von $p\mathfrak{o}_K$ im Zwischenkörper K. Also ist $e = (K\,|\,\mathbb{Q}) = 1$. Nun ist $\mathbb{Q}(\varepsilon, \zeta)$ der mq-te Kreisteilungskörper über $\mathbb{Q}$ und zugleich das Kompositum der Körper $\mathbb{Q}(\varepsilon)$ und $\mathbb{Q}(\zeta)$. Folglich ergibt die Gleichung $(*)$ nach dem Verschiebungssatz der Galoistheorie (Satz 5 in Abschnitt 15.4) die Gradgleichung

$$(\mathbb{Q}(\varepsilon, \zeta)\,|\,\mathbb{Q}) \;=\; (\mathbb{Q}(\varepsilon)\,|\,\mathbb{Q}) \cdot (\mathbb{Q}(\zeta)\,|\,\mathbb{Q}) \;=\; \varphi(m)\varphi(q) \;=\; \varphi(mq).$$

Das Produkt $\eta = \varepsilon\zeta$ ist als eine primitive mq-te Einheitswurzel auch ein primitives Element der Erweiterung $\mathbb{Q}(\varepsilon, \zeta)\,|\,\mathbb{Q}$. Sein Minimalpolynom in $\mathbb{Q}[X]$ hat also den Grad $\varphi(mq)$. Da das normierte Kreisteilungspolynom Φ_{mq} ebenfalls den Grad $\varphi(mq)$ und die Wurzel η hat, ist es ihr Minimalpolynom. Insbesondere ist Φ_{mq} irreduzibel in $\mathbb{Q}[X]$. Die Formel

$$\Phi_{mq} = \Phi_m(X^q)/\Phi_m(X^{q/p}) \qquad (**)$$

folgt wieder daraus, daß beide Seiten dieselben Nullstellen haben, normiert und von gleichem Grad sind. Einsetzung von 1 für X zeigt $\Phi_{mq}(1) = 1$. Damit ist der erste Teil für $r+1$ statt r bewiesen.

2) Die Erweiterung $\mathbb{Q}(\eta)\,|\,\mathbb{Q}$ hat die beiden Zwischenkörper $\mathbb{Q}(\zeta)$ und $\mathbb{Q}(\varepsilon)$. Daher ist die Diskriminante d von $\mathbb{Q}(\eta)$ teilbar durch $d(\mathbb{Z}[\zeta])^{\varphi(m)}$ und durch $d(\mathbb{Z}[\varepsilon])^{\varphi(q)}$ (Abschnitt 16.1, Bemerkung zu Proposition 3). Da diese beiden Zahlen teilerfremd sind, ist d teilbar durch ihr Produkt. Also ist zu zeigen, daß dieses Produkt die Diskriminante der $\mathbb{Q}$-Basis $(\eta^{k-1})_{1 \leq k \leq \varphi(mq)}$ von $\mathbb{Q}(\eta)$ ist. Aus der Gleichung $(**)$ ergibt sich durch Differention

$$\frac{q}{p} X^{q/p-1} \Phi'_m(X^{q/p}) \Phi_{mq}(X) + \Phi_m(X^{q/p}) \Phi'_{mq}(X) = q X^{q-1} \Phi'_m(X^q),$$

und man erhält durch Einsetzen von η für X die Gleichung

$$\Phi'_{mq}(\eta) = q \eta^{q-1} \Phi'_m(\eta^q) \Phi_m(\eta^{q/p})^{-1}.$$

Durch Anwendung der Norm $N = N_{\mathbb{Q}(\eta)|\mathbb{Q}}$ wird daraus (wegen $N(\eta) = 1$)

$$\begin{aligned}
d(\mathbb{Z}[\eta]) &= (-1)^{\frac{1}{2}\varphi(qm)(\varphi(qm)-1)} N\left(\Phi'_{mq}(\eta)\right) \\
&= \left[(-1)^{\frac{1}{2}\varphi(q)} q^{\varphi(q)}\right]^{\varphi(m)} N\left(\Phi'_m(\eta^q)\right) N\left(\Phi_m(\eta^{q/p})\right)^{-1}.
\end{aligned}$$

Bei der Berechnung des Vorzeichens hat man zu beachten, daß $\varphi(q)$ und $\varphi(mq) = \varphi(m)\varphi(q)$ beide gerade sind. Nun ist η^q ebenso wie ε eine primitive m-te Einheitswurzel. Deshalb liefert die Induktionsvoraussetzung mit dem Schachtelsatz für die Norm, bezogen auf den Zwischenkörper $K = \mathbb{Q}(\varepsilon)$:

$$N(\Phi'_m(\eta^q)) = N_{K|\mathbb{Q}}(\Phi'_m(\eta^q))^{\varphi(q)} = d(\mathbb{Z}[\varepsilon])^{\varphi(q)}.$$

Andererseits gilt $d(\mathbb{Z}[\zeta]) = (-1)^{\frac{1}{2}\varphi(q)} q^{\varphi(q)} p^{-q/p}$ nach Satz 1. Also bleibt zu zeigen $N(\Phi_m(\eta^{q/p})) = p^{\varphi(m)q/p}$. Die Zerlegung von Φ_m in Linearfaktoren über $\mathbb{Q}(\eta)$ liefert dazu mit einer Potenz η^* von η

$$\Phi_m(\eta^{q/p}) = \eta^* \prod_{\substack{s=1,\ldots,m \\ \mathrm{ggT}(s,m)=1}} \left(1 - \eta^{qs-q/p}\right).$$

Genau eine der Einheitswurzeln $\eta^{qs-q/p} = \eta^{(ps-1)q/p}$ hat eine Primzahlpotenzordnung, nämlich wenn $ps \equiv 1 \pmod{m}$ ist. Die Ordnung der übrigen ist mindestens durch zwei Primzahlen teilbar. Die letzte Aussage unter 1) ergibt dann nach dem Schachtelsatz für Normen die Gleichung $N(1 - \eta^{qs-q/p}) = 1$. Ist aber $ps \equiv 1 \pmod{m}$, so ist $\eta^{qs-q/p}$ eine primitive p-te Einheitswurzel. Über den Zwischenkörper $\mathbb{Q}(\zeta_p)$ folgt wegen $\Phi_p(1) = p$ die Behauptung

$$N\left(1 - \eta^{qs-q/p}\right) = p^{\varphi(m)q/p}. \qquad \square$$

17.3 Ein Satz zur Fermatschen Vermutung

Satz 3. (Kummersches Lemma) *Es sei ℓ eine Primzahl, $\ell > 2$, und ζ sei eine primitive ℓ-te Einheitswurzel. Dann gibt es zu jeder Einheit ε von $\mathbb{Z}[\zeta]$ einen Exponenten r und eine Einheit ε_+ in $\mathbb{Q}(\zeta + \zeta^{-1})$ mit $\varepsilon = \zeta^r \cdot \varepsilon_+$.*

Beweis. 1) Die Gruppe μ_K aller Einheitswurzeln in $K = \mathbb{Q}(\zeta)$ wird von $-\zeta$ erzeugt: Die Einheitswurzeln in K bilden natürlich eine Untergruppe von $K^\times$. Nach Satz 2 hat $\mathbb{Q}(\zeta_m) \mid \mathbb{Q}$ den Grad $\varphi(m)$; dieser geht mit m gegen ∞. Deshalb ist die Zahl der Einheitswurzeln in K endlich. Also ist μ_K eine endliche zyklische Gruppe (nach 3.5, Satz 7), etwa von der Ordnung m. Weil schon $-\zeta$ die Ordnung 2ℓ hat, ist m durch 2ℓ teilbar, also $m = 2\,\ell^a\,m'$ mit $a \geq 1$ und $\mathrm{ggT}(m', \ell) = 1$. Wegen $\mu_K \subset K$ gilt aber die Abschätzung

$$\varphi(m) \;=\; \varphi(\ell^a)\,\varphi(2m') \;\leq\; \varphi(\ell)\,.$$

Sie ist nur möglich, wenn $a = 1$ und $m' = 1$ gilt.

2) (KRONECKER) Jedes ganze Element α von K mit lauter Konjugierten $\sigma(\alpha)$ vom Betrage 1 ist eine Einheitswurzel. Zum Beweis stellen wir fest, daß auch alle Potenzen α^k $(k \in \mathbb{N})$ ganz sind und lauter Konjugierte $\sigma(\alpha^k)$ vom Betrage 1 haben. Ihre ganzzahligen Hauptpolynome

$$f_k(X) \;=\; \prod_{\sigma \in G}(X - \sigma(\alpha^k)) \;=\; \sum_{j=0}^{\ell-1} a_{jk}\,X^{\ell-1-j}$$

haben deshalb beschränkte Koeffizienten a_{jk}. Der Betrag $|a_{jk}|$ ist beschränkt durch den gleichindizierten Koeffizienten $\binom{\ell-1}{j}$ des Polynoms $(X + 1)^{\ell-1}$ $(0 \leq j \leq \ell-1)$. Folglich ist die Zahl der verschiedenen Polynome f_k endlich und mit ihnen auch die der verschiedenen Potenzen α^k. Insbesondere ist $\alpha^N = 1$ für einen Exponenten $N \in \mathbb{N}$ und mithin α eine Einheitswurzel.

3) Die zyklische Galoisgruppe $G \cong (\mathbb{Z}/\ell\mathbb{Z})^\times$ von $K \mid \mathbb{Q}$ enthält genau ein Element κ der Ordnung 2, gegeben durch $\zeta \mapsto \zeta^{-1}$. Es ist zugleich die Restriktion der komplexen Konjugation auf K. Der Quotient $\alpha = \varepsilon/\kappa(\varepsilon)$ ist eine ganze Zahl, deren Konjugierte $\sigma(\alpha) = \sigma(\varepsilon)/\sigma(\kappa(\varepsilon)) = \sigma(\varepsilon)/\kappa(\sigma(\varepsilon))$ den Betrag 1 haben; also ist α eine Einheitswurzel in K. Die Ordnung N von α ist nach Teil 1) des Beweises ein Teiler von 2ℓ, also gibt es ein $s \in \mathbb{Z}$ mit

$$\varepsilon \;=\; \pm\zeta^s \cdot \kappa(\varepsilon) \;=\; \pm\zeta^s\,\overline{\varepsilon}\,.$$

Hier gilt das Pluszeichen: Wir rechnen in der Hauptordnung $\mathfrak{o}$ von K modulo $\mathfrak{l} = \lambda\mathfrak{o}$ mit dem Erzeugenden $\lambda = \zeta - 1$ des ℓ enthaltenden Primideals. Weil $\mathfrak{l}$ den Restklassengrad 1 hat, existiert ein $t \in \mathbb{Z}$ mit $\varepsilon \equiv t \pmod{\mathfrak{l}}$. Da $\mathfrak{l}$ und t von allen Automorphismen $\sigma \in G$ festgelassen werden, gilt auch $\overline{\varepsilon} \equiv t \pmod{\mathfrak{l}}$. Wäre $\varepsilon = -\zeta^s\overline{\varepsilon}$, so ergäbe sich $t \equiv -\zeta^s\overline{\varepsilon} \equiv -t \pmod{\mathfrak{l}}$, also $2t \equiv 0 \pmod{\mathfrak{l}}$. Wegen $\ell \neq 2$ würde daraus $\varepsilon \equiv t \equiv 0 \pmod{\mathfrak{l}}$ folgen, was für eine Einheit ε natürlich immer falsch ist.— Schließlich existiert eine Zahl $r \in \mathbb{Z}$ mit $s \equiv 2r \pmod{\ell}$. Deshalb wird $\varepsilon/\zeta^r = \overline{\varepsilon}/\overline{\zeta}^r$, und somit liegt $\varepsilon/\zeta^r = \varepsilon_+$ im Fixkörper von κ. $\square$

Satz 4. (E. E. KUMMER) *Es sei ℓ eine Primzahl, größer als 2, und ζ sei eine primitive ℓ-te Einheitswurzel über $\mathbb{Q}$. Wenn zudem die Klassenzahl des Kreisteilungskörpers $\mathbb{Q}(\zeta)$ nicht durch ℓ teilbar ist, dann hat die Gleichung*

$$x^\ell + y^\ell = z^\ell$$

keine Lösung in Zahlen $x, y, z \in \mathbb{Z} \smallsetminus \ell\mathbb{Z}$.

Beweis. 1) Die Gleichung $x^3 + y^3 = z^3$ besitzt keine Lösung mit zu 3 teilerfremden ganzzahligen x, y, z, da ihre rechte Seite dann in eine der Restklassen $\pm 1 + 9\mathbb{Z}$ fiele, die linke Seite aber nicht. Wir nehmen an, es gibt für ein $\ell \geq 5$ doch eine Lösung der genannten Art. Dann gibt es auch eine solche Lösung mit teilerfremden Zahlen x, y, z. (Man erhält sie nach Division durch ihren größten gemeinsamen Teiler.) Aus dieser Lösung der Fermatgleichung haben wir in der Maximalordnung $\mathfrak{o}$ von $\mathbb{Q}(\zeta)$ wegen $X^\ell + 1 = \prod_{j=0}^{\ell-1}(X + \zeta^j)$ die Zerlegung

$$z^\ell = x^\ell + y^\ell = \prod_{j=0}^{\ell-1}(x + \zeta^j y). \qquad (*)$$

2) Wir zeigen nun, daß die Faktoren rechts in $(*)$ paarweise teilerfremde Hauptideale erzeugen: Wenn das nicht der Fall ist, gibt es Exponenten j, k in den Grenzen $0 \leq j < k \leq \ell - 1$, für die mit $\alpha = x + \zeta^j y$, $\beta = x + \zeta^k y$ die Ideale $\alpha\mathfrak{o}$ und $\beta\mathfrak{o}$ nicht koprim sind. Dann existiert ein Primideal $\mathfrak{p}$, das α und β enthält. Mit $s = k - j$ liegen folglich auch $(\beta - \alpha)\zeta^{-j} = (\zeta^s - 1)y$ und $\alpha\zeta^s - \beta = (\zeta^s - 1)x$ in $\mathfrak{p}$. Wegen $\mathrm{ggT}(x, y) = 1$ ergibt sich daraus $\zeta^s - 1 \in \mathfrak{p}$, also ist $\mathfrak{p} = \mathfrak{l}$ das einzige ℓ enthaltende Primideal von $\mathfrak{o}$. Jetzt ergibt die Gleichung $(*)$, daß $z^\ell \in \mathfrak{l}$ und deshalb auch $z \in \mathfrak{l} \cap \mathbb{Z} = \ell\mathbb{Z}$ ist entgegen der Voraussetzung über die Lösung.

3) Der Fundamentalsatz der Arithmetik in $\mathfrak{o}$ und Teil 2) ergeben, daß jedes der Ideale $(x + \zeta^j y)\mathfrak{o} = \mathfrak{a}_j^\ell$ die ℓ-te Potenz eines ganzen Ideals in $\mathfrak{o}$ ist. Da nach unserer Voraussetzung die Klassengruppe von $\mathbb{Q}(\zeta)$ kein Element der Ordnung ℓ besitzt, ist jeweils $\mathfrak{a}_j$ selbst ein Hauptideal. Im Fall $j = 1$ lassen wir nun den Index fort und schreiben

$$x + \zeta y = \gamma^\ell \varepsilon, \quad \varepsilon \in \mathfrak{o}^\times.$$

Nach dem Kummerschen Lemma gibt es eine Einheitswurzel $\eta = \zeta^r$ und ein ganzes Element $\varepsilon_+ \in \mathbb{Q}(\zeta + \zeta^{-1})$ mit $\varepsilon = \eta\varepsilon_+$. Da $\mathfrak{l}$ den Restklassengrad 1 hat, enthält jede Restklasse Elemente von $\mathbb{Z}$. So ist auch $\gamma \equiv a \pmod{\mathfrak{l}}$ für ein $a \in \mathbb{Z}$. Daraus folgt $\zeta^j \gamma \equiv a \pmod{\mathfrak{l}}$, da $\zeta^j - 1 \in \mathfrak{l}$ ist. Dies ergibt

$$a^\ell - \gamma^\ell = \prod_{j=0}^{\ell-1}(a - \zeta^j \gamma) \in \mathfrak{l}^\ell.$$

Mit der ganzen rationalen Zahl $b = a^\ell$ ist also speziell $\gamma^\ell \equiv b \pmod{\mathfrak{l}^\ell}$, und zusammenfassend haben wir

$$x + \zeta y \equiv b\eta\varepsilon_+ \pmod{\mathfrak{l}^\ell} \tag{$**$}$$

4) Jetzt behandeln wir zwei Sonderfälle, $\eta = 1$ und $\eta = \zeta$. Da $\mathfrak{l}$ invariant unter der Galoisgruppe von $\mathbb{Q}(\zeta) \mid \mathbb{Q}$ ist, liefert der Automorphismus κ von $\mathbb{Q}(\zeta)$, die komplexe Konjugation, im Fall $\eta = 1$

$$x + \zeta y \equiv b\varepsilon_+ \equiv x + \zeta^{-1} y \pmod{\mathfrak{l}^\ell}.$$

Daraus folgt $(\zeta - \zeta^{-1})y \equiv 0 \pmod{\mathfrak{l}^\ell}$. Aber $(\zeta - \zeta^{-1})\mathfrak{o} = (\zeta^2 - 1)\mathfrak{o} = \mathfrak{l}$ zieht, entgegen der Voraussetzung, nach sich $y \in \mathfrak{l} \cap \mathbb{Z} = \ell\mathbb{Z}$. Daher ist $\eta \neq 1$. Angenommen, es ist $\eta = \zeta$. Dann wird aufgrund von $(**)$

$$x\zeta^{-1} + y \equiv b\varepsilon_+ \equiv \kappa(b\varepsilon_+) \equiv x\zeta + y \pmod{\mathfrak{l}^\ell},$$

woraus analog der Widerspruch $x \in \ell\mathbb{Z}$ folgt. Also ist auch $\eta \neq \zeta$.

5) Nun ist generell jedes System von $\ell - 1$ der Potenzen ζ^i $(0 \leq i \leq \ell - 1)$ eine $\mathbb{Z}$-Basis von $\mathfrak{o}$, und seine Restklassen $\zeta^i + \ell\mathfrak{o}$ bilden eine $\mathbb{F}_\ell$-Basis von $\mathfrak{o}/\ell\mathfrak{o}$. Wie unter 4) ergibt die Kongruenz $(**)$ durch Anwendung von κ

$$\eta^{-1}x + \zeta\eta^{-1}y - \eta x - \zeta^{-1}\eta y \equiv 0 \pmod{\mathfrak{l}^\ell}.$$

Da weder x noch y durch ℓ teilbar ist, stimmen mindestens zwei der vier Elemente η^{-1}, $\zeta\eta^{-1}$, η, $\zeta^{-1}\eta$ überein. Nach Teil 4) ist $1 \neq \eta \neq \zeta \neq 1$. Da η und η/ζ ungerade Ordnung haben, gilt $\eta^2 \neq 1$ und auch $\eta^2 \neq \zeta^2$. Deshalb bleibt nur die Möglichkeit $\eta^2 = \zeta$, und mit ihr gilt

$$x(\eta - \eta^{-1}) \equiv y(\eta - \eta^{-1}) \pmod{\mathfrak{l}^\ell}.$$

Weil aber wieder $(\eta - \eta^{-1})\mathfrak{o} = \mathfrak{l}$ ist, folgt $x \equiv y \pmod{\ell\mathbb{Z}}$. Damit ist die Implikation $\ell \nmid xy \;\Rightarrow\; \ell \mid x - y$ bewiesen. Sie läßt sich sinngemäß anwenden auf die Fermatgleichung $y^\ell + (-z)^\ell = (-x)^\ell$ und liefert $\ell \nmid yz \;\Rightarrow\; \ell \mid y + z$. Somit haben wir $x^\ell \equiv y^\ell \equiv (-z)^\ell \pmod{\ell}$. Daher wird $3y^\ell \equiv 0 \pmod{\ell}$, was $\ell = 3$ ergibt. Aber bereits unter Teil 1) hatten wir festgestellt, daß in diesem Fall keine Lösung der Fermatgleichung in zu 3 teilerfremden ganzen Zahlen x, y, z existiert. Also ist der Beweis abgeschlossen. $\qquad\square$

17.4 Zerlegung der Primzahlen in Kreiskörpern

Im Kreisteilungskörper $\mathbb{Q}(\zeta_m)$ hängt der Zerlegungstyp der Primzahlen p, die m nicht teilen, nur ab von der Ordnung der Restklasse $p + m\mathbb{Z}$ in $(\mathbb{Z}/m\mathbb{Z})^\times$, und die Normen $\mathfrak{N}(\mathfrak{p}) = p^f$ aller zu m koprimen maximalen Ideale $\mathfrak{p}$ fallen in die Restklasse $1 + m\mathbb{Z}$. Wegen der Produktformel für die Idealnorm gilt deshalb für jedes zu m koprime Ideal $\mathfrak{a}$ von $\mathbb{Z}[\zeta_m]$

$$\mathfrak{N}(\mathfrak{a}) \equiv 1 \pmod{m}.$$

Satz 5. *Es sei $m > 1$ eine natürliche Zahl, und $\mathfrak{o}$ sei die Maximalordnung des m-ten Kreisteilungskörpers über $\mathbb{Q}$. Für jede Primzahl p, welche m nicht teilt, hat die Primidealzerlegung von $p\mathfrak{o}$ die Form*

$$p\mathfrak{o} = \prod_{i=1}^{g} \mathfrak{p}_i$$

mit verschiedenen Primidealen $\mathfrak{p}_i$ desselben Restklassengrades f. Darin ist f zugleich die Ordnung der Restklasse $p + m\mathbb{Z}$ in der primen Restklassengruppe $(\mathbb{Z}/m\mathbb{Z})^{\times}$, während $g = \varphi(m)/f$ die Zahl der verschiedenen Primidealteiler von $p\mathfrak{o}$ ist. — Ist dagegen $m = qm'$ mit einer Potenz q der Primzahl p und einer zu p teilerfremden Zahl m', so hat die Zerlegung von $p\mathfrak{o}$ die Form

$$p\mathfrak{o} = \prod_{i=1}^{g} \mathfrak{p}_i^{\varphi(q)},$$

in welcher der gemeinsame Restklassengrad f der Primideale $\mathfrak{p}_i$ zugleich die Ordnung von $p + m'\mathbb{Z}$ in der primen Restklassengruppe $(\mathbb{Z}/m'\mathbb{Z})^{\times}$ ist, während $g = \varphi(m')/f$ die Zahl der verschiedenen Primidealteiler von $p\mathfrak{o}$ ist.

Beweis. 1) Es sei p eine Primzahl, die m nicht teilt. Im Polynomring $\mathbb{F}_p[Y]$ ist $Y^m - 1$ teilerfremd zu seiner Ableitung, also separabel. Deshalb ist auch das Bild $\overline{\Phi}_m$ des m-ten Kreisteilungspolynoms Φ_m in $\mathbb{F}_p[Y]$ als Teiler von $Y^m - 1$ separabel. Es zerfällt somit in lauter verschiedene Primfaktoren. Jede Wurzel von $\overline{\Phi}_m$ in einem Zerfällungskörper $\mathbb{F}_q | \mathbb{F}_p$ ist dort eine primitive m-te Einheitswurzel. Also ist q die kleinste p-Potenz p^f mit $p^f \equiv 1 \pmod{m}$. Insbesondere haben alle Primfaktoren von $\overline{\Phi}_m$ den Grad f, und die Anzahl dieser Primpolynome ist $g = \varphi(m)/f$.

2) Unter den Voraussetzungen von 1) kann zur Beschreibung der Primzerlegung von $p\mathfrak{o}$ Satz 6 in 13.4 herangezogen werden. Nach Satz 2 gilt $\mathfrak{o} = \mathbb{Z}[\eta]$ für jede Wurzel η von Φ_m. Folglich ist $p\mathfrak{o}$ das Produkt von g verschiedenen Primidealen $\mathfrak{p}_i$ vom Gad $f(\mathfrak{p}_i) = f$.

3) Falls m nur einen Primteiler hat, so beschreibt Satz 1 seine Zerlegung. Sei also m durch mehrere Primzahlen teilbar und eine von ihnen sei p, etwa $m = qm'$ mit einer größtmöglichen p-Potenz q. Sodann sei f' die Ordnung der Restklasse $p + m'\mathbb{Z}$ in der Gruppe $(\mathbb{Z}/m'\mathbb{Z})^{\times}$. Ferner bezeichne ζ eine primitive q-te Einheitswurzel und ε eine Einheitswurzel mit der Ordnung m' in $\mathbb{Q}(\eta)$. Dann ist ihr Produkt $\varepsilon\zeta$ eine primitive m-te Einheitswurzel, die wir ohne Gefahr der Verwechslung wieder mit η bezeichnen. Für verschiedene maximale Ideale $\mathfrak{p}_0, \mathfrak{q}_0$ in $\mathbb{Z}[\varepsilon]$, welche die Primzahl p enthalten, sind Primidealteiler $\mathfrak{p}$ von $\mathfrak{p}_0\mathfrak{o}$ und $\mathfrak{q}$ von $\mathfrak{q}_0\mathfrak{o}$ erst recht koprim in $\mathfrak{o}$. Nun ist die Primidealzerlegung von $p\mathbb{Z}[\varepsilon]$ aus Teil 2) bekannt. Durch die Einbettung in $\mathfrak{o}$ erkennt man aufgrund von Satz 10 in Abschnitt 15.7, daß die Zahl g der verschiedenen Primidealteiler von $p\mathfrak{o}$ in $\mathfrak{o}$ mindestens gleich $\varphi(m')/f'$ ist, und

daß der Restklassengrad f dieser Primideale $\geq f'$ ist. Auf der anderen Seite ist nach Satz 1 das Ideal $p\mathbb{Z}[\zeta]$ in $\mathbb{Z}[\zeta]$ die $\varphi(q)$-te Potenz eines Primideals. Dessen Einbettung in $\mathfrak{o}$ ergibt für den gemeinsamen Verzweigungsindex e der Primidealteiler von $\mathfrak{p}\mathfrak{o}$ die Abschätzung $e \geq \varphi(q)$. Satz 10 in 15.7 ergibt schließlich $efg = (\mathbb{Q}(\eta)|\mathbb{Q}) = \varphi(m) = \varphi(q)f'\varphi(m')/f'$. Daraus folgt

$$ e \,=\, \varphi(q)\,, \quad f \,=\, f'\,, \quad g \,=\, \frac{\varphi(m')}{f}\,. \qquad \square $$

Bemerkungen. Eine m nicht teilende Primzahl p ist in $\mathbb{Q}(\zeta_m)$ das Produkt von lauter verschiedenen Primidealteilern ersten Grades (also *voll zerlegt*, wie man sagt) genau dann, wenn $p \equiv 1 \pmod{m}$ ist.

Für ungerade Indizes m ist stets $\mathbb{Q}(\zeta_m) = \mathbb{Q}(\zeta_{2m})$, da dann $-\zeta$ die Ordnung $2m$ hat. Die Sätze 2 und 5 sind so formuliert, daß diese Tatsache unerwähnt bleiben konnte.

17.5 Der Satz von Kronecker und Weber

Wir bezeichnen in diesem Teil als *Kreiskörper* die Körper $\mathbb{Q}(\zeta_m)$ und auch ihre Teilkörper. Aus dem Studium der Adjunktion von Einheitswurzeln in 15.5 geht bereits hervor, daß jeder Kreiskörper ein *abelscher* Körper ist, also eine galoissche Erweiterung von $\mathbb{Q}$ mit kommutativer Galoisgruppe. Im Jahre 1853 formulierte L. Kronecker die Umkehrung durch den Satz, daß jeder abelsche Körper ein Kreiskörper ist. Dieser Satz wurde im Jahre 1886 von H. Weber — zunächst noch unvollständig — bewiesen. In der zweiten Auflage von Band 2 der Weberschen Algebra [W] findet man eine Darstellung des Satzes (Abschnitt 23 und 24). Wir orientieren unseren Beweis zum Teil an Hilberts *Zahlbericht*, hauptsächlich aber an einer von Deuring in Göttingen gehaltenen Vorlesung über Klassenkörpertheorie aus den Jahren 1965/66. Dazu ist neben der Verwendung des Diskriminantensatzes von Dedekind auch der Diskriminantensatz von Minkowski notwendig. Dieser sagt, daß $K = \mathbb{Q}$ der einzige Zahlkörper mit dem Diskriminantenbetrag $|d_K| = 1$ ist. (Der Beweis dieses Satzes wird im nächsten Abschnitt nachgeholt.) Danach gibt es in jeder echten Zahlkörpererweiterung K von $\mathbb{Q}$ mindestens eine verzweigte Primzahl. Es ist noch auf eine weitere Tatsache hinzuweisen. Da jeder abelsche Körper K eine kommutative Galoisgruppe G besitzt, haben alle über derselben Primzahl p liegenden Primideale in der Maximalordnung von K dieselbe Hilbertsche Untergruppenkette; sie ist also in Wahrheit nur von p abhängig.

Auf dem Weg zum Beweis des Satzes von Kronecker–Weber fixieren wir eine Primzahl ℓ und betrachten die Klasse der abelschen Körper K, die nur über ℓ verzweigt sind. Sie enthält mit zwei Körpern K_1, K_2 auch ihr Kompositum $L = K_1 \cdot K_2$. (Dies ergibt sich aus Satz 6 in 15.4 und seiner Bemerkung zusammen mit dem Zusatz zu Satz 4 in 16.3.) Und sie enthält mit jedem Körper L dessen Teilkörper. Es bezeichne G die Galoisgruppe eines Körpers L in der Klasse und $\mathfrak{L}$ ein über ℓ liegendes Primideal der Hauptordnung $\mathfrak{O}$ von L. Dann gilt für die Trägheitsgruppe in der Hilbertschen Untergruppenkette zu $\mathfrak{L}$ die Gleichung $G_0(\mathfrak{L}) = G$. Denn da in abelschen Gruppen G die Gruppen $G_n(\mathfrak{L})$ nicht abhängen von der Wahl des Ideals $\mathfrak{L}$ unter seinen konjugierten Idealen, ist der Trägheitskörper $L_0 = \text{Fix}\, G_0(\mathfrak{L})$ über $\mathbb{Q}$ unverzweigt und hat deshalb nach dem Dedekindschen Diskriminantensatz die Diskriminante ± 1, was nach dem Minkowskischen Diskriminantensatz den Schluß $L_0 = \mathbb{Q}$, also $G_0 = G$ ergibt. Insbesondere ist ℓ voll verzweigt in L.

Es gibt für die Primzahlen $\ell \neq 2$ je genau einen quadratischen Zahlkörper, der nur über ℓ verzweigt ist, nämlich $\mathbb{Q}(\sqrt{\ell^*}\,)$ mit $\ell^* = (-1)^{\frac{1}{2}(\ell-1)}\ell$, während genau drei quadratische Zahlkörper nur bei $\ell = 2$ verzweigt sind: $\mathbb{Q}(\sqrt{-2}\,)$, $\mathbb{Q}(\sqrt{-1}\,)$, $\mathbb{Q}(\sqrt{2}\,)$ mit den Diskriminanten $d = -8, -4, 8$ (vgl. Satz 5 in 8.5). Das Kompositum der drei Körper ist $\mathbb{Q}(\zeta_8)$, da $\zeta_8 = \frac{1}{2}(\sqrt{2} + \sqrt{-2}\,)$, $\zeta_8^2 = \sqrt{-1}$ und $\zeta_8 + \zeta_8^{-1} = \sqrt{2}$ ist. Wir hatten beim zweiten Beweis des quadratischen Reziprozitätsgesetzes in 12.6 zu Primzahlen $\ell \neq 2$ die Gaußschen Summen $G = \sum_{m=1}^{\ell-1} (\frac{m}{\ell})\zeta_\ell^m$ betrachtet und dafür die Formel bewiesen $G^2 = \ell^*$. Also ist $\sqrt{\ell^*} \in \mathbb{Q}(\zeta_\ell)$. Da das Kompositum der Kreisteilungskörper $\mathbb{Q}(\zeta_m)$ und $\mathbb{Q}(\zeta_n)$ gleich dem Kreisteilungskörper $\mathbb{Q}(\zeta_v)$ ist mit dem Index $v = \text{kgV}(m, n)$, ist jeder quadratische Zahlkörper ein Kreiskörper.

Proposition 1. *Zu jeder Primzahl $\ell \neq 2$ gibt es genau einen abelschen Körper K vom Grad ℓ, der nur bei ℓ verzweigt ist, nämlich den Teilkörper $K_{\ell,\ell}$ vom Grad ℓ im Kreisteilungskörper $\mathbb{Q}(\zeta_m)$ mit $m = \ell^2$.*

Beweis. 1) Jeder abelsche Körper K vom Primzahlgrad $\ell > 2$, der bei ℓ verzweigt ist, hat eine Diskriminante d_K mit dem ℓ-Exponenten $v_\ell(d_K) = 2(\ell - 1)$: Zum Beweis bezeichne $\mathfrak{l}$ ein Primideal von K über ℓ. Die zyklische Galoisgruppe H von $K|\mathbb{Q}$ hat nur zwei Untergruppen. In der Hilbertschen Untergruppenkette zu $\mathfrak{l}$ ist die Trägheitsgruppe $H_0 \neq \{\text{id}_K\}$, also gilt $H = H_0 = H_1$. Insbesondere ist $\mathfrak{l}$ in K voll verzweigt und deshalb $\mathfrak{N}_K(\mathfrak{l}) = \ell$. Den kleinsten Index, für den die zugehörige Verzweigungsgruppe nur die Identität enthält, nennen wir r. Dann ist $r > 1$ und $H_{r-1} = H$. Also wird $v_{\mathfrak{l}}(\mathfrak{D}_{K|\mathbb{Q}}) = r(\ell - 1)$ nach Satz 5 in 16.4, aber nach der Bemerkung zu Proposition 6 dort gilt auch die Abschätzung $v_{\mathfrak{l}}(\mathfrak{D}_{K|\mathbb{Q}}) \leq 2\ell - 1$. Wegen $\ell > 2$ ergibt das $r = 2$ und dann $v_\ell(d_K) = 2(\ell - 1)$.

2) Der in der Proposition angegebene Körper K ist als Teilkörper des bei ℓ voll verzweigten Körpers $\mathbb{Q}(\zeta_m)$ selbst voll verzweigt bei ℓ. Angenommen, K' sei ein weiterer Körper dieser Art. Das Kompositum $L = K \cdot K'$ der beiden ist ebenfalls abelsch und nur bei ℓ verzweigt. Seine Galoisgruppe sei G und $\mathfrak{L}$ das ℓ enthaltende Primideal in der Hauptordnung $\mathfrak{O}$ von L. Der Körpergrad $(L|\mathbb{Q})$ ist ein Teiler von ℓ^2 nach dem Verschiebungssatz der Galoistheorie. Deshalb gilt sogar $G = G_0 = G_1$ in der Hilbertschen Untergruppenkette. Es sei s der Index mit $G = G_{s-1} \neq G_s$. Dann ist $s > 1$, also ist die Faktorgruppe $G/G_s = G_{s-1}/G_s$ isomorph zu einer Untergruppe der additiven Gruppe $\mathfrak{O}/\mathfrak{L} \cong \mathbb{Z}/\ell\mathbb{Z}$ (Zusatz zu Satz 11 in 15.8); sie hat daher die Ordnung ℓ.

3) *Alle* Teilkörper K'' von L vom Grad ℓ über $\mathbb{Q}$ gehören zu Untergruppen G'' vom Index ℓ in G und alle haben, da sie nur bei ℓ verzweigt sind, nach Teil 1) die Diskriminante $\mathfrak{d}_{K''|\mathbb{Q}} = \ell^{2(\ell-1)}\mathbb{Z}$. Somit ist auch die Differente $\mathfrak{D}_{L|K''}$ unabhängig von K''. Ausgezeichnet unter den Körpern K'' ist der Fixkörper K_s von G_s dadurch, daß seine Differente $\mathfrak{D}_{L|K_s}$ die maximale $\mathfrak{L}$-Potenz enthält (16.4, Proposition 5). Daher ist $K'' = K_s$ der einzige Zwischenkörper vom Grad ℓ und somit

$G'' = G_s$ die einzige Untergruppe vom Index ℓ in G. Demzufolge ist G zyklisch. Denn in nichtzyklischen abelschen Gruppen von ℓ-Potenzordnung gibt es mindestens zwei Untergruppen vom Index ℓ. Mithin fallen K und K' zusammen. $\square$

Beispiele zyklischer Kreiskörper. Es sei $q > 1$ eine Potenz der Primzahl ℓ. Wir setzen $K_{\ell,q}$ im Fall $\ell \neq 2$ gleich dem Zwischenkörper vom Grad q der zyklischen Erweiterung $\mathbb{Q}(\zeta_{\ell q})|\mathbb{Q}$, dagegen $K_{2,q}$ gleich dem maximalen reellen Teilkörper vom Grad q im Kreisteilungskörper $\mathbb{Q}(\zeta_{4q})$, falls $\ell = 2$ ist. Für eine Primzahl p, die der Kongruenz $p \equiv 1 \pmod{q}$ genügt, sei $K_{p,q}$ der Teilkörper vom Grad q des Kreisteilungskörpers $\mathbb{Q}(\zeta_p)$. Dann ist für alle Primzahlen $\tilde{p} \equiv 1 \pmod{q}$ ebenso wie für $\tilde{p} = \ell$ der Körper $K_{\tilde{p},q}$ vom Grade q, nur bei $\tilde{p}$ verzweigt, und hat zudem eine zyklische Galoisgruppe. Dies ist klar falls $\tilde{p} \neq 2$ ist, da dann die prime Restklassengruppe modulo $\tilde{p}^n$ stets zyklisch ist. Für $\tilde{p} = 2$ aber ist auch $\ell = 2$, und die zur Galoisgrupppe G des Körpers $\mathbb{Q}(\zeta_{4q})$ isomorphe prime Restklassengruppe $(\mathbb{Z}/4q\mathbb{Z})^\times$ ist nicht zyklisch, sondern ein direktes Produkt der Untergruppen $\langle -1 + 4q\mathbb{Z} \rangle$ und $\langle 5 + 4q\mathbb{Z} \rangle$. Der durch die komplexe Konjugation κ definierte Automorphismus von $\mathbb{Q}(\zeta_{4q})$ entspricht der Potenzierung $\zeta \mapsto \zeta^{-1}$, also dem Element $-1 + 4q\mathbb{Z}$. Die Faktorgruppe $G/\langle\kappa\rangle$ ist somit zyklisch und isomorph zur Galoisgruppe von $K_{2,q}$.

Proposition 2. *Es sei ℓ eine Primzahl und $q > 1$ eine Potenz von ℓ. Ist $K|\mathbb{Q}$ ein zyklischer Körper vom Grad q, der den Körper $K_{\ell,\ell}$ enthält, dann läßt sich das Kompositum $L = K \cdot K_{\ell,q}$ auch darstellen als Kompositum $L = K' \cdot K_{\ell,q}$ mit einem zyklischen Körper K' von ℓ-Potenzgrad $q' < q$.*

Beweis. Wir verwenden erneut Satz 6 in 15.4 und die Bemerkung dazu. Danach ist der Körper $L = K \cdot K_{\ell,q}$ als Kompositum abelscher Körper wieder abelsch, und seine Galoisgruppe $\tilde{G}$ ist isomorph zu einer Untergruppe des direkten Produktes der zyklischen Galoisgruppen G von K und G' von $K_{\ell,q}$. Somit hat jedes Element von $\tilde{G}$ eine q teilende Ordnung. Wegen $K_{\ell,\ell} \subset K \cap K_{\ell,q}$ ist indes die Ordnung qq' von $\tilde{G}$ kleiner als die Ordnung q^2 des direkten Produktes, also gilt $q' < q$. Bei Restriktion ρ der Automorphismen in $\tilde{G}$ auf den Teilkörper $K_{\ell,q}$ von L entsteht ein surjektiver Gruppenhomomorphismus von $\tilde{G}$ auf G'; folglich existiert ein Element $\sigma \in \tilde{G}$ mit $\langle\rho(\sigma)\rangle = \mathrm{Aut}(K_{\ell,q})$. Insbesondere ist $\langle\sigma\rangle$ eine zyklische Untergruppe der Ordnung q von $\tilde{G}$, und $\mathrm{Ker}\,\rho$ ist eine Untergruppe der Ordnung q', die trivialen Durchschnitt mit $\langle\sigma\rangle$ hat. Das ergibt $\tilde{G} = \mathrm{Ker}\,\rho \times \langle\sigma\rangle$. Da die abelsche Gruppe $\tilde{G}$ eine minimale Erzeugendenzahl ≤ 2 hat, ist $\mathrm{Ker}\,\rho$ notwendigerweise zyklisch. Der Fixkörper K' von σ in L hat also eine zu $\mathrm{Ker}\,\rho$ isomorphe zyklische Galoisgruppe, und es wird $L = K' \cdot K_{\ell,q}$. $\square$

Satz 6. (Satz von Kronecker und Weber) *Jeder abelsche Körper ist enthalten in einem Kreisteilungskörper.*

Beweis. 1) Jede endliche abelsche Gruppe $\neq \{\mathrm{id}\}$ enthält eine zyklische Gruppe von Primzahlpotenzordnung $q > 1$ als direkten Faktor, falls sie nicht selbst schon diese Form hat. Daher sind abelsche Körper als Komposita endlich vieler zyklischer Körper von Primzahlpotenzgrad darstellbar (vgl. das Beispiel zu Proposition 6 in 14.6). Da auch das Kompositum von endlich vielen Kreiskörpern ein Kreiskörper ist, genügt es, den Satz für zyklische Körper K von Primzahlpotenzgrad $q = \ell^m$ zu beweisen. Dies geschieht durch vollständige Induktion nach dem Exponenten m. Im Fall $\ell = 2$, $m = 1$ hatten wir in der Vorbemerkung über quadratische Zahlkörper alles erledigt.

2) Ist $\ell > 2$ oder $m > 1$ und ist die Behauptung für ℓ-Potenzen $q' < q$ richtig, so betrachten wir in der zyklischen Galoisgruppe G die linear geordnete Menge aller Untergruppen $G \supset G^\ell \supset G^{\ell^2} \cdots \supset G^q = \{\mathrm{id}_K\}$ sowie die ebenfalls linear geordnete Menge von Zwischenkörpern $K_i = \mathrm{Fix}\, G^{\ell^i}$ und fassen darin K_1, den kleinsten oberhalb $\mathbb{Q}$, ins Auge. Der Beweis des Induktionsschrittes für m geschieht nun durch Induktion nach der Anzahl r der verschiedenen Primzahlen $p \neq \ell$, die in K verzweigt sind.

2a) Im Fall $r = 0$ ist K_1 höchstens bei ℓ verzweigt. Unter dieser etwas schwächeren Voraussetzung, zeigen wir jetzt die Behauptung. Im Fall $\ell > 2$ ist $K_1 = K_{\ell,\ell}$ aufgrund von Proposition 1. Da für $\ell = 2$ nach Voraussetzung $m > 1$ ist, wird dann notwendig $K_1 = \mathbb{Q}(\sqrt{2})$. Denn jedenfalls enthält K den Fixkörper der komplexen Konjugation $z \mapsto \overline{z}$, die den abelschen Körper K auf sich abbildet. Dieser Fixkörper ist $K = K_m$, wenn K reell ist, und K_{m-1} sonst, also umfaßt er $K_1 = K_{2,2}$. Zufolge Proposition 2 hat das Kompositum $L = K \cdot K_{\ell,q}$ eine Darstellung $L = K' \cdot K_{\ell,q}$ mit einem zyklischen Körper K' von ℓ-Potenzgrad $q' < q$. Nach Induktionsvoraussetzung ist daher K' ein Kreiskörper, also auch der Teilkörper K des Kompositums $L = K' \cdot K_{\ell,q}$.

2b) Nun sei $r > 0$, und es sei bekannt, daß jeder zyklische Körper von Primzahlpotenzgrad $\ell^m = q$ mit weniger als r voneinander und von ℓ verschiedenen, verzweigten Primzahlen ein Kreiskörper ist. Nach dem Beweisteil 2a) kann vorausgesetzt werden, daß eine Primzahl $p \neq \ell$ in K_1 verzweigt ist. Wie die Charakterisierung der Körper zwischen Grund- und Trägheitskörper unter (3) in 15.8 zeigt, ist K_1 nicht enthalten im Trägheitskörper der Primteiler $\mathfrak{p}$ von $p\mathbb{Z}_K$. Also folgt $G_{-1}(\mathfrak{p}) = G_0(\mathfrak{p}) = G$ und $G_1(\mathfrak{p}) = \{\mathrm{id}_K\}$ wegen $\mathrm{ggT}(p,q) = 1$. Folglich ist die zyklische Gruppe $G = G_0(\mathfrak{p})/G_1(\mathfrak{p})$ isomorph zu einer Untergruppe von $\mathbb{F}_p^\times$ (Zusatz zu Satz 11 in 15.8), und daher ist $p = \mathfrak{N}(\mathfrak{p}) \equiv 1 \pmod{q}$.

2c) Aus den nach Proposition 1 erwähnten Beispielen greifen wir den Körper $K_{p,q}$ des Grades q mit seiner zyklischen Galoisgruppe heraus und untersuchen das Kompositum $L = K \cdot K_{p,q}$. Es ist wieder ein abelscher Körper, dessen Galoisgruppe $\widetilde{G}$ isomorph ist zu Untergruppe des direkten Produktes zweier zyklischer Gruppen der Ordnung q. Ihre Ordnung ist daher von der Form qq' mit einem Teiler q' von q. Wie in Proposition 2 ist $\widetilde{G}$ ein direktes Produkt einer zyklischen Gruppe der Ordnung q und einer zyklischen Gruppe der Ordnung q'. Nun sei $\mathfrak{P}$ ein Primideal im Ganzheitsring $\mathfrak{O}$ von L über der Primzahl p. Da die Ordnung seiner Verzweigungsgruppe $\widetilde{G}_1$ generell eine p-Potenz ist und hier auch ein Teiler von qq', ist $\widetilde{G}_1 = \{\mathrm{id}_L\}$. Die Trägheitsgruppe $\widetilde{G}_0$ ist daher zyklisch und ihre Ordnung eine ℓ-Potenz $\leq q$; aber diese Ordnung ist auch teilbar durch den Verzweigungsindex $q = e(\mathfrak{p}|p)$. Also besitzt $\widetilde{G}_0$ die Ordnung q. Aus diesem Grunde hat der Fixkörper K' von $\widetilde{G}_0$, der Trägheitskörper von $\mathfrak{P}$, den Grad q'. Sodann gilt $K_{p,q} \cap K' = \mathbb{Q}$ nach dem Minkowskischen Diskriminantensatz, da im Durchschnitt von K' und $K_{p,q}$ keine Primzahl verzweigt ist. Damit ergibt sich aus der Produktformel für

Körpergrade $(K_{p,q} \cdot K' | \mathbb{Q}) = (K_{p,q} | \mathbb{Q})(K' | \mathbb{Q}) = qq' = (L | \mathbb{Q})$, woraus $L = K_{p,q} \cdot K'$
folgt. Wegen der bekannten Struktur von $\widetilde{G}$ hat K' eine zyklische Galoisgruppe
von der Ordnung q'. Da die Primzahl p mit Sicherheit in K' unverzweigt ist, ist die
Anzahl der in K' verzweigten, von ℓ verschiedenen Primzahlen kleiner als in K.
Daher ist nach unserer Induktionsvoraussetzung K' ein Kreiskörper. Demzufolge
gehören auch $L = K_{p,q} \cdot K'$ und der Teilkörper K zu den Kreiskörpern.   □

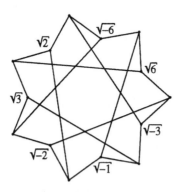

Aufgabe 1. Ist die natürliche Zahl $n = mq$ Produkt einer natürlichen Zahl m mit
der Potenz $q > 1$ einer nicht in m aufgehenden Primzahl p, dann gilt die Formel
$\Phi_n = \Phi_m(X^q)/\Phi_m(X^{q/p})$ (Beweis!). Man berechne mit ihr Φ_{15}, Φ_{20}, Φ_{24} und Φ_{105}.

Aufgabe 2. In Satz 2 wurde ein Beweis der Irreduzibilität des n-ten Kreisteilungspolynoms Φ_n in $\mathbb{Q}[X]$ gegeben mit Hilfe eines Verzweigungsargumentes aus der
algebraischen Zahlentheorie. Diese Aufgabe zeigt einen Weg, die Irreduzibilität von
Φ_n ohne algebraische Zahlentheorie zu begründen. Es sei $\zeta \in \mathbb{C}$ eine primitive n-te
Einheitswurzel und $f \in \mathbb{Q}[X]$ ihr Minimalpolynom. Man zeige nacheinander:

a) In der Zerlegung $X^n - 1 = fg$ sind f und g in $\mathbb{Z}[X]$.

b) Die Behauptung $f = \Phi_n$ folgt bereits aus der Tatsache $f(\zeta^p) = 0$ für jede
Primzahl p, die n nicht teilt.

c) Aus der Annahme $f(\zeta^p) \neq 0$ folgt $g(\zeta^p) = 0$ und mithin $f \mid g(X^p)$.

d) Durch $\psi(a) = a + p\mathbb{Z}$ für $a \in \mathbb{Z}$, $\psi(X) = Y$ ist ein Homomorphismus ψ des
Ringes $\mathbb{Z}[X]$ auf $\mathbb{F}_p[Y]$ definiert. Angewendet auf die Relation $f \mid g(X^p)$ liefert er
für die Bilder $\overline{f}$, $\overline{g}$ von f und g die Relation $\overline{f} \mid \overline{g}^p$, also $\deg(\mathrm{ggT}(\overline{f}, \overline{g})) > 0$.

e) Wegen $p \nmid n$ gilt im Gegensatz dazu $\mathrm{ggT}(Y^n - \overline{1}, \overline{n} Y^{n-1}) = \overline{1}$.

Aufgabe 3. a) Die Potenzen einer (2×2)-Matrix $A \in \mathbf{SL}_2(\mathbb{C})$ mit der Spur s
erhält man aus der Formel $A^n = -g_{n-1}(s) \, 1_2 + g_n(s) \, A$. Darin bezeichnet 1_2 die
Einsmatrix, und die Polynome $g_n \in \mathbb{Z}[X]$ sind definiert durch $g_0 := 0$, $g_1 := 1$
sowie $g_{n+1} := X g_n - g_{n-1}$.

b) Für $n \geq 1$ ist g_n normiert vom Grade $n-1$. Mit den speziellen Diagonalmatrizen $A_k = \text{diag}(\zeta_{2n}^k, \zeta_{2n}^{-k})$ findet man die Wurzeln $\zeta_{2n}^k + \zeta_{2n}^{-k}$ $(1 \leq k < n)$ von g_n.

c) Es gelten die Formeln $g_{m+n} = g_{m+1}g_n - g_m g_{n-1}$ $(m \geq 0, n > 0)$. Sie ergeben für Primzahlen $p \neq 2$ speziell $g_p = g_{(p+1)/2}^2 - g_{(p-1)/2}^2 = \pm \Psi_p(X)\Psi_p(-X)$ mit dem Minimalpolynom Ψ_p von $\zeta_p + \zeta_p^{-1}$. Man folgere daraus $\Psi_p = g_{(p+1)/2} + g_{(p-1)/2}$. Tip: Man betrachte den zweihöchsten Koeffizienten.

Aufgabe 4. a) Man beweise für $n \in \mathbb{N}$ die Produktformel $X^n - 1 = \prod_{d|n} \Phi_d(X)$, in der d die positiven Teiler von n durchläuft.

b) In $\mathbb{Z}[X]$ ist Φ_n ein Teiler von $(X^n-1)/(X^d-1) = \sum_{m=0}^{n/d-1} X^{dm}$ für jeden Teiler d von n mit $0 < d < n$.

c) Ist $N \in n\mathbb{Z}$, so ist jeder Primteiler p von $\Phi_n(N)$ kongruent zu 1 modulo n. Dazu ziehe man zunächst aus b) auf indirektem Wege die Folgerung, daß die Restklasse $N + p\mathbb{Z}$ in der primen Restklassengruppe modulo p die Ordnung n hat.

d) (Ein Spezialfall des Dirichletschen Primzahlsatzes.) Zu jeder natürlichen Zahl n gibt es unendlich viele Primzahlen $p \equiv 1 \pmod{n}$.

Aufgabe 5. Es sei ζ_n eine primitive Einheitswurzel von der Ordnung $n > 2$ und $\xi_n = \zeta_n + \zeta_n^{-1}$. Es sei $\mathfrak{o}_+$ die Hauptordnung des maximalen reellen Teilkörpers $K_+ = \mathbb{Q}(\xi_n)$ im Kreisteilungskörper $K = \mathbb{Q}(\zeta_n)$. Man beweise, daß das System $(\xi_n^k ; 0 \leq k < \frac{1}{2}\varphi(n))$ eine $\mathbb{Z}$-Basis von $\mathfrak{o}_+$ ist. Anleitung: Da $\sum_{0 \leq k < \frac{1}{2}\varphi(n)} \xi_n^k \mathbb{Z} \subset \mathfrak{o}_+$ ist, kann man für einen indirekten Beweis annehmen, daß eine rationale Linearkombination $\sum_{k=0}^{N} a_k \xi_n^k \in \mathfrak{o}_+$ existiert, für die $N < \frac{1}{2}\varphi(n)$ und $a_N \in \mathbb{Q} \setminus \mathbb{Z}$ ist. Multiplikation mit ζ_n^N ergibt ein Element der Hauptordnung $\mathfrak{o}$ von K, in dessen Darstellung als rationale Linearkombination der ζ_n^l $(0 \leq l < \varphi(n))$ mindestens ein Koeffizient nicht in $\mathbb{Z}$ liegt.

Aufgabe 6. Es soll der Körper $K = \mathbb{Q}(\zeta_{24})$ der vierunzwanzigsten Einheitswurzeln untersucht werden.

a) Man beschreibe die Struktur der Galoisgruppe des Körpers K und gebe seine sämtlichen Teilkörper an. (Es sind neben $\mathbb{Q}$ und K sieben quadratische und sieben biquadratische Körper.)

b) Unter Verwendung der Galoisgruppe und geeigneter Teilkörper von K bestimme man die Primideale $\mathfrak{p}$ der Hauptordnung $\mathfrak{o}$ mit einer Absolutnorm $\mathfrak{N}\mathfrak{p} < 16$ und begründe, daß jedes von ihnen ein Hauptideal ist. Als nützlich erweisen sich dazu $1 - \zeta_8$ und $\zeta_3 + \sqrt{-2}$.

Aufgabe 7. Es sei $m \not\equiv 2 \pmod{4}$ eine natürliche Zahl mit mindestens zwei verschiedenen Primteilern. Ferner sei $K = \mathbb{Q}(\zeta_m)$ der m-te Kreisteilungskörper und $K_+ = \mathbb{Q}(\zeta_m + \zeta_m^{-1})$ sein größter reeller Teilkörper. Man zeige, daß die Relativdifferente $\mathfrak{D}_{K|K_+}$ durch kein Primideal teilbar ist. Anleitung: Es gibt zwei teilerfremde Primzahlpotenzen $q_1, q_2 > 2$, die m teilen. Für sie gilt $K = K_+(\zeta_{q_1}) = K_+(\zeta_{q_2})$. Nun kann Aufgabe 2 aus Abschnitt 16 verwendet werden.

18 Geometrie der Zahlen

Der Titel des Abschnitts ist auch Thema ganzer Bücher. Unsere begrenzte Einführung in dieses Gebiet der Mathematik dreht sich indes nur um den Gitterpunktsatz von MINKOWSKI. Er verbindet die $\mathbb{R}$-*Gitter* des Vektorraums $\mathbb{R}^n$, also die Bilder der Gruppe $\mathbb{Z}^n$ aller Vektoren mit ganzzahligen Koordinaten unter linearen Automorphismen, mit dem Volumen meßbarer Teilmengen $U \subset \mathbb{R}^n$: Sobald $\mathrm{vol}(U) > 1$ ist, existieren mindestens zwei verschiedene Punkte in U, deren Differenz in $\mathbb{Z}^n$ liegt. Das folgt aus der Invarianz des Volumens bei Translationen. Als direkte Anwendung ergibt sich ein geometrischer Beweis des Satzes von LAGRANGE, nach dem jede natürliche Zahl Summe von vier Quadraten ganzer Zahlen ist.

Die Bedeutung der MINKOWSKIschen Beobachtung wird mit drei Beispielen belegt. Das erste liefern die Gitter eines algebraischen Zahlkörpers K vom Grad n, darunter seine Hauptordnung $\mathfrak{o}$. Sie werden zu $\mathbb{R}$-Gittern in einem n-dimensionalen reellen Vektorraum durch die Einbettungen von K in $\mathbb{R}$ oder in $\mathbb{C}$. Der Gitterpunktsatz ergibt so obere Schranken für die minimale Norm ganzer Ideale in den Idealklassen von K und untere Schranken für den Betrag der Diskriminante d_K. Danach hat der Zahlkörper $\mathbb{Q}$ als einziger eine Diskriminante vom Betrag 1. Die Schranken führen auch auf einen Satz von HERMITE, nach dem $\mathbb{C}$ nur endlich viele Zahlkörper fester Diskriminante enthält.— Zweitens erschließt die Methode die Struktur der Einheitengruppe $\mathfrak{o}^\times$ von K, die DIRICHLET entdeckt hatte. Dazu wird ein Homomorphismus von $\mathfrak{o}^\times$ auf ein $\mathbb{R}$-Gitter definiert durch die Logarithmen der Beträge $|\sigma_j(\varepsilon)|$, $\varepsilon \in \mathfrak{o}^\times$ für die Einbettungen σ_j von K in $\mathbb{C}$.— Das dritte Beispiel, eine jüngere Entdeckung von H. W. LENSTRA, erlaubt mittels der Minkowskischen Schranken von einigen Zahlkörpern höheren Grades zu schließen, daß sie normeuklidisch sind, und zwar aus der Existenz gewisser Folgen von *Ausnahme-Einheiten*, das sind Einheiten u, für die zudem auch $1 - u$ eine Einheit ist.

18.1 Der Gitterpunktsatz von Minkowski

Eine Teilmenge des $\mathbb{R}^n$ heißt *diskret*, wenn jeder ihrer Punkte eine Umgebung besitzt, in der kein weiterer Punkt der Menge liegt. Diskrete Teilmengen können durchaus Häufungspunkte im umgebenden Raum haben wie etwa $\{\frac{1}{k} \, ; \ k \in \mathbb{N}\}$ in $\mathbb{R}$. Aber es gilt

Proposition 1. *Jede diskrete Untergruppe Λ der additiven abelschen Gruppe $\mathbb{R}^n$ ist abgeschlossen. Insbesondere enthält jede beschränkte Teilmenge des $\mathbb{R}^n$ nur endlich viele Elemente von Λ.*

Beweis. Es sei a ein Element der abgeschlossenen Hülle $\overline{\Lambda}$ von Λ im $\mathbb{R}^n$, und $(a_k)_{k\in\mathbb{N}}$ sei eine Folge aus Λ mit $\lim_{k\to\infty} a_k = a$. Dann ist speziell $\lim_{k\to\infty}(a_{k+1} - a_k) = 0$. Weil Λ diskret ist und 0 enthält, gibt es eine Umgebung U von 0 mit $U \cap \Lambda = \{0\}$. Daraus folgt $a_{k+1} = a_k$ für alle hinreichend großen Indizes k. Wegen $\lim_{k\to\infty} a_k = a$ ergibt dies $a \in \Lambda$. $\square$

Satz 1. (Diskrete Untergruppen des $\mathbb{R}^n$ sind frei) *Es sei Λ eine diskrete Untergruppe des $\mathbb{R}^n$, und m sei die Dimension der $\mathbb{R}$-linearen Hülle von Λ. Dann ist Λ eine freie abelsche Gruppe vom Rang m.*

Beweis durch Induktion nach m. Im Fall $m = 0$ stimmt die Behauptung mit der üblichen Konvention überein, daß $\{0\}$ eine freie abelsche Gruppe vom Rang 0 ist. Ist nun $m > 0$ und ist die Behauptung für kleinere Dimensionen richtig, so verfügen wir über m linear unabhängige Vektoren $a_1, \ldots, a_m$ in Λ. Der Durchschnitt

$$\Lambda' = \Big(\sum_{i=1}^{m-1} a_i\,\mathbb{R} \Big) \cap \Lambda$$

ist eine diskrete Untergruppe des $\mathbb{R}^n$, deren $\mathbb{R}$-lineare Hülle die Dimension $m - 1$ hat. Nach Induktionsvoraussetzung hat sie eine $\mathbb{Z}$-Basis $b_1, \ldots, b_{m-1}$. Die Teilmenge S von Λ der mit Skalaren $t_i \in [0,1[$, $t \in [0,1]$ gebildeten Vektoren $\sum_{i=1}^{m-1} b_i t_i + a_m t$ ist eine beschränkte Teilmenge von Λ und darum endlich. Wegen $a_m \in S$ existiert ein $b_m = \sum_{i=1}^{m-1} b_i t_i + a_m t \in S$ mit minimalem $t > 0$. Hiernach sind $b_1, \ldots, b_m$ linear unabhängig über $\mathbb{R}$. Zu jedem $a \in \Lambda$ gibt es ein $g_m \in \mathbb{Z}$ und dazu $g_1, \ldots, g_{m-1}$ in $\mathbb{Z}$ derart, daß für den Vektor

$$b = a - \sum_{i=1}^{m} g_i b_i = \sum_{i=1}^{m-1} b_i t_i' + a_m t'$$

gilt $0 \le t' < t$ und $t_i' \in [0,1[$ $(1{\le}i{\le}m-1)$. Also ist $b \in S$ und nach Wahl von b_m überdies $t' = 0$. Folglich ist $b \in S \cap \Lambda'$ und mithin $b = 0$. Deshalb wird $b_1, \ldots, b_m$ ein freies Erzeugendensystem von Λ. $\square$

Beispiel. Im Vektorraum $\mathbb{R}^1$ ist $\mathbb{Z} + \sqrt{2}\,\mathbb{Z}$ eine freie, jedoch nicht diskrete Untergruppe vom Rang 2.

Definition. Eine diskrete Untergruppe Λ eines reellen Vektorraumes V von endlicher Dimension n heißt ein $\mathbb{R}$-*Gitter*, wenn sie den Rang n hat. Ist das der Fall und ist $a_1, \ldots, a_n$ eine $\mathbb{Z}$-Basis von Λ, so heißt die Menge F der Summen $\sum_{i=1}^{n} a_i t_i$ mit Skalaren $t_i \in [0,1[$ eine *Fundamentalmasche* von Λ. Sie enthält offensichtlich genau ein Element jeder Nebenklasse $y + \Lambda$ $(y \in V)$.

Proposition 2. *Alle Fundamentalmaschen von Λ haben gleiches Volumen.*

Beweis. Unter *Volumen* wird das dem Jordanmaß des $\mathbb{R}^n$ entsprechende Maß auf V verstanden. Durch die Eigenschaft der Translationsinvarianz ist es bekanntlich bis auf einen positiven Normierungsfaktor eindeutig bestimmt. Wir führen den Beweis der Proposition für den Fall $V = \mathbb{R}^n$; das ist keine wesentliche Einschränkung. Nach Satz 1 ist jede $\mathbb{Z}$-Basis von Λ zugleich eine $\mathbb{R}$-Basis von $\mathbb{R}^n$. Ferner ist F das Bild des Einheitsquaders $Q = [0,1[^n$ unter dem durch $Lx = \sum_{i=1}^n a_i x_i$ gegebenen linearen Automorphismus L des $\mathbb{R}^n$. Darin ist $(a_i)_{1 \leq i \leq n}$ die zur Definition von F verwendete $\mathbb{Z}$-Basis von Λ. Nun hat die Abbildung $x \mapsto Lx$ die konstante Jacobi-Determinante $\det L$. Deshalb ist nach der einfachsten Version der Transformationsformel für Gebietsintegrale

$$\mathrm{vol}(F) = \int_{F=L(Q)} dx_1 \cdots dx_n = \int_Q |\det L| \, dx_1 \cdots dx_n = |\det L| \, .$$

Jede weitere Basis $a_1', \ldots, a_n'$ von Λ ist gegeben durch ein Gleichungssystem $a_k' = \sum_{i=1}^n a_i \alpha_{ik}$ $(1 \leq k \leq n)$ mit einer ganzzahligen Übergangsmatrix $A = (\alpha_{ik})$ der Determinante ± 1 (Satz 3 in 11.3). Daher wird ihr der Automorphismus $L'x = \sum_{k=1}^n a_k' x_k = \sum_{i=1}^n a_i \sum_{k=1}^n \alpha_{ik} x_k$ des $\mathbb{R}^n$ zugeordnet. Insbesondere ist $\det L' = \det L \cdot \det A = \pm \det L$. □

Satz 2. (Der Gitterpunktsatz von Minkowski) *Es sei Λ ein $\mathbb{R}$-Gitter mit Fundamentalmaschen vom Volumen Δ im Vektorraum $\mathbb{R}^n$, und $X \subset \mathbb{R}^n$ sei eine beschränkte, konvexe Teilmenge. Sie ist bekanntlich meßbar im Jordanschen Sinne. Überdies sei $X = -X$ (man nennt X dann nullsymmetrisch). Ist ferner $\mathrm{vol}(X) > 2^n \Delta$ oder ist X kompakt und $\mathrm{vol}(X) = 2^n \Delta$, so enthält X wenigstens einen von Null verschiedenen Gitterpunkt $a \in \Lambda$.*

Beweis. 1) Angenommen, es ist $X \cap \Lambda = \{0\}$. Dann sind verschiedene Punkte der Menge $Y = \frac{1}{2} X$ stets in verschiedenen Nebenklassen modulo Λ. Denn gilt $y_k = \frac{1}{2} x_k$ mit $x_k \in X$ $(k = 1, 2)$, so ist $-x_2 \in X$, da X nullsymmetrisch ist. Da X zudem konvex ist, liegt die Differenz $y_1 - y_2 = \frac{1}{2} x_1 - \frac{1}{2} x_2$ ebenfalls in X. Ist $y_1 - y_2 \in \Lambda$, so folgt $y_1 - y_2 \in X \cap \Lambda = \{0\}$; also gilt $y_1 = y_2$. Folglich sind die Nebenklassen $y + \Lambda$ $(y \in Y)$ paarweise verschieden und somit die durch Verschiebung um Gitterpunkte entstehenden Mengen $Y + a$, $a \in \Lambda$ paarweise disjunkt.— Nun sei F eine Fundamentalmasche von Λ. Dann sind auch die Mengen $F + b$ $(b \in \Lambda)$ paarweise disjunkt. Da Y zugleich mit X beschränkt ist, gilt $(F + b) \cap Y \neq \varnothing$ nur für endlich viele $b \in \Lambda$. Deshalb erhält man aus der Zerlegung $Y = \bigcup_{b \in \Lambda}(F + b) \cap Y$ der Menge Y in disjunkte Teilmengen wegen der Translationsinvarianz des Volumens

$$\mathrm{vol}(Y) = \sum_{b \in \Lambda} \mathrm{vol}\big((F + b) \cap Y\big) = \sum_{a \in \Lambda} \mathrm{vol}\big(F \cap (Y + a)\big)$$

$$= \mathrm{vol}\Big(\bigcup_{a \in \Lambda} F \cap (Y + a)\Big).$$

Da $\bigcup_{a \in \Lambda} F \cap (Y + a)$ eine Teilmenge von F ist, gewinnen wir die Abschätzung $\mathrm{vol}(Y) \leq \mathrm{vol}(F) = \Delta$. Aus der elementaren Formel $\mathrm{vol}(X) = 2^n \mathrm{vol}(Y)$ ergibt sich mithin $\mathrm{vol}(X) \leq 2^n \Delta$, das ist die erste Behauptung des Satzes.

2) Wir setzen X nun als kompakt voraus und nehmen $X \cap \Lambda = \{0\}$ an. Dann ist $\Lambda \setminus \{0\}$ eine zu X punktfremde, abgeschlossene Menge. Von X hat sie einen positiven euklidischen Abstand 2ε. Wir wählen M größer als das Supremum aller Normen der Elemente von X sowie $\varepsilon' = \varepsilon/M$. Dann hat jeder Punkt der gestreckten Menge $(1 + \varepsilon')X$ von X einen Abstand $\leq \varepsilon$, also hat diese Menge mit $\Lambda \setminus \{0\}$ ebenfalls kein Element gemeinsam. Offensichtlich ist sie genau wie X beschränkt, konvex und nullsymmetrisch. Ihr Volumen $\mathrm{vol}(1 + \varepsilon')X$ ist größer als das von X. Andererseits gilt $\mathrm{vol}(1 + \varepsilon')X \leq 2^n \Delta$ nach Teil 1). Daraus folgt $\mathrm{vol}(X) < 2^n \Delta$.   □

Als erste Anwendung geben wir einen Beweis von DAVENPORT für den

Vier-Quadrate-Satz von LAGRANGE. *Jede natürliche Zahl m ist Summe von vier Quadraten $m = x_1^2 + x_2^2 + x_3^2 + x_4^2$ ganzer Zahlen x_1, x_2, x_3, x_4.*

Beweis. 1) Die Menge der komplexen (2×2)-Matrizen der Form $\left(\begin{smallmatrix} z & w \\ -\overline{w} & \overline{z} \end{smallmatrix} \right)$ mit $w, z \in \mathbb{C}$ ist, wie man mühelos nachprüfen kann, unter der Multiplikation von Matrizen abgeschlossen. Die Determinante solcher Matrizen, ausgedrückt durch $x = \mathrm{Re}\, z$, $y = \mathrm{Im}\, z$, $u = \mathrm{Re}\, w$, $v = \mathrm{Im}\, w$ ist $x^2 + y^2 + u^2 + v^2$. Weil die Determinante multiplikativ ist, ist auch die Menge der natürlichen Zahlen, die Summen von vier Quadraten ganzer Zahlen sind, abgeschlossen unter Multiplikation. Offenbar gehört $2 = 0^2 + 0^2 + 1^2 + 1^2$ und auch 1 dazu. Also genügt es zu zeigen, daß jede Primzahl $p \neq 2$ dazu gehört.

2) Die Restklassen $a^2 + p\mathbb{Z}$ zu den $\frac{1}{2}(p+1)$ ganzen Zahlen a im Intervall $\left[0, \frac{1}{2}(p-1) \right]$ sind paarweise verschieden ebenso wie die $\frac{1}{2}(p+1)$ Restklassen $-b^2 - 1 + p\mathbb{Z}$ mit $b \in \mathbb{Z}$ $(0 \leq b \leq \frac{1}{2}(p-1))$. Da aber insgesamt $p+1$ Restklassen vorkommen, gibt es unter den Zahlen a, b solche, für die $a^2 + b^2 + 1 \equiv 0 \pmod{p}$ gilt. Mit ihnen betrachten wir die Homomorphismen $\lambda(x) = x_1 - ax_3 - bx_4$ und $\mu(x) = x_2 - bx_3 + ax_4$ von $\mathbb{Z}^4$ in $\mathbb{Z}$ sowie den Kern Λ des durch

$$x \mapsto (\lambda(x) + p\mathbb{Z}, \ \mu(x) + p\mathbb{Z})$$

definierten Morphismus von $\mathbb{Z}^4$ in die Gruppe $\mathbb{Z}/p\mathbb{Z} \times \mathbb{Z}/p\mathbb{Z}$ der Ordnung p^2. Λ ist ein $\mathbb{R}$-Gitter in $\mathbb{R}^4$, da $(p\mathbb{Z})^4 \subset \Lambda \subset \mathbb{Z}^4$ ist. Außerdem gilt für alle $x \in \Lambda$

$$
\begin{aligned}
x_1^2 + x_2^2 + x_3^2 + x_4^2 &\equiv (ax_3 + bx_4)^2 + (bx_3 - ax_4)^2 + x_3^2 + x_4^2 \\
&\equiv (a^2 + b^2 + 1)(x_3^2 + x_4^2) \equiv 0 \pmod{p}.
\end{aligned}
$$

3) Der Index $[\mathbb{Z}^4 : \Lambda]$ ist nach dem Homomorphiesatz zugleich die Ordnung der Bildgruppe in $\mathbb{Z}/p\mathbb{Z} \times \mathbb{Z}/p\mathbb{Z}$, also höchstens gleich p^2. Damit ist nach Satz 5 in 11.3 auch das Volumen Δ der Fundamentalmaschen von Λ beschränkt durch p^2. Wie man in der Analysis beweist, hat die Kugel $X = \{x \in \mathbb{R}^4 ; \ x_1^2 + x_2^2 + x_3^2 + x_4^2 < 2p\}$ das Volumen $V = \frac{1}{2}\pi^2 \cdot 4p^2$. Somit ist $V > 16p^2 \geq 2^4 \Delta$. Also gibt es aufgrund von Satz 2 einen von Null verschiedenen Vektor $x \in X \cap \Lambda$. Für ihn ist $0 < x_1^2 + x_2^2 + x_3^2 + x_4^2 < 2p$ sowie $x_1^2 + x_2^2 + x_3^2 + x_4^2 \equiv 0 \pmod{p}$, folglich $x_1^2 + x_2^2 + x_3^2 + x_4^2 = p$.   □

18.2 Einbettung der Gitter von Zahlkörpern

Es sei K ein Zahlkörper vom Grade $(K|\mathbb{Q}) = n$. Ein Ringhomomorphismus $\sigma\colon K \to \mathbb{C}$, eine *Einbettung*, heißt *reell*, wenn gilt $\sigma(K) \subset \mathbb{R}$. Ist das nicht der Fall, so heißt sie *imaginär*. Mit jeder imaginären Einbettung $\tau\colon K \to \mathbb{C}$ wird eine von τ verschiedene imaginäre Einbettung $\overline{\tau}$ gegeben durch $\overline{\tau}(x) := \overline{\tau(x)}$ $(x \in K)$, die zu τ *konjugiert komplexe Einbettung*. So zerfallen die imaginären Einbettungen in Paare konjugiert komplexer Einbettungen; also ist ihre Anzahl $2r_2$ gerade.

Jede Einbettung von K läßt sich realisieren über ein primitives Element ϑ von $K|\mathbb{Q}$ und dessen Minimalpolynom $g \in \mathbb{Q}[X]$. Nach Satz 1 in 14.1 hat g den Grad n. Sind $\vartheta_1, \ldots, \vartheta_n$ die verschiedenen Wurzeln von g in $\mathbb{C}$, so sind die Einbettungen von K durch die Ringhomomorphismen σ_j mit $\sigma_j(\vartheta) = \vartheta_j$ $(1 \le j \le n)$ gegeben. Speziell $\sigma_1\colon K \to K_1 = \mathbb{Q}(\vartheta_1)$ ist ein Isomorphismus. Der von den ϑ_j erzeugte Teilkörper $L = K(\vartheta_1, \ldots, \vartheta_n)$ von $\mathbb{C}$ ist der Zerfällungskörper von g in $\mathbb{C}$. In seiner Galoisgruppe $G = \mathrm{Aut}(L|\mathbb{Q})$ hat die Fixgruppe U von K_1, das ist auch die Fixgruppe von ϑ_1, den Index n. Jedes Vertretersystem $\mathcal{V}$ der Nebenklassen σU von U in G liefert in $\sigma \circ \sigma_1$ $(\sigma \in G)$ die Gesamtheit aller n Einbettungen von K. Insbesondere hat jedes $\alpha \in K$ die Spur

$$S_{L|\mathbb{Q}}(\alpha) = S_{K_1/\mathbb{Q}}(\sigma_1(\alpha)) = \sum_{\sigma \in \mathcal{V}} \sigma(\sigma_1(\alpha)) = \sum_{j=1}^{n} \sigma_j(\alpha).$$

Die n verschiedenen Einbettungen $\sigma_j\colon K \to \mathbb{C}$ $(1 \le j \le n)$ werden derart numeriert, daß $\sigma_1, \ldots, \sigma_{r_1}$ reell sind und daß $\sigma_{r_1+1}, \ldots, \sigma_{r_1+r_2}$ ein Vertretersystem der Paare konjugiert komplexer Einbettungen ist. So wird ein injektiver Ringmorphismus $\sigma\colon K \to \mathbb{R}^{r_1} \times \mathbb{C}^{r_2}$ definiert durch $\alpha \mapsto (\sigma_j(\alpha))_{1 \le j \le r_1+r_2}$, wo im Bildraum Summe und Produkt komponentenweise erklärt sind. Wir setzen stillschweigend voraus, daß im Ringprodukt $\mathbb{R}^{r_1} \times \mathbb{C}^{r_2}$ mit dem Einselement e_k im k-ten Faktor die Fundamentalmasche zur $\mathbb{R}$-Basis

$$e_1, \ldots, e_{r_1}, e_{r_1+1}, i \cdot e_{r_1+1}, \ldots, e_{r_1+r_2}, i \cdot e_{r_1+r_2} \qquad (*)$$

das Volumen 1 besitzt.

Proposition 3. *Das Bild $\sigma(M)$ eines Gitters M im Zahlkörper K ist ein $\mathbb{R}$-Gitter im Vektorraum $\mathbb{R}^{r_1} \times \mathbb{C}^{r_2}$ mit Fundamentalmaschen vom Volumen $\Delta = 2^{-r_2}|d(M)|^{1/2}$, worin $d(M)$ die Diskriminante von M bezeichnet.*

Beweis. Wir wählen eine Basis $\omega_1, \ldots, \omega_n$ des Gitters M. Die Koordinaten von $\sigma(\omega_k)$ bezüglich der Basis $(*)$ sind

$$\sigma_j(\omega_k) \ (1 \le j \le r_1), \quad \mathrm{Re}\,\sigma_j(\omega_k), \ \mathrm{Im}\,\sigma_j(\omega_k) \ (r_1 < j \le r_1+r_2).$$

Die Determinante der zugehörigen Matrix wird durch Zeilenumformungen über den *komplexen* Zahlen berechnet, angewandt auf jedes Paar der letzten

$2r_2$ Zeilen. Sie ergeben $\Delta = \pm (2i)^{-r_2} \det(\sigma_j(\omega_k))_{1 \le j,k \le n}$, und die Gleichung $(\sigma_j(\omega_k))^t (\sigma_j(\omega_l)) = (S_{K|\mathbb{Q}}(\omega_k \omega_l))$ führt zur Behauptung der Proposition. $\square$

Als den *Normkörper zum Parameter* $t \ge 0$ einer Vektorraumnorm $\| \cdot \|$ des n-dimensionalen $\mathbb{R}$-Vektorraums V bezeichnet man die Menge $X(t) = \{x \in V ; \|x\| \le t\}$. Sie ist kompakt und nullsymmetrisch, aber auch konvex: Die Konvexität folgt aus der Dreiecksungleichung: Für alle $x, y \in X(t)$ und alle $\lambda \in [0,1]$ gilt $\|x\lambda + y(1-\lambda)\| \le \|x\|\lambda + \|y\|(1-\lambda) \le t\lambda + t(1-\lambda) = t$.

Satz 3. (Eine Volumenberechnung) *Im reellen Vektorraum $\mathbb{R}^{r_1} \times \mathbb{C}^{r_2}$ der Dimension $r_1 + 2r_2 = n$ sei das translationsinvariante Maß so gewählt wie vor Proposition 3. Ferner sei der Gewichtsfaktor $\delta_j = 1$ oder 2 je nachdem, ob $j \le r_1$ oder $j > r_1$ ist. Dann ist offensichtlich*

$$\|x\| := \sum_{j=1}^{r_1+r_2} \delta_j |x_j|$$

eine Vektorraumnorm auf $\mathbb{R}^{r_1} \times \mathbb{C}^{r_2}$, und ihr Normkörper $X = X(r_1, r_2, t)$ zum Parameter $t > 0$ hat das Volumen

$$\mathrm{vol}_n \left(X(r_1, r_2, t) \right) = 2^{r_1} \left(\frac{\pi}{2} \right)^{r_2} \frac{t^n}{n!}.$$

Beweis. Die Volumenformel wird durch Induktion nach r_2 bewiesen. Im Fall $r_2 = 0$ hat $X(r_1, 0, t)$ aus Gründen der Symmetrie das 2^{r_1}-fache Volumen wie die Menge $Y(r,t) = \{x \in \mathbb{R}^r ; x_j \ge 0, \sum_{j=1}^{r} x_j \le t\}$ für $r = r_1$. Wir zeigen durch Induktion $\mathrm{vol}_r(Y(r,t)) = t^r/r!$, was im Fall $r = 1$ klar ist. Weiter gilt $Y(r+1,t) = \{(y,s) ; y \in Y(r, t-s), 0 \le s \le t\}$. Daraus ergibt sich

$$\mathrm{vol}_{r+1}(Y(r+1,t)) = \int_0^t \mathrm{vol}_r(Y(r, t-s)) ds = \int_0^t \frac{(t-s)^r}{r!} ds = \frac{t^{r+1}}{(r+1)!},$$

und der Fall $r_2 = 0$ ist erledigt. Zum Induktionsschritt beachte man

$$X(r_1, r_2 + 1, t) = \left\{ (x, z) ; x \in X(r_1, r_2, t - 2|z|), z \in \mathbb{C}, |z| \le t/2 \right\}.$$

Über Polarkoordinaten $z = re^{i\phi}$ ergibt sich dann mit partieller Integration aus der Induktionsvorausetzung

$$\begin{aligned}
\mathrm{vol}\left(X(r_1, r_2 + 1, t) \right) &= \int_0^{t/2} \int_0^{2\pi} r \cdot \mathrm{vol}\left(X(r_1, r_2, t - 2r) \right) d\phi\, dr \\
&= 2^{r_1} \left(\frac{\pi}{2} \right)^{r_2+1} \cdot 4 \int_0^{t/2} \frac{r(t-2r)^{r_1+2r_2}}{(r_1 + 2r_2)!} dr \\
&= 2^{r_1} \left(\frac{\pi}{2} \right)^{r_2+1} \cdot 2 \int_0^{t/2} \frac{(t-2r)^{r_1+2r_2+1}}{(r_1 + 2r_2 + 1)!} dr \\
&= 2^{r_1} \left(\frac{\pi}{2} \right)^{r_2+1} \cdot \frac{t^{r_1+2r_2+2}}{(r_1 + 2r_2 + 2)!}. \qquad \square
\end{aligned}$$

18.3 Schranken für Normen und Diskriminanten

Wegen der Ungleichung zwischen geometrischem und arithmetischem Mittel
$\left(\prod_{j=1}^{n} a_j\right) \leq \left(\frac{1}{n}\sum_{j=1}^{n} a_j\right)^n$, falls alle $a_j \geq 0$ sind, gestattet die Vektorraum-Norm aus Satz 3 eine nützliche Abschätzung der von den Zahlkörpern K herrührenden algebraischen Normfunktion $N_{K|\mathbb{Q}}$ nach oben.

Satz 4. (Gitterpunkte mit kleinem Normbetrag) *Es sei K ein algebraischer Zahlkörper vom Grad n mit r_1 reellen und r_2 Paaren konjugiert komplexer Einbettungen in $\mathbb{C}$, und $\mathfrak{o}$ sei seine Hauptordnung. Dann gilt:*
i) Jedes Gitter M in K der Diskriminante $d(M)$ enthält eine Zahl $\alpha \neq 0$ mit

$$|N(\alpha)| \leq \left(\frac{4}{\pi}\right)^{r_2} \frac{n!}{n^n} |d(M)|^{1/2}.$$

ii) Jede Idealklasse C in der Faktorgruppe $\mathfrak{J}_K/\mathfrak{H}_K = C_K$, der Klassengruppe aus 13.1, enthält ein ganzes Ideal $\mathfrak{a}$ mit der Norm

$$\mathfrak{N}(\mathfrak{a}) \leq \left(\frac{4}{\pi}\right)^{r_2} \frac{n!}{n^n} |d_K|^{1/2}.$$

Insbesondere gilt für die Diskriminante d_K die Abschätzung nach unten durch

$$|d_K| \geq \frac{n^{2n}}{(n!)^2}\left(\frac{\pi}{4}\right)^{2r_2} \geq \frac{n^{2n}}{(n!)^2}\left(\frac{\pi}{4}\right)^n.$$

Beweis. i) Man wähle in Satz 3 den Parameter t derart, daß das Volumen des Normkörpers das 2^n-fache des Volumens der Fundamentalmaschen von $\sigma(M)$, dem zugeordneten $\mathbb{R}$-Gitter in $\mathbb{R}^{r_1} \times \mathbb{C}^{r_2}$, ist:

$$2^{r_1}(\pi/2)^{r_2} t^n/n! = 2^{r_1+r_2} |d(M)|^{1/2}.$$

Nach Satz 2 enthält M ein von Null verschiedenes Element α mit dem Bild $\sigma(\alpha) = (\sigma_j(\alpha))_{1 \leq j \leq r_1+r_2} \in X(r_1, r_2, t)$. Daher gilt $\sum_{j=1}^{r_1+r_2} \delta_j|\sigma_j(\alpha)| \leq t$. Die Ungleichung zwischen geometrischem und arithmetischem Mittel ergibt also

$$|N(\alpha)| = \prod_{j=1}^{n}|\sigma_j(\alpha)| \leq \left(\frac{1}{n}\sum_{j=1}^{n}|\sigma_j(\alpha)|\right)^n \leq \frac{t^n}{n^n} = \left(\frac{4}{\pi}\right)^{r_2}\frac{n!}{n^n}|d(M)|^{1/2}.$$

ii) Es sei $\mathfrak{b}$ ein ganzes Ideal der inversen Idealklasse C^{-1}. Nach Proposition 2 in 12.3 hat es den Diskriminantenbetrag $|d(\mathfrak{b})| = \mathfrak{N}(\mathfrak{b})^2|d_K|$. Aus Teil *i)* ergibt sich ein von Null verschiedenes $\beta \in \mathfrak{b}$ mit der Normschranke

$$|N(\beta)| \leq \left(\frac{4}{\pi}\right)^{r_2}\frac{n!}{n^n}\mathfrak{N}(\mathfrak{b})\,|d_K|^{1/2}.$$

Wegen $\beta \in \mathfrak{b}$ ist $\beta\mathfrak{o} = \mathfrak{a}\mathfrak{b}$ mit einem ganzen Ideal $\mathfrak{a} \in C$. Die multiplikative Idealnorm ergibt also aus der Schranke für $|N(\beta)|$ die erste Behauptung. Da stets $\mathfrak{N}(\mathfrak{a}) \geq 1$ ist, zieht sie die Diskriminantenabschätzung nach sich. □

Die Folge $b_n = (\pi/4)^n\, n^{2n}/(n!)^2$ in Satz 4 beginnt mit $b_1 = \pi/4$, wegen der Bernoulli-Ungleichung ist $b_{n+1}/b_n = ((n+1)/n)^{2n}\,(\pi/4) \geq \pi$. Für die Diskriminanten von Zahlkörpern n-ten Grades gilt also die Abschätzung $|d_K| \geq \frac{1}{4}\pi^n$. Speziell folgt aus $d_K = \pm 1$, daß $n = 1$, also $K = \mathbb{Q}$ ist. Dies ist der *Diskriminantensatz von* MINKOWSKI. Nimmt man den DEDEKINDschen Diskriminantensatz hinzu, dann zeigt sich, daß in jedem Zahlkörper vom Grad $n > 1$ mindestens eine Primzahl verzweigt ist. Damit ist auch die Lücke im Beweis des Satzes von Kronecker–Weber aus 17.5 geschlossen.

n	r_1	$M(r_1,r_2)$	n	r_1	$M(r_1,r_2)$	n	r_1	$M(r_1,r_2)$	n	r_1	$M(r_1,r_2)$
2	0	0.63662	4	0	0.15199	5	1	0.06226	6	0	0.03186
	2	0.5		2	0.11937		3	0.04890		2	0.02502
3	1	0.28295		4	0.09375		5	0.0384		4	0.01965
	3	0.22223								6	0.01544

Die Minkowski-Konstanten der Signatur r_1, r_2 bis zum Grad $n = 6$

$$M(r_1, r_2) = \left(\frac{4}{\pi}\right)^{r_2} \frac{n!}{n^n} \quad \text{(aufgerundet)}, \quad r_1 + 2r_2 = n\,.$$

Beispiel 1. Es gibt genau 30 reellquadratische Zahlkörper der Diskriminante $d < 100$. Vier darunter haben die Klassenzahl $h = 2$ (und zwar für $d = 40$, 60, 65, 85). Alle übrigen haben die Klassenzahl $h = 1$.

Beweis. Da die Minkowski-Konstante hier $1/2$ ist, enthält jede Idealklasse des Körpers $\mathbb{Q}(\sqrt{d}\,)$ ein ganzes Ideal der Norm $\leq \sqrt{d}/2 < 5$. Zum Nachweis von $h = 1$ genügt also die Feststellung, daß die Primideale der Norm 2 und 3 Hauptideale sind. In den vier Ausnahmefällen ist $d \equiv 0 \pmod 5$. Weil die Kongruenz $a^2 - db^2 \equiv \pm 2 \pmod 5$ in $\mathbb{Z}$ unlösbar ist, sind $\pm 2, \pm 3$ dann keine Normen ganzer Zahlen. Indes hat 2 oder 3 einen Primidealteiler ersten Grades in jedem der vier Fälle. Also ist dann $h > 1$. Die neun Körper mit Diskriminante $d < 32$ sind nach 8.4 normeuklidisch, haben also Klassenzahl 1. Für die übrigen Diskriminanten $d < 100$ gibt die folgende Tabelle ganze Zahlen mit der Norm ± 2 bzw. ± 3 an, wenn 2 bzw. 3 nicht träge ist.

$d = 33$	$d = 37$	$d = 40$	$d = 41$	$d = 44$	$d = 53$	$d = 56$
$2 + \omega$	2 träge	$2 + \omega$	$3 + \omega$	$3 + \omega$	2 träge	$4 + \omega$
$5 + 2\omega$	$3 + \omega$	$1 + \omega$	3 träge	3 träge	3 träge	3 träge
$d = 57$	$d = 60$	$d = 61$	$d = 65$	$d = 69$	$d = 73$	$d = 76$
$3 + \omega$	$2 \mid d$	2 träge	$3 + \omega$	2 träge	$4 + \omega$	$13 + 3\omega$
$13 + 4\omega$	$3 + \omega$	$7 + 2\omega$	3 träge	$4 + \omega$	$15 + 4\omega$	$4 + \omega$
$d = 77$	$d = 85$	$d = 88$	$d = 89$	$d = 92$	$d = 93$	$d = 97$
2 träge	2 träge	$14 + 3\omega$	$4 + \omega$	$5 + \omega$	2 träge	$31 + 7\omega$
3 träge	$5 + \omega$	$5 + \omega$	3 träge	3 träge	$4 + \omega$	$9 + 2\omega$

Tabelle zur Klassenzahl quadratischer Zahlkörper

Hieraus folgt $h = 1$ bis auf die vier Sonderfälle. Für sie enthält die Tabelle einen Grund für die Ungleichung $h \leq 2$. Dabei steht ω für $\frac{1}{2}\sqrt{d}$ oder $\frac{1}{2}(1+\sqrt{d})$ je nachdem, ob $d \equiv 0$ oder $\equiv 1 \pmod{4}$ gilt.

Beispiel 2. Es gibt genau 30 Kreisteilungskörper $\mathbb{Q}(\zeta_m)$ mit der Klassenzahl $h = 1$, und zwar für $m =$1, 3, 4, 5, 7, 8, 9, 11, 12, 13, 15, 16, 17, 19, 20, 21, 24, 25, 27, 28, 32, 33, 35, 36, 40, 44, 45, 48, 60, 84 (vgl. [Wa]). In 18.5 zeigen wir, daß $\mathbb{Q}(\zeta_m)$ normeuklidisch ist für $m = 1, 3, 4, 5, 7, 12$; daraus folgt natürlich jeweils $h = 1$. Für $m = 8$ und 9 läßt sich mit den Minkowskischranken mühelos zeigen, daß beide Körper die Klassenzahl 1 haben: Ihre Grade sind 4 und 6, ihre Diskriminanten 256 und -19683. Daher enthält jede Idealklasse ein ganzes Ideal der Norm ≤ 2 für $m = 8$, der Norm ≤ 4 für $m = 9$. In beiden Fällen ist aber das einzige nichttriviale Ideal dieser Art das voll verzweigte Primideal, und dieses ist nach 17.1, Satz 1 ein Hauptideal.

In manchen Anwendungen des Gitterpunktsatzes braucht man Freiheit für einige Koordinaten der gesuchten Gitterpunkte. In diese Richtung zielt die

Proposition 4. *Unter der Voraussetzung von Satz 4 gibt es zu jedem System von Schranken $c_j > 0$ $(1{\leq}j{\leq}r_1{+}r_2)$ mit dem Produkt*

$$\prod_{j=1}^{r_1+r_2} c_j^{\delta_j} \geq \left(\frac{2}{\pi}\right)^{r_2} |d(M)|^{1/2}$$

eine von Null verschiedene Zahl α im Gitter M, für deren Bilder unter den Einbettungen $\sigma_j \colon K \to \mathbb{C}$ gilt $|\sigma_j(\alpha)| \leq c_j$ $(1{\leq}j{\leq}r_1{+}r_2)$. Darin ist wieder $\delta_j = 1$ oder 2 je nachdem, ob $j \leq r_1$ oder ob $j > r_1$ ist.

Beweis. Im $\mathbb{R}$-Vektorraum $V = \mathbb{R}^{r_1} \times \mathbb{C}^{r_2}$ hat die kompakte, konvexe, nullsymmetrische Menge $X = \{x \in V;\ |x_j| \leq c_j\ (1{\leq}j{\leq}r_1{+}r_2)\}$ das Volumen

$$\operatorname{vol}(X) = \prod_{j=1}^{r_1}(2c_j) \prod_{k=1}^{r_2}(\pi c_{r_1+k}^2) = 2^{r_1}\pi^{r_2} \prod_j c_j^{\delta_j},$$

während $\Delta = 2^{-r_2} |d(M)|^{1/2}$ das Volumen der Fundamentalmaschen des $\mathbb{R}$-Gitters $\sigma(M)$ ist (Proposition 3). Mit Satz 2 folgt die Behauptung. □

Satz 5. (HERMITE) *Bis auf Isomorphie gibt es nur endlich viele algebraische Zahlkörper K mit fester Diskriminante d.*

Beweis. Wegen der Abschätzung $|d_K| \geq \frac{1}{4}\pi^n$ für Zahlkörper K vom Grad n ist bei fester Diskriminante $d = d_K$ der Grad n nach oben beschränkt. Also genügt der Nachweis, daß in $\mathbb{C}$ nur endlich viele Zahlkörper n-ten Grades die Diskriminante d haben.

1) Für normierte Polynome $f = \sum_{m=0}^{n} a_m X^m \in \mathbb{C}[X]$ vom Grad n, deren Wurzeln im Kreis $|z| \leq R$ liegen, gilt $\sum_{m=0}^{n} |a_m| \leq (1 + R)^n$: Für $n = 1$ ist

das klar. Wenn die Aussage für den Grad n stimmt und wenn $\alpha \in \mathbb{C}$ den Betrag $|\alpha| \leq R$ hat, dann genügt die Summe S der Koeffizientenbeträge des Polynoms $g = (X - \alpha)f$ wegen $g = \sum_{m=0}^{n} a_m X^{m+1} + \sum_{m=0}^{n} (-\alpha a_m) X^m$ der Abschätzung $S \leq (\sum_{m=0}^{n} |a_m|)(1 + |\alpha|) \leq (1 + R)^{n+1}$.

2) Sei K ein Zahlkörper mit Diskriminante d vom Grad n, seine reellen Einbettungen seien $\sigma_j \colon K \to \mathbb{C}$ $(1 \leq j \leq r_1)$ und σ_{r_1+k} $(1 \leq k \leq r_2)$ sei ein Vertretersystem der Paare konjugiert komplexer Einbettungen von K in $\mathbb{C}$. Im Fall $r_1 > 0$ wird $c_1 = (n/(n-1))^{n-1}|d|^{1/2}$ und $c_j = 1 - 1/n$ $(2 \leq j \leq r_1+r_2)$ gewählt. Mit den bekannten Gewichten δ_j gilt dann $\prod_{j=1}^{r_1+r_2} c_j^{\delta_j} = |d|^{1/2}$. Deshalb enthält nach Proposition 4 die Hauptordnung $\mathfrak{o}$ von K ein von Null verschiedenes Element α mit $|\sigma_j(\alpha)| \leq c_j$ $(1 \leq j \leq r_1+r_2)$. Weil die Folge $(1 + 1/n)^n$ monoton wachsend gegen e konvergiert, ist $c_1 \leq e|d|^{1/2}$. Wegen $\alpha \in \mathfrak{o} \smallsetminus \{0\}$ ist überdies $|N(\alpha)| \geq 1$. Daher kommt die Abschätzung

$$|\sigma_1(\alpha)| \geq \frac{1}{\prod_{j>1} |\sigma_j(\alpha)|^{\delta_j}} \geq 1 > |\sigma_k(\alpha)| \quad (2 \leq k \leq r_1 + r_2).$$

Sie zeigt insbesondere $\sigma_1(\alpha) \neq \sigma_k(\alpha)$ für all $k \neq 1$. Dies bedeutet, daß das Hauptpolynom von α zugleich sein Minimalpolynom ist. Also besitzt K ein primitives Element, dessen Minimalpolynom in der Menge der ganzzahligen normierten Polynome n-ten Grades zu finden ist, deren Koeffizientenbeträge eine Summe $S \leq (1 + e|d|^{1/2})^n$ haben. Daher ist die Zahl der betrachteten Teilkörper von $\mathbb{C}$ mit mindestens einer reellen Einbettung endlich.

3) Ist $r_1 = 0$, so betrachte man in $V = \mathbb{C}^{r_2}$ die Menge X der $x \in V$ mit $|\operatorname{Re} x_1| \leq c_1$, $|\operatorname{Im} x_1| \leq c_1'$ und $|x_j| \leq c_j$ für $2 \leq j \leq r_2$. Sie ist kompakt, konvex und nullsymmetrisch. Mit $c_j = 1 - 1/n$ für die Indizes $1 \leq j \leq r_2$ und $c_1' = (n/(n-1))^{n-1}|d|^{1/2}$ hat X das Volumen

$$\operatorname{vol}(X) = 4\pi^{r_2-1} c_1 c_1' \prod_{j=2}^{r_2} c_j^2 > 2^{r_2} |d|^{1/2}.$$

Also existiert nach dem Gitterpunktsatz ein ganzes, von Null verschiedenes Element α in K mit dem Bild $\sigma(\alpha) \in X$. Wegen

$$|\sigma_1(\alpha)|^2 \geq \frac{1}{\prod_{j>1} |\sigma_j(\alpha)|^2} \geq 1$$

ist speziell $\operatorname{Im} \sigma_1(\alpha) \neq 0$. Daher wird $\sigma_1(\alpha)$ eine einfache Nullstelle des Hauptpolynoms von α. Wie unter Teil 2) folgt, daß K ein primitives ganzes Element enthält, dessen Minimalpolynom zur Menge der ganzzahligen, normierten Polynome n-ten Grades gehört, deren Koeffizienten die Betragssumme $S \leq (2 + e|d|^{1/2})^n$ haben. Die Zahl dieser Körper ist endlich. (Aus dem Beweis ist ersichtlich, daß und wie die Schranke S verbessert weden kann.)□

18.4   Der Dirichletsche Einheitensatz

Wir untersuchen jetzt die Einheitengruppe der Hauptordnung algebraischer Zahlkörper. Ihre Struktur hat DIRICHLET vor dem Entstehen der Minkowski-

Theorie bestimmt durch die Beantwortung der Frage nach der Menge aller Zahlen α im Ring $\mathbb{Z}[\omega]$ mit der Norm $N(\alpha) = 1$, wenn ω eine Wurzel eines irreduziblen normierten Polynoms F in $\mathbb{Z}[X]$ ist.

Proposition 5. (KRONECKER) *Es sei K ein Zahlkörper vom Grad n. Wenn die Bilder der ganzen Zahl $\alpha \in K^\times$ unter sämtlichen Einbettungen $\sigma_j\colon K \to \mathbb{C}$ einen Betrag $|\sigma_j(\alpha)| \leq 1$ haben, dann ist α eine Einheitswurzel.*

Die Aussage samt Beweis wurde schon im Zusammenhang mit dem Kummerschen Lemma (Satz 3 in 17.3) behandelt.   □

Proposition 6. *Die Zahl der Klassen assozierter Elemente fester Norm in der Hauptordnung $\mathfrak{o}$ eines algebraischen Zahlkörpers ist stets endlich.*

Beweis. Für jedes von Null verschiedene $\alpha \in \mathfrak{o}$ ist $N = |N(\alpha)| = \mathfrak{N}(\alpha\mathfrak{o})$ eine natürliche Zahl im Ideal $\alpha\mathfrak{o}$. Die Elemente $\alpha \in \mathfrak{o}$ vom Normbetrag N erzeugen somit Hauptideale $\alpha\mathfrak{o}$, welche $N\mathfrak{o}$ umfassen. Wegen $N\mathfrak{o} \subset \alpha\mathfrak{o} \subset \mathfrak{o}$ ist deren Anzahl endlich. Jetzt genügt die Feststellung, daß zwei Zahlen in $\mathfrak{o}$ genau dann assoziert sind, wenn sie dasselbe Hauptideal erzeugen.   □

Proposition 7. *Eine quadratische Matrix $A = (\alpha_{jk})$ mit r Zeilen über dem Körper $\mathbb{C}$ ist invertierbar, wenn sie folgende Ungleichungen erfüllt*

$$|\alpha_{jj}| > \sum\nolimits_{k \neq j} |\alpha_{jk}| \qquad (1 \leq j \leq r) \,.$$

Beweis. Zu jeder Lösung $x = (x_k) \in \mathbb{C}^r$ des linearen Gleichungssystems $\sum_{k=1}^r \alpha_{jk}x_k = 0$ $(1 \leq j \leq r)$ gibt es einen Index i, für den $|x_i| = \max_{1 \leq k \leq r} |x_k|$ ist. Die entsprechende Gleichung liefert

$$0 = \left| \sum_{k=1}^r \alpha_{i,k}x_k \right| \geq |\alpha_{ii}|\,|x_i| - \sum_{k \neq i} |\alpha_{ik}|\,|x_k| \geq \left(|\alpha_{ii}| - \sum_{k \neq i} |\alpha_{ik}| \right)|x_i| \,,$$

worin der erste Faktor rechts positiv ist. Also folgt $|x_i| = 0$ und damit $x_k = 0$ für alle Indizes k. Das homogene lineare Gleichungssystem besitzt somit nur die triviale Lösung, woraus bekanntlich $\det A \neq 0$ folgt.   □

Satz 6. (Dirichletscher Einheitensatz) *Es sei K ein algebraischer Zahlkörper vom Grad n mit r_1 reellen und r_2 Paaren konjugiert komplexer Einbettungen $\sigma_j\colon K \to \mathbb{C}$ $(r_1 + 2r_2 = n)$. Die Einheitengruppe $\mathfrak{o}^\times$ seiner Hauptordnung $\mathfrak{o}$ ist ein direktes Produkt aus der Gruppe μ_K aller Einheitswurzeln von K und einer freien abelschen Gruppe vom Rang $r = r_1 + r_2 - 1$.*

Beweis. Der Schlüssel zum Beweis ist ein Homomorphismus l der Einheitengruppe $\mathfrak{o}^\times$ in die abelsche Gruppe $\mathbb{R}^{r_1+r_2}$ über die Logarithmen der Beträge der Einbettungen. Kern und Bild dieses Homomorphismus werden studiert.

1) Betrachtet wird die Abbildung $l: \mathfrak{o}^\times \to \mathbb{R}^{r_1+r_2}$, die durch die Gleichung $l(\varepsilon) = (\log|\sigma_j(\varepsilon)|^{\delta_j})_{1\le j\le r_1+r_2}$ definiert ist. Darin sind wie bisher $\sigma_1,\ldots,\sigma_{r_1}$ reell, und $\sigma_{r_1+1},\ldots,\sigma_{r_1+r_2}$ bilden ein Vertretersystem der Paare konjugierter imaginärer Einbettungen von K in $\mathbb{C}$ mit Gewichten $\delta_j = 1$ bzw. 2. Die Abbildung l wird ein Gruppenmorphismus von $\mathfrak{o}^\times$ in die additive Gruppe $\mathbb{R}^{r_1+r_2}$ mit dem Kern μ_K, der Gruppe aller Einheitswurzeln in K: Jedes $\varepsilon \in \mu_K$ wird wegen seiner endlichen Ordnung unter den Einbettungen auf eine Zahl vom Betrage 1 abgebildet. Also ist $\mu_K \subset \operatorname{Ker} l$. Umgekehrt hat ein $\varepsilon \in \operatorname{Ker} l$ lauter Bilder vom Betrag $|\sigma_j(\varepsilon)| = 1$, also ist ε nach Proposition 5 eine Einheitswurzel.

2) Das Bild $l(\mathfrak{o}^\times)$ ist eine diskrete Untergruppe von $\mathbb{R}^{r_1+r_2}$, die in der Hyperebene $H = \{x \in \mathbb{R}^{r_1+r_2}; \sum_{j=1}^{r_1+r_2} x_j = 0\}$ enthalten ist; insbesondere ist deshalb nach Satz 1 der Rang von $l(\mathfrak{o}^\times)$ höchstens gleich r: Jedes $\varepsilon \in \mathfrak{o}^\times$ hat eine Norm, die in $\mathbb{Z}$ invertierbar ist. Also gilt

$$|N(\varepsilon)| = \prod_{j=1}^{r_1+r_2} |\sigma_j(\varepsilon)|^{\delta_j} = 1.$$

Daraus folgt $l(\mathfrak{o}^\times) \subset H$. Zudem folgt für jedes $R > 0$ aus der Ungleichung $|\log|\sigma_j(\varepsilon)|| \le R$ $(1\le j\le r_1+r_2)$ die Abschätzung $|\sigma_j(\varepsilon)| \le e^R$ für alle j. Als $\mathbb{R}$-Gitter ist $\sigma(\mathfrak{o})$ eine diskrete Untergruppe von $\mathbb{R}^{r_1} \times \mathbb{C}^{r_2}$. Jede dort beschränkte Menge enthält deshalb nur endlich viele Elemente von $\sigma(\mathfrak{o})$ und damit erst recht von $\sigma(\mathfrak{o}^\times)$. Daher enthält jede beschränkte Menge in $\mathbb{R}^{r_1+r_2}$ nur endlich viele Elemente von $l(\mathfrak{o}^\times)$. Also ist $l(\mathfrak{o}^\times)$ eine in H gelegene diskrete Untergruppe von $\mathbb{R}^{r_1+r_2}$.

3) Im Fall $r > 0$ gibt es Einheiten $\varepsilon_1,\ldots,\varepsilon_r$ von $\mathfrak{o}$ mit den Ungleichungen

$$\delta_j \log|\sigma_j(\varepsilon_j)| > \sum_{1\le i\le r, i\ne j} \delta_i \, |\log|\sigma_i(\varepsilon_j)||, \quad 1 \le j \le r.$$

Wir wählen zum Nachweis der Behauptung $Q \ge |d_K|^{1/2}$, und für natürliche Zahlen m setzen wir $c_j(m)^{\delta_j} = Q^{m+1}$, $c_{r+1}(m)^{\delta_{r+1}} = Q^{-m}$ sowie $c_k(m) = 1$ sonst. Dann ist $\prod_{k=1}^{r+1} c_k(m)^{\delta_k} = Q$. Nach Proposition 4 gibt es ein $\alpha_m \ne 0$ in $\mathfrak{o}$ mit $|\sigma_k(\alpha_m)| \le c_k(m)$ $(1\le k\le r+1)$. Insbesondere ist

$$1 \le |N(\alpha_m)| = \prod_{k=1}^{r+1} |\sigma_k(\alpha_m)|^{\delta_k} \le Q.$$

Die Normen der $\alpha \in \mathfrak{o}$ sind ganze rationale Zahlen. Nach Proposition 6 enthält $\mathfrak{o}$ nur endlich viele Klassen assoziierter Zahlen mit Normbetrag $\le Q$. Also gibt es auch natürliche Zahlen $m, t > r$ und eine Einheit ε_j in $\mathfrak{o}$, für die $\alpha_{m+t} = \varepsilon_j \alpha_m$ ist. Nun benutzen wir die aus der Wahl der Schranken $c_k(m)$ resultierenden Abschätzungen

$$Q^{m+1} \ge |\sigma_j(\alpha_m)|^{\delta_j} = |N(\alpha_m)|/\prod_{k\ne j} |\sigma_k(\alpha_m)|^{\delta_k} \ge Q^m,$$

$$1 \ge |\sigma_i(\alpha_m)|^{\delta_i} = |N(\alpha_m)|/\prod_{k\ne i} |\sigma_k(\alpha_m)|^{\delta_k} \ge Q^{-1},$$

wobei in der zweiten Zeile i weder gleich j noch gleich $r + 1$ ist. Aus ihnen folgt einerseits $Q \geq |\sigma_i(\varepsilon_j)|^{\delta_i} \geq Q^{-1}$ für $i \neq j$, $r+1$ sowie andererseits

$$|\sigma_j(\varepsilon_j)|^{\delta_j} = |\sigma_j(\alpha_{m+t})|^{\delta_j}/|\sigma_j(\alpha_m)|^{\delta_j} \geq Q^{t-1} \geq Q^r.$$

Wenn man diese Ungleichungen logarithmiert, ergibt sich die Behauptung.

4) Die Gruppe μ_K aller Einheitswurzeln in K ist eine endliche Untergruppe von $K^\times$ und als solche zyklisch. Sodann bilden nach Proposition 7 die unter Teil 3) konstruierten Einheiten $\varepsilon_1, \ldots, \varepsilon_r$ ein freies System in der Gruppe $\mathfrak{o}^\times$, da ihre Bilder unter l über $\mathbb{R}$ linear unabhängig sind. Aufgrund von Teil 2) ist damit $l(\mathfrak{o}^\times)$ eine freie abelsche Gruppe vom Rang $r = r_1+r_2-1$. Man wähle nun eine Basis von $l(\mathfrak{o}^\times)$ und betrachte ein System $\eta_1, \ldots, \eta_r$ von Urbildern in $\mathfrak{o}$. Die von ihnen erzeugte Untergruppe E ist eine freie Untergruppe von $\mathfrak{o}^\times$ mit dem Rang r, die durch l isomorph auf $l(\mathfrak{o}^\times)$ abgebildet wird. Wegen Ker $l = \mu_K$ ist ferner $\mu_K \cdot E = \mathfrak{o}^\times$. Hier steht links ein direktes Produkt von μ_K und E, da der Durchschnitt $\mu_K \cap E = \{1\}$ ist. □

Bemerkung 1. (Der Regulator eines Zahlkörpers) Jedes System $\varepsilon_1, \ldots, \varepsilon_r$ von Einheiten der Hauptordnung $\mathfrak{o}$ des algebraischen Zahlkörpers K mit der Eigenschaft $\mathfrak{o}^\times = \mu_K \cdot \langle \varepsilon_1, \ldots, \varepsilon_r \rangle$ wird ein System von *Grundeinheiten* genannt. Die zugehörige Matrix

$$E = \left(\log |\sigma_j(\varepsilon_k)|^{\delta_j} \right)_{1 \leq j \leq r+1, 1 \leq k \leq r}$$

hat den Rang r, weil ihre Spalten eine Basis von $l(\mathfrak{o}^\times)$ bilden. Die Summe ihrer Zeilen ist Null wegen der Normgleichung $|N(\varepsilon_k)| = \prod_{j=1}^{r+1} |\sigma_j(\varepsilon_k)|^{\delta_j} = 1$, also ist jede Zeile das Negativ der Summe aller übrigen Zeilen. Daher haben alle $(r \times r)$-Untermatrizen von E denselben Determinantenbetrag $R_K > 0$, das ist der *Regulator* von K. Speziell gilt

$$R_K = \left| \det(\log |\sigma_j(\varepsilon_k)|^{\delta_j})_{1 \leq j,k \leq r} \right|.$$

Für jedes weitere System von Grundeinheiten $\eta_1, \ldots, \eta_r$ bilden die Spalten der Matrix $H = (\log |\sigma_j(\eta_k)|^{\delta_j})_{1 \leq j \leq r+1, 1 \leq k \leq r}$ ebenfalls eine Basis von $l(\mathfrak{o}^\times)$. Deshalb existiert eine Matrix $A \in \mathbf{GL}_r(\mathbb{Z})$, für die $E = HA$ gilt. Daraus ist zu sehen, daß die Definition des Regulators nicht abhängt von der Wahl des Systems von Grundeinheiten.

Bemerkung 2. Ein Zahlkörper K mit mindestens einer reellen Einbettung enthält in seiner Hauptordnung eine Einheit ε, die ein primitives Element der Körpererweiterung $K|\mathbb{Q}$ ist.— Zur Begründung kann vorausgesetzt werden, daß der Grad $n = (K|\mathbb{Q}) > 1$ ist. Die Konstruktion von Teil 3) des letzten Beweises liefert eine Einheit ε, für deren Konjugierte gilt $|\sigma_k(\varepsilon)| < 1$ für alle Indizes $k > 1$. Deshalb ist das Hauptpolynom von ε in $\mathbb{Q}[X]$ gleich seinem Minimalpolynom g. Dies bedeutet $\deg g = n$ und deshalb $\mathbb{Q}(\varepsilon) = K$.

18.5   Normeuklidische Zahlkörper nach H.W.Lenstra

Im Jahre 1977 stellte H. W. LENSTRA [Le] eine Methode vor, die mit Argumenten aus der Geometrie der Zahlen auf normeuklidische algebraische Zahlkörper führt. Wir werden hier einen Ausschnitt seiner Arbeit skizzieren und das Thema der euklidischen Zahlkörper bei dieser Gelegenheit noch einmal aufgreifen.

Proposition 8. (Eine Variante des Gitterpunktsatzes) *Es sei Λ ein $\mathbb{R}$-Gitter im $\mathbb{R}^n$, dessen Fundamentalmaschen das Volumen Δ haben. Ferner seien $U_1, \ldots, U_m$ meßbare Mengen im $\mathbb{R}^n$ mit der Volumensumme $\sum_{j=1}^m \mathrm{vol}(U_j) > \Delta$. Dann gibt es Indizes i, j und Gitterpunkte $a, b \in \Lambda$ mit $(i, a) \neq (j, b)$ derart, daß gilt*

$$(U_i + a) \cap (U_j + b) \neq \varnothing.$$

Beweis. Angenommen, es ist entgegen der Behauptung für Paare $(i, a) \neq (j, b)$ stets $(U_i + a) \cap (U_j + b) = \varnothing$. Dann sind erstens die Mengen U_i $(1 \leq i \leq m)$ paarweise disjunkt; also gilt $\mathrm{vol}(U) = \sum_{i=1}^m \mathrm{vol}(U_i)$ für die Vereinigung $U = \bigcup_{i=1}^m U_i$. Zweitens sind auch die Mengen $U + b$ $(b \in \Lambda)$ paarweise disjunkt: Ist nämlich $y + a = z + b$ mit Elementen $y, z \in U$ und Gitterpunkten $a, b \in \Lambda$, so gibt es Indizes i, j mit $y \in U_i$, $z \in U_j$. Aufgrund der Voraussetzung ist dann $(i, a) = (j, b)$, also ist speziell $a = b$. Es sei nun F eine Fundamentalmasche von Λ. Weil F ein (meßbares) Vertretersystem aller Nebenklassen $y + \Lambda$ $(y \in \mathbb{R}^n)$ ist, hat man die disjunkte Zerlegung $U = \bigcup_{a \in \Lambda}(U \cap (F + a))$. Mit der Translationsinvarianz des Volumens ergibt sich im Gegensatz zur Voraussetzung

$$\sum_{i=1}^m \mathrm{vol}(U_i) \;=\; \mathrm{vol}(U) \;=\; \sum_{a \in \Lambda} \mathrm{vol}(U \cap (F + a))$$
$$= \sum_{b \in \Lambda} \mathrm{vol}((U + b) \cap F) \;\leq\; \mathrm{vol}(F) = \Delta. \qquad \square$$

Definition. Es sei K ein algebraischer Zahlkörper vom Grad n und $\mathfrak{o}$ seine Hauptordnung. Wir nennen $\omega_1, \ldots, \omega_m \in \mathfrak{o}$ eine *Ausnahmefolge*, wenn alle Differenzen $\omega_i - \omega_j \in \mathfrak{o}^\times$ sind, sobald $i \neq j$ ist. Das Maximum $M = M(K)$ der Längen m von Ausnahmefolgen heißt die LENSTRA-Konstante von K.

Das Paar $0, 1$ bildet stets eine Ausnahmefolge. Für ganze Ideale $\mathfrak{a} \neq \mathfrak{o}$ und jede Ausnahmefolge $(\omega_i)_{1 \leq i \leq m}$ sind je zwei der Nebenklassen $\omega_i + \mathfrak{a}$ verschieden, weil ihre Differenz eine Einheit enthält. Mit dem Minimum $L = L(K)$ der Normen $\mathfrak{N}(\mathfrak{a})$ von Idealen $\mathfrak{a} \neq \{0\}$, $\mathfrak{a} \neq \mathfrak{o}$ gilt daher stets die Abschätzung

$$2 \;\leq\; M \;\leq\; L \;\leq\; 2^n = \mathfrak{N}(2\mathfrak{o}).$$

Satz 7. (LENSTRA) *Es sei K ein algebraischer Zahlkörper der Diskriminante d_K mit r_1 reellen und r_2 Paaren konjugierter imaginärer Einbettungen in $\mathbb{C}$. Gilt für die LENSTRA-Konstante M von K die Abschätzung*

$$M \;>\; \left(\frac{4}{\pi}\right)^{r_2} \frac{n!}{n^n} |d_K|^{1/2},$$

dann ist K normeuklidisch. Insbesondere hat K die Klassenzahl $h = 1$.

Beweis. Da die Norm multiplikativ ist, genügt die Feststellung, daß zu jedem $x \in K$ eine Zahl γ in der Hauptordnung $\mathfrak{o}$ existiert mit $|N(x - \gamma)| < 1$. Dazu verwenden wir wieder den Morphismus $\sigma \colon K \to \mathbb{R}^{r_1} \times \mathbb{C}^{r_2} = V$, der durch die Einbettungen $\sigma_j \colon K \to \mathbb{C}$ gegebenen ist, sowie das $\mathbb{R}$-Gitter $\Lambda = \sigma(\mathfrak{o})$, dessen Fundamentalmaschen nach Proposition 3 das Volumen $\Delta = 2^{-r_2} |d_k|^{1/2}$ haben. Auf V definieren wir $N'(y) := \prod_{j=1}^{r_1+r_2} |y_j|^{\delta_j}$. Dann ist $N'(\sigma(x)) = |N(x)|$. Wir betrachten die Menge $Y = \{y \in V; \ \sum_{j=1}^{r_1+r_2} \delta_j |y_j| < \frac{1}{2}n\}$, die dem Normkörper aus Satz 3 entspricht. Sie ist beschränkt, konvex und nullsymmetrisch; ihr Volumen beträgt

$$\mathrm{vol}(Y) \ = \ 2^{r_1} \left(\frac{\pi}{2}\right)^{r_2} \frac{(n/2)^n}{n!} \ = \ \left(\frac{\pi}{8}\right)^{r_2} \frac{n^n}{n!}.$$

Für alle $y, z \in Y$ erhält man aus der Ungleichung zwischen dem geometrischen und dem arithmetischen Mittel die Abschätzung

$$N'(y - z) \ = \ \prod_{j=1}^{r_1+r_2} |y_j - z_j|^{\delta_j} \ \leq \ \left(\frac{1}{n} \sum_{j=1}^{r_1+r_2} \delta_j |y_j - z_j|\right)^n \ < \ 1. \qquad (*)$$

Jetzt bringen wir eine Ausnahmefolge $\omega_1, \ldots, \omega_m$ auf $\mathfrak{o}$ ins Spiel mit der Länge $m > (4/\pi)^{r_2} (n!/n^n) |d_K|^{1/2}$. Dazu werden die Mengen $U_i := Y + \sigma(x\omega_i)$, $1 \leq i \leq m$ betrachtet. Sie haben die Volumensumme

$$\sum_{i=1}^{m} \mathrm{vol}(U_i) \ = \ m \left(\frac{\pi}{8}\right)^{r_2} \frac{n^n}{n!} \ > \ 2^{-r_2} |d_K|^{1/2} \ = \ \Delta.$$

Deshalb gibt es nach Proposition 8 Paare $(i, a) \neq (j, b)$ mit Gitterpunkten $a, b \in \mathfrak{o}$, denen ein nicht leerer Durchschnitt $(U_i + \sigma(a)) \cap (U_j + \sigma(b))$ zugeordnet ist. Dies bedeutet, daß Punkte $y, z \in Y$ existieren mit $y + \sigma(x\omega_i) + \sigma(a) = z + \sigma(x\omega_j) + \sigma(b)$. Der Fall $i = j$ kann hier nicht eintreten, weil dann $y - z = \sigma(b - a)$ wäre im Gegensatz zur Eigenschaft $(*)$ der Menge Y, da $N'(b - a) \geq 1$ ist. Also wird mit der Einheit $\varepsilon = \omega_i - \omega_j \in \mathfrak{o}^\times$ die Zahl $\gamma = (b - a)\varepsilon^{-1} \in \mathfrak{o}$, und es gilt die Abschätzung

$$1 \ > \ N'(y - z) \ = \ N'(\sigma(x\varepsilon + a - b)) \ = \ |N(x - \gamma)|. \qquad \square$$

Beispiel 1. Der Ganzheitsring $\mathfrak{o}$ des Kreisteilungskörpers $K = \mathbb{Q}(\zeta)$, dessen erzeugende Einheitswurzel ζ die Primzahlordnung $p \neq 2$ hat, besitzt in $\mathfrak{p} = (1-\zeta)\mathfrak{o}$ ein voll verzweigtes Primideal. Es ist invariant unter der Galoisgruppe von K und wird daher von jeder Zahl $1 - \zeta^s$, $p \nmid s$ erzeugt. Somit ist $\omega_i = (1 - \zeta^i)/(1 - \zeta)$ ($0 \leq i \leq p-1$) eine Ausnahmfolge der Länge p. Sie beweist $M(K) = L(K) = p$. Nach Satz 1 in Abschnitt 17 hat K eine Diskriminante vom Betrag $|d_K| = p^{p-2}$. Deshalb sind aufgrund von Satz 7 die Körper $\mathbb{Q}(\zeta_p)$ norm-euklidisch für $p = 3, 5, 7$.

Beispiel 2. Der maximale reelle Teilkörper $K_+ = \mathbb{Q}(\zeta + \zeta^{-1})$ des p-ten Kreisteilungskörpers K aus Beispiel 1, der Fixkörper des Automorphismus $\zeta \mapsto \zeta^{-1}$ ist, wie K, nur über der Primzahl p verzweigt. Er hat den Grad $n = r_1 = \frac{1}{2}(p-1)$. Seine Diskriminante hat daher den Betrag $|d_{K_+}| = p^{\frac{1}{2}(p-3)}$. Die Zahlen $\omega_i = (\zeta^{i+1} - \zeta^{-i-1})/(\zeta^i - \zeta^{-i})$ ($1 \leq i \leq p-1$) bilden eine Ausnahmefolge der Länge $p - 1$ in K_+, da für alle Indizes $i < j$ gilt

$$\omega_i - \omega_j \ = \ \frac{(\zeta^{i+1} - \zeta^{-i-1})(\zeta^j - \zeta^{-j}) - (\zeta^{j+1} - \zeta^{-j-1})(\zeta^i - \zeta^{-i})}{(\zeta^i - \zeta^{-i})(\zeta^j - \zeta^{-j})}.$$

n, r_1	d	Minimalpolynom	x	L	M	Referenz
3, 1	-23	$X^3 \quad\quad - X - 1$	α	5	5	III
	-31	$X^3 \quad\quad + X - 1$	γ	3	3	I
	-44	$X^3 + X^2 \quad - X + 1$	κ	2	2	
3, 3	49	$X^3 - X^2 - 2X + 1$	$-\eta$	7	7	A
	81	$X^3 \quad\quad - 3X + 1$	$\zeta_9 + \zeta_9^{-1}$	3	3	I
	148	$X^3 + 3X^2 - X - 1$		2	2	
4, 0	117	$X^4 - X^3 - X^2 + X + 1$	β	7	≥ 6	B
	125	$X^4 + X^3 + X^2 + X + 1$	ζ_5	5	5	Bsp 1
	144	$X^4 \quad\quad - X^2 \quad\quad + 1$	ζ_{12}	4	4	II
4, 2	-275	$X^4 - 2X^3 \quad\quad + X - 1$	ρ	9	9	A_2
	-283	$X^4 \quad\quad\quad - X - 1$	δ	7	7	B_1
	-331	$X^4 - X^3 - X^2 + X - 1$	$1 - \varepsilon^{-1}$	5	5	III
4, 4	725	$X^4 + X^3 - 3X^2 - X + 1$	σ	11	≥ 10	$B_3, x^2 + x$
	1125	$X^4 - 3X^3 - X^2 + 3X + 1$	$1 - \zeta_{15} - \zeta_{15}^{-1}$	5	5	III
	1600	$\mathbb{Q}(\sqrt{2}, \sqrt{5})$		4	4	$\mathbb{Q}(\vartheta)$

Tabelle der drei Körper absolut kleinster Diskriminante
jeder Signatur für die Grade $n = 3$ und $n = 4$

Der Zähler hat den Wert $(\zeta - \zeta^{-1})(\zeta^{j-i} - \zeta^{i-j})$, ist also assoziert zum Nenner. Aufgrund von Satz 7 beweist diese Ausnahmefolge, daß die total reellen Zahlkörper $\mathbb{Q}(\zeta_p + \zeta_p^{-1})$ für $p = 3, 5, 7, 11, 13$ normeuklidisch sind. Der erste unter ihnen fällt übrigens mit $\mathbb{Q}$ zusammen, der zweite mit $\mathbb{Q}(\sqrt{5})$.

Schon die triviale Abschätzung $M(K) \geq 2$ erlaubt den Nachweis, daß einige Zahlkörper K bis zum Grad $n = 4$ normeuklidisch sind. Im Fall $n = 2$ betrifft dies die Diskriminanten d im Intervall $-8 \leq d \leq 13$, was nicht über die Ergebnisse im Abschnitt 8 hinausgeht. In den Graden 3 und 4 betrifft es je vier Diskriminanten, $d = -23, -31, -44$ und $d = 49$ im Grad 3, sowie $d = 117, 125, 144$ und $d = -275$ im Grad 4. Die Beispiele tauchen in der obigen Tabelle der drei betragskleinsten Diskriminanten jeder Signatur r_1, r_2 für die Grade $n = 3$ und $n = 4$ wieder auf. Zu ihnen gibt es jeweils bis auf Isomorphie genau einen Zahlkörper, wie wir aus [PZ] entnehmen. Die zweite Spalte enthält die Diskriminante. In der dritten Spalte steht, bis auf eine Ausnahme $d = 1600$, ein irreduzibles, normiertes Polynom $f \in \mathbb{Z}[X]$ derselben Diskriminante. Eine Wurzel x von f, für die ein Symbol in der vierten Spalte notiert ist, erzeugt somit die Hauptordnung $\mathfrak{o} = \mathbb{Z}[x]$ des Körpers $K = \mathbb{Q}(x)$. Während die beiden vorletzten Spalten die Konstanten $L(K)$ und $M(K)$ enthalten, steht in der letzten Spalte ein Hinweis zur Bestimmung der Lenstra-Konstanten, dessen Erläuterung in 18.6 folgt.

18.6　Ausnahme-Einheiten

Wir kehren wieder zu den Ausnahmefolgen $\omega_1, \ldots, \omega_m$ in der Hauptordnung $\mathfrak{o}$ eines Zahlkörpers zurück. Sie können um eine Konstante in $\mathfrak{o}$ verschoben oder mit einer

n, r_1	d	Minimalpolynom über K_0	L	$M \geq$	Ref
$5, 1$	$1\,609$	$X^5 - X^4 - X^3 + X^2 - 1$	11	3	I
	$1\,649$	$X^5 - 3X^3 - X^2 + 3X + 1$	9	3	I
$5, 3$	$-4\,511$	$X^5 + X^4 - 3X^3 - 2X^2 + X + 1$	13	4	II
	$-4\,903$	$X^5 - X^4 - 3X^3 + X^2 + 2X + 1$	9	4	II
$5, 5$	$14\,641$	$\mathbb{Q}(\zeta_{11} + \zeta_{11}^{-1})$	11	10	Bsp 2
	$24\,217$	$X^5 - 5X^3 - X^2 + 3X + 1$	5	5	III
$6, 0$	$-9\,747$	$X^3 + \zeta_3 X^2 - (\zeta_3 + 2)X - \zeta_3$	13	4	II
	$-10\,051$	$X^2 - X + \alpha^{-4}$	11	4	II
$6, 2$	$28\,037$	$X^2 - \alpha^3 X + \alpha^{-1}$	17	5	K_0
	$29\,077$	$X^6 - X^5 - X^4 - X^2 + 2X + 1$	13	5	III
$6, 4$	$-92\,779$	$X^6 - X^5 - 4X^4 + 2X^3 + 4X^2 - 1$	17	6	B
	$-94\,363$	$X^6 - X^5 - 4X^4 + 2X^3 + 5X^2 - X - 1$	17	7	A
$6, 6$	$300\,125$	$X^3 + 2\vartheta X^2 - \vartheta^2 X - \vartheta^3$	29	9	B_3
	371293	$\mathbb{Q}(\zeta_{13} + \zeta_{13}^{-1})$	13	12	Bsp 2

Tabelle der beiden Körper absolut kleinster Diskriminante
jeder Signatur für die Grade $n = 5$ und $n = 6$

Einheit multipliziert werden, ohne daß sie die Eigenschaft, eine Ausnahmefolge zu sein, verlieren. Daher ist im Fall $m \geq 3$ auch

$$\widetilde{\omega}_1 = 0, \; \widetilde{\omega}_2 = 1, \; \widetilde{\omega}_i = \frac{\omega_i - \omega_1}{\omega_2 - \omega_1} \qquad (3 \leq i \leq m)$$

eine Ausnahmefolge gleicher Länge. Die letzten $m - 2$ Zahlen $\widetilde{\omega}_i$ sind Einheiten ε, und zwar solche, für die auch $1 - \varepsilon$ eine Einheit ist. Einheiten dieser Art nennen wir *Ausnahme-Einheiten*. Ihr Minimalpolynom $f \in \mathbb{Z}[X]$ ist charakterisiert durch die Bedingungen $f(0), f(1) \in \{\pm 1\}$, denn die erste bedeutet $N(\varepsilon) = \pm 1$, die zweite analog $N(1 - \varepsilon) = \pm 1$. Zum Grad $n = 2$ existieren genau vier derartige Polynome: $X^2 - X + 1$, $X^2 - X - 1$, $X^2 + X - 1$, $X^2 - 3X + 1$ mit den Nullstellen $\frac{1}{2}(1 \pm \sqrt{-3})$, $\frac{1}{2}(\pm 1 \pm \sqrt{5})$, $\frac{1}{2}(3 \pm \sqrt{5})$. Quadratische Zahlkörper K haben daher die Lenstra-Konstante $M(K) = 2$ mit der Ausnahme $d = -3$ für negative Diskriminanten und der Ausnahme $d = 5$ für positive Diskriminanten, wo $M = L = 3$ bzw. $M = L = 4$ ist, denn aus $\vartheta^2 = \vartheta + 1$ ensteht die Ausnahme-Folge $0, 1, \vartheta, \vartheta + 1$. Dies sind die jeweils betragskleinsten Diskriminanten. Jeder der Zahlkörper $K_0 = \mathbb{Q}(\sqrt{-3})$ und $K_0 = \mathbb{Q}(\sqrt{5})$ besitzt Erweiterungen K vom Grad 2 und 3, in denen bereits die Beobachtung $M(K_0) \leq M(K)$ ausreicht, um zu begründen, daß K normeuklidisch ist. Als Beispiel nennen wir die totalreellen Zahlkörper vierten Grades $n = r_1 = 4$ mit den Diskriminanten $d = 725, 1125$ und 1600. Im Grad 3 haben wir zwei Serien von Polynomen, die Ausnahme-Einheiten definieren, schon des öfteren betrachtet (12.5, 14.7 und Aufgaben 2,5 in Abschnitt 15):

$$P_a = X^3 - aX^2 + (a-3)X + 1 \quad \text{und} \quad Q_a = X^3 - aX + (a+1)X - 1, \quad (a \in \mathbb{Z}).$$

Angenommen, es sei x eine Ausnahmeeinheit in der Maximalordnung $\mathfrak{o}$ eines Zahlkörpers. Dann können Verlängerungen der Ausnahmefolge I : $0, 1, x$ nur durch

S	Ausnahmefolge	$y \in U$	S	Ausnahmefolge	$y \in U$
II :	I, $x+1$	-1	B :	III, $(x+1)/x$	α
III :	II, x^2	ϑ	B_1 :	B, $-x/(x^2-x-1)$	η
A :	III, $x/(x-1), 1/(2-x)$	2	B_2 :	$B_1, x^2/(x^2-1)$	$\sqrt{2}$
A_2 :	A, $x^2-x+1, x^2/(x-1)$	$\zeta_6, \alpha^2, \alpha^3$	B_3 :	$B_2, -1/(x^2-x-1)$	$-\delta^{-1}$

Tabelle einiger bedingter Ausnahmefolgen

Zahlen der Menge $V(x) = \{\omega \in \mathfrak{o}\,;\; \omega, \omega-1, \omega-x \in \mathfrak{o}^\times\}$ vorgenommen werden. Wir nennen zwei Elemente ω, ω' in $\mathfrak{o}$ *verbunden*, wenn ihre Differenz eine Einheit ist. Man prüft leicht nach, daß die Abbildung $s(\omega) = x(\omega - 1)/(\omega - x)$ auf der Menge $V(x)$ eine die Verbindungen respektierende Permutation der Ordnung 2 definiert. Diese Beobachtung führt auf eine Fülle *bedingter Ausnahmefolgen*: Es seien f und g zwei verschiedene normierte, irreduzible Polynome in $\mathbb{Z}[X]$ mit Nullstellen x und y in einem Zahlkörper. Daneben betrachten wir über dem Körper $\mathbb{C}$ der komplexen Zahlen die Primfaktorisierungen $f = \prod_{i=1}^m (X - x_i)$, $g = \prod_{k=1}^n (X - y_k)$. Nach Satz 9 in 16.6, dem Produktsatz für die Resultante, gilt

$$\operatorname{res}(g,f) = \prod_{1 \le k \le n}\prod_{1 \le i \le m} (y_k - x_i) = N_{\mathbb{Q}(y)|\mathbb{Q}}(f(y)) = (-1)^{mn} N_{\mathbb{Q}(x)|\mathbb{Q}}(g(x))\,.$$

Insbesondere ist $g(x)$ eine Einheit in $\mathbb{Z}_{\mathbb{Q}(x)}$ genau dann, wenn $f(y)$ eine Einheit in $\mathbb{Z}_{\mathbb{Q}(y)}$ ist. Wir kürzen diesen Sachverhalt ab mit $y \in U(f)$. So wird in der obigen Tabelle, ausgehend von einer Ausnahmefolge I : $0, 1, x$, die mit dem Symbol S bezeichnete Folge Z, $r(x)$ aus der zuvor betrachteten Folge Z rationaler Ausdrücke in der ganzen algebraischen Zahl x eine Ausnahmefolge, falls die Menge $U = U(f)$ neben den für Z notwendigen Elementen auch die Elemente y in der dritten Spalte der jeweiligen Zeile enthält. Die Ausnahmefolgen ungerader Länge, also III, A, A_2, B_1, B_3, entstehen aus I durch Hinzunahme voller s-Bahnen.— Alle Körper der beiden Tabellen zu kleinen Diskriminanten bis auf die total reellen Zahlkörper vom Grad 3 mit der Diskriminante 148 und vom Grad 5 mit der Diskriminante 24217 sind aufgrund von Satz 7 normeuklidisch.

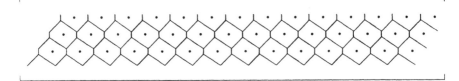

Aufgabe 1. Für jede Primzahl $p \equiv 1 \pmod 4$ ist bekanntlich die Kongruenz $j^2 + 1 \equiv 0 \pmod p$ mit einem $j \in \mathbb{Z}$ lösbar. Man zeige, daß die Menge Λ der Paare $(x_1, x_2) \in \mathbb{Z}^2$ mit der Nebenbedingung $x_2 \equiv j x_1 \pmod p$ ein $\mathbb{R}$-Gitter in $\mathbb{R}^2$ ist, dessen Fundamentalmaschen ein Volumen $\Delta \le p$ haben. In der Kreisscheibe $x_1^2 + x_2^2 < 2p$ liegt daher ein Gitterpunkt $(a, b) \ne (0, 0)$. Man folgere die Gleichung $p = a^2 + b^2$.

Aufgabe 2. (Skizze eines elementaren Beweises für den Vierquadratesatz) Es gilt für reelle a_i, b_k die Eulersche Identität

$$
\begin{aligned}
(a_1^2 + a_2^2 + a_3^2 + a_4^2)\,(b_1^2 + b_2^2 + b_3^2 + b_4^2) \;=\; \\
(a_1b_1 + a_2b_2 + a_3b_3 + a_4b_4)^2 \;+\; (a_1b_2 - a_2b_1 + a_3b_4 - a_4b_3)^2 \\
+\; (a_1b_3 - a_2b_4 - a_3b_1 + a_4b_2)^2 \;+\; (a_1b_4 + a_2b_3 - a_3b_2 - a_4b_1)^2 .
\end{aligned}
$$

Sie kann, wie am Schluß von 16.1, aus einer Matrixgleichung für (2×2)-Matrizen gefolgert werden. Nach ihr (und wegen $2 = 0^2 + 0^2 + 1^2 + 1^2$) genügt es zu zeigen, daß jede ungerade Primzahl p eine Summe der Quadrate von vier ganzen Zahlen ist. Am Schluß von 16.1 ist auch begründet, daß zu jeder Primzahl $p > 2$ ganze a, b existieren mit $1 + a^2 + b^2 \equiv 0 \pmod p$. Insbesondere gibt es zu jeder Primzahl $p > 2$ ganze a_1, a_2, a_3, a_4, die nicht alle in $p\mathbb{Z}$ liegen, mit $a_1^2 + a_2^2 + a_3^2 + a_4^2 = mp$. Man denke sich in dieser Gleichung den positiven Faktor m minimal gewählt und begründe der Reihe nach: 1. $m < p$. 2. m ist ungerade: Anderenfalls ist die Anzahl der ungeraden a_i gerade, also gilt bei geeigneter Numerierung mit ganzen Summanden auf der rechten Seite

$$
\tfrac{1}{2}\,mp \;=\; \left(\frac{a_1 + a_2}{2}\right)^2 + \left(\frac{a_1 - a_2}{2}\right)^2 + \left(\frac{a_3 + a_4}{2}\right)^2 + \left(\frac{a_3 - a_4}{2}\right)^2 .
$$

3. Der minimale Faktor m ist 1. Wäre m größer als 1, dann fände man zu ganzen Zahlen a_i, von denen mindestens eine nicht durch p teilbar ist und für die gilt $a_1^2 + a_2^2 + a_3^2 + a_4^2 = mp$, durch den Ansatz $b_i \equiv a_i \pmod m$, $|b_i| < \tfrac{1}{2}m$ eine Gleichung $b_1^2 + b_2^2 + b_3^2 + b_4^2 = mk$, wo nicht alle $b_i \equiv 0 \pmod m$ sind, da sonst gälte $m^2 \mid mp$, also $m \mid p$, was falsch ist. Überdies wäre natürlich $k < m$. Wegen der Eulerschen Identität würde demnach $km^2p = c_1^2 + c_2^2 + c_3^2 + c_4^2 > 0$ mit den dort aus den a_i, b_k gebildeten Summanden. Jeder von ihnen ist, wie ein genauer Blick auf die Summanden der Eulerschen Identität bestätigt, durch m^2 teilbar. Also fänden wir nach Division durch m^2 ganze Zahlen d_1, d_2, d_3, d_4 mit $kp = d_1^2 + d_2^2 + d_3^2 + d_4^2$, was wegen $k < m$ der Wahl von m widerspräche.

Aufgabe 3. Man bestimme die Klassenzahlen der vier imaginärquadratischen Zahlkörper $\mathbb{Q}(\sqrt{d})$ mit $d = -15, -19, -20, -23$.

Aufgabe 4. (Eine Erweiterung des Kummerschen Lemmas 17.3, Satz 3). Ein Zahlkörper K heißt *total reell* oder *total imaginär*, wenn jede oder keine seiner Einbettungen in $\mathbb{C}$ reell ist; K heißt ein CM-Körper (von *complex multiplication*), wenn K eine total imaginäre Erweiterung eines total reellen Teilkörpers K_+ vom relativen Grad $(K|K_+) = 2$ ist. Man zeige:

a) Für jede Einbettung σ des CM-Körpers K in $\mathbb{C}$ ist $\sigma^{-1} \circ \overline{\sigma}$ der nichttriviale Automorphismus $w \mapsto \overline{w}$ von $K|K_+$. Insbesondere ist K_+ durch K eindeutig bestimmt.

b) Es seien $\mathfrak{o}$ und $\mathfrak{o}_+$ die Hauptordnungen von K und K_+, ferner μ_K die Gruppe aller Einheitswurzeln in K. Dann ist der Index $[\mathfrak{o}^\times : \mathfrak{o}_+^\times \mu_K]$ gleich 1 oder 2. Hinweis: Man zeige $\varepsilon/\overline{\varepsilon} \in \mu_K$ für alle $\varepsilon \in \mathfrak{o}^\times$ und studiere dann den durch $\Phi(\varepsilon) = (\varepsilon/\overline{\varepsilon})\mu_K^2$ definierten Homomorphismus $\Phi \colon \mathfrak{o}^\times \to \mu_K/\mu_K^2$.

Aufgabe 5. Wir betrachten das von dem natürlichen Parameter $a > 1$ abhängige Polynom $f = X^3 - aX^2 + (a-3)X + 1$. Es hat genau eine Wurzel $\eta > 1$. In 12.5 wurde die Irreduzibilität von f in $\mathbb{Q}[X]$ bewiesen, in 14.7 wurde festgestelllt, daß $K = \mathbb{Q}(\eta)$ eine Galoiserweiterung von $\mathbb{Q}$ ist. Die Hauptordnung von K sei $\mathfrak{o}$. Man zeige, daß die von η und $1/(1 - \eta)$ erzeugte Gruppe endlichen Index in der Einheitengruppe $\mathfrak{o}^\times$ hat.

Aufgabe 6. Es sei x eine Wurzel des fünfzehnten Kreisteilungspolynoms

$$\Phi_{15} = X^8 - X^7 + X^5 - X^4 + X^3 - X + 1.$$

Man zeige, daß $\mathfrak{o} = \mathbb{Z}[x]$ die Hauptordnung des Körpers $K = \mathbb{Q}(x)$ ist und daß er normeuklidisch ist aufgrund der Ausnahmefolge

$$0,\ 1,\ x,\ \frac{x-1}{x},\ \frac{1}{1-x},\ x^2,\ \frac{-1}{x^2},\ \frac{x^2-1}{x^2},\ \frac{1}{1-x^2}\ .$$

Aufgabe 7. In der Galoiserweiterung $\overline{L} \mid \mathbb{Q}$ seien Zwischenkörper K_j, $j = 1, 2$, vom Grad n_j, deren Diskriminanten d_j teilerfremd sind. Dann hat das Kompositum $L = K_1 \cdot K_2$ den Grad $n = n_1 \cdot n_2$. Weiter ist für $\mathbb{Z}$-Basen $\alpha_1, \ldots, \alpha_{n_1}$ der Hauptordnung $\mathbb{Z}_{K_1}$ und $\beta_1, \ldots, \beta_{n_2}$ der Hauptordnung $\mathbb{Z}_{K_2}$ das System aller Produkte $\alpha_i \beta_k$ eine $\mathbb{Q}$-Basis von L mit der Diskriminante $d = d_1^{n_2} \cdot d_2^{n_1}$. Dies ist zugleich eine $\mathbb{Z}$-Basis von $\mathbb{Z}_L$, insbesondere gilt $d = d_L$. Man beweise diesen Satz in folgenden Schritten:

a) Zum Nachweis der Gleichung $n = n_1 n_2$ wähle man ein primitives Element α von $K_1 \mid \mathbb{Q}$. Dessen Minimalpolynom in $\mathbb{Q}[X]$ sei f, das Minimalpolynom von α in $K_2[X]$ sei g. Es genügt, $f = g$ zu zeigen. Dazu benutze man den Zerfällungskörper K von f in $\overline{L}$. Die Koeffizienten von g liegen im Körper $K \cap K_2 = K_0$; und dieser hat die Diskriminante $d_{K_0} = \pm 1$, folglich ist nach Minkowsi $K_0 = \mathbb{Q}$.

b) Aus $n = n_1 n_2$ folgere man für alle $\alpha \in K_1$ die Gleichung $S_{L \mid K_2}(\alpha) = S_{K_1 \mid \mathbb{Q}}(\alpha)$, begründe mittels der Schachtelformel für die Spur die Gleichung

$$S_{L \mid \mathbb{Q}}(\alpha_i \beta_k \cdot \alpha_j \beta_l) = S_{K_1 \mid \mathbb{Q}}(\alpha_i \alpha_j) S_{K_2 \mid \mathbb{Q}}(\beta_k \beta_l) =: a_{ij} \cdot b_{kl}$$

und beweise die Formel

$$\det\left(a_{ij} b_{k,l}\right)_{\substack{1 \le i \le n_1,\, 1 \le k \le n_2 \\ 1 \le j \le n_1,\, 1 \le l \le n_2}} = d_1^{n_2} \cdot d_2^{n_1}$$

über die Einteilung der doppeltindizierten Matrix in die Blöcke $A b_{kl}$; $A = (a_{ij})$.

c) Da die Diskriminante d_L durch $d_1^{n_2}$ und $d_2^{n_1}$ teilbar ist, wird $d_L = d_1^{n_2} d_2^{n_1}$.

19 Der Dirichletsche Primzahlsatz

Im Jahre 1837 erschien DIRICHLETs berühmte Arbeit über Primzahlen in arithmetischen Progressionen. Er bewies darin, daß für jede natürliche Zahl $m > 1$ die unendliche Menge aller Primzahlen bis auf die Primfaktoren von m gleichmäßig verteilt ist auf die $\varphi(m)$ invertierbaren Restklassen $a + m\mathbb{Z}$. Zum Zwecke dieses Beweises ersann er seinerzeit neuartige Methoden. Eines seiner Werkzeuge ist die *Charaktergruppe* $\widehat{G}$ einer endlichen abelschen Gruppe G, das ist die Menge aller Homomorphismen χ von G in die Gruppe der komplexen Einheitswurzeln mit der punktweisen Multiplikation als Verknüpfung. Sie erlaubt die Trennung der primen Restklassen. Ein weiteres Hilfsmittel bilden die Summen $\sum_{n=1}^{\infty} a_n n^{-s}$, die seither als Dirichletreihen bekannt sind, mit ihren charakteristischen Eigenschaften. Das Kernstück des Beweises ist das Nichtverschwinden spezieller Dirichletreihen $L(s, \chi)$ im Punkte $s = 1$. Wir benutzen dazu, abweichend von Dirichlets Vorgehen, den Zusammenhang des Produktes aller L-Reihen zur primen Restklassengruppe modulo m mit der DEDEKINDschen Zetafunktion des m-ten Kreisteilungskörpers. DEDEKIND ordnete ganz allgemein jedem Zahlkörper K durch die Formel

$$\zeta_K(s) = \sum_{\mathfrak{a}} \mathfrak{N}(\mathfrak{a})^{-s}$$

(in der $\mathfrak{a}$ die von Null verschiedenen ganzen Ideale von K durchläuft) eine Zetafunktion zu, in deren analytischen Eigenschaften sich arithmetische Gesetze des Körpers ausdrücken. Mit einer Betrachtung dieser Funktionen, insbesondere für quadratische Zahlkörper K, endet der Abschnitt. In den angefügten Aufgaben wird ein kürzerer Weg zum Dirichletschen Primzahlsatz beschrieben, der allerdings die Elemente der Funktionentheorie verwendet.

19.1 Charaktere endlicher abelscher Gruppen

Definition. Es sei G eine endliche, (multiplikativ geschriebene) abelsche Gruppe. Als *Charaktere* von G werden die Homomorphismen $\chi: G \to \mathbb{C}^{\times}$ bezeichnet. Zu ihnen gehört stets der *Haupt-* oder *Eins-Charakter* χ^0 von G, definiert durch $\chi^0(x) = 1$ für alle $x \in G$.

Proposition 1. *Die Menge $\widehat{G}$ aller Charaktere einer endlichen abelschen Gruppe G bildet unter punktweiser Multiplikation eine abelsche Gruppe mit dem Hauptcharakter χ^0 als neutralem Element, die* Charaktergruppe *von G oder die zu G duale Gruppe. Sie ist überdies isomorph zu G.*

Beweis. 1) Mit je zwei Charakteren χ, ψ von G ist auch das Produkt $\chi\psi$ ein Homomorphismus von G in $\mathbb{C}^\times$, also ein Element von $\widehat{G}$. Offensichtlich gilt $\chi\psi = \psi\chi$ wegen der Kommutativität der Multiplikation in $\mathbb{C}^\times$. Sodann ist aufgrund des Assoziativgesetzes der Gruppe $\mathbb{C}^\times$ auch das Produkt auf $\widehat{G}$ assoziativ. Ferner wird natürlich χ^0 das Einselement von $\widehat{G}$. Da schließlich jedes Element von G eine endliche Ordnung hat, werden die Bilder $\chi(x)$ als Elemente endlicher Ordnung von $\mathbb{C}^\times$ Einheitswurzeln. Dies hat zur Folge, daß die zu χ konjugiert komplexe Abbildung $\overline{\chi}$ invers zu χ in $\widehat{G}$ ist.

2) Zum Nachweis der Isomorphie von G und $\widehat{G}$ nutzen wir die Struktur endlicher abelscher Gruppen aus: $G = \prod_{i=1}^{r} C_i$ ist ein direktes Produkt endlicher zyklischer Gruppen C_i. Um das anwenden zu können, zeigen wir jetzt, daß die duale Gruppe eines direkten Produktes $G = G_1 \times G_2$ endlicher abelscher Gruppen isomorph zum direkten Produkt $\widehat{G}_1 \times \widehat{G}_2$ ihrer dualen Gruppen ist. Die Abbildung $\chi \mapsto (\chi|_{G_1}, \chi|_{G_2})$ ist ein injektiver Gruppenhomomorphismus von $\widehat{G}$ in $\widehat{G}_1 \times \widehat{G}_2$. Zum Nachweis seiner Surjektivität sei $\chi_k \in \widehat{G}_k$ $(k=1,2)$. Über die eindeutige Zerlegung $g = g_1 g_2$ der Gruppenelemente $g \in G$ in Faktoren $g_k \in G_k$ definiere man $\chi(g) := \chi_1(g_1)\chi_2(g_2)$. Dadurch entsteht ein Charakter χ auf G mit den vorgegebenen Restriktionen $\chi|_{G_k} = \chi_k$ $(k=1,2)$.

Jetzt bleibt noch festzustellen, daß für zyklische Gruppen C endlicher Ordnung n die Charaktergruppe $\widehat{C}$ ebenfalls zyklisch von der Ordnung n ist. Dazu sei c ein erzeugendes Element von C. Jeder Charakter χ von C ist bereits bestimmt durch $\chi(c)$, und wegen $c^n = 1_C$ ist $\chi(c)$ eine der n-ten Einheitswurzeln. Insbesondere hat $\widehat{C}$ höchstens n Elemente. Nun definiert $m \mapsto c^m$ einen Isomorphismus von $\mathbb{Z}/n\mathbb{Z}$ auf C; da $\exp(2\pi i/n)$ ein Element der Ordnung n in $\mathbb{C}^\times$ ist, wird durch $\chi_1(c^m) = \exp(2\pi im/n)$ ein (injektiver) Homomorphismus von C in $\mathbb{C}^\times$ definert, also ein Charakter χ_1 auf C, der offensichtlich die Ordnung n in $\widehat{C}$ hat. Folglich gilt $\widehat{C} = \langle \chi_1 \rangle \cong C$. $\square$

Proposition 2. (Die Orthogonalitätsrelationen) *Für die Charaktere χ und die Elemente x einer endlichen abelschen Gruppe G gelten die Gleichungen*

$$\sum_{x \in G} \chi(x) = \left\{ \begin{array}{ll} |G|, & \text{falls } \chi = \chi^0 \\ 0, & \text{falls } \chi \neq \chi^0 \end{array} \right\} \quad und \quad \sum_{\chi \in \widehat{G}} \chi(x) = \left\{ \begin{array}{ll} |G|, & \text{falls } x = 1_G, \\ 0, & \text{falls } x \neq 1_G. \end{array} \right.$$

Beweis. Die oberen Gleichungen sind offenkundig, da jeweils alle Summanden links den Wert 1 haben. Zu jedem Charakter $\chi \in \widehat{G} \smallsetminus \{\chi^0\}$ existiert ein Element $g \in G$, bei dem $\chi(g) \neq 1$ ist. Weil mit x auch die Produkte gx die Gruppe G durchlaufen, gilt

$$\sum_{x \in G} \chi(x) = \sum_{x \in G} \chi(gx) = \chi(g) \sum_{x \in G} \chi(x).$$

Das ergibt wegen $1 - \chi(g) \neq 0$ die Behauptung $\sum_x \chi(x) = 0$. Ist andererseits $x \neq 1_G$, dann existiert in der Zerlegung $G = \prod_{i=1}^{r} C_i$ als direktes Produkt zyklischer Gruppen $C_i \neq \{1_G\}$ mindestens ein Faktor C_k derart, daß im Produkt $x = x_1 x_2 \cdots x_r$ $(x_i \in C_i)$ gilt $x_k \neq 1_{C_k}$. Ist n die Ordnung von $C = C_k$ und ist c ein Erzeugendes von C, so wird durch $\psi_k(c) = \exp(2\pi i/n)$ ein Charakter auf C_k erklärt mit dem Wert $\psi_k(x_k) \neq 1$. Er wird nach dem Beweis von Proposition 1 durch $\psi|_{C_k} = \psi_k$ und $\psi(C_j) = \{1\}$, falls $j \neq k$ ist, fortgesetzt zu einem Charakter ψ von G. Analog zum ersten Fall durchläuft mit χ auch das System der Produkte $\psi\chi$ die duale Gruppe $\widehat{G}$. Also gilt

$$\sum\nolimits_{\chi \in \widehat{G}} \chi(x) = \sum\nolimits_{\chi \in \widehat{G}} (\psi\chi)(x) = \psi(x) \sum\nolimits_{\chi \in \widehat{G}} \chi(x),$$

und wieder folgt wegen $1 - \psi(x) \neq 0$ die Behauptung $\sum_\chi \chi(x) = 0$. $\square$

Durch Restriktion der Charaktere χ einer endlichen abelschen Gruppe G auf eine Untergruppe U entsteht offensichtlich ein Homomorphismus $\chi \mapsto \chi|_U$ der dualen Gruppe $\widehat{G}$ von G in die duale Gruppe $\widehat{U}$ von U mit dem Kern

$$U^\perp := \left\{ \chi \in \widehat{G}; \ \chi(U) = \{1\} \right\}.$$

Proposition 3. (Charaktere und Untergruppen) *Ist U eine Untergruppe der endlichen abelschen Gruppe G, so entsteht mittels Restriktion $\chi \mapsto \chi|_U$ ein surjektiver Homomorphismus ρ der zu G dualen Gruppe $\widehat{G}$ auf die zu U duale Gruppe $\widehat{U}$ mit dem Kern $U^\perp$. Dabei ist $U^\perp$ isomorph zur Charakter-gruppe $(G/U)^\wedge$ der Faktorgruppe G/U. Insbesondere läßt sich ein Charakter ψ von U auf genau $[G : U]$ Arten fortsetzen zu einem Charakter χ von G.*

Beweis. Jedenfalls ist ρ ein Gruppenhomomorphismus und sein Bild $\rho(\widehat{G})$ eine Untergruppe von $\widehat{U}$. Nach dem Homomorphiesatz ist $\widehat{G}/\mathrm{Ker}\,\rho \cong \rho(\widehat{G})$, also hat $\rho(\widehat{G})$ die Ordnung $|\widehat{G}/U^\perp|$. Auf der anderen Seite definiert jedes Element $\chi \in U^\perp$ mittels $\widetilde{\chi}(gU) = \chi(g)$ einen Charakter der Faktorgruppe G/U. Die so definierte Abbildung $\chi \mapsto \widetilde{\chi}$ ist ein Homomorphismus von $U^\perp$ in $(G/U)^\wedge$ mit trivialem Kern; sie ist daher injektiv. Da nach Proposition 1 jede endliche abelsche Gruppe H dieselbe Elementezahl wie ihre Charaktergruppe $\widehat{H}$ hat, ergibt sich

$$|G| = |\widehat{G}| = |U^\perp| \cdot |\widehat{G}/U^\perp| \leq$$
$$|(G/U)^\wedge| \cdot |\widehat{U}| = |G/U| \cdot |U| = |G|.$$

Dies ist nur möglich, wenn $|\widehat{U}| = |\widehat{G}/U^\perp|$ und gleichzeitig $|(G/U)^\wedge| = |U^\perp|$ gilt. Also ist ρ ein surjektiver Homomorphismus, und $\chi \mapsto \widetilde{\chi}$ ist ein Isomorphismus von $U^\perp$ auf die Charaktergruppe der Faktorgruppe G/U. $\square$

Für den DIRICHLETschen Primzahlsatz werden die Charaktere χ der primen Restklassengruppen $G_m = (\mathbb{Z}/m\mathbb{Z})^\times$, die *Restklassencharaktere* modulo m, verwendet. Ebenfalls mit χ bezeichnen wir die auf $\mathbb{Z}$ definierte Funktion

$$a \mapsto \begin{cases} \chi(a + m\mathbb{Z}), & \text{falls} \quad \mathrm{ggT}(a, m) = 1 \quad \text{ist,} \\ 0, & \text{falls} \quad \mathrm{ggT}(a, m) > 1 \quad \text{ist.} \end{cases}$$

Beispiel. Im quadratischen Reziprozitätsgesetz traten drei Charaktere auf: $\chi(a) = (-1)^{\frac{1}{2}(a-1)}$ für $m = 4$, $a \equiv 1 \pmod 2$, $\chi(a) = (-1)^{\frac{1}{8}(a^2-1)}$ für $m = 8$, $a \equiv 1 \pmod 2$ und $\chi(a) = \left(\frac{a}{m}\right)$ für $m \equiv 1 \pmod 2$.

19.2 Dirichlet-Reihen

Die im Titel genannten Reihen $\sum_{n=1}^{\infty} a_n n^{-s}$, gebildet mit Folgen komplexer Zahlen a_n, haben sich als wichtige Objekte der Funktionentheorie erwiesen. Das bekannteste Beispiel ist (mit der konstanten Folge $a_n = 1$) die Reihe

$$\zeta(s) = \sum_{n=1}^{\infty} n^{-s}.$$

Sie definiert die *Riemannsche Zetafunktion*. RIEMANNS Entdeckung ihrer analytischen Eigenschaften wirkte bahnbrechend für neue Erkenntnisse über die Verteilung der Primzahlen. Zwar liegt dieser Teil der Zahlentheorie außerhalb unseres Rahmens, dennoch wird die Riemannsche Zetafunktion hier eine Rolle spielen. Während ihre Dirichletreihe bei $s = 1$ bekanntlich divergiert, läßt sich ihre Konvergenz für $s \in I =]1, \infty[$ aus der Abschätzung

$$\sum_{n=1}^{N} (n+1)^{-s} \leq \int_1^{N+1} t^{-s} dt = \sum_{n=1}^{N} \int_n^{n+1} t^{-s} dt \leq \sum_{n=1}^{N} n^{-s}$$

begründen. Sie zeigt wegen der Gleichung $\int_1^{\infty} t^{-s} dt = 1/(s-1)$ auch, daß auf dem Intervall I die Differenz $\zeta(s) - \frac{1}{s-1}$ zwischen 0 und 1 liegt. Weiter hat die Zetafunktion dort ein *Eulerprodukt*

$$\zeta(s) = \prod_p \frac{1}{1 - p^{-s}},$$

in dem p über alle Primzahlen läuft. Seine Konvergenz folgt aus dem Satz, daß zwei absolut konvergente Reihen stets ein absolut konvergentes Produkt haben: Jeder Faktor des Eulerproduktes ist Summe einer geometrischen Reihe; die endlichen Teilprodukte lassen sich deshalb wie folgt abschätzen

$$\sum_{n=1}^{N} n^{-s} \leq \prod_{p \leq N} \frac{1}{1 - p^{-s}} = \prod_{p \leq N} \sum_{m_p=0}^{\infty} p^{-m_p s} = \sum_{(N)} n^{-s} \leq \zeta(s),$$

worin die Bedingung (N) besagt, daß über alle $n \in \mathbf{N}$ summiert wird, die nur durch Primzahlen $p \leq N$ teilbar sind. Das Eulerprodukt ist mithin eine analytische Form des Fundamentalsatzes der Arithmetik in $\mathbf{Z}$.

Durch Anwendung des natürlichen Logarithmus mit seiner Funktionalgleichung auf das Eulerprodukt der Zetafunktion ergibt sich

$$\log \zeta(s) = \sum_p \log \frac{1}{1 - p^{-s}} = \sum_p p^{-s} + \sum_p \left(\log \frac{1}{1 - p^{-s}} - p^{-s} \right).$$

Aus der fundamentalen Ungleichung $1 - 1/x \leq \log x \leq x - 1$ $(x > 0)$ erhält man für den letzten Summanden im Intervall I die Abschätzung

$$0 \leq \sum_p \left(\log \frac{1}{1 - p^{-s}} - p^{-s} \right) \leq \sum_p \left(\frac{1}{p^s - 1} - \frac{1}{p^s} \right) \leq \sum_p \frac{1}{p(p-1)} \leq 1.$$

Wir nennen in diesem Abschnitt zwei stetige Funktionen f, g auf $I =]1, \infty[$ *äquivalent* und schreiben $f \sim g$, falls ihre Differenz auf einem Teilintervall $]1, T]$, $T > 1$ beschränkt ist. (Dann ist sie wegen der Stetigkeit auf jedem solchen Intervall beschränkt.) Mit dieser Notation lautet das letzte Resultat

$$\log \zeta(s) \sim \sum_p p^{-s} \sim \log \frac{1}{s-1}.$$

Satz 1. (Zwei elementare Eigenschaften der Dirichletreihen) *Konvergiert die Reihe $\sum_{n=1}^{\infty} a_n n^{-s}$ für $s = s_0$, so konvergiert sie gleichmäßig auf dem Intervall $[s_0, \infty[$. Wenn für $A_n = \sum_{m=1}^{n} a_m$ eine Abschätzung $|A_n| \leq C n^{s_0}$ mit $C > 0$, $s_0 \geq 0$ gilt, dann konvergiert $\sum_{n=1}^{\infty} a_n n^{-s}$ für alle $s \in]s_0, \infty[$.*

Beweis. Wir beginnen mit einer wichtigen Methode zur Behandlung bedingt konvergenter Reihen, der *Abelschen partiellen Summation*. Es seien (a_n), (b_n) zwei Folgen komplexer Zahlen. Für alle Indizes $k \leq M \leq N$ gelten mit der Abkürzung $A_{M,N} = \sum_{n=M}^{N} a_n$ die Gleichungen

$$\sum_{n=M+1}^{N} a_n b_n = \sum_{n=M+1}^{N} (A_{k,n} - A_{k,n-1}) b_n$$

$$= \sum_{n=M+1}^{N} A_{k,n} (b_n - b_{n+1}) - A_{k,M} b_{M+1} + A_{k,N} b_{N+1}.$$

1) Es bedeutet keine Einschränkung anzunehmen, daß $s_0 = 0$ ist. Sonst setze man $s' = s - s_0$, $a'_n = a_n n^{-s_0}$ und hat $a_n n^{-s} = a'_n n^{-s'}$ sowie $s' \geq 0$. Ausgedrückt durch die Folge $c_k = \sup_{n \geq k} |A_{k,n}|$ besagt die Voraussetzung dann $\lim_{k \to \infty} c_k = 0$. Mit der monoton fallenden Folge $b_n = n^{-s}$ ergibt die Formel der partiellen Summation weiter

$$\sum_{n=M+1}^{N} a_n n^{-s} = \sum_{n=M+1}^{N} A_{k,n} \left(n^{-s} - (n+1)^{-s} \right) - A_{k,M} (M+1)^{-s} + A_{k,N} (N+1)^{-s}.$$

Das führt zu der Abschätzung

$$\left| \sum_{n=M+1}^{N} a_n n^{-s} \right| \leq c_k \Big(\sum_{n=M+1}^{N} \left(n^{-s} - (n+1)^{-s} \right) + (M+1)^{-s} + (N+1)^{-s} \Big) \leq 2 c_k.$$

2) Wieder mit partieller Summation erhalten wir

$$\sum_{n=M+1}^{N} a_n n^{-s} = \sum_{n=M+1}^{N} A_n\left(n^{-s}-(n+1)^{-s}\right) - A_M(M+1)^{-s} + A_N(N+1)^{-s}.$$

Wegen $s\int_n^{n+1} t^{-s-1}dt = n^{-s} - (n+1)^{-s}$ ergibt also die Voraussetzung

$$\left| \sum_{n=M+1}^{N} a_n n^{-s} \right| \leq C\left(\sum_{n=M+1}^{N} s\int_n^{n+1} t^{s_0-s-1}dt + (M+1)^{s_0-s} + (N+1)^{s_0-s}\right)$$

$$\leq C\left(s\int_{M+1}^{N+1} t^{s_0-s-1}dt + (M+1)^{s_0-s} + (N+1)^{s_0-s}\right)$$

$$\leq C\left(\frac{s}{s-s_0}+2\right)(M+1)^{s_0-s},$$

woraus die Konvergenz der Dirichletreihe für alle $s > s_0$ abzulesen ist. □

Bemerkung. Die Summe einer in s_0 konvergenten Dirichletreihe stellt nach Teil 1) als Limes einer gleichmäßig konvergenten Folge stetiger Funktionen auf dem Intervall $[s_0, \infty[$ eine stetige Funktion dar. Dies begründet unter den Voraussetzungen von Teil 2) auch die Stetigkeit der durch die Dirichletreihe dargestellten Funktion auf $]s_0, \infty[$.

Beispiele. Es sei $m > 1$ eine natürliche Zahl, und χ sei ein Charakter der primen Restklassengruppe $(\mathbb{Z}/m\mathbb{Z})^{\times}$, der verschieden vom Hauptcharakter χ^0 ist. Dann ist die sogenannte L-Reihe

$$\mathrm{L}(s,\chi) = \sum_{n=1}^{\infty} \chi(n)\, n^{-s}$$

konvergent auf dem Intervall $]0, \infty[$. Denn mit der Abkürzung $N' = \lfloor N/m \rfloor m$ für $N \in \mathbf{N}$ und mit der üblichen Interpretation der Restklassencharaktere als Funktionen auf $\mathbb{Z}$ ist $\sum_{n=1}^{N} \chi(n) = \sum_{n=N'+1}^{N} \chi(n)$ zufolge der ersten Orthogonalitätsrelation. Das ergibt eine Abschätzung der Koeffizientensummen

$$\left| \sum_{n=1}^{N} \chi(n) \right| \leq \sum_{n=N'+1}^{N} |\chi(n)| \leq \varphi(m)\,.$$

Somit ist nach Teil 2) von Satz 1 die Dirichletreihe $\mathrm{L}(s,\chi)$ im Intervall $]0, \infty[$ konvergent. Die entsprechende L-Reihe zum Hauptcharakter χ^0 dagegen ist

$$\mathrm{L}(s,\chi^0) = \sum_{\mathrm{ggT}(n,m)=1} n^{-s} = \prod_{\mathrm{ggT}(p,m)=1} \frac{1}{1-p^{-s}}\,.$$

Sie entsteht aus der Riemannschen Zetafunktion durch Multiplikation mit dem Faktor $\prod_{p|m}(1-p^{-s})$.

19.3 Logarithmus und unendliche Produkte

Die Exponentialreihe $\exp(z) = \sum_{n=0}^{\infty} z^n/n!$ ist ein stetiger, lokal invertierbarer Homomorphismus der additiven Gruppe $(\mathbb{C}, +)$ auf die multiplikative Gruppe $\mathbb{C}^{\times}$. Die lokalen Umkehrfunktionen lassen sich zurückführen auf den *Hauptwert* des komplexen Logarithmus

$$\mathrm{Log}(z) := \log|z| + i\arg(z) = \int_0^1 \frac{(z-1)\,dt}{1+(z-1)t}, \quad \mathrm{Re}\, z > 0,$$

wo mit $z = x + i\,y$ gilt $\arg(z) = \arctan(y/x)$. Die linke Gleichung zeigt insbesondere, daß Log stetig ist. Zum Nachweis der rechten Gleichung trennt man Realteil und Imaginärteil des Integranden und benutzt das Additionstheorem für die Funktion arctan:

$$\arctan(b) - \arctan(a) = \arctan\frac{b-a}{1+ab}, \text{ falls } b > 0,\ 1+ab > 0 \text{ ist}.$$

Als Rudiment der Funktionalgleichung des reellen Logarithmus ist die aus der Definition ersichtliche Formel erwähnenswert

$$\mathrm{Log}(1/z) = -\mathrm{Log}(z), \quad \mathrm{Re}\, z > 0.$$

Durch Entwicklung des Integranden nach Potenzen von $z-1$ ergibt sich aus der Integraldarstellung die Reihe

$$\mathrm{Log}(z) = \sum_{n=1}^{\infty} \frac{(-1)^{n-1}}{n}(z-1)^n, \quad \text{falls} \quad |z-1| < 1.$$

Sie führt auf die Abschätzung $|\mathrm{Log}(1+z)| \leq |z|/(1-|z|)$, falls $|z| < 1$ ist.

Zu jedem $\alpha \in \mathbb{R}$ wird auf der Halbebene $H_\alpha = \{w \in \mathbb{C};\ \mathrm{Re}\,(we^{-i\alpha}) > 0\}$ ein weiterer *Zweig* des Logarithmus definiert durch

$$\mathrm{L}_\alpha(w) = \mathrm{Log}(we^{-i\alpha}) + i\alpha, \quad w \in H_\alpha.$$

Dabei ist beispielsweise $\mathrm{L}_{2\pi k}(w) = \mathrm{Log}(w) + 2\pi i k$ für alle $k \in \mathbb{Z}$.

Proposition 4. *Es sei f eine lokalkonstante komplexwertige Funktion auf einem Intervall J. Dann ist f konstant.*

Beweis. Zu jedem Punkt $c \in J$ existiert eine positive Zahl $\varepsilon(c)$ derart, daß gilt $f(t) = f(c)$, falls $t \in J$ und $|t - c| < \varepsilon(c)$ ist. Zu je zwei Punkten $a < b$ in J liefert daher der Überdeckungssatz von Heine–Borel eine Unterteilung $a = c_0 < c_1 < \cdots < c_r = b$ derart, daß f auf jedem Teilintervall $[c_{k-1}, c_k]$ konstant ist. Das ergibt $f(c_{k-1}) = f(c_k)$ $(1 \leq k \leq r)$ und somit $f(a) = f(b)$. $\square$

Satz 2. *Es sei J ein Intervall. Zu jeder stetigen, nullstellenfreien Funktion $f: J \to \mathbb{C}$ gibt es eine stetige Funktion $l: J \to \mathbb{C}$, für die $\exp \circ\, l = f$ gilt. Sie ist eindeutig bestimmt bis auf eine additive Konstante $2\pi i k$, $k \in \mathbb{Z}$.*

Beweis. 1) Eindeutigkeit: Ist I irgendein Intervall und sind l, l_1 stetige Funktionen auf I mit der Relation $\exp \circ\, l = \exp \circ\, l_1$, dann ist ihre Differenz eine stetige Funktion auf I mit Werten in der diskreten Menge $2\pi i \mathbb{Z}$. Also ist $l - l_1$ lokalkonstant und aufgrund der Proposition 4 konstant.

2) Zum Beweis der Existenz machen wir uns zunächst folgende Reduktion klar: Es genügt zu zeigen, daß auf jedem kompakten Teilintervall $I = [a, b]$ von J ein stetiger Logarithmus l von f existiert. In jedem festen Punkt $s_0 \in I$ ist er durch seinen Imaginärteil α in s_0 nach Teil 1) vollständig bestimmt. Für ein I umfassendes Teilintervall $I_1 = [a_1, b_1]$ von J liefert die Restriktion $l_1|_I$ des durch $\operatorname{Im} l_1(s_0) = \alpha$ normierten Logarithmus l_1 von f auf I_1 den zuvor betrachteten Logarithmus l. Daher wird so auch auf der Vereinigung $I_\infty = J$ aller s_0 enthaltenden kompakten Teilintervalle von J ein stetiger Logarithmus l_∞ von f mit der Normierung $\operatorname{Im} l_\infty(s_0) = \alpha$ erklärt.

3) Es sei $I = [a, b]$ ein kompaktes Teilintervall von J. Zu jedem $c \in I$ gibt es eine positive Zahl $\varepsilon(c)$ derart, daß $\operatorname{Re} f(s)/f(c) > 0$ ist, falls $s \in I$ und $|s - c| < \varepsilon(c)$ ist. Es gibt eine Unterteilung $a = c_0 < c_1 < \cdots < c_r = b$ mit der Eigenschaft $c_k - c_{k-1} < \varepsilon(c_{k-1})$ $(1 \leq k \leq r)$ (Überdeckungssatz von Heine–Borel). Nun wird $l(s)$ schrittweise definiert. Man wähle $\alpha_0 \in \mathbb{R}$ so, daß $f(c_0) = |f(c_0)|e^{i\alpha_0}$ ist und setze $l(s) = \mathrm{L}_{\alpha_0}(f(s))$ für die Argumente $s \in [c_0, c_1]$. Ist $l(s)$ auf $[c_0, c_k]$ bereits definiert, und ist $k < r$, so setze man $\alpha_k = \operatorname{Im} l(c_k)$ und $l(s) = \mathrm{L}_{\alpha_k}(f(s))$, falls $c_k \leq s \leq c_{k+1}$. $\square$

Definition. Es sei $(a_n)_{n \geq 1}$ eine Folge komplexer Zahlen. Das unendliche Produkt $\prod_{n=1}^{\infty}(1 + a_n)$ heißt *konvergent*, wenn die Folge $P_N = \prod_{n=1}^{N}(1 + a_n)$ gegen einen Limes P konvergiert; es heißt *absolut konvergent*, wenn die Folge $Q_N = \prod_{n=1}^{N}(1 + |a_n|)$ gegen einen Limes Q konvergiert.

Proposition 5. *(Absolute Konvergenz von Produkten)* i) *Das unendliche Produkt $\prod_{n=1}^{\infty}(1 + a_n)$ ist genau dann absolut konvergent, wenn die Reihe $\sum_{n=1}^{\infty}|a_n|$ konvergiert.* ii) *Jedes absolut konvergente Produkt ist konvergent, und sein Limes P ist nur dann Null, wenn ein Faktor verschwindet.*

Beweis. i) Aus der Abschätzung $0 \leq x < 1 + x \leq \exp(x)$ ergibt sich

$$s_N = \sum_{n=1}^{N} |a_n| \leq \prod_{n=1}^{N}(1 + |a_n|) = Q_N \leq \exp(s_N)\,.$$

Deshalb ist die Folge (s_N) gleichzeitig mit der Folge (Q_N) beschränkt oder nicht beschränkt.

ii) Wir zeigen als erstes durch Induktion nach N die Abschätzung

$$|P_N - 1| \leq Q_N - 1. \tag{$*$}$$

Sie ist für $N = 1$ selbstverständlich. Stimmt sie für N, so führt die Gleichung $P_{N+1} - 1 = P_N(1 + a_{N+1}) - 1 = (P_N - 1)(1 + a_{N+1}) + a_{N+1}$ zur Abschätzung

$$\begin{aligned}
|P_{N+1} - 1| &\leq (Q_N - 1)(1 + |a_{N+1}|) + |a_{N+1}| \\
&= Q_N(1 + |a_{N+1}|) - 1 = Q_{N+1} - 1.
\end{aligned}$$

Es sei nun $0 < \varepsilon < \frac{1}{2}$; dann wird $e^\varepsilon - 1 < 2\varepsilon$. Für jeden hinreichend großen Index N ist ferner $\sum_{n>N} |a_n| \leq \varepsilon$. Nach $(*)$ gilt damit für alle $M \in \mathbf{N}$

$$|P_{N+M} - P_N| \leq |P_N| \left(\exp\left(\sum_{n>N} |a_n| \right) - 1 \right) \leq 2\varepsilon |P_N|.$$

Wegen $|P_N| \leq Q$ folgt hieraus die Konvergenz der Folge (P_N). Überdies ergibt sich auch die Abschätzung

$$|P_{N+M}| \geq |P_N| - |P_{N+M} - P_N| \geq |P_N|(1 - 2\varepsilon).$$

Für den Limes bedeutet sie $|P| \geq |P_N|(1 - 2\varepsilon) > 0$, sobald $P_N \neq 0$ ist. □

Bemerkungen. (Logarithmen unendlicher Produkte) Es sei $\prod_{n=1}^{\infty}(1 + a_n)$ ein absolut konvergentes Produkt, dessen Wert $P \neq 0$ ist. Weiter sei N so gewählt, daß $\sum_{n=N}^{\infty} |a_n| < \frac{1}{2}$ ist, und schließlich sei $\log(1 + a_n)$ für $n \geq N$ der Hauptwert $\mathrm{Log}(1 + a_n)$ und für $1 \leq n < N$ irgend ein Urbild von $1 + a_n$ unter exp. Dann ist aufgrund der Abschätzung von Log am Anfang von 19.3 die Reihe $L = \sum_{n=1}^{\infty} \log(1 + a_n)$ absolut konvergent. Hieraus ergibt sich mit der Funktionalgleichung und Stetigkeit der Exponentialfunktion

$$P = \lim_{N \to \infty} \prod_{n=1}^{N}(1 + a_n) = \lim_{N \to \infty} \exp\left(\sum_{n=1}^{N} \log(1 + a_n) \right) = \exp\left(\sum_{n=1}^{\infty} \log(1 + a_n) \right).$$

Es ist also L ein Urbild von P unter der Exponentialfunktion. Überdies ist bekanntlich der Wert einer absolut konvergenten Reihe unabhängig von der Reihenfolge ihrer Summanden. Daher gilt für jede Permutation $(n_k)_{k \in \mathbf{N}}$ der Menge $\mathbf{N}$ die Gleichungskette

$$P = \exp(L) = \exp\left(\sum_{k=1}^{\infty} \log(1 + a_{n_k}) \right) = \prod_{k=1}^{\infty}(1 + a_{n_k}).$$

In Worten: Absolut konvergente unendliche Produkte sind unabhängig von der Reihenfolge ihrer Faktoren. Dies gilt nach Proposition 5 auch dann, wenn einer der Faktoren verschwindet.

19.4   Der Beweis des Dirichletschen Primzahlsatzes

Satz 3. *Es sei $m > 1$ eine natürliche Zahl und χ ein Restklassencharakter modulo m, wie gewöhnlich gedeutet als Funktion auf $\mathbb{Z}$. Für $s > 1$ wird die zugehörige Dirichletsche L-Reihe $L(s,\chi) = \sum_{n=1}^{\infty} \chi(n) n^{-s}$ auch dargestellt durch das absolut konvergente Eulerprodukt*

$$L(s,\chi) \;=\; \prod_{p} \frac{1}{1 - \chi(p)\,p^{-s}} \qquad (s > 1),$$

in dem p die Primzahlen durchläuft. Vor allem ist $L(s,\chi)$ auf dem Intervall $I = \,]1,\infty[$ stetig und nullstellenfrei. Durch $l(s,\chi) = \sum_{p} \mathrm{Log}\,(1/(1-\chi(p)p^{-s}))$ ist dort ein stetiger Logarithmus gegeben. Für ihn gilt

$$l(s,\chi) \;\sim\; \sum_{p} \chi(p)\,p^{-s}.$$

Beweis. 1) Die absolute Konvergenz des Produktes folgt aus der Abschätzung

$$\left| \frac{1}{1 - \chi(p)\,p^{-s}} - 1 \right| \;\leq\; \frac{|\chi(p)|}{p^{s} - 1} \;\leq\; \frac{1}{(p-1)^{s}}.$$

Die Teilprodukte über die Primzahlen $p \leq N$ sind nach Entwicklung der Faktoren als geometrische Reihe

$$P_N \;=\; \prod_{p \leq N} \frac{1}{1 - \chi(p)p^{-s}} \;=\; \prod_{p \leq N} \sum_{k=0}^{\infty} \chi(p)^{k}\, p^{-ks}.$$

Da für alle $n_1, n_2 \in \mathbb{N}$ gilt $\chi(n_1)\chi(n_2) = \chi(n_1 n_2)$, ist $P_N = \sum_{(N)} \chi(n) n^{-s}$, worin die Bedingung (N) bedeutet, daß über alle $n \in \mathbb{N}$ zu summieren ist, die nur durch Primzahlen $p \leq N$ teilbar sind. Daher gilt die Abschätzung $|L(s,\chi) - P_N| \leq \sum_{n > N} n^{-s}$, und aus ihr folgt $\lim_{N \to \infty} P_N = L(s,\chi)$. Schon in den Beispielen zu Satz 1 wurde die Stetigkeit von $L(s,\chi)$ festgestellt; die Nullstellenfreiheit ist eine Konsequenz der Proposition 5.

2) Die angegebene Form des Logarithmus folgt aus den Bemerkungen am Schluß von 19.3; die Begründung der Stetigkeit des Logarithmus

$$l(s,\chi) \;=\; \sum_{p} \sum_{k \in \mathbb{N}} \tfrac{1}{k}\, \chi(p)^{k}\, p^{-ks}$$

ergibt sich daraus, daß dies eine absolut konvergente Dirichletreihe ist. Dann liefert die Formel $\mathrm{Log}(1/(1-z)) = \sum_{n=1}^{\infty} z^{n}/n \;\; (|z| < 1)$ die Abschätzung

$$\left| \mathrm{Log}\, \frac{1}{1 - \chi(p)\,p^{-s}} - \chi(p)\,p^{-s} \right| \;\leq\; \frac{p^{-2s}}{1 - |\chi(p)|\,p^{-s}} \;\leq\; \frac{1}{p\,(p-1)}.$$

Sie zieht die abschließende Äquivalenzaussage nach sich. $\qquad\qquad \square$

Nach den bisherigen Vorbereitungen können wir jetzt einsehen, wie sich der Satz über die Primzahlen in arithmetischen Progressionen ergibt aus dem Nichtverschwinden der L-Reihen im Punkt $s = 1$:

Für jeden Restklassencharakter $\chi \neq \chi^0$ modulo m gilt $\mathrm{L}(1, \chi) \neq 0$.

Den Beweis dieser zentralen Tatsache werden wir in 19.5 nachholen. Aus ihr folgt, daß die Logarithmen $l(s, \chi)$ der L-Funktionen zu den Charakteren $\chi \neq \chi^0$ von $(\mathbb{Z}/m\mathbb{Z})^\times$ auf das Intervall $[1, \infty[$ stetig fortgesetzt werden können. Folglich gilt dann

$$l(s, \chi) \sim 0, \quad \text{falls} \quad \chi \neq \chi^0. \tag{$*$}$$

Im Mittelpunkt des Dirichletschen Satzes steht die Betrachtung der Reihe $g(s, a) = \sum_{p \equiv a} p^{-s}$ über die Primzahlen p in der invertierbaren Restklasse $a + m\mathbb{Z}$. Mit den Restklassen $\bar{a}$ von a und $\bar{p}$ von p modulo m ist aufgrund der zweiten Orthogonalitätsrelation $\sum_\chi \chi(a)^{-1}\chi(p) = \delta_{\bar{a}, \bar{p}} \cdot \varphi(m)$. Daher wird

$$g(s, a) = \sum_p \left(\tfrac{1}{\varphi(m)} \sum_\chi \chi(a)^{-1}\chi(p) \right) p^{-s} \sim \tfrac{1}{\varphi(m)} \sum_\chi \chi(a)^{-1} l(s, \chi).$$

Schließlich entsteht $\mathrm{L}(s, \chi^0)$ aus $\zeta(s)$ durch Multiplikation mit dem endlichen, auf $[1, \infty[$ nullstellenfreien und beschränkten Produkt $\prod_{p|m}(1 - p^{-s})$. Also gilt $l(s, \chi^0) \sim \log \zeta(s) \sim \log(1/(s-1))$ nach 19.2. Damit haben wir:

Satz 4. (Der Dirichletsche Primzahlsatz) *Es sei $m > 1$ eine natürliche Zahl sowie $a \in \mathbb{Z}$ und teilerfremd zu m. Dann ist*

$$\sum_{p \equiv a} p^{-s} \sim \frac{1}{\varphi(m)} \log \frac{1}{s-1}.$$

Insbesondere sind die m nicht teilenden Primzahlen in dieser Weise gleichverteilt auf die $\varphi(m)$ invertierbaren Restklassen $a + m\mathbb{Z}$.

19.5 Die Dedekindsche Zetafunktion

Zu jedem algebraischen Zahlkörper K mit der Hauptordnung $\mathfrak{o}$ bilden wir die *Dedekindsche Zetafunktion* von K durch die Summe über die ganzen Ideale $\mathfrak{a} \neq \{0\}$ mit der Absolutnorm $\mathfrak{N}(\mathfrak{a})$:

$$\zeta_K(s) = \sum_{\mathfrak{a}} \mathfrak{N}(\mathfrak{a})^{-s}.$$

Satz 5. *Die Dedekindsche Zetafunktion $\zeta_K(s)$ eines Zahlkörpers K ist für $s > 1$ absolut konvergent und besitzt dort das über alle Primideale $\mathfrak{p} \neq \{0\}$ der Hauptordnung erstreckte Eulerprodukt*

$$\zeta_K(s) = \prod_{\mathfrak{p}} \frac{1}{1 - \mathfrak{N}(\mathfrak{p})^{-s}}.$$

Beweis. Es sei $\mathfrak{p}$ ein Primideal von $\mathfrak{o}$, welches die Primzahl p enthält, und $f = f(\mathfrak{p})$ sei sein Restklassengrad. Dann gilt

$$\left| \frac{1}{1 - \mathfrak{N}(\mathfrak{p})^{-s}} - 1 \right| = \frac{1}{p^{fs} - 1} \leq \frac{1}{p^s - 1} \leq \frac{1}{(p-1)^s}.$$

Weil über p höchstens $n = (K \,|\, \mathbb{Q})$ Primideale $\mathfrak{p}$ von $\mathfrak{o}$ liegen, folgt

$$\sum_{\mathfrak{p}} \left| \frac{1}{1 - \mathfrak{N}(\mathfrak{p})^{-s}} - 1 \right| \leq n \cdot \zeta(s).$$

Damit ist das Eulerprodukt im Satz ebenso wie $\zeta(s)$ konvergent für $s > 1$.

Der Produktsatz für absolut konvergente Reihen und der Fundamentalsatz der Arithmetik in K ergeben für jede natürliche Schranke N

$$\prod_{\mathfrak{p}} \frac{1}{1 - \mathfrak{N}(\mathfrak{p})^{-s}} \geq \prod_{\mathfrak{N}(\mathfrak{p}) \leq N} \frac{1}{1 - \mathfrak{N}(\mathfrak{p})^{-s}} = \sum_{(N)} \mathfrak{N}(\mathfrak{a})^{-s} \geq \sum_{\mathfrak{N}(\mathfrak{a}) \leq N} \mathfrak{N}(\mathfrak{a})^{-s}.$$

Hier bedeutet (N) Summation über alle Ideale $\mathfrak{a}$ mit lauter Primidealteilern $\mathfrak{p}$ der Norm $\leq N$. Nach der Abschätzung konvergiert die Reihe $\zeta_K(s)$ für $s > 1$, und aus der mittleren Gleichung folgt ihre Übereinstimmung mit dem Eulerprodukt. Insbesondere ist die Dedekindsche Zetafunktion im Intervall $s > 1$ nullstellenfrei, also existiert dort ein stetiger Logarithmus. Er kann als der natürliche Logarithmus gewählt werden. Für $s > 1$ ist dann

$$\log \zeta_K(s) = \sum_{\mathfrak{p}} \log \frac{1}{1 - \mathfrak{N}(\mathfrak{p})^{-s}} = \sum_{\mathfrak{p}} \sum_{k \in \mathbb{N}} \tfrac{1}{k} \mathfrak{N}(\mathfrak{p})^{-ks}$$

$$= \sum_{f(\mathfrak{p}) = 1} \mathfrak{N}(\mathfrak{p})^{-s} + \sum_{f(\mathfrak{p}) > 1} \mathfrak{N}(\mathfrak{p})^{-s} + \sum_{\mathfrak{p}} \sum_{k \geq 2} \tfrac{1}{k} \mathfrak{N}(\mathfrak{p})^{-ks}.$$

Wie im Fall der Riemannschen Zetafunktion folgt die Beschränktheit der zweiten und dritten Summe in der letzten Zeile auf $I =]1, \infty[$. $\square$

Beispiel. Es sei $m > 1$ eine natürliche Zahl und $K = \mathbb{Q}(\exp \frac{2\pi i}{m})$ der m-te Kreisteilungskörper über $\mathbb{Q}$. Dann stehen ζ_K, die L-Reihen der Charaktere von $(\mathbb{Z}/m\mathbb{Z})^\times$ und der Faktor $V(s) = \prod_{\mathfrak{p} \ni m} 1/(1 - \mathfrak{N}(\mathfrak{p})^{-s})$ in der Relation

$$\zeta_K(s) = V(s) \prod_{\chi} L(s, \chi).$$

Beweis. Das absolut konvergente Eulerprodukt von $\zeta_K(s)$ kann nach den Bemerkungen zu Proposition 5 beliebig umgeordnet werden, ohne daß sein Wert sich ändert. Nachdem die angegebenen Faktoren vorgezogen worden sind, wird nach den Primzahlen $p \nmid m$ geordnet. Mit der Ordnung $f(p)$ der

Untergruppe $C = \langle p + m\mathbb{Z} \rangle$ von $(\mathbb{Z}/m\mathbb{Z})^\times = G_m$ ergibt sich aus dem Zerlegungsgesetz der Primzahlen in Kreisteilungskörpern (Satz 5 in 17.4)

$$\zeta_K(s) = V(s) \prod_{\mathrm{ggT}(p,m)=1} \frac{1}{(1 - p^{-sf(p)})^{g(p)}}.$$

Die Charaktere von C sind explizit bekannt: $\chi(p)$ durchläuft die $f(p)$-ten Einheitswurzeln, die Zahl der Fortsetzungen jedes Charakters von C zu einem Charakter auf G_m ist gleich dem Index $[G_m : C] = g(p)$ (Proposition 3). Für eine Einheitswurzel ε der Ordnung $f(p)$ gilt $X^{f(p)} - 1 = \prod_{k=1}^{f(p)}(X - \varepsilon^k)$. Das ergibt $(1 - p^{-sf(p)}) = \prod_{k=1}^{f(p)}(1 - \varepsilon^k p^{-s})$ und daher

$$\frac{1}{(1 - p^{-sf(p)})^{g(p)}} = \prod_{\chi \in \widehat{G}_m} \frac{1}{1 - \chi(p) p^{-s}}.$$

Links erscheint der Beitrag aller p enthaltenden Primideale $\mathfrak{p}$ in der Hauptordnung von K. Sie haben dieselbe Norm $\mathfrak{N}(\mathfrak{p}) = p^{f(p)}$. Bei Multiplikation über alle Primzahlen setzen sich die absolut konvergenten Eulerprodukte der L-Reihen zusammen zu $\zeta_K(s) = V(s) \prod_{\chi \in \widehat{G}_m} L(s, \chi)$. Dabei ist zu beachten, daß für die Primteiler p von m gilt $\chi(p) = 0$. $\square$

Bemerkung. Es genügt, um den Beweis des Dirichletschen Primzahlsatzes zu beenden, für den m-ten Kreisteilungskörper K die Ungleichung zu beweisen:

$$\lim_{s \downarrow 1}(s - 1)\zeta_K(s) > 0.\tag{$*$}$$

Denn nach 19.2 ist $\lim_{s \downarrow 1}(s-1)L(s, \chi^0) > 0$. Aus $(*)$ und dem letzten Beispiel folgt also $L(1, \chi) \neq 0$ für jeden Charakter $\chi \neq \chi^0$ von G_m.

Wir werden auf den folgenden Seiten den Limes in $(*)$ für jeden Zahlkörper K berechnen. Der Plan zur Berechnung des Grenzwertes beruht einerseits auf der Interpretation der Koeffizientenpartialsumme $G(t) = \sum_{k \leq t^n} c_k$ zur Dirichletreihe $\zeta_K(s) = \sum_{k=1}^{\infty} c_k k^{-s}$ als Anzahl der Punkte eines Gitters in einem t-fach gestreckten Bereich tD des $\mathbb{R}^n$ der Dimension $n = (K|\mathbb{Q})$ und andererseits auf einer hinreichend guten Approximation von $G(t)$ durch das Verhältnis des Volumens $t^n \mathrm{vol}(D)$ von tD zum Volumen Δ der Fundamentalmaschen des Gitters. Um diesen Plan zu realisieren, betrachten wir zu jeder Idealklasse C von K die partielle Zetafunktion

$$\zeta_K(s, C) = \sum_{\mathfrak{a} \in C} \mathfrak{N}(\mathfrak{a})^{-s} = \sum_{k=1}^{\infty} a_k k^{-s},$$

worin $\mathfrak{a}$ die ganzen Ideale in C durchläuft und a_k die Zahl dieser Ideale mit der Norm $\mathfrak{N}(\mathfrak{a}) = k$ bezeichnet. Die Partialsumme $A_N = \sum_{k=1}^{N} a_k$ der Koeffizienten ist daher nichts anderes als die Anzahl der ganzen Ideale $\mathfrak{a} \in C$

mit $1 \leq \mathfrak{N}(\mathfrak{a}) \leq N$. Die ganzen Ideale $\mathfrak{a} \in C$ entsprechen bei Wahl eines Ideals $\mathfrak{b}$ in der inversen Klasse C^{-1} den Klassen assoziierter Zahlen γ in $\mathfrak{b} \smallsetminus \{0\}$: $\gamma\mathfrak{o}$ läßt sich zerlegen als $\gamma\mathfrak{o} = \mathfrak{a}\mathfrak{b}$ mit einem ganzen Ideal $\mathfrak{a} \in C$; umgekehrt liefert jedes ganze Ideal $\mathfrak{a} \in C$ im Produkt $\mathfrak{a}\mathfrak{b} = \gamma\mathfrak{o}$ ein Hauptideal mit $\gamma \in \mathfrak{b}$:

$$\zeta_K(s,C) \;=\; \mathfrak{N}(\mathfrak{b})^s \sum\nolimits_{\gamma \in \mathfrak{b}/\mathfrak{o}^\times} |N(\gamma)|^{-s}.$$

Summiert wird über ein Vertretersystem der Klassen assoziierter $\gamma \neq 0$ in $\mathfrak{b}$. Die Zahl dieser Klassen mit $|N(\gamma)| \leq N \cdot \mathfrak{N}(\mathfrak{b})$ ist A_N. Zur Abschätzung von A_N ist es erneut nützlich, die Aktion von $\mathfrak{o}^\times$ via Multiplikation auf $K^\times$ durch das System $\sigma \colon K \to \mathbb{R}^{r_1} \times \mathbb{C}^{r_2} = Y$ der Einbettungen von K in $\mathbb{C}$ zu übertragen auf die Einheitengrupppe $Y^\times$ des Ringes Y mit den koordinatenweise definierten Verknüpfungen. Wir benutzen dazu die Bezeichnungen aus 18.4. Jedes $\varepsilon \in \mathfrak{o}^\times$ liefert einen $\mathbb{R}$-linearen Automorphismus von Y durch

$$L_\varepsilon(x) \;=\; (\sigma_j(\varepsilon)x_j)_{1 \leq j \leq r_1 + r_2}\,,$$

der $Y^\times$ auf sich abbildet und die Determinante $N_{K|\mathbb{Q}}(\varepsilon) = \pm 1$ hat. Zur Begründung dieser Aussage hat man zu beachten, daß in den über $\mathbb{R}$ zweidimensionalen komplexen Komponenten von Y die Multiplikation mit $\sigma_k(\varepsilon)$ beschrieben wird durch eine reelle (2×2)-Matrix der Determinante

$$\det\begin{pmatrix} \operatorname{Re}\sigma_k(\varepsilon) & -\operatorname{Im}\sigma_k(\varepsilon) \\ \operatorname{Im}\sigma_k(\varepsilon) & \operatorname{Re}\sigma_k(\varepsilon) \end{pmatrix} \;=\; |\sigma_k(\varepsilon)|^2 \;=\; \sigma_k(\varepsilon)\overline{\sigma_k(\varepsilon)}.$$

Es sei w_K die Ordnung der Gruppe μ_K aller Einheitswurzeln in K und $\varepsilon_1, \ldots, \varepsilon_r$ sei ein System von Grundeinheiten in $\mathfrak{o}^\times$. Damit ist $\mathfrak{o}^\times$ ein direktes Produkt von μ_K mit der freien abelschen Gruppe $\varepsilon_1^{\mathbb{Z}} \cdots \varepsilon_r^{\mathbb{Z}}$ vom Range r. Nach Abschnitt 18.4 ist in der Hyperebene H von $\mathbb{R}^{r_1+r_2}$, die durch die Gleichung $\sum_{j=1}^{r_1+r_2} \delta_j x_j = 0$ gegeben ist, das System

$$l_q \;=\; \Bigl(\log|\sigma_j(\varepsilon_q)|\Bigr)_{1 \leq j \leq r_1+r_2}, \quad 1 \leq q \leq r$$

eine Basis, und $F = \{\sum_{q=1}^r l_q \xi_q \,;\, \xi_q \in [0,1[\}$ ist eine Fundamentalmasche des Gitters $\langle l_1, \ldots, l_r \rangle$. Der Absolutbetrag der Normfunktion wird von $K^\times$ nach $Y^\times$ übertragen durch die Formel $N'(x) = \prod_{j=1}^{r_1+r_2} |x_j|^{\delta_j}$. Mit ihm erhalten wir einen Homomorphismus der Gruppe $Y^\times$ auf die Hyperebene H:

$$g(x) \;=\; \Bigl(\log(|x_j|/N'(x)^{1/n})\Bigr)_{1 \leq j \leq r_1+r_2} \;=\; \Bigl(\log|x_j| - \tfrac{1}{n}\log N'(x)\Bigr)_j.$$

Sei $D := \{x \in Y^\times \,;\, g(x) \in F,\ N'(x) \leq 1\}$. Je nach dem Vorzeichen der ersten r_1 Koordinaten zerfällt D in 2^{r_1} zu $D_+ = \{x \in D \,;\, x_j > 0,\ 1 \leq j \leq r_1\}$ kongruente Teilmengen. Die $\mathfrak{o}^\times$-Bahn des Bildes $\sigma(\gamma)$ einer Zahl $\gamma \in K^\times$ schneidet die Menge tD genau dann, wenn gilt $|N(\gamma)| \leq t^n$, und $w_K A_N$ ist die Anzahl der $\gamma \in \mathfrak{b}$, deren Bild $\sigma(\gamma) \in tD$ ist mit $t = (\mathfrak{N}(\mathfrak{b}) \cdot N)^{1/n}$.

Satz 6. *Es gilt* $\mathrm{vol}(D_+) = \pi^{r_2} R_K$.

Beweis. Die Bemerkung zum Dirichletschen Einheitensatz 18.4, Satz 6 besagt

$$\left| \det\left(\log |\sigma_j(\varepsilon_q)|^{\delta_j} \right)_{1 \leq j, q \leq r} \right| = R_K.$$

Wir parametrisieren die Menge D_+ durch eine beliebig oft differenzierbare Funktion $f : \mathbb{R}^n \to Y$ derart, daß gilt $f(]0,1[^n) \subset D_+ \subset f([0,1]^n)$. Weiter hat f eine injektive Restriktion und eine nullstellenfreie Jacobideterminante auf dem Würfel $]0,1[^n$. Mit der Jacobimatrix df ergibt die Transformationsformel für Gebietsintegrale

$$\mathrm{vol}(D_+) = \int_{[0,1]^n} |\det(df)(\xi,\eta)| \, d\xi_0 \cdots d\xi_r \, d\eta_{r_1+1} \cdots d\eta_{r_1+r_2} .$$

Die Koordinatenfunktionen f_j definieren wir mit den Hilfsfunktionen

$$R_j(\xi,\eta) := \exp\left(\sum_{q=1}^{r} \xi_q \log|\sigma_j(\varepsilon_q)| \right)$$

als Produkte $f_j = \xi_0 \cdot R_j$, falls $1 \leq j \leq r_1$ und $f_k = \xi_0 \cdot R_k \cdot \exp(2\pi i\eta_k)$, falls $r_1 < k \leq r_1 + r_2$ ist. Wenn man die letzten r_2 Koordinatenfunktionen noch zerlegt in Realteil und Imaginärteil, ergeben sich die Formeln

$$\begin{aligned}
f_j &= \xi_0 \cdot R_j & (1 \leq j \leq r_1), \\
f_{k1} &= \xi_0 \cdot R_k \cdot c_k, \quad c_k = \cos(2\pi\eta_k), \\
f_{k2} &= \xi_0 \cdot R_k \cdot s_k, \quad s_k = \sin(2\pi\eta_k) & (r_1 < k \leq r_1 + r_2).
\end{aligned}$$

Injektivität: Wenn $\xi = (\xi_q)_{0 \leq q \leq r}$ und $\eta = (\eta_l)_{r_1+1 \leq l \leq r_1+r_2}$ Koordinaten in $]0,1[$ haben, ebenso ξ', η', dann folgt aus der Gleichung $f(\xi,\eta) = f(\xi',\eta')$ der Reihe nach wegen $\sum_{j=1}^{r_1+r_2} \log|\sigma_j(\varepsilon_q)|^{\delta_j} = 0$ die Identität $\prod_{j=1}^{r_1+r_2} R_j^{\delta_j} = 1$ und daher $\xi_0 = \xi_0'$, dann $\eta = \eta'$ aus den letzten r_2 Koordinaten von f und endlich wegen $\sum_{q=1}^{r} \xi_q l_q = \sum_{q=1}^{r} \xi_q' l_q$ das Gleichungssystem $\xi_q = \xi_q'$ ($1 \leq q \leq r$). Aus der Definition von f lesen wir die folgenden partiellen Ableitungen ab

$$\begin{aligned}
\frac{\partial f_j}{\partial \xi_0} &= R_j, & \frac{\partial f_j}{\partial \xi_q} &= f_j \cdot \log|\sigma_j(\varepsilon_q)|, & \frac{\partial f_j}{\partial \eta_l} &= 0, \\
\frac{\partial f_{k1}}{\partial \xi_0} &= R_k \cdot c_k, & \frac{\partial f_{k1}}{\partial \xi_q} &= f_{k1} \cdot \log|\sigma_k(\varepsilon_q)|, & \frac{\partial f_{k1}}{\partial \eta_l} &= -2\pi\delta_{kl} f_{k2}, \\
\frac{\partial f_{k2}}{\partial \xi_0} &= R_k \cdot s_k, & \frac{\partial f_{k2}}{\partial \xi_q} &= f_{k2} \cdot \log|\sigma_k(\varepsilon_q)|, & \frac{\partial f_{k2}}{\partial \eta_l} &= 2\pi\delta_{kl} f_{k1}.
\end{aligned}$$

Also spaltet sich das Produkt $\xi_0^{n-1} (2\pi)^{r_2} \prod_{j=1}^{r_1+r_2} R_j^{\delta_j}$ von der Jacobideterminante ab, und es bleibt die Determinante der Matrix

$$
\begin{array}{c}
\quad\quad\quad\quad\quad q+1 \quad\quad\quad\quad r_1+r_2+1 \quad\quad r_2+k \\
\begin{array}{c} j \\[6pt] 2k-r_1-1 \\ 2k-r_1 \end{array}
\left(
\begin{array}{ccccccccc}
\vdots & & \vdots & & \vdots & & \vdots & & \vdots \\
1 & \cdots & \log|\sigma_j(\varepsilon_q)| & \cdots & 0 & \cdots & 0 & \cdots & 0 \\
\vdots & & \vdots & & \vdots & & \vdots & & \vdots \\
c_k & \cdots & c_k\log|\sigma_k(\varepsilon_q)| & \cdots & 0 & \cdots & -s_k & \cdots & 0 \\
s_k & \cdots & s_k\log|\sigma_k(\varepsilon_q)| & \cdots & 0 & \cdots & c_k & \cdots & 0 \\
\vdots & & \vdots & & \vdots & & \vdots & & \vdots
\end{array}
\right).
\end{array}
$$

Entwickelt man sie nach der Spalte der Nummer r_2+k $(r_1<k\leq r_1+r_2)$, dann entsteht aufgrund der Linearität der Determinante als Funktion der Zeilen die Determinante einer Matrix, in der das alte Zeilenpaar zu den Indizes $2k-r_1-1$ und $2k-r_1$ ersetzt wird durch eine neue Zeile mit den Koeffizienten $1, \log|\sigma_k(\varepsilon_q)|$ $(1\leq q\leq r)$ gefolgt von Nullen. Auf diese Weise gelangt man zur Formel $\det \mathrm{d}f = (2\pi)^{r_2}\xi_0^{n-1}\det(1, \log|\sigma_j(\varepsilon_q)|)_{1\leq j\leq r_1+r_2, 1\leq q\leq r}$. Multiplikation der letzten r_2 Zeilen mit dem Faktor 2 und anschließende Addition aller übrigen Zeilen zur letzten Zeile liefert wegen $\sum_{1\leq j\leq r_1+r_2}\log|\sigma_j(\varepsilon_q)|^{\delta_j} = 0$:

$$
|\det \mathrm{d}f| \;=\; \pi^{r_2}\cdot n\xi_0^{n-1}\cdot R_K .
$$

Daraus ergibt sich mittels Integration über ξ_0 die Aussage des Satzes. □

Wir kommen jetzt auf die Approximation von Gitterpunktzahlen zu sprechen.

Definition. Es sei $I = [0,1]$, und D sei eine beschränkte Menge im $\mathbb{R}^n$, $n>1$. Man sagt, D habe einen *Lipschitz-parametrisierbaren* Rand, wenn es eine endliche Menge Φ von Abbildungen $\phi: I^{n-1} \to \mathbb{R}^n$ gibt derart, daß erstens der Rand von D enthalten ist in der Vereinigung der Bilder $\phi(I^{n-1})$, $\phi \in \Phi$, und daß zweitens mit einer Konstanten c_0 für alle $x,y \in I^{n-1}$ und alle $\phi \in \Phi$ gilt $\|\phi(x) - \phi(y)\| \leq c_0 \|x - y\|$.

Satz 7. (Gitterpunktzahlen und Volumen) *Jede beschränkte Menge D im $\mathbb{R}^n$ $(n > 1)$ mit Lipschitz-parametrisierbarem Rand ist Jordan-meßbar. Ist weiter* $\mathrm{vol}(D) = v > 0$ *und ist Λ ein $\mathbb{R}$-Gitter im $\mathbb{R}^n$ mit Fundamentalmaschen vom Volumen Δ, dann genügt für jedes $t \geq 1$ die Anzahl $G(t)$ der Punkte von $\Lambda \cap tD$ mit einer von t unabhängigen Schranke $c > 0$ der Abschätzung*

$$
\left| G(t) - \frac{v}{\Delta}t^n \right| \;\leq\; c\, t^{n-1} .
$$

Beweis. 1) Meßbarkeit von D: Es bezeichne v_1 das Volumen der Kugel vom Radius 1 im $\mathbb{R}^n$. Durch Unterteilung des Intervalles $I = [0,1]$ in 2^N gleiche Teile wird I^{n-1} in $2^{N(n-1)}$ kongruente Würfel vom Durchmesser $2^{-N}\sqrt{n-1}$ unterteilt. Jeder von ihnen wird unter $\phi \in \Phi$ abgebildet in eine Kugel des

$\mathbb{R}^n$ vom Radius $2^{-N}\sqrt{n}c_0$. Daher läßt sich der Rand von D überdecken mit $2^{N(n-1)}|\Phi|$ Kugeln vom Radius $2^{-N}\sqrt{n}c_0$. Sie haben die Volumensumme $2^{N(n-1)}|\Phi|\,v_1 \cdot 2^{-Nn}n^{n/2}c_0^n = 2^{-N}|\Phi|n^{n/2}c_0^n\,v_1$. Als Funktion von N ist sie eine Nullfolge; also ist der Rand von D eine Nullmenge.

2) Es sei F eine Fundamentalmasche von Λ und δ sei ihr Durchmesser. Sodann sei $G_0(t)$ die Anzahl der Gitterpunkte $g \in \Lambda$, für die $g + F$ enthalten ist im offenen Kern von tD, während $b(t)$ die Anzahl der $g \in \Lambda$ bezeichne, für die $g + F$ einen nichtleeren Durchschnitt mit dem Rand der Menge tD hat. Dann haben wir für die Anzahlen offensichtlich die Abschätzung

$$G_0(t) \;\leq\; G(t) \;\leq\; G_0(t) + b(t)\,,$$

und für die Volumensummen der zugehörigen Translate von F

$$G_0(t)\,\Delta \;\leq\; \mathrm{vol}(tD) \;=\; t^n v \;\leq\; (G_0(t) + b(t))\,\Delta\,.$$

Also gilt $0 \leq G(t) - G_0(t) \leq b(t)$ sowie $0 \leq vt^n/\Delta - G_0(t) \leq b(t)$, folglich

$$\left| G(t) - \frac{v}{\Delta}\,t^n \right| \;\leq\; b(t)\,.$$

Damit bleibt als Aufgabe eine genauere Abschätzung von $b(t)$.

3) Ist ϕ eine der Lipschitz-Abbildungen, die den Rand von D beschreiben, dann beschreibt $t\phi$ den entsprechenden Teil des Randes von tD. Man zerlege nun das Intervall $I = [0,1]$ äquidistant in $\lfloor t\rfloor$ Teile. Damit entsteht eine Zerlegung von I^{n-1} in $\lfloor t\rfloor^{n-1}$ kongruente Würfel vom Durchmesser $\sqrt{n-1}/\lfloor t\rfloor$. Nach Voraussetzung über Φ haben ihre Bilder unter $t\phi$ einen Durchmesser $R \leq c_0\sqrt{n}\,t/\lfloor t\rfloor \leq 2\sqrt{n}\,c_0$.

4) Für die Anzahl A der Gitterpunkte $g \in \Lambda$ in einer Kugel $B_R(x)$ vom Radius R gilt die Abschätzung $\Delta \cdot A \leq (R + \delta)^n v_1$. Denn für Punkte g in $B_R(x) \cap \Lambda$ ist $g + F \subset B_{R+\delta}(x)$. Nun wird $b(t)$ abgeschätzt durch die Summe aller Gitterpunktzahlen in den Kugeln, die die Mengen $t\phi(I^{n-1})$ $(\phi \in \Phi)$ überdecken, indem für jeden der $\lfloor t\rfloor^{n-1}$ Teilwürfel von I^{n-1} die Abschätzung des Bild-Durchmessers gemäß Teil 3) verwendet wird:

$$\Delta\,b(t) \;\leq\; (2c_0\sqrt{n} + \delta)^n\,v_1\,\#\Phi\,\lfloor t\rfloor^{n-1} \;\leq\; \Delta\,c\,t^{n-1}\,.$$

Darin ist c eine von t unabhängige Schranke. $\square$

Wir haben nun alles beisammen, um für die Idealklassen C von K die folgende *Residuenrelation* zeigen zu können:

$$\lim_{s\downarrow 1}(s - 1)\,\zeta_K(s,C) \;=\; \frac{2^{r_1}(2\pi)^{r_2}R_K}{w_K\,|d_K|^{1/2}} \;=:\; \kappa\,. \tag{$*$}$$

Es ist bemerkenswert, daß κ unabhängig von C ist. Mit $(*)$ ist, wie bereits am Anfang dieses Teils gesagt, auch die Lücke im Beweis des Dirichletschen

Primzahlsatzes geschlossen. Wir leiten (∗) aus der weiterreichenden Feststellung ab, daß die als Differenz entstehende Dirichletreihe

$$\zeta_K(s,C) \; - \; \kappa\,\zeta(s) \; = \; \sum_{k=1}^{\infty} b_k\,k^{-s}$$

im Intervall $s > 1 - 1/n$ konvergiert, also dort insbesondere stetig von s abhängt. Der Grenzwert $\lim_{s\downarrow 1}(s-1)\zeta(s) = 1$ für die Riemannsche Zetafunktion ergibt dann die Relation (∗).

Schreibt man $\zeta_K(s,C) = \sum_{k=1}^{\infty} a_k k^{-s}$ als gewöhnliche Dirichletreihe, so ist a_k die Anzahl der ganzen Ideale $\mathfrak{a} \in C$ mit der Norm k; also ist die Partialsumme $A_N = \sum_{k=1}^{N} a_k$ die Anzahl der ganzen Ideale $\mathfrak{a} \in C$ mit $\mathfrak{N}(\mathfrak{a}) \le N$. Nach der Überlegung unmittelbar vor Satz 6 ist das Produkt $w_K A_N$ gleich der Anzahl der Punkte des $\mathbb{R}$-Gitters $\Lambda = \sigma(\mathfrak{b})$ in der Menge tD, $t = (\mathfrak{N}(\mathfrak{b})N)^{1/n}$. Die Fundamentalmaschen von Λ haben das Volumen $\Delta = 2^{-r_2}\mathfrak{N}(\mathfrak{b})|d_K|^{1/2}$. Aus Satz 6 ergibt sich $\mathrm{vol}(D) = 2^{r_1}\mathrm{vol}(D_+) = 2^{r_1}\pi^{r_2}R_K$, und Satz 7 sagt, daß mit einer Schranke $c > 0$ gilt $|w_K A_N - (\mathrm{vol}(D)/\Delta)\mathfrak{N}(\mathfrak{b})N| \le cN^{1-1/n}$, also $|A_N - \kappa N| \le c'N^{1-1/n}$. Aufgrund dieser Abschätzung liefert Satz 1 die Konvergenz der Dirichletreihe $\zeta_K(s,C) - \kappa\zeta(s)$ im Intervall $s > 1 - 1/n$.

Durch Summation der Gleichungen (∗) über alle Idealklassen C ergibt sich die berühmte Residuenformel für die Dedekindsche Zetafunktion:

$$\lim_{s\downarrow 1}(s-1)\,\zeta_K(s) \; = \; \frac{2^{r_1}\,(2\pi)^{r_2}\,h_K R_K}{w_K\,|d_K|^{1/2}}\;;$$

in ihr bedeutet r_1 die Anzahl der reellen, r_2 die Anzahl der Paare konjugierter imaginärer Einbettungen von K in $\mathbb{C}$, ferner d_K die Diskriminante, h_K die Klassenzahl, R_K den Regulator und endlich w_K die Ordnung der Gruppe μ_K aller Einheitswurzeln von K.

19.6 Die Klassenzahlen quadratischer Zahlkörper

Wir beweisen jetzt die von DIRICHLET entdeckten Klassenzahlformeln quadratischer Zahlkörper K. Es sei d die Diskriminante, $h(d)$ die Klassenzahl von K. Nach dem Zerlegungsgesetz der Primzahlen p in der Hauptordnung $\mathfrak{o}$ von K leisten die p enthaltenden Primideale von $\mathfrak{o}$ zum Eulerprodukt der Dedekindschen Zetafunktion den Beitrag $(1-p^{-s})^{-1}$, $(1-p^{-s})^{-2}$ oder $(1-p^{-2s})^{-1}$ je nachdem, ob p verzweigt, zerlegt oder träge ist. Daraus resultiert die Faktorisierung $\zeta_K(s) = \zeta(s) \cdot L_d(s)$ mit dem Teilprodukt

$$L_d(s) \; = \; \prod_{\mathrm{ggT}(p,d)=1} \frac{1}{1 - \chi_d(p)\,p^{-s}},$$

wo $\chi_d(p) = 1$ bzw. -1 ist, falls p zerlegt bzw. träge ist. Wegen der Relation $\lim_{s\downarrow 1}(s-1)\zeta(s) = 1$ ergibt somit die Residuenformel von $\zeta_K(s)$

$$\lim_{s\downarrow 1} L_d(s) = \begin{cases} \dfrac{2h(d)\log\varepsilon_d}{\sqrt{d}}, & \text{falls } d > 0 \text{ ist} \\[3mm] \dfrac{2\pi\,h(d)}{w_d\sqrt{|d|}}, & \text{falls } d < 0 \text{ ist} \end{cases} \tag{1}$$

Darin bezeichnet ε_d im Fall $d > 0$ die Grundeinheit von $\mathfrak{o}$ und w_d im Fall $d < 0$ die Anzahl der Einheitswurzeln in K, also $w_{-3} = 6$, $w_{-4} = 4$ und $w_d = 2$ für $d < -4$ (Satz 5 in 7.3). Zur expliziten Auswertung der linken Seite von (1) beschränken wir uns auf die ungeraden *Primdiskriminanten* $d = p^* = (-1)^{(p-1)/2}p$ für Primzahlen $p \neq 2$. Nach Satz 5 in 8.5 ist dann $\chi_{p^*}(n) = \left(\frac{n}{p}\right)$ das Legendre-Symbol. Insbesondere ist $\chi_{p^*}(-1) = 1$ oder -1 jenachdem, ob $p \equiv 1$ oder ob $p \equiv -1 \pmod 4$ ist. Die Auswertung der L-Reihe $L_{p^*}(s) = \sum_{n=1}^{\infty}\left(\frac{n}{p}\right)n^{-s}$ im Punkt $s = 1$ als endliche Summe gelingt mittels der Logarithmusreihe

$$\mathrm{Log}\,(1-z) = -\sum_{n=1}^{\infty}\frac{z^n}{n} \tag{2}$$

unter Verwendung des Abelschen Grenzwertsatzes. Diese konvergiert auf dem Rande des Einheitskreises außer für $z = 1$. Denn mit $a_n = e^{i\alpha n}$ $(0 < \alpha < 2\pi)$ ist die Folge $A_N = \sum_{n=1}^{N} a_n = e^{i\alpha}(1 - e^{i\alpha N})/(1 - e^{i\alpha})$ beschränkt, also ist $\sum_{n=1}^{\infty} a_n n^{-1}$ konvergent aufgrund der Abschätzung mittels Abelscher partieller Summation. Für die Einheitswurzel $\zeta = \exp(2\pi i/p)$ ist (als Spezialfall der Proposition 2)

$$\sum_{k=0}^{p-1} \zeta^{bk} = p \text{ oder } 0, \text{ je nachdem } b \equiv 0 \text{ oder } \not\equiv 0 \pmod p \text{ ist}. \tag{3}$$

Also gilt für $\bar{a} = a + p\mathbb{Z}$ und $\bar{n} = n + p\mathbb{Z}$ die Relation $\frac{1}{p}\sum_{k=0}^{p-1}\zeta^{(a-n)k} = \delta_{\bar{a},\bar{n}}$. Die Gaußschen Summen $G_k = \sum_{a \bmod p}\left(\frac{a}{p}\right)\zeta^{ak}$ aus Beispiel 1 zu Satz 10 in 12.6 mit den Identitäten $G_0 = 0$, $G_k = \left(\frac{k}{p}\right)G_1$ und $\tau^2 = p^*$ für $\tau := G_1$ werden nun herangezogen. Danach gilt in $s > 1$ wegen der absoluten Konvergenz der Reihe

$$L_{p^*}(s) = \sum_{n=1}^{\infty}\left(\frac{n}{p}\right)n^{-s} = \sum_{a \bmod p}\left(\frac{a}{p}\right)\sum_{n=1}^{\infty}\delta_{\bar{a},\bar{n}}n^{-s}$$

$$= \sum_{a \bmod p}\left(\frac{a}{p}\right)\sum_{n=1}^{\infty}\left(\frac{1}{p}\sum_{k=0}^{p-1}\zeta^{(a-n)k}\right)n^{-s} = \frac{1}{p}\sum_{k=0}^{p-1}G_k\sum_{n=1}^{\infty}\zeta^{-kn}n^{-s}.$$

Der Grenzübergang $s \downarrow 1$ ergibt nach dem Abelschen Grenzwertsatz die Gleichung

$$L_{p^*}(1) = -\frac{\tau}{p}\sum_{k=1}^{p-1}\left(\frac{k}{p}\right)\mathrm{Log}\left(1 - \zeta^{-k}\right). \tag{4}$$

Den Wert von $\mathrm{Log}(1-\zeta^{-k})$ liefern die Funktionalgleichungen von sin und cos:

$$1 - \zeta^{-k} = 1 - \cos\tfrac{2\pi k}{p} + i\sin\tfrac{2\pi k}{p}$$
$$= 2\sin\tfrac{\pi k}{p}\,(\sin\tfrac{\pi k}{p} + i\cos\tfrac{\pi k}{p}) = 2\sin\tfrac{\pi k}{p}\,(\cos(\tfrac{\pi}{2} - \tfrac{\pi k}{p}) + i\sin(\tfrac{\pi}{2} - \tfrac{\pi k}{p}))$$

Damit gelten die Gleichungen $\mathrm{Log}(1 - \zeta^{-k}) = \ln|1 - \zeta^{-k}| + \pi i(\tfrac{1}{2} - \tfrac{k}{p})$, und wegen $\mathrm{Log}\,\overline{z} = \overline{\mathrm{Log}\,z}$ auch $\mathrm{Log}(1-\zeta^{k}) = \ln|1-\zeta^{-k}| - \pi i\,(\tfrac{1}{2} - \tfrac{k}{p})$ $(1\leq k\leq p-1)$. Die linke Seite von (4) ist nach Formel (1) stets positiv. Dagegen ist τ reell oder rein imaginär je nachdem, ob $p^* > 0$ oder ob $p^* < 0$ ist. Je nachdem ist auch die Summe rechts in (4) reell oder rein imaginär. Das führt im Fall $p^* > 0$ auf

$$L_p(1) = \frac{-\tau}{2p}\sum_{k=1}^{p-1}\left(\frac{k}{p}\right)\{\mathrm{Log}(1-\zeta^{-k}) + \mathrm{Log}(1-\zeta^{k})\}$$

$$= \frac{-\tau}{p}\sum_{k=1}^{p-1}\left(\frac{k}{p}\right)\ln(2\sin\pi k/p)\,,$$

also

$$L_p(1) = -\frac{2\tau}{p}\sum_{k=1}^{\frac{1}{2}(p-1)}\left(\frac{k}{p}\right)\ln(2\sin\pi k/p) \qquad (p^* > 0)\,. \qquad (4_+)$$

Dagegen ist im Fall $p^* < 0$

$$L_{-p}(1) = \frac{-\tau}{2p}\sum_{k=1}^{p-1}\left(\frac{k}{p}\right)\{\mathrm{Log}(1-\zeta^{-k}) - \mathrm{Log}(1-\zeta^{k})\}$$

$$= \frac{-\tau}{2p}\sum_{k=1}^{p-1}\left(\frac{k}{p}\right)\pi i\,(1 - 2k/p)\,.$$

Wegen $\sum_{k=1}^{p-1}\left(\frac{k}{p}\right) = 0$ erhält man hier schließlich

$$L_{-p}(1) = \frac{\tau\pi i}{p^2}\sum_{k=1}^{p-1}\left(\frac{k}{p}\right)k \qquad (p^* < 0)\,. \qquad (4_-)$$

Wir hatten bereits $\tau^2 = p^*$ festgestellt. Also bleibt *nur* noch das Vorzeichen der Gaußschen Summe τ zu bestimmen. Dies ist allerdings nicht simpel.

Satz 8. *Es gilt* $\tau = \sqrt{p}$ *im Fall* $p^* > 0$ *und* $\tau = i\sqrt{p}$ *im Fall* $p^* < 0$.

Beweis (I. SCHUR). Nach seiner Definition ist $\tau = \sum_a \zeta^a - \sum_b \zeta^b$, wo a die quadratischen Reste und b die quadratischen Nichtreste modulo p durchläuft. Wegen (3) ist $1 + \sum_a \zeta^a + \sum_b \zeta^b = 0$ und folglich $\tau = 1 + 2\sum_a \zeta^a$. Läuft k

von 1 bis $p - 1$, so durchläuft k^2 die quadratischen Reste a modulo p genau zweimal. Daher ist auch

$$\tau = \sum_{k=0}^{p-1} \zeta^{k^2}. \tag{5}$$

Das ist die Spur der Matrix $Z = (\zeta^{jk})_{0 \le j,k < p}$. Nach (3) gilt $Z\overline{Z}^t = p \cdot 1_p$. Daher ist die Matrix $\frac{1}{\sqrt{p}} Z$ unitär. Insbesondere ist sie diagonalisierbar, und mit ihr auch Z. Der Beweisplan von Satz 8 besteht nun in der Bestimmung der Eigenwerte von Z samt ihrer Vielfachheiten. Man berechnet aus der Matrizengleichung

$$Z^2 = \left(\sum_{l=0}^{p-1} \zeta^{(j+k)l} \right)_{j,k} = \begin{pmatrix} p & 0 & \cdots & 0 \\ 0 & 0 & \cdots & p \\ \vdots & \vdots & \diagup & \vdots \\ 0 & p & \cdots & 0 \end{pmatrix}$$

das charakteristische Polynom von Z^2 als $(X - p)^{\frac{1}{2}(p+1)} (X + p)^{\frac{1}{2}(p-1)}$. Also hat Z^2 die Eigenwerte p und $-p$ mit den Vielfachheiten $\frac{1}{2}(p+1)$ und $\frac{1}{2}(p-1)$. Bekanntlich sind dies die Quadrate der Eigenwerte von Z. Diese liegen also in der Menge $\sqrt{p}$, $-\sqrt{p}$, $i\sqrt{p}$ und $-i\sqrt{p}$. Ihre Vielfachheiten nennen wir e_0, e_2, e_1 und e_3. Statt (5) gewinnt man so

$$\tau = (e_0 - e_2 + i (e_1 - e_3)) \sqrt{p}, \tag{6}$$

und aus den Eigenraumdimensionen von Z^2 folgt

$$e_0 + e_2 = \tfrac{1}{2}(p+1), \quad e_1 + e_3 = \tfrac{1}{2}(p-1). \tag{7}$$

Die Gleichung $\tau^2 = p^*$ ergibt sodann

$$\left. \begin{aligned} e_0 - e_2 &= \pm 1, \quad e_1 = e_3, \quad \text{falls} \quad p \equiv 1 \ (\mathrm{mod}\, 4), \\ e_0 &= e_2, \quad e_1 - e_3 = \pm 1, \quad \text{falls} \quad p \equiv -1 \ (\mathrm{mod}\, 4). \end{aligned} \right\} \tag{8}$$

Das Produkt aller Eigenwerte mit Vielfachheiten ist

$$\det Z = (-1)^{e_2} i^{e_1} (-i)^{e_3} (\sqrt{p})^p. \tag{9}$$

Da $Z = (\zeta^{jk})_{0 \le j,k < p}$ eine Vandermondesche Matrix ist, gilt auch

$$\det Z = \prod_{0 \le k < j < p} (\zeta^j - \zeta^k).$$

Zur Berechnung dieses Produktes sei $\eta = \exp(\pi i / p)$. Dann ist $\eta^2 = \zeta$ und somit

$$\det Z = \prod_{j > k} \eta^{j+k} \prod_{j > k} (\eta^{j-k} - \eta^{k-j}).$$

Zum einen ist die Summe $\sum_{0 \le k < j < p}(j+k) = \frac{1}{2}(p-1)^2 p$ der Exponenten durch $2p$ teilbar; daher ist der erste Faktor 1. Die Brüche $(\eta^{j-k} - \eta^{k-j})/i = 2\sin\frac{\pi(j-k)}{p}$ sind zum anderen alle positiv. Folglich ergibt der Vergleich mit (9)

$$\det Z = i^{(p-1)p/2} \left(\sqrt{p}\right)^p.$$

Somit gilt $2e_2 + e_1 - e_3 \equiv \frac{1}{2}(p-1)p \pmod 4$. Im Fall $p^* > 0$ erhalten wir aus (7) und (8) die Kongruenz $e_0 - e_2 = \frac{1}{2}(p+1) - 2e_2 \equiv \frac{1}{2}(p+1) - \frac{1}{2}(p-1) \equiv 1 \pmod 4$ und im Fall $p^* < 0$ entsprechend $e_1 - e_3 \equiv 2e_2 - \frac{1}{2}(p-1) \equiv \frac{1}{2}(p+1) - \frac{1}{2}(p-1) \equiv 1 \pmod 4$. Damit ist $e_0 - e_2 = 1$ im ersten bzw. $e_1 - e_3 = 1$ im zweiten Fall.

$\square$

Satz 9. *Es sei $p > 3$ eine Primzahl und $p^* = (-1)^{\frac{1}{2}(p-1)} p$. Dann gilt*

$$h(p) = -\frac{1}{\ln \varepsilon_p} \sum_{k=1}^{\frac{1}{2}(p-1)} \left(\frac{k}{p}\right) \ln(\sin \pi k/p), \quad falls \quad p^* > 0 \ ist,$$

$$h(-p) = -\frac{1}{p} \sum_{k=1}^{p-1} \left(\frac{k}{p}\right) k, \quad falls \quad p^* < 0 \ ist.$$

Zur Begründung genügt neben (1) ein Verweis auf die Werte von $L_{p^*}(1)$ in den Formeln (4_+), (4_-). Der dort noch unbekannte Wert von τ wurde in Satz 8 berechnet. Im Fall $p^* > 0$ ist wieder zu beachten, daß wegen $\left(\frac{k}{p}\right) = \left(\frac{-k}{p}\right)$ gleichviele quadratische Reste und Nichtreste modulo p im Intervall $[1, \frac{1}{2}(p-1)]$ liegen.

Bemerkungen. 1) Da für Primzahlen $p \equiv 1 \pmod 4$ die Grundeinheit $\varepsilon_p > 1$ und die Klassenzahl $h(p) \ge 1$ ist, wird auch der Ausdruck

$$\ln \frac{\prod_b \sin \pi b/p}{\prod_a \sin \pi a/p},$$

in dem a die quadratischen Reste und b die quadratischen Nichtreste modulo p zwischen 1 und $\frac{1}{2}(p-1)$ durchläuft, strikt positiv. Weil die Funktion $\sin$ im Intervall $[0, \frac{1}{2}\pi]$ monoton wächst, überwiegen anfangs die quadratischen Reste, später die quadratischen Nichtreste. Überdies ist

$$\eta_p := \frac{\prod_b \sin \pi b/p}{\prod_a \sin \pi a/p} = \frac{\prod_b (\exp(\pi i b/p) - \exp(-\pi i b/p))}{\prod_a (\exp(\pi i a/p) - \exp(-\pi i a/p))}$$

eine Einheit im Kreiskörper $\mathbb{Q}(\zeta)$, die unter den Automorphismen $\zeta \mapsto \zeta^{k^2}$, $p \nmid k$ der Erweiterung $\mathbb{Q}(\zeta) | \mathbb{Q}(\sqrt{p})$ invariant bleibt, was $\eta_p \in \mathbb{Q}(\sqrt{p})$ bedeutet. Somit kann die Klassenzahl

$$h(p) = \frac{\ln \eta_p}{\ln \varepsilon_p} = [\langle \varepsilon_p \rangle : \langle \eta_p \rangle]$$

auch als Index einer Einheitengruppe in $\mathbb{Q}(\sqrt{p})$ interpretiert werden.

2) Für Primzahlen $p \equiv -1 \pmod 4$, $p > 3$ schreiben wir die Klassenzahlformel zweimal um: $ph(-p) = -\sum_{1 \leq k < p} \left(\frac{k}{p}\right)k = -\sum_{1 \leq k < \frac{1}{2}p} \left(\frac{k}{p}\right)k - \sum_{1 \leq k < \frac{1}{2}p} \left(\frac{p-k}{p}\right)(p-k)$ unter Beachtung von $\left(\frac{-k}{p}\right) = -\left(\frac{k}{p}\right)$ entsteht

$$ph(-p) = -2 \sum_{1 \leq k < \frac{1}{2}p} \left(\frac{k}{p}\right)k + p \sum_{1 \leq k < \frac{1}{2}p} \left(\frac{k}{p}\right). \qquad (*)$$

Durch Unterscheidung nach geraden und ungeraden Resten dagegen entsteht

$$\begin{aligned}
ph(-p) &= -\sum_{1 \leq k < p, k \equiv 0(2)} \left(\frac{k}{p}\right)k - \sum_{1 \leq k < p, k \equiv 0(2)} \left(\frac{p-k}{p}\right)(p-k) \\
&= -\sum_{1 \leq l < \frac{1}{2}p} \left\{ \left(\frac{2l}{p}\right)4l - p\left(\frac{2l}{p}\right) \right\},
\end{aligned}$$

$$\left(\frac{2}{p}\right)ph(-p) = -4 \sum_{1 \leq l < \frac{1}{2}p} \left(\frac{l}{p}\right)l + p \sum_{1 \leq l < \frac{1}{2}p} \left(\frac{l}{p}\right). \qquad (**)$$

Durch eine Linearkombination der Gleichungen $(*)$, $(**)$ entsteht die Formel

$$\left(2 - \left(\frac{2}{p}\right)\right)h(-p) = \sum_{1 \leq k < \frac{1}{2}p} \left(\frac{k}{p}\right).$$

Wenn die Primzahl $p \equiv 3 \pmod 4$ und größer als 3 ist und wenn V die Anzahl der quadratischen Reste, N die der quadratischen Nichtreste modulo p zwischen 1 und $\frac{1}{2}(p-1)$ ist, dann ist $V - N$ stets positiv, und zwar gleich der Klassenzahl $h(-p)$ oder $3h(-p)$ je nachdem, ob p kongruent ist zu 7 oder zu 3 modulo 8.

In der Darstellung des Teiles 19.6 haben wir uns leiten lassen von der Behandlung des Stoffes in [BS, Kap.V]. Dort sind auch entsprechende Klassenzahlformeln von Kreisteilungskörpern ausführlich behandelt, und es wird ihre Bedeutung für die FERMATsche Gleichung besprochen.

Analytic number theory may be said to begin with the work of Dirichlet, and in particular with Dirichlet's memoir of 1837 on the existence of primes in a given arithmetic progression.
(Harold Davenport, Multiplicative Number Theory)

Aufgaben. Das Nichtverschwinden der L-Reihen im Punkt $s=1$ läßt sich unter Verwendung elementarer Sätze der Funktionentheorie einfacher gewinnen, als wir dies über die Dedekindsche Zetafunktion erreichen konnten. In den folgenden Aufgaben wird dieser Weg durch die Funktionentheorie zum Satz $L(1, \chi) \neq 0$ skizziert. (In [Se2, Ch.VI, 3] ist er etwas ausführlicher beschrieben.) Auf diesem Wege bleibt allerdings der Zusammenhang des Dirichletschen Primzahlsatzes mit der Arithmetik der Kreisteilungskörper im Verborgenen.

Ein Prinzip der Funktionentheorie ist: Jede lokal gleichmäßig konvergente Folge holomorpher Funktionen auf einem Gebiet in $\mathbb{C}$ hat dort einen holomorphen Limes, und die Folge der Ableitungen dieser Funktionen konvergiert lokal gleichmäßig gegen die Ableitung jenes Limes.

Beispiel. Die Funktion $\zeta(s) - \frac{1}{s-1} = \sum_{n=1}^{\infty} h_n(s)$ mit $h_n(s) = \int_n^{n+1} (n^{-s} - t^{-s}) dt$ ist holomorph in der Halbebene $\operatorname{Re} s = \sigma > 0$. Denn die holomorphen Summanden $h_n(s)$ genügen der Abschätzung $|h_n(s)| \leq |s| n^{-(\sigma+1)}$. Sie ergibt sich nach Standardabschätzung der Differenz unter dem Integral als Integral über die Ableitung nach t. Insbesondere ist die Riemannsche Zetafunktion bis auf einen Pol erster Ordnung bei $s = 1$ holomorph fortsetzbar in die Halbebene $\sigma > 0$.

Ein zweites Prinzip steckt in der Tatsache, daß die (Nullstellen-)Ordnung $\omega(f, a)$ einer in einer Umgebung von $a \in \mathbb{C}$ meromorphen Funktion $f \neq 0$ sich bei Multiplikation mit einer weiteren Funktion g dieser Art verhält gemäß der Formel

$$\omega(fg, a) = \omega(f, a) + \omega(g, a).$$

Aufgabe 1. Konvergiert die Dirichletreihe $\sum_{n=1}^{\infty} a(n) n^{-s}$ für ein $s = s_0$, dann konvergiert sie im Winkelraum $W_M = \{s \in \mathbb{C};\ 0 \leq |s - s_0| \leq M \operatorname{Re}(s - s_0)\}$ für jede Schranke $M \geq 1$ gleichmäßig. Sie stellt somit in der Halbebene $\operatorname{Re} s > \operatorname{Re} s_0$ eine holomorphe Funktion dar. Anleitung: Man modifiziere den Beweis des ersten Teils von Satz 1 unter Verwendung der Abschätzung

$$\left| n^{-s} - (n+1)^{-s} \right| \leq \frac{|s|}{\sigma} \left(n^{-\sigma} - (n+1)^{-\sigma} \right), \quad \sigma = \operatorname{Re} s > 0.$$

Sie folgt aus der Formel $n^{-s} - (n+1)^{-s} = s \int_{\log n}^{\log(n+1)} e^{-ts} dt$.

Aufgabe 2. Eine Folge $c\colon \mathbb{N} \to \mathbb{C}$ heißt *multiplikativ*, falls $c(1) \neq 0$ ist und falls für alle teilerfremden $m, n \in \mathbb{N}$ gilt $c(mn) = c(m)c(n)$. Mit zwei multiplikativen Folgen $a, b\colon \mathbb{N} \to \mathbb{C}$ ist auch ihre *Faltung* c eine multiplikative Folge, wo

$$c(n) := \sum_{d|n} a(d)\, b(n/d).$$

Aufgabe 3. Das Produkt zweier in $\operatorname{Re} s > 1$ holomorpher Funktionen $f(s)$, $g(s)$, die durch absolut konvergente Dirichletreihen $\sum a(n)n^{-s}$, $\sum b(n)n^{-s}$ dargestellt werden, wird dort mit der Faltung c von a und b dargestellt durch die ebenfalls absolut konvergente Dirichletreihe $f(s)g(s) = \sum c(n)n^{-s}$.

Aufgabe 4. Eine in $\operatorname{Re} s > 1$ holomorphe Funktion f, die dort durch eine absolut konvergente Dirichletreihe $\sum a(n)n^{-s}$ mit multiplikativer Koeffizientenfolge dargestellt wird, besitzt ein absolut konvergentes *Eulerprodukt*

$$f(s) = \prod_p \left(\sum_{k=0}^{\infty} a(p^k)\, p^{-ks} \right).$$

Beispiel. Es sei $m > 1$ eine natürliche Zahl und $Z_m := \prod_\chi L(s,\chi)$ sei das Produkt aller L-Reihen zu den Charakteren der primen Restklassengruppe $G_m = (\mathbb{Z}/m\mathbb{Z})^\times$. Wegen $L(s,\chi^0) = \zeta(s) \cdot \prod_{p|m}(1 - p^{-s})$ hat $L(s,\chi^0)$ wie $\zeta(s)$ eine holomorphe Fortsetzung in $\operatorname{Re} s > 0$ bis auf einen einfachen Pol erster Ordnung bei $s = 1$. Daraus ergibt sich die Holomorphie von Z_m in $\operatorname{Re} s > 0$ bis auf höchstens einen Pol erster Ordnung im Punkt $s = 1$. Der entscheidende Schritt ist die Feststellung, daß der Pol tatsächlich existiert. Er stützt sich auf die Aussage in

Aufgabe 5. Eine Dirichletreihe $\sum_{n=1}^\infty a_n n^{-s}$ mit Koeffizienten $a_n \geq 0$, die in der Halbebene $\operatorname{Re} s > s_0 \in \mathbb{R}$ konvergiert und die eine Funktion $F(s)$ darstellt, welche noch holomorph in eine Umgebung von s_0 fortsetzbar ist, ist auch konvergent für $s = s_0 - \varepsilon$ mit einem geeigneten $\varepsilon > 0$. Anleitung: Es darf $s_0 = 0$ vorausgesetzt werden, da sich sonst die Transformation $s' = s - s_0$ machen ließe. Dann existiert nach Voraussetzung ein Radius $r > 1$ derart, daß F holomorph in der Kreisscheibe $|s - 1| < r$ ist. Also ist ihre Taylorreihe

$$F(s) = \sum_{k=0}^\infty \frac{F^{(k)}(1)}{k!}(s-1)^k$$

für $|s - 1| < r$ konvergiert. Nach dem anfangs genannten ersten Prinzip der Funktionentheorie erhält man die Koeffizienten in der Form

$$\frac{F^{(k)}(1)}{k!} = \frac{(-1)^k}{k!}\sum_{n=1}^\infty \frac{a_n}{n}(\log n)^k.$$

Ist daher $\varepsilon > 0$ und $1 + \varepsilon < r$, so ergibt die absolute Konvergenz

$$F(-\varepsilon) = \sum_{n=1}^\infty \frac{a_n}{n}\exp\left((1+\varepsilon)\log n\right) = \sum_{n=1}^\infty a_n\, n^\varepsilon.$$

Folgerung. Wenn die durch eine konvergente Dirichletreihe mit nichtnegativen Koeffizienten dargestellte Funktion F holomorph fortsetzbar ist in die Halbebene $\operatorname{Re} s > \rho$, dann ist die Dirichletreihe dort überall konvergent.

Aufgabe 6. Jeder der $\varphi(m)$ definierenden Faktoren $L(s,\chi)$ von Z_m ist in $\operatorname{Re} s > 1$ als absolut konververgente Dirichletreihe mit einer multiplikativen Koeffizientenfolge darstellbar. Dies liefert durch wiederholte Faltung eine in $\operatorname{Re} s > 1$ absolut konvergente Dirichletreihe

$$Z_m = \sum_{n=1}^\infty c(n)\, n^{-s}$$

mit einer multiplikativen Koeffizientenfolge. Das zugehörige Eulerprodukt ergibt sich aus den Faktoren zu jeder Primzahl p im Eulerprodukt von $L(s,\chi)$ ($\chi \in \widehat{G}_m$): Bezeichnet für Primzahlen $p \nmid m$ wieder $f(p)$ die Ordnung der Restklasse $p + m\mathbb{Z}$ in $G_m = (\mathbb{Z}/m\mathbb{Z})^\times$ und $g(p)$ den Index von $\langle p + m\mathbb{Z}\rangle$ in G_m, dann ist die Ordnung $\varphi(m)$ von G_m gleich dem Produkt $f(p)g(p)$. Man beweise

$$Z_m(s) = \prod_{\mathrm{ggT}(p,m)=1}\left(1 - p^{-f(p)s}\right)^{-g(p)}.$$

Aufgabe 7. Es sei p eine Primzahl, $p \nmid m$. Mit $f = f(p)$, $g = g(p)$ ist nach Aufgabe 6

$$\frac{1}{(1 - p^{-fs})^g} = \sum_{k=0}^{\infty} \binom{k + g - 1}{g - 1} p^{-fks}.$$

Daraus folgt $c(p^k) \geq 0$ und $c(p^{\varphi(m)k}) \geq 1$ für alle k. Man zeige damit die Abschätzung $c(n) \geq 0$ für alle n sowie $c(n^{\varphi(m)}) \geq 1$, falls $n \in \mathbb{N}$ und $\mathrm{ggT}(m, n) = 1$ ist. Sodann begründe man die Divergenz von $\sum_{n=1}^{\infty} c(n)n^{-s}$ im Punkt $s = 1/\varphi(m)$. Daher ist aufgrund der Folgerung aus Aufgabe 5 die Funktion Z_m nicht holomorph fortsetzbar in $\mathrm{Re}\, s > 0$. Also hat keiner der Faktoren $L(s, \chi)$ im Punkt $s = 1$ eine Nullstelle.

Bemerkung. Die Funktion Z_m hängt aufs engste mit der Dedekindschen Zetafunktion des m-ten Kreisteilungskörpers zusammen.

20   Die Bewertungen der Zahlkörper

Manche zahlentheoretische Frage kann mit einem geeigneten Betrag durchsichtig formuliert und beantwortet werden. Das zeigte sich in Abschnitt 9 beim Studium der Bewertungen des rationalen Zahlkörpers $\mathbb{Q}$ und seiner Vervollständigungen $\mathbb{R} = \mathbb{Q}_\infty$ und $\mathbb{Q}_p$. Dieser letzte Abschnitt dient ganz diesem Aspekt. Anfangs wird zu jedem Betrag eines Körpers K seine Komplettierung (Vervollständigung) $\widehat{K}$ konstruiert. Jeder Vektorraum endlicher Dimension über $\widehat{K}$ erlaubt nur eine einzige Klasse äquivalenter $\widehat{K}$-Normen. Daraus folgt, daß die Bewertung eines Körper K, der bezüglich seiner Bewertung vollständig ist, auf jede endliche Körpererweiterung K' von K eindeutig zu einer Bewertung fortsetzbar ist, und zwar durch die Normformel

$$|\alpha| \;=\; |N_{K'|K}(\alpha)|^{1/(K'|K)} \,.$$

Die Bewertungen zerfallen in *archimedische* und *ultrametrische* Bewertungen. Die ersten geben mindestens einer natürlichen Zahl n einen Betrag > 1. Dagegen sind die Beträge der zweiten Klasse auf dem Bild von $\mathbb{Z}$ stets ≤ 1. Sie genügen auch einer verschärften Dreiecksungleichung

$$|a + b| \;\leq\; \max(|a|, |b|) \,.$$

Diese *ultrametrische Ungleichung* hat merkwürdige Folgen, die den Unterschied zum gewöhnlichen Betrag verdeutlichen. Indes sind ultrametrische Bewertungen die Regel, was in einem Satz von OSTROWSKI zum Ausdruck kommt, nach dem $\mathbb{R}$ und $\mathbb{C}$ die einzigen vollständigen archimedisch bewerteten Körper sind. In nichtarchimedisch bewerteten Körpern K wird nach der ultrametrischen Ungleichung die Menge R der Elemente x mit $|x| \leq 1$ ein Unterring, der *Bewertungsring* von K. Sein einziges maximales Ideal ist die Menge P der $x \in K$ mit $|x| < 1$. Es liefert den *Restklassenkörper* R/P. Ein Zerlegbarkeitskriterium für Polynome $f \in R[X]$ bezüglich eines vollständigen ultrametrischen Körpers K bildet das HENSELsche Lemma, nach dem f zerfällt, wenn das zugehörige Polynom $\bar{f}$ über dem Restklassenkörper eine geeignete Zerlegung besitzt. Mit diesem Rüstzeug ist leicht ein Überblick über die Bewertungen von Zahlkörpern gewonnen. Zum Schluß wird die Klasse der *p-Körper* ins Auge gefaßt. Es sind neben $\mathbb{R}$ und $\mathbb{C}$ die einzigen lokalkompakten Körper. Diese hier nicht weiter verfolgte Tatsache bietet einen systematischen Zugang zur Zahlentheorie aus der Sicht der FOURIER-Analyse. Er ist von A. WEIL in seinem Buch *Basic Number Theory* [We2] konsequent dargestellt worden. Wir beenden unsere Betrachtungen mit einem Blick auf die Galoiserweiterungen von *p*-Körpern. Überraschend ist die übersichtliche Struktur ihrer Galoisgruppen. Sie erschließt sich, wenn man die Idee der Hilbertschen Untergruppenketten auf diesen *lokalen Fall* überträgt.

20.1   Komplettierungen

Definition. Eine Abbildung $x \mapsto |x|$ eines Körpers K in die Menge $\mathbb{R}_+$ der nichtnegativen reellen Zahlen heißt ein *Betrag* oder eine *Bewertung* von K, wenn sie für alle $x, y \in K$ folgende Eigenschaften hat:

(Abs 1) $\quad |x| \;=\; 0 \quad\quad$ genau dann, wenn x die Null in K ist,

(Abs 2) $\quad |x \cdot y| \;=\; |x|\,|y| \quad\quad\quad\quad$ (Multiplikativität),

(Abs 3) $\quad |x + y| \;\leq\; |x| + |y| \quad\quad$ (Dreiecksungleichung).

Aus ihnen ergeben sich die speziellen Werte $|0_K| = 0$ und $|1_K|^2 = |1_K| \neq 0$, also $|1_K| = 1$, folglich $|-1_K| = 1$ und generell $|-x| = |x|$. Sie werden ständig ohne besondere Erwähnung benutzt. Die Bewertung macht den Körper K zu einem metrischen Raum. Dabei werden Addition und Multiplikation zu stetigen Abbildungen $K \times K \to K$, die auf beschränkten Teilmengen von $K \times K$ gleichmäßig stetig sind: Für jede positive Schranke $\varepsilon > 0$ und für alle x, x', y, y' in K gilt

$$|x + y - (x' + y')| \;\leq\; \varepsilon, \quad \text{falls} \quad |x - x'|,\ |y - y'| \leq \tfrac{1}{2}\varepsilon \quad \text{ist;}$$

und falls alle vier Elemente vom Betrage $\leq M$ sind mit den Abständen $|x - x'| \leq \tfrac{1}{2M}\varepsilon$, $|y - y'| \leq \tfrac{1}{2M}\varepsilon$, dann gilt analog

$$|xy - x'y'| \;\leq\; |(x - x')y| + |x'(y - y')| \;\leq\; \varepsilon.$$

Satz 1. *Zu jeder Bewertung $|\cdot|$ eines Körpers K gibt es einen injektiven Homomorphismus $\widehat{\lambda}$ von K in einen vollständig bewerteten Körper $\widehat{K}$ derart, daß $\widehat{\lambda}(K)$ dicht in $\widehat{K}$ ist und $|\widehat{\lambda}(x)| = |x|$ für alle $x \in K$. Ist $\lambda' \colon K \to K'$ ein weiterer Homomorphismus dieser Art, dann existiert genau ein stetiger Isomorphismus $\sigma \colon \widehat{K} \to K'$ mit $\lambda' = \sigma \circ \widehat{\lambda}$.*

Beweis. 1) Konstruktion von $\widehat{K}$: Die Menge $\mathcal{C}$ der Cauchyfolgen $\alpha = (a_n)_{n \geq 1}$ auf K enthält mit je zwei Folgen deren Summe und deren Produkt; das ergibt sich aus wohlvertrauten Schlüssen der reellen Analysis. Auf diese Weise wird $\mathcal{C}$ zu einem Ring, in den K mittels der konstanten Folgen $\lambda(a) := (a, a, \ldots)$ homomorph eingebettet ist. Zu jeder Cauchyfolge $\alpha = (a_n)$ auf K und jedem $\varepsilon > 0$ existiert definitionsgemäß eine Schranke N_ε derart, daß für alle Indizes $m, n \geq N_\varepsilon$ gilt $|a_m - a_n| \leq \varepsilon$. Aufgrund der Dreiecksungleichung gilt auch

$$-|a_m - a_n| \;\leq\; |a_m| - |a_n| \;\leq\; |a_m - a_n|.$$

Somit ist die Folge der Werte $|a_n|$ eine Cauchyfolge in $\mathbb{R}$ und daher dort konvergent. Ihren Limes notieren wir $\|\alpha\| := \lim_{n \to \infty} |a_n|$. Die so definierte Abbildung $\|\cdot\| \colon \mathcal{C} \to \mathbb{R}_+$ erfüllt aufgrund der Stetigkeit von Summe und Produkt in $\mathbb{R}$ für alle $\alpha, \beta \in \mathcal{C}$ die Regeln

(Abs 2) $\quad \|\alpha \cdot \beta\| \;=\; \|\alpha\| \cdot \|\beta\|,$

(Abs 3) $\quad \|\alpha + \beta\| \;\leq\; \|\alpha\| + \|\beta\|.$

Nun betrachten wir die Menge $\mathcal{N}$ der *Nullfolgen* $\beta \in \mathcal{C}$, definiert durch $\|\beta\| = 0$. Wegen (Abs 2) und (Abs 3) ist sie ein Ideal im Ring $\mathcal{C}$. Tatsächlich ist $\mathcal{N}$ sogar ein maximales Ideal. Denn für jedes $\alpha \in \mathcal{C} \setminus \mathcal{N}$ ist einerseits $\|\alpha\| > 0$, andererseits gibt es einen Index N mit der Abschätzung

$$\tfrac{1}{2}\|\alpha\| \leq |a_n| \leq 2\|\alpha\| \quad \text{für alle} \quad n \geq N .$$

Setzt man $b_k = 1$ für $1 \leq k < N$ und $b_k = 1/a_k$ sonst, dann ist $\beta = (b_k)_{k \geq 1}$ wieder in $\mathcal{C}$ wegen der Abschätzung

$$|b_m - b_n| \leq 4\|\alpha\|^{-2}|a_m - a_n| \quad \text{für} \quad m,n \geq N .$$

Die Glieder der Produktfolge $\alpha\beta$ sind 1 bis auf endlich viele Ausnahmen. Das bedeutet $\alpha\beta - \lambda(1) \in \mathcal{N}$. Jedes von Null verschiedene Element des Faktorringes $\widehat{K} := \mathcal{C}/\mathcal{N}$ ist also invertierbar und $\widehat{K}$ ist daher ein Körper. Nach Wahl von $\mathcal{N}$ ist die auf $\mathcal{C}$ erweiterte Betragsfunktion $\|\cdot\|$ konstant auf jeder Nebenklasse $\alpha + \mathcal{N}$. Mithin wird durch $|x| := \|\alpha\|$, falls $x = \alpha + \mathcal{N}$ ist, ein Betrag auch auf $\widehat{K}$ erklärt. Er hat die Eigenschaft $|\widehat{\lambda}(a)| = |a|$ für alle $a \in K$, wenn $\widehat{\lambda}(a) = \lambda(a) + \mathcal{N}$ die Übertragung von λ auf den Körper $\widehat{K}$ bezeichnet.

2) Die Menge $\widehat{\lambda}(K)$ ist dicht in $\widehat{K}$ und $\widehat{K}$ ist vollständig: Es sei $x \in \widehat{K}$ repräsentiert durch die Cauchyfolge $\alpha = (a_n) \in \mathcal{C}$. Dann existiert zu jedem $\varepsilon > 0$ ein N_ε mit $|a_m - a_n| \leq \varepsilon$, falls m und $n \geq N_\varepsilon$ sind. Daher ist $\|\lambda(a_m) - \alpha\| \leq \varepsilon$, sobald $m \geq N_\varepsilon$ wird. Das bedeutet $\lim_{m \to \infty} |\widehat{\lambda}(a_m) - x| = 0$. Also ist $\widehat{\lambda}(K)$ dicht in $\widehat{K}$. Dies nutzen wir zum Nachweis der Vollständigkeit von $\widehat{K}$. Bei gegebener Cauchyfolge (x_n) auf $\widehat{K}$ wählen wir jeweils $a_n \in K$ mit dem Abstand $|\widehat{\lambda}(a_n) - x_n| \leq 2^{-n}$ und setzen $\alpha = (a_n)$. Die Abschätzung

$$\begin{aligned} |a_m - a_n| &= |\widehat{\lambda}(a_m) - \widehat{\lambda}(a_n)| \\ &\leq |\widehat{\lambda}(a_m) - x_m| + |x_m - x_n| + |x_n - \widehat{\lambda}(a_n)| \end{aligned}$$

zeigt, daß $\alpha \in \mathcal{C}$ ist. Ferner wird für $x := \alpha + \mathcal{N} \in \widehat{K}$

$$|x_n - x| \leq |x_n - \widehat{\lambda}(a_n)| + |\widehat{\lambda}(a_n) - x| \leq 2^{-n} + |\widehat{\lambda}(a_n) - x| .$$

Hieraus ergibt sich $\lim_{n \to \infty} |x_n - x| = 0$, also $\lim_{n \to \infty} x_n = x$.

3) Eindeutigkeit: Es sei λ' neben $\widehat{\lambda}$ ein Homomorphismus von K in einen durch $|\cdot|'$ vollständig bewerteten Körper K' mit $|x| = |\lambda'(x)|'$ für alle $x \in K$ derart, daß $\lambda'(K)$ eine dichte Teilmenge von K' ist. Dann definiert

$$\sigma(\widehat{\lambda}(x)) := \lambda'(x), \qquad x \in K$$

einen (injektiven) Homomorphismus des Teilkörpers $\widehat{\lambda}(K)$ von $\widehat{K}$ in K'. Er genügt der Gleichung $|\sigma(y)|' = |y|$ für jedes $y \in \widehat{\lambda}(K)$. Daraus folgt auch die Stetigkeit von σ auf $\widehat{\lambda}(K)$. Es ist zu zeigen, daß σ sich auf genau eine

Weise stetig nach $\widehat{K}$ fortsetzen läßt und daß die Fortsetzung ein surjektiver Homomorphismus ist. Zu jedem $\xi \in \widehat{K}$ findet man aus der dichten Teilmenge $\widehat{\lambda}(K)$ eine Folge (x_n) auf K mit $\lim_{n\to\infty} \widehat{\lambda}(x_n) = \xi$. Ihr Bild $(\lambda'(x_n))$ ist als Cauchyfolge in K' konvergent, etwa $\lim_{n\to\infty} \lambda'(x_n) = \xi'$. Der Limes ξ' hängt nicht ab von der Folge (x_n); denn ist auch (y_n) eine Folge auf K mit $\lim_{n\to\infty} \widehat{\lambda}(y_n) = \xi$, so ist $(x_n - y_n)_{n\geq 1} \in \mathcal{N}$, was $\lim \lambda'(y_n) = \lim \lambda'(x_n)$ ergibt. Also wird mittels $\sigma(\xi) = \xi'$ tatsächlich eine Fortsetzung von σ nach $\widehat{K}$ definiert. Sie ist offenbar mit der Addition und dem Betrag vertauschbar:

$$\sigma(\xi + \eta) \;=\; \sigma(\xi) + \sigma(\eta), \quad |\sigma(\xi)|' \;=\; |\xi| \quad \text{für alle} \quad \xi, \eta \in \widehat{K}$$

Mithin ist σ eine Isometrie, also stetig, wie die für alle $\xi, \eta \in \widehat{K}$ gültige Gleichung $|\sigma(\xi - \eta)|' = |\xi - \eta|$ zeigt. Die Vertauschbarkeit von σ mit der Multiplikation folgt aus ihrer Stetigkeit: auf dem Produkt $\widehat{K} \times \widehat{K}$ verschwindet die Abbildung $(\xi, \eta) \mapsto \sigma(\xi \cdot \eta) - \sigma(\xi) \cdot \sigma(\eta)$, weil sie auf der dichten Teilmenge $\widehat{\lambda}(K) \times \widehat{\lambda}(K)$ verschwindet.— Das Bild $\sigma(\widehat{K})$ enthält $\lambda'(K)$ und überdies alle Limiten in K' von konvergenten Folgen auf $\lambda'(K)$ in K'. Weil nach unserer Voraussetzung $\lambda'(K)$ dicht in K' ist, folgt $\sigma(\widehat{K}) = K'$. Damit ist schließlich auch die Surjektivität von σ begründet. $\square$

Bemerkungen. Ist der bewertete Körper K bereits vollständig, so wird $\widehat{K}$ isomorph zu K. Das ergibt der zweite Teil des Satzes mit $\lambda' = \mathrm{id}_K$. Vollständig ist K stets bezüglich der trivialen Bewertung, weil dann jede Cauchyfolge von einem Index an konstant ist und somit konvergiert. Aus 9.5, Satz 4 ist zu entnehmen, daß zwei Bewertungen $|\cdot|, |\cdot|'$ eines Körpers K genau dann äquivalent sind, wenn sie dieselben Cauchyfolgen haben. Also führen äquivalente Bewertungen von K zu derselben Komplettierung $\widehat{K}$, und die auf K zwischen ihnen gültige Gleichung $|x|' = |x|^s$, $s > 0$ gilt auch auf $\widehat{K}$.

Definition. Es sei V ein endlichdimensionaler Vektorraum über einem vollständig bewerteten Körper $(K, |\cdot|)$. Eine Abbildung $\|\cdot\| : V \to [0, \infty[$ heißt eine K-Norm, falls gilt

(N1)	$\|a\|$	$=$	0	genau dann, wenn $\;a = 0_V$,
(N2)	$\|\lambda a\|$	$=$	$|\lambda|\,\|a\|$	für alle $\;\lambda \in K,\; a \in V$,
(N3)	$\|a + b\|$	$\leq$	$\|a\| + \|b\|$	für alle $\;a, b \in V$.

Zum Beispiel ist auf dem K-Vektorraum K^n eine K-Norm gegeben durch

$$\|x\|_s \;:=\; \max_{1 \leq i \leq n} |x_i|\,,$$

die *Supremumsnorm*. Zwei K-Normen $\|\cdot\|, \|\cdot\|'$ auf V heißen *äquivalent*, wenn positive Konstante M, M' existieren, für die stets $\|x\| \leq M\|x\|'$ und $\|x\|' \leq M'\|x\|$ gilt.

Wir beweisen jetzt einen Satz für endlichdimensionale Vektorräume V über vollständig bewerteten Körpern K, dessen Spezialisierung auf den Körper der reellen Zahlen zu den wichtigen Stützen der Analysis gehört. Aus ihm folgt, daß je zwei K-Normen auf V äquivalent sind.

Satz 2. *Es sei V ein n-dimensionaler Vektorraum über einem vollständig bewerteten Skalarkörper K, versehen mit einer K-Norm $\|\cdot\|$. Dann wird über jede K-Basis $(e_i)_{1 \leq i \leq n}$ von V durch den K-linearen Isomorphismus*

$$f(x) \;=\; \sum\nolimits_{i=1}^{n} x_i\, e_i$$

von K^n mit der Supremumsnorm eine samt ihrer Umkehrung stetige Abbildung auf V definiert. Insbesondere ist V vollständig als metrischer Raum.

Beweis. Es gilt die Abschätzung $\|f(x)\| \leq n\, \|x\|_s \max_{1 \leq i \leq n} \|e_i\|$ für $x \in K^n$. Daher ist f im Nullpunkt von K^n stetig und als lineare Abbildung somit überall in K^n. Zum Beweis der Stetigkeit von f^{-1} ist analog zu zeigen die Existenz einer Schranke $C > 0$ mit der Eigenschaft

$$\|x\|_s \;\leq\; C\,\|f(x)\| \quad \text{für alle} \quad x \in K^n\,. \tag{$*$}$$

Dazu bezeichne E_m für natürliche Zahlen m $(1 \leq m \leq n)$ die Menge der $x \in K^n$ mit $x_i \neq 0$ für höchstens m Indizes i. Angenommen, die Aussage $(*)$ ist falsch. Da für alle $x \in E_1$ gilt $\|f(x)\| \geq \|x\|_s \min_{1 \leq i \leq n} \|e_i\|$, ist $(*)$ mit E_1 statt K^n und passendem $C > 0$ richtig. Also ist der größte Index m in den Grenzen $1 \leq m \leq n$, für den $(*)$ mit E_m anstelle von K^n zutrifft, mindestens 1, aber kleiner als n. Insbesondere existiert eine Folge $(x^{(k)})_{k \in \mathbb{N}}$ auf E_{m+1} mit

$$\|x^{(k)}\|_s \;>\; k\,\|f(x^{(k)})\| \quad \text{für alle} \quad k \in \mathbb{N}\,. \tag{$**$}$$

Nach Wahl von m gehören nur endlich viele $x^{(k)}$ zu E_m. Durch Übergang zu einer Teilfolge, die wir ebenso $(x^{(k)})$ nennen, kann somit erreicht werden, daß alle $x^{(k)}$ in denselben $m+1$ Koordinaten von Null verschieden sind und überdies den maximalen Koordinatenbetrag für ein und denselben Index haben, wobei $(**)$ gültig bleibt, etwa

$$x_i^{(k)} \;\neq\; 0 \quad (1 \leq i \leq m+1) \quad \text{und} \quad |x_{m+1}^{(k)}| \;=\; \|x^{(k)}\|_s\,.$$

Jedes Glied der Folge wird nun durch Multiplikation mit einem Skalar zu $x_{m+1}^{(k)} = 1$ normiert, ohne $(**)$ zu verletzen. Nach Wahl von m wird dann

$$C^{-1}\|x^{(k)} - x^{(l)}\|_s \;\leq\; \|f(x^{(k)}) - f(x^{(l)})\| \;\leq\; \frac{1}{k} + \frac{1}{l}\,.$$

Mithin ist $(x^{(k)})_{k \geq 1}$ als Cauchyfolge auf K^n konvergent, da K vollständig ist. Der Grenzwert x hat natürlich ebenfalls die Koordinate $x_{m+1} = 1$. Daher ist $x \neq 0$, also auch $\|f(x)\| \neq 0$. Die Annahme über E_{m+1} ergibt andererseits

$$\|f(x^{(k)})\| \;<\; \frac{1}{k}\,\|x^{(k)}\|_s \;=\; \frac{1}{k}\,.$$

Aus der Stetigkeit von f folgt deshalb $\lim_{k \to \infty} \|f(x^{(k)})\| = \|f(x)\| = 0$; das ist ein Widerspruch. Deshalb gilt die Abschätzung $(*)$ doch generell. □

20.2 Archimedische und ultrametrische Bewertungen

Aus Abschnitt 9.5 kennen wir die Bewertungen des Körpers $\mathbb{Q}$ der rationalen Zahlen: Der gewöhnliche Absolutbetrag $|\cdot|_\infty$ einerseits und die p-adischen Beträge $|\cdot|_p$ zu den Primzahlen p andererseits bilden ein Vertretersystem der Klassen äquivalenter Bewertungen auf $\mathbb{Q}$. Der Unterschied beider Typen steckt hinter der folgenden Definition.

Definition. Eine Bewertung $x \mapsto |x|$ eines Körpers K heißt *archimedisch*, wenn für wenigstens eine natürliche Zahl n gilt $|n \cdot 1_K| > 1$. Dagegen heißt sie *ultrametrisch*, wenn folgende Verschärfung der Dreiecksungleichung für alle $x, y \in K$ gilt:

(Abs 3') $|x + y| \ \leq \ \max(|x|, |y|)$ (ultrametrische Ungleichung).

Ein archimedisch bewerteter Körper hat stets die Charakteristik 0. Denn wegen (Abs 2) ist dort die Menge $\{m \cdot 1_K \,;\, m \in \mathbb{N}\}$ natürlicher Vielfacher der Eins nicht endlich, während in Körpern der Charakteristik $p > 0$ diese Menge genau p Elemente hat.— Unter jeder ultrametrischen Bewertung gilt $|n \cdot 1_K| = |1_K + \ldots + 1_K| \leq |1_K| = 1$ für alle $n \in \mathbb{N}$, deshalb ist jede ultrametrische Bewertung nicht archimedisch.

Proposition 1. (Über ultrametrische Bewertungen) *Jede Bewertung eines Körpers K, die nicht archimedisch ist, ist ultrametrisch. Bezüglich einer ultrametrischen Bewertung $|\cdot|$ bildet die Menge R der Elemente $x \in K$ vom Betrage $|x| \leq 1$ einen Unterring von K, den* Bewertungsring, *dessen einziges maximales Ideal die Menge P der Elemente $x \in K$ vom Betrage $|x| < 1$ ist. Es heißt das* Bewertungsideal *von R. Überdies gilt stets*

$$|x + y| \ = \ \max(|x|, |y|), \quad \text{falls} \quad |x| \neq |y| \quad \text{ist}.$$

Beweis. 1) Zu zeigen ist die ultrametrische Ungleichung. Natürlich ist sie gültig, wenn beide Summanden Null sind. Für alle $\varepsilon > 0$ und $n \in \mathbb{N}$ gilt

$$(1 + \varepsilon)^n \ \geq \ 1 \ + \ n\varepsilon \ + \ \tfrac{1}{2} n(n-1)\varepsilon^2.$$

Wenn also $c > 0$ ist und die Folge (c^n/n) beschränkt, so ist $c \leq 1$. Bei nichtarchimedischer Bewertung gilt wegen der Definition $\left|\binom{n}{m} \cdot 1_K\right| \leq 1$ für alle $n, m \in \mathbb{N}_0$. Sind $x, y \in K$ und ist $M = \max(|x|, |y|) > 0$, so wird

$$|x + y|^n \ = \ \left| \sum_{m=0}^{n} \binom{n}{m} x^m y^{n-m} \right|$$

$$\leq \ \sum_{m=0}^{n} \left| \binom{n}{m} \cdot 1_K \right| |x|^m |y|^{n-m} \ \leq \ (n+1)\, M^n.$$

Mithin liefert die reelle Zahl $c = |x + y|/M$ eine beschränkte Folge c^n/n. Daraus folgt $c \leq 1$, also $|x + y| \leq M = \max(|x|, |y|)$.

2) Die Menge R enthält die Null und die Eins, wegen (Abs 2) mit zwei Elementen deren Produkt und wegen (Abs 3') auch deren Summe. Also ist R ein Unterring von K. Wieder aus (Abs 2) und (Abs 3') ist zu erkennen, daß P ein Ideal in R ist. Ferner sind alle Elemente von $R \smallsetminus P$ in R invertierbar, es ist daher das Bewertungsideal gleich dem Komplement der Einheitengruppe des Bewertungsringes. Da jedes Ideal $I \neq R$ im Komplement von $R^\times$ liegt, ist P das einzige maximale Ideal von R.

Angenommen, es ist $|x + y| < \max(|x|, |y|)$ und etwa $|y| \geq |x|$. Dann ergibt die ultrametrische Ungleichung

$$|y| = |x + y - x| \leq \max(|x + y|, |x|).$$

Da nach der Annahme $|x + y| < |y|$ gilt, folgt $|y| \leq |x|$, also $|y| = |x|$. □

Beispiele. Offensichtlich ist die triviale Bewertung $| \cdot |_{tr}$ eines Körpers K ultrametrisch (vgl. die Bemerkung vor Satz 4 in 9.5). Ihr Bewertungsring ist der ganze Körper $R = K$, während sein Bewertungsideal $P = \{0\}$ ist, das einzige Ideal $\neq K$ von K.— Zur p-adischen Bewertung $| \cdot |_p$ des Körpers der rationalen Zahlen gehört der Bewertungsring

$$\mathbb{Z}_{(p)} := \left\{ \frac{m}{n} ; \ m \in \mathbb{Z}, n \in \mathbb{N} \smallsetminus p\mathbb{N} \right\}.$$

Sein maximales Ideal wird natürlich von p erzeugt.

Satz 3. (OSTROWSKI) *Bis auf Isomorphie existieren genau zwei archimedisch bewertete vollständige Körper, nämlich die Körper $\mathbb{R}$ und $\mathbb{C}$.*

Beweis. Wir orientieren uns an dem Beweis dieses Satzes in dem Buch [Ne]. Es sei K ein durch $\| \cdot \|$ archimedisch bewerteter vollständiger Körper. Er hat die Charakteristik 0 und enthält daher als kleinsten Teilkörper den Körper $\mathbb{Q}$ der rationalen Zahlen. Die Restriktion der Bewertung auf $\mathbb{Q}$ ist äquivalent zum gewöhnlichen Absolutbetrag $| \cdot |$ auf $\mathbb{Q}$: Mit einem passenden $s \in \,]0, 1]$ gilt $\|x\| = |x|^s$ für alle $x \in \mathbb{Q}$ (Abschnitt 9.5, Satz 5). Als vollständiger Körper enthält K auch die Komplettierung $\mathbb{R}$ von $\mathbb{Q}$. Überdies ist der Betrag $| \cdot |$ auf $\mathbb{R}$ zugleich die Restriktion des Betrages von $\mathbb{C}$.

1) Nach Übergang zu einer äquivalenten Bewertung von K kann man voraussetzen, daß ihre Einschränkung auf $\mathbb{R}$ mit dem gewöhnlichen Absolutbetrag übereinstimmt: Zum Nachweis definieren wir $|y| := \|y\|^{1/s}$ $(y \in K)$ und haben zu zeigen, daß diese Fortsetzung des gewöhnlichen Betrages auch auf K die Dreiecksungleichung erfüllt. Aus der Dreiecksungleichung für die gegebene Bewertung folgt $\|x_1 + x_2\| \leq 2 \max(\|x_1\|, \|x_2\|)$ $(x_1, x_2 \in K)$ und durch Wiederholung dann für alle $r \in \mathbb{N}_0$

$$\left\| \sum_{i=1}^{2^r} x_i \right\| \leq 2^r \max_{1 \leq i \leq 2^r} \|x_i\|.$$

Für beliebige natürliche n wähle man $r \in \mathbb{N}$ mit $2^{r-1} \leq n < 2^r$ und erhält

$$\left\| \sum_{k=1}^{n} x_k \right\| \leq 2n \max_{1 \leq k \leq n} \|x_k\|.$$

Wegen der Wahl unserer Fortsetzung des gewöhnlichen Betrages ergibt das

$$\left| \sum_{k=1}^{n} x_k \right| \leq (2n)^{1/s} \max_{1 \leq k \leq n} |x_k|.$$

Für beliebige $x, y \in K$ folgt so speziell mittels der binomischen Formel

$$|x + y|^n \leq (2(n+1))^{1/s} \max_{0 \leq k \leq n} \left\{ \binom{n}{k} |x|^k |y|^{n-k} \right\}$$

$$\leq (2(n+1))^{1/s} (|x| + |y|)^n.$$

Im Falle $|x| + |y| > 0$ gilt deshalb stets

$$\left(|x + y| / (|x| + |y|) \right)^n \leq \left(2(n+1) \right)^{1/s}.$$

Das ist nur möglich, wenn links $|x+y|/(|x|+|y|) \leq 1$ ist, wie man etwa durch Vergleich der Logarithmen beiderseits erkennt.

2) Es genügt zu zeigen, daß zu jedem $\xi \in K$ reelle Zahlen a, b existieren, für die $\xi^2 - a\xi + b = 0$ ist: Denn dann ist entweder schon $K = \mathbb{R}$, oder es gibt ein $\xi_0 \in K \setminus \mathbb{R}$ sowie $a_0, b_0 \in \mathbb{R}$ mit $\xi_0^2 - a_0\xi_0 + b_0 = 0$. Jedes Polynom $X^2 - aX + b$ mit reellen a, b und mit einer nichtnegativen Diskriminante $a^2 - 4b$ hat bekanntlich reelle Nullstellen. Daher ist $a_0^2 - 4b_0$ negativ in $\mathbb{R}$, also dort von der Form $-d^2$ mit einem $d \in \mathbb{R}^\times$. Somit erfüllt $\eta := 2\xi_0 - a_0$ die Gleichung $\eta^2 = -d^2$. Hat nun das Polynom $Q = X^2 - AX + B \in \mathbb{R}[X]$ keine Wurzel in $\mathbb{R}$, so ist wieder $A^2 - 4B = -D^2$ mit einem $D \in \mathbb{R}^\times$. Dafür wird $\zeta = \frac{1}{2}(A + \eta D/d)$ eine Wurzel von Q in K, was man unmittelbar nachprüfen kann. Somit ist hier $K = \mathbb{R}(\eta)$ eine quadratische Erweiterung von $\mathbb{R}$, also $K \cong \mathbb{C}$ (Beispiel zu Proposition 1 in Abschnitt 10).

3) Zu jedem $\xi \in K$ existieren reelle Zahlen a, b mit

$$\xi^2 - a\xi + b = 0:$$

Zum Beweis betrachten wir die durch $q(z) = |\xi^2 - (z + \overline{z})\xi + z\overline{z}|$ definierte Funktion $q: \mathbb{C} \to \mathbb{R}_+$. Sie ist stetig aufgrund der Dreiecksungleichung. Angenommen, q besitzt keine Nullstelle $z \in \mathbb{C}$. Dann ist insbesondere $\xi \neq 0$. Ferner gilt für $|z| \geq 3|\xi|$ die Abschätzung

$$q(z) \geq |z|^2 \left(1 - \frac{|z + \overline{z}|}{|z|^2} |\xi| - \frac{|\xi|^2}{|z|^2} \right)$$

$$\geq |z|^2 \left(1 - 2\frac{|\xi|}{|z|} - \frac{|\xi|^2}{|z|^2} \right) \geq \frac{2}{9} |z|^2 \geq 2|\xi|^2.$$

Wegen $q(0) = |\xi|^2$ hat q sein absolutes Minimum $2m > 0$ auf der kompakten Kreisscheibe $|z| \leq 3|\xi|$. Die Teilmenge $M := \{z \in \mathbb{C}; \ q(z) = 2m\}$ von $\mathbb{C}$ ist nicht leer und kompakt; folglich enthält sie ein Element z_0 von maximalem Betrag. Wir betrachten nun das reelle Polynom

$$g := X^2 - (z_0 + \overline{z_0})X + z_0\overline{z_0} + m.$$

Für $t \in \mathbb{R}$ ist stets $g(t) = |t - z_0|^2 + m > 0$. Daher hat g in $\mathbb{C}$ ein Paar konjugiertkomplexer Wurzeln $z_1 \neq \overline{z_1}$. Ihr Produkt $|z_1|^2 = |z_0|^2 + m > |z_0|^2$ zeigt, daß $q(z_1) > 2m$ wird.

Zum Abschluß untersuchen wir zu ungeraden $n \in \mathbb{N}$ das reelle Polynom

$$G := (g(X) - m)^n + m^n.$$

Es verschwindet bei $X = z_1$, hat aber wegen $g(t) \geq m$ für alle $t \in \mathbb{R}$ keine reellen Wurzeln. Also gilt mit z_1 und weiteren $z_2, \ldots, z_n \in \mathbb{C}$ die Zerlegung

$$G = \prod_{i=1}^{n} \left(X^2 - (z_i + \overline{z_i})X + z_i\overline{z_i} \right)$$

in lauter reelle Faktoren. Nach Einsetzung $X \mapsto \xi$ ergibt sich

$$|G(\xi)| = \prod_{i=1}^{n} q(z_i) \geq q(z_1)\,(2m)^{n-1}$$

und außerdem aufgrund der Definition von G

$$|G(\xi)| \leq \left| \xi^2 - (z_0 + \overline{z_0})\xi + z_0\overline{z_0} \right|^n + m^n \leq (2m)^n + m^n.$$

Division durch $(2m)^n$ zeigt $q(z_1)/(2m) \leq 1 + 2^{-n}$, und daraus folgt nach dem Grenzübergang $n \to \infty$ die Abschätzung $q(z_1) \leq 2m$. Sie steht im Widerspruch zur Feststellung $q(z_1) > 2m$. $\qquad \square$

Satz 4. (Das HENSELsche Lemma) *Der Körper K sei vollständig unter einer ultrametrischen Bewertung $x \mapsto |x|$. Es bezeichne R seinen Bewertungsring, P dessen maximales Ideal sowie $k = R/P$ den Restklassenkörper. Gegeben sei weiter ein Polynom $f \in R[X]$ vom Grad ≥ 2, dessen Koeffizienten nicht alle in P liegen. Das bei Reduktion der Koeffizienten modulo P entstehende Polynom in $k[X]$ nennen wir $\overline{f}$. Dann gilt: Ist $\overline{f} = \overline{g}_0 \overline{h}_0$ ein Produkt zweier teilerfremder Polynome $\overline{g}_0, \overline{h}_0 \in k[X]$ mit normiertem Faktor $\overline{g}_0$ vom Grad $\deg \overline{g}_0 < \deg f$, so zerfällt $f = gh$ über R mit einem normiertem Faktor g und den Restklassenpolynomen $\overline{g} = \overline{g}_0$, $\overline{h} = \overline{h}_0$.*

Beweis. 1) Wir beginnen mit Urbildern $g_0, h_0 \in R[X]$ der Faktoren $\overline{g}_0, \overline{h}_0$ unter der Projektion $R \to R/P$. Dabei sei g_0 wieder normiert, h_0 sei vom

Grade $\deg f - \deg g_0$ und habe denselben Leitkoeffizienten wie f. Aus der Teilerfremdheit von $\bar{g}_0$ und $\bar{h}_0$ ergeben sich Polynome $p, q \in R[X]$ mit

$$g_0\, p \; + \; h_0\, q \;\equiv\; 1 \,(\mathrm{mod}\, P)\,. \tag{$*$}$$

Die Kongruenzen für Polynome sind koeffizientenweise zu verstehen. Unter den Koeffizienten der beiden Polynome $f - g_0 h_0$ und $g_0 p + h_0 q - 1$ gibt es einen von maximalem Wert, etwa π. Beide Polynome sind $\equiv 0 \,(\mathrm{mod}\, P)$, also ist $\pi \in P$. Im Fall $|\pi| = 0$, also $\pi = 0$ ist bereits $f = g_0 h_0$ die gesuchte Zerlegung. Daher kann jetzt $\pi \neq 0$ vorausgesetzt werden.

2) Wir haben aus Teil 1) die Kongruenzen $g_0 p + h_0 q \equiv 1 \bmod (\pi)$ und $f - g_0 h_0 \equiv 0 \bmod (\pi)$. Daraus werden rekursiv zwei Folgen von Polynomen $g_n, h_n \in R[X]$ konstruiert mit den Eigenschaften

   $i)$ g_0 und g_n haben gleichen Grad und Leitkoeffizienten, ebenso h_0 und h_n.
   $ii)$ $f \equiv g_n h_n \bmod (\pi^{n+1})$.
   $iii)$ $g_{n+1} - g_n \equiv h_{n+1} - h_n \equiv 0 \bmod (\pi^{n+1})$.

Dann konvergieren im Raum der Polynome vom Grad $\leq \deg f$ die Summen

$$g \;=\; g_0 \;+\; \sum\nolimits_{j=0}^{\infty} (g_{j+1} - g_j), \qquad h \;=\; h_0 \;+\; \sum\nolimits_{j=0}^{\infty} (h_{j+1} - h_j)\,.$$

Der Grenzübergang $n \to \infty$ in $ii)$ ergibt also die Zerlegung $f = gh$.

Aus $ii)$ folgt $f - g_n h_n = \pi^{n+1} f_{n+1}$ mit einem Polynom $f_{n+1} \in R[X]$ vom Grade $\deg f_{n+1} < \deg f$. Das verwenden wir zur Konstruktion von g_{n+1}, h_{n+1}. Die Kongruenz am Beginn von 2) liefert $g_n p + h_n q \equiv 1 \bmod (\pi)$, also

$$g_n\, (p f_{n+1}) \;+\; h_n\, (q f_{n+1}) \;\equiv\; f_{n+1} \bmod (\pi)\,.$$

Division durch g_n mit Rest in $R[X]$ ergibt Polynome u_{n+1} vom Grad $< \deg g_n$ und q_1 mit $q f_{n+1} = u_{n+1} + g_n q_1$. Damit wird

$$f_{n+1} \;\equiv\; g_n\, (p f_{n+1} + h_n q_1) \;+\; h_n u_{n+1} \bmod (\pi)\,.$$

Man zerlegt den Faktor $p f_{n+1} + h_n q_1 = v_{n+1} + X^d p_1$ in einen Summanden v_{n+1} vom Grad $< d := \deg h_0$ und einen durch X^d teilbaren Summanden. Weil f_{n+1} und $h_n u_{n+1}$ kleineren Grad als f haben, ist $p_1 \equiv 0 \bmod (\pi)$, also

$$f_{n+1} \;\equiv\; g_n v_{n+1} \;+\; h_n u_{n+1} \bmod (\pi)\,.$$

Das ergibt über den Ansatz $g_{n+1} = g_n + \pi^{n+1} u_{n+1}$, $h_{n+1} = h_n + \pi^{n+1} v_{n+1}$ die Gültigkeit von $i)$ für $n + 1$ statt n und auch von $ii)$ zufolge der Relationen

$$\begin{aligned} f - g_{n+1} h_{n+1} &\equiv f - g_n h_n - \pi^{n+1}(g_n v_{n+1} + h_n u_{n+1}) \bmod (\pi^{n+2}) \\ &\equiv \pi^{n+1}\Big(f_{n+1} - (g_n v_{n+1} + h_n u_{n+1})\Big) \equiv 0 \bmod (\pi^{n+2})\,. \end{aligned}$$

Damit ist das Henselsche Lemma bewiesen. $\square$

Unter seinen Voraussetzungen heben wir zwei Beispiele hervor:

Beispiel 1. Das Polynom $f \in R[X]$ habe nicht lauter Koeffizienten in P, das ihm zugeordnete Polynom $\bar{f}$ habe im Restklassenkörper R/P eine einfache Nullstelle $\bar{\alpha}$. Dann hat f eine Nullstelle $\alpha \in R$ mit der Restklasse $\alpha + P = \bar{\alpha}$. (Für $K = \mathbb{Q}_p$ wurde das Beispiel in Abschnitt 9.4 bewiesen und benutzt.)

Beispiel 2. Jedes irreduzible Polynom $F = \sum_{k=0}^{n} a_k X^k$ vom Grad n über K genügt der Gleichung $\max(|a_0|, \ldots, |a_n|) = \max(|a_0|, |a_n|)$.

Zur Begründung betrachten wir den kleinsten Index r mit der Eigenschaft $|a_r| = \max_{0 \le k \le n} |a_k|$ und fassen das Polynom $f = \sum_{k=0}^{n}(a_k/a_r)X^k \in R[X]$ ins Auge. Es ist zugleich mit F reduzibel oder nicht. Über dem Restklassenkörper R/P gilt die Zerlegung $\bar{f} = \bar{g}\bar{h}$, wo $\bar{g} = X^r$ als reine Potenz von X normiert ist und $\bar{h} = \sum_{k=r}^{n} \bar{\alpha}_k X^{k-r}$ mit den Koeffizienten $\bar{\alpha}_k = (a_k/a_r) + P$ im Restklassenkörper R/P ist. Im Fall $0 < r < n$ ist $\bar{g}$ nicht konstant und $\bar{h}$ nicht durch X teilbar, also teilerfremd zu $\bar{g}$. Folglich gibt es nach dem Henselschen Lemma eine Zerlegung $f = gh$ in zwei nichtkonstante Faktoren.

20.3 Fortsetzung von Bewertungen

In diesem Teil behandeln wir die Frage, ob und wie sich die Bewertung eines gegebenen vollständigen Körpers K auf eine endliche Erweiterung $K'|K$ fortsetzen läßt. Der Spezialfall $K = \mathbb{R}$ mit seiner archimedischen Bewertung und der Erweiterung $K' = \mathbb{C}$ zeigt alle wesentlichen Aspekte der allgemeinen Situation. Der übliche Betrag auf $\mathbb{C}$ ist eine Fortsetzung des Betrages von $\mathbb{R}$. Er läßt sich in der Formel $|z| = N(z)^{1/2}$ ausgedrückt, worin $N(z) = z\bar{z}$ die Norm der Erweiterung $\mathbb{C}|\mathbb{R}$ und der Exponent $1/2$ der Kehrwert ihres Grades ist.— Es sei nun $|\cdot|'$ irgendeine Fortsetzung des Betrages von $\mathbb{R}$ zu einem Betrag auf $\mathbb{C}$. Dann ist $|\cdot|'$ als $\mathbb{R}$-Norm von $\mathbb{C}$ äquivalent zu der vom gewöhnlichen Betrag herrührenden Norm. Also ist $|\cdot|'$ auch als Betrag äquivalent zum Betrag $|\cdot|$ auf $\mathbb{C}$. Nach 9.5, Satz 4 existiert daher ein Exponent $s > 0$ mit $|z|' = |z|^s$ für alle $z \in \mathbb{C}$; er kann bereits auf $\mathbb{R}$ ermittelt werden. Da $|\cdot|'$ und $|\cdot|$ dieselbe Restriktion auf $\mathbb{R}$ haben, ist $s = 1$.

Satz 5. *Es sei K ein durch $|\cdot|$ vollständig bewerteter Körper sowie $K'|K$ eine endliche Körpererweiterung n-ten Grades. Dann gibt es auf K' eine eindeutig bestimmte Bewertung $\alpha \mapsto |\alpha|'$, die die Bewertung von K fortsetzt; sie ist über die Norm $N_{K'|K}$ der Körpererweiterung $K'|K$ gegeben durch*

$$|\alpha|' = |N_{K'|K}(\alpha)|^{1/n}.$$

Beweis. Wegen der vorangestellten Überlegung können archimedische Bewertungen nach dem Satz von OSTROWSKI von vornherein beiseite gelassen werden. Daher sei die Bewertung auf K ultrametrisch. Die triviale Bewertung auf K erlaubt nur die triviale Fortsetzung $|\alpha|_{tr} = 1$ für alle $\alpha \in K'^{\times}$. Denn im Falle $|\alpha| \neq 1$ hätten in einer Polynomgleichung

$$\sum_{k=0}^{n} a_k \, \alpha^k \; = \; 0 \quad (a_k \in K, \text{ nicht alle } a_k = 0)$$

die von Null verschiedenen Summanden links auch paarweise verschiedene Beträge, was für ultrametrische Bewertungen nicht möglich ist.

1) Die Funktion $\alpha \mapsto |N_{K'|K}(\alpha)|^{1/(K'|K)}$ hat die Eigenschaften (Abs 1), (Abs 2) einer Bewertung. Die Beziehung zwischen Haupt- und Minimalpolynom (vgl. 14.1) ergibt für separable wie für inseparable Erweiterungen die Gleichung $N_{K'|K}(\alpha) = N_{K(\alpha)|K}(\alpha)^{(K'|K(\alpha))}$. Folglich ist aufgrund der Produktformel für Körpergrade

$$|N_{K'|K}(\alpha)|^{1/(K'|K)} \; = \; |N_{K(\alpha)|K}(\alpha)|^{1/(K(\alpha)|K)} \, .$$

Zum Nachweis der ultrametrischen Ungleichung genügt es wegen der Multiplikativität des Betrages, zu zeigen

$$|N_{K(\alpha)|K}(\alpha)| \; \leq \; 1 \quad \Rightarrow \quad |N_{K(\alpha)|K}(1 + \alpha)| \; \leq \; 1 \, .$$

Das Minimalpolynom $f = X^n + \sum_{k=0}^{n-1} a_k X^k$ von α in $K[X]$ liefert die Relation $N_{K(\alpha)|K}(\alpha) = (-1)^n a_0 = (-1)^n f(0)$. Da f in $K[X]$ irreduzibel ist, gilt nach Beispiel 2 zum Henselschen Lemma $\max_{0 \leq k \leq n} |a_k| = \max(|a_0|, 1)$. Ist also $|N_{K'|K}(\alpha)| \leq 1$, so folgt $|a_k| \leq 1$ für alle Indizes k. Das Minimalpolynom von $\alpha + 1$ ist $g = f(X - 1)$. Daher ist $|N_{K(\alpha)|K}(\alpha + 1)| = |g(0)| = |f(-1)|$, und mit der ultrametrischen Ungleichung auf K folgt abschließend

$$\left| N_{K(\alpha)|K}(\alpha + 1) \right| \; = \; \left| (-1)^n + \sum_{k=0}^{n-1} a_k (-1)^k \right| \; \leq \; \max_{0 \leq k \leq n-1} \left(1, |a_k| \right) \; = \; 1 \, .$$

2) Ist $x \mapsto |x|'$ eine weitere Fortsetzung der gegebenen nichttrivialen Bewertung von K auf K', dann sind beide zugleich K-Normen auf dem endlichdimensionalen K-Vektorraum K'. Daher gibt es nach Satz 2 positive Schranken M, M' mit den Abschätzungen $|x|' \leq M'|x|$ und $|x| \leq M|x|'$ für alle $x \in K'$. Also liefern beide Beträge dieselben Nullumgebungen in K', sind demnach als Beträge äquivalent. Aufgrund von Satz 4 in 9.5 gibt es ein $s > 0$ mit $|x|' = |x|^s$ für alle $x \in K'$. Da beide Beträge dieselbe Restriktion auf K haben, folgt $s = 1$, und damit ist der Satz bewiesen. $\qquad \square$

20.4 Beträge und Komplettierungen der Zahlkörper

Als Spezialfall der Überlegung zur trivialen Bewertung des Grundkörpers im Beweis von Satz 5 halten wir fest

Proposition 2. *Jede nichttriviale Bewertung eines Zahlkörpers K hat eine nichttriviale Restriktion auf $\mathbb{Q}$.*   □

Damit ist nach den Fortsetzungen der Stellen von $\mathbb{Q}$ auf den Zahlkörper K zu fragen. Die Primideale $\mathfrak{p} \neq 0$ der Hauptordnung $\mathfrak{o}$ von K ergeben sogenannte $\mathfrak{p}$-adische Bewertungen, die Einbettungen von K in $\mathbb{C}$ ergeben archimedische Bewertungen. Nun läßt sich $K = \mathbb{Q}(\vartheta)$ durch ein primitives Element ϑ erzeugen. Sein Minimalpolynom $F \in \mathbb{Q}[X]$ besitzt über jeder Komplettierung $\mathbb{Q}_v$ von $\mathbb{Q}$ einen Zerfällungskörper $\widehat{L}_v$, welcher durch Adjunktion sämtlicher Wurzeln von F zu $\mathbb{Q}_v$ entsteht. Als endliche Erweiterung von $\mathbb{Q}_v$ erlaubt $\widehat{L}_v$ genau eine Fortsetzung der Bewertung $|\cdot|_v$ von $\mathbb{Q}_v$. Indes kann K im allgemeinen auf mehrere Arten in $\widehat{L}_v$ eingebettet werden. Dieses Verfahren begründet, daß die zuerst genannte Menge an Bewertungen bereits alle Stellen von K erreicht. Wir führen das in den nächsten zwei Sätzen aus.

Satz 6. *Es sei K ein Zahlkörper vom Grade n, seine reellen Einbettungen in $\mathbb{C}$ seien $\sigma_1, \ldots, \sigma_{r_1}$, und $\sigma_{r_1+1}, \ldots, \sigma_{r_1+r_2}$ sei ein Vertretersystem der Paare konjugierter imaginärer Einbettungen von K in $\mathbb{C}$. Dann werden die Äquivalenzklassen archimedischer Bewertungen von K repräsentiert durch*

$$|x|_j := |\sigma_j(x)|_\infty \qquad (1 \leq j \leq r_1 + r_2).$$

Beweis. Aus der Vorbereitung der Galoistheorie in Satz 2 von Abschnitt 14.2 läßt sich ablesen, daß genau n verschiedene Körperhomomorphismen σ von K in $\mathbb{C}$ existieren. Jeder von ihnen liefert über die Formel $|x|^{(\sigma)} := |\sigma(x)|_\infty$ mit dem üblichen Betrag $|\cdot|_\infty$ auf $\mathbb{C}$ eine archimedische Bewertung von K. Diese Bewertung ändert sich nicht, wenn man σ ersetzt durch $\overline{\sigma} = \kappa \circ \lambda$, also durch die konjugiert komplexe Einbettung, worin κ der nichttriviale Automorphismus von $\mathbb{C}\,|\,\mathbb{R}$ ist. Wir finden auf diese Art $r_1 + r_2$ archimedische Bewertungen von K. Aus der MINKOWSKI-Theorie ergibt sich mühelos, daß sie paarweise inäquivalent sind. Beispielsweise können wir in Proposition 4 von 18.3 alle Konstanten $c_j = 1 - 1/n$ wählen mit einer Ausnahme $c_k > 1$. Aufgrund dieser Proposition finden wir eine ganze Zahl $\alpha \neq 0$ in K mit $|\sigma_j(\alpha)|_\infty \leq 1 - 1/n$ für alle $j \neq k$. Da aber mit den seinerzeit verwendeten Exponenten $\delta_i \in \{1, 2\}$ gilt

$$|N(\alpha)| = \prod_{i=1}^{r_1+r_2} |\sigma_i(\alpha)|_\infty^{\delta_i} \in \mathbb{N},$$

wird notwendigerweise $|\sigma_k(\alpha)|_\infty > 1$. Insbesondere ist die von σ_k herrührende Bewertung nicht äquivalent zu der von σ_j kommenden Bewertung, falls $j \neq k$ ist. Damit ist ein Vertretersystem der archimedischen Bewertungen von K gefunden: Wir denken uns, um das einzusehen, eine archimedische Bewertung $x \mapsto |x|_a$ auf K gegeben und bilden dazu die Komplettierung $\widehat{K}_a$ von K.

Als vollständiger archimedisch bewerteter Körper ist $\widehat{K}_a$ nach OSTROWSKI isomorph zu $\mathbb{R}$ oder $\mathbb{C}$. Insbesondere läßt sich die Inklusion $\sigma\colon K \hookrightarrow \widehat{K}_a$ auffassen als Einbettung von K in $\mathbb{C}$. Daher ist auch $|\cdot|_a$ äquivalent zu einem der Beträge oben.   □

Definition. Die $r_1 + r_2$ archimedischen Stellen von K heißen auch seine *unendlichen Stellen*. Man unterteilt sie in die *reellen* und die *imaginären* Stellen je nachdem, ob sie von reellen oder von imaginären Einbettungen von K in $\mathbb{C}$ herrühren. Dagegen wird jede Äquivalenzklasse nichttrivialer ultrametrischer Bewertungen von K eine *endliche Stelle* von K genannt.

Satz 7. *Im Ring $\mathfrak{o} = \mathbb{Z}_K$ der ganzen Zahlen des Zahlkörpers K sei $\mathfrak{p}$ ein maximales Ideal, $v_{\mathfrak{p}}(x)$ sei der $\mathfrak{p}$-Exponent in der Primfaktorisierung des gebrochenen Hauptideals $x\mathfrak{o}$. Dabei wird $v_{\mathfrak{p}}(0) = \infty$ gesetzt. Mit $q = \mathfrak{N}(\mathfrak{p})$ bezeichnen wir die Ordnung des Restklassenkörpers $\mathfrak{o}/\mathfrak{p}$. Dann definiert $|x|_{\mathfrak{p}} := q^{-v_{\mathfrak{p}}(x)}$ eine Bewertung von K, die sogenannte $\mathfrak{p}$-adische Bewertung. Auf diese Weise entstehen alle endlichen Stellen von K.*

Beweis. 1) In 13.2 begründeten wir aus Anlaß der Definition des größten gemeinsamen Teilers die folgenden Eigenschaften des $\mathfrak{p}$-Exponenten (vgl. die Bemerkung 2 dort): Für alle $x, y \in K$ gilt

$$v_{\mathfrak{p}}(x \cdot y) = v_{\mathfrak{p}}(x) + v_{\mathfrak{p}}(y)\,,$$
$$v_{\mathfrak{p}}(x + y) \geq \min\left(v_{\mathfrak{p}}(x), v_{\mathfrak{p}}(y)\right).$$

Die erste Formel folgt unmittelbar aus Eigenschaften der Primfaktorisierung, während die zweite die lineare Ordnung der abelschen Gruppen $\mathfrak{p}^m$, $m \in \mathbb{Z}$ bezüglich der Inklusion ausnutzt. Damit sind die Grundlagen für die Gültigkeit der Bewertungseigenschaften (Abs 1), (Abs 2) und der ultrametrischen Ungleichung (Abs 3') für die $\mathfrak{p}$-adische Bewertung von K genannt.

2) Jetzt sei $|\cdot|$ eine nichttriviale ultrametrische Bewertung von K sowie R ihr Bewertungsring und P dessen maximales Ideal. Nach Proposition 2 gibt es eine Primzahl p derart, daß $|\cdot|$ auf $\mathbb{Q}$ eine zum p-adischen Betrag äquivalente Bewertung induziert. Dann gilt $\mathfrak{o} \subset R$: Jedes $\alpha \in \mathfrak{o}$ hat ein Hauptpolynom $f = \sum_{k=0}^{n} a_k X^k \in \mathbb{Z}[X]$. Also gilt $|a_k| \leq 1$ für alle Indizes k, und es ist $a_n = 1$. Wäre $|\alpha| > 1$, dann würde im Gegensatz zu $f(\alpha) = 0$ aus der ultrametrischen Ungleichung folgen $\left|\sum_{k=0}^{n} a_k \alpha^k\right| = |\alpha|^n$. Daher ist $|\alpha| \leq 1$. Der Durchschnitt $P \cap \mathfrak{o} = \mathfrak{p}$ ist ein Primideal in $\mathfrak{o}$, weil sein Komplement ein Monoid in $(\mathfrak{o}, \cdot)$ ist. Überdies ist $p \in \mathfrak{p}$, also $\mathfrak{p} \neq \{0\}$.

Wir zeigen, daß die betrachtete Bewertung äquivalent ist zur $\mathfrak{p}$-adischen Bewertung von K. Dafür genügt es nach Satz 4 in 9.5 zu zeigen, daß aus $|x|_{\mathfrak{p}} < 1$ stets folgt $|x| < 1$. Nach Definition von $\mathfrak{p}$ wissen wir das für die Elemente $x \in \mathfrak{o}$ bereits. Sei nun $x \in K^{\times}$ beliebig unter der Nebenbedingung $|x|_{\mathfrak{p}} < 1$. Dann hat das Hauptideal $x\mathfrak{o}$ eine Beschreibung der Form $x\mathfrak{o} = \mathfrak{a}\mathfrak{b}^{-1}$

mit ganzen, teilerfremden Idealen $\mathfrak{a}, \mathfrak{b}$ von $\mathfrak{o}$. Aus der Voraussetzung folgt $v_{\mathfrak{p}}(x) = v_{\mathfrak{p}}(\mathfrak{a}) > 0$, mithin $v_{\mathfrak{p}}(\mathfrak{b}) = 0$. Nach dem Chinesischen Restsatz gibt es ein $y \in \mathfrak{b}$ mit $\mathfrak{a} + y\mathfrak{o} = \mathfrak{o}$. Dafür gilt $v_{\mathfrak{p}}(y) = 0$. Also ist $xy \in \mathfrak{a} \subset \mathfrak{p}$ und $|y| = 1$, $|x|_{\mathfrak{p}} = |xy|_{\mathfrak{p}} < 1$. Somit wird zunächst $|xy| < 1$, und nach (Abs 2) dann $|x| = |x||y| = |xy| < 1$, wie behauptet. $\Box$

20.5 p-Körper

Jedem bewerteten Körper K ist mit den Beträgen $|x|$ der Elemente $x \in K^{\times}$ eine Untergruppe von $\mathbb{R}_{+}^{\times}$ zugeordnet, die *Wertegruppe* von $(K, |\cdot|)$. Sie ist gleich $\{1\}$ nur für die triviale Bewertung von K. Die übrigen diskreten Untergruppen von $\mathbb{R}_{+}^{\times}$ sind sämtlich zyklisch, also von der Form $\vartheta^{\mathbf{Z}}$ mit einem $\vartheta \in]0, 1[$, wie man über den algebraischen und topologischen Isomorphismus $\ln \colon \mathbb{R}_{+}^{\times} \to (\mathbb{R}, +)$ erkennt.

Definition. Ein ultrametrisch bewerteter vollständiger Körper K mit diskreter Wertegruppe $\vartheta^{\mathbf{Z}} \neq \{1\}$ heißt ein *p-Körper*, falls er einen endlichen Restklassenkörper R/P der Charakteristik p hat. Darin bezeichnet $R = \{x \in K \,;\, |x| \leq 1\}$ den Bewertungsring von K und $P = \{x \in K \,;\, |x| < 1\}$ dessen Bewertungsideal. Die Elementezahl q von R/P ist natürlich eine p-Potenz. Sie wird in Anlehnung an den Sprachgebrauch der Fourieranalyse der *Modul* von K genannt. Jedes Element $\pi \in K$, dessen Betrag $|\pi| = \vartheta$ das erzeugende Element der Wertegruppe von K im Intervall $0 < \vartheta < 1$ ist, heißt ein *Primelement* von K. Für diese gilt $\pi R = P$.

Beispiele. Nach Satz 7 ist die Komplettierung $K_{\mathfrak{p}}$ eines Zahlkörpers K bezüglich jedes p enthaltenden Primideals $\mathfrak{p}$ der Hauptordnung von K ein p-Körper.

Proposition 3. *Es sei K ein p-Körper. Die Potenzen des Bewertungsideals P durchlaufen die bezüglich Inklusion strikt fallende Folge aller Ideale $I \neq \{0\}$ des Bewertungsringes R von K. Ist $t \in P^{N} \smallsetminus P^{N+1}$ für ein $N \in \mathbb{N}$ und ist V ein Vertretersystem der Restklassen $a + P^{N}$ in R, so ist für jede natürliche Zahl n die Menge*

$$V_n = \left\{ \sum_{k=0}^{n-1} a_k \, t^k \,;\quad a_k \in V \right\}$$

ein Vertretersystem der Restklassen $a + P^{Nn}$ in R. Insbesondere hat jedes $\alpha \in R$ eine eindeutige Darstellung als absolut konvergente Reihe $\alpha = \sum_{k=0}^{\infty} a_k t^k$ $(a_k \in V)$.

Beweis. 1) Es sei π ein Primelement von K. Dann hat jedes $x \in K^{\times}$ eine eindeutige Zerlegung $x = u\pi^k$ mit ganzem k und $u \in R^{\times}$. Denn $|x|$ ist als Element der zyklischen Wertegruppe von K von der Form $|x| = |\pi|^k$ mit genau einem $k \in \mathbb{Z}$. Deshalb ist $u = x\pi^{-k}$ vom Betrage 1, also in R invertierbar. Daher ist stets $P^k = \pi^k R$, insbesondere ist $P^{k+1} \neq P^k$. Ist I irgendein von Null verschiedenes Ideal in R, so wähle man ein Element $a \in I$ von maximalem Betrag. Dann ist also $a = \pi^k u$ mit einem $k \in \mathbb{N}_0$ und $u \in R^{\times}$. Folglich gilt $P^k \subset I$. Ist sodann $c \in I$, so wird entweder $c = 0$ oder $0 < |c| \leq |\pi|^k$. Damit aber ist $c\pi^{-k} \in R$, also $c \in \pi^k R = P^k$. Das beweist die Gleichheit von I und P^k.

2) Die Aussage über V_n wird durch vollständige Induktion nach n bewiesen. Im Fall $n = 1$ ist ihre Gültigkeit vorausgesetzt. Ist $n \geq 1$ und V_n bereits ein

Vertretersystem von R/P^{Nn}, dann hat jedes $x \in R$ die Form $x = v + t^n w$ mit einem $v \in V_n$ und $w \in R$. Nach der Voraussetzung über V ist weiter $w = a_n + tb_n$ mit passenden $a_n \in V$, $b_n \in R$. Also enthält die Restklasse $x + P^{N(n+1)}$ das Element $v' = v + a_n t^n \in V_{n+1}$. Gehören indes $v' = \sum_{k=0}^{n} a_k t^k$ und $v'' = \sum_{k=0}^{n} a'_k t^k$ mit $a_k, a'_k \in V$ in dieselbe Nebenklasse modulo $P^{N(n+1)}$, so ist $v' + P^{Nn} = v'' + P^{Nn}$. Also ergibt die Induktionsvoraussetzung $a_k = a'_k$ $(0 \le k < n)$. Daher gilt nun sogar $a_n t^n + P^{N(n+1)} = a'_n t^n + P^{N(n+1)}$. Aus 1) folgt $P^N = tR$, also $P^{N(n+1)} = t^{n+1}R$. Mithin wird auch $a_n - a'_n \in tR = P^N$, was $a_n = a'_n$ zur Folge hat.

3) Jede der angegebenen Reihen ist wegen $|a_k t^k| \le |\pi|^{Nk}$ absolut konvergent und deshalb aufgrund der Vollständigkeit von K auch konvergent. Bezeichnet s_m für $m \in \mathbb{N}$ die m-te Partialsumme, so liegt der Reihenrest in $P^{N(m+1)}$, der offenen Kugel $\{x \in K ; |x| < \vartheta^{Nm}\}$ vom Radius ϑ^{Nm} um Null; diese ist wegen der ultrametrischen Ungleichung auch abgeschlossen. Je zwei verschiedene Reihen der angegebenen Art $\sum a_k t^k$, $\sum a'_k t^k$ besitzen einen kleinsten Index n mit $a_n \ne a'_n$; deshalb gilt für die Reihenwerte α, α' die Abschätzung

$$|\alpha - \alpha'| = |a_n - a'_n| \, |t^n| = \vartheta^{Nn} > \vartheta^{N(n+1)} .$$

Daß schließlich jedes $\alpha \in R$ durch wenigstens eine dieser Reihen gegeben ist, folgt aus Teil 2), wonach für jedes n eine Partialsumme $s_n = \sum_{k=0}^{n-1} a_k t^k \in V_n$ existiert mit der Abschätzung $|\alpha - s_n| \le \vartheta^{Nn}$.   □

Proposition 4. (Einheitswurzeln von zu p koprimer Ordnung in p-Körpern) *Es sei R der Bewertungsring des p-Körpers K, P sein maximales Ideal und q der Modul von K. Dann ist die Gruppe der Einheitswurzeln $\zeta \in K$ mit zu p koprimer Ordnung gleich der zyklischen Gruppe μ_{q-1} aller $(q-1)$-ten Einheitswurzeln, und $V = \{0\} \cup \mu_{q-1}$ ist ein Vertretersystem der Restklassen $a + P$ in R.*

Beweis. Der endliche Restklassenkörper $\mathbb{F}_q = R/P$ hat eine zyklische multiplikative Gruppe $\mathbb{F}_q^{\times}$. Daher zerfällt das Polynom $Y^{q-1} - \bar{1}$ im Polynomring $\mathbb{F}_q[Y]$ in ein Produkt von $q-1$ verschiedenen Linearfaktoren $Y - \bar{\zeta}$ $(\bar{\zeta} \in \mathbb{F}_q^{\times})$. Nach dem HENSELschen Lemma (Satz 4) besitzt deshalb das Polynom $X^{q-1} - 1$ zu jedem $\bar{\zeta} \in \mathbb{F}_q^{\times}$ eine einfache Nullstelle $\zeta \in R$ mit $\zeta + P = \bar{\zeta}$. Also zerfällt speziell $X^{q-1} - 1$ in verschiedene Linearfaktoren, deren Nullstellen die $q-1$ Restklassen $a + P \ne \bar{0}$ repräsentieren. Insbesondere enthält K eine primitive $(q-1)$-te Einheitswurzel. Ist andererseits die natürliche Zahl $m \not\equiv 0 \pmod{p}$ und ist ε eine primitive m-te Einheitswurzel in K, dann ist $\varepsilon \in R^{\times}$ wegen $\varepsilon^m = 1$. Daher zerfällt auch $Y^m - \bar{1}$ in $\mathbb{F}_q[Y]$ in Linearfaktoren. Sie sind wegen $\mathrm{ggT}(Y^m - \bar{1}, \bar{m}Y^{m-1}) = \bar{1}$ paarweise verschieden. Also enthält $\mathbb{F}_q^{\times}$ ein Element $\bar{\varepsilon}$ der Ordnung m, und deshalb ist m ein Teiler von $q-1$.   □

Satz 8. (Charakterisierung der p-Körper) *Ein p-Körper K der Charakteristik 0 ist stets eine endliche Erweiterung des p-adischen Zahlkörpers $\mathbb{Q}_p$. Ist dagegen K ein p-Körper der Charakteristik p und ist q der Modul von K, so ist K der Quotientenkörper des Potenzreihenringes $\mathbb{F}_q[[T]]$ aller formalen Potenzreihen $\sum_{k=0}^{\infty} a_k T^k$ mit Koeffizienten $a_k \in \mathbb{F}_q$. Andere Charakteristiken treten nicht auf.*

Beweis. 1) Im Fall char $K = 0$ ist $\mathbb{Q}$ der kleinste Teilkörper, der Primkörper von K; die Bewertung von K induziert eine ultrametrische Bewertung von $\mathbb{Q}$, für die der Betrag von p kleiner als 1 ist. Nach der Klassifizierung aller Bewertungen von $\mathbb{Q}$ im Satz 5, Abschnitt 9.5 von OSTROWSKI ist diese Bewertung äquivalent zur p-adischen Bewertung. Da der Körper K vollständig ist, enthält er auch die Komplettierung $\mathbb{Q}_p$ von $\mathbb{Q}$. Die Wertegruppe $|p|^{\mathbb{Z}}$ von $\mathbb{Q}_p$ hat als unendliche zyklische Gruppe in der Wertegruppe von K endlichen Index e. Ist π ein Primelement von K, so gilt also $|\pi|^e = |p|$. Wir bezeichnen mit R den Bewertungsring, mit P sein maximales Ideal und mit q den Modul von K, verwenden ein Erzeugendes ζ der Gruppe μ_{q-1} der $(q-1)$-ten Einheitswurzeln und das Vertretersystem $V_0 = \{0\} \cup \{\zeta^j ; \ 1 \le j < q\}$ der Restklassen $a + P$ in R. Nach Proposition 3 mit π statt t ist $V = \{\sum_{k=0}^{e-1} a_k \pi^k ; \ a_k \in V_0\}$ ein Vertretersystem der Restklassen $a + P^e = a + pR$. Nochmalige Anwendung von Proposition 3, nun mit p statt t zeigt, daß für jede natürliche Zahl n

$$V_n = \left\{ \sum_{l=0}^{n-1} v_l \, p^l ; \ v_l \in V \right\}$$

ein Vertretersystem der Restklassen $a + p^n R$ in R ist. Daher besitzt jedes $\alpha \in R$ eine eindeutige Darstellung

$$\alpha = \sum_{n=0}^{\infty} \left(\sum_{k=0}^{e-1} a_{k,n} \pi^k \right) p^n, \qquad a_{k,n} \in V_0 .$$

Diese absolut konvergente Reihe wird umgeordnet, indem für jedes Paar (j,k) mit $1 \le j < q$ und $0 \le k < e$ im Bewertungsring $\mathbb{Z}_p$ von $\mathbb{Q}_p$ die Teilreihe $A_{j,k} = \sum_{0 \le n < \infty}^{(j,k)} p^n$ unter der Summationsbedingung $a_{k,n} = \zeta^j$ gebildet wird. Aus ihr ergibt sich

$$\alpha = \sum_{j=1}^{q-1} \sum_{k=0}^{e-1} \zeta^j \, \pi^k \, A_{j,k} .$$

Hieran ist zu erkennen, daß R ein endlich erzeugter $\mathbb{Z}_p$-Modul ist, also ist K ein endlichdimensionaler $\mathbb{Q}_p$-Vektorraum. Das beweist $(K|\mathbb{Q}_p) < \infty$.

2) Wenn die Charakteristik von K nicht 0 ist, dann ist sie eine Primzahl. Nun hat nach Definition der p-Körper nur die Primzahl p einen Betrag $\ne 1$. Also ist char $K = p$. Damit ist hier der Körper $\mathbb{F}_p$ der kleinste Teilkörper von K. Ist wieder ζ eine primitive $(q-1)$-te Einheitswurzel in K, so wird $\mathbb{F}_p(\zeta) = \mathbb{F}_q$ ein Teilkörper von K mit q Elementen. Nach Proposition 4 bildet er ein Vertretersystem der Restklassen $a + P$ in R. Wieder aufgrund von Proposition 3 hat jedes Element α von R eine eindeutige Darstellung $\alpha = \sum_{k=0}^{\infty} a_k T^k$, wobei T ein Primelement von K ist und alle Koeffizienten $a_k \in \mathbb{F}_q$ sind. Selbstverständlich ist umgekehrt jede Reihe dieser Form auch ein Element von R. $\square$

20.6 Erweiterungen von p-Körpern

Proposition 5. *Es sei K ein p-Körper mit seinem Bewertungsring R und dessen maximalem Ideal P. Ferner sei $K'|K$ eine Körpererweiterung vom Grad n. Dann* *ist auch K' ein p-Körper, und sein Restklassenkörper ist eine endliche Erweiterung des Restklassenkörpers R/P von K vom Grad $f \leq n$.*

Beweis. Nach Satz 5 hat die Bewertung von K eine eindeutige Fortsetzung zu einer Bewertung von K' durch die Normformel

$$|\alpha| := |N_{K'|K}(\alpha)|^{1/n}.$$

Mit K ist auch K' ultrametrisch bewertet, und die Wertegruppe von K' liegt zwischen der Wertegruppe $\vartheta^{\mathbb{Z}}$ und der Gruppe $\vartheta^{\frac{1}{n}\mathbb{Z}}$. Insbesondere ist sie diskret. Die Vorschrift $a+P \mapsto a+P'$ mit dem maximalen Ideal P' des Bewertungsringes R' von K' definiert einen Ringhomomorphismus des Restklassenkörpers R/P in den Restklassenkörper R'/P' von K'. Er identifiziert R/P mit einem Teilkörper von R'/P' und macht diesen zu einer Körpererweiterung von R/P. Sind $\alpha_1, \ldots, \alpha_r \in R'$ so gewählt, daß ihre Restklassen $\alpha_j + P'$ über R/P linear unabhängig werden, dann gilt für Elemente $c_j \in R$ $(1 \leq j \leq r)$, welche nicht sämtlich in P liegen, $\sum_{j=1}^r c_j \alpha_j \in R' \setminus P' = R'^{\times}$, also ist $|\sum_{j=1}^r c_j \alpha_j| = 1$. Hieraus folgt

$$\left| \sum_{j=1}^r b_j \alpha_j \right| = \max_j |b_j|, \quad \text{falls} \quad b_j \in K \quad (1 \leq j \leq r). \tag{$*$}$$

Dies ist unmittelbar klar, wenn alle b_j verschwinden. Sonst gibt es einen Index m mit $0 < |b_m| = \max_j |b_j|$, und daher sind $c_j = b_j/b_m \in R$. Also ergibt sich

$$\left| \sum_{j=1}^r b_j \alpha_j \right| = |b_m| \left| \sum_{j=1}^r c_j \alpha_j \right| = |b_m|.$$

Folglich sind $\alpha_1, \ldots, \alpha_r$ über K linear unabhängig. Insbesondere ist der Grad f von R'/P' über R/P durch n nach oben beschränkt. $\qquad\square$

Definitionen. Es sei $K'|K$ eine endliche p-Körpererweiterung; R und P seien Bewertungsring und -ideal von K, entsprechend R' und P' von K'. Der Index $e = e(K'|K)$ der Wertegruppe von K in der von K' wird *Verzweigungsindex* von $K'|K$, die Dimension $f = f(K'|K)$ der Erweiterung R'/P' des Körpers R/P wird *Restklassengrad* von $K'|K$ genannt. Die Erweiterung $K'|K$ heißt *unverzweigt*, falls $e(K'|K) = 1$ ist, sie heißt *voll verzweigt*, falls $f(K'|K) = 1$ ist. In jedem Fall ist der Modul von K' gleich der Potenz $q' = q^f$ des Moduls q von K.

Bemerkung (Multiplikativität von Verzweigungsindex und Restklassengrad). Ist auch $K''|K'$ eine endliche Erweiterung, so gilt

$$e(K''|K) = e(K''|K')\, e(K'|K) \quad \text{und} \quad f(K''|K) = f(K''|K')\, f(K'|K).$$

Denn der Index der Wertegruppe von K in der von K'' läßt sich über die Wertegruppe von K', die zwischen beiden liegt, faktorisieren als Produkt der Indizes $e(K''|K')$ und $e(K'|K)$. Die zweite Formel ist ein Spezialfall der Produktformel für Körpergrade (Proposition 1 in 14.1).

Satz 9. *Es sei $K'|K$ eine p-Körpererweiterung mit Grad n, Verzweigungsindex e und Restklassengrad f; darin seien R, P und π (bzw. R', P' und π') der Bewertungsring, sein maximales Ideal und ein Primelement von K (bzw. von K'). Ferner seien $\alpha_j \in R'$ ($1 \leq j \leq f$) Vertreter einer R/P-Basis des Restklassenkörpers R'/P'. Dann wird R' als R-Modul erzeugt von dem Elementen $\alpha_j \pi'^k$ ($1 \leq j \leq f$, $0 \leq k < e$). Sie bilden zugleich eine K-Basis von K'. Insbesondere ist R' ein freier R-Modul vom Range $ef = n$.*

Beweis. 1) Wir verwenden mehrfach die Proposition 3 und bezeichnen mit V_0 ein Vertretersystem der Restklassen $a + P$ in R. Dann ist $V' = \{\sum_{j=1}^{f} \alpha_j v_j \,;\, v_j \in V_0\}$ ein Vertretersystem der Restklassen $\alpha + P'$ in R'. Nach Proposition 3 mit $N = e$ und π' statt t wird also

$$V = \left\{ \sum_{j=1}^{f} \sum_{k=0}^{e-1} \alpha_j \, \pi'^k \, v_{jk} \,;\, v_{jk} \in V_0 \right\}$$

ein Vertretersystem von $R'/\pi R' = R'/P'^e$. Daher hat jedes $\alpha \in R'$ eine Darstellung als absolut konvergente (und damit unbedingt konvergente) Reihe

$$\alpha = \sum_{n=0}^{\infty} \sum_{j=1}^{f} \sum_{k=0}^{e-1} \alpha_j \, \pi'^k \, v_{jkn} \, \pi^n = \sum_{j,k} \alpha_j \, \pi'^k \, a_{jk}$$

mit Koeffizienten $v_{jkn} \in V_0$ und den Teilreihen $a_{jk} = \sum_{n=0}^{\infty} v_{jkn} \pi^n \in R$. So wird R' erkennbar als R-Modul, der von den ef Produkten $\alpha_j \pi'^k$ erzeugt ist.

2) Das System der $\alpha_j \pi'^k$ ist über K linear unabhängig. Zur Begründung verwenden wir die Formel $(*)$ aus dem Beweis von Proposition 5. Danach gilt für Elemente $b_{jk} \in K$ bei festem Index k

$$\left| \sum_{j=1}^{f} \alpha_j \, \pi'^k \, b_{jk} \right| = \max_{1 \leq j \leq f} |b_{jk}| \, |\pi'|^k .$$

Der Betrag der von Null verschiedenen Summen $\sum_{j=1}^{f} \alpha_j \pi'^k b_{jk}$ liegt also in der Nebenklasse $\vartheta^{k/e} \vartheta^{\mathbb{Z}}$ der Wertegruppe $\vartheta^{\mathbb{Z}}$ von K. Diese Nebenklassen sind paarweise verschieden. Deshalb liefert die ultrametrische Ungleichung die Relation

$$\left| \sum_{j=1}^{f} \sum_{k=0}^{e-1} \alpha_j \, \pi'^k \, b_{jk} \right| = \max_{k} \left| \sum_{j=1}^{f} \alpha_j \, \pi'^k \, b_{jk} \right| = \max_{k} \max_{j} |b_{jk}| \, |\pi'|^k .$$

Also ist $\sum_{j,k} \alpha_j \pi'^k b_{jk} = 0$ nur dann, wenn alle $b_{jk} = 0$ sind. □

Bemerkung. In galoisschen p-Körpererweiterungen $K'|K$ ist stets $|\sigma(x)| = |x|$ für die $\sigma \in G = \mathrm{Aut}(K'|K)$; jeder Galoisautomophismus σ von $K'|K$ ist also eine Isometrie der Bewertung von K': Wegen $N_{K'|K}(x) = \prod_{\tau \in G} \tau(x)$ folgt dies aus der Normformel $|x| = |N_{K'|K}(x)|^{1/n}$ für die Bewertung auf K' (vgl. Satz 3 in 15.3).

Proposition 6. *Es sei $K' = K(\zeta)$ ein Erweiterungskörper des p-Körpers K, der durch Adjunktion einer Einheitswurzel ζ mit zu p koprimer Ordnung entsteht. Dann ist $K'|K$ eine unverzweigte Galoiserweiterung mit zyklischer Galoisgruppe.*

Beweis. Nach Proposition 5 ist K' ein p-Körper. Bezeichnet q den Modul von K, so ist $q' = q^f$ mit dem Restklassengrad $f = f(K'|K)$ der Modul von K'. Nach Satz 8 ist die Gruppe aller Einheitswurzeln von K' mit nicht durch p teilbarer Ordnung die zyklische Gruppe $\mu_{q'-1}$ aller $(q'-1)$-ten Einheitswurzeln. Sie bildet überdies ein Vertretersystem der von Null verschiedenen Elemente des Restklassenkörpers $R'/P' \cong \mathbb{F}_{q'}$ von K'. Offensichtlich ist $\zeta \in \mu_{q'-1}$, also wird $K' = K(\mu_{q'-1})$ eine Galoiserweiterung von K, da K' der Zerfällungskörper des separablen Polynoms $X^{q'-1} - 1$ über K ist.

Jeder Automorphismus σ von $K'|K$ ist nach der Bemerkung zu Satz 9 eine Isometrie der Bewertung von K', die alle Elemente des Bewertungsringes R von K festläßt. Wegen $\sigma(P') = P'$ induziert σ einen Automorphismus $\tilde{\sigma}$ von $\mathbb{F}_{q'}|\mathbb{F}_q$. Die Automorphismen dieser Erweiterung haben nach Satz 9 in 15.6 die Gestalt $\xi \mapsto \xi^{q^s}$ $(s \in \mathbb{Z})$. Da σ durch seine Wirkung auf $\mu_{q'-1}$ vollständig bestimmt ist, wird $\sigma \mapsto \tilde{\sigma}$ ein injektiver Homomorphismus von $G = \mathrm{Aut}(K'|K)$ in die zyklische Galoisgruppe $\mathrm{Aut}(\mathbb{F}_{q'}|\mathbb{F}_q)$. Die Dimension f von $\mathbb{F}_{q^f}|\mathbb{F}_q$ ist daher mindestens gleich dem Grad $n = (K'|K) = \#G$. Wegen Satz 9 ist somit $n = f$ und $e(K'|K) = 1$. $\square$

Ist K' eine unverzweigte Erweiterung des p-Körpers K, dann gilt für ihre Moduln $q' = q^f$, worin q der Modul von K und $f = f(K'|K) = n$ der Körpergrad ist. Insbesondere ist dann $K' = K(\zeta)$ mit einer $(q' - 1)$-ten Einheitswurzel (Satz 9). Also ist nach Proposition 6 jede unverzweigte Erweiterung von K galoissch mit zyklischer Gasloisgruppe, die von der Abbildung $\xi \mapsto \xi^q$ auf der Gruppe $\mu_{q'-1}$ erzeugt wird. Überdies ist das Kompositum zweier unverzweigter Erweiterungen von K ebenfalls eine unverzweigte Erweiterung von K. Demzufolge enthält jede p-Körper-Erweiterung $K'|K$ einen eindeutig bestimmten maximalen über K unverzweigten Teilkörper T.

Zum Schluß werfen wir einen Blick auf die sämtlichen Galoiserweiterungen $K|K_0$ endlichen Grades $(K|K_0)$ eines p-Körpers K_0. Die Galoisgruppe G wirkt nach der Bemerkung zu Satz 9 als Gruppe von Isometrien der Bewertung von K. In Analogie zur Hilbertschen Untergruppenkette der Galoisgruppe einer Zahlkörpererweiterung bezüglich eines fixierten maximalen Ideals des Oberkörpers (Abschnitt 15.8) pflegt man auch hier eine Untergruppenkette von G zu definieren. Für jede Potenz des Bewertungsideals P von K und alle $\sigma \in G$ gilt $\sigma(P^n) = P^n$. Daher operiert G auf jedem Restklassenring R/P^{n+1} $(n \geq 0)$ des Bewertungsringes R als Gruppe von Ringautomorphismen. Der Kern dieser Operation wird mit G_n bezeichnet. Als Kern eines Gruppenhomomorphismus wird G_n ein Normalteiler von G, und aus der Inklusion $P^{n+2} \subset P^{n+1}$ ergibt sich $G_{n+1} \subset G_n$. Da zu jedem $\sigma \in G \smallsetminus \{\mathrm{id}_{K'}\}$ ein Element $\alpha \in R$ existiert mit $\sigma(\alpha) \neq \alpha$, also mit $|\sigma(\alpha) - \alpha| > 0$, liegt σ nicht in allen G_n Also ist für alle hinreichend großen n die Gruppe $G_n = \{\mathrm{id}_{K'}\}$. Zur genaueren Betrachtung der Gruppen G_n benötigen wir zwei leicht einzusehende Fakten über die multiplikative Gruppe $K^\times$ des Körpers K.

1) Ist R der Bewertungsring von K und P sein maximales Ideal, so bildet die

Menge $1 + P$ eine Untergruppe von $R^{\times}$, und die Faktorgruppe $R^{\times}/(1 + P)$ ist isomorph zur zyklischen Gruppe $\mathbb{F}_q^{\times}$ des Restklassenkörpers $\mathbb{F}_q = R/P$.

2) Für jede natürliche Zahl n ist $U_n = 1 + P^n$ ebenfalls eine Untergruppe von $R^{\times}$, und stets gilt $U_{n+1} \subset U_n$. Ist π ein Primelement von K, so definiert die Abbildung $P + a \mapsto (1 + a\pi^n)U_{n+1}$ einen Isomorphismus der elementar-abelschen p-Gruppe $(R/P, +)$ auf die Faktorgruppe U_n/U_{n+1}. Dazu ist nur zu beachten, daß für alle $a, b \in R$ gilt

$$\frac{1 + a\pi^n}{1 + b\pi^n} = 1 + \frac{(a - b)\pi^n}{1 + b\pi^n} \in \left(1 + (a - b)\pi^n\right) U_{n+1}.$$

Satz 10. (Über die Galoiserweiterungen von p-Körpern) *Es sei K eine Galois-erweiterung des p-Körpers K_0 vom Grad n, Verzweigungsindex e und Restklassen-grad f. Ihre Galoisgruppe sei G; R, q sowie π (bzw. R_0, q_0 sowie π_0) seien der Bewertungsring, der Modul und ein Primelement von K (bzw. von K_0). Dann gilt:*

i) Durch $\widetilde{\sigma}(a + P) = \sigma(a) + P \quad (a \in R)$ wird für jedes $\sigma \in G$ ein Automorphis-mus $\widetilde{\sigma}$ der Restklassenerweiterung $\mathbb{F}_q \mid \mathbb{F}_{q_0}$ definiert. Die Abbildung $\sigma \mapsto \widetilde{\sigma}$ liefert einen surjektiven Gruppenhomomorphismus von G auf die zyklische Galoisgruppe von $\mathbb{F}_q \mid \mathbb{F}_{q_0}$ mit dem Kern G_0. Der Fixkörper T von G_0, der auch Trägheitskörper *der Erweiterung $K \mid K_0$ genannt wird, ist zugleich die maximale unverzweigte Er-weiterung von K_0 in K.*

ii) Mit den Gruppen $U_0 = R^{\times}$, $U_n = 1 + P^n \quad (n \geq 1)$ wird ein Homomor-phismus von G_n in die abelsche Gruppe U_n/U_{n+1} mit dem Kern G_{n+1} definiert durch $\Phi_n(\sigma) := (\sigma(\pi)/\pi) U_{n+1} \quad (\sigma \in G_n)$. Er ist von der Wahl von π unabhängig. Insbesondere ist die Faktorgruppe G_0/G_1 zyklisch von einer nicht durch p teilbaren Ordnung, und G_1 hat eine p-Potenz-Ordnung.

Beweis. i) Wegen $\sigma(P) = P$ ist $\widetilde{\sigma}$ wohldefiniert. Natürlich respektiert $\widetilde{\sigma}$ zugleich mit σ die Addition und die Multiplikation. Da für Elemente $\sigma, \tau \in G$ das Produkt $\sigma\tau$ ebenso wie $\widetilde{\sigma}\widetilde{\tau}$ jeweils die Komposition der Abbildungen bedeutet, ist stets $\widetilde{\sigma\tau} = \widetilde{\sigma}\widetilde{\tau}$. Ferner gilt $\sigma(a + P) = a + P$, wenn $a \in R_0$ ist. Schließlich wird $\widetilde{\sigma}$ die Identität genau dann, wenn $\sigma(a + P) = a + P$ für alle $a \in R$ ist, wenn also $\sigma \in G_0$ ist.— Nach den Bemerkungen zu Proposition 6 entsteht andererseits die maximale unverzweigte Erweiterung T von K_0 in K durch Adjunktion der Einheitswurzeln $\zeta \in \mu_{q-1}$ zu K_0. Sie ist galoissch mit zyklischer Galoisgruppe und hat den Grad $(T \mid K_0) = f = (\mathbb{F}_q \mid \mathbb{F}_{q_0})$. Hieraus folgt, daß ein Element σ der Galoisgruppe G zur Fixgruppe $\mathrm{Aut}(K \mid T)$ von T gehört genau dann, wenn $\sigma(\zeta) = \zeta$ für alle $\zeta \in \mu_{q-1}$ gilt. Nach Satz 8 bildet indes μ_{q-1} ein Vertretersystem der Restklassen $a + P \neq \overline{0}$. Also ist $\mathrm{Aut}(K \mid T)$ eine Untergruppe von G_0. Da aber jedes $\sigma \in G_0$ die Elemente von μ_{q-1} nur permutiert und andererseits alle Restklassen modulo P festhält, gilt auch $\sigma(\zeta) = \zeta$ für alle $\zeta \in \mu_{q-1}$. Das beweist $\mathrm{Aut}(K \mid T) = G_0$. Damit ist G/G_0 isomorph zur Galoisgruppe von $\mathbb{F}_q \mid \mathbb{F}_{q_0}$, insbesondere also zyklisch von der Ordnung f. Schließlich folgt die Surjektivität von $\sigma \mapsto \widetilde{\sigma}$ daraus auch.

ii) Die Erweiterung $K \mid T$ ist voll verzweigt nach der Produktformel für den Restklassengrad. Nach Satz 9 entsteht deshalb der Bewertungsring R von K aus dem Bewertungsring R_T von T durch Adjunktion $R = R_T[\pi]$ eines beliebigen Primelementes π von K. Jedes Element $a \in R$ hat demnach die Form $a = g(\pi)$

mit einem Polynom $g \in R_T[X]$. Also gilt für jedes $\sigma \in G_0$, der Galoisgruppe von $K|T$, die Gleichung $\sigma(a) = g(\sigma(\pi))$. Speziell spaltet die Differenz $\sigma(a) - a$ in R den Faktor $\sigma(\pi) - \pi$ ab, woraus $\max_{a \in R} |\sigma(a) - a| = |\sigma(\pi) - \pi|$ resultiert. Diese Beobachtung führt auf folgende Beschreibung der *Verzweigungsgruppen* G_n:

$$G_n = \{\sigma \in G;\ \sigma(\pi)/\pi \in U_n\} \quad (n \geq 0),$$

denn $\sigma(\pi) - \pi \in P^{n+1}$ ist gleichbedeutend mit $\sigma(\pi)/\pi - 1 \in P^n$. Die Gesamtheit aller Primelemente von K ist $\pi R^\times$. Für jede Einheit $u \in R^\times$ und alle $\sigma \in G_n$ gilt nun aber $|\sigma(u) - u| \leq |\pi|^{n+1}$; also ist $\sigma(u)/u \in U_{n+1}$. Deshalb ist die Nebenklasse $\Phi_n(\sigma) = (\sigma(\pi)/\pi)U_{n+1}$ unabhängig von der Wahl des Primelementes π in K. Ferner gilt für alle $\sigma,\ \tau$ in G, da auch $\tau(\pi)$ ein Primelement von K ist,

$$\Phi_n(\sigma\tau) = \frac{\sigma(\tau(\pi))}{\tau(\pi)} \cdot \frac{\tau(\pi)}{\pi} U_{n+1} = \frac{\sigma(\pi)}{\pi} \cdot \frac{\tau(\pi)}{\pi} U_{n+1} = \Phi_n(\sigma)\,\Phi_n(\tau).$$

Somit ist Φ ein Homomorphismus von G_n in die Faktorgruppe U_n/U_{n+1}, und nach der Vorüberlegung ist diese isomorph zu $R^\times/U_1 \cong \mathbb{F}_q^\times$, wenn $n = 0$ ist und zu $(R/P, +)$, wenn $n > 0$ ist. Damit bleibt nur noch der Kern von Φ_n zu bestimmen. $\sigma(\pi)/\pi \in U_{n+1}$ bedeutet definitionsgemäß dasselbe wie $\sigma(\pi)/\pi - 1 \in P^{n+1}$, also wie $\sigma(\pi) - \pi \in P^{n+2}$, womit $\mathrm{Ker}\,\Phi_n = G_{n+1}$ bewiesen ist. □

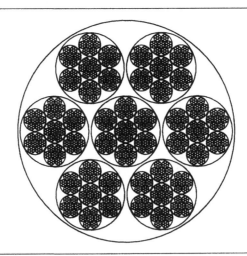

Aufgabe 1. (Konstruktion der reellen Zahlen, Teil 1) Der gewöhnliche Betrag auf $\mathbb{Q}$ (und auf $\mathbb{R}$) kann in natürlicher Weise mit Hilfe der Anordnung erklärt werden. Also liegt es nahe, die Konstruktion in Satz 1 mit dem Ring $\mathcal{C}$ der rationalen Cauchyfolgen und seinem maximalen Ideal $\mathcal{N}$ der Nullfolgen sowie der dortigen Einbettung $\lambda\colon \mathbb{Q} \to \mathcal{C}$ zu benutzen und dann $\alpha = (a_n)_{n\geq 1} \in \mathcal{C}$ *positiv* zu nennen, falls ein $\varepsilon > 0$ in $\mathbb{Q}$ existiert, für das $a_n \geq \varepsilon$ ist für fast alle $n \in \mathbb{N}$. Man beweise:

a) Ist $\alpha \in \mathcal{C}$ positiv, so sind alle Elemente von $\alpha + \mathcal{N}$ positiv.

b) Sind α und β in $\mathcal{C}$ positiv, so sind auch $\alpha + \beta$ und $\alpha\beta$ positiv.

c) Zu jedem $\gamma \in C$ existiert ein $N \in \mathbb{N}$, für das $\lambda(N) - \gamma$ positiv ist.

d) Ist $\alpha \in C$ und ist weder α noch $-\alpha$ positiv, so gilt $\alpha \in \mathcal{N}$.

e) Der Faktorring $\widehat{\mathbb{Q}} = C/\mathcal{N}$ ist ein *angeordneter Körper*, also ein Körper, in dem für jedes Element x entweder gilt $x > 0$ oder $x = 0$ oder $-x > 0$, und in dem aus $x > 0$, $y > 0$ stets folgt $x + y > 0$ und $xy > 0$.

Aufgabe 2. (Konstruktion der reellen Zahlen, Teil 2) Mit den Bezeichnungen von Aufgabe 1 zeige man, daß jede nichtleere Teilmenge M von $\widehat{\mathbb{Q}}$, welche nach oben beschränkt ist, zu der also ein $s \in \widehat{\mathbb{Q}}$ existiert mit $s \geq m$ für alle $m \in M$, ein *Supremum*, d. i. eine kleinste obere Schranke, in $\widehat{\mathbb{Q}}$ besitzt. Anleitung: Zu s gibt es ein $N \in \mathbb{N}$ mit $\lambda(N) \geq s$. Man bezeichne für jedes $n \in \mathbb{N}$ mit a_n die kleinste Zahl $N - k \cdot 2^{-n}$, $k \in \mathbb{N}_0$, deren Bild $\lambda(N - k \cdot 2^{-n})$ eine obere Schranke von M ist. Dann ist $\alpha = (a_n)_{n \geq 1} \in C$, und α liefert die kleinste obere Schranke von M.

Aufgabe 3. Es seien R und P Bewertungsring und -ideal eines ultrametrischen, nicht trivial bewerteten vollständigen Körpers K. Dann besteht die Untergruppe $1 + P$ der Einheitengruppe $R^{\times}$ aus lauter N-ten Potenzen für jede natürliche Zahl N, die nicht durch die Charakteristik des Restklassenkörpers R/P teilbar ist.

Aufgabe 4. (Approximationssatz) Es seien $|\cdot|_1, \ldots, |\cdot|_r$ nichttriviale, paarweise inäquivalente Bewertungen auf dem Körper K. Dann gibt es zu $a_1, \ldots, a_r \in K$ und zu $\varepsilon > 0$ stets ein $x \in K$ mit $|x - a_k|_k < \varepsilon$ $(1 \leq k \leq r)$.

Anleitung (Artin–Whaples): a) Wenn zu jedem i eine Folge $(y_n^{(i)})_{n \geq 1}$ existiert mit $\lim_{n \to \infty} |y_n^{(i)} - \delta_{ik}|_k = 0$ $(1 \leq k \leq r)$, dann erfüllt $x = \sum_{i=1}^r a_i y_n^{(i)}$ die Behauptung, sobald n hinreichend groß ist.

b) Die Folge $y_n^{(i)} = y^n/(1 + y^n)$ genügt der Voraussetzung unter a), sobald $y \in K$ den Bedingungen $|y|_i > 1$ und $|y|_k < 1$ für $k \neq i$ genügt.

c) Nachweis eines Elementes $z \in K$ mit $|z|_1 > 1$, $|z|_j < 1$ für $2 \leq j \leq r$ durch Induktion nach r: Im Fall $r = 2$ gibt es wegen der Inäquivalenz der Bewertungen Elemente $a, b \in K$ mit $|a|_1 < 1$, $|a|_2 \geq 1$ und $|b|_1 \geq 1$, $|b|_2 < 1$. Mit $y = b/a$ gilt dann $|y|_1 > 1$, $|y|_2 < 1$. Ist $r > 2$ und ist die Behauptung für $r - 1$ statt r richtig, so gibt es ein $z \in K$ mit $|z|_1 > 1$, $|z|_k < 1$ $(2 < k \leq r)$. Im Fall $|z|_2 < 1$ ist nichts mehr zu zeigen; für $|z|_2 = 1$ betrachte man yz^N statt z, für $|z|_2 > 1$ dagegen $yz^N/(1 + z^N)$ statt z.

Aufgabe 5. Es sei K ein vollständig bewerteter Körper mit diskreter Wertegruppe $\vartheta^{\mathbb{Z}}$ $(0 < \vartheta < 1)$. Man beweise, daß jeder algebraische Automorphismus $\varphi : K \to K$ eine Isometrie der Bewertung von K ist. Anleitung: K ist ultrametrisch. Für das Bewertungsideal P von K besteht daher $1 + P$ aus lauter N-ten Potenzen, falls die Charakteristik des Restklassenkörpers kein Teiler der natürlichen Zahl N ist. Man fixiere $\pi \in K$ mit $|\pi| = \vartheta$. Auch $x \mapsto |x|_\varphi := |\varphi(x)|$ ist eine Bewertung mit der Wertegruppe $\vartheta^{\mathbb{Z}}$. Wir nehmen an, sie sei nicht äquivalent zu $|\;|$. Dann gäbe es ein $x \in K$ mit $|x - \pi| < \vartheta$ und $|x - \varphi^{-1}(\pi^{-1})|_\varphi = |\varphi(x) - \frac{1}{\pi}| < \vartheta$. Damit wäre $1 + x \in 1 + P$, also eine N-te Potenz, während $|1 + x|_\varphi = |1 + \varphi(x)| = \vartheta^{-1}$ ist.

Aufgabe 6. Der einzige Automorphismus φ des Körpers $\mathbb{R}$ der reellen Zahlen ist die Identität. Anleitung: Aus der Tatsache, daß $\mathbb{R}_+$ die Menge aller Quadrate x^2, $x \in \mathbb{R}$ ist, folgt $\varphi(x) > 0$, falls $x > 0$ ist. Daher ist jeder Automophismus φ von $\mathbb{R}$ monoton wachsend.

Bemerkung. Im Kontrast zum Körper $\mathbb{R}$ der reellen Zahlen besitzt der Körper $\mathbb{C}$ der komplexen Zahlen unendlich viele Automorphismen. Ihre Existenz wird unter Benutzung des *Zornschen Lemmas* bewiesen.

Aufgabe 7. (Erweiterung des Konzepts einer Bewertung) Man nenne einen Teilring R des Körpers K einen *Bewertungsring*, falls für alle $x \in K \smallsetminus R$ gilt $x^{-1} \in R$. Für das folgende sei R ein Bewertungsring dieses allgemeinen Typs. Man zeige

a) Die Teilmenge $R \smallsetminus R^\times$ ist das einzige maximale Ideal Ringes R.

b) Für je zwei Ideale I, J von R gilt $I \subset J$ oder $J \subset I$, mithin ist die Menge aller Ideale von R bezüglich der Inklusion linear geordnet.

c) Sind R_1 und R_2 Bewertungsringe in K und sind P_1 sowie P_2 ihre maximalen Ideale, dann folgt aus der Relation $R_1 \subset R_2$ die Relation $P_2 \subset P_1$.

Aufgabe 8. Es sei K ein vollständiger ultrametrisch bewerteter Körper. Über die Bewertung von K wird der Polynomring $K[X]$ zu einem K-Vektorraum, auf dem für $f = \sum_{k=0}^n a_k X^k$ durch $\|f\| := \max_{0 \leq k \leq n} |a_k|$ eine K-Norm erklärt ist. Jede endliche Erweiterung $L|K$ besitzt genau eine Bewertung, die diejenige von K fortsetzt (Satz 5).

a) Ist $f \in K[X]$ normiert, so gilt $|\alpha| \leq \|f\|$ für jede Wurzel $\alpha \in L$ von f.

b) Ist $\alpha \in L$ separabel über K mit dem Minimalpolynom $F \in K[X]$ und zerfällt F über L in Faktoren ersten Grades, so setze man $r = r(\alpha) = \min_{\sigma \neq \text{id}} |\alpha - \sigma(\alpha)|$, wo σ die nichttrivialen K-Homomorphismen von $K(\alpha)$ in L durchläuft. Dann gilt für jedes $\beta \in L$ mit $|\beta - \alpha| < r(\alpha)$ die Inklusion $K(\alpha) \subset K(\beta)$ (KRASNERs Lemma).

Anleitung: Man betrachte α über dem neuen Grundkörper $K' = K(\beta)$. Als normierter Teiler von F ist sein Minimalpolynom f über K' ebenfalls separabel. Man zeige für jeden K'-Homomorphismus σ von $K'(\alpha)$ in L die Gültigkeit von $|\sigma(\alpha) - \beta| = |\alpha - \beta| < r(\alpha)$, um daraus $\sigma = \text{id}_{K'(\alpha)}$ zu schließen. Dabei ist zu beachten, daß konjugierte Elemente über K denselben Betrag haben.

Aufgabe 9. Wie in Aufgabe 8 sei K ein vollständiger ultrametrisch bewerteter Körper und $L|K$ sei eine endliche Erweiterung, versehen mit der fortgesetzten Bewertung. Ferner seien f, g normierte Polynome gleichen Grades n in $K[X]$.

a) Zerfällt $f = \prod_{j=1}^n (X - \alpha_j)$ über L in Linearfaktoren, gilt $\|f\| \leq A$ und mit einem positiven ε auch $\|f - g\| \leq \varepsilon$, dann gibt es zu jeder Wurzel $\beta \in L$ von g eine Wurzel α_i von f mit

$$|\beta - \alpha_i| \leq A \varepsilon^{1/n}.$$

b) Ist speziell $\varepsilon < |\alpha_j - \alpha_k|$ für alle Indizes j, k, für die $\alpha_j \neq \alpha_k$ ist, und ist auch g in $L[X]$ ein Produkt von Linearfaktoren, dann zerfallen die Wurzeln von g in Klassen je nachdem, zu welcher Wurzel α_i von f sie im Sinne von Teil a) gehören. Man beweise für irreduzible, separable f in $K[X]$ unter Verwendung der Behauptungen von Aufgabe 8, daß alle $g \in K[X]$ mit

$$\| f - g \| < \min_{j \neq k} | \alpha_j - \alpha_k |$$

ebenfalls irreduzibel und separabel sind.

Bemerkung. Die Aussagen der Aufgaben 8 und 9 sowie Konsequenzen daraus sind ausführlich in [Ar1] behandelt.

Anhang: Determinanten

Die Determinante über kommutativen Ringen

In diesem Abschnitt ist R stets ein kommutativer Ring mit Einselement. Wie in den Standardvektorräumen K^n und $M_{m,n}(K)$ über Körpern K kann in den entsprechenden Konstruktionen R^n und $M_{m,n}(R)$ gerechnet werden: Für natürliche Exponenten n bezeichnet R^n die Menge der Abbildungen $a\colon \{1, 2, \ldots, n\} \to R$, die üblicherweise als indizierte Systeme $a = (\alpha_i)_{1 \leq i \leq n}$ notiert und geometrisch als *Spalten* vorgestellt werden. Addition und Multiplikation mit Skalaren $\lambda \in R$ werden komponentenweise erklärt:

$$(\alpha_i)_{1 \leq i \leq n} + (\beta_i)_{1 \leq i \leq n} \; := \; (\alpha_i + \beta_i)_{1 \leq i \leq n} \, ,$$

$$(\alpha_i)_{1 \leq i \leq n} \cdot \lambda \; := \; (\alpha_i \lambda)_{1 \leq i \leq n} \, .$$

Setzt man $e_k = (\delta_{ik})_{1 \leq i \leq n}$, $1 \leq k \leq n$ mit dem Kroneckersymbol δ_{ik}, so hat jedes $a = (\alpha_i)_{1 \leq i \leq n} \in R^n$ die eindeutige Darstellung $a = \sum_{k=1}^n e_k \alpha_k$ als *Linearkombination* der *kanonischen Basis* $e_1, \ldots, e_n$ von R^n. Ganz analog bezeichnet $M_{m,n}(R)$ für natürliche Zahlen m, n die Menge der Abbildungen

$$A \; = \; (\alpha_{ij})_{1 \leq i \leq m, \; 1 \leq j \leq n}$$

von der Menge aller Paare (i, j) natürlicher Zahlen in den Grenzen $1 \leq i \leq m$, $1 \leq j \leq n$ in den Ring R. Diese Abbildungen heißen selbstverständlich wieder *Matrizen mit m Zeilen und n Spalten* über R. Auf $M_{m,n}(R)$ hat man die punktweise Addition zweier Matrizen $A = (\alpha_{ij})$, $B = (\beta_{ij})$ durch

$$A + B \; := \; (\alpha_{ij} + \beta_{ij})_{1 \leq i \leq m, \; 1 \leq j \leq n}$$

und ebenso die punktweise Multiplikation mit Skalaren $\lambda \in R$ durch

$$A \cdot \lambda \; := \; (\alpha_{ij} \lambda)_{1 \leq i \leq m, \; 1 \leq j \leq n} \, .$$

Eine R-bilineare Verknüpfung $M_{m,n}(R) \times M_{n,p}(R) \to M_{m,p}(R)$ wird durch die Matrizenmultiplikation erklärt:

$$AB \; := \; \left(\sum_{j=1}^n \alpha_{ij} \beta_{jk} \right)_{1 \leq i \leq m, \; 1 \leq k \leq p} .$$

Für Matrizen $A, A' \in M_{m,n}(R)$ sowie $B, B' \in M_{n,p}(R)$ und alle Skalare λ gelten die Formeln $(A + A')B = AB + A'B$, $A(B + B') = AB + AB'$, und

$(A\lambda)B = (AB)\lambda = A(B\lambda)$. Sie sind durch Betrachtung der Komponenten unmittelbar aus der Definition des Matrizenproduktes abzulesen. Ähnlich erkennt man die Assoziativität des Matrizenproduktes: Ist $C \in M_{p,q}(R)$ so gilt $(AB)C = A(BC)$. Denn der Koeffizient zum Index (i, l) ist links $\sum_{k=1}^{p}(\sum_{j=1}^{n}\alpha_{ij}\beta_{jk})\gamma_{kl}$ und rechts $\sum_{j=1}^{n}\alpha_{ij}(\sum_{k=1}^{p}\beta_{jk}\gamma_{kl})$, was dasselbe ist.

Auf diese Weise wird insbesondere $M_n(R) = M_{n,n}(R)$, die Menge der quadratischen Matrizen mit n Zeilen, ein i. a. nicht kommutativer Ring mit Einselement $1_n = (\delta_{ik})_{1 \le i,k \le n}$. Im Spezialfall $m = n$, $p = 1$ liefert die Multiplikation $M_n(R) \times R^n \to R^n$ zu jeder Matrix $A \in M_n(R)$ einen R-*linearen Homomorphismus* $x \mapsto Ax$ von R^n in sich, was nichts anderes bedeutet als $A(x + x') = Ax + Ax'$ und $(Ax)\lambda = A(x\lambda)$ für alle $x, x' \in R^n$ und alle $\lambda \in R$. Mit dieser Deutung sind für quadratische Matrizen $A, B \in M_n(R)$ die Spalten

$$s_k := \left(\sum_{j=1}^{n} \alpha_{ij}\,\beta_{jk}\right)_{1 \le i \le n}$$

des Produktes AB zugleich die Bilder $s_k = Ab_k$ ($1 \le k \le n$) der gleichindizierten Spalten b_k von B unter der durch A bewirkten R-linearen Abbildung.

Definition. Eine Abbildung D des n-fachen direkten Produkts $R^n \times \cdots \times R^n$ in den Ring R heißt eine *n-fache Linearform* (kurz *Multilinearform*) auf R^n, wenn für jeden Index k die Abbildungen $x \mapsto D(a_1, \ldots, a_{k-1}, x, a_{k+1}, \ldots, a_n)$ von R^n in R sämtlich R-linear sind.— Ist überdies $D(\ldots a \ldots a \ldots) = 0$, ist also $D(a_1, \ldots, a_n) = 0$, sobald irgend zwei der n Argumente von D übereinstimmen, so heißt D eine *alternierende n-fache Linearform* auf R^n.

Regel 1. *Für alternierende Multilinearformen D auf R^n gilt stets*

$$D(\ldots a \ldots b \ldots) = -D(\ldots b \ldots a \ldots),$$

Vertauschung zweier Argumente ändert den Wert von D um den Faktor -1.

Das erkennt man an folgender Gleichungskette

$$0 = D(\ldots a + b \ldots a + b \ldots)$$
$$= D(\ldots a \ldots a + b \ldots) + D(\ldots b \ldots a + b \ldots)$$
$$= D(\ldots a \ldots a \ldots) + D(\ldots a \ldots b \ldots) + D(\ldots b \ldots a \ldots) + D(\ldots b \ldots b \ldots)$$
$$= D(\ldots a \ldots b \ldots) + D(\ldots b \ldots a \ldots).$$

Als Folgerung ergibt sich durch eventuell wiederholte Anwendung auf je benachbarte Argumente für Indizes s, t mit $1 \le s < t \le n$ die Formel

$$D(a_1, \ldots, a_n) = (-1)^{t-s} D(a_1, \ldots, a_{s-1}, a_{s+1}, \ldots a_t, a_s, a_{t+1}, \ldots). \qquad (*)$$

Regel 2. *Eine alternierende n-fache Linearform D auf R^n ändert ihren Wert nicht, wenn man zu einem ihrer Argumente a_s eine Linearkombination der* *übrigen Argumente addiert:*

$$D(a_1, \ldots, a_{s-1}, a_s + \textstyle\sum_{i \neq s} a_i \lambda_i, a_{s+1}, \ldots, a_n) = D(a_1, \ldots, a_n).$$

Denn in der Entwicklung

$$D(\ldots a_{s-1}, a_s + \textstyle\sum_{i \neq s} a_i \lambda_i, a_{s+1}, \ldots) =$$
$$D(a_1 \ldots, a_n) + \textstyle\sum_{i \neq s} D(\ldots, a_{s-1}, a_i, a_{s+1}, \ldots) \lambda_i$$

verschwindet jeder der $n - 1$ letzten Summanden.

Satz 1. *Zu jeder natürlichen Zahl n gibt es auf R^n genau eine n-fache alternierende Linearform d_n mit der Eigenschaft $d_n(e_1, \ldots, e_n) = 1$.*

Beweis. 1) Eindeutigkeit: Angenommen, auf R^n seien D und d_n zwei alternierende n-fache Linearformen, für die überdies $d_n(e_1, \ldots, e_n) = 1$ ist. Dann gilt mit $\lambda := D(e_1, \ldots, e_n)$ die Formel $D = \lambda d_n$. Zur Begründung beachten wir, daß auch $D - \lambda d_n$ eine alternierende n-fache Linearform auf R^n ist. Nach Definition von λ gilt $(D - \lambda d_n)(e_1, \ldots, e_n) = 0$. Daraus folgt für natürliche Zahlen $i_1, \ldots, i_n$ in den Grenzen $1 \leq i_k \leq n$ $(1 \leq k \leq n)$

$$(D - \lambda d_n)(e_{i_1}, \ldots, e_{i_n}) = 0.$$

Denn entweder existieren unter den Zahlen i_k zwei gleiche; oder die Folge $i_1, \ldots, i_n$ ist durch geeignete, eventuell wiederholte Vertauschungen aus der Folge $1, \ldots, n$ entstanden, woraus dann nach Regel 1 folgt

$$D(e_{i_1}, \ldots, e_{i_n}) = \varepsilon D(e_1, \ldots, e_n) \quad \text{und}$$
$$d_n(e_{i_1}, \ldots, e_{i_n}) = \varepsilon d_n(e_1, \ldots, e_n)$$

mit demselben Faktor $\varepsilon = \pm 1$, welcher nur von der Zahl der Vertauschungen abhängt, die $i_1, \ldots, i_n$ in die Reihenfolge $1, \ldots, n$ bringen. Ist nun

$$a_k = \sum_{i_k=1}^{n} e_{i_k} \alpha_{i_k,k} \quad (1 \leq k \leq n),$$

dann ergibt die Linearität von D und d_n bezüglich aller Argumente

$$(D - \lambda d_n)(a_1, \ldots, a_n) = \sum_{i_1=1}^{n} \alpha_{i_1,1}(D - \lambda d_n)(e_{i_1}, a_2, \ldots, a_n)$$

$$= \cdots = \sum_{i_1,\ldots,i_n=1}^{n} \alpha_{i_1,1} \cdots \alpha_{i_n,n}(D - \lambda d_n)(e_{i_1}, e_{i_2} \ldots, e_{i_n}) = 0.$$

Daran erkennt man $D(a_1, \ldots, a_n) = \lambda d_n(a_1, \ldots, a_n)$.

2) Die Existenz von d_n wird durch vollständige Induktion nach n bewiesen. Im Fall $n = 1$ ist $d_1 := \mathrm{id}_R$ einerseits linear und durch $d_1(1) = 1$ normiert, andererseits ist diese Linearform trivialerweise alternierend, da sie nur ein Argument besitzt. Für den Induktionsschritt nutzen wir eine Freiheit, die uns die Eindeutigkeit beschert, um eine Reihe von wichtigen Gleichungen mitzubeweisen. Sie werden in einem Zusatz festgehalten.

Sei also $n > 1$ und bezeichne d_{n-1} die nach 1) eindeutige alternierende $(n-1)$-fache Linearform auf R^{n-1} mit $d_{n-1}(e_1', \ldots, e_{n-1}') = 1$ auf der kanonischen Basis von R^{n-1}. Wir fixieren einen willkürlichen Index i mit $1 \le i \le n$ und betrachten die Abbildung $a \mapsto a^{(i)}$ von R^n auf R^{n-1}, die durch Streichung der i-ten Komponente α_i von $a = (\alpha_j)_{1 \le j \le n}$ entsteht. Offensichtlich ist sie R-linear. Nun werden wir zeigen, daß durch

$$d_n(a_1, \ldots, a_n) := \sum_{k=1}^{n} \alpha_{ik} \, (-1)^{i+k} \, d_{n-1}\Big(a_1^{(i)}, \ldots, a_{k-1}^{(i)}, a_{k+1}^{(i)}, \ldots, a_n^{(i)}\Big)$$

eine alternierende n-fache Linearform auf R^n definiert ist mit der Eigenschaft $d_n(e_1, \ldots, e_n) = 1$. Darin wurde $a_k = (\alpha_{jk})_{1 \le j \le n}$ gesetzt. Jeder Summand

$$(a_1, \ldots, a_n) \mapsto \alpha_{ik} \, (-1)^{i+k} \, d_{n-1}\Big(a_1^{(i)}, \ldots, a_{k-1}^{(i)}, a_{k+1}^{(i)}, \ldots, a_n^{(i)}\Big)$$

ist R-linear in jedem der n Argumente a_j: Für $j = k$ geht nur die i-te Komponente von a_k als Faktor ein, für $j \ne k$ ist der letzte Faktor als Funktion von a_j linear, während der Vorfaktor davon unabhängig ist. Folglich ist die Summe d_n dieser Abbildungen eine n-fache Linearform auf R^n. Überdies gilt

$$\begin{aligned} d_n(e_1, \ldots, e_n) &= (-1)^{i+i} d_{n-1}\Big(e_1^{(i)}, \ldots, e_{i-1}^{(i)}, e_{i+1}^{(i)}, \ldots, e_n^{(i)}\Big) \\ &= d_{n-1}(e_1', \ldots, e_{n-1}') = 1 \, . \end{aligned}$$

Um zu zeigen, daß d_n alternierend ist, betrachten wir den Fall $a_s = a_t$ für zwei Indizes $s < t$. Dann ist auch $a_s^{(i)} = a_t^{(i)}$ sowie $\alpha_{is} = \alpha_{it}$. Da d_{n-1} nach Induktionsvoraussetzung alternierend ist, bleiben von der d_n definierenden Summe nur die beiden Summanden für $k = s$ und $k = t$ übrig:

$$\begin{aligned} d_n(a_1, \ldots, a_n) &= \alpha_{is} \, (-1)^{i+s} \, d_{n-1}\Big(\ldots a_{s-1}^{(i)}, \; a_{s+1}^{(i)} \ldots\Big) \\ &+ \alpha_{it} \, (-1)^{i+t} \, d_{n-1}\Big(\ldots a_{t-1}^{(i)}, \; a_{t+1}^{(i)} \ldots\Big) \, . \end{aligned}$$

Die der Regel 1 folgende Formel $(*)$ zeigt, daß der zweite Summand das Negativ des ersten Summanden ist. Somit gilt hier $d_n(a_1, \ldots, a_n) = 0$. $\quad\square$

Zusatz. (Entwicklungsformel bezüglich der Zeilen.) *Wenn die Zeilenanzahl $n > 1$ ist, gilt für jeden Index i mit $1 \le i \le n$ die Gleichung*

$$d_n(a_1, \ldots, a_n) = \sum_{k=1}^{n} \alpha_{ik} \, (-1)^{i+k} \, d_{n-1}\Big(a_1^{(i)}, \ldots, a_{k-1}^{(i)}, a_{k+1}^{(i)}, \ldots, a_n^{(i)}\Big)$$

Die Beispiele $n = 2$ und $n = 3$:

$$d_2 \begin{pmatrix} \alpha_{11} & \alpha_{12} \\ \alpha_{21} & \alpha_{22} \end{pmatrix} = \alpha_{11}\alpha_{22} - \alpha_{12}\alpha_{21},$$

$$d_3 \begin{pmatrix} \alpha_{11} & \alpha_{12} & \alpha_{13} \\ \alpha_{21} & \alpha_{22} & \alpha_{23} \\ \alpha_{31} & \alpha_{32} & \alpha_{33} \end{pmatrix} = \begin{matrix} \alpha_{11}\,(\alpha_{22}\,\alpha_{33} - \alpha_{23}\,\alpha_{32}) \\ -\alpha_{12}\,(\alpha_{21}\,\alpha_{33} - \alpha_{23}\,\alpha_{31}) \\ +\alpha_{13}\,(\alpha_{21}\,\alpha_{32} - \alpha_{22}\,\alpha_{31}) \end{matrix}$$

$$= \quad \alpha_{11}\,\alpha_{22}\,\alpha_{33} + \alpha_{12}\,\alpha_{23}\,\alpha_{31} + \alpha_{13}\,\alpha_{21}\,\alpha_{32}$$
$$-\alpha_{11}\,\alpha_{23}\,\alpha_{32} - \alpha_{12}\,\alpha_{21}\,\alpha_{33} - \alpha_{13}\,\alpha_{22}\,\alpha_{31}.$$

Definition. Die Determinante einer quadratischen Matrix $A \in M_n(R)$ mit den Spalten $a_1 = Ae_1, \ldots, a_n = Ae_n$ wird definiert mit Hilfe der n-fachen alternierenden Linearform d_n des R^n in Satz 1 durch $\det A := d_n(a_1, \ldots, a_n)$. Sie ist damit als Funktion der n Spalten eine n-fache alternierende Linearform mit der Normierung $\det 1_n = 1$.

Satz 2. *Für alle Matrizen $A, B \in M_n(R)$ gilt die Produktformel*

$$\det(AB) = \det A \cdot \det B.$$

Ist ferner A invertierbar, so ist auch $\det A$ invertierbar, also $\det A \in R^{\times}$.

Beweis. 1) Eine weitere alternierende n-fache Linearform auf R^n ist durch die Formel $D(x_1, \ldots, x_n) = d_n(Ax_1, \ldots, Ax_n)$ gegeben. Nach dem Beweis von Satz 1 gilt wegen $D(e_1, \ldots, e_n) = d_n(Ae_1, \ldots, Ae_n) = \det A$ die Formel $D = D(e_1, \ldots, e_n)\, d_n = \det A\, d_n$. Da jeweils Ab_k $(1 \le k \le n)$ die k-te Spalte der Matrix AB ist, folgt

$$\begin{aligned} \det(AB) &= d_n(Ab_1, \ldots, Ab_n) \\ &= \det A \cdot d_n(b_1, \ldots, b_n) = \det A \cdot \det B. \end{aligned}$$

2) Ist die Matrix A in $M_n(R)$ invertierbar und bezeichnet A^{-1} ihre Inverse, so gilt $AA^{-1} = 1_n$ und zufolge 1) auch $\det A \cdot \det A^{-1} = 1$. Daher ist $\det A \in R^{\times}$ und besitzt die Inverse $\det(A^{-1})$. □

Von zentraler Bedeutung im Determinantenkalkül ist die Tatsache, daß auch umgekehrt aus der Invertierbarkeit von $\det A$ in R die Invertierbarkeit von A in $M_n(R)$ folgt. Das wird sich aus dem übernächsten Satz ergeben.

Satz 3. *Für die zur Matrix $A = (\alpha_{ik}) \in M_n(R)$ transponierte Matrix A^t mit dem Eintrag α_{ki} in der i-ten Zeile und der k-ten Spalte gilt die Formel*

$$\det A^t = \det A.$$

Beweis. Es genügt, den Fall $n > 1$ zu behandeln. Die Spalten der Matrix A^t sind zugleich die Zeilen der Matrix A. Da die Einsmatrix 1_n unter der Transposition invariant ist, bleibt nur zu zeigen, daß $\det A$ eine alternierende n-fache Linearform der Zeilen von A ist. Die Linearität von $\det A$ als Funktion der i-ten Zeile $(\alpha_{ik})_{1 \le k \le n}$ von A ist nun direkt aus der entsprechenden Entwicklungsformel im Zusatz zu Satz 1 abzulesen, da der Faktor

$$(-1)^{i+k} d_{n-1}\left(a_1^{(i)}, \ldots, a_{k-1}^{(i)}, a_{k+1}^{(i)}, \ldots, a_n^{(i)}\right)$$

bei α_{ik} von der i-ten Zeile, die ja gestrichen wurde, nicht abhängt. Um zu zeigen, daß $\det A = 0$ ist, wenn zwei Zeilen in A übereinstimmen, gehen wir induktiv vor. Im Fall $n = 2$ ist dies direkt aus der Formel für den Wert von d_2 abzulesen. Ist $n > 2$ und ist bereits bekannt, daß die Determinante auf $M_{n-1}(R)$ als Funktion der Zeilen alternierend ist, wählen wir zu zwei gleichen Zeilen mit den Indizes $s < t$ von A einen weiteren von s und t verschiedenen Index i und erkennen wieder aus der Entwicklungsformel zur i-ten Zeile die Behauptung $\det A = 0$. Damit ist gezeigt, daß $A \mapsto \det A^t$ eine alternierende n-fache Linearform der Spalten von A mit dem Wert 1 bei $A = 1_n$ ist, also gilt $\det A^t = \det A$ nach Satz 1. $\square$

Satz 4. (Die CRAMERsche Regel) *Die Zeilenzahl n sei größer als 1. Zu jeder Matrix $A \in M_n(R)$ bezeichne $A^{(i,k)}$ die Matrix in $M_{n-1}(R)$, welche aus A durch Weglassen der i-ten Zeile und der k-ten Spalte entsteht. Ferner sei*

$$\alpha_{ik}^* = (-1)^{i+k} \det A^{(k,i)}.$$

Dann gelten mit dem Kroneckersymbol δ_{ik} die Formeln

$$\sum_{j=1}^n \alpha_{ij}\, \alpha_{jk}^* = \delta_{ik} \cdot \det A = \sum \alpha_{ij}^*\, \alpha_{jk} \quad (1 \le i, k \le n).$$

Die Matrix $\mathrm{adj}(A) = (\alpha_{ik}^*)$, *die Adjunkte von A, hat mithin die Eigenschaft*

$$A \cdot \mathrm{adj}(A) = \mathrm{adj}(A) \cdot A = \det A \cdot 1_n.$$

Beweis. Im Fall $k = i$ besagt die erste Formel dasselbe wie die Entwicklungsformel von $\det A$ nach der i-ten Zeile. Im Fall $k \ne i$ läßt sich diese Formel anwenden auf die Matrix A_i, die aus A entsteht, in dem man die k-te Zeile von A durch die i-te Zeile ersetzt. Dann ist natürlich $\det A_i = 0 = \delta_{ik} \det A$. Andererseits entsteht durch Streichung der k-ten Zeile und der j-ten Spalte in A_i nichts anderes als $A^{(k,j)}$. Also liefert die Entwicklung von $\det A_i$ nach der i-ten Zeile die erste Formel auch im Fall $i \ne k$.

Für die Transponierte von A ist offenbar stets

$$(A^t)^{(j,k)} = (A^{(k,j)})^t \qquad (1 \le j, k \le n);$$

insbesondere haben beide Matrizen dieselbe Determinante. Nach Satz 3 gilt somit

$$(\mathrm{adj}(A))^t \;=\; \mathrm{adj}(A^t)\,. \qquad\qquad (*)$$

Wir berücksichtigen nun das Verhalten des Matrizenproduktes unter Transposition, nämlich $(AB)^t = B^t A^t$ für alle $A, B \in M_n(R)$. Aus Satz 3 und der bewiesenen Formel für A^t anstelle von A haben wir

$$A^t \cdot \mathrm{adj}(A^t) \;=\; \det A \cdot 1_n\,.$$

Diese Gleichung unterwerfen wir der Transposition und verwenden dabei $(*)$:

$$\det A \cdot 1_n \;=\; \mathrm{adj}(A) \cdot A\,. \qquad\qquad \square$$

Zusatz. *Hat die Matrix $A \in M_n(R)$ eine invertierbare Determinante in R, so ist A in $M_n(R)$ invertierbar und ihre Inverse ist gegeben durch die Formel*

$$A^{-1} \;=\; \mathrm{adj}(A) \cdot (\det A)^{-1}\,.$$

Das ist aus Satz 4 abzulesen.

Aufgabe 1. Es sei R ein kommutativer Ring mit $1_R \neq 0_R$, und n sei eine natürliche Zahl. Mit $\mathbf{GL}_n(R)$ bezeichnet man die Menge aller invertierbaren Matrizen $A \in M_n(R)$. Nach Satz 4 und dessen Zusatz ist $A \in \mathbf{GL}_n(R)$ genau dann, wenn $\det A \in R^\times$ ist. Man begründe, daß $\mathbf{GL}_n(R)$ unter der Multiplikation von Matrizen in jedem Fall eine Gruppe ist. Ferner zeige man, daß die Menge $\mathbf{SL}_n(R)$ der $A \in \mathbf{GL}_n(R)$ mit $\det A = 1_R$ ein Normalteiler (die *spezielle lineare Gruppe*) von $\mathbf{GL}_n(R)$ ist.

Literatur

[Ar1] Artin, E.: Algebraic Numbers and Algebraic Functions, Gordon and Breach, New York 1967

[Ar2] Artin, E.: Galoissche Theorie, Harri Deutsch, Zürich 1965

[Ar'] Artin, M.: Algebra, Birkhäuser, Basel *et al.* 1991

[BS] Borewicz, S. I., Šafarevič, I.R.: Zahlentheorie, Birkhäuser, Basel *et al.* 1966

[Bo] Bosch, S.: Algebra, Springer, Berlin *et al.* 1993

[Br] Brüdern, J.: Einführung in die analytische Zahlentheorie, Springer, Berlin *et al.* 1995

[Bu] Bundschuh, P.: Einführung in die Zahlentheorie, 2. Auflage, Springer, Berlin *et al.* 1992

[CF] Cassels, J. W. S., Fröhlich, A.: Algebraic Number Theory, Acadenic Press, London *et al.* 1967

[Ch] Cohen, H.: A Course in Computational Algebraic Number Theory, Springer, Berlin *et al.* 1993

[Cp] Cohn, P. M.: Algebra, 2 vols., Wiley & Sons, London *et al.* 1974, 1977

[Da] Davenport, H.: Multiplicative Number Theory, 2nd ed., revised by H.L. Montgomery, Springer, New York *et al.* 1980

[D] Dedekind, R.: Vorlesungen über Zahlentheorie von P. G. Lejeune Dirichlet mit Zusätzen versehen, 4. Aufl. Vieweg, Braunschweig 1894

[Eb] Ebbinghaus, H.-D. et al.: Zahlen, 2. Aufl., Springer, Berlin *et al.* 1988

[Fr] Frey, G.: Elementare Zahlentheorie, Vieweg, Braunschweig *et al.* 1984

[FT] Fröhlich, A., Taylor, M. J.: Algebraic Number Theory, Cambridge University Press 1991

[G] Gauss, C. F.: Disquisitiones arithmeticae, ins Deutsche übersetzt von H. Maser, Springer, Berlin 1889

[Gu] Gundlach, K.-B.: Einführung in die Zahlentheorie, Bibliographisches Institut, Mannheim *et al.* 1972

[HW] Hardy, G. H., Wright, E. M.: An Introduction to the Theory of Numbers, fourth ed., Clarendon Press, Oxford 1962

[Ha]   Hasse, H.: Vorlesungen über Zahlentheorie, Springer, Berlin *et al.* 1964

[He]   Hecke, E.: Theorie der algebraischen Zahlen, Akademische Verlags-gesellschaft, Leipzig 1923

[H]   Hilbert, D.: Die Theorie der algebraischen Zahlkörper. Jahresbericht der Deutschen Mathematikervereinigung, Bd. 4, 175–546 (1897)

[Hu]   Hurwitz, A.: Mathematische Werke, 2 Bd., Birkhäuser Verlag, Basel *et al.* 1963

[IR]   Ireland, K., Rosen, M.: A Classical Introduction to Modern Number Theory, Springer, New York *et al.* 1982

[Kh]   Khintchine, A.: Kettenbrüche, Teubner, Leipzig 1956

[Kn]   Knuth, D. E.: The Art of Computer Programming, vol.2: Seminume-rical Algorithms, 2nd ed., Addison–Wesley Reading (Mass.) 1981

[Ko]   Koch, H.: Einführung in die klassische Mathematik, Springer, Berlin *et al.* 1986

[KP]   Koch, H., Pieper, H.: Zahlentheorie, VEB Deutscher Verlag der Wis-senschaften, Berlin 1976

[L]   Landau, E.: Grundlagen der Analysis, Akademische Verlagsgesell-schaft, Leipzig 1930

[La1] Lang, S.: Algebra, Addison–Wesley, Amsterdam *et al.* 1965

[La2] Lang, S.: Algebraic Number Theory, Addison–Wesley, Reading (Mass.) *et al.* 1970

[Le]   Lenstra, H. W. jr.: Euclidean Number Fields of Large Degree. Invent. Math. 38, 237–254, (1977)

[Lo1] Lorenz, F.: Einführung in die Algebra I, II, B.I. Wissenschaftsverlag, Mannheim *et al.* 1987, 1990

[Lo2] Lorenz, F.: Algebraische Zahlentheorie, B.I. Wissenschaftsverlag, Mannheim *et al.* 1993

[Mi]   Mignotte, M.: Mathematics for Computer Algebra, Springer, New York *et al.* 1992

[Na]   Narkiewicz, W.: Elementary and Analytic Theory of Algebraic Num-bers, Polish Scientific Publishers, Warszawa 1974

[Ne]   Neukirch, J.: Algebraische Zahlentheorie, Springer, Berlin *et al.* 1992

[NZ]   Niven, I., Zuckerman, H. S.: Einführung in die Zahlentheorie I,II, Bibliographisches Institut, Mannheim *et al.* 1976

[Pe]   Perron, O.: Die Lehre von den Kettenbrüchen I,II, Nachdruck der dritten Auflage, Wissenschaftliche Buchgesellschaft, Darmstadt 1977

[PZ]   Pohst, M., Zassenhaus, H.: Algorithmic Algebraic Number Theory, Cambridge University Press 1989

[Re]   Reichardt, H.: Nachrufe auf Berliner Mathematiker des 19. Jahrhunderts. C. G. J. Jacobi, P. G. L. Dirichlet, E. E. Kummer, L. Kronecker, K. Weierstraß, BSB B. G. Teubner, Leipzig 1988

[Ri]   Riesel, H.: Prime Numbers and Computer Methods for Factorization, 2nd ed., Birkhäuser, Boston *et al.* 1994

[Ro]   Rose, H. E.: A Course in Number Theory, 2nd ed., Clarendon Press, Oxford 1994

[SO]   Scharlau, W., Opolka, H.: Von Fermat bis Minkowski, Eine Vorlesung über Zahlentheorie und ihre Entwicklung, Springer, Berlin *et al.* 1980

[Se1]   Serre, J.-P.: Corps Locaux, Hermann, Paris 1962

[Se2]   Serre, J.-P.: A Course in Arithmetic, Springer, New York *et al.* 1973

[Si]   Sierpinski, W.: Elementary Theory of Numbers, 2. ed. North Holland, Amsterdam *et al.* 1988

[vW]   van der Waerden, B. L.: Algebra I,II, 5. Auflage, Springer, Berlin *et al.* 1966, 1967

[Wa]   Washington, L. C.: Introduction to Cyclotomic Fields, Springer, New York *et al.* 1982

[W]   Weber, H.: Lehrbuch der Algebra, 3 Bde. 2. Aufl. Vieweg, Braunschweig 1898, 1899, 1908

[We1]   Weil, A.: Basic Number Theory, Springer, Berlin *et al.* 1967

[We2]   Weil, A.: Number Theory; an approach through history, From Hammurapi to Legendre, Birkhäuser, Boston 1984

[Za]   Zagier, D. B.: Zetafunktionen und quadratische Körper, Springer, Berlin *et al.* 1984

Index

Druck u. Verarbeitung: Druckerei Triltsch, Würzburg

S. Bosch

Algebra

2., überarb. Aufl. 1996. X, 329 S. Brosch. **DM 44,-**; öS 321,20; sFr 39,50
ISBN 3-540-60410-3

Eine verständliche, konzise und immer flüssige Einführung in die Algebra,
die insbesondere durch ihre sorgfältige didaktische Aufbereitung bei vielen
Studenten Freunde finden wird. Bosch bietet neben zahlreichen Aufgaben,
einführenden und motivierenden Vorbemerkungen auch Ausblicke auf neuere
Entwicklungen. Auch selten im Lehrbuch behandelte Themen wie Resultanten,
Diskriminanten und symmetrische Funktionen werden angesprochen.

J. Brüdern

Einführung in die
analytische Zahlentheorie

1995. X, 238 S. Brosch. **DM 68,-**; öS 496,40; sFr 60,- ISBN 3-540-58821-3

Diese Einführung in die analytische Zahlentheorie wendet sich an Studierende
der Mathematik, die bereits mit der Funktionentheorie und den einfachsten
Grundtatsachen der Zahlentheorie vertraut sind und ihre Kenntnisse in
Zahlentheorie vertiefen möchten. Die ausführliche, motivierende Darstellung
der behandelten Themen soll den Einstieg in die Ideen und technischen
Details erleichtern.

■■■■■■■■■

Springer-Verlag, Postfach 31 13 40, D-10643 Berlin, Fax 0 30 / 8 27 87 - 3 01 / 4 48   e-mail: orders@springer.de   BA96.06.24a

P. Bundschuh

Einführung in die Zahlentheorie

3., vollst. überarb. Aufl. 1996. XIV, 350 S. 7 Abb. Brosch. **DM 54,-**; öS 394,20; sFr 48,-
ISBN 3-540-60920-2

Die nunmehr 3. Auflage dieses Lehrbuchs wurde überarbeitet und auf den neuesten Stand gebracht, das Kapitel zum Satz des Fermat entsprechend gänzlich neu geschrieben. In dieser Einführung in die Zahlentheorie wird der geschichtlichen Entwicklung besondere Aufmerksamkeit geschenkt. Dabei werden nicht grundsätzlich die ersten publizierten Beweise zitiert, vielmehr erfährt der Leser den historischen Urheber eines Resultats und erhält Hinweise auf Verschärfungen und Verallgemeinerungen.

J. Neukirch

Algebraische Zahlentheorie

1992. XIV, 595 S. 16 Abb. Geb. **DM 98,-**; öS 764,40; sFr 86,50 ISBN 3-540-54273-6

Die Darstellung führt den Studenten in konkreter Weise in das Gebiet ein, läßt sich dabei von modernen Erkenntnissen übergeordneter Natur leiten und ist in vielen Teilen neu. Der grundlegende erste Teil ist mit einigen neuen Aspekten versehen, wie etwa der „Minkowski-Theorie" und einer ausführlichen Theorie der Ordnungen. Über die Grundlagen hinaus enthält das Buch eine geometrische Neubegründung der Theorie der algebraischen Zahlkörper durch die Entwicklung einer „Riemann-Roch-Theorie" vom „Arakelovschen Standpunkt", die bis zu einem „Grothendieck-Riemann-Roch-Theorem" führt, ferner eine moderne Darstellung der Klasssenkörpertheorie und schließlich eine neue Theorie der Theta-Reihen und L-Reihen, die die klassischen Arbeiten von Hecke in eine faßliche Form setzt. Das Buch ist an Studenten nach dem Vorexamen gerichtet, darüber hinaus wird es sehr bald dem Forscher als weiterweisendes Handbuch unentbehrlich sein.

Springer

Preisänderungen vorbehalten.

Springer-Verlag, Postfach 31 13 40, D-10643 Berlin, Fax 0 30 / 8 27 87 - 3 01 / 4 48   e-mail: orders@springer.de   BA96.06.24a

Row	A	B	C	D	E	F	G	H	I	J	K	L	M	N	O	P	Q	R	S	T	Row
0	⊠																				0
3				b									c						b		3
6		a		b														a	b		6
9	b				d	a					f								d		9
12		b		d			b	e			a	f	c								12
15	c	b	g			e	d							c					g		15
18	a		d	b	f			c	i	b							g		f		18
21			e	a				c		b		a	h				g		a		21
24		e	c	h						f			d				g	a	c	j	24
27	g							a	h		f		b	j							27
30	f		d			a			b		i		g		b					c	30
33			f					j	a		b					f	b			i	33
36	a	d			c				h	a		c				a	e				36
39	j				f					l	g	b		e	h	d			a		39
42			h	c			f						b								42
45		a		d	a	c			e	j				b	d	c	a				45
48		b	m			j	e	g	a	d	i	f				c			n	l	48
51		c		j	d	k	g		c			a		f			o		e		51
54				m					a		k	i		a				b	d		54
57	a		e	l	b				a	p	e	d	k								57
60	b			a	c	g			d	p	a	l									60
63			l	o		a	b					d		a							63
66		b	a	g		c	e	b	m		l			h					g		66
69	n		f		a	e	k	b			c			e							69
72	c			f		a			k	a		c	e		g	d					72
75	a		p		b	c				n						o					75
78	e	g	p	a		h	b		j	e		b				a	k				78
81			d		j	q	b	e	f	h		a		c							81
84	f	a	j	c		d	q		i	g	m	b	a					e			84
87		f	d			a	c		f	n			l	c							87
90		o	e			r		a	j	i	e	f	m								90
93	o	h	n	c		a	j	b		r	h										93
96	a		l		d	f	a		c	b	d										96
99		d	j	c	m	g	d	a	b	n	t	a									99
102	u	l	b	k	a	e	g	f	i	c	h										102
105		d	a	n	b	h	r	a	k	m	l	t	o	c							105
108	u	c	e	f	q	g	c		r	p	b										108
111	b	e	h	f	a	o	c	a	k	n	c										111
114	a	u	c	b	w	a	p	d	a												114
117	d	a	c	g	l	b	f	c	q	m	a	j									117
120	h	m	d	k	b	f	j	r	s	a	j	i	w								120
123	f	a	x	t	k	b	j	r	s	a											123
126		a	p	b	j	k	c	f													126
129	g	n	b	d	a	c	f	h	g	t											129
132	i	j	p	u	b	a	e	s	d	a	g	t									132
135	d	a	l	r	e	c	b	o	h	g	b	w									135
138	g	c	h	a	d	u	x	m	r	b	e	a									138
141	l	v	c	e	o	a	n	q	f	g	a	d									141
144		a	j	t	c	b	e	h	f	i											144
147	m	j	h	d	e				d												147
150	i	b	d	r	a	h	u	a	b	q	f										150
153	m	b	d	n	v	a	c	s													153
156	n	a	b	c	m	e	a														156
159			b	s	c	w	g	h	a	c	l	b									159

Die kleinsten Primteiler der Zahlen $n \leq 16200$. Die durch 2, 3 oder 5 teilbaren Zahlen sind nicht aufgeführt, da ihr kleinster Primteiler leicht aus der Dezimaldarstellung abzulesen ist. Die Zahlen jeder Spalte haben dasselbe Paar von Endziffern; es ist jeweils

Sieb des Eratosthenes

in der Kopf- und Fußzeile notiert. Die Zeilen sind nach wachsenden Hundertern $h = \lfloor n/100 \rfloor$ geordnet, und zwar modulo 3: Im linken, mittleren bzw. rechten Drittel ist $h \equiv 0 \pmod 3$, $h \equiv 1 \pmod 3$ bzw. $h \equiv 2 \pmod 3$. Die Zahl h ist jeweils in den Randspalten festgehalten.

	03 09	11 17	21 23 27 29	33 39	41 47	51 53 57 59	63 69	71 77	81 83 87 89	93 99	
2	╱ ╲		a	b d a ╱	a	c ╱ a		╱ ╲	b	a	2
5	╱ ╲		b d a ╱	e ╱ d	c ╱ a		╱ ╲ c		5	
8	╲	c		e ╱ d		╲ a		╱ c e	8	
11	╲	c ╱	╲ b ╱ f	a c	╱ ╲	╱ e	11			
14	d	b a ╱		╲ ╱	f	╱ a	a		14	
17	a	e b	╲ ╱ g	b ╱	h e ╱	a	╲ ╱	17		
20	╱	i ╱	c ╲	a d ╱	e	c f	╱	20		
23	╱	╱ ╲ d a b	a	╱ b d	╱	23				
26	c	i g ╲	╱ c ╲ ╱	b	26					
29	h	d g e ╱	b ╱ a	╲	a ╲ c e ╱ h	29				
32	a	╲ ╱ k h ╱ b	a ╱	e b ╱ c ╲ g	32					
35	f ╲	a	k ╲	╱ i	b g	l	35			
38	a g ╲	i ╱	╲ d	╱ b	k	╲ a	b ╱	38		
41	╲ ╱	d a ╱	h ╲	d ╲ i	g j k l	╱ a	41			
44	╱ ╱	c i ╲ d	m	h b	╱ n	╲	44			
47	b ╱ k	e	╲ j	╱ n	╲ c a b ╱	47				
50	e	╲ j	o ╱	f a	m g ╲	a	╱ ╲	50		
53	j a b	╱ p	c ╱	k ╲ d	f ╱ h c	b	53			
56	a o	f h ╱	b a i	╱	k ╱ a ╲	h	56			
59	c	d m f	╱ b	a c ╲ ~ ╱ l	n j ╱ i	f	k a ╱	59		
62	╱ a	d b q	╱ a	╲ m c ╱	62					
65	╱ d b ╱	╲ m	j a f	╱ q ╱	e ╱ ╲ c	65				
68	╲ ╱ b c	b	h a ╱ c	a ╱	o r m	68				
71	a ╲	b	╱ ╲ g ╱	d b	a n o	i ╲	╱ d	71		
74	╲ f	h a ╱ b	i ╱ ╲ e	b ╱ f	╱	l ╱	74			
77	a ╲	╱ l	╲ o m d	╱ b c ╱ f i a	╲	77				
80	k	a o d ╱	e ╲ a r	╱ ╱ h l	80					
83	c ╱	k ╱ ╲	a f c b ╱	m a	b r	╱ g	83			
86	╱	q ╱ g	s k	h b ╲ ╱	a	c ╱	·86			
89	e l	╱ g	q	╱ d	╱ a b	j ╱ a ╲ s b	89			
92	m a	d ╲	╱ ╲ c j	l a p	g ╱	b	92			
95	a g	f	s ╱ a	╱ h c ╲	p ╱ b m ╲ ╱	i k e	95			
98	b	╱ ╲ f	a i	l	╱ o ╱ h	a c	98			
101	╲	n e k a ╱	p	╲ ╱	╱	b m d	╱	101		
104	u ╱	e ╲ b ╱	╲ k f	c g j ╲ b	╱	104				
107	╲	o b	d ╲ a f ╱ j	╲ a h ╱	i	107				
110	u ╱	d v p h	╲ ╱ m	i ╱ a	╲ ╱ a	╲	110			
113	s i	a j ╲ b	╲ ╱ h g	╲ r f c l ╱	113					
116	h a b	l ╱ e	v ╱ c m i s w ╱	╲ ╱ a	116					
119	i b	q	a b	╱ ╲	d c n a	119				
122	e	c ╲ b	╱ a	g	╱ a ╱	o ╲ c ╱	122			
125	╱	c ╱	r	╱ e c b	a d h ╱ i	125				
128	╱	d ╱	u	h g e o a ╱	c b m q a ╱	128				
131	╱ a	╲ c d ╱ b	╱ l a	q n	131					
134	a ╲	f e a ╲ s ╱	i	c a t v	134					
137	o	╱ ╲ f ╲ ╱ l	b	╲ j d ╱ b a	137					
140	╲	w ╱ g a	u c ╲ a b ╱ ╲ ╱	p b d	140					
143	h ╲ v	╱ a	y f ╱ r k	p c g ╱	143					
146	b ╱ c j	╱ ╲ t ╱ w	b a k c g	146						
149	╱ b a ╱ i ╲ x n c ╱ a	╲ b o ╱ a k	149						
152	d n ╱ f a t	q u ╱	╱ b h	152						
155	g a l ╲ c k ╱ h	v j q d g	╲ ╱ f c	155						
158	t a ╱ ╲ o j a ╲ r u e ╱ l ╱ d a	158							
161	s o ╱ d z a n f e w ╱ c v ╱ ╲ t	161							
	03 09	11 17	21 23 27 29	33 39	41 47	51 53 57 59	63 69	71 77	81 83 87 89	93 99	

Beispielsweise ist 3601 durch $a = 13$ teilbar, 16129 durch $z = 127$, während etwa 9431, 9433, 9437, 9439 Primzahlen sind.